Springer-Lehrbuch

Ivan Kuščer   Alojz Kodre

Mathematik in Physik und Technik

Eine Einführung
mit 572 Aufgaben und Lösungen

Unter Mitwirkung von Helmut Neunzert

Mit 41 Abbildungen

Springer-Verlag
Berlin Heidelberg New York
London Paris Tokyo
Hong Kong Barcelona
Budapest

Professor Dr. Ivan Kuščer
Professor Dr. Alojz Kodre
Univerza v Ljubljani
Fakulteta za naravoslovje in tehnologijo
Oddelek za fiziko
Jadranska 19
61111 Ljubljana, Slowenien

Professor Dr. Helmut Neunzert
Universität Kaiserslautern
Erwin-Schrödinger-Straße
D-67663 Kaiserslautern

ISBN-13: 978-3-540-56738-7   e-ISBN-13: 978-3-642-78239-8
DOI: 10.1007/978-3-642-78239-8

Die Deutsche Bibliothek - CIP-Einheitsaufnahme
Kuščer, Ivan: Mathematik in Physik und Technik: eine Einführung mit 572 Aufgaben und Lösungen/
Ivan Kuščer; Alojz Kodre. Unter Mitwirk. von Helmut Neunzert. - Berlin; Heidelberg; New York;
London; Paris; Tokyo; Hong Kong; Barcelona; Budapest: Springer, 1993
(Springer-Lehrbuch)
NE: Kodre, Alojz:

Satz: Datenkonvertierung durch Springer-Verlag

56/3140 - 5 4 3 2 1 0 – Gedruckt auf säurefreiem Papier

Vorwort

Alle Natur- und Ingenieurwissenschaften benötigen heutzutage in großem Ausmaß mathematische Methoden, und zwar sowohl beim Formulieren von Theorien als auch beim Lösen spezifischer Probleme. So ist die Mathematik als unentbehrlicher Bestandteil des Unterrichts an allen entsprechenden Fakultäten gut vertreten. Es reicht aber nicht immer, denn trotz ernster Bemühungen und auch bei gründlicher Kenntnis des eigenen Faches stößt der Anfänger beim Übersetzen seiner Probleme in die mathematische Sprache nicht selten auf unerwartete Schwierigkeiten. Als Abhilfe wurden an vielen Orten besondere Vorlesungen eingeführt, oft unter Titeln wie „Mathematische Hilfsmittel der Physik", die als Brücken zwischen der Mathematik und ihren Anwendungen gemeint sind. Nach solchen Vorlesungen für Physikstudenten im 4. und 5. Semester an der Universität Ljubljana enstand zuerst ein Skriptum und jetzt dieses Buch. Der Inhalt und die Auswahl der Aufgaben sind breiter geworden, um auch den Studenten der Ingenieurwissenschaften entgegenzukommen und nicht zuletzt auch jenen Mathematikstudenten, die sich Anwendungen zuwenden wollen.

Das Buch versucht, vor allem an Hand von Beispielen zu zeigen, wie man physikalische und technische Probleme mathematisch formuliert, auch wenn manchmal die Beschreibung unvollkommen ist. Der Leser soll lernen, die Mathematik nicht formalistisch, sondern in ständiger Anlehnung an den Inhalt der Probleme zu gebrauchen, also auch unter Berücksichtigung von Besonderheiten außerhalb der Mathematik. Man soll nicht vergessen, sich um die Dimensionen physikalischer Größen zu kümmern und die begrenzte Genauigkeit der Daten in Betracht zu ziehen. Auch die Kunst des Vernachlässigens unwichtiger Umstände will gelernt sein; ohne sie kann man sinnvolle und praktisch brauchbare mathematische Modelle gar nicht aufbauen. Beim Lösen der gewonnenen Gleichungen versucht man oft, mit möglichst einfachen, jedoch genügend genauen Approximationen zwischen Szylla und Charybdis hindurchzufahren. Schließlich soll man nicht vergessen, die Resultate übersichtlich darzustellen und physikalisch bzw. technisch zu interpretieren. Beim Arbeiten mit vielfältigen Beispielen gewöhnt man sich, kein Problem von vornherein als zu fremd oder zu schwierig abzulehnen. Man merkt, daß solche Arbeit eine bessere Schule ist als alles Lesen oder Zuhören.

Es gibt zwei grundverschiedene Arten von Büchern mit ähnlichen Titeln wie dieses. Die einen, wie die im Anhang C angegebenen von Mathews und Walker und von Morse und Feshbach, befassen sich vorwiegend mit Problemen der klassischen Physik und mit allerlei technischen Anwendungen. Dabei kommen hauptsächlich Differential- und Integralrechnung, Vektorrechnung, Differentialgleichungen und Wahrscheinlichkeitsrechnung an die Reihe. Andere Bücher orientieren sich an den Bedürfnissen der modernen Physik und behandeln entsprechend moderne Mathematik, vor allem Funktionalanalysis. Unser Buch ist von der ersten Art. Es enthält bei weitem nicht alles, was man sich wünschen könnte. Insbesondere sind numerische Methoden nicht bearbeitet, obwohl sie bei manchen Aufgaben nötig sein werden. Der Leser möge dabei das im Anhang angeführte Buch von Press *et al.* konsultieren.

Man kann Mathematik als selbständige Wissenschaft studieren, wobei Anwendungen erst nachträglich an die Reihe kommen, wenn überhaupt. Einzelne Kapitel der Mathematik kann man aber auch an Hand von Anwendungen lernen, indem man jedesmal die nötigen mathematischen Methoden aufsucht oder sie sogar selbst entwickelt. Für den bloßen Benutzer der Mathematik, der für die reine Disziplin nur wenig Verständnis hat, ist dieser Weg manchmal besser. Wir werden ihm meist folgen, um neue Begriffe möglichst eng mit anschaulichen Vorstellungen zu verbinden. Es wird vorausgesetzt, daß der Leser sich in den Grundlagen der höheren Mathematik auskennt oder nötigenfalls das Vergessene in einem Lehrbuch nachholen wird, so daß nur selten echt mathematische Erklärungen nötig sein werden. Auch diese werden sich mehr auf Anschauung und Intuition als auf strenge Beweise stützen. Entsprechendes soll für physikalische Vorkenntnisse gelten, so daß ganz kurze Erklärungen des Inhalts einzelner Probleme jeweils genügen sollen.

Aufgaben am Ende jedes Abschnitts sollen nicht nur zur Kontrolle des erworbenen Wissens dienen, sondern dem Leser auch helfen, Routine und Erfahrung zu sammeln. Ohne reichliche und ausdauernde Übung geht es nicht. Wer sich Beispiele nur vorführen läßt, merkt bald, daß er sogar bei einfachen Problemen in Fehler verfällt oder stecken bleibt, obwohl er vorher glaubte, alles verstanden zu haben.

Zum Zweck der Platzersparnis bietet der Anhang A neben einer Formelsammlung auch Tabellen von Fundamental- und Materialkonstanten. Diese Daten werden bei Aufgaben meist nicht angegeben, denn der Leser soll lernen, sie selbst aufzusuchen. Um oft gebrauchte Zeichen nicht jedesmal erklären zu müssen, wurden sie im Anhang B zusammengestellt. Im Text, sowie bei den Lösungen der Aufgaben (Anhang D) werden diese Zeichen oft ohne Erläuterung gebraucht werden. Im Anhang C wird eine Auswahl allgemeiner Lehr- und Handbücher, sowie von Lehrbüchern zu den einzelnen Kapiteln zitiert. Sie werden im Text nur mit den Autorennamen erwähnt. Wenigstens flüchtige Bekanntschaft mit den dort zuletzt angeführten Handbüchern wird dem Leser helfen, sich bei Anwendungen darin zurechtzufinden. Spezielle Literatur wird jeweils am Ende einzelner Abschnitte angeführt.

Schon beim Vorbereiten des slowenischen Skriptums bekamen wir manche wertvolle Hinweise von Ivan Vidav und für die Aufgaben auch von den damaligen Assistenten und Studenten. Die erste Anregung zu einer Übersetzung kam von Martina Kuščer. Die deutsche Fassung des Buches wäre aber nie ohne die Initiative sowie fortdauernde Anregung und hilfreiche Kritik von Helmut Neunzert entstanden. Unzählige Male hat er uns auf Fehler, schlechte Darstellungen und andere Mängel aufmerksam gemacht. Er hat uns auch erlaubt, einiges aus seinen Vorlesungsnotizen über partielle Differentialgleichungen zu entnehmen. Die Formelsammlung wurde größtenteils von Peter Prelovšek zusammengestellt, während Marko Razpet die Abbildungen in Pictex hergestellt hat. Er hat dabei auch manche Unstimmigkeiten im Text aufgezeigt. Schließlich halfen uns Bojan Golli und Miha Kos, sowie Urda Beiglböck vom Springer-Verlag mit dem Latex Programm. Ihnen allen, wie auch den Mitarbeitern des Verlags für die Bearbeitung des Manuskripts und die sorgfältige Herstellung des Buches, schulden wir aufrichtigen Dank.

Ljubljana, im Juli 1993   *Ivan Kuščer, Alojz Kodre*

Inhaltsverzeichnis

1. Rechnen mit physikalischen Größen

1.1 Dimensionen

Jede physikalische Größe hat ihre *Dimension*, die wir am bequemsten mit der entsprechenden Einheit erklären. Für das Volumen haben wir z.B. die Einheit m^3. Bei Angabe von konkreten Daten ist die Dimension direkt ersichtlich, da wir neben der *Maßzahl* immer auch die Einheit hinschreiben, z.B. $V = 5\,m^3$. Man sieht hier das Produkt von Maßzahl (5) und Einheit (m^3). Jede physikalische Größe wird durch ein derartiges Produkt dargestellt. Symbole wie z.B. V stehen immer an Stelle eines Produktes beider Faktoren und nicht an Stelle der nackten Maßzahl.

Selbstverständlich können nur physikalische Größen gleicher Dimension addiert oder verglichen werden. In jeder Gleichung, die eine physikalische Gesetzmäßigkeit beschreibt, haben notwendigerweise beide Seiten dieselbe Dimension. Sonst wäre ja die Gültigkeit der Naturgesetze von unserer Wahl der Einheiten abhängig, was lächerlich wäre. Im Scherz könnte man diese Erkenntnis als ein Naturgesetz bewerten; es sagt, daß Naturerscheinungen nicht von Pariser Verabredungen abhängen können.

Die Möglichkeit von Addition und Vergleich physikalischer Größen ist noch in anderer Hinsicht eingeschränkt. Man kann nur Größen von gleichem *tensoriellen Rang* und (fast ausnahmslos) nur solche mit gleicher *Parität* in bezug auf *Rauminversion* addieren oder vergleichen.

Energie (ein Skalar) und Drehmoment (ein Vektor) können nicht verglichen werden, trotz gleicher Dimension. Die Vektoren E (elektrische Feldstärke) und B/c (magnetische Kraftflußdichte geteilt durch die Lichtgeschwindigkeit) haben beide die gleiche Dimension, sind aber dennoch unvergleichbar. Der erste dreht sich bei Rauminversion $(x, y, z \to -x, -y, -z)$ um, der zweite aber nicht, da ja der felderzeugende Strom derselbe bleibt. Man sagt, E sei ein *polarer Vektor* und B ein *axialer Vektor*. Analoge Einschränkungen hinsichtlich der *Zeitumkehr* gelten fast ausnahmslos für die allgemein geltenden *Grundgesetze*, nicht jedoch für diejenigen *makroskopischen Gesetze*, die irreversible Vorgänge beschreiben. Beim Ohmschen Gesetz, $U = RI$, ändert sich bei Zeitumkehr das Vorzeichen der rechten Seite, das der linken aber nicht. Das zeitverkehrte Bild der elektrischen Leitung gehorcht eben nicht dem Ohmschen Gesetz.

Beim Multiplizieren und Dividieren gibt es von vornherein keinerlei Einschränkungen, womit freilich nicht gesagt sein will, daß jedes Produkt auch sinnvoll ist. Gleichzeitig mit den Maßzahlen multipliziert man auch die Einheiten, wodurch die Dimension der neugebildeten Größe beschrieben wird. Man darf sagen, daß die Dimensionen physikalischer Größen eine Gruppe bilden. Alle Einheiten lassen sich als Produkte von Potenzen einer kleinen Anzahl sogenannter Grundeinheiten darstellen, was zu einem *System von Einheiten* führt. Das weitgehend angenommene Internationale System (SI, système international) bezieht sich auf fünf Grundeinheiten: Meter (m), Kilogramm (kg), Sekunde (s), Ampère (A) und Kelvin (K).

Prinzipiell schreibt man heutzutage physikalische Gleichungen so, daß sie für beliebige Einheiten gelten. Es ist gar nicht wahr, daß man bei Rechnungen alles in demselben System von Einheiten ausdrücken muß; nur ist es meist unbequem, dieser Praxis nicht zu folgen. Als Beispiel berechnen wir den Staudruck $p = \varrho v^2/2$ für einen Wasserstrom (Dichte $\varrho = 1\,\mathrm{g/cm}^3$) mit der Geschwindigkeit $v = 5\,\mathrm{km/h}$. Einsetzen der Daten ergibt

$$p = \frac{1\,\mathrm{g\,cm}^{-3}\,(5\,\mathrm{km\,h}^{-1})^2}{2} = 12,5\,\mathrm{g\,cm}^{-3}\,\mathrm{km}^2\,\mathrm{h}^{-2}.$$

Der Leser soll die etwas merkwürdige Druckeinheit selbst in eine bekanntere verwandeln. Schneller ist es freilich, wenn man gleich $\mathrm{kg/m}^3$ für die Dichte und m/s für die Geschwindigkeit benutzt, was den Druck in Pascal ergibt:

$$1\,\mathrm{Pa} = 1\,\mathrm{N/m}^2 = 1\,\mathrm{kg\,m}^{-1}\,\mathrm{s}^{-2}.$$

Ganz unnötigerweise hat man zu den Grundeinheiten noch das Lumen (lm) für den physiologisch bewerteten Lichtstrom hinzugefügt. Bei der Frequenz $540 \cdot 10^{12}\,\mathrm{s}^{-1}$ gilt nach internationaler Verabredung (1979), daß 1 Watt = 683 Lumen ist. Andererseits kann man durch Einführung entsprechend vereinfachter Größen die Zahl der Grundeinheiten auch verringern. In der Wärmelehre begegnet man oft dem Ausdruck kT (oder RT in molarer Schreibweise), wobei k die Boltzmannsche Konstante ist, d.h. die Gaskonstante pro Teilchen. Das Produkt kT hat die Dimension der Energie. Falls wir uns entschließen, in allen Gleichungen T statt kT zu schreiben, so benötigen wir die Einheit Kelvin nicht mehr. Die neu definierte „Temperatur" T würde dann nämlich in Joule, Erg oder Elektronenvolt gemessen werden. Die entsprechend definierte spezifische Wärme hätte dann die Einheit kg^{-1}, so daß die Wärmekapazität pro Teilchen dimensionslos wäre, z.B. $C_V = \frac{3}{2}$ für ein einatomiges Gas.

Die Substitution $kT \rightarrow T$ wird oft mit dem Hinweis entschuldigt, daß die Einheiten so gewählt sind, daß $k = 1$ gilt, als ob die Form physikalischer Gleichungen doch von der Wahl der Einheiten abhängen würde. Man soll lieber erklären, daß man T statt kT schreiben will. Ähnliches gilt für die Gewohnheit, in der Relativitätstheorie t statt ct zu schreiben und in der Quantenmechanik p statt $p/\hbar$ für den Impuls. Der Anfänger ist jedenfalls verwirrt, wenn anscheinend vorgeschrieben wird, daß $c = 1$ und $\hbar = 1$ sein soll.

Schlimmere Kopfschmerzen verursacht der Übergang von der *Gaußschen Form* elektromagnetischer Gleichungen zur „rationalen" *Giorgischen Schreibweise* oder umgekehrt. Dahinter steckt ein Unterschied in den Definitionen elektromagnetischer Größen und nicht nur eine verschiedene Wahl von Einheiten. Statt des oft vorkommenden Quotienten $e^2/4\pi\epsilon_0$ nach Giorgi, wobei e die elektrische Ladung und ϵ_0 die Influenzkonstante sind, schreibt Gauß einfach e^2. So erklärt sich, wieso Gauß nur drei Grundeinheiten benötigt (cm, g, s) anstatt der Giorgischen vier (m, kg, s, A).

Während viele Physiker und alle Ingenieure die Giorgische Schreibweise akzeptiert haben, hält man in der Atomphysik meist an der Darstellung nach Gauß fest. Es ist deshalb gut, beide Ausdrucksweisen zu beherrschen und die eine in die andere übersetzen zu können. Tabelle 1.1, in der die Gaußschen Größen apostrophiert sind, möge dabei helfen. Man bemerkt, daß manche Gesetze beidemal dieselbe Form haben, so das Ohmsche: $I = U/R$ und ebenso $I' = U'/R'$. Die Energiedichte des elektrischen Feldes im Vakuum sieht aber verschieden aus: $\epsilon_0 E^2/2 = E'^2/8\pi$.

Tabelle 1.1. Elektromagnetische Größen nach Gauß (apostrophiert) durch die nach Giorgi definierten ausgedrückt

elektrische Ladung	$e' = (4\pi\epsilon_0)^{-1/2}\, e$
elektrischer Strom	$I' = (4\pi\epsilon_0)^{-1/2}\, I$
elektrische Spannung	$U' = (4\pi\epsilon_0)^{1/2}\, U$
elektrische Feldstärke	$E' = (4\pi\epsilon_0)^{1/2}\, E$
magnetische Kraftflußdichte	$B' = (\mu_0/4\pi)^{1/2}\, B$
Widerstand	$R' = 4\pi\epsilon_0\, R$
Kapazität	$C' = (4\pi\epsilon_0)^{-1}\, C$
Induktivität	$L' = (4\pi/\mu_0)\, L$

Oft ist es nützlich, durch Einsetzen der Einheiten nachzuprüfen, ob alle Terme in einer Gleichung dieselbe Dimension haben. Besonders nach jeder längeren Herleitung soll man das tun, um mögliche dumme Fehler aufzudecken. Eine etwas fragwürdige Umkehr solcher Prüfung ist die *Dimensionsanalyse*. Sie besteht im Erraten physikalischer Formeln, wenn man schon weiß, welche Größen voneinander abhängen. Ohne die Poiseuillesche Formel $\Phi_V = \pi r^4 p'/8\eta$ für laminare Flüssigkeitsströmung im zylindrischen Rohr zu kennen, können wir sehr wohl behaupten, daß die Stromstärke Φ_V nur vom Druckgradienten p', von der Viskosität η der Flüssigkeit und vom Radius r des Rohres abhängt. Die Dichte kann keine Rolle spielen, da es keine Beschleunigung gibt. Da nur ein Produkt von Potenzen ein hinsichtlich der Dimension richtiges Resultat ergeben kann, versuchen wir es mit

$$\Phi_V \propto r^a\, p'^b\, \eta^c, \tag{1.1}$$

wobei die Exponenten a, b, c zu bestimmen sind. Die durch Einheiten ausgedrückte Dimensionsgleichheit beider Seiten lautet

$$\mathrm{m}^3\,\mathrm{s}^{-1} = \mathrm{m}^a\,(\mathrm{kg}\,\mathrm{m}^{-2}\,\mathrm{s}^{-2})^b\,(\mathrm{kg}\,\mathrm{m}^{-1}\,\mathrm{s}^{-1})^c.$$

Aus einem Vergleich der Exponenten folgen drei Gleichungen und daraus $a = 4$, $b = 1$, $c = -1$, was wir in (1.1) einsetzen. Das Resultat stimmt; den Koeffizienten $\pi/8$ kann jedoch die Dimensionsanalyse nicht liefern. Der andere Mangel der Methode steckt in der Ungewißheit der Ausgangsbehauptung, wovon was abhängen soll. Dadurch hat die Dimensionsanalyse schon zu falschen Ergebnissen geführt und sollte jedenfalls nur mit Vorsicht gebraucht werden.

Bisher wurden nur algebraische Operationen mit physikalischen Größen diskutiert. Bei Anwendung von allgemeineren Funktionen ist zu beachten, daß sowohl die unabhängige Veränderliche als auch der Funktionswert dimensionslos sein müssen. So sind die bekannten Ausdrücke $\mathrm{e}^{-\beta t}$ und $\sin kx$ dimensionslos und ebenso die Argumente βt und kx. Nur beim Logarithmus darf man sich eine Ausnahme erlauben, nämlich bei solchen Größen, die nur bis auf eine beliebige additive Konstante definiert sind. Für die klassisch definierte Entropie eines einatomigen Gases mit konstanter spezifischer Wärme $c_p = 5k/2m$ gilt

$$S = Nk\left[\frac{5}{2}\ln T - \ln p\right] + \text{const},\tag{1.2}$$

wobei hier mit T und p ausnahmsweise die Maßzahlen gemeint sind. Beim Umschalten auf andere Einheiten verschiebt sich nur der Wert der (sowieso unbestimmten) Konstante. Von Belang sind lediglich Entropieunterschiede, bei denen alles in bester Ordnung ist:

$$S_2 - S_1 = Nk\left[\frac{5}{2}\ln\frac{T_2}{T_1} - \ln\frac{p_2}{p_1}\right].\tag{1.3}$$

Bei der quantenmechanischen Definition, die den Wert der Konstante in (1.2) von Anfang an fixiert, ist Vorsicht geboten. In der Herleitung wird der Quotient $T^{5/2}/p$ mit der Teilchenmasse m und den Naturkonstanten k und $\hbar$ in solcher Weise kombiniert, daß das Argument des Logarithmus dimensionslos wird.

Das bisher gesagte wollen wir nochmals durch Regeln für das Rechnen mit physikalischen Größen zusammenfassen:

- Physikalische Größen werden entweder als Produkte von Maßzahlen und Einheiten dargestellt oder durch Symbole, die beide Faktoren und damit auch die Dimension implizieren.

- Die Form physikalischer Gleichungen darf nicht von der Wahl der Einheiten abhängen.

- Rechnungen werden so weit wie möglich mit Symbolen ausgeführt. Erst zum Schluß werden alle Daten mitsamt den Einheiten eingesetzt und dann die Dimensionen überprüft.

In der Fachliteratur wird immer noch gegen diese Regeln gesündigt, was ganz unnötige Schwierigkeiten verursacht. Der Leser weiß oft nicht, wie die merkwürdig aussehenden Gleichungen zu verstehen sind und wie er sie anwenden darf. So findet man in älteren Lehrbüchern der Physik folgende Beziehung zwischen der Wellenlänge λ des Lichtes in Nanometer und der Energie W des Photons in Elektronenvolt:

$$\lambda = \frac{1240}{W}.$$

Weniger mysteriös und von Einheiten völlig unabhängig wird die Gleichung, wenn man $e_0 U$ statt W schreibt und dann

$$\lambda = \frac{hc}{e_0 U}.$$

Will man den Wert des Koeffizienten hervorheben, so setzt man

$$\lambda = \frac{hc}{e_0} \frac{1}{U}, \quad \text{wobei} \quad \frac{hc}{e_0} = 1240\,\text{nm}\,\text{V}.$$

Aufgaben

1.1 Folgende wohlbekannte Gesetze und Ausdrücke für elektromagnetische Größen sollen sowohl in der Giorgischen als auch in der Gaußschen Schreibweise formuliert werden: Coulombsches Gesetz, Feldstärke und Potential in Umgebung einer Punktladung, Feldstärke im flachen Kondensator und seine Kapazität, magnetische Kraftflußdichte in Umgebung eines langen geraden Leiters, Kraft eines Magnetfeldes auf eine bewegte Ladung, Induktivität eines langen Solenoids, Eigenfrequenz eines Schwingungskreises.

1.2 Folgende aus der Atomphysik bekannte Größen sollen auf beide Weisen ausgedrückt werden: Bohrscher Atomradius, Rydberg-Konstante, Feinstrukturkonstante, Bohrsches Magneton.

1.3 Zeigen Sie anhand einer Tabelle, wie sich die Einheiten für elektromagnetische Größen, definiert nach Gauß im System cm g s und nach Giorgi im System m kg s A, zueinander verhalten.

1.4 Die nötige primäre Windungszahl eines Transformators, der an das 220-Volt Leitungsnetz angeschlossen werden soll, wird in technischen Anleitungen manchmal mit dem Rezept

$$N = \frac{9900}{S}$$

vorgeschrieben. Dabei ist S der in cm^2 gemessene Querschnitt des Eisenkernes. Was verbirgt sich in dem geheimnisvollen Koeffizienten? Welche Dimension hat er? Schreiben Sie die Formel in der oben empfohlenen Form neu auf.

1.2 Bilder von Funktionen

Funktionen können durch Tabellen, durch Diagramme, durch mathematische Ausdrücke oder durch Rechenprogramme ausgedrückt werden. Die Frage stellt sich, wie man eine Darstellung in die andere übersetzt. Nach einem mathematischen Ausdruck, der jedem Wert von x einen Wert von y zuordnet, ist es nicht schwer, eine Tabelle und ein Diagramm herzustellen. In umgekehrter Richtung geht es schwieriger. Nach einer physikalischen Messung zweier voneinander abhängiger Größen x und y bilden wir aus den Meßwerten zuerst eine Tabelle und zeichnen nach ihr ein Diagramm. Manchmal gelingt es, aus der Tabelle oder leichter aus dem Diagramm eine meist angenäherte mathematische Form der Funktion zu erraten.

Beim Darstellen experimenteller Ergebnisse mit Diagrammen soll man darauf achten, daß beide Skalen eingetragen sind und daß an passenden Stellen die Einheiten und Symbole für beide Größen angeführt sind. Die sonstigen Erklärungen kommen unter das Bild. Es ist nicht nötig, beide Einheiten gleich lang zu machen; bei Größen verschiedener Dimension hätte das sowieso keinen Sinn. Eine passende Wahl soll erreichen, daß die zu zeichnenden Kurven weder zu steil noch zu flach werden. Die kleinen Zeichen (Kreuze, Kreise usw.), die die einzelnen Meßergebnisse vermerken, dürfen nicht entfernt werden. Um die Größe der vermuteten Meßfehler anzudeuten, kann man die Zeichen durch ensprechend große Balken ergänzen.

Die Frage stellt sich, wie man am besten eine Kurve durch die Meßpunkte ziehen soll. Wenn man die mathematische Form der Funktion auf Grund einer verläßlichen Vermutung von vornherein kennt, ist die Antwort leicht zu finden. Die Aufgabe ist besonders einfach, wenn man eine lineare Funktion erwarten darf, also eine Gerade im Diagramm. Falls es sich um eine Proportionalität handelt, kommt noch hinzu, daß die Gerade mit Sicherheit durch den Ursprung des Koordinatensystems geht. Meist sind die Meßfehler so groß, daß keine Gerade alle Punkte einigermaßen genau verbinden kann. Dann genügt es, nach freier Abschätzung die Gerade mit einem durchsichtigen Lineal so zu ziehen, daß sich die beiderseitigen Abweichungen der Meßpunkte möglichst abwägen. Keinerlei numerische Bearbeitung der Meßdaten vermag in solchem Fall die Genauigkeit zu verbessern. Wohl aber kann solche Arbeit beliebig viel scheinbare Wissenschaft erzeugen.

Auch bei manchen anderen einfachen Funktionen kann man sich mit einem Lineal helfen, indem man entsprechende nichtlineare Koordinaten benutzt. Die Exponentialfunktion $y = y_0\, e^{-\lambda t}$ logarithmieren wir, um sie auf eine lineare Funktion zurückzuführen: $\ln y = \ln y_0 - \lambda t$. Im Diagramm werden also t und $\ln y$ oder $\log z$ aufgetragen, so daß wieder eine Gerade resultiert. Noch bequemer ist es, besonderes Koordinatenpapier mit logarithmischer Einteilung auf der y-Achse zu verwenden, um y selbst eintragen zu können. (Die Einteilung ist wie auf dem Rechenschieber.) Das Abklingen einer Radioaktivität wird oft so dargestellt. Die negative Steigung der Geraden gibt den Wert der Zerfallskonstanten λ an.

Falls eine Potenz $y = Ax^n$ vermutet wird, nehmen wir doppelt logarithmisches Koordinatenpapier. Wieder ergibt sich eine Gerade, da ja $\log y = \log A + n \log x$ gilt. Aus der Steigung entnehmen wir den Exponenten n.

Erst wenn bei höherer Genauigkeit die Meßfehler im Diagramm unsichtbar klein werden, oder wenn eine kompliziertere Funktion mit anpaßbaren Parame-
-n erwartet wird, genügt die Zeichentechnik nicht mehr. Zur Bestimmung der
ameter, z.B. der Koeffizienten eines Polynoms, kann man dann die Methode
.r kleinsten Quadrate anwenden, wofür es reichlich Programme gibt.

Schlimmer wird es, wenn die mathematische Form der Abhängigkeit zweier gemessenen Größen völlig ungewiß ist. Bei geringer Genauigkeit können wir uns auf freihändig (oder eventuell mit Hilfe eines elastischen Lineals) gezeichnete Kurven wohl verlassen. Man soll aber dabei den Meßpunkten nicht sklavenhaft folgen, sondern Abweichungen in der Größe der erwarteten Meßfehler zulassen. Einen vernünftigen Kompromiß zwischen zu gewaltsamem Verquetschen der Kurve und einem zu kühnen Abschweifen erreicht man mit gesundem Gefühl, dessen man sich keineswegs zu schämen braucht.

Erst bei hoher Meßgenauigkeit benötigen wir im Allgemeinfall eine präzisere Methode für das Anpassen von Kurven an Meßdaten, oder wie man sagt, für das *Glätten von Daten.* Man hat zu diesem Zweck allerhand numerische Vorschriften erfunden, die uns vom lästigen Gefühl der Subjektivität befreien sollen. Die Befreiung beruht jedoch auf Täuschung, da es soviel Vorschriften wie Autoren gibt, so daß die Wahl doch wieder subjektiv wird. Daher ist die mehr intuitive Methode von Doodson, die im unten zitierten Buch von Hartree erwähnt wird, vielleicht immer noch nicht ganz veraltet. Die Methode fängt mit einer analytischen Annäherung an die Meßdaten an, etwa mit einem angepaßten Polynom. Den vergrößerten Abweichungen versucht man entweder mit einer gezeichneten Kurve gerecht zu werden, oder man wiederholt nötigenfalls die Prozedur.

Bisher war nur von Funktionen mit einer unabhängigen Variable die Rede. Funktionen von zwei Variablen werden manchmal durch dreidimensionale Modelle dargestellt. Fast ebenso anschaulich können perspektivische Bilder sein, wie es das bekannte Buch von Jahnke und Emde (s. Anhang C) so wunderbar beweist. Weniger eindrucksvoll aber bequemer werden solche Funktionen mit Hilfe von Kurvenfamilien dargestellt, wobei eine der Variablen die Rolle des Parameters übernimmt, indem man sie zur Kurvennumerierung verwendet. So kennt man aus der Wärmelehre Zeichnungen von *Isothermen*, mit denen man *Zustandsgleichungen* $p = p(V, T)$ zu beschreiben versucht. Jede Isotherme stellt den Druck p als Funktion des Volumens V für einen gewählten konstanten Wert der Temperatur T dar.

Literatur

1.1 E. Whitakker and G. Robinson, *The Calculus of Observations* (Blackie, London, 1952).

1.2   L. Janossy, *Theory and Practice of the Evaluation of Measurements* (Oxford Univ. Press, 1965).

1.3   D.R. Hartree, *Numerical Analysis* (Oxford Univ. Press, 1952).

Aufgaben

1.5   Der Verdampfungsdruck einer Flüssigkeit gehorcht der Clausius-Clapeyronschen Differentialgleichung,

$$\frac{1}{p}\frac{\mathrm{d}p}{\mathrm{d}T} = \frac{M\,\Delta h}{RT^2}\,.$$

Dabei ist Δh die spezifische Verdampfungswärme, M die Kilomolmasse und R die Gaskonstante. Wenn Δh konstant ist, bekommt man die Lösung $p \propto \exp(-M\,\Delta h/RT)$. Was für ein Koordinatenpapier benötigt man, um diese Abhängigkeit mit einer Geraden darzustellen? Wie lesen wir den Wert von Δh aus dem Diagramm ab? Was müssen wir schließen, wenn sich dennoch eine Kurve statt einer Geraden ergibt?

1.6   Stellen Sie die Zustandsgleichung eines Gases, $pV/T = $ const auf drei Weisen durch Kurvenfamilien dar, indem Sie jeweils p oder V oder T als Parameter wählen.

1.7   Erweitern Sie diese Aufgabe auf das Gebiet des Übergangs zwischen Gas und Flüssigkeit. Wählen Sie als Parameter einmal T und das andere Mal V.

1.3 Skizzieren von Kurven

Diagramme von mathematisch definierten Funktionen zeichnet man heutzutage meistens mit Hilfe eines Computers mit angeschlossenem Zeichengerät. Solche Bequemlichkeit erlöst uns aber nicht von der Pflicht, auch die Kunst des freihändigen Kurvenzeichnens zu meistern. Besonders im Unterricht und bei Vorträgen, aber auch bei selbständigen Überlegungen will man oft übersichtliche Diagramme von allerlei Funktionen schnell skizzieren. Solch eine Skizze ist durchaus qualitativ gemeint und darf ziemlich grob, obwohl nicht fahrlässig gezeichnet sein. Sie braucht nicht punktweise treu sein und muß nicht einmal den Maßstab einhalten, wohl aber soll sie wesentliche Eigenschaften der Funktion erkennen lassen. Man muß also auf irgendwelche Symmetrien der Funktion achten, insbesondere ob sie gerade oder ungerade ist, wo sie monoton ansteigt oder abfällt, und ob sie konvex oder konkav ist. Besonderheiten sollen sorgfältig hervorgehoben sein, wie z.B. Maxima und Minima, Wendepunkte, Singularitäten, asymptotisches Verhalten, sowie eine eventuelle Periodizität.

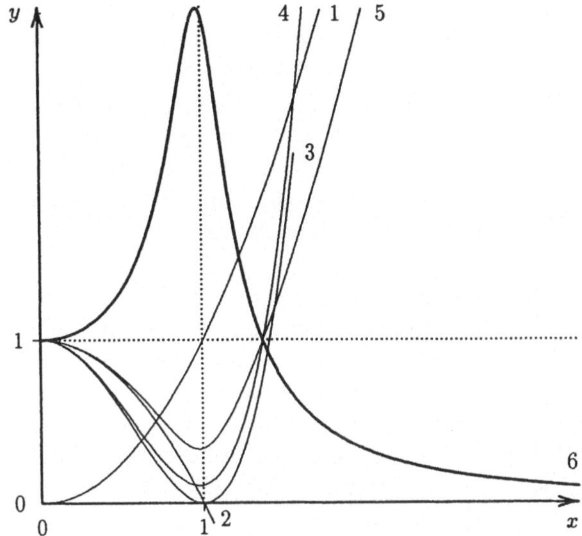

Abb. 1.1. Zeichnen der Resonanzkurve. Die Reihenfolge der gezeichneten Kurven ist durch Nummern gekennzeichnet

Durch kompliziertere Ausdrücke definierte Funktionen stellt man dar, indem man die verlangten mathematischen Operationen zeichnerisch simuliert. Bei Addition einer Konstanten verschiebt sich die Kurve, beim Multiplizieren mit einer Konstanten wird sie höher oder flacher usw. Bald merkt man, daß es auch gar nicht schwierig ist, zwei Funktionen zeichnerisch zu addieren oder miteinander zu multiplizieren oder zu dividieren. Weitere Übung ist nötig, um auch die Substitution einer neuen Veränderlichen nachahmen zu lernen und schließlich noch das Differenzieren und Integrieren von Funktionen.

Als Beispiel nehmen wir die *Resonanzkurve*, die in dimensionsloser Form, wie bekannt, durch

$$y = [(1 - x^2)^2 + (ax)^2]^{-1/2} \tag{1.4}$$

gegeben ist. Dabei bedeutet x den Quotienten der erzwungenen und der Eigenfrequenz eines harmonischen Pendels und y die relative Amplitude der erzwungenen Schwingung (siehe Abschn. 4.6). Die Dämpfung soll schwach sein ($a \ll 1$).

Zuerst zeichnen wir in einem Schwung ganz dünn die Parabel $y = x^2$, ohne uns mit einzelnen Punkten Mühe zu geben (Kurve 1 in Abb. 1.1). Danach stellen wir sie auf den Kopf und verrücken gleichzeitig den Scheitel nach $y = 1$ (Kurve 2). Die neue Kurve wird ebenso dünn auf dasselbe Bild eingezeichnet. Als nächsten Schritt verlangt Formel (1.4) ein Quadrieren der Funktion. Dementsprechend vergrößern wir die Werte, die größer als 1 sind, und verkleinern jene unter 1 (Kurve 3). Das Resultat, $y = (1 - x^2)^2$, ist immer noch analytisch, darf also im Bild weder Ecken noch Spitzen oder Sprünge aufweisen. Alle Werte sind positiv. Darauf addieren wir die Funktion $(ax)^2$, die durch eine ziemlich flache Parabel dargestellt wird. Alle Werte des früheren y, außer bei $x = 0$, werden durch diese Addition ein wenig gehoben (4). Beim Eintragen der positiven Quadratwurzel verfahren wir umgekehrt wie beim Quadrieren (5). Endlich bilden wir den reziproken Wert, indem wir die neue Kurve desto höher ziehen, je niedriger die frühere verlief, und umgekehrt (6); bei $y = 1$ schneiden sich die beiden letzten Kurven. So haben wir jetzt die endgültige Kurve, die wir hervorheben.

Als zweites Beispiel betrachten wir die Funktion $y = (\sin x)/x$, mit der man die Amplitude bei gewissen Interferenzbildern approximiert (siehe Aufgabe 2.3.). Dünn zeichnen wir die Sinuskurve, $y = \sin x$, und auch die Gerade $y = x$. Da beide Funktionen ungerade sind, muß der Quotient gerade sein. Die y-Achse bestimmt also eine Spiegelsymmetrie der endgültigen Kurve $y = (\sin x)/x$. Der Wert bei $x = 0$ ist eigentlich unbestimmt, wird aber üblicherweise durch den Grenzwert $y(0) = \lim_{x \to 0}(\sin x)/x = 1$ definiert. Überall sonst sind die Absolutwerte kleiner als 1, da ja $|\sin x| < |x|$ gilt.

Aufgaben

1.8 Zeichnen Sie eine glatte Kurve $y = f(x)$ und danach $y = f(x - a) + b$. Vermerken Sie im Bild die Werte von a und b.

1.9 Zeichnen Sie die Sinuskurven $y = \sin x$ und $y = n \sin kx$. Wie kann man aus dem Bild die Werte von n und k ablesen?

1.10 Zeichnen Sie auf demselben Bild Kurven für die Teilsummen der Fourierschen Reihe $y = \sin x + \frac{1}{3}\sin 3x + \frac{1}{5}\sin 5x + \cdots$.

1.11 Erfinden Sie zwei glatte Kurven $y = f(x)$ und $y = g(x)$ und zeichnen Sie dann in dasselbe Bild auch das Produkt $y = f(x)\,g(x)$ ein.

1.12 Skizzieren Sie eine glatte Kurve $y = f(x)$ mit mehreren Nullstellen und danach auch die Kurven für $y = [f(x)]^2$ und $y = [f(x)]^3$. Achtung: Bei $y = 1$ schneiden sie sich.

1.13 Zu einem beliebigen $y = f(x)$ zeichnen Sie auch die Kurven für $y = [f(x)]^{1/2}$ und $y = [f(x)]^{1/3}$. Als Beispiel wählen Sie $y = \sin x$.

1.14 Skizzieren Sie Diagramme der Funktionen $y = x^n\,e^{-x}/n!$ für die Parameterwerte $n = 1, 2, 3, \ldots 10$. Die Stirlingsche Formel $n! \approx \sqrt{2\pi n}\,(n/e)^n$ kann dabei helfen.

1.15 Skizzieren Sie für $x \geq 0$ die Funktion $y = x \ln x - x + 1$, der man in der statistischen Mechanik begegnet. Mit Ausnahme von $y(1) = 0$ sind alle Werte positiv. Beachten Sie, daß die Ableitung im Anfangspunkt negativ unendlich wird. Der Krümmungsradius geht dort gegen Null, was man mit einer kecken Krümmung in Form eines Schweineschwänzchens andeutet.

1.16 Wiederholen Sie die Aufgabe mit der Resonanzkurve für verschiedene Werte des Dämpfungsfaktors a. Bei wie großem a gibt es kein Resonanzmaximum mehr?

1.17 Zeichnen Sie eine Kurve $y = f(x)$ und danach auch $y = 1/f(x)$. Bei $y = 1$ ziehen Sie einen waagerechten Strich. Was wird aus den Nullstellen von $f(x)$?

1.18 Skizzieren Sie Diagramme für die hyperbolischen Funktionen $\sinh x$, $\cosh x$ und $\tanh x$.

1.19 Skizzieren Sie die Lorentzschen Kurven $y = 1/(1+x^2)$ und $y = x^2/(1+x^2)$. Kontrolle: Die Summe ist gleich 1.

1.20 Weitere Beispiele: $(\sin x)/x^2$, $(1 - \cos x)/x^2$, $(\tan x)/x$, $(\tanh x)/\tan x$, $[(1 + x^2)^{1/2} - 1]/x$, $(e^{x-\nu} + 1)^{-1}$ (*Fermische Kurve*).

1.21 Skizzieren Sie die Kurve für $y = (x-a)(x-b)(x-c)/(x-A)(x-B)^2$. Wie unterscheidet sich im Bild ein Pol zweiter Ordnung von einem solchen der ersten?

1.22 Vergleichen Sie die Kurven für $y = e^{-x}$, $y = e^{-x^2}$, $y = e^{-x^3}$.

1.23 Zeichnen Sie an Hand der Kurve für $y = e^{-x}$ auch die für $y = e^{-1/x}$. Bei $x \to 0$ sieht die letztere Kurve wie mit einem Brett geschlagen aus, da die rechten Grenzwerte aller Ableitungen verschwinden.

1.24 Skizzieren Sie $y = \sin(x^2)$ und $y = \sin(1/x)$. Beginnen Sie mit $y = \sin x$.

1.25 Wie sieht die Kurve für $y = \ln \sin x$ aus?

1.26 Vergleichen Sie die Kurven für $y = \cos x$ und $y = \exp(\cos x)$.

1.27 Zeichnen Sie die Kurve für $y = \ln(e^x + 1)$ und achten Sie dabei auf das asymptotische Verhalten bei $x \to \pm\infty$.

1.28 Zeichnen Sie ein Bild der Funktion $y = \exp(-x^2/2\sigma^2)$. Wo sind die Wendepunkte? Skizziere danach auch die Ableitung y', die Sie aus der Steigung der Kurve für y ablesen. Beachten Sie, daß die Ableitung einer geraden Funktion ungerade ist. Versuchen Sie es auch mit der zweiten Ableitung y'', entweder durch Ablesen der Steigung von y' oder (etwas unsicherer) direkt aus der Krümmung der ursprünglichen Kurve.

1.29 Skizzieren Sie eine Funktion, deren Ableitung dem Funktionswert proportional ist. Beginnen Sie mit einem $y \neq 0$ und tun Sie so, als ob Ihnen die mathematische Lösung unbekannt wäre.

1.30 Skizzieren Sie ein Bild der *Fakultät* bzw. *Gammafunktion*, $\Gamma(z + 1) \equiv z!$, mit Hilfe der bekannten Werte für ganzzahliges und halbzahliges Argument: $0! = 1$, $1! = 1$, $2! = 2$ usw. und $(-\frac{1}{2})! = \sqrt{\pi}$, $\frac{1}{2}! = \frac{1}{2}\sqrt{\pi}$, $\frac{3}{2}! = \frac{3}{4}\sqrt{\pi}$ usw. Die Werte folgen aus der für $\mathrm{Re}(z) > -1$ gültigen Definition

$$z! = \int_0^\infty x^z \, e^{-x} \, dx,$$

die durch $z! = z(z-1)!$ auch auf alle z mit $\mathrm{Re}(z) \leq -1$, aber $z \neq -1, -2, \ldots$ erweitert wird. Bei den letztgenannten Werten hat die Funktion einfache Pole. – Anmerkung: Die Bezeichnung $z!$ wird meist nur für natürliche Zahlen z gebraucht; allgemein aber schreibt man $\Gamma(z+1)$. Da es sonst jedoch nicht üblich ist, beim Erweitern des Definitionsbereichs einer Funktion das Funktionssymbol zu ändern, folgen wir Jeffreys und benutzen das Zeichen ! durchweg.

1.31 Nutzen Sie das Diagram aus der vorhergehenden Aufgabe, um auch die Kurve für $\psi(z) = \mathrm{d}\ln[(z-1)!]/\mathrm{d}z$ herzuleiten. Für eine genauere Zeichnung können Sie die aus Handbüchern entnommenen Werte $\psi(1) = -\gamma$, $\psi(2) = -\gamma + 1$, $\psi(3) = -\gamma + 1 + \frac{1}{2}, \ldots$ verwenden. Dabei ist γ die *Eulersche Konstante*,

$$\gamma = \lim_{n\to\infty}(1 + \frac{1}{2} + \frac{1}{3} + \cdots + \frac{1}{n} - \ln n) = 0,577216.$$

1.32 Zeichnen Sie eine beliebige Kurve $y = f(x)$ und dann noch eine für die Funktion $Y(x) = \int_0^x f(x')\,\mathrm{d}x'$, indem Sie im Geiste die Flächen $f(x')\,\mathrm{d}x'$ summieren. Falls $f(x)$ gerade ist, so ist $Y(x)$ ungerade und umgekehrt. Wie spiegeln sich Sprünge der ursprünglichen Kurve (Unstetigkeiten der Funktion) in der Kurve für das Integral wieder?

1.33 Zeichnen Sie eine Kurve für das Gaußsche *Fehlerintegral*

$$\mathrm{erf}(x) = \frac{2}{\sqrt{\pi}} \int_0^x \exp(-x^2)\,\mathrm{d}x.$$

1.34 Skizzieren Sie Diagrame für den *Integralsinus* und *Integralcosinus*,

$$\mathrm{Si}(x) = \int_0^x \frac{\sin\xi}{\xi}\,\mathrm{d}\xi, \qquad \mathrm{Ci}(x) = -\int_x^\infty \frac{\cos\xi}{\xi}\,\mathrm{d}\xi.$$

Beachten Sie, daß $\mathrm{Si}(\pm\infty) = \pm\pi/2$ ist.

1.35 Skizzieren Sie Kurven für die *Fresnelschen Integrale*

$$C(x) = \int_0^x \cos(\frac{\pi}{2}\xi^2)\,\mathrm{d}\xi, \qquad S(x) = \int_0^x \sin(\frac{\pi}{2}\xi^2)\,\mathrm{d}\xi.$$

Berücksichtigen Sie dabei, daß beide Integrale bei $x \to \pm\infty$ den Grenzwerten $\pm\frac{1}{2}$ zustreben. Skizzieren Sie noch die *Cornusche Spirale* (auch *Klotoide* genannt), die einst für Straßenkurven empfohlen wurde und die parametrisch durch $x = C(t)$, $y = S(t)$ definiert wird. Wie unterscheidet sie sich von der *Sici-Spirale*, bei der $x = \mathrm{Ci}(t)$ und $y = \mathrm{Si}(t)$ ist?

1.36 Skizzieren Sie die *Exponentialintegrale*

$$E_n(x) = \int_x^\infty E_{n-1}(\xi)\, d\xi,$$

wobei $E_0(x) = e^{-x}/x$ und $n = 1, 2, 3, \ldots$ ist. Einzelwerte können auch mit Hilfe der Formeln

$$E_n(x) = \int_1^\infty \frac{e^{-xu}}{u^n}\, du = \int_0^1 \mu^{n-2} \exp\left(-\frac{x}{\mu}\right) d\mu = \frac{1}{n-1}\left[e^{-x} - x E_{n-1}(x)\right]$$

berechnet werden. Die letzte Formel gilt freilich nur für $n = 2, 3, 4, \ldots$ Aus ihr folgt, daß $E_n(0) = 1/(n-1)$ ist. Außerdem gilt

$$E_1(x) = -\gamma - \ln x + \int_0^x \frac{1 - e^{-\xi}}{\xi}\, d\xi,$$

wobei man den letzten Term in eine Potenzreihe entwickeln kann und γ die oben erwähnte Eulersche Konstante ist.

1.4 Anwendung von Differentialen

In der Physik und auch in den Ingenieurwissenschaften hat man sehr viel mit linearen Funktionen zu tun. Manchmal handelt es sich dabei um naturgegebene lineare Beziehungen, wie beim Newtonschen Gesetz $F = ma$. Oft wird mit so einer Funktion ein spezieller Typ einer Erscheinung definiert. So hängt bei einer gleichmäßigen Bewegung der Weg definitionsgemäß linear von der Zeit ab, $s = vt$, wobei als Koeffizient die konstante Geschwindigkeit v auftritt. Schließlich werden lineare Beziehungen wegen ihrer Einfachheit oft als Approximationen gebraucht, die aber nur in beschränkten Bereichen brauchbar sind. Ein bekanntes Beispiel liefert die Kraft F einer gespannten Feder, die wir gern als proportional der Dehnung x der Feder annehmen: $F = kx$. Dieses sogenannte *Hookesche Gesetz* gilt nur ungenau und nur für nicht zu große Dehnungen. Wie groß die Dehnung sein darf, hängt nicht nur von der Art der Feder, sondern auch von der erreichbaren oder erwünschten Genauigkeit der Messungen oder Rechnungen ab.

Eine allgemeine lineare Funktion, $y = y_0 + kx$, kann immer auf eine Proportionalität reduziert werden, indem man Differenzen betrachtet und dadurch den Ausgangspunkt entsprechend verschiebt:

$$\Delta y = k\,\Delta x. \tag{1.5}$$

Jede Proportionalität ermöglicht es, durch den Koeffizienten eine neue Größe zu definieren, wie die *Federkonstante k* im obigen Beispiel. Ist aber der Koeffizient uninteressant, so kann man sich einen Buchstaben ersparen, indem man das Proportionalitätszeichen verwendet. Gleichung (1.5) ersetzt man in solchem Fall durch

$$\Delta y \propto \Delta x. \tag{1.6}$$

Auch wenn die Proportionalität (1.5) nur approximativ gültig ist, schreibt man die Differenzen gern als *Differentiale*, also

$$dy = k\, dx. \tag{1.7}$$

Dabei soll man sich dx und dy keineswegs als „infinitesimal klein" vorstellen, wie in der alten Mathematik, oder gar als beliebig groß, wie in der neuen, sondern nur so klein, daß die angegebene Proportionalität innerhalb der erreichten oder gewünschten Genauigkeit gültig ist.

Der Koeffizient k wird jetzt durch die Ableitung definiert,

$$k = \frac{dy}{dx}. \tag{1.8}$$

Mathematisch ist dabei der Grenzwert bei $dx \to 0$ gemeint. Beim Experiment verfährt man gerade umgekehrt. Um die Genauigkeit des berechneten Koeffizienten nicht unnötig zu verschlechtern, wählt man möglichst große Differenzen dx und mißt die entsprechenden dy. Man darf nur nicht über die Grenze der approximativen Linearität hinausschießen. Quadratische Abweichungen sind allerdings erlaubt, wenn man erklärt, daß der gewonnene Wert von k für den Mittelpunkt des Intervalls dx gilt. In jedem Fall ist das gewonnene k mit einem endlichen Fehler behaftet, so wie alles Gemessene in jeder Naturwissenschaft.

Differentiale werden allgemein für die Beschreibung kleiner Unterschiede, kleiner Änderungen und kleiner Fehler gebraucht, immer im Rahmen einer still angenommenen Linearität. Falls man den Koeffizienten (d.h. die Ableitung) kennt, so läßt sich manche Rechnung elegant abkürzen. Dazu zwei Beispiele.

Die Wellenlängen der beiden gelben Spektrallinien des Natriums betragen 589,0 und 589,6 nm. Wie groß ist der Frequenzunterschied? – Statt beide Frequenzen separat zu berechnen und dann die Differenz zu bilden, schließen wir lieber aus $\nu = c/\lambda$, daß

$$-d\nu = \frac{c\, d\lambda}{\lambda^2} = \frac{3 \cdot 10^8\,\mathrm{m\,s^{-1}} \cdot 0,6 \cdot 10^{-9}\,\mathrm{m}}{(589 \cdot 10^{-9}\,\mathrm{m})^2} = 5 \cdot 10^{11}\,\mathrm{s^{-1}}.$$

Bei einer Federwaage sei der Koeffizient $k = 0{,}5\,\mathrm{N/cm}$ verhältnismäßig genau bekannt, während man bei Messung der Dehnung x mit einem Fehler $dx = \pm 0{,}2\,\mathrm{mm}$ rechnen muß. Mit welchem Fehler ist die mit der Waage gemessene Kraft behaftet? – Antwort: $dF = k\, dx = 0{,}5\,\mathrm{N\,cm^{-1}} \cdot (\pm 0{,}02\,\mathrm{cm}) = \pm 0{,}01\,\mathrm{N}$.

Kleine *relative* Unterschiede und Fehler werden durch *logarithmische Differentiale* (Differentiale von Logarithmen) beschrieben, z.B. $dx/x = d(\ln x)$. Bei Potenzen ist das sehr praktisch. Aus $y = kx^n$ folgt nämlich $\ln y = n \ln x + \mathrm{const}$ und damit $dy/y = n\, dx/x$. Geübte überspringen das Zwischenresultat mit den Logarithmen und schreiben sofort die Differentiale hin. Das numerische Endresultat wird oft in Prozent angegeben, wobei % eine Abkürzung für die Zahl 0,01 ist. Als Beispiel denken wir uns eine Metallkugel, deren Radius wir durch

Erhitzung um 1% ausdehnen. Um wieviel % verändert sich dabei das Trägheitsmoment? – Wie bekannt, gilt $J \propto mr^2$ (wobei wir den für homogene Kugeln geltenden Koeffizienten $\frac{2}{5}$ bei der gegebenen Aufgabe gar nicht zu kennen brauchen). Da die Masse konstant ist, kommen wir (in Gedanken) zur Gleichung $\ln J = \text{const} + 2\ln r$. Folglich ist $\mathrm{d}J/J = 2\,\mathrm{d}r/r = 0,02 = 2\%$.

Bei Funktionen mehrerer Variablen werden kleine Unterschiede der Funktionswerte durch totale Differentiale dargestellt, und kleine relative Unterschiede durch logarithmische totale Differentiale. Erinnern wir uns an die Poiseuillesche Formel für die Stärke (durchflossenes Volumen pro Sekunde) eines laminaren Flüssigkeitsstromes im zylindrischen Rohr: $\Phi_V = \pi r^4 \Delta p / 8\eta l$. Um wieviel ändert sich Φ_V, wenn wir r um 1% größer wählen, Δp um 2%, η um 0,5% und l um 1%? – Antwort:

$$\frac{\mathrm{d}\Phi_V}{\Phi_V} = 4\frac{\mathrm{d}r}{r} + \frac{\mathrm{d}\Delta p}{\Delta p} - \frac{\mathrm{d}\eta}{\eta} - \frac{\mathrm{d}l}{l} = 0,045 = 4,5\%.$$

Aufgaben

1.37 Schreiben Sie mit Hilfe von Differentialen die Proportionalitäten auf, durch die folgende Stoffeigenschaften definiert werden: linearer Ausdehnungskoeffizient, kubischer Ausdehnungskoeffizient, Kompressibilität, Elastizitätsmodul, spezifische Wärme (z.B bei konstantem Volumen).

1.38 Substituieren Sie in der Definitionsgleichung für die Kompressibilität die relative Volumenänderung durch die relative Dichteänderung.

1.39 Leiten Sie aus der Gleichung für die Adiabate eines Gases, $pV^\gamma = \text{const}$, wobei $\gamma = c_p/c_V$, einen Ausdruck für die adiabatische Kompressibilität von Gasen her. Wie unterscheidet sie sich von der isothermen Kompressibilität?

1.40 Um wieviel verringert sich die Schwerebeschleunigung, wenn man sich um 100 m über den Erdboden erhebt? Der Erdradius mißt 6400 km.

1.41 Ein Raumschiff umkreist die Erde (Radius $= 6400\,\mathrm{km}$) in 100 Minuten. Wegen Abbremsung in der verdünnten Atmosphäre verkürzt sich nach gewisser Zeit die Umlaufperiode um 1 Minute. Um wieviel hat sich dabei der Radius der Kreisbahn verringert?

1.42 Eine Uhr hat ein Schwerependel mit einer am Ende einer leichten Stange befestigten Masse 1 kg. Die Schwingungsperiode beträgt annähernd 2 Sekunden, jedoch geht die Uhr um 1 Minute pro Tag zu langsam. Um wieviel soll man das Pendel verkürzen?

1.43 Bei einer Uhr hat das Pendel in halber Höhe einen Teller, auf den man kleine Gewichte legen kann. Dadurch ist man im Stande, die Schwingungsdauer zu verkürzen, ohne die Uhr anzuhalten. Ein wie großes Gewicht benötigt man beim Pendel aus der vorhergehenden Aufgabe?

1.44 Bei $0°C$ und $1{,}01\,$bar mißt ein Kilomol eines Gases $22{,}4\,\text{m}^3$. Um wieviel ändert sich dieses Volumen, wenn sich die Temperatur um $0{,}1\,$K und der Druck um $10^{-4}\,$bar erhöhen?

1.45 Schreiben Sie die relative Längenänderung eines gespannten Drahtes als Funktion von Änderungen der Temperatur und der spannenden Kraft in Form eines totalen Differentials auf.

1.46 Wie drückt man die relative Volumenänderung eines Körpers bei gleichzeitiger Änderung der Temperatur und des Druckes bequem aus?

1.47 Wie genau kann man mit einem Meßdraht der Länge $l = 1\,$m bei einem Schulmodell der Wheatstoneschen Brücke Widerstände messen, wenn die Lage des Schiebekontaktes auf $0{,}3\,$mm genau abgelesen werden kann und wenn dieser Kontakt in der Mitte steht? Wie aber, wenn die Entfernung des Kontaktes vom Drahtende gleich x ist?

1.48 Mit der Wheatstoneschen Brücke aus der vorhergehenden Aufgabe mißt man die Temperatur, indem man die Temperaturabhängigkeit eines der vier Widerstände kontrolliert. Sein Temperaturkoeffizient, definiert als $\alpha = R^{-1}\,\mathrm{d}R/\mathrm{d}T$, soll $0{,}004\,\text{K}^{-1}$ betragen. Man kann die Temperaturskala gleich neben dem Draht vermerken. Wie lang ist in der Mitte des Drahtes auf dieser Skala ein Grad?

1.49 Ein geschwärztes Plättchen hängt in einem evakuierten Gefäß mit der Temperatur $293\,$K und wird durch ein Fenster durch einen Lichtstrom der Dichte $0{,}1\,\text{W}\,\text{m}^{-2}$ einseitig senkrecht beleuchtet. Um wieviel erhöht sich dabei die Temperatur des Plättchens gegenüber der Gefäßwand?

1.50 Auf eine $5\,$cm dicke Glasplatte mit dem Brechungsindex $1{,}5$ fällt ein Lichtstrahl unter dem Einfallswinkel $\alpha = 60°$. Um wieviel verschiebt sich der austretende Strahl, wenn die Platte um $0{,}5°$ gedreht wird, und zwar um eine zum Lichtstrahl senkrechte Achse?

1.51 Durch ein $2\,$m langes Rohr mit innerem Durchmesser $4\,$mm pumpt man flüssiges Natrium bei $400°C$ mit einem ständigen Druckunterschied $0{,}1\,$bar. Um wieviel % ändert sich die Stromstärke, wenn die Temperatur sich um $5\,$K erhöht? Der lineare Ausdehnungskoeffizient des Rohrmaterials beträgt $1{,}2{\cdot}10^{-1}\,\text{K}^{-1}$, während der Temperaturkoeffizient der Viskosität durch $\eta^{-1}\,\mathrm{d}\eta/\mathrm{d}T = -1{,}2 \cdot 10^{-3}\,\text{K}^{-1}$ gegeben ist.

1.5 Berechnen von Extremen

Bei einer glatten Funktion von einer Variablen bestimmt man die Extreme im Inneren eines Intervalls, indem man die Ableitung gleich Null setzt. Das Vorzeichen der zweiten Ableitung entscheidet, ob ein gefundenes Extrem ein Minimum oder ein Maximum ist. Da all dies wohlbekannt ist, dürfen wir uns gleich den Aufgaben zuwenden.

Aufgaben

1.52 Bestimmen Sie aus der *van der Waalsschen Gleichung* für ein Gas bei größerer Dichte den *kritischen Punkt*, d.h. den Wendepunkt mit horizontaler
Tangente auf einer besonderen Isotherme. Für ein Kilomol des Gases lautet die Gleichung $(p + a/V^2)(V - b) = RT$.

1.53 Das *Fermatsche Prinzip* der geometrischen Optik behauptet, daß der
tatsächliche Verlauf eines Lichtstrahls zwischen zwei gegebenen Punkten
einer minimalen Laufzeit des Lichtes entspricht. Beweisen Sie dies für den
Fall der Reflexion an einem Spiegel.

1.54 Durch Anwendung des Fermatschen Prinzips auf Lichtbrechung kann man
das Brechungsgesetz herleiten. Der Anfangs- und Endpunkt des Lichtstrahls befinden sich jetzt in zwei Medien, die verschiedene Brechungsindices haben und die durch eine ebene Fläche getrennt sind.

1.55 Auf einer leicht geneigten Ebene liegt ein Zylinder, der nicht herunterrollt,
da er exzentrisch beschwert ist. Wie sind die stabilen und die labilen
Gleichgewichtslagen des Zylinders bestimmt?

1.56 In einem U-förmigen Rohr ist unten Wasser und darüber auf einer Seite
Öl. Bestimmen Sie die Niveauunterschiede im Gleichgewicht aus der Bedingung, daß der Schwerpunkt dabei am tiefsten liegt.

1.57 Bei einer Federwaage mit angehängtem Gewicht ist die Summe der potentiellen und elastischen Energie im Gleichgewicht am kleinsten. Leiten
Sie daraus die Gleichgewichtsbedingung her.

1.58 Aus der Höhe h über dem horizontalen Erdboden werfen wir einen Stein
unter verschiedenen Winkeln α mit derselben Anfangsgeschwindigkeit v_0.
Bei welchem Winkel α_0 kommt der Stein am weitesten?

1.59 Ein Brett wird quer über einen horizontalen Zylinder gelegt, und zwar soll
sich sein Schwerpunkt oberhalb der Zylinderachse befinden. Unter welcher
Bedingung ist die Lage stabil?

1.60 Mit einem Zählrohr zählt man Photonen von Röntgenstrahlen, die parallel zur Achse eintreten. Zuerst durchqueren sie einen 2 cm langen un-
empfindlichen Abschnitt, um dann in den 5 cm langen empfindlichen Teil
des Zählrohres einzutreten. Bei wie großem Absorptionskoeffizienten des
Gases im Zählrohr ist die Ausbeute maximal?

1.61 Über der Mitte einer Straße hängt eine Lampe, die in allen Richtungen
die gleiche Lichtstärke aufweist. Wie hoch muß sie hängen, damit der
Straßenrand am stärksten beleuchtet ist?

1.62 Ein Drehspulgalvanometer soll an ein Thermoelement mit dem Widerstand R angeschlossen werden. Bei vorgegebener äußerer Form und vor-
gegebenem Volumen der Wicklung des Galvanometers kann man dessen
Empfindlichkeit durch Wahl der Drahtdicke verschieden gestalten. Welche
Wahl ist optimal?

1.63 Eine elektrische Leitung, die den ganzen Tag den Strom I tragen wird, soll möglichst ökonomisch projektiert werden. Gegeben sind Preis, Dichte und spezifischer Widerstand des Kupfers, sowie die Zinshöhe für die Auslagen für den Draht. Die Rechnung soll nur die Zinsen und den Ohmschen Verlust in Betracht ziehen, da die übrigen Kosten von der Drahtdicke nur wenig abhängen.

1.6 Approximieren durch Polynome

Lineare Näherungen können oft durch Hinzunehmen von höheren Potenzen sehr verbessert werden. Läßt man die Zahl der Terme ins Unendliche wachsen und wenn die Summe konvergiert, so ergibt sich eine *Taylorsche Reihe.*

Jede konvergente Potenzreihe ist eine Taylor-Reihe. Lineare Beziehungen zwischen physikalischen Größen entpuppen sich bei genauerem Zusehen oft als Anfänge von Taylor-Reihen. Man soll jedoch beachten, daß die Reihe einen endlichen Konvergenzkreis haben kann; außerhalb divergiert sie. Eine Singularität, wie z.B. der Punkt $x = 0$ bei der Funktion $y = \sqrt{x}$, kann überhaupt nicht als Ausgangspunkt einer Taylor-Entwicklung dienen.

Wenn für eine Funktion kein analytischer Ausdruck bekannt ist, begnügt man sich oft mit einer *Polynomapproximation.* Als Beispiel soll eine Formel zitiert werden, die man für die reziproke Dichte (= spezifisches Volumen) des Wassers durch Anpassung an gemessene Werte gewonnen hat:

$$\frac{1}{\varrho} = \frac{1}{\varrho_0} + a\,(T - T_0) + b\,(T - T_0)^2 + c\,(T - T_0)^3. \tag{1.9}$$

Dabei ist $T_0 = 273\,\mathrm{K}$, so daß $T - T_0$ die Celsiussche Temperatur ist. Die Werte der Koeffizienten sind wie folgt: $1/\varrho_0 = 1{,}0002\,\mathrm{cm^3/g}$, $a = -6{,}7 \cdot 10^{-5}\,\mathrm{cm^3/g\,K}$, $b = 8{,}9 \cdot 10^{-6}\,\mathrm{cm^3/g\,K^2}$, $c = -6{,}1 \cdot 10^{-8}\,\mathrm{cm^3/g\,K^3}$.

Eine solche Approximation kann sehr wohl an Stelle von Tabellen oder Diagrammen benutzt werden. Die Zahl der zu berücksichtigenden Terme hängt einerseits von der gewünschten oder erreichbaren Genauigkeit und andererseits von der Größe der Differenz $T-T_0$ ab. Bei einer Genauigkeit, die durch die Dezimalstellen des konstanten Terms gegeben ist, genügt die lineare Approximation, also die ersten zwei Terme im Ausdruck (1.9) bis zu 1°C. Der quadratische Term macht sich nämlich hier erst an fünfter Dezimalstelle bemerkbar. Weiter findet man, daß bis zu 5°C die ersten drei Terme genügen, denn der vierte trägt nicht merklich bei. Bei 20°C aber benötigen wir schon alle vier Terme. Wie weit man damit noch kommt, ist aus der Approximation nicht abzulesen.

Wie bekannt, kann man den Fehler einer Polynomapproximation für eine gegebene Funktion mit Hilfe ihrer nächsthöheren Ableitung ausdrücken. Bei empirisch ermittelten Funktionen weiß man aber von ihren Ableitungen herzlich wenig, so daß man mit sehr ungewissen Abschätzungen zufrieden sein muß. Man hofft, daß der Fehler einer Polynomapproximation nicht größer ist als der erste der weggelassenen Terme. Solange die Summanden rasch abfallen, stimmt das meist; ganz verlassen sollte man sich aber auf eine so gewagte Regel nicht.

Polynome und Potenzreihen multipliziert und dividiert man auf dieselbe Weise, wie man es in der Schule mit Dezimalbrüchen tut. Noch weitere Operationen lassen sich leicht ausführen. Sehen wir zu, wie man zur Funktion

$$y(x) = y_0 + a_1 x + a_2 x^2 + \cdots \tag{1.10}$$

die inverse Funktion $x(y)$ in Reihenform bestimmt. Indem wir den vermutlich ausschlaggebenden linearen Term hervorheben, drücken wir provisorisch x so aus:

$$x = a_1^{-1}(y - y_0 - a_2 x^2 - \cdots). \tag{1.11}$$

Vernachlässigung des quadratischen und aller höheren Terme ergibt folgende erste Approximation: $x = a_1^{-1}(y - y_0)$. Wird diese in den quadratischen Term in (1.11) eingesetzt, folgt die zweite Näherung. Bei schnell abfallenden Termen kommt man so gut voran. Um die dritte Approximation zu bekommen, setzt man die zweite in den quadratischen Term ein und die erste in den kubischen, während höhere Terme noch immer vernachlässigt werden. Indem wir diese weitere Arbeit mit Punkten andeuten, haben wir also

$$x = a_1^{-1}(y - y_0) - a_2 a_1^{-3}(y - y_0)^2 - \cdots. \tag{1.12}$$

Eine Approximation durch Polynome ist keineswegs immer die bestmögliche. Oft ist ein Quotient von zwei Polynomen gleicher (oder um 1 verschiedener) Ordnung viel günstiger. Solche *Padésche Approximationen*, wie man sie nennt, gewinnt man aus der ursprünglichen Potenzreihe, indem man zunächst unbestimmte Koeffizienten zuläßt. Nach Multiplikation mit dem Nenner bestimmt man sie durch Vergleichen beider Ausdrücke. Oft ist die Padésche Approximation recht genau, sogar im Bereich, wo die Potenzreihe längst nicht mehr konvergiert.

Viele glauben irrtümlicherweise, daß eine Reihe nur brauchbar ist, solange sie konvergiert. In Wirklichkeit ist es aber nur wichtig, daß ein nicht zu langer Abschnitt der Reihe die gesuchte Funktion mit der gewünschten Genauigkeit wiedergibt. Als Beispiel wird uns das Exponentialintegral $E_1(x)$ aus Aufgabe 1.36 dienen. Aus dem dort angegebenen Integral leiten wir eine für großes x brauchbare Form her:

$$
\begin{aligned}
E_1(x) &= \int_x^\infty \frac{e^{-t}}{t}\, dt = \frac{e^{-x}}{x} \int_0^\infty \frac{e^{-u}}{1 + \frac{u}{x}}\, du \\
&= \frac{e^{-x}}{x} \left[1 - \frac{1!}{x} + \frac{2!}{x^2} - \cdots + (-1)^n \int_0^\infty \left(\frac{u}{x} \right)^n \frac{e^{-u}}{1 + \frac{u}{x}}\, du \right].
\end{aligned} \tag{1.13}
$$

Die Division durch $(1 + u/x)$ wurde bis zur $(n - 1)$-ten Potenz von u/x ausgeführt und auch der Rest berücksichtigt, so daß die Formel noch exakt ist. Nach Weglassen des schwierigen Restterms bleibt ein Ausdruck, der als Approximation dienen kann. Das Fortsetzen der Summe in eine Reihe macht aber Schwierigkeiten. Bei großem x nehmen zwar die Summanden anfangs ab, wachsen aber später wieder an, da ja die Fakultät schließlich die Potenz von x übertrifft. Den Fehler einer endlichen Summe schätzt man ab, indem man im Integranden des Restterms den Dividenden durch 1 ersetzt. Dadurch vergrößert sich das Integral. Man merkt, daß der Absolutwert des Fehlers kleiner als $n!/x^n$ ist. Für jede Zahl n der Summanden kann man also den Fehler beliebig klein machen, indem man x genügend groß wählt. Reihen mit dieser Eigenschaft nennt man *asymptotisch*. Um sie zum Approximieren zu gebrauchen, muß man für jeden Wert der unabhängigen Variable bei einer angemessenen Zahl von Summanden haltmachen. Wenn der Restterm nicht angeführt wird, gebraucht man besser kein Gleichheitszeichen, sondern $\asymp$ („asymptotisch gleich"), also

$$E_1(x) \asymp \frac{e^{-x}}{x} \left[1 - \frac{1!}{x} + \frac{2!}{x^2} - \cdots \right].$$

Als zweites Beispiel soll ohne Herleitung die *Stirlingsche Formel* für die Fakultät (bzw. die Gammafunktion) angeführt werden:

$$n! \asymp \sqrt{2\pi n} \left(\frac{n}{e}\right)^n \left[1 + \frac{1}{12n} + \frac{1}{288n^2} + \cdots \right]. \tag{1.14}$$

Literatur

1.4   *The Padé Approximant in Theoretical Physics.* Edited by A. Baker and J.L. Gammel (Acad. Press, New York, 1970).

Aufgaben

1.64   Leiten Sie einige Terme der Potenzreihe für $\operatorname{tg} x$ auf drei Arten her: a) durch Bestimmung der Ableitungen bei $x = 0$, b) durch Dividieren der Reihen für $\sin x$ und $\cos x$, c) aus der Reihe für

$$x = \arctan y = \int_0^y \frac{du}{1 + u^2}.$$

1.65   Die spezifische Wärme von festen Elementen wird nach *Debye* approximativ durch $c_V = (3R/M)D(T/\Theta)$ dargestellt. Die sogenannte Debyesche Temperatur Θ ist ein Stoffparameter, während die Funktion D durch

$$D(x) = 12x^3 \int_0^{1/x} \frac{u^3\,du}{e^u - 1} - \frac{3}{x[\exp(\frac{1}{x}) - 1]}$$

gegeben ist. Approximieren Sie diese Funktion für große sowie für kleine x, d.h. für niedrige bzw. hohe Temperaturen (im Vergleich zu Θ). Skizzieren Sie danach ein Diagramm.

1.66 Berechnen Sie an Hand der oben erwähnten Approximation für die reziproke Dichte des Wassers (Gleichung (1.9)) eine entsprechende Approximation für die Dichte selbst.

1.67 Berechnen Sie aus einer der soeben erwähnten Approximationen die Temperatur T_1, bei der Wasser seine maximale Dichte erreicht. Benutzen Sie das Resultat, um die Dichte bzw. ihren reziproken Wert nach Potenzen von $(T - T_1)$ zu entwickeln.

1.68 Drücken Sie die im Abschn. 1.3 erwähnten Funktionen Si(x), erf(x), $S(x)$ und $C(x)$ mit Hilfe von Potenzreihen aus. Bei $E_n(x)$ und Ci(x) treten auch logarithmische Terme auf.

1.69 Bestimmen Sie die asymptotische Reihe für die Funktion $1 - \text{erf}(x)$. Nach der Substitution $x^2 = u$ ist das Verfahren ähnlich wie oben beim Exponentialintegral $E_1(x)$.

1.70 Die Trapezformel für numerisches Integrieren läßt sich bei bekannten Ableitungen des Integranden nach *Euler und MacLaurin* folgendermaßen verbessern:

$$\int_{x_0}^{x_n} f(x)\,\mathrm{d}x \;\asymp\; h\left[\left(\tfrac{1}{2}f_0 + f_1 + f_2 + \cdots + f_{n-1} + \tfrac{1}{2}f_n\right)\right.$$
$$\left. - \frac{h}{12}(f_n' - f_0') + \frac{h^3}{720}(f_n''' - f_0''') - \cdots\right],$$

wobei $f_j = f(x_0 + jh)$, $j = 0, 1, 2, \ldots n$. Wie angedeutet, ist die Reihe im allgemeinen asymptotisch. Trotzdem wird sie oft gebraucht, und zwar auch zum Approximieren von Summen durch Integrale, z.B. in der statistischen Mechanik. Als mathematisches Beispiel nehmen wir die *Riemannsche Zetafunktion,*

$$\zeta(x) = 1 + \frac{1}{2^x} + \frac{1}{3^x} + \cdots,$$

deren Wert für $x = 4$ berechnet werden soll. Die Genauigkeit verbessert man, indem man einige Terme der Reihe addiert und erst den Rest durch das Integral ausdrückt. Vergleichen Sie das Resultat mit dem exakten Wert $\zeta(4) = \pi^4/90$.

1.7 Anwendung von Integralen

Verhältnismäßig einfache Anwendungen von Integralen machen dem Anfänger oft unerwartete Schwierigkeiten. Auch wenn sowohl beim physikalischen Verständnis als auch beim Berechnen von Integralen alles klappt, kommt es vor,

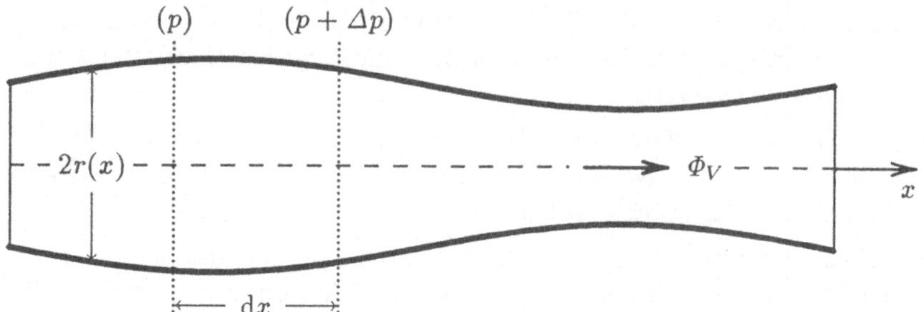

Abb. 1.2. Stationärer Flüssigkeitstrom im Rohr mit ungleichmäßigem Querschnitt

daß man gleich am Anfang stecken bleibt. Mangelhafte anschauliche Vorstellung mag die Ursache sein, denn ohne sie weiß man manchmal nicht einmal, was überhaupt integriert werden soll.

Als Beispiel betrachten wir die stationäre (also laminare) Strömung in einem Rohr mit kreisförmigen, jedoch von der Längskoordinate x schwach abhängigen Querschnitt. Für die ganze Rohrlänge ($0 \leq x \leq l$) sei die Funktion $r(x)$ gegeben. „Schwach abhängig" soll heißen, daß überall $dr/dx \ll 1$ ist. Wir möchten wissen, wie die Stromstärke Φ_V von der Druckdifferenz zwischen den Rohrenden abhängt. Die Poiseuillesche Formel für ein zylindrisches Rohr kennen wir schon: $\Phi_V = \pi r^4 |\Delta p|/8\eta l$.

Bevor wir mit einer mathematischen Beschreibung beginnen, müssen wir uns mit Hilfe einer übersichtlichen Skizze eine gesicherte Vorstellung von dem Problem verschaffen. In sie tragen wir möglichst alle Symbole ein, die voraussichtlich in der Analyse vorkommen werden. Nötigenfalls kann die Skizze später verbessert werden. Wenn für Details zu wenig Platz ist, machen wir eine neue Zeichnung, etwa in anderer Perspektive, oder zusätzlich eine vergrößerte Teilskizze. Der Leser wird sich selbst überzeugen, wie wesentlich solche Vorbereitungen für den Erfolg bei mathematischen Problemen aus der Physik und Technik sein können.

Skizzieren wir also unser Rohr (Abb. 1.2), um die Aufgabe zu überlegen. Wegen der nur schwachen Veränderungen des Querschnitts können wir für nicht zu lange Teile des Rohres so rechnen, als ob sie zylindrisch wären. Bezeichnen wir die Länge so eines Teils auf der Skizze mit dx und den entsprechenden Druckunterschied mit dp. Für diesen Teil dürfen wir also die Poiseuillesche Formel anwenden:

$$\Phi_V = -\frac{\pi [r(x)]^4}{8\eta} \frac{dp}{dx}. \tag{1.15}$$

Zur Beruhigung des Gewissens haben wir mit dem Minuszeichen angedeutet, daß die Flüssigkeit in Richtung des fallenden Druckes fließt.

Um den Gesamtdruckunterschied Δp zu finden, müssen wir die kleinen Differenzen dp summieren, also integrieren. Dabei erinnern wir uns, daß die

Stromstärke auf der ganzen Länge konstant ist. Aus (1.15) entnehmen wir $\mathrm{d}p = -(8\eta\Phi_V/\pi r^4)\,\mathrm{d}x$ und daraus

$$|\Delta p| = 8\eta\Phi_V \int_0^l \frac{\mathrm{d}x}{\pi[r(x)]^4}.$$

Schönheitshalber können wir das Resultat noch so umformen:

$$\Phi_V = \frac{\pi|\Delta p|}{8\eta \int_0^l [r(x)]^{-4}\,\mathrm{d}x}. \tag{1.16}$$

Am Ende ist jede noch so simple Verifikation willkommen, insbesondere jede Zurückführung auf schon bekannte Fälle. Obiges Resultat reduziert sich sofort auf die Poiseuillesche Formel, wenn wir ein konstantes r einsetzen.

Ein wenig sind wir noch besorgt, ob es nicht eine unzulässige Vereinfachung war, ein kurzes Rohrstück wie einen Zylinder zu behandeln. Ehrlich gesagt, wenn die Aufgabe mit einer hohen Verantwortung verbunden wäre, müßten wir uns bemühen, den aus der Vereinfachung hervorgegangenen Fehler abzuschätzen. Einen Anhaltspunkt könnte man durch Analyse des stationären Stroms in einem kegelförmigen Rohr gewinnen, was aber keineswegs eine leichte Aufgabe wäre. Statt dessen begnügen wir uns hier mit der Abschätzung nach „Gefühl", daß der Fehler nicht groß sein kann, solange $\mathrm{d}r/\mathrm{d}x$ klein ist.

Bei physikalischen und technischen Berechnungen sind wir oft gezwungen, Schritte zu machen, die nur annähernd richtig sind. Oft ersetzt man den wirklichen Vorgang durch ein vereinfachtes *mathematisches Modell* und rechnet mit ihm weiter. Wir vereinfachen die Ausgangsdaten, vernachlässigen nebensächliche Einflüsse, tun den Gleichungen allerlei Gewalt an und vereinfachen die Rechenmethoden. Ohne dem käme man manchmal gar nicht weiter. Außerdem ist es schade um die Zeit für Kleinigkeiten, die nach vernünftigen Erwartungen ohnehin keinen merklichen Einfluß auf das Ergebnis haben können.

Es wäre schön, wenn man immer imstande wäre, die durch Vereinfachungen verursachten Fehler ernsthaft abschätzen zu können. Leider ist das oft zu schwierig, oder es fehlt an der Zeit, so daß man sich mit einer unvollkommenen Bearbeitung des Problems begnügt. Sollte sich jemand über solchen Mangel an mathematischer Strenge entsetzen, so gibt es für ihn kaum Trost. Die Physik ist eben kein Zweig der Mathematik, obwohl sie die Mathematik auf jedem Schritt als Hilfsmittel und als Umgangssprache benötigt und ohne sie gar nicht weiterkäme.

Aufgaben

1.71   Wie bewegt sich ein Fahrzeug, das ohne Widerstand mit konstanter Leistung fährt? Zeichnen Sie ein Diagramm für den Weg als Funktion der Zeit.

1.72 Berechnen Sie das Trägheitsmoment eines homogenen Zylinders um seine geometrische Achse. Hinweis: Man soll nicht blindlings ein dreifaches Integral mit kartesischen Variablen hinschreiben, entsprechend einer Zerteilung des Zylinders in kleine Quader, da man sich dadurch viel sinnlose Arbeit auferlegen würde. Einteilung in konzentrische Zylinderschalen führt über ein einfaches Integral sofort zum gewünschten Resultat.

1.73 Wie groß ist das Trägheitsmoment eines homogenen Zylinders für eine Drehachse, die durch den Schwerpunkt geht und senkrecht zur geometrischen Achse steht? Diesmal zerschneiden Sie den Zylinder in Gedanken in dünne Kreisscheiben wie eine Wurst. Berechnen Sie zuerst das Trägheitsmoment der Einzelscheibe und benutzen Sie den Steinerschen Satz.

1.74 Zeigen Sie, daß die Leuchtdichte einer beleuchteten rauhen Fläche mit dem Reflexionsvermögen a durch $B = (a/\pi)j'$ gegeben ist, wenn j' die Beleuchtungsstärke bezeichnet und wenn das *Lambertsche Cosinusgesetz* gilt. Hinweis: Nach dem genannten „Gesetz" ist die Leuchtdichte richtungsunabhängig. Die Leuchtstärke der Fläche S in einer Richtung, die mit der Normalen den Winkel θ bildet, beträgt also $I(\theta) = B S \cos\theta$. Aus der Lichtstrombilanz ergibt sich die Gleichung $aj'S = \int I(\theta)\,d\Omega$, woraus sofort das Resultat folgt. Integriert wird über die obere Hälfte des Raumwinkels $(0 < \theta < \pi/2)$, wobei man $d\Omega = 2\pi d(\cos\theta)$ substituiert.

1.75 Beweisen Sie, daß bei Gültigkeit des Cosinusgesetzes und bei gleichmäßigem Reflexionsvermögen der Vollmond π-mal soviel Licht gibt wie der Halbmond. Benutzen Sie dabei nur einfache Integrale. – Bemerkung: Bei der allgemeineren Aufgabe für eine beliebige Mondphase ist es nicht mehr praktisch, Doppelintegralen ausweichen zu wollen. Der interessierte Leser kann die Lösung für diesen Fall im Buche von H.C. van de Hulst, *Light Scattering by Small Particles* (Wiley, New York, 1957) aufsuchen.

1.76 Eine leuchtende Fläche mit einer richtungsunabhängigen Leuchtdichte B wird mit Hilfe einer Linse abgebildet. Wie berechnet man die Beleuchtungsstärke j' des Bildes?

1.77 Eine große ebene Fläche mit konstanter Leuchtdichte B ist in eine graugefärbte absorbierende Flüssigkeit getaucht. Wie nimmt die Dichte u der Lichtenergie mit der Entfernung ab?

1.78 In einem breiten Gefäß steht 5 cm hoch graugefärbtes Wasser, das nur 10% des senkrecht einfallenden Sonnenlichtes durchläßt. (Anfängliche Leistungsdichte 1 kW/m^2.) Wie sieht das Temperaturprofil nach 1 Minute aus, wenn die Wärmeleitung vernachlässigt wird? Kontrollieren Sie das Resultat, indem Sie auf zwei Weisen die Temperatur nach Durchmischung berechnen. Schätzen Sie den Fehler wegen der erwähnten Vernachlässigung ab. Auf allen Seiten soll das Wasser gegen Wärmeabgabe isoliert sein.

1.79 Ein 10 m langes Kautschukband mit dem Elastizitätsmodul $500\,\mathrm{N/cm^2}$ und der Dichte $1{,}5\,\mathrm{g/cm^3}$ wird an einem Ende aufgehängt. Um wieviel verlängert es sich wegen des eigenen Gewichts?

1.80 Stellen wir uns vor, die Erde sei mit einem 3000 m tiefen Ozean aus inkompressiblem Wasser bedeckt. Um wieviel steht die Oberfläche des Wassers niedriger, wenn wir seine Kompressibilität ($5 \cdot 10^{-5}\,\mathrm{bar^{-1}}$) berücksichtigen?

1.81 Ein mit Gas gefülltes Röhrchen dreht sich schnell um die Querachse. Wie wächst die Dichte in Richtung gegen das Rohrende? Beispiel: Das Röhrchen ist 10 cm lang und wurde mit Luft bei 20°C und 1 bar gefüllt. Wie groß ist die Dichte in der Mitte und wie groß an beiden Enden, wenn sich das Röhrchen 200mal pro Sekunde umdreht und die Temperatur konstant bleibt? – Bemerkung: Die Rechnung führt auf das sogenannte Dawsonsche Integral, für das es in den Formelsammlungen Tabellen gibt.

1.82 Eine sich um ihre geometrische Achse drehende metallene Kreisplatte befindet sich in einem homogenen Magnetfeld, dessen Kraftlinien parallel zur Achse verlaufen. Wie groß ist die Spannung, die zwischen Rand und Mitte der Platte induziert wird?

1.83 Wie groß ist der Widerstand eines 10 m langen Kupferdrahtes, der an einem Ende 1 mm dick ist und sich gegen das andere Ende hin auf 0,6 mm verjüngt? Der Radius des Drahtes sei eine lineare Funktion der Längskoordinate, so daß der Draht die Form eines Kegelstumpfes hat.

1.84 Durch ein 10 m langes Rohr mit dem Innendurchmesser 1 mm fließt Luft mit der Temperatur 20°C. Der Druck beträgt am Anfang 500 Pa und am Ende 100 Pa. Berechnen Sie den Massenstrom!

1.85 Ein Zimmer enthält $40\,\mathrm{m^3}$ Luft beim Druck 1 bar. Wieviel Energie ist nötig, um die Luft im Zimmer auf 25°C zu erwärmen? Beachten Sie, daß Luft durch Spalten leicht entweicht. Um wieviel ändert sich dabei die Energie der im Zimmer enthaltenen Luft? Wieviel Energie wäre aber nötig, wenn man die Spalten ideal abdichten würde?

besonders die ältere Generation gebraucht $+i\omega t$. In der Quantenmechanik wird aber allgemein $e^{-i\omega t}$ geschrieben und wir schließen uns dem an.

In Schwingungen eines Kontinuums, bei denen sich die Phase mit dem Ort verschiebt, erkennt man *fortschreitende Wellen*. Eine ebene Welle, die in positiver x-Richtung fortschreitet, beschreibt man durch $y = a\cos(\omega t - kx - \varphi)$, oder besser durch

$$y = \mathrm{Re}\{A\exp[i(kx - \omega t)]\} \tag{2.1}$$

(oft ohne das Re). Die Wellenzahl k kann man mit der Phasengeschwindigkeit der Welle oder mit der Wellenlänge ausdrücken: $k = \omega/c = 2\pi/\lambda$. Das Momentanbild der Welle ist durch die komplexe Amplitude Ae^{ikx} gegeben. Am Ort x ist die Phasenverzögerung gleich $kx + \varphi$.

In der Quantenmechanik kann man den Zustand eines Systems durch eine *Wellenfunktion* beschreiben. Einen wesentlichen Unterschied im Vergleich zu wirklichen Wellen soll man hier nicht übersehen: die Wellenfunktion ist von Natur aus komplex und darf nicht auf den Realteil beschränkt werden. Für ein mit genau bekannter Geschwindigkeit sich bewegendes Teilchen ist die Wellenfunktion proportional zu $\exp[i(kx - \omega t)]$, und nicht etwa zu $\cos(kx - \omega t)$. Zuviel Gerede von Wellen in solchem Zusammenhang kann leicht irreführen. Wir werden uns aber fast ausschließlich mit der klassischen Beschreibung von physikalischen Erscheinungen begnügen, also in diesem Kapitel mit echten Wellen und Schwingungen.

Besonders bei der Analyse von *Interferenzerscheinungen* ist die komplexe Schreibweise äußerst brauchbar und kann gar nicht genug empfohlen werden. Beim Zusammensetzen zweier Sinuswellen bekommen wir an irgendeiner Stelle z.B. folgende Schwingung: $y = Ae^{-i\omega t} + Be^{-i\omega t}$. Natürlich ist damit der Realteil der Summe gemeint. Offenbar braucht man nur die einzelnen komplexen Amplituden zu addieren, um zum Ziel zu kommen.

Das ist freilich viel bequemer als das Addieren von trigonometrischen Funktionen. Der Leser soll letzteres selbst versuchen, wenn er sich an solche Quälereien von der Schule her noch erinnern kann.

Folgendes Beispiel aus der Optik soll uns mit der neuen Technik vertraut machen. Ein ebenes *Beugungsgitter* mit N gleichmäßig verteilten engen Spalten (Abstand b) wird senkrecht mit einer ebenen einfarbigen Lichtwelle beleuchtet. Nach Huygens und Kirchhoff bestimmt man die Lichtverteilung auf der anderen Seite (in guter Näherung) durch Zusammensetzen der zylindrischen Wellen, die sich aus den einzelnen Spalten ausbreiten. Das sogenannte *Fraunhofersche Interferenzbild* bekommt man entweder auf einem weit entfernten Bildschirm oder aber in der Brennebene einer Sammellinse. Nehmen wir nun eine Richtung, die um den Winkel β von der Gitternormale abweicht! Wie groß ist die Amplitude der resultierenden Lichtschwingung an dem durch den angegebenen Winkel bestimmten Ort des Bildschirmes?

Den Beitrag des ersten Spaltes zur gesuchten komplexen Amplitude wollen wir mit A_0 bezeichnen. Die Welle aus dem nächsten Spalt macht einen etwas längeren Weg und hat deshalb eine Phasenverzögerung φ, wodurch sich ein Beitrag $A_0 e^{i\varphi}$ ergibt. Eine Zeichnung zeigt, daß $\varphi = (2\pi b/\sin\beta)/\lambda = kb\sin\beta$ ist. Vom übernächsten Spalt kommt $A_0 e^{2i\varphi}$ hinzu. Die Summe der komplexen Amplituden ist somit

$$A = A_0(1 + e^{i\varphi} + e^{2i\varphi} + \cdots + e^{(N-1)i\varphi}) = A_0 \frac{1 - e^{Ni\varphi}}{1 - e^{i\varphi}}. \tag{2.2}$$

Der Absolutwert ergibt die Amplitude

$$|A| = |A_0| \left| \frac{\sin(N\varphi/2)}{\sin(\varphi/2)} \right|. \tag{2.3}$$

Aufgaben

2.1   Indem man komplexe Zahlen durch Vektoren in der Ebene darstellt, kann man obiges Summieren komplexer Amplituden graphisch erledigen. Tun Sie dies für $N = 8$ und $\varphi = 0, \ 15°, \ 30°, \ldots$! Stellen Sie die Beleuchtungsstärke als Funktion von φ graphisch dar!

2.2   Zwei gleiche Lautsprecher werden mit derselben Wechselspannung mit 1000 Schwingungen pro Sekunde gespeist. Hören Sie sich den Ton an! Wie verändert sich seine Lautstärke, wenn man bei einem der Lautsprecher die Schwingungen elektronisch verzögert, ohne die Amplitude zu verändern?

2.3   Um die Beugung an einem Spalt endlicher Breite zu beschreiben, betrachteten wir vorher ein Beugungsgitter mit engen Spalten, die als Linienlichtquellen funktionieren, bzw. im Grundriß als Punktquellen erscheinen. Einen Spalt endlicher Breite a kann man sich als ein Bündel vieler enger Spalten vorstellen. Die Summe komplexer Amplituden wird also in diesem Fall mit einem Integral beschrieben. Wie sieht das Resultat aus? Stellen Sie es auch graphisch dar!

2.4   Erweitern Sie die vorhergehende Aufgabe auf ein Beugungsgitter mit N Spalten endlicher Breite a mit dem Abstand b. Das Quadrat des Absolutbetrages der gewonnenen Summe von Integralen kann man als Produkt zweier Faktoren ausdrücken. Der sogenannte Formfaktor hängt von der Breite des Spaltes ab, und der Strukturfaktor vom Abstand und Anzahl der Spalte. Skizzieren Sie wiederum die Beleuchtungsstärke in Abhängigkeit vom Ablenkwinkel β!

2.5   Wie sieht das Resultat der vorhergehenden Aufgabe bei großer Spaltenzahl aus? Überzeugen Sie sich, daß in diesem Fall das Interferenzbild sehr schmale sogenannte Hauptmaxima aufweist, die mit eng anliegenden Nebenmaxima umgeben sind, während dazwischen breite Streifen des Bildschirms fast unbeleuchtet bleiben. Man stellt fest, daß die Höhe der Hauptmaxima durch den Formfaktor bestimmt wird.

2.6 Wie breit muß der einzelne Spalt eines Beugungsgitters im Verhältnis zum Spaltabstand sein, damit die nächstliegenden Hauptmaxima links und rechts von der Einfallsrichtung des Lichtes verschwinden? Benutzen Sie das Ergebnis von Aufgabe 2.5!

2.2 Fourier-Reihen

Jede periodische Funktion $f(t)$ mit der Periode T, also mit der Kreisfrequenz $\omega = 2\pi/T$, können wir versuchen in eine *Fourier-Reihe* zu entwickeln. Drei Schreibarten sind im Gebrauch:

$$f(t) \;=\; \frac{a_0}{2} + a_1 \cos \omega t + b_1 \sin \omega t + a_2 \cos 2\omega t + b_2 \sin 2\omega t + \cdots \qquad (2.4)$$

$$=\; \frac{a_0}{2} + c_1 \cos(\omega t - \varphi_1) + c_2 \cos(2\omega t - \varphi_2) + \cdots \qquad (2.5)$$

$$=\; \sum_{n=-\infty}^{n=\infty} A_n \, \mathrm{e}^{-ni\omega t}. \qquad (2.6)$$

Das Übersetzen aus einer Schreibweise in die andere soll sich der Leser selbst überlegen:

$$c_n \cos \varphi_n \;=\; a_n, \qquad c_n \sin \varphi_n = b_n, \qquad (2.7)$$

$$c_n^2 \;=\; a_n^2 + b_n^2, \quad \tan \varphi_n = \frac{b_n}{a_n}, \qquad (2.8)$$

$$2A_{\pm n} \;=\; a_n \pm \mathrm{i}b_n = c_n \exp(\pm \mathrm{i}\varphi_n), \qquad (2.9)$$

also speziell $2A_0 = a_0$. Wir wollen annehmen, daß die Funktion $f(t)$, somit auch die Koeffizienten a_n, b_n, c_n, reell sind, also $A_{-n} = A_n^*$. Man sieht, daß bei einer ungeraden Funktion die Reihe nur Sinusterme enthält, während bei einer geraden Funktion diese Terme fehlen. Falls außerdem die Funktion bezüglich der Viertelperiode ($t = T/4$) Symmetrie oder Antisymmetrie aufweist, so verschwindet jedes zweite Glied der Reihe. Der Leser soll dies selbst ausarbeiten.

Die Koeffizienten errechnet man bekanntermaßen wie folgt:

$$a_n = \frac{2}{T} \int_0^T f(t) \cos n\omega t \, \mathrm{d}t, \quad b_n = \frac{2}{T} \int_0^T f(t) \sin n\omega t \, \mathrm{d}t, \qquad (2.10)$$

oder besser

$$A_n = \frac{1}{T} \int_0^T f(t) \, \mathrm{e}^{ni\omega t} \, \mathrm{d}t. \qquad (2.11)$$

Es macht offenbar nichts aus, wenn man beide Integrationsgrenzen um den gleichen Wert verschiebt, also wenn man z.B. lieber von $-T/2$ bis $T/2$ integriert. Bei bestimmten Symmetrien der Funktion $f(t)$ erspart man sich etwas Arbeit, indem man nur über die Hälfte oder sogar nur über ein Viertel der Periode integriert. Die Koeffizienten, die wegen der Symmetrie verschwinden, werden dabei gar nicht in Angriff genommen. Beispiele sind leicht zu finden, was wiederum dem Leser überlassen werden soll.

Die Bedingungen, denen die Funktion $f(t)$ genügen muß, damit die mit obigen Koeffizienten gebildete Reihe auch wirklich gegen $f(t)$ konvergiert, hängen von der Art der verlangten Konvergenz ab. Aus der Literatur entnehmen wir folgende Behauptungen, die zunehmend weniger schöne Eigenschaften von der Funktion $f(t)$ verlangen und deshalb schwächer hinsichtlich der Art der Konvergenz sind:

1. Wenn die Funktion $f(t)$ im Intervall $[0, T]$ stetig und fast überall differenzierbar ist und ihre Ableitung dem Funktionenraum L^2 angehört (d.h., das Integral $\int |f'|^2 \, dt$ existiert im Lebesgueschen Sinne), dann konvergiert die Fourier-Reihe absolut und gleichmäßig gegen $f(t)$.

2. Falls die Funktion $f(t)$ beschränkt sowie stückweise stetig und monoton ist (wobei die Anzahl der Abschnitte endlich sei), so konvergiert die Reihe für jedes t gegen das arithmetische Mittel aus linkem und rechtem Grenzwert, d.h. gegen $[f(t-) + f(t+)]/2$.

3. Für jede dem L^2-Raum angehörige Funktion $f(t)$ konvergiert die Reihe „im Mittel", d.h. stark in L^2, gegen $f(t)$.

Es gibt noch weitere Verallgemeinerungen, bei denen entsprechend schwächere Konvergenzkriterien in Kauf genommen werden müssen. Folgendes Beispiel, das man auf heuristische Weise leicht verifiziert, soll die Erklärung ersetzen:

$$\frac{1}{2} + \sum_{n=1}^{\infty} \cos nt = \pi \sum_{m=-\infty}^{\infty} \delta(t - 2m\pi). \tag{2.12}$$

Für die hier auftretende *Delta-Funktion* $\delta(t)$ von Dirac, die keine Funktion im gewöhnlichem Sinne ist, zeichne man vorläufig eine sehr enge und sehr hohe bei $t = 0$ gelegene glockenartige Kurve, die mit der t-Achse die Einheitsfläche einschließt. Entsprechend dem Bilde vermuten wir, daß für jede stetige Funktion $f(t)$ folgende Beziehung erfüllt ist:

$$\int_{-\infty}^{\infty} f(t)\, \delta(t) \, dt = f(0), \tag{2.13}$$

gilt. Eigentlich kann man dies als Definition von $\delta(t)$ annehmen. Gelegentlich werden wir auch mehrdimensionale Delta-Funktionen benötigen, z.B. $\delta(\boldsymbol{r})$. Diese ist so definiert, daß für jede stetige Funktion $f(\boldsymbol{r})$ des Ortes folgendes gilt,

$$\int f(\boldsymbol{r})\, \delta(\boldsymbol{r}) \, dV = f(0), \tag{2.14}$$

wenn der Koordinatenursprung (hier als 0 bezeichnet) im Inneren des Integrationsbereiches liegt. Mehr darüber im Abschn. 11.1 .

Zu obigem Punkt 2 soll bemerkt werden, daß die Konvergenz in der Umgebung einer Unstetigkeit von $f(t)$ nicht gleichmäßig sein kann. Jede Teilsumme der Reihe zeigt in der Nähe eines solchen Punktes feine Schwingungen. Je mehr Terme man summiert, umso dichter drängen sich die Schwingungen zusammen, jedoch ohne daß die Amplituden gegen Null gehen würden. Die erste Amplitude bleibt bei etwa 9% des Unstetigkeitssprungs stehen. Dieses paradox erscheinende Verhalten ist als *Gibbssches Phänomen* bekannt oder, in der Sprechweise der Elektroniker, als „Overshoot".

In den Fourierschen Reihen erkennt man die Zerlegung von nicht sinusförmigen periodischen Bewegungen in reine Sinusschwingungen. Statt an den Zeitablauf einer Schwingung zu denken, kann man sich auch die Momentanform eines Wellenzuges vorstellen. An Stelle von Zeit t und Kreisfrequenz $\omega = 2\pi/T$ hat man dann die Koordinate x und Wellenzahl $k = 2\pi/\lambda$.

Für ein $f(t) \in L^2$ ist es sinvoll, die mittlere quadratische Abweichung der Teilsumme vom Endwert zu studieren und den Grenzwert zu bilden. So kommt man zur *Parsevalschen Gleichung*, die wir in drei Formen wiedergeben:

$$\frac{1}{T}\int_0^T |f(t)|^2\, dt \;=\; (\frac{1}{2}a_0)^2 + \frac{1}{2}\sum_{n=1}^\infty (a_n^2 + b_n^2) \tag{2.15}$$

$$=\; (\frac{1}{2}a_0)^2 + \frac{1}{2}\sum_{n=1}^\infty c_n^2 \tag{2.16}$$

$$=\; \sum_{n=-\infty}^\infty |A_n|^2. \tag{2.17}$$

Der Gleichung kommt eine wichtige anschauliche Bedeutung zu. Man stelle sich vor, $f(t)$ sei die Momentanstärke eines nichtsinusförmigen Wechselstroms und c_n die Amplituden der einzelnen harmonischen Komponenten. Parsevals Gleichung stellt fest, daß die Durchschnittsleistung des Stroms sich aus den Durchschnittsleistungen seiner harmonischen Komponenten zusammensetzt.

Um uns ein Bild der Parsevalschen Summe zu machen, tragen wir auf die Abszisse die Frequenzen oder Kreisfrequenzen auf. Bei jedem Vielfachen der Grundkreisfrequenz ω zeichnen wir einen dicken senkrechten Strich, mit der Höhe proportional zu c_n^2. Damit haben wir das *Spektrum* der Schwingung $f(t)$ dargestellt. Das Spektrum zeigt, wieviel von der Gesamtdurchschnittsleistung auf die einzelnen Frequenzen entfällt. Wir stellen fest, daß das Spektrum einer periodischen Schwingung *diskret* (linienartig) ist. Dazu kommt, daß die Frequenzen der Spektrallinien in diesem Fall in gleichmäßigen Abständen einander folgen – eben weil alle Frequenzen Vielfache der Grundfrequenz sind. Es gibt aber auch anders beschaffene Spektra, wie aus der Akustik, Elektrizitätslehre und Optik wohlbekannt ist; darauf kommen wir bald zurück.

Falls die Funktion nicht analytisch, sondern durch eine aus Messungen gewonnene Tabelle gegeben ist, so muß man die Fourier-Koeffizienten durch numerische Integration berechnen. Die Periode T wird in N gleiche Intervalle aufgeteilt, also $h = T/N$. Nehmen wir an, die Funktion wäre in Wirklichkeit mehrere Male differenzierbar, und erinnern wir uns an die Euler-MacLaurinsche Integrationsformel (Aufgabe 1.70). Die dort verlangten Korrekturen mit den

Ableitungen an den Endpunkten heben sich wegen der Periodizität weg. Die Summe der Funktionswerte — wie bei der Trapezformel — bleibt übrig, z.B.

$$a_n = \frac{2}{N} \sum_{k=0}^{N-1} f(kh) \cos \frac{2\pi nk}{N}. \tag{2.18}$$

Nur eine endliche Anzahl von Koeffizienten kann so berechnet werden.

Die Zerlegung periodischer Funktionen in Fourier-Reihen hat besondere Bedeutung bei der Beschreibung von Erscheinungen, die linearen Gesetzen gehorchen. Man denke z.B. an elektromagnetische Wellen im Vakuum, oder an Wellen mit kleinen Amplituden in irgendeinem Medium. Alle Wellen in demselben Medium sind durch Lösungen derselben Differentialgleichung darstellbar. Diese kann bei kleinen Amplituden und bei Abwesenheit äußerer Einwirkungen als linear und homogen angenommen werden. Daher genügt ihr auch jede Linearkombination von Lösungen. Sowohl die einzelnen Terme einer Fourier-Reihe wie auch deren Summe genügen derselben Gleichung. Oder, physikalisch gesehen: Die entsprechenden Wellen gehorchen demselben linearen Gesetz. Die Akustik liefert wohl das bestbekannte Beispiel: die Zusammensetzung von Klängen aus Tönen. Seltener werden Fourier-Reihen als mathematisches Hilfsmittel auch bei der Untersuchung nichtlinearer Erscheinungen gebraucht.

Schwingungen sind nicht immer periodisch. Denken wir z.B. an die Flutbewegung des Meeresspiegels an einem gegebenen Ort! Wenn nur der Mond einen Einfluß hätte und dieser die Erde in der Äquatorebene umkreisen würde, und es auch keine Störungen durch das Wetter usw. gäbe, so müßte man eine periodische Flutbewegung erwarten, nämlich mit der Periode $\frac{1}{2}$ Mondtag $=$ 0,517 Sonnentage. Die Sonne wirkt aber auch mit, obwohl schwächer als der Mond. Man bekommt so eine Bewegung, die sich aus zwei Schwingungen mit den Perioden von 0,517 und 0,500 Tagen zusammensetzt. Weder nach einem halben Tag noch nach 0,517 Tagen wiederholt sich die Flutbewegung. Eine ziemlich genaue Wiederholung bekommt man aber nach 29 Tagen, wenn Sonne, Mond und Erde wieder in derselben Lage zueinander sind. Auch dies gilt nicht haargenau, so daß man besser von einer 29 Tage langen *Quasiperiode* statt einer Periode spricht. Schon wegen der Neigung der Erdachse kann es nach einem Monat keine exakte Wiederholung geben. Ein Jahr ($\approx$ 13 Mondmonate) ist deshalb eine genauere Quasiperiode. Noch exakter wäre vielleicht die Sarosperiode ($\approx$ 18 Jahre), nach der sich sogar Mond- und Sonnenfinsternisse ziemlich genau wiederholen.

Das Beispiel soll andeuten, daß es Funktionen gibt, die zwar nicht periodisch sind, für die man aber immer so lange Quasiperioden finden kann, daß es eine Wiederholung mit jeder vorgeschriebenen Genauigkeit gibt. Man nennt solche Funktionen *fastperiodisch*. Die Summe zweier Sinusfunktionen mit irrationalem Verhältnis der Perioden ist offenbar fastperiodisch. Ob der Mondtag zum Sonnentag in rationalem oder irrationalem Verhältnis steht, ist freilich eine dumme Frage. Ebenso dumm wäre es, exakt entscheiden zu wollen, ob eine beobachtete

Schwingung periodisch oder fastperiodisch ist. Eine Beurteilung vom Gesichtspunkt des gesunden Verstandes ist aber dennoch erlaubt. Da keine Ursache zu sehen ist, die das Verhältnis von Mond- zum Sonnentag rational machen könnte, muß man die ideale Flutbewegung als fastperiodisch anerkennen. Wohlgemerkt: Als rational kann bei gemessenen Größen nur ein Verhältnis kleiner ganzer Zahlen gelten.

Kristalle haben eine dreidimensionale periodische Gitterstruktur, womit gemeint ist, daß sie auf periodische Weise aus Atomen aufgebaut ist. Dreifache Fourier-Reihen werden natürlicherweise bei ihrer Beschreibung oft gebraucht. Neuerdings hat man aber auch sogenannte inkommensurable Strukturen entdeckt, die fastperiodisch sind. Meist entstehen sie durch Überlagerung zweier periodischer Strukturen mit irrationalem (d.h. nicht offensichtlich rationalem) Periodenverhältnis.

Auch fastperiodische Funktionen lassen sich in Fourier-Reihen entwickeln, wobei bloß die Perioden der Reihenglieder nicht mehr Vielfache einer Grundperiode sind. Ebenso kann man eine entsprechende Parsevalgleichung herleiten und sich das Spektrum aufzeichnen. Es ist diskret (linienartig) wie vorher, aber nicht mehr mit gleichmäßigem Abstand zwischen den Spektrallinien. Die periodischen Funktionen erscheinen also als ein Spezialfall der viel reicheren Familie der fastperiodischen Funktionen. Bilder von Atomspektren belehren uns darüber sehr eindrucksvoll.

Unter den Schallquellen zeichnen sich die Saite und die Pfeife dadurch aus, daß bei ihnen alle höheren Frequenzen Vielfache einer *Grundfrequenz* sind. Sie produzieren periodische Luftschwingungen. Für eine schwingende Platte oder Zunge, sowie für die Trommel gilt dies nicht. Die gewonnenen Klänge sind fastperiodische Schwingungen. Doch ist in allen diesen Fällen das Spektrum diskret, sofern man von Dämpfung absehen kann.

Zum Schluß betrachten wir noch ein besonderes Beispiel: das Zusammensetzen von zwei sinusartigen Schwingungen mit nur wenig verschiedenen Frequenzen. Wenn die Amplituden gleich groß sind, notieren wir

$$\exp[-\mathrm{i}(\omega - \Delta\omega)t] + \exp[-\mathrm{i}(\omega + \Delta\omega)t] = 2\cos(\Delta\omega\, t)\,\mathrm{e}^{-\mathrm{i}\omega t}. \tag{2.19}$$

Der reelle Teil des rechten Ausdrucks zeigt, daß sich die zusammengesetzte Schwingung von einer sinusartigen dadurch unterscheidet, daß die Amplitude sich langsam verändert, wie es der Faktor $\cos(\Delta\omega\, t)$ vorschreibt. Man spricht von *Schwebungen*, oder in der Radiotechnik von *Amplitudenmodulation*.

Statt zeitlichen Veränderungen können wir örtliche Unterschiede betrachten oder sogar beides zugleich, nämlich indem wir zwei Wellenzüge überlagern:

$$\begin{aligned}
\exp[\mathrm{i}(k - \Delta k)x - \mathrm{i}(\omega - \Delta\omega)t] \;&+\; \exp[\mathrm{i}(k + \Delta k)x - \mathrm{i}(\omega + \Delta\omega)t] \\
&= 2\cos(\Delta k\, x - \Delta\omega\, t)\,\mathrm{e}^{\mathrm{i}(kx - \omega t)}.
\end{aligned} \tag{2.20}$$

Das Ergebnis wird erst richtig interessant, wenn man *Dispersion* zuläßt, d.h. wenn die Ausbreitungsgeschwindigkeit von der Frequenz abhängt, wie das z.B. bei Wasserwellen der Fall ist. Die Frequenz und Wellenzahl sind dann nicht mehr einander proportional, sondern man hat eine kompliziertere *Dispersionsbeziehung* $\omega = \omega(k)$. Die *Phasengeschwindigkeit* c_{ph}, mit der jeder Wellenberg fortschreitet, unterscheidet sich unter solchen Umständen von der *Gruppengeschwindigkeit* c_{g}, mit der sich das Amplitudenmaximum verschiebt. Beim Ausdruck (2.20) ist zur Zeit $t = 0$ dieses Maximum bei $x = 0$, zu einer späteren Zeit t aber bei $x = (\Delta\omega/\Delta k)t$. Es verschiebt sich also mit der Geschwindigkeit $\Delta\omega/\Delta k$. Zum Vergleich schreiben wir neben dem Grenzwert dieses Quotienten auch die Phasengeschwindigkeit auf, wie wir sie durch Betrachtung einer einzelnen Sinuswelle bekommen:

$$c_{\mathrm{ph}} = \frac{\omega}{k}, \qquad c_{\mathrm{g}} = \frac{\mathrm{d}\omega}{\mathrm{d}k}. \tag{2.21}$$

Literatur

2.1 Whitakker and G. Robinson: *The Calculus of Observations* (Blackie, London 1952).

2.2 W. Maak, *Fastperiodische Funktionen* (Springer, Berlin, Heidelberg 1950).

Aufgaben

2.7 Mit elektronischen Mitteln kann man eine Wechselspannung erzeugen, die periodisch zwischen den Werten $+U_0$ und $-U_0$ hin und her springt. Stellen Sie die Einzelterme, sowie die Teilsummen der Fourier-Reihe graphisch dar! Beschreiben Sie das Spektrum!

2.8 Versuchen Sie dasselbe für eine sägeförmige Wechselspannung, wie sie im Fernsehapparat benutzt wird! Die Spannung steigt gleichmäßig von $-U_0$ auf $+U_0$ an und springt dann zurück, wonach sich der Vorgang wiederholt.

2.9 Unter dem Einfluß einer sinusförmigen Wechselspannung läßt ein idealer Gleichrichter einen pulsierenden Gleichstrom durch. Die eine Hälfte der Sinusschwingungen wird dabei abgeschnitten. Stellen Sie diesen Strom durch eine Fourier-Reihe dar! Wie zerlegt sich die Durchschnittsleistung, mit der der Strom einen Widerstand R heizt, in Beiträge der Fourier-Komponenten?

2.10 Die Primärspule eines Transformators mit Eisenkern wird mit sinusförmigem Wechselstrom gespeist. Die in der Sekundärspule induzierte Spannung ist aber verzerrt (nicht sinusförmig), weil die magnetische Kraftflußdichte B im Kern nicht genau dem Strom proportional ist. Unter Vernachlässigung der Hysteresis und für nicht zu große Amplituden darf man die Kraftflußdichte annähernd durch ein ungerades kubisches Polynom des Stroms darstellen: $B = aI - bI^3$. Berechnen Sie den Anteil der entnommenen Leistung (bei kleinem Strom), der den höheren harmonischen Frequenzen gehört!

2.11 Bei langen Wellen in tiefem Wasser ist die Phasengeschwindigkeit der Quadratwurzel aus der Wellenlänge proportional. Zeigen Sie, daß für diesen Fall $c_\mathrm{g} = \frac{1}{2}\, c_\mathrm{ph}$ gilt.

2.3 Fourier-Integrale

Eine Schwingung kann, streng genommen, als periodisch oder fastperiodisch nur dann gelten, wenn sie unendlich lang dauert, d.h. von $t = -\infty$ bis $+\infty$. Oft haben wir es aber mit Schwingungen von endlicher Dauer zu tun. Denken wir an einen endlich langen Pfiff oder einen Knall oder eine gedämpfte Schwingung! Gibt es auch in solchen Fällen eine ähnliche Analyse wie vorher? Kann man sich auch da ein Spektrum vorstellen? Wie wir sehen werden, sind beide Fragen zu bejahen, jedoch mit einem wesentlichen Unterschied: das Spektrum ist in solchen Fällen *kontinuierlich*, d.h., es sind in ihm alle Frequenzen innerhalb eines oder mehrerer Intervalle vertreten.

Nehmen wir zuerst an, daß der endlich lange Schwingungsvorgang nicht für immer aufhört, sondern sich periodisch wiederholt, obwohl mit einer sehr langen Periode $T = 2\pi/\omega_0$. Wir wiederholen z.B. den gleichen Pfiff jede Stunde. Die Entwicklung in eine Fourier-Reihe ist also durchaus legitim, obwohl die einzelnen Frequenzen $\omega = n\omega_0$ jetzt dicht beieinander liegen. Es ist zu erwarten, daß sich die komplexen Amplituden A_n mit wachsendem n nur langsam verändern. Man darf also die Summe der Reihe approximativ durch ein Integral ausdrücken. Die Zahl der Spektrallinien innerhalb $d\omega$ ist $d\omega/\omega_0$. Mit der sogenannten *Amplitudenfunktion* $A(\omega) = A_n/\omega_0$ können wir also die gegebene Schwingung $f(t)$ so entwickeln:

$$f(t) = \int_{-\infty}^{\infty} A(\omega)\, \mathrm{e}^{-\mathrm{i}\omega t}\, d\omega. \qquad (2.22)$$

Aus der Formel (2.11) für A_n ergibt sich die Umkehr dieses *Fourier-Integrals*,

$$A(\omega) = \frac{1}{2\pi} \int_{-\infty}^{\infty} f(t)\, \mathrm{e}^{\mathrm{i}\omega t}\, dt. \qquad (2.23)$$

Man darf hoffen, daß bei längerer Periode T die Approximation genauer wird und im Grenzwert bei $T \to \infty$ sogar exakt. Dabei bleibt nur ein endlich langer Schwingungsvorgang übrig, der sich nicht wiederholt.

Konvergenzsätze und Beweise sind bei Fourier-Integralen ähnlich wie bei den Reihen. Wir wollen uns damit nicht befassen, sondern uns nur die wichtigste Behauptung merken: Falls die Funktion $f(t)$ dem Funktionenraum $L^2(-\infty, \infty)$ angehört, so konvergiert das Integral $(2\pi)^{-1} \int_{-T}^{T} f(t)\, \mathrm{e}^{\mathrm{i}\omega t}\, dt$ stark gegen eine Funktion $A(\omega)$, die auch in L^2 ist. Dasselbe gilt dann für die Umkehr, die uns auf $f(t)$ zurückführt. Sogar Funktionen aus noch umfassenderen Funktionenräumen können zugelassen werden, wenn man sich mit entsprechend schwächerer Konvergenz begnügt. Einem wichtigen Beispiel werden wir sofort begegnen.

Beide Fourier-Integrale (2.22) und (2.23) kann man auch zusammensetzen:

$$f(t) = \frac{1}{2\pi} \int_{-\infty}^{\infty} d\omega \int_{-\infty}^{\infty} dt'\, f(t')\, \exp[i\omega(t' - t)]. \tag{2.24}$$

Ein Vergleich mit (2.13) zeigt, daß sich darin Diracs *Delta-Funktion* verbirgt:

$$\frac{1}{2\pi} \int_{-\infty}^{\infty} d\omega\, e^{i\omega\tau} = \delta(\tau). \tag{2.25}$$

Wir bestätigen dies durch die Umkehr

$$\int_{-\infty}^{\infty} \delta(\tau)\, e^{-i\omega\tau}\, d\tau = 1. \tag{2.26}$$

Da die Koeffizientenfolge einer Fourier-Reihe auch durch die Amplituden-funktion $A(\omega) = \sum A_n\, \delta(\omega - n\omega_0)$ dargestellt werden kann, lassen sich bei der angedeuteten umfassenden Interpretation von Fourier-Integralen unter dasselbe Konzept auch die Fourier-Reihen unterbringen.

Bei reellem $f(t)$ gilt offenbar $A(-\omega) = A^*(\omega)$. Um zu einer reellen Schreibweise der Fourierschen Integrale zu kommen, substituieren wir

$$A(\omega) = \frac{1}{2}[a(\omega) + ib(\omega)] = \frac{1}{2}c(\omega)\, e^{i\varphi(\omega)}, \tag{2.27}$$

was sofort zu

$$f(t) \;=\; \int_0^{\infty} a(\omega)\, \cos\omega t\, d\omega + \int_0^{\infty} b(\omega)\, \sin\omega t\, d\omega \tag{2.28}$$

$$=\; \int_0^{\infty} c(\omega)\, \cos[\omega t - \varphi(\omega)]\, d\omega \tag{2.29}$$

führt, oder umgekehrt zu

$$a(\omega) \;=\; \frac{1}{\pi} \int_{-\infty}^{\infty} f(t)\, \cos\omega t\, dt, \tag{2.30}$$

$$b(\omega) \;=\; \frac{1}{\pi} \int_{-\infty}^{\infty} f(t)\, \sin\omega t\, dt, \tag{2.31}$$

$$c(\omega) \;=\; (a^2 + b^2)^{1/2} = 2|A(\omega)|, \quad \tan\varphi(\omega) = \frac{b(\omega)}{a(\omega)}. \tag{2.32}$$

Durch Zusammenfassen erhalten wir die Identität

$$f(t) = \frac{1}{\pi} \int_0^{\infty} d\omega \int_{-\infty}^{\infty} f(t')\, \cos[\omega(t - t')]\, dt', \tag{2.33}$$

die einen ähnlichen Kommentar ermöglicht wie Gleichung (2.24).

Durch einen analogen Grenzübergang wie vorher (der aber keineswegs als Beweis gelten soll) kommen wir zur *Parsevalschen Gleichung* für Fourier-Integrale,

$$\int_{-\infty}^{\infty} |f(t)|^2\, dt = 2\pi \int_{-\infty}^{\infty} |A(\omega)|^2\, d\omega. \tag{2.34}$$

Der wichtigste Fall, für den die Gültigkeit der Gleichung bewiesen ist, betrifft wiederum Funktionen aus dem L^2-Raum.

Für reelles $f(t)$ können wir die negativen Frequenzen loswerden, indem wir

$$\int_{-\infty}^{\infty} |f(t)|^2 \, \mathrm{d}t = \pi \int_{0}^{\infty} [c(\omega)]^2 \, \mathrm{d}\omega \tag{2.35}$$

schreiben. Stellen wir uns $f(t)$ als die momentane Stärke eines elektrischen Stromes vor! Die mit R multiplizierte linke Seite der Parsevalgleichung beschreibt dann die gesamte elektrische Arbeit, die ein Widerstand durch den Schwingungsvorgang empfängt. Im Produkt $R\pi[c(\omega)]^2 \, \mathrm{d}\omega$ erkennen wir den Anteil der Arbeit, der dem Intervall $\mathrm{d}\omega$ entspricht. Bis auf den fehlenden Faktor R stellt die Funktion $\pi[c(\omega)]^2$ die spektrale Dichte der Schwingungsenergie dar, womit das Spektrum des Schwingungsvorgangs $f(t)$ beschrieben wird. Es ist kontinuierlich.

Als Beispiel betrachten wir eine *gedämpfte Schwingung*:

$$f(t) \propto \cos(\omega_0 t)\, \mathrm{e}^{-\beta t} \quad \text{bei} \quad t > 0; \quad f(t) = 0 \quad \text{bei} \quad t < 0. \tag{2.36}$$

Sofort haben wir

$$A(\omega) \propto \int_{-\infty}^{\infty} f(t)\, \mathrm{e}^{\mathrm{i}\omega t} \, \mathrm{d}t \propto \frac{1}{-\mathrm{i}(\omega - \omega_0) + \beta} + \frac{1}{-\mathrm{i}(\omega + \omega_0) + \beta}. \tag{2.37}$$

Bei schwacher Dämpfung ($\beta \ll \omega_0$) sind die Amplituden nur in den Umgebungen von $\pm\omega_0$ merklich. Bei ω in der Nähe von $+\omega_0$ darf man den letzten Term vernachlässigen, so daß approximativ gilt

$$[c(\omega)]^2 = 4|A(\omega)|^2 \propto \frac{1}{(\omega - \omega_0)^2 + \beta^2}. \tag{2.38}$$

Das Spektrum des Lichtes, das von isolierten, ruhenden, angeregten Atomen emittiert wird, sieht tatsächlich so aus. Man spricht von Spektrallinien mit *Lorentzschem Profil*. Die *volle Breite* $2\Delta\omega$ der Linie mißt man nach Verabredung in halber Höhe. Das heißt, wir prüfen, wo links und rechts vom Maximum die spektrale Energiedichte auf die Hälfte absinkt. Beim behandelten Beispiel finden wir $2\Delta\omega = 2\beta$. Da keinerlei Störung zugelassen wurde, nennt man dies mit Recht die *natürliche Breite* der Linie.

Angeregte Natriumatome emittieren Licht der Wellenlänge 590 nm, und zwar ist die mittlere Dauer des Schwingungszuges gleich $(2\beta)^{-1} = 10^{-8}\,\mathrm{s}$. Dementsprechend hat man im Raum einen Wellenzug der mittleren Länge $c/2\beta = 3\,\mathrm{m} = 5 \cdot 10^6\,\lambda$. Um die Linienbreite im Wellenlängenmaßstab zu ermitteln, leiten wir aus $\lambda \propto \omega^{-1}$ die Abschätzung $\Delta\lambda/\lambda = -\Delta\omega/\omega$ ab. Es folgt, daß $2|\Delta\lambda| = 2\beta\lambda^2/2\pi c = \lambda/(2\pi \cdot 5 \cdot 10^6) = 19 \cdot 10^{-6}\,\mathrm{nm}$ ist.

Allerlei Störungen verbreitern die Spektrallinien, so z.B. Zusammenstöße zwischen den Atomen. Jeder Stoß unterbricht nämlich die Emission, so daß man abgeschnittene Wellenzüge bekommt. Eine abgeschnittene Sinusschwingung ist aber keine reine Sinusschwingung mehr. Wir wollen diesmal von der Dämpfung absehen und annehmen, daß $f(t) \propto \cos\omega_0 t$ im Intervall $-T/2 < t < T/2$ ist und $f = 0$ außerhalb. Nach kurzer Rechnung finden wir

$$A(\omega) \propto \frac{\sin[\frac{1}{2}(\omega - \omega_0)T]}{\omega - \omega_0} + \frac{\sin[\frac{1}{2}(\omega + \omega_0)T]}{\omega + \omega_0}. \tag{2.39}$$

Bei $\omega_0 T \gg 1$ und für ω nahe bei ω_0 vernachlässigen wir wiederum den letzten Term. Das Quadrat des Absolutwertes $|A|$ ergibt ein Profil der Spektrallinie, das wie das durch einen Spalt endlicher Breite erzeugte Beugungsbild aussieht. Siehe Aufgabe 2.3 und vergleiche beide Rechnungen!

Fourier-Integrale werden oft als mathematisches Hilfsmittel gebraucht, ohne daß man Spektren beschreiben will. Man spricht dann lieber von *Fourier-Transformationen* und führt gern entsprechende Bezeichnungen ein, etwa

$$Y(k) = \frac{1}{2\pi} \int_{-\infty}^{\infty} y(x)\, e^{-ikx}\, dx \equiv (\mathcal{F}y)(k), \tag{2.40}$$

$$y(x) = \int_{-\infty}^{\infty} Y(k)\, e^{ikx}\, dk \equiv (\mathcal{F}^{-1}Y)(x). \tag{2.41}$$

Manchmal erscheint es praktisch, die Transformation (2.40) ohne den Faktor $1/2\pi$ zu definieren; dann bekommt aber das Integral in (2.41) diesen Faktor. Durch partielle Integration finden wir die Fourier-Transformierte der Ableitung,

$$(\mathcal{F}y')(k) = ik\,(\mathcal{F}y)(k). \tag{2.42}$$

Es gibt Handbücher mit ganzen Sammlungen solcher Formeln, mit deren Hilfe man einen gewissen Typ gewöhnlicher Differentialgleichungen ohne viel Denken routinemäßig lösen kann.

Als Beispiel nehmen wir folgende Differentialgleichung zweiter Ordnung,

$$y'' + ay' + by = \frac{1}{\sqrt{2\pi}} \exp\left(-\frac{1}{2}x^2\right). \tag{2.43}$$

Sie ist linear inhomogen und hat links konstante Koeffizienten. Eine Fourier-Transformation (diesmal ohne den Faktor $1/2\pi$) auf beiden Seiten ergibt

$$(-k^2 + iak + b)Y = \exp(-\frac{1}{2}k^2) \tag{2.44}$$

und daraus Y. Durch die umgekehrte Fourier-Transformation finden wir eine spezielle Lösung der ursprünglichen Gleichung:

$$y(x) = \frac{1}{2\pi} \int_{-\infty}^{\infty} e^{ikx} \frac{1}{-k^2 + iak + b} \exp\left(-\frac{1}{2}k^2\right) dk. \tag{2.45}$$

Nachdem wir dafür in den Handbüchern keinen expliziten Ausdruck finden, liegt es nahe, sich an eine numerische Berechnung heranzumachen. Dies ist aber kaum der Mühe wert, denn wir hätten ja die ursprüngliche Gleichung direkt numerisch lösen können.

Eine wichtige Anwendung hat die Fourier-Transformation bei *linearen Systemen* gefunden. So nennt man erdachte oder wirkliche physikalische Objekte, die fähig sind, eingegangene zeitabhängige Signale $u(t)$ aufzunehmen und sie in Ausgangssignale $v(t)$ linear zu verarbeiten. „Linear" soll heißen, das jede Linearkombination von Eingangssignalen, z,B. $\alpha u_1(t) + \beta u_2(t)$ die entsprechende Linearkombination $\alpha v_1(t) + \beta v_2(t)$ am Ausgang liefert. Wirkliche Systeme sind immer *kausal*, in dem Sinne, daß das Ausgangssignal nicht vor dem Eingangssignal beginnen kann. Oft haben wir es mit *zeitinvarianten Systemen* zu tun, d.h. solchen, deren Eigenschaften sich mit der Zeit nicht ändern. Bei einer Zeitverschiebung des Eingangssignals verschiebt sich dann ebenso das Ausgangssignal, ohne sich sonst irgendwie zu ändern.

Unter den linearen Systemen, mit denen man es in der Elektronik zu tun hat, sind *lineare Verstärker* besonders wichtig. Hier darf das Signal nicht zu stark sein, damit die Linearität gewährleistet ist. Wegen der Kapazitäten, die in den Verstärker eingebaut sind, kommt es bei schnell sich ändernden Signalen zu Verzögerungen und daher auch zu Verzerrungen. Man kann sich aber noch ganz andere lineare Systeme ausdenken. Stellen wir uns ein Molekül vor, das man einem veränderlichen elektrischen Feld unterwirft. Es reagiert, indem sich in ihm ein elektrischer Dipol aufbaut. Bei schnellen Feldänderungen können sich wegen der Elektronenmasse die Dipoländerungen verzögern und verzerren. Bei nicht zu starken Feldern darf man aber sehr wohl mit Linearität rechnen.

Bei einem linearen System braucht man nicht alle seine Antworten auf beliebige Eingangssignale zu kennen. Es genügt, wenn wir nur gewisse typisierte Signale zulassen, so daß sich allgemeinere daraus linear aufbauen lassen. Am einfachsten ist es, wenn wir als Eingangssignal vorerst nur einen ganz kurzen Stoß erlauben, den wir durch $\delta(t)$ idealisieren. Wörtlich sollte man das nicht verstehen, denn die unendlich hohe Amplitude würde ja die Linearität zerstören. Mit dem $\delta(t)$ ist hier in Wirklichkeit ein so kurzes Signal gemeint, daß eine weitere Verkürzung die Form des Ausgangssignals nicht mehr merklich ändern würde. (Um das Signalmaximum in Schranken zu halten, multiplizieren wir nötigenfalls das δ in Gedanken mit einem kleinen Koeffizienten.) Am Ausgang bekommen wir ein Signal, das durch die sogenannte *Impulsantwortfunktion* $h(t)$ beschrieben wird. Da das System kausal wirkt, muß die Funktion h bei negativem t verschwinden.

Wird das Eingangssignal um t' verschoben, so daß wir es durch $\delta(t - t')$ beschreiben, so haben wir bei einem zeitlich invariantem System dieselbe Verschiebung am Ausgang. Wir bekommen also $h(t - t')$. Nach diesen Überlegungen sind wir in der Lage, für ein beliebiges Eingangssignal das Ergebnis am Ausgang eines zeitinvarianten linearen Systems vorauszusagen. Man braucht nur das Eingangssignal $u(t')$ in kurze Abschnitte $u(t') \, dt'$ einzuteilen und jeden Abschnitt so zu behandeln wie vorher das einzelne Impulssignal. Jeder Abschnitt erzeugt am Ausgang ein entsprechend verzögertes und mit dem Faktor $u \, dt'$ multipliziertes Signal. Durch lineares Zusammensetzen, d.h. durch Integrieren über die Abschnitte bekommen wir schließlich

$$v(t) \;=\; \int_{-\infty}^{\infty} h(t - t') \, u(t') \, dt' \qquad\qquad (2.46)$$

$$= \int_{-\infty}^{\infty} h(\tau)\, u(t - \tau)\, \mathrm{d}\tau. \tag{2.47}$$

So findet man das Ausgangssignal $v(t)$ für ein beliebiges Eingangssignal $u(t)$, wenn die Impulsantwortfunktion $h(\tau)$ bekannt ist. Eigentlich hätten wir beim ersten Integral als obere Grenze t und beim zweiten als untere Grenze 0 einsetzen dürfen, da ja $h(t - t') = h(\tau)$ darüber hinaus verschwindet. Wir geben aber der allgemeineren Schreibweise wegen späterer Anwendungen (Kap. 11) den Vorzug.

Sehen wir uns das soeben aufgeschriebene Integral mit dem Auge eines Mathematikers an! Es hat als Integranden das Produkt zweier Funktionen h und u, was zu einer neuen Funktion $v(t)$ führt. Dabei sind die Variablen in h und u so bemessen, daß ihre Summe dem neuen t gleich ist. Man nennt so ein Integral eine *Faltung* (*Konvolution*). Manchmal ist es praktisch, für die Faltung ein besonderes Zeichen einzuführen: $v = h * u$. Man sieht, daß beide Funktionen gleichwertig auftreten, denn in der zweiten oben angegebenen Formel sind ihre Rollen nur vertauscht. Wir sehen, daß die Faltung kommutativ ist: $h * u = u * h$.

Die Zerlegung des Eingangssignals in kurze Abschnitte ist nicht das einzige Verfahren, das zum Ziel führt. Statt dessen können wir es nach Fourier analysieren. Wenn wir für jede Fourier-Komponente wissen, was sie am Ausgang liefert, so bekommen wir durch lineares Zusammensetzen die Antwort auch für ein beliebiges Eingangssignal.

Wenden wir also die Fouriertransformation (jetzt wieder ohne den Faktor $1/2\pi$) auf beide Seiten der Gleichung (2.46) an:

$$V(\omega) = \int_{-\infty}^{\infty} v(t)\, \mathrm{e}^{\mathrm{i}\omega t}\, \mathrm{d}t = \int_{-\infty}^{\infty} \mathrm{e}^{\mathrm{i}\omega t}\, \mathrm{d}t \int_{-\infty}^{\infty} h(t - t')\, u(t')\, \mathrm{d}t'. \tag{2.48}$$

Nach der Substitution $t = \tau + t'$ und $\mathrm{d}t\, \mathrm{d}t' = \mathrm{d}\tau\, \mathrm{d}t'$ zerfällt das Integral in ein Produkt von zwei Integralen, nämlich in die Fouriertransformierten der Funktionen h und v:

$$V(\omega) \;=\; H(\omega)\, U(\omega), \tag{2.49}$$

$$H(\omega) \;=\; \int_{-\infty}^{\infty} h(\tau)\, \mathrm{e}^{\mathrm{i}\omega\tau}\, \mathrm{d}\tau, \tag{2.50}$$

$$U(\omega) \;=\; \int_{-\infty}^{\infty} u(t')\, \mathrm{e}^{\mathrm{i}\omega t'}\, \mathrm{d}t'. \tag{2.51}$$

So sind wir zu einer wichtigen Erkenntnis gekommen: Durch Fouriertransformation geht ein Faltungsintegral in das entsprechende Produkt über. Die Fouriertransformierte $H(\omega)$ der Impulsantwortfunktion wird oft als die *Übertragungsfunktion* bezeichnet.

In bezug auf lineare Systeme sehen wir jetzt, wie man das Ausgangssignal bekommt, wenn das Eingangssignal sinusartig ist: Man multipliziert die eingegangene komplexe Amplitude mit der Übertragungsfunktion. Da letztere im Allgemeinen komplex ist, werden damit nicht nur Änderungen der Amplitude sondern auch der Phase berücksichtigt. Um die Antwort auf ein beliebiges Signal zu beschreiben, können wir es in ein Fourier-Integral entwickeln,

$$u(t) = \frac{1}{2\pi} \int_{-\infty}^{\infty} U(\omega) \, e^{-i\omega t} \, d\omega,$$

und bekommen

$$v(t) = \frac{1}{2\pi} \int_{-\infty}^{\infty} H(\omega) \, U(\omega) \, e^{-i\omega t} \, d\omega. \tag{2.52}$$

Eigentlich haben wir damit nur die Gleichung (2.46) anders aufgeschrieben.

Als Beispiel nehmen wir einen Körper, der auf einer sehr viskosen Flüssigkeit schwimmt. Nachdem man ihn anstößt, bewegt er sich (annähernd) mit exponentiell abklingender Geschwindigkeit, im Einklang mit dem linearen Widerstandsgesetz. Für eine untergetauchte Kugel ist die Relaxationskonstante $\beta = 6\pi r\eta/m$, wenn man mit dem Stokesschen Widerstandsgesetz rechnen darf. So haben wir die Impulsantwortfunktion dieses Systems: $h(\tau) = e^{-\beta\tau}$ für $\tau > 0$ und $h = 0$ für $\tau < 0$. Ihre Fouriertransformierte ist leicht zu finden: $H(\omega) = 1/(\beta - i\omega)$. Sie stellt die komplexe Amplitude für den Fall dar, daß der Körper mit einer sinusartig schwingenden Kraft hin- und hergeschoben wird. Bei niedriger Frequenz ($\omega \ll \beta$) ist die Bewegung quasistatisch: man bemerkt keine Phasenverschiebung. Anders bei sehr hoher Frequenz ($\omega \gg \beta$), bei der sich die Amplitude nahezu im Verhältnis ω/β verkleinert, während die Phase fast um $\pi/2$ verzögert ist. Entweder mit Hilfe von $h(\tau)$ oder von $H(\omega)$ können wir nach obigem Muster die Antwort auf eine beliebige zeitabhängige Kraft beschreiben.

Bei Funktionen, die für $t < 0$ verschwinden, haben wir es bei Berechnung der Amplitudenfunktion mit einer halbseitigen Fourier-Transformation zu tun, wie

$$A(\omega) = \frac{1}{2\pi} \int_0^{\infty} f(t) \, e^{i\omega t} \, dt, \tag{2.53}$$

die auch *Laplace-Transformation* genannt wird. Mit einem Beispiel hatten wir schon in (2.36) zu tun. Allerdings werden in solchen Fällen meist andere Bezeichnungen gebraucht: $i\omega \equiv -s$ und $2\pi A(\omega) \equiv F(s)$, so daß man

$$F(s) = \int_0^{\infty} f(t) \, e^{-st} \, dt \tag{2.54}$$

statt (2.53) schreibt. Die umgekehrte Transformation ist dann

$$f(t) = \frac{1}{2\pi i} \int_{c-i\infty}^{c+i\infty} F(s) \, e^{st} \, ds. \tag{2.55}$$

Dabei muß man c so wählen, daß das Integral $\int_0^{\infty} e^{-ct} |f(t)| \, dt$ konvergiert.

Die Laplace-Transformation wird oft als Hilfsmittel zum Lösen von Anfangswertproblemen in Verbindung mit gewöhnlichen linearen Differentialgleichungen gebraucht. Anleitungen dazu sowie allerlei Formeln findet man in Handbüchern.

Literatur

2.3   E.C. Titchmarsh: *Introduction to the Theory of Fourier Integrals* (Oxford University Press, 1959).

2.4   I.N. Sneddon: *Fourier Transforms* (McGraw-Hill, New York, 1951).

2.5   H. Babovsky, T. Beth, H. Neunzert und M. Schulz-Reese: *Mathematische Methoden in der Systemtheorie* (Teubner, Stuttgart 1987).

2.6   H. Bateman, A. Erdelyi, *Tables of Integral Transforms* (McGraw-Hill, New York, 1954).

2.7   G. Doetsch, *Handbuch der Laplace Transformation* (Birkhäuser, Basel, 1950).

Ausblick: Die wichtigste Erkenntnis dieses Kapitels war, daß Spektra von periodischen und fastperiodischen Schwingungen diskret sind, während einem endlich langen Vorgang ein kontinuierliches Spektrum entspricht. Damit sind aber keineswegs alle möglichen Schwingungsarten berücksichtigt. Wir kennen ja auch solche, wie z.B. akustisches Rauschen oder weißes Licht, für die Experimente ein kontinuierliches Spektrum ergeben, obwohl der Vorgang zeitlich keineswegs begrenzt zu sein braucht. Wir werden darauf im Kapitel 11 zurückkommen und dann auch lernen, wie man bei solchen Funktionen eine Fourier-Analyse ausführt.

Aufgaben

2.12   Ein akustischer Analysator mißt bei einem gesungenen Ton die Frequenz 1000 Hz auf 1 Hz genau. Wie lang muß man den Ton vorsingen, damit eine solche Genauigkeit überhaupt erreicht werden kann? Wie verhalten sich die Zeitspanne und die Unbestimmtheit der Frequenz? Gibt es eine verwandte Behauptung aus der Quantenmechanik?

2.13   Auf einem langen Seil wandert ein Wellenzug, bestehend aus 3 vollen sinusförmigen Wellen. Wie sieht das Spektrum aus? Wie verhält sich allgemein die Länge eines Wellenzuges zur Unbestimmtheit der Wellenzahl k? Erinnern Sie sich an eine verwandte Aussage der Quantenmechanik.

2.14   Untersuchen Sie das Spektrum einer gedämpften Schwingung, die sich nach dem Ende jeder fünften Schwingung durch erneuten Stoß mit voller Amplitude wiederholt! Das *logarithmische Dekrement* sei 0,1. (Damit ist der natürliche Logarithmus des Verhältnisses zweier aufeinanderfolgender Schwingungsmaxima gemeint.) Wie ändert sich das Spektrum, wenn es keine Wiederholung gibt, sondern nur eine einmalige Anregung? Wie aber, wenn man kein Ausklingen erlaubt, sondern den Vorgang nach genau 5 Schwingungen für immer abbricht?

2.15   Ein Körper, der auf einer sehr viskosen Flüssigkeit schwimmt, wird mit einer endlich lang andauernden konstanten Kraft angeschoben. Berechnen Sie die Geschwindigkeit als Funktion der Zeit auf zwei Arten: mit Hilfe der Impulsantwortfunktion und mit der Übertragungsfunktion.

2.16 Bei einem linearen Verstärker sei die Impulsantwortfunktion $h(\tau)$ bekannt. Wie kann man im Prinzip aus dem beobachteten Ausgangssignal $v(t)$ den zeitlichen Verlauf des Eingangssignals $u(t)$ bestimmen? Schlagen Sie eine Prozedur vor, die sozusagen eine „Entfaltung" (Dekonvolution) des Ausdrucks (2.46) bewirkt.

2.17 Die Differentialgleichung $f'(t) + \beta f(t) = \mathrm{e}^{-\alpha t}$ mit $\beta \neq \alpha$ soll unter der Anfangsbedingung $f(0) = 1$ mit Hilfe der Laplace-Transformation gelöst werden. (Statt dessen kann man von der Vermutung ausgehen, daß die Lösung die Form $f = A\mathrm{e}^{-\alpha t} + B\mathrm{e}^{-\beta t}$ haben könnte. Durch Einsetzen in die Gleichung bestätigt man die Vermutung und bestimmt die Koeffizienten aus der Anfangsbedingung.)

3. Vektorrechnung

3.1 Vektoralgebra

Gerichtete physikalische Größen werden allgemein als *Vektoren* dargestellt. Graphisch unterscheidet man sie von skalaren Größen, indem man sie als gerichtete Strecken abbildet. Man gebraucht Zeichen mit aufgesetzten Pfeilen oder, im Druck, fette Buchstaben. Als Beispiele mögen erwähnt sein: eine Verrückung s, Geschwindigkeit v, Beschleunigung a, Kraft F, Drehmoment M, elektrische Feldstärke E, magnetische Kraftflußdichte B. Vektoren, die physikalisch gleicher Art sind, kann man mittels der bekannten Parallelogrammkonstruktion addieren. Auch bei jeder linearen Kombination bekommt man wieder einen Vektor, z.B. $\alpha s_1 + \beta s_2 = s$. Dabei sollen α und β reelle Zahlen sein, denn wir werden nur reelle Vektoren betrachten, wenn dies nicht ausdrücklich anders erklärt sein wird. Für jeden Vektor kann man seinen Betrag (seine *Norm*) angeben, die ohne aufgesetzten Pfeil oder Fettdruck bezeichnet wird, z.B. $v = |v|$. Ist bei einem dimensionslosen Vektor dieser Wert gleich 1, so heißt der Vektor normiert oder kurz *Einheitsvektor*. So ist z. B. v/v ein Einheitsvektor. Noch eine allgemeine Eigenschaft ist zu erwähnen, nämlich daß es zu jedem Paar von Vektoren das sogenannte *Skalarprodukt* gibt. Dies ist eine skalare Größe, die man sich so vorstellt:

$$a \cdot b = a\, b \cos \delta = b \cdot a, \tag{3.1}$$

wobei δ der Winkel zwischen den beiden Vektoren ist. Das Skalarprodukt eines Vektors v mit einem Einheitsvektor e definiert die *Projektion* von v auf die durch e gegebene Richtung: $v_e = v \cdot e$. Für zwei zueinander senkrecht (orthogonal) stehende Vektoren verschwindet das Skalarprodukt: $a \cdot b = 0$ wenn $\cos \delta = 0$. Ein Skalarprodukt gleicher Faktoren ergibt das Quadrat der Norm:

$$a \cdot a = |a|^2 = a^2. \tag{3.2}$$

Aus der geometrischen Erklärung (3.1) des Skalarproduktes ergibt sich auch seine distributive Eigenschaft:

$$a \cdot (b + c) = a \cdot b + a \cdot c. \tag{3.3}$$

Zwei oder mehrere Vektoren heißen *linear unabhängig*, wenn keine von ihren linearen Kombinationen verschwindet. In drei Dimensionen kann man immer genau drei linear unabhängige Vektoren finden, aus denen man dann alle anderen linear aufbauen kann. Man sagt, die drei Vektoren bilden eine *Basis* des Vektorraumes. Am besten wählt man eine *orthonormierte Basis*, die aus drei zueinander senkrecht stehenden Einheitsvektoren e_1, e_2, e_3 besteht, so daß

$$e_i \cdot e_j = \delta_{ij} \tag{3.4}$$

gilt. Man stellt sich gern vor, daß die Basisvektoren entlang der Koordinatenachsen gerichtet sind und bezeichnet sie eventuell als e_x, e_y, e_z oder auch als i, j, k. So eine Basis benutzt man, um die *kartesischen Komponenten* eines Vektors zu definieren:

$$v_1 = v \cdot e_1, \quad v_2 = v \cdot e_2, \quad v_3 = v \cdot e_3. \tag{3.5}$$

Aus ihnen kann man den Vektor wie folgt zusammensetzen:

$$v = v_1 e_1 + v_2 e_2 + v_3 e_3. \tag{3.6}$$

So kommen wir zur *kartesischen Darstellung* eines Vektors:

$$v = (v_1, v_2, v_3). \tag{3.7}$$

Der sogenannte *Ortsvektor*, der den Koordinatenursprung mit einem beliebigen Ort verbindet, ist einfach

$$r = (x, y, z). \tag{3.8}$$

Die Darstellung wird komplizierter, wenn man eine nicht orthonormierte Basis benutzt, denn dann muß man noch die sogenannte *reziproke Basis* einführen:

$$e^1 = \frac{e_2 \times e_3}{e_1 \cdot (e_2 \times e_3)}, \quad \text{usw.} \tag{3.9}$$

Die ursprüngliche Basis e_i benötigt man bei der Zerlegung eines Vektors in Komponenten im Sinne von Gleichung (3.6) und die reziproke bei deren Bildung nach (3.5). Beides bezieht sich auf die sogenannten *kontravarianten Komponenten* v^i des Vektors v. Bei den *kovarianten Komponenten* v_i sind die Rollen der beiden Basistripel vertauscht. Wir werden derartigen Komplikationen aus dem Weg gehen, indem wir auf orthonormierten Basisvektoren beharren werden. So dürfen wir den Unterschied zwischen kontravarianten und kovarianten Komponenten ruhig vergessen.

Manchmal möchte man auf ein neues Basistripel e_i', umsatteln. Um herauszufinden, wie sich die neuen Komponenten v_i' des Vektors v durch die alten ausdrücken, stellen wir den Vektor zuerst aus seinen alten Komponenten zusammen und projizieren ihn auf die neuen Achsen. Das Resultat ist

$$v_i' = \sum_k (e_i' \cdot e_k) v_k. \quad \text{Umgekehrt}: \quad v_k = \sum_i (e_k \cdot e_i') v_i'. \tag{3.10}$$

Diese Transformation entspricht einer *Drehung* des kartesischen Koordinatensystems, wobei der Vektor v festgehalten wird. Die Skalarprodukte $e_i' \cdot e_k$ sind, wie bekannt, Elemente einer *orthogonalen Matrix*. Ihre Reihen und Spalten kann man als Vektoren auffassen. In den Reihen erkennen wir im ersten Fall die neuen e_i', dargestellt im alten Koordinatensystem, und im zweiten die alten e_k in der neuen Schreibweise.

Wir hatten es hier mit einer *passiven Drehung* zu tun: der Vektor stand still, während sich die Koordinatenachsen änderten. Auch *aktive Drehungen* können wir uns vorstellen, etwa indem wir uns alle Vektoren an einen sich drehenden starren Körper angeheftet denken; die Koordinatenachsen stehen fest. Falls sie mitlaufen würden, würden aus den e_i neue e_i' enstehen. Auf sie bezogen hat der verdrehte Vektor v' dieselben Komponenten, wie der ursprüngliche v im festgehaltenen System. Die ursprünglichen Komponenten werden also gebraucht um den verdrehten Vektor aufzubauen. Seine Komponenten im festgehaltenen System sind somit

$$v_i' = \sum_k (e_i \cdot e_k') v_k. \quad \text{Umgekehrt} \quad v_k = \sum_k (e_k' \cdot e_i) v_i. \tag{3.11}$$

Die Matrix ist invers zu der, die wir bei der passiven Drehung benutzten.

In der Physik begegnet man dem Skalarprodukt das erstemal bei der Definition der mechanischen *Arbeit*. Eine in einem Punkt wirkende Kraft F verrichtet bei einer Verschiebung dieses Punktes um den Weg dr die Arbeit

$$dA = F \cdot dr = F\, ds\, \cos\delta, \tag{3.12}$$

wobei $ds = |dr|$ die Länge des Weges ist und δ der von Weg und Kraftrichtung eingeschlossene Winkel. Indem wir beide Vektoren in kartesische Komponenten wie in (3.6) zerlegen und die Orthogonalität der Basisvektoren beachten, bekommen wir einen kartesischen Ausdruck für das Skalarprodukt:

$$F \cdot dr = F_1\, dx + F_2\, dy + F_3\, dz. \tag{3.13}$$

Wenn die Kraft oder die Bewegungsrichtung veränderlich sind, müssen wir kleine Beiträge summieren:

$$A = \int F \cdot dr. \tag{3.14}$$

Die *Leistung* drückt sich offensichtlich durch die Geschwindigkeit des Angriffspunktes aus, $P = dA/dt = F \cdot v$. Analog benötigen wir bei Drehung eines starren Körpers das Drehmoment und den Vektor der Winkelgeschwindigkeit: $P = M \cdot \omega$.

Falls die Kraft durch die Wirkung eines elektrischen Feldes auf eine Punktladung gegeben ist, betrachtet man üblicherweise die Arbeit pro Ladungseinheit. Mit dem umgekehrten Zeichen definiert man damit die *elektrische Spannung* (= Potentialdifferenz) zwischen End- und Anfangspunkt,

$$U = - \int \boldsymbol{E} \cdot \mathrm{d}\boldsymbol{r}. \tag{3.15}$$

Bei einem elektrostatischen Feld ist der Wert des Integrals nur von den beiden Endpunkten abhängig und nicht von dem dazwischenliegenden Weg. Auch wenn (wie oben) die Endpunkte nicht explizit angegeben sind, versteht es sich von selbst, daß durch das Integral die Spannung zwischen eben diesen beiden Punkten gewonnen wird, also die Differenz der *Potentiale* des Endpunktes und des Anfangspunktes. Das Minuszeichen in (3.15) folgt aus der Verabredung, daß die Feldrichtung die des abnehmenden Potentials sei.

Das *Vektorprodukt* lernten wir schon in der Kinematik kennen, nämlich bei der Drehung des starren Körpers. Der Körper drehe sich um einen festen Punkt, den wir auch zum Anfangspunkt des Koordinatensystems wählen. Ein gleichmäßiges Drehen oder einen momentanen Drehzustand beschreibt man durch den Vektor $\boldsymbol{\omega}$, dessen Betrag die *Winkelgeschwindigkeit* angibt, während er in Richtung der Drehachse liegt und die *Regel der rechten Schraube* befolgt. Die Lage eines kleinen Teils des Körpers beschreibt man durch den Ortsvektors $\boldsymbol{r}$ und spricht kurzerhand vom „Punkt" $\boldsymbol{r}$. Der Punkt bewegt sich mit der Geschwindigkeit

$$\boldsymbol{v} = \boldsymbol{\omega} \times \boldsymbol{r}, \tag{3.16}$$

was bedeuten soll, daß (siehe Abb. 3.1) $v = \omega r' = \omega r \sin\delta$ gilt. Dabei ist $r' = r \sin\delta$ die Projektion des Vektors $\boldsymbol{r}$ auf eine senkrecht zu $\boldsymbol{\omega}$ stehende Ebene. Außerdem gilt, daß $\boldsymbol{v}$ senkrecht zu beiden Faktoren $\boldsymbol{\omega}$ und $\boldsymbol{r}$ steht und sich nach der Schraubenregel richtet. Mit etwas Mühe kann man anhand dieser geometrischen Beschreibung einsehen, daß auch das Vektorprodukt distributiv ist, daß also

$$\boldsymbol{\omega} \times (\boldsymbol{r}_1 + \boldsymbol{r}_2) = \boldsymbol{\omega} \times \boldsymbol{r}_1 + \boldsymbol{\omega} \times \boldsymbol{r}_2 \tag{3.17}$$

gilt.

Um das Vektorprodukt in kartesischen Komponenten auszudrücken, zerlegen wir beide Faktoren wie in (3.6) und multiplizieren die einzelnen Terme. Mit Hilfe der offenbaren Beziehungen $\boldsymbol{e}_1 \times \boldsymbol{e}_2 = \boldsymbol{e}_3$ usw. bekommen wir

$$\boldsymbol{\omega} \times \boldsymbol{r} = \begin{vmatrix} \boldsymbol{e}_1 & \boldsymbol{e}_2 & \boldsymbol{e}_3 \\ \omega_1 & \omega_2 & \omega_3 \\ x & y & z \end{vmatrix}$$
$$= (\omega_2 z - \omega_3 y, \; \omega_3 x - \omega_1 z, \; \omega_1 y - \omega_2 x). \tag{3.18}$$

Das Vektorprodukt wird auch bei der Definition des *Drehmoments* benötigt. Für eine Kraft $\boldsymbol{F}$, die in einem Punkt $\boldsymbol{r}$ wirkt, ist das Drehmoment in bezug auf den Koordinatenursprung durch

$$\boldsymbol{M} = \boldsymbol{r} \times \boldsymbol{F} \tag{3.19}$$

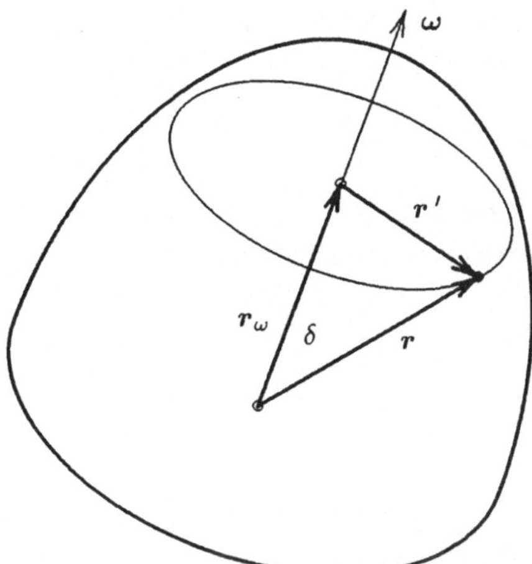

Abb. 3.1. Drehung eines starren Körpers

gegeben. Das Gesamtdrehmoment von mehreren Kräften wird durch eine Summe ausgedrückt, während man bei flächenhaft oder räumlich verteilten Kräften entsprechende Integrale hinschreiben muß. Diese sind als Grenzwerte vektorieller Summen zu verstehen.

Statt des Koordinatenursprungs kann man irgendeinen anderen Bezugspunkt wählen und dort die Vektoren r ansetzen. Offenbar hängt der Wert des Drehmoments von dieser Wahl ab, außer wenn die Summe der Kräfte gleich null ist. In diesem Fall ist der Wert von M für jeden Bezugspunkt derselbe, wie der Leser leicht selbst nachweisen wird. Das bekannteste Beispiel ist das Drehmoment eines Kräftepaares.

Es ist wichtig zu wissen, daß es auch Drehmomente gibt, die man nicht durch Kräfte ausdrücken kann. Auf jeden Teil eines magnetisierten Körpers, der sich in einem homogenen Magnetfeld befindet, wirkt ein Drehmoment, aber keine Kraft.

Der *Drehimpuls* eines punktartigen Körpers hinsichtlich eines gegebenen Bezugspunktes ist $\boldsymbol{\Gamma} = \boldsymbol{r} \times m\boldsymbol{v}$, wobei der Vektor $\boldsymbol{r}$ vom Bezugspunkt zum Körper zeigt. Für einen größeren Körper, dessen Teile sich nicht alle gleich bewegen, haben wir also

$$\boldsymbol{\Gamma} = \int \boldsymbol{r} \times \mathrm{d}m\, \boldsymbol{v}. \tag{3.20}$$

Nicht immer kann man einem Drehimpuls eine makroskopische Bewegung zuordnen. Man denke an den Spin von Teilchen, aus denen die Materie aufgebaut ist.

Versuchen wir aus Newtons Gesetz den *Drehimpulssatz* $\mathrm{d}\boldsymbol{\Gamma}/\mathrm{d}t = \boldsymbol{M}$ herzuleiten! Rein formal scheint dies kinderleicht zu sein. Man zitiert das Gesetz für einen kleinen Teil des Körpers, also $(\mathrm{d}\boldsymbol{v}/\mathrm{d}t)\,\mathrm{d}m = \mathrm{d}\boldsymbol{F}$, multipliziert beide Seiten von links vektoriell mit $\boldsymbol{r}$ und integriert:

$$\int \boldsymbol{r} \times \frac{\mathrm{d}\boldsymbol{v}}{\mathrm{d}t}\,\mathrm{d}m = \int \boldsymbol{r} \times \mathrm{d}\boldsymbol{F}. \tag{3.21}$$

Tatsächlich scheint die rechte Seite das auf den Körper wirkende Gesamtdrehmoment darzustellen, und die linke die Zeitableitung des Gesamtdrehimpulses. Es gilt ja

$$\frac{\mathrm{d}}{\mathrm{d}t}(\boldsymbol{r} \times \boldsymbol{v}) = \boldsymbol{r} \times \frac{\mathrm{d}\boldsymbol{v}}{\mathrm{d}t} + \boldsymbol{v} \times \boldsymbol{v},$$

wobei der letzte Term verschwindet.

Diese übliche „Herleitung" des Drehimpulssatzes ist ein lehrreiches Beispiel für einen blinden Formalismus. Wir haben ja übersehen, daß es auch Drehmomente ohne Kräfte gibt und ebenso Drehimpulse, denen keine makroskopische Bewegung zukommt. Erst wenn beides einbezogen wird, ist der Drehimpulssatz immer im Einklang mit den experimentellen Ergebnissen.

Bei einem elektrischen Dipol mit verschwindender Gesamtladung und ebenso beim magnetischen Dipol, bei dem es ja eine entsprechende Ladung überhaupt nicht gibt, braucht man (wie beim Kräftepaar) gar nicht an einen Bezugspunkt zu denken. In einem elektrischen Feld der Stärke $\boldsymbol{E}$ bzw. in einem magnetischen Feld mit der Kraftflußdichte $\boldsymbol{B}$ wirken auf die entsprechenden punktförmigen Dipole folgende Drehmomente,

$$\boldsymbol{M} = \boldsymbol{p}_\mathrm{e} \times \boldsymbol{E}, \qquad \boldsymbol{M} = \boldsymbol{p}_\mathrm{m} \times \boldsymbol{B}. \tag{3.22}$$

Für eine räumlich verteilte Ladung mit der Dichte ϱ_e wird das *elektrische Dipolmoment* folgendermaßen definiert:

$$\boldsymbol{p}_\mathrm{e} = \int \boldsymbol{r}\,\varrho_\mathrm{e}\,\mathrm{d}^3 r. \tag{3.23}$$

Das *magnetische Dipolmoment* einer ebenen Stromschleife ist durch $\boldsymbol{p}_\mathrm{m} = I\boldsymbol{S}$ gegeben. Dabei beschreibt der Vektor $\boldsymbol{S}$ die Größe der von der Schleife umfaßten Fläche und steht senkrecht auf ihr. Die Orientierung ist durch die Stromrichtung bedingt und befolgt die Schraubenregel. Wie aus der Geometrie bekannt ist, kann man diesen Vektor durch folgendes Integral entlang der Schleife (in Stromrichtung) ausdrücken:

$$\boldsymbol{S} = \frac{1}{2} \oint \boldsymbol{r} \times \mathrm{d}\boldsymbol{r}, \quad \text{also} \quad \boldsymbol{p}_\mathrm{m} = \frac{I}{2} \oint \boldsymbol{r} \times \mathrm{d}\boldsymbol{r}. \tag{3.24}$$

Die Gleichung gilt auch für eine unebene Schleife, denn man kann ja die umfaßte Fläche aus kleinen ebenen Stücken zusammensetzen. Die Wahl des Bezugspunktes ist wiederum belanglos.

Auch wenn der Leser mit Kurvenintegralen wie in (3.24) vielleicht nicht ganz vertraut ist, gibt es keinen Grund zum Zurückschrecken. Man denke sich die Schleife in kleine Abschnitte eingeteilt, wobei jeder Abschnitt einen Vektor dr definiert. Danach bilden wir die Vektorprodukte $r \times$ dr, summieren sie über die ganze Schleife und wiederholen die Prozedur für immer feinere Aufteilungen. Der Grenzwert definiert das Integral.

Um das magnetische Dipolmoment einer massiven Drahtschleife auszudrükken, wobei der Strom vielleicht ungleichmäßig über den Querschnitt verteilt ist, wiederholt man obige Rechnung für einzelne dünne Stromfasern. Der Strom in so einer Faser ist durch die Stromdichte und den Querschnitt gegeben, also $dI = j\,$dS. Nach der Summierung und Integration entlang der Scheife ergibt sich ein Integral über das Gesamtvolumen des Drahtes:

$$p_\mathrm{m} = \frac{1}{2} \int r \times j\,\mathrm{d}^3 r. \tag{3.25}$$

Stillschweigend wurde dabei ein Skalar in einen Vektor verwandelt und umgekehrt: $j\,$d$r = j\,$ds, wobei wiederum d$s = |$d$r|$ ist. Die Umwandlung ist zulässig, da ja die Richtung in beiden Fällen dieselbe ist.

Bei räumlich verteilten elektrischen und magnetischen Dipolmomenten rechnet man mit ihren Dichten, also mit der *elektrischen Polarisation* P_e und der *Magnetisierung* P_m. Für die Dichte des Drehmoments in einem äußerem Feld bekommen wir aus (3.22) folgende Ausdrücke:

$$m = P_\mathrm{e} \times E, \quad m = P_\mathrm{m} \times B. \tag{3.26}$$

Für dielektrische (also nicht ferroelektrische) und para- oder diamagnetische (also nicht ferromagnetische) Stoffe in schwachen Feldern gelten, wie bekannt, die Proportionalitäten

$$P_\mathrm{e} = (\epsilon - 1)\epsilon_0 E = D - \epsilon_0 E, \quad P_\mathrm{m} = (\mu - 1)H = B/\mu_0 - H. \tag{3.27}$$

Die rechten Seiten dieser Gleichungen definieren die *elektrische Verschiebungsdichte* D und die *magnetische Feldstärke* H, die besonders in der Elektrotechnik als Hilfsgrößen sehr beliebt sind. Ihre physikalische Bedeutung ist, wie angegeben, durch die elektrische Polarisation und die Magnetisierung erklärt.

Die Kräfte, die ein Magnetfeld auf eine bewegte Punktladung oder auf einen Stromfaden ausübt, werden wiederum durch Vektorprodukte ausgedrückt,

$$F = ev \times B, \quad F = I \oint \mathrm{d}r \times B. \tag{3.28}$$

(Als Übung soll der Leser die zweite Gleichung aus der ersten herleiten.) Für den Fall eines dicken Drahtes mit ungleichmäßig verteiltem Strom bekommen wir eine entsprechende Gleichung für die Dichte der Kraft,

$$f = j \times B. \tag{3.29}$$

Die von einer ruhenden dünnen Drahtschleife mit Gleichstrom im leeren Raum erzeugte magnetische Feldstärke berechnet man mit Hilfe der *Biot-Savartschen Formel,*

$$H(r) = I \oint \frac{dr' \times (r - r')}{4\pi |r - r'|^3}.$$

(3.30)

Die Integration soll in Stromrichtung verlaufen. Für einen dickeren Leiter ergibt sich auf die schon bekannte Art ein Integral über sein Volumen,

$$H(r) = \int \frac{j(r') \times (r - r')}{4\pi |r - r'|^3} \, d^3r'.$$

(3.31)

Zuletzt sollen zwei Doppelprodukte erwähnt werden. Das *Spatprodukt* benutzt man z.B., um die induzierte Spannung auszudrücken, wenn sich eine Drahtschleife im Magnetfeld bewegt:

$$U_i = \oint dr \cdot (v \times B) = \oint (dr \times v) \cdot B.$$

(3.32)

Für das *doppelte Vektorprodukt* benötigt man oft folgende Indentität:

$$(a \times b) \times c = (a \cdot c)b - (b \cdot c)a.$$

(3.33)

Qualitativ ist sie leicht zu verstehen. Das eingeklammerte Vektorprodukt steht senkrecht auf der durch die Faktoren a und b bestimmten Ebene. Das Endprodukt liegt also in dieser Ebene, läßt sich somit als Linearkombination jener Faktoren darstellen. Man braucht sich nur zu merken, daß als Koeffizienten Skalarprodukte der verbliebenen Vektoren auftreten. Der mittlere Vektor (oben b) trägt das positive Vorzeichen.

Als Beispiel nehmen wir die *Zentripetalbeschleunigung* bei der Drehung eines starren Körpers,

$$a_c = \omega \times (\omega \times r).$$

(3.34)

Formel (3.33) hilft uns den Ausdruck in die üblichere Form zu verwandeln (siehe Abb. 3.1),

$$\omega \times (\omega \times r) = (\omega \cdot r)\omega - \omega^2 r = \omega^2 r_\omega - \omega^2 r = -\omega^2 r'.$$

(3.35)

Es ist interessant zu sehen, wie man die zweite der Gleichungen (3.22) aus (3.28) und (3.24) herleitet. Wir möchten also beweisen, daß es gleichgültig ist, auf welche Weise man das Drehmoment ausdrückt, so daß für ein homogenes Magnetfeld folgendes gilt:

$$M = \frac{I}{2} \oint (r \times dr) \times B = I \oint r \times (dr \times B).$$

(3.36)

Indem wir beide Doppelprodukte zerlegen, bekommen wir

$$\text{links} \;=\; \frac{I}{2} \oint [(r \cdot B)dr - (dr \cdot B)r],$$

$$\text{rechts} \;=\; I \oint [(r \cdot B)dr - (r \cdot dr)B].$$

Außerdem stellen wir fest, daß

$$\oint \boldsymbol{r} \cdot \mathrm{d}\boldsymbol{r} = \frac{1}{2} \oint \mathrm{d}(r^2) = \frac{1}{2}(r^2 - r^2) = 0, \tag{3.37}$$

$$\oint (\boldsymbol{r} \cdot \boldsymbol{B})\mathrm{d}\boldsymbol{r} + \oint (\mathrm{d}\boldsymbol{r} \cdot \boldsymbol{B})\boldsymbol{r} = \oint \mathrm{d}[(\boldsymbol{r} \cdot \boldsymbol{B})\boldsymbol{r}] = 0. \tag{3.38}$$

Die erste dieser Gleichungen werden wir später (Abschn. 3.3) besser verstehen: Durch $\boldsymbol{r}$ ist ein Potentialfeld gegeben, denn $\boldsymbol{r} = \nabla(r^2/2)$. Daher verschwindet das angegebene Kurvenintegral. Nach dem Einsetzen stellen wir fest, daß beide Ausdrücke für $\boldsymbol{M}$ tatsächlich übereinstimmen.

Bei einer dicken Drahtschleife mit ungleichmäßig verteiltem Strom reduzieren wir das Problem wieder auf den schon erledigten Fall, indem wir den Draht in Gedanken entlang der elektrischen Stromlinien in dünne Fasern zerlegen.

Aufgaben

3.1   Ein genau gegen Osten orientiertes Flugzeug hat relativ zur Luft eine Geschwindigkeit von 600 km/h. Wohin und wie schnell bewegt sich das Flugzeug relativ zum Erdboden, wenn ein Wind mit 80 km/h gegen Nordosten bläst?

3.2   Berechnen Sie die magnetische Feldstärke in der Achse einer dünnen kreisförmigen Stromschleife. Weisen Sie nach, daß das Integral der Feldstärke entlang der Achse (von $-\infty$ bis ∞) gleich I ist.

3.3   Wiederholen Sie beide Rechnungen für eine dünne, dichtgewickelte, endlich lange, zylindrische Drahtspule (Länge $2a$, Windungszahl N).

3.4   Zwei gleiche, parallele, kreisförmige, dünne Stromschleifen haben die gemeinsame Achse z. Kann man den Abstand $2a$ so wählen, daß $\partial^2 H/\partial z^2$ im Symmetriezentrum verschwindet?

3.5   Die Drähte einer Dreiphasenleitung sind voneinander um b entfernt. Wie stark ist das Magnetfeld in der Mittellinie zwischen den Drähten? Wie verändert es sich mit der Zeit?

3.6   Beschreiben Sie das Magnetfeld in der Achse einer langen, locker gewickelten Spule mit N' Windungen pro Längeneinheit. Kann man voraussehen, daß für die Komponente entlang der Achse $H_z = N'I$ gelten muß?

3.7   Berechnen Sie die magnetische Feldstärke im Mittelpunkt und im Brennpunkt einer elliptischen Drahtschleife!

3.8   Das Omegatron funktioniert ähnlich wie ein Zyklotron mit dem Unterschied, daß das elektrische Wechselfeld homogen ist (ebenso wie das senkrecht dazu orientierte konstante magnetische Feld). Wie bewegt sich ein geladenes Teilchen, das in Richtung des elektrischen Feldes hineingeschossen wird?

3.9   In einem langen dünnen Metallband der Breite $2a$ und einem parallelen, bezüglich der Bandmittellinie symmetrisch gelegenen und um z entfernten dünnen Draht fließen gleich starke entgegengesetzt gerichtete Ströme. Wie groß ist die Anziehungskraft pro Längeneinheit?

3.10   Beweisen Sie, daß das resultierende Drehmoment vom Bezugspunkt unabhängig ist, wenn die Summe der Kräfte verschwindet.

3.11   Beweisen Sie, daß der Drehimpuls eines Körpers von der Wahl des Bezugspunkts nicht abhängt, wenn der Schwerpunkt ruht.

3.12   Zerlegen Sie allgemein den Drehimpuls eines Körpers in den orbitalen Anteil, der der Bewegung des Schwerpunkts zukommt, und den Teil, der der Drehung um den Schwerpunkt entspricht.

3.13   Zeigen Sie, daß das elektrische Dipolmoment einer Ladungsansammlung mit verschwindender Gesamtladung nicht vom Bezugspunkt abhängt.

3.14   Zeigen Sie anhand des Ausdrucks in (3.24) für das magnetische Dipolmoment, daß diese Größe von der Wahl des Bezugspunktes nicht abhängt.

3.2 Vektorfelder

Als nächstes wollen wir *Vektorfelder* betrachten, d.h. Funktionen des Ortes, deren Werte Vektoren sind. Ein typisches Beispiel ist das elektrostatische Feld, das durch $\boldsymbol{E} = \boldsymbol{E}(\boldsymbol{r})$ beschrieben wird. Skalare Felder, z.B. das elektrostatische Potential $U(\boldsymbol{r})$, und später Tensorfelder, sowie allerlei Ableitungen und Integrale solcher Funktionen sollen auch untersucht werden.

Jedes Feld entspringt aus irgendwelchen *Quellen*, z.B. aus Massen, Ladungen, Dipolen, elektrischen Strömen usw. Man sagt auch, das Feld sei durch seine Quellen verursacht. Falls die Quellenansammlung im leeren Raum eingebettet ist und irgendeine Symmetrie aufweist, so erbt wegen der Homogenität und Isotropie des Raumes das Feld dieselbe Symmetrie. Es ist ratsam, solche Symmetrien beim Angehen von Problemen von Anfang an in die Beschreibung einzubauen.

Wenn der ganze Raum für alle Zeiten leer ist (somit ohne Quellen), so ist das einzig mögliche und vollkommen uninteressante Feld ein konstantes Skalarfeld. Ein von Null verschiedenes Vektorfeld kann es da nicht geben, da ja damit an jedem Ort eine Richtung gegeben wäre, was der Isotropie des Raumes widersprechen würde.

Im Falle einer isotropen Punktquelle, die wir natürlich als Ursprung des Koordinatensystems wählen, definiert jede Funktion $U = U(r)$ des Abstandes r ein mögliches Skalarfeld. Auch Vektorfelder kann es geben, aber nur kugelsymmetrische. Überall ist die Richtung des Vektors radial und die Größe kann nur vom Abstand abhängen, also $\boldsymbol{E} = E(r)\,\boldsymbol{r}/r$. Dieselben Aussagen gelten offenbar auch für kugelsymmetrische Anhäufungen von Quellen.

Wenn die Punktquelle mit einer ausgezeichneten Richtung versehen ist, gibt es schon kompliziertere Felder. Als Beispiel nehmen wir einen punktförmigen magnetischen Dipol (etwa einen kleinen Stabmagneten) mit dem Dipolmoment $\boldsymbol{p}_{\mathrm{m}}$. Ein Skalarfeld kann jetzt von zwei Skalaren abhängen, nämlich vom Abstand r und vom Skalarprodukt $\boldsymbol{p}_{\mathrm{m}} \cdot \boldsymbol{r}$, also $U = U(r, \boldsymbol{p}_{\mathrm{m}} \cdot \boldsymbol{r})$. Für ein Vektorfeld müssen wir an jedem Ort drei ausgezeichnete Vektoren in Betracht ziehen, nämlich den Ortsvektor $\boldsymbol{r}$, das Dipolmoment $\boldsymbol{p}_{\mathrm{m}}$ und das Vektorprodukt $\boldsymbol{p}_{\mathrm{m}} \times \boldsymbol{r}$. Allgemein versucht man den Feldvektor als Linearkombination dieser drei Vektoren darzustellen, wobei die Koeffizienten sehr wohl von den vorhergenannten zwei Skalaren abhängen können.

Noch ein gutes Stück weiter kommt man, wenn man die *Parität* der behandelten Größen berücksichtigt, also ihr Verhalten bei *Rauminversion*, bei der man $\boldsymbol{r} \to -\boldsymbol{r}$ substituiert. Während $\boldsymbol{r}$ und ebenso das Vektorprodukt $\boldsymbol{p}_{\mathrm{m}} \times \boldsymbol{r}$ *polare Vektoren* sind, die sich bei Rauminversion umdrehen, ist $\boldsymbol{p}_{\mathrm{m}}$ *axial*, bleibt also unverändert. Das Skalarprodukt $\boldsymbol{p}_{\mathrm{m}} \cdot \boldsymbol{r}$ ist demnach ein *Pseudoskalar*, was bedeutet, daß sich sein Vorzeichen bei Rauminversion umdreht. Bei echten Skalaren, wie bei r, ist das nicht der Fall. Ein durch den magnetischen Dipol verursachtes skalares Feld muß wegen der Linearität dem Pseudoskalar $\boldsymbol{p}_{\mathrm{m}} \cdot \boldsymbol{r}$ proportional sein. Andererseits kann die verursachte magnetische Feldstärke $\boldsymbol{H}$ als axialer Vektor nur eine Kombination von Vektoren derselben Art sein. Bedenkt man noch, daß auch die Feldstärke dem Dipolmoment proportional sein muß, so ist nur eine Linearkombination zweier axialer Vektoren erlaubt: $\boldsymbol{p}_{\mathrm{m}}$ und $(\boldsymbol{p}_{\mathrm{m}} \cdot \boldsymbol{r})\boldsymbol{r}$. Die noch fehlenden Koeffizienten können nur Funktionen von r sein. Eine Dimensionsanalyse ergibt dafür ganz bestimmte Potenzen von r. So gelangen wir vollkommen ohne Rechnen fast zum Endresultat, denn es fehlen nur noch zwei numerische Faktoren. Wir sehen, daß die Feldlinien in den Meridianebenen verlaufen, was ja von den Experimenten mit Eisenfeilspänen wohlbekannt ist.

Ähnlichen Verhältnissen wie beim Dipol begegnet man natürlich allgemein bei jeder achsensymmetrischen Quellenanhäufung. Im besonderen Fall der zylindrischen Symmetrie vereinfachen sich die Felder, denn sie müssen invariant gegen Translation in Achsenrichtung sein. Das Magnetfeld eines langen geraden stromtragenden Drahtes und das Geschwindigkeitsfeld beim laminaren Strom im zylindrischen Rohr sind bekannte Beispiele.

Bei makroskopischer Betrachtung von Feldern im homogenen Kristall kann man sich vorstellen, daß sie in einen anisotropen Raum eingebettet sind. In ihm gibt es drei ausgezeichnete Richtungen, die aber überall dieselben sind. Bei gewissen Kristallsymmetrien sind zwei oder alle drei dieser Richtungen gleichwertig, wodurch sich entsprechende Vereinfachungen für die Felder ergeben.

Aufgaben

3.15 Kann aus einer Punktquelle, die durch einen echten Skalar beschrieben wird, ein axiales Vektorfeld entspringen?

3.16 Ein langer gerader Stromleiter erzeugt ein Magnetfeld, dessen Feldstärke keine dem Leiter parallele Komponente haben kann. Warum nicht? Auch in radialer Richtung verschwindet die Feldstärke. Warum? Wie müssen also die Feldlinien verlaufen und wovon kann die Feldstärke abhängen?

3.17 Wie sieht ein von einem langen geraden geladenen Draht erzeugtes elektrisches Feld aus? Wie und warum unterscheidet sich das Bild von dem aus der vorhergehenden Aufgabe?

3.3 Der Gradient

Ein statisches elektrisches Feld beschreiben wir am einfachsten durch sein *Potential*, das eine Funktion des Ortes ist, $U = U(r) = U(x, y, z)$. Fragen wir, um wieviel sich U verändert, wenn wir den Ort um $\mathrm{d}r$ verschieben! Um die Antwort passend ausdrücken zu können, wollen wir einen ortsabhängigen Vektor erfinden, der überall anzeigt, in welcher Richtung U am schnellsten anwächst. Sein Betrag soll der Ableitung von $\partial U/\partial s$ in eben dieser Richtung gleich sein. Daß die so definierte Größe wirklich ein Vektor ist, wird sich bald zeigen. Man nennt ihn den *Gradienten* von U und bezeichnet ihn als ∇U (oft auch als $\mathrm{grad}\, U$).

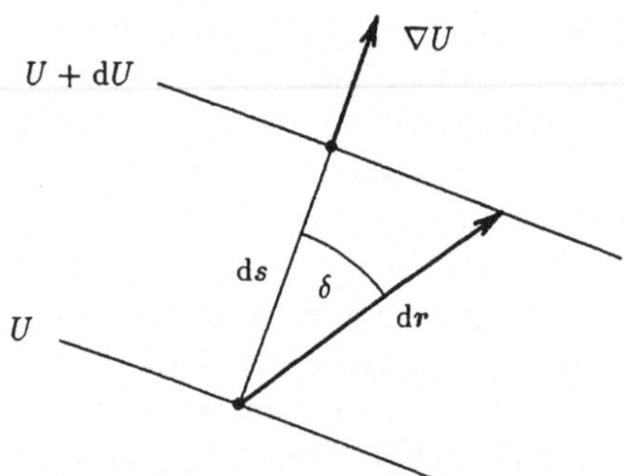

Abb. 3.2. Zum Begriff des Gradienten

Ein Bild des *skalaren Feldes* $U(r)$ soll uns weiter helfen. Wir stellen uns in Gedanken eine Schar von *Äquipotentialflächen* vor, deren jede einem konstanten Wert von U entspricht. Falls U stetig differenzierbar ist, können wir in jedem genügend kleinem Bereich diese Flächen durch parallele Ebenen approximieren (Abb. 3.2). Die vorher betrachtete Verschiebung $\mathrm{d}r$ entspricht dem Übergang zwischen zwei Äquipotentialflächen, die den Werten U und $U + \mathrm{d}U$ des Potentials entsprechen. Der Unterschied ist entlang der beiden Flächen überall derselbe und wir können ihn als Differential in Richtung des Gradienten ausdrücken:

$$\mathrm{d}U = (\partial U/\partial s)_{\parallel}\, \mathrm{d}s = |\nabla U|\, \mathrm{d}s. \tag{3.39}$$

Die Ableitung nach dem Weg entlang des Gradienten haben wir entsprechend bezeichnet. Das Bild zeigt andererseits, daß $\mathrm{d}s = |\mathrm{d}\boldsymbol{r}|\cos\delta$ ist. Das Endresultat, $\mathrm{d}U = |\nabla U|\,|\mathrm{d}\boldsymbol{r}|\cos\delta$, hat die Form eines Skalarprodukts. Da $\mathrm{d}U$ auch wirklich ein Skalar ist, vertrauen wir jetzt dem vektoriellen Charakter des Gradienten ∇U. Schreiben wir also

$$\mathrm{d}U = \nabla U \cdot \mathrm{d}\boldsymbol{r}. \tag{3.40}$$

Andererseits können wir $\mathrm{d}U$ als totales Differential so darstellen:

$$\mathrm{d}U = \frac{\partial U}{\partial x}\mathrm{d}x + \frac{\partial U}{\partial y}\mathrm{d}y + \frac{\partial U}{\partial z}\mathrm{d}z, \tag{3.41}$$

worin wir wieder das Skalarprodukt erkennen. Offenbar sind die kartesischen Komponenten des Gradienten durch die partiellen Ableitungen von U gegeben, also

$$\nabla U = \left(\frac{\partial U}{\partial x}, \frac{\partial U}{\partial y}, \frac{\partial U}{\partial z} \right). \tag{3.42}$$

Ausdrücke für den Gradienten in gekrümmten, jedoch rechtwinkligen Koordinatensystemen findet der Leser im Anhang. Das Symbol ∇ selbst stellt einen vektorartigen Operator dar, dessen kartesische Komponenten die Befehle für partielle Ableitungen sind,

$$\nabla = \left(\frac{\partial}{\partial x}, \frac{\partial}{\partial y}, \frac{\partial}{\partial z} \right). \tag{3.43}$$

Wir stellten fest, daß der Betrag des Gradienten durch die Ableitung in seiner Richtung gegeben ist. Falls wir aber schief zum Gradienten fortschreiten, wächst U langsamer an, wie aus Abb. 3.2 oder aus (3.39) zu sehen ist, nämlich

$$\frac{\partial U}{\partial s} = |\nabla U|\cos\delta. \tag{3.44}$$

Am gegebenen Ort ist diese Ableitung maximal, wenn $\delta = 0$, im Einklang mit unserer Definition des Gradienten.

Der Gradient eines Potentials ergibt einen ortsabhängigen Vektor, also ein Vektorfeld. Beim elektrischen Potential erhalten wir nach Umkehr des Vorzeichens die elektrische Feldstärke,

$$\boldsymbol{E}(\boldsymbol{r}) = -\nabla U(\boldsymbol{r}). \tag{3.45}$$

Auf zwei Weisen kann man ein Potentialfeld bildlich darstellen, nämlich mit Hilfe der einparametrigen Familie von Äquipotentialflächen oder der zweiparametrigen Familie von *Feldlinien*. Eine Äquipotentialfläche verbindet alle Punkte in denen $U(\boldsymbol{r})$ denselben Wert hat. Aus (3.39) lesen wir ab, daß $\mathrm{d}U = 0$ wenn $\delta = 90°$. Das bedeutet, daß in jedem Punkt $\boldsymbol{r}$ der Vektor $\nabla U(\boldsymbol{r})$ senkrecht auf der durch den Punkt gehenden Äquipotentialfläche steht. Zeichnen wir jetzt die Feldlinien, die überall die Äquipotentialflächen senkrecht durchbohren, so daß in jedem Punkt der Vektor ∇U auf der entsprechenden Tangente liegt. Annähernd bekommt man die Feldlinien, indem man die Richtungen von ∇U in möglichst vielen Punkten mit kleinen Pfeilen vermerkt und sie dann in Gedanken oder auf dem Papier kettenartig verbindet. Bei den bekannten Bildern mit Eisenfeilspänen im Magnetfeld kommen solche Vorstellungen jedem Menschen ganz ungewollt in den Sinn.

Drehen wir jetzt das Problem um: Wie bekommt man das Potential $U(\boldsymbol{r})$ eines elektrostatischen Feldes, wenn in jedem Punkt seine Stärke bekannt ist? Aus $\mathrm{d}U = \nabla U \cdot \mathrm{d}\boldsymbol{r} = -\boldsymbol{E} \cdot \mathrm{d}\boldsymbol{r}$ folgt

$$U(\boldsymbol{r}) - U(\boldsymbol{r}_0) = - \int_{r_0}^{r} \boldsymbol{E} \cdot \mathrm{d}\boldsymbol{r}. \tag{3.46}$$

Man sieht, daß es nichts ausmachen kann, durch welchen Integrationsweg wir den Anfangspunkt mit dem Endpunkt verbinden. So kommen wir zu einem wichtigen Schluß: wenn das Vektorfeld wirklich als Gradient eines Potentials darstellbar ist, also $\boldsymbol{E} = -\nabla U$, so kann der Wert des angegebenen Integrals nicht vom Weg abhängen. Es folgt, daß das Integral entlang jeder geschlossenen Linie verschwindet:

$$\oint \boldsymbol{E} \cdot \mathrm{d}\boldsymbol{r} = 0. \tag{3.47}$$

Vektorfelder mit dieser Eigenschaft nennt man *wirbellose* oder *Potentialfelder*. Wie bekannt, ist jedes elektrostatische Feld dieser Art. Auch in der Hydrodynamik begegnet man solchen Ideen. Wenn die Strömung so beschaffen ist, daß für jede geschlossene Kurve $\oint \boldsymbol{v} \cdot \mathrm{d}\boldsymbol{r} = 0$ gilt, so hat man eine *Potentialströmung*. Das heißt, daß sich die Fließgeschwindigkeit als Gradient eines *Geschwindigkeitspotentials* darstellen läßt: $\boldsymbol{v}(\boldsymbol{r}) = -\nabla U(\boldsymbol{r})$. Oft kann man sich dadurch schwierigere Rechnungen mit Vektoren ersparen.

Die Idee von Potentialströmungen stößt auf einige Schwierigkeiten. Um sie zu verstehen, stellen wir uns eine Strömung im zylindrischen Rohr vor, und zwar mit parallelen Stromlinien. Nur wenn die Geschwindigkeit im ganzen Rohr dieselbe ist, haben wir eine Potentialströmung. In Wirklichkeit ist die Strömung nie so einfach, denn in der Nähe der Wand ist der Strom langsamer und and der Wand selbst haftet die Flüssigkeit. Die Poiseuillesche Strömung mit ihrem parabolischen Geschwindigkeitsprofil, die wir bei stark viskosen Flüssigkeiten oder, besser gesagt, bei genügend kleiner Reynoldsschen Zahl $Re = 2r\bar{v}\varrho/\eta$ vorfinden, entspricht offenbar gar keinem Potential. Die Frage drängt sich auf, ob man bei großen Reynoldsschen Zahlen, wo die Viskosität kaum noch einen direkten Einfluß hat, wenigstens annähernd von einer Potentialströmung ausgehen darf. Im allgemeinen ist die Antwort wieder negativ, denn die Strömung wird ja turbulent. Auch die mittlere Bewegung kann hier nicht als Potentialströmung dargestellt werden, denn die Turbulenz erzeugt so etwas wie eine scheinbare Viskosität. Man muß aber bedenken, daß die Turbulenz einige Zeit braucht, bevor sie sich voll ausbildet. Wenn Wasser aus einem Faß durch ein dickes Rohr ausläuft, so gibt es ganz am Anfang kaum Turbulenz. Sie entsteht erst weiter stromabwärts. Am Anfang ist die Geschwindigkeit nahezu über den ganzen Querschnitt konstant, so daß sich das Wasser fast wie ein Kolben bewegt, worin wir eine Potentialströmung erkennen. Man muß nur von einer dünnen Grenzschicht in unmittelbarer Nähe der Wand absehen, innerhalb der die Geschwindigkeit von null auf den Wert im Inneren überspringt. Wegen hoher Schergeschwindigkeit spielt die kleine Viskosität hier doch eine merkliche Rolle. Hier werden die ersten Wirbel geboren, die den Keim der Turbulenz bilden.

Die Strömung von einer ursprünglich gleichmäßig fließenden, schwach viskosen Flüssigkeit um einen untergetauchten Körper kann man in grober Näherung als Potentialströmung darstellen, wenn man von der Wirbelbildung stromabwärts absehen darf. Bei einem symmetrischen Körper bemerkt man, daß die Potentialströmung hinten genau so aussieht wie vorne. Folglich hat auch der Druck, den man aus der Bernoullischen Gleichung berechnet (siehe Aufgaben im Abschn. 3.7), auf beiden Seiten denselben Verlauf. Die Resultante der Druckkräfte verschwindet daher. Ganz allgemein gibt es bei der Potentialströmung keinen hydrodynamischen Widerstand, was wohl als ein schlimmer Mangel der vorgeschlagenen Näherung bezeichnet werden muß.

Dem Gradienten begegnet man noch auf vielen Gebieten der Physik. Wenn unter dem Einfluß eines Potentialfeldes in einem isotropen Stoff irgendein Strom fließt, so ist dessen Dichte meist annähernd dem Gradienten des Potentials proportional. Das bekannteste dieser sogenannten phänomenologischen Gesetze ist wohl das *Ohmsche*. Es behauptet, daß die elektrische Stromdichte der elektrischen Feldstärke proportional ist,

$$j_e = \frac{1}{\zeta} E = -\frac{1}{\zeta} \nabla U, \tag{3.48}$$

wobei ζ den spezifischen Widerstand bezeichnet. Ähnlich ist das Fouriersche *Wärmeleitungsgesetz*. Es gibt die Dichte des Wärmestroms in einem Körper mit ungleichmäßiger Temperatur folgendermaßen an,

$$j_Q = -\lambda \nabla T, \tag{3.49}$$

wobei λ die Wärmeleitfähigkeit des Stoffes ist. Bei flüssigen Gemischen interessiert man sich auch für Diffusionsströme, die unter dem Einfluß von Konzentrationsunterschieden zustandekommen. Die Dichte des partiellen Massenstroms ist annähernd dem Gradienten der Teildichte der ensprechenden Mischungskomponente proportional. Für den Fall, daß der Stoff Nr. 1 nur in geringer Konzentration vorhanden ist, schreiben wir

$$j_1 = -D \nabla \varrho_1. \tag{3.50}$$

Statt rechts mit der Massendichte (kg/m^3) zu rechnen, kann man auch die Molardichte (kmol/m^3) oder die Teilchenzahldichte (Zahl der Teilchen pro m^3) einführen. Statt in kg/m^{2}s bekommt man dann links die partielle Stromdichte

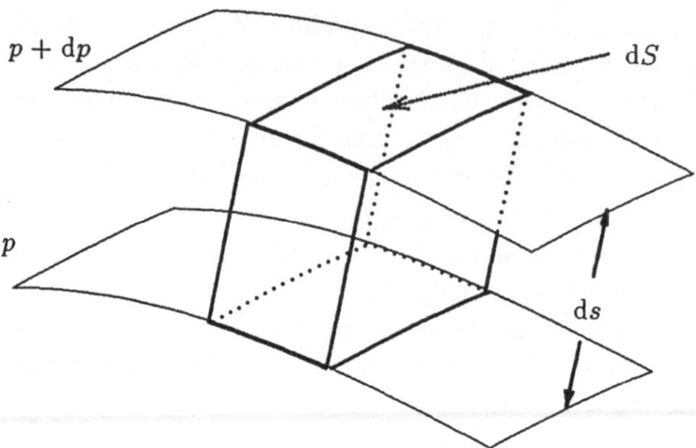

Abb. 3.3. Bedeutung des Druckgradienten

in kmol/m²s oder Teilchenzahl pro m^2 und Sekunde ausgedrückt. Bei allen drei Ausdrucksweisen entnehmen wir aus den Dimensionen von j_1 und ϱ_1 dieselbe Dimension für den sogenannten Diffusionskoeffizienten D. Sie ist durch die Einheit m^2/s beschrieben.

In der Strömungslehre braucht man oft den Gradienten des Druckes. Um dessen Bedeutung zu erkennen, betrachten wir die resultierende Kraft, die wegen des ungleichmäßigen Druckes auf irgendeinen Teil der Flüssigkeit mit dem Volumen V wirkt und die wir durch ein Oberflächenintegral ausdrücken: $\boldsymbol{F} = - \int_{\partial V} p \, \mathrm{d}\boldsymbol{S}$. Das Oberflächenelement wird dargestellt durch den Vektor $\mathrm{d}\boldsymbol{S}$, der senkrecht nach außen zeigt. Das Minuszeichen folgt der Verabredung, daß der Druck als positiv gilt, wenn er eine Kraft in Richtung $-\mathrm{d}\boldsymbol{S}$ erzeugt.

Nebenbei bemerken wir, daß bei konstantem (vom Ort unabhängigen) Druck die angegebene Kraft verschwindet. Gemäß eines bekannten Satzes aus der Geometrie verschwindet nämlich die Summe der Vektoren $\mathrm{d}\boldsymbol{S}$ über eine geschlossene Oberfläche. Bei ungleichmäßigem Druck zerlegen wir den betrachteten Flüssigkeitsteil in kleinere Teile und drücken für jeden Teil die Kraft so aus wie vorher. Diese Kräfte summieren sich zur Resultante. Dabei kürzen sich die Beiträge der Zwischenflächen wegen der entgegengesetzten Richtungen der Vektoren $\mathrm{d}\boldsymbol{S}$ auf beiden Seiten. Wir setzen die Teilung fort, bis wir lauter kleine, annähernd den *isobaren Flächen* angepaßte Quader haben (Abb. 3.3), abgesehen von einer dünnen Schicht andersgestalteter Teile ganz außen. (Auf einer isobaren Fläche ist $p = $ const.) Die Summe der Kräfte, die auf beide Endflächen so eines Quaders drücken, ist $\mathrm{d}F = -(p + \mathrm{d}p)\mathrm{d}S + p \, \mathrm{d}S$. Die Richtung dieser Kraft bestimmt der Gradient ∇p, der ja senkrecht auf den isobaren Flächen steht. Die seitlichen Kräfte heben sich auf, denn bei einer Verrückung parallel zu jenen Flächen ändert sich der Druck nicht. Den Druckunterschied zwischen den zwei Flächen drücken wir durch den Gradienten aus, $\mathrm{d}p = (\partial p/\partial s)_{\|}\mathrm{d}s = |\nabla p| \, \mathrm{d}s$. Da $\mathrm{d}s \, \mathrm{d}S = \mathrm{d}^3 r$ das Volumen des Quaders ist, haben wir schließlich

$$\mathrm{d}\boldsymbol{F} = -\nabla p\,\mathrm{d}^3 r. \tag{3.51}$$

Indem wir die kleinen Quader wieder in ein größeres Flüssigkeitsvolumen V zusammensetzen, bekommen wir schließlich

$$\boldsymbol{F} = -\int_{\partial V} p\,\mathrm{d}\boldsymbol{S} = -\int_V \nabla p\,\mathrm{d}^3 r. \tag{3.52}$$

Man sieht, daß der Druckgradient einer fiktiven Kraftdichte entspricht:

$$\boldsymbol{f} = -\nabla p. \tag{3.53}$$

Diese Behauptung soll jedoch keineswegs den Eindruck erwecken, daß hier räumlich verteilte Kräfte wirken. In Wirklichkeit hatten wir ja nur mit Resultanten von flächenhaft verteilten Kräften zu tun.

Das mathematische Ergebnis (eine Abart des bekannten Integralsatzes von Gauß) hängt freilich nicht vom physikalischen Inhalt ab. Für jede stetig differenzierbare skalare Funktion des Ortes $p(\boldsymbol{r})$ ist ihr Integral $\int_{\partial V} p\,\mathrm{d}\boldsymbol{S}$ über eine geschlossene Fläche ∂V gleich dem Integral des Gradienten über das eingeschlossene Volumen V.

Im Schwerefeld wirkt auf jeden Teil einer ruhenden Flüssigkeit außer der Druckkraft noch die Schwere. Die Gesamtresultante muß verschwinden, denn sonst würde sich die Flüssigkeit beschleunigt bewegen. Umgerechnet pro Volumeneinheit haben wir also $-\nabla p + \varrho \boldsymbol{g} = 0$. Im homogenen Schwerefeld kann man die Schwerebeschleunigung durch den Gradienten der Höhe darstellen, also $\boldsymbol{g} = -\nabla(gz)$. Im Fall gleichmäßiger Dichte ϱ gilt also für die ruhende Flüssigkeit überall $\nabla(p + \varrho g z) = 0$, also $p + \varrho g z = \text{const}$. Wenn nämlich der Gradient einer Funktion des Ortes überall verschwindet, so kann sie nur konstant sein.

Für ein beliebiges Flüssigkeitsvolumen V folgt nach obigem Integralsatz, daß

$$\boldsymbol{F} = -\int_{\partial V} p\,\mathrm{d}\boldsymbol{S} = -\int_V \nabla p\,\mathrm{d}^3 r = -\int_V \varrho \boldsymbol{g}\,\mathrm{d}^3 r = -\varrho \boldsymbol{g} V, \tag{3.54}$$

im Einklang mit Archimedes. Wie aus der Schule jedoch bekannt ist, bekommt man dieses Resultat leichter ganz ohne Rechnen aus der Erkenntnis, daß im Gleichgewicht die Summe aller Kräfte verschwindet. Demnach muß der *Auftrieb*, d.h. die Resultante der Druckkräfte, entgegengesetzt gleich dem Gewicht $m\boldsymbol{g} = \varrho \boldsymbol{g} V$ des betrachteten Flüssigkeitsteils sein. Ersetzt man diesen durch einen Fremdkörper, bleiben die Druckkräfte dieselben, genau wie es Archimedes behauptet.

Als letztes Beispiel betrachten wir das Sickern von Grundwasser im durchlässigen Boden. Bei genügend kleinen Poren fließt das Wasser laminar und man darf daher vermuten, daß die Stromdichte $\boldsymbol{v}$ proportional der Gesamtkraft pro Volumeinheit ist. Diese Aussage,

$$v = -k\nabla(p + \varrho g z), \tag{3.55}$$

ist als das *Gesetz von Darcy* unter Wasserleitungsingenieuren und Erdölgeologen bekannt. Die Stromdichte hat die Dimension einer Geschwindigkeit und wurde entsprechend bezeichnet. Es ist dies jedoch nicht die tatsächliche Geschwindigkeit des Wassers in den Poren, sondern das pro m^2 und Sekunde durchgesickerte Wasservolumen.

Literatur zum letzten Thema: M. Muskat: *Physical Principles of Oil Production* (McGraw-Hill, New York, 1949).

Aufgaben

3.18 Leiten Sie den Ausdruck für ∇r ohne Koordinatenschreiberei her. (Dabei ist r der Abstand vom Koordinatenursprung.) Ebenso für $\nabla f(r)$. Zur Abschreckung auch mit kartesischen Komponenten.

3.19 Aus der Elementarphysik sind die Ausdrücke für das elektrische Feld einer Punktladung im leeren Raum bekannt,

$$U = \frac{e}{4\pi\epsilon_0 r}, \qquad E = \frac{e}{4\pi\epsilon_0 r^2}\frac{r}{r}. \tag{3.56}$$

Skizzieren Sie die Feldlinien und Äquipotentiallinien eines Feldes, das zwei gleichen Punktladungen entspringt. Die Ebene der Zeichnung soll die beiden Ladungen enthalten.

3.20 Lösen Sie das zum vorhergehenden analoge Problem für zwei lange, parallele, entgegengesetzt geladene Drähte (lineare Ladungsdichte e'. Das gewonnene Potential gleicht dem Realteil einer analytischen Funktion. Welcher? Wozu kann das konjugierte Potential dienen?

3.21 Zwei entgegengesetzte Ladungen e und $-e$, deren Abstand klein ist im Vergleich zur Entfernung, in der wir das Feld prüfen, bilden einen punktförmigen Dipol. Das Produkt $p_e = el$, wobei der Vektor l die beiden Ladungen verbindet und zur positiven zeigt, bestimmt das Dipolmoment. Das gemeinsame Potential, d.h. die Summe beider Potentiale, die durch beide Ladungen verursacht werden, wird als kleine Differenz approximiert. Die Feldstärke bekommt man auf dieselbe Weise oder bequemer als Gradienten des Potentials. Zeichnen Sie die Feldlinien und (im Querschnitt) die Äquipotentialflächen.

3.22 Zwei entgegengesetzt gerichtete, gleich starke Dipole bilden einen *Quadrupol*. Nehmen wir z.B. im Abstand $2l$ zwei gleiche positive Ladungen $+e$ und in der Mitte die Ladung $-2e$. In großer Entfernung betrachtet man so eine Ladungsanhäufung als punktförmigen Quadrupol mit dem Quadrupolmoment $q = el^2$. Beschreiben Sie das Feld, indem Sie die vorhergehende Aufgabe fortsetzen.

3.23 Beschreiben Sie das Feld in der Achse einer kreisförmigen geladenen Drahtschleife. Bequemer ist es, zuerst das Potential zu berechnen und daraus die Feldstärke als Gradienten herzuleiten. Es geht aber auch direkt, wenn man beim Summieren von Vektoren vorsichtig ist.

3.24 Das Feld einer unendlichen geladenen Metallplatte kann man durch Integration aus den Formeln für die Punktladung herleiten, indem man die Platte in Gedanken in kleine Parzellen zerlegt. Beim Potential gibt es jedoch Schwierigkeiten. Warum?

3.25 Mit welchen Kräften wirken zwei gleichmäßig geladene nichtleitende Fäden aufeinander, die in senkrechten Richtungen aneinander vorbeilaufen?

3.26 Wiederholen Sie die Herleitung von (3.51), jedoch für einen quaderförmigen Teil der Flüssigkeit, der entlang der Koordinatenachsen orientiert ist. Den Druckgradienten bekommt man so sofort in kartesischen Komponenten ausgedrückt.

3.27 Wie berechnet man den Auftrieb im Zentrifugalfeld? Man stelle sich ein sich drehendes Gefäß voll mit Wasser vor und einen darin schwebenden Körper.

3.28 Zeigen Sie durch geschickte Wahl von Schleifen, daß bei einer Poiseuilleschen Strömung das Integral $\oint \boldsymbol{v} \cdot \mathrm{d}\boldsymbol{r}$ im allgemeinen nicht verschwindet.

3.29 In einer sehr großen flachen Schüssel steht Wasser gleichmäßig hoch. Im Boden sind zwei Löcher. Durch eins strömt Wasser gleichmäßig herein und durch das andere hinaus. In genügender Entfernung von den Löchern und dem Boden kann die über die Dicke der Schicht gemittelte Bewegung in grober Näherung als Potentialströmung beschrieben werden. Wie? Welche elektrostatische Aufgabe kann zum Vergleich dienen?

3.30 In den Strom einer Flüssigkeit, der ursprünglich im ganzen Raum die Geschwindigkeit v_0 in Richtung x hat, stellt man quer zur Strömung einen langen Zylinder mit dem Radius r_0. Die so gestörte stationäre Strömung kann man in grober Näherung aus folgendem Potential berechnen:

$$U = v_0 x \left[1 + \frac{1}{2} \left(\frac{r_0}{r} \right)^3 \right].$$

Zeigen Sie, daß bei $r = r_0$ tatsächlich die radiale Komponente der Geschwindigkeit verschwindet. Wie verhält sich der Druck auf der Zylinderoberfläche als Funktion des Polarwinkels ϕ?

3.31 Um die Durchlässigkeit eines porösen Materials zu messen, nimmt man ein senkrecht stehendes Rohr, das unten mit einem Sieb verschlossen ist, und füllt es mit dem Material. Obenauf gießt man Wasser, bis das Material durchtränkt ist und der Wasserspiegel noch knapp darüber reicht. Beweisen Sie, daß sich der Spiegel mit der Geschwindigkeit $k\varrho g$ senkt, wobei k die Konstante aus Gleichung (3.55) ist.

3.4 Die Divergenz

Erinnern wir uns an den Begriff des *Flusses* (Durchflusses, Stroms oder der Stromstärke), dem wir in der Elementarphysik oft begegnet sind. Es wird wohl genügen, bekannte Beispiele ohne weitere Erklärungen aufzuzählen. Alle sind durch Integrale der entsprechenden Stromdichten oder Feldgrößen über Querschnittsflächen erklärt.

$$\text{Volumenstromstärke} \quad \Phi_V = \int v \cdot \mathrm{d}S, \tag{3.57}$$

$$\text{Massenstromstärke} \quad \Phi_m = \int \varrho v \cdot \mathrm{d}S, \tag{3.58}$$

$$\text{elektrischer Strom} \quad I = \int j_e \cdot \mathrm{d}S, \tag{3.59}$$

$$\text{elektrischer Verschiebungsfluß} \quad \Phi_e = \int D \cdot \mathrm{d}S, \tag{3.60}$$

$$\text{magnetischer Kraftfluß} \quad \Phi = \int B \cdot \mathrm{d}S, \tag{3.61}$$

$$\text{Wärmestrom} \quad P = \int j_Q \cdot \mathrm{d}S. \tag{3.62}$$

Allgemein ist zu bemerken, daß die Flüsse Skalare sind, die Stromdichten und Feldgrößen jedoch Vektoren. Die Skalarprodukte deuten an, daß nur die auf der Querschnittsfläche senkrecht stehende Komponenten dieser Vektoren zu den Flüssen beitragen.

Zu interessanten Folgerungen kommen wir beim Betrachten von Flüssen durch geschlossene Oberflächen, wobei wir den Vektor $\mathrm{d}S$ immer nach außen richten wollen. Aus zwei Gründen kann so ein Fluß von Null verschieden sein: Es kann sich um ein Feld handeln, das durch Ladungen im Inneren der Fläche erzeugt wird. Oder wir haben es tatsächlich mit einer nach außen fließenden Substanz zu tun. Dem ersten Fall begegnen wir beim elektrischen Feld. Das *Gesetz von Gauß* behauptet, daß die elektrische Verschiebung durch eine geschlossene Oberfläche ∂V gleich der im Inneren enthaltenen Ladung ist,

$$\int_{\partial V} D \cdot \mathrm{d}S = e. \tag{3.63}$$

Bei stetig verteilter Ladung ist die rechte Seite für kleine Gebiete proportional dem eingeschlossenen Volumen, $e = \varrho_e \mathrm{d}^3 r$, also muß dasselbe auch links gelten. Somit vermuten wir die Existenz eines Grenzwerts, den man die *Divergenz* von D nennt und mit $\nabla \cdot D$ (oder auch als $\mathrm{div} D$) bezeichnet:

$$\nabla \cdot D = \lim_{V \to 0} \frac{1}{V} \int_{\partial V} D \cdot \mathrm{d}S. \tag{3.64}$$

Das erwähnte Gesetz kann man also anders formulieren,

$$\nabla \cdot \boldsymbol{D} = \varrho_{\mathrm{e}}. \tag{3.65}$$

Dies scheint eleganter zu sein, ist aber weniger allgemein als die ursprüngliche Gleichung (3.63).

Obige Vermutung läßt sich ganz ohne Physik verstehen, wenn man das Verhalten der linken Seite von (3.63) im Kleinen untersucht. Den von der Fläche eingeschlossenen Raum können wir in zwei oder mehrere Stücke zerteilen. Beim Summieren der einzelnen Oberflächenintegrale kürzen sich die Beiträge der Zwischenflächen wegen der entgegengesetzten Vektoren d$\boldsymbol{S}$ auf beiden Seiten. Bei stetig differenzierbaren Vektorfeldern dürfen wir für genügend kleine Raumteile auf Proportionalität des Oberflächenintegrals mit dem eingeschlossenen Volumen hoffen, wobei der Grenzwert $\nabla \cdot \boldsymbol{D}$ aus (3.64) als Koeffizient auftritt. Das Zusammensetzen der kleinen Raumteile ergibt den *Satz von Gauß*, nämlich daß der Fluß eines Vektors durch eine geschlossene Oberfläche ∂V gleich ist dem Integral seiner Divergenz über das eingeschlossene Volumen V,

$$\int_{\partial V} \boldsymbol{D} \cdot \mathrm{d}\boldsymbol{S} = \int_V \nabla \cdot \boldsymbol{D} \, \mathrm{d}^3 r. \tag{3.66}$$

Um einen Ausdruck für die Divergenz in kartesischen Koordinaten zu bekommen, wählen wir einen kleinen Quader und drücken das erwähnte Oberflächenintegral approximativ als Summe von sechs Differentialen aus,

$$\int_{\partial V} \boldsymbol{D} \cdot \mathrm{d}\boldsymbol{S} = D_x(x + \mathrm{d}x, y, z) \, \mathrm{d}y \, \mathrm{d}z - D_x(x, y, z) \, \mathrm{d}y \, \mathrm{d}z + \text{u.s.w.} \tag{3.67}$$

Nach Teilen durch $\mathrm{d}x \, \mathrm{d}y \, \mathrm{d}z$ erhalten wir als Grenzwert den gewünschten Ausdruck,

$$\nabla \cdot \boldsymbol{D} = \frac{\partial D_x}{\partial x} + \frac{\partial D_y}{\partial y} + \frac{\partial D_z}{\partial z}. \tag{3.68}$$

Die Bezeichnung linkerhand will ein Skalarprodukt des Operatorenvektors ∇ aus (3.43) und des Vektors $\boldsymbol{D}$ andeuten.

Im Unterschied zum elektrischen Fall gibt es keine magnetischen Ladungen, so daß die magnetische Kraftflußdichte nirgends entspringen kann. Ihre Divergenz verschwindet daher überall,

$$\nabla \cdot \boldsymbol{B} = 0. \tag{3.69}$$

Man sagt, das magnetische Feld sei *quellenlos*. Auf Bildern sieht man, daß die Kraftlinien entweder geschlossene Schleifen bilden oder, ausnahmsweise, vom Unendlichen ins Unendliche laufen.

Anhand der Erhaltungsgesetze werden wir im folgenden noch die Bedeutung der Divergenz in der Hydrodynamik, bei der Diffusion, der Wärmeleitung und der elektrischen Leitung betrachten. Bei einer strömenden Flüssigkeit zeigt das Integral $\int_{\partial V} \varrho \boldsymbol{v} \cdot \mathrm{d}\boldsymbol{S}$, eine wie große Masse pro Zeiteinheit durch die gewählte unbewegte Oberfläche ausströmt. Wegen der *Massenerhaltung*, d.h. weil Masse weder entstehen noch verschwinden kann, muß sich die von der Oberfläche eingeschlossene Masse m um ebensoviel pro Sekunde verkleinern, also

$$\int_{\partial V} \varrho \boldsymbol{v} \cdot \mathrm{d}\boldsymbol{S} = -\frac{\mathrm{d}m}{\mathrm{d}t}. \tag{3.70}$$

Auf eine Volumeneinheit bezogen, ergibt diese Behauptung die sogenannte *Kontinuitätsgleichung*,

$$\nabla \cdot (\varrho \boldsymbol{v}) = -\frac{\partial \varrho}{\partial t}. \tag{3.71}$$

Es gibt noch mehrere Kontinuitätsgleichungen, von denen jede ein Erhaltungsgesetz in differentieller Form darstellt.

Bei stationärer Bewegung ist $\partial \varrho / \partial t = 0$, also $\nabla \cdot (\varrho \boldsymbol{v}) = 0$. Nehmen wir noch an, daß sich die Flüssigkeit inkompressibel verhält, was bedeutet, daß es bei der gegebenen Strömung nur vernachlässigbar kleine Dichteveränderungen gibt, so daß man mit $\varrho = \mathrm{const}$ rechnen kann. Es folgt, daß $\nabla \cdot \boldsymbol{v} = 0$.

Bei der *Diffusion* in einem binärem Gemisch betrachten wir die partielle Dichte ("Konzentration") ϱ_1 und die Teilmassenstromdichte $\boldsymbol{j}_1$ der einen Komponente. Wenn es keine chemische Reaktion gibt, folgt auf dieselbe Weise wie vorher eine Kontinuitätsgleichung für den Stoff Nr. 1,

$$\nabla \cdot \boldsymbol{j}_1 = -\frac{\partial \varrho_1}{\partial t}. \tag{3.72}$$

Falls sich die Mischung bewegt, muß man zuerst verabreden, ob die Diffusion im ruhenden oder im mitfahrenden Bezugssystem betrachtet wird und dann entsprechend vorgehen.

Statt der Masse nehmen wir jetzt die elektrische Ladung! Stellen wir uns einen elektrisierten Körper vor, dessen Ladung durch Leitung in die Umgebung fließt. Wegen der *Ladungserhaltung* ist der Gesamtstrom gleich der negativen Zeitableitung der verbliebenen Ladung,

$$\int_{\partial V} \boldsymbol{j}_\mathrm{e} \cdot \mathrm{d}\boldsymbol{S} = -\frac{\mathrm{d}e}{\mathrm{d}t}, \tag{3.73}$$

$$\text{also} \quad \nabla \cdot \boldsymbol{j}_\mathrm{e} = -\frac{\partial \varrho_\mathrm{e}}{\partial t}. \tag{3.74}$$

Als letztes Beispiel betrachten wir die *Erhaltung der Energie*. Ein unbewegter erwärmter Körper verliert in kälterer Umgebung Energie nur durch Wärmeleitung. Wenn $\boldsymbol{j}_Q$ die Dichte des Wärmestroms ist und W_i die innere Energie des Körpers, gilt wegen der Energieerhaltung folgendes:

$$\int_{\partial V} \boldsymbol{j}_Q \cdot \mathrm{d}\boldsymbol{S} = -\frac{\mathrm{d}W_\mathrm{i}}{\mathrm{d}t}. \tag{3.75}$$

Bevor wir daraus weitere Schlüsse ziehen, müssen wir noch berücksichtigen, daß der Körper bei Abkühlung und wenn der Druck konstant bleibt, schrumpft, so daß wir eine Bewegung doch nicht ausschließen können. Sie ist so langsam, daß wir uns normalerweise um die kinetische Energie nicht zu kümmern brauchen. Auch Änderungen der potentiellen Energie wollen wir jetzt vernachlässigen.

Wohl aber müssen wir die Arbeit $p\,\Delta V$ wegen des äußeren Drucks berücksichtigen. Bei Gasen macht sie sich in der Energiebilanz jedenfalls bemerkbar. Da Beobachtungen meist bei konstantem Druck verlaufen, werden wir die entsprechend verbesserte Energiebilanz bevorzugen. Die linke Seite in (3.75) ist also durch die Summe der abgegebenen Energieströme (Wärmestrom + Leistung), $\int_{\partial V} \boldsymbol{j}_Q \cdot \mathrm{d}\boldsymbol{S} + p\,\mathrm{d}V/\mathrm{d}t$, zu ersetzen. Die Integration läuft über die Oberfläche des Körpers. Es ist üblich, den zweiten Term auf die andere Seite der Gleichung zu versetzen und die sogenannte *Enthalpie* $H = W_\mathrm{i} + pV$ einzuführen. Mit ihr lautet die Bilanz wie folgt:

$$\int_{\partial V} \boldsymbol{j}_Q \cdot \mathrm{d}\boldsymbol{S} = -\frac{\mathrm{d}H}{\mathrm{d}t}. \tag{3.76}$$

Die Enthalpieänderung drücken wir mit Hilfe der spezifischen Wärme so aus: $\mathrm{d}H = m\,\mathrm{d}h = mc_p\,\mathrm{d}T$, wobei $h = H/m$ die spezifische Enthalpie (= Enthalpie pro Masseneinheit) ist. Beide Seiten der Gleichung dividieren wir durch das Volumen. Wenn wir dieses kleiner machen, bekommen wir im Grenzwert die gesuchte Kontinuitätsgleichung

$$\nabla \cdot \boldsymbol{j}_Q = -\varrho c_p \frac{\mathrm{d}T}{\mathrm{d}t}. \tag{3.77}$$

Rechts haben wir die substantielle Ableitung (s. Abschn. 3.6) benutzt, um der Bewegung der Teile des Körpers gerecht zu werden. Falls im Körper Energiequellen (etwa chemisch reagierende oder radioaktive Stoffe) vorkommen, muß man noch deren Leistungsdichte q rechts hinzufügen.

Bei langsamer Bewegung ist es meist nicht nötig, in obiger Gleichung zwischen der substantiellen und lokalen Zeitableitung zu unterscheiden. Wenn dies aber ernst zu nehmen ist, können wir versuchen, auf die lokale Ableitung umzuschalten. Unter Berücksichtigung der Kontinuitätsgleichung (3.70) für Masse wird die rechte Seite von (3.77) so umgeformt:

$$-\varrho \frac{\mathrm{d}h}{\mathrm{d}t} = -\varrho \left(\frac{\partial h}{\partial t} + \boldsymbol{v} \cdot \nabla h\right) - h\left(\frac{\partial \varrho}{\partial t} + \nabla \cdot \varrho \boldsymbol{v}\right) = -\left(\frac{\partial \varrho h}{\partial t} + \nabla \cdot (\varrho \boldsymbol{v} h)\right).$$

So haben wir

$$\nabla \cdot (\boldsymbol{j}_Q + \varrho \boldsymbol{v} h) = -\frac{\partial(\varrho h)}{\partial t}. \tag{3.78}$$

Die Bedeutung des Terms $\varrho \boldsymbol{v} h$, dessen Divergenz wir auf die linke Seite übertragen haben, ist leicht zu verstehen. Das ist die Dichte des konvektiven Enthalpiestromes; er beschreibt die Konvektion der Wärme mittels der Stoffbewegung.

Aufgaben

3.32 Verifizieren Sie für das Feld einer Punktladung, daß wirklich $\nabla \cdot \boldsymbol{D} = 0$ ist, mit Ausnahme des Sitzpunktes $\boldsymbol{r}_0$ der Ladung. Dort gilt $\nabla \cdot \boldsymbol{D} = e\,\delta(\boldsymbol{r} - \boldsymbol{r}_0)$.

3.33 Betrachten Sie auf dieselbe Weise wie in der vorhergehenden Aufgabe auch das Feld eines langen geladenen Drahtes und dann noch das Feld einer geladenen ausgedehnten Platte.

3.34 Ein stromtragender langer Draht erzeugt ein Magnetfeld mit kreisförmigen Kraftlinien, wobei B umgekehrt proportional der Entfernung von der Drahtachse ist. Zeigen Sie mit wenigen Worten, daß hier $\nabla \cdot \boldsymbol{B} = 0$ ist. Zur Abschreckung kann man den Beweis in kartesischen Koordinaten wiederholen.

3.35 Zeigen Sie ohne Komponentenschreiberei, daß $\nabla \cdot (\boldsymbol{r}/r) = 2/r$ ist.

3.36 In einer Elektronenröhre mit planparallelen Elektroden wächst das Potential ungefähr wie folgt mit der Entfernung von der Kathode an: $U \propto x^{4/3}$. Wie steht es mit der Feldstärke und der Ladungsdichte der Elektronenwolke, die solch eine merkwürdige Proportionalität verursacht?

3.37 Beim einfachsten Modell des Erdinneren stellt man sich eine homogene Kugel mit einer konstanten Dichte q der Energiequellen vor. Indem man alle Quellen bis zum Radius r summiert und den Zustand als stationär annimmt, bekommt man die Dichte des nach außen gerichteten Wärmestroms: $j = \frac{4}{3}\pi r^3 q / 4\pi r^2 = \frac{1}{3} r q$. Zeigen Sie, daß die Kontinuitätsgleichung stimmt.

3.38 Bei einer inkompressiblen Strömung mit parallelen Stromlinien sieht man sofort, daß $\nabla \cdot \boldsymbol{v} = 0$ ist.

3.39 Rechtfertigen Sie mit wenigen Worten die Behauptung, daß bei stationären Flüssigkeitsströmungen $\nabla \cdot \boldsymbol{v} = 0$ gilt, wenn bei jedem dünnen Stromlinienbündel die Geschwindigkeit umgekehrt proportional zu seinem Querschnitt ist. Wie ist es bei nichtstationären Strömungen?

3.40 Ein dünner Ballon wird bei gleichbleibendem Druck langsam erwärmt, so daß die Temperatur linear mit der Zeit ansteigt. Berechnen Sie die Divergenzen $\nabla \cdot \boldsymbol{v}$ und $\nabla \cdot (\varrho \boldsymbol{v})$. Bestätigen Sie die Gültigkeit der Kontinuitätsgleichung.

3.5 Die Rotation

Im Abschn. 3.3 erwähnten wir das elektrostatische Feld als Beispiel eines wirbellosen Feldes (Potentialfeldes). Das heißt, daß für jede geschlossene Schleife $\oint \boldsymbol{E} \cdot \mathrm{d}\boldsymbol{r} = 0$ gilt, so daß man die Feldstärke als Gradienten eines Potentials darstellen kann. Alle Felder sind aber keineswegs dieser Art. Wie bekannt, ist beim Magnetfeld allgemein $\oint \boldsymbol{H} \cdot \mathrm{d}\boldsymbol{r} \neq 0$. Im Falle, daß ein elektrischer Strom durch die Integrationsschleife fließt, ist ja, wie bekannt, das Integral diesem Strom gleich:

$$\oint \boldsymbol{H} \cdot \mathrm{d}\boldsymbol{r} = I. \tag{3.79}$$

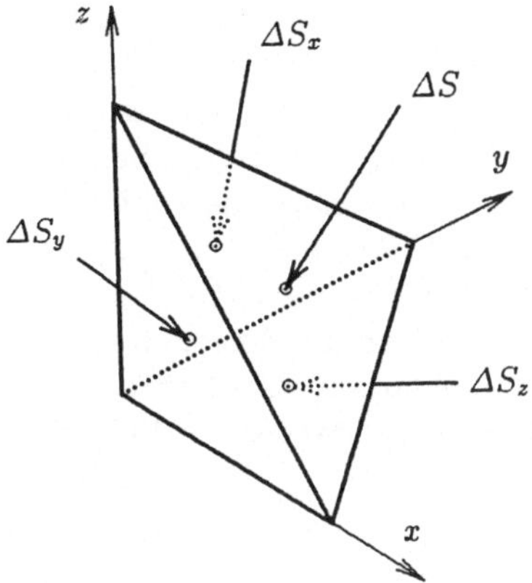

Abb. 3.4. Zum Begriff der Rotation

Untersuchen wir nun solche Integrale vom mathematischen Gesichtspunkt. Die Schleife bedecken wir mit einer glatten Fläche, die wir in kleinere Stücke aufteilen. Für jedes Stück kann man ein Integral der angegebenen Form hinschreiben. Dabei passen wir auf, daß die Integration über jede der Konturen in denselbem Sinne verläuft, und zwar im Sinne der *Schraubenregel* im Uhrzeigersinn, wenn wir in Richtung des durchgehenden Stromes auf die Fläche blicken. Die Summe der einzelnen Konturintegrale ergibt das ursprüngliche Integral, denn alle Beiträge über die inneren Sehnen heben sich weg, nämlich wegen entgegengesetzt gerichteter Vektoren d$\boldsymbol{r}$, die zu benachbarten Konturen gehören. Mit der Zerkleinerung der Fläche fahren wir fort, und zwar so, daß jedes Stück möglichst eben ist und daß sein größter Durchmesser immer kleiner wird. Wenn der Vektor $\boldsymbol{H}$ stetig differenzierbar ist, kann man bei immer kleiner werdenden Teilflächen auf Proportionalität des Konturintegrals zur eingeschlossenen Fläche hoffen. Das soll heißen, daß wir die Existenz eines Grenzwerts

$$\lim_{\Delta S \to 0} \frac{1}{\Delta S} \oint \boldsymbol{H} \cdot d\boldsymbol{r} \tag{3.80}$$

vermuten, wobei ΔS der Inhalt der von der Kontur eingeschlossenen Fläche ist.

Der Grenzwert hängt freilich noch von der Orientierung der Fläche ab. Um dies zu klären, wählen wir eine dreieckige Fläche ΔS mit den Ecken auf den positiven Hälften der Koordinatenachsen (Abb. 3.4). Zusammen mit ihren Projektionen ΔS_x, ΔS_y, ΔS_z auf die Koordinatenebenen yz, zx, xy bildet die Fläche eine dreikantige Pyramide. Genau wie früher finden wir, daß das Konturintegral über das ursprüngliche Dreieck C der Summe der drei Konturintegrale über die Projektionen C_x u.s.w. gleich ist, also

$$\oint_C \boldsymbol{H} \cdot d\boldsymbol{r} = \oint_{C_x} \boldsymbol{H} \cdot d\boldsymbol{r} + \oint_{C_y} \boldsymbol{H} \cdot d\boldsymbol{r} + \oint_{C_z} \boldsymbol{H} \cdot d\boldsymbol{r}. \tag{3.81}$$

Der Umlaufsinn der Integrationen richtet sich nach der Schraubenregel: rechts soll sich die Schraube beim Drehen in den Richtungen $+x$, $+y$, $+z$ und links in den positiven Oktanten des Raumes bewegen. Indem wir die Terme auf der rechten Seite mit Faktoren $\Delta S_x (\Delta S_x)^{-1}$ u.s.w. ausstatten, geben wir der Summe die Form eines kartesisch ausgeschriebenes Skalarprodukts. Der eine Faktor ist der auf dem Dreieck ΔS senkrechtstehende Vektor $\boldsymbol{\Delta S}$ mit den Komponenten ΔS_x u.s.w. Beim anderen Faktor interessiert uns nur der Grenzwert bei immer kleiner werdenden Dreiecken. Bei stetig differenzierbarem $\boldsymbol{H}$ dürfen wir uns wohl auf die Existenz des Grenzwerts verlassen. Man nennt ihn die *Rotation* von $\boldsymbol{H}$ und bezeichnet ihn mit $\nabla \times \boldsymbol{H}$ (seinerzeit rot $\boldsymbol{H}$ oder auf englisch curl $\boldsymbol{H}$). Es ist dies ein Vektor, dessen kartesische Komponenten wir soeben erhalten haben:

$$\nabla \times \boldsymbol{H} = \lim_{\Delta S \to 0} \left(\frac{1}{\Delta S_x} \oint_{\partial \Delta S_x} \boldsymbol{H} \cdot \mathrm{d}\boldsymbol{r}, \; \frac{1}{\Delta S_y} \oint_{\partial \Delta S_y} \boldsymbol{H} \cdot \mathrm{d}\boldsymbol{r}, \right.$$
$$\left. \frac{1}{\Delta S_z} \oint_{\partial \Delta S_z} \boldsymbol{H} \cdot \mathrm{d}\boldsymbol{r} \right). \tag{3.82}$$

Die Integrationen verlaufen hier über die Ränder der Dreiecke ΔS_x usw.

Um unsere Überlegungen zu resümieren, approximieren wir die rechte Seite von (3.81) durch ein Differential,

$$\oint_{\Delta S} \boldsymbol{H} \cdot \mathrm{d}\boldsymbol{r} = (\nabla \times \boldsymbol{H}) \cdot \boldsymbol{\Delta S} = |\nabla \times \boldsymbol{H}| \Delta S \cos \delta, \tag{3.83}$$

wobei δ der Winkel zwischen der Flächennormale (orientiert nach der Schraubenregel) und dem Vektor $\nabla \times \boldsymbol{H}$ ist. Beim Drehen der Fläche finden wir bei einer bestimmten Orientierung den Maximalwert

$$|\nabla \times \boldsymbol{H}| = \left[\lim_{\Delta S \to 0} \frac{1}{\Delta S} \oint \boldsymbol{H} \cdot \mathrm{d}\boldsymbol{r} \right]_{\max}. \tag{3.84}$$

Die Flächennormale bei dieser besonderen Orientierung und die Schraubenregel bestimmen die Richtung der Rotation.

Aus den bisherigen Erläuterungen folgt ganz ohne Rechnung, daß die Rotation eines Gradienten immer gleich Null ist: $\nabla \times (\nabla U) = 0$. Bei der umgekehrten Behauptung müssen wir aber vorsichtig sein, denn sie gilt nur für einfach zusammenhängende Gebiete, d.h. für solche, in denen man jede Schleife stetig auf einen Punkt zusammenschrumpfen kann. Falls die Rotation eines Vektorfeldes innerhalb eines solchen Gebietes überall verschwindet, so kann man eine skalare Funktion des Ortes finden, deren Gradient das Vektorfeld wiedergibt. Der Leser wird sich von der Richtigkeit beider Behauptungen selbst überzeugen, wenn er die Erklärungen über den Gradienten und die Rotation nochmals aufmerksam nachliest.

Aus kleinen geschlossenen Kurven können wir jetzt wieder eine größere Schleife zusammenbauen. Durch Summieren der einzelnen Konturintegrale überzeugen wir uns, daß folgender nach *Stokes* benannter Satz gilt:

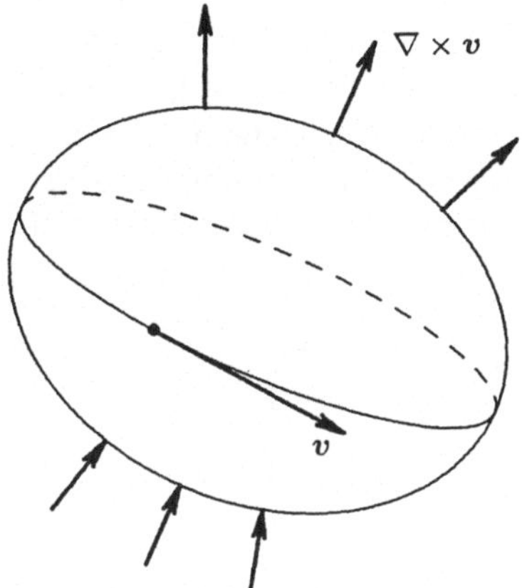

Abb. 3.5. Die Divergenz einer Rotation verschwindet

$$\oint \boldsymbol{H} \cdot \mathrm{d}\boldsymbol{r} = \int (\nabla \times \boldsymbol{H}) \cdot \mathrm{d}\boldsymbol{S}. \tag{3.85}$$

Mit Worten: Das Wegintegral eines Vektorfeldes entlang einer geschlossenen Kurve gleicht dem Durchfluß der Rotation durch die eingeschlossene Fläche.

Wiederum ohne jede Rechnung werden wir einsehen, daß die Divergenz der Rotation eines beliebigen Vektorfeldes $\boldsymbol{v}(\boldsymbol{r})$ verschwindet. Somit hat das Feld einer Rotation keine Quellen. Die Feldlinien des Vektors $\nabla \times \boldsymbol{v}$, auch *Wirbellinien* genannt, bilden entweder in sich geschlossene Schleifen, oder sie laufen vom Unendlichen ins Unendliche. Um dies einzusehen, denken wir uns eine geschlossene Fläche ∂V und betrachten den daraus entspringenden Fluß der Rotation. Auf der Fläche zeichnen wir eine geschlossene Kurve, die die Fläche in zwei Kappen aufteilt (Abb. 3.5). Für beide Kappen behauptet der Satz von Stokes, daß der Durchfluß der Rotation gleich einem und demselben Kurvenintegral $\oint \boldsymbol{v} \cdot \mathrm{d}\boldsymbol{r}$ ist. Indem wir die Schraubenregel beachten, bemerken wir, daß durch eine Kappe derselbe Fluß der Rotation aus dem Inneren der geschlossenen Fläche herausströmt wie durch die andere hinein. Der Gesamtfluß der Rotation verschwindet somit:

$$\int_{\partial V} (\nabla \times \boldsymbol{v}) \cdot \mathrm{d}\boldsymbol{S} = 0.$$

Indem wir durch das eingeschlossene Volumen V dividieren und den Grenzwert für $V = 0$ nehmen, erfahren wir, daß wirklich $\nabla \cdot (\nabla \times \boldsymbol{v}) = 0$ gilt, wie vorausgesagt.

Mancherlei über die Rotation ist schon aus der Elementarphysik bekannt. Nachdem wir in (3.79) den Strom durch die Stromdichte ausgedrückt, $I = \int \boldsymbol{j} \cdot \mathrm{d}\boldsymbol{S}$, ergibt ein Vergleich mit dem Stokesschen Satz die Differentialform des erwähnten Gesetzes:

$$\boldsymbol{j} = \nabla \times \boldsymbol{H}. \tag{3.86}$$

Für ein kleines, dem kartesischen Koordinatennetz angepaßtes Rechteck darf man das Linienintegral von $\boldsymbol{H}$ mit einer Summe von nur vier Differentialen approximieren. Nach Teilung durch den Flächeninhalt bekommt man nach (3.82) eine der Komponenten von $\nabla \times \boldsymbol{H}$. So erfahren wir, wie man diesen Vektor in kartesischer Weise ausdrückt:

$$\nabla \times \boldsymbol{H} = \begin{vmatrix} \boldsymbol{e}_1 & \boldsymbol{e}_2 & \boldsymbol{e}_3 \\ \frac{\partial}{\partial x} & \frac{\partial}{\partial y} & \frac{\partial}{\partial z} \\ H_x & H_y & H_z \end{vmatrix}$$

$$= \left(\frac{\partial H_z}{\partial y} - \frac{\partial H_y}{\partial z}, \; \frac{\partial H_x}{\partial z} - \frac{\partial H_z}{\partial x}, \; \frac{\partial H_y}{\partial x} - \frac{\partial H_x}{\partial y} \right), \tag{3.87}$$

wo $\boldsymbol{e}_1$, $\boldsymbol{e}_2$ und $\boldsymbol{e}_3$ wieder die Einheitsvektoren entlang der Koordinatenachsen sind. Die Komponenten der Rotation sehen so aus wie bei einem Vektorprodukt, nämlich des Operatorenvektors ∇ und des Vektors $\boldsymbol{H}$. Damit rechtfertigen wir nachträglich die schon von Beginn an gebrauchte Bezeichnung.

Ein anschauliches Beispiel liefert uns die Drehung eines starren Körpers. Um die Rotation der Geschwindigkeit zu berechnen, integrieren wir das Skalarprodukt $\boldsymbol{v} \cdot \mathrm{d}\boldsymbol{r}$ entlang des Kreises, auf dem ein kleiner Teil des Körpers die Drehachse umkreist. Nach dem Satz von Stokes (3.85) ist

$$\oint \boldsymbol{v} \cdot \mathrm{d}\boldsymbol{r} = v \cdot 2\pi r = 2\omega\pi r^2 = \int (\nabla \times \boldsymbol{v}) \cdot \mathrm{d}\boldsymbol{S}. \tag{3.88}$$

Die Orientierung der Kreisfläche – senkrecht zur Drehachse – ist schon optimal, denn beim Neigen verkleinert sich das Integral. Daher ist der Vektor $\nabla \times \boldsymbol{v}$ entlang der Achse, genauer gesagt in Richtung $\boldsymbol{\omega}$, orientiert. Außerdem zeigt der vorletzte Ausdruck, daß das Integral der Kreisfläche proportional ist. Indem wir durch die Fläche dividieren, bekommen wir

$$\nabla \times \boldsymbol{v} = 2\boldsymbol{\omega}. \tag{3.89}$$

Mit anschaulichen Bildern können wir noch fortfahren. Stellen wir uns eine beliebige Bewegung einer Flüssigkeit vor, in die wir Staubteilchen verteilt haben. Die Bewegung beschreibt man nach Euler durch Angabe der Geschwindigkeit für jeden kleinen Teil der Flüssigkeit und zu jedem Zeitpunkt, also $\boldsymbol{v} = \boldsymbol{v}(\boldsymbol{r}, t)$. Obwohl die Staubteilchen starr sind, machen sie die Bewegung der Flüssigkeit ziemlich genau mit. Jedes dreht sich mit einer Winkelgeschwindigkeit, mit der sich auch die es umgebende Flüssigkeit dreht. Das Doppelte dieser Winkelgeschwindigkeit gibt nach Formel (3.89) den lokalen Wert des Vektors $\nabla \times \boldsymbol{v}$ an.

Jedes Staubteilchen denke man sich mit einem winzigen Pfeil versehen, und zwar so, daß damit der lokale Wert des Vektors $2\boldsymbol{\omega}$ dargestellt wird. Die Menge aller solcher Pfeile ergibt ein Bild des *Wirbelfeldes*, nämlich der Rotation von $\boldsymbol{v}$ als Funktion des Ortes. Das Bild wird noch schöner, wenn man die Pfeile nacheinander zu Linien verkettet. Das sind die *Wirbellinien*, die eine ähnliche Bedeutung haben wie die Kraftlinien beim Magnetfeld.

Wirbel in einer Flüssigkeitsströmung sind manchmal so beschaffen, daß $\nabla \times v$ nur innerhalb eines sogenannten *Wirbelfadens* von Null verschieden ist. Die Flüssigkeit umströmt den Faden, und zwar so, daß für jede ganz außerhalb des Fadens gelegene Schleife das Integral $\oint v \cdot dr$ verschwindet. Nehmen wir zur Abwechslung eine Schleife, die einmal um den Wirbelfaden läuft, jedoch ohne in ihn einzudringen! Nach der Stokesschen Formel ist so ein Kurvenintegral gleich der *Zirkulation C*, nämlich dem Integral von $\nabla \times v$ über den Fadenquerschnitt:

$$C = \oint v \cdot dr = \int (\nabla \times v) \cdot dS. \tag{3.90}$$

Da die Divergenz der Rotation verschwindet, ist es gleichgültig, wo man den Faden durchschneidet. Die Zirkulation ist entlang des ganzen Wirbelfadens dieselbe.

Aufgaben

3.41 In einem geraden Draht fließt ein konstanter elektrischer Strom. Da die Form der magnetischen Kraftlinien von vornherein bekannt ist, kann man leicht angeben, wie die Feldstärke mit dem Abstand von der Achse im Inneren des Drahtes zunimmt und außen abnimmt.

3.42 Beschreiben Sie die Strömung in der Umgebung eines geraden Wirbelfadens, der die Zirkulation C trägt, und vergleichen Sie sie mit dem Magnetfeld eines geraden Leiters.

3.43 Einen Rauchring kann man durch einen dünnen kreisförmigen Wirbelfaden approximieren. Skizzieren Sie das Geschwindigkeitsfeld eines stationären Rauchringes. Erraten Sie anhand der Analogie mit Aufgabe 3.2, wie groß die Geschwindigkeit in der Achse des Ringes ist. Das Integral der Geschwindigkeit entlang der Achse muß mit der Zirkulation übereinstimmen.

3.44 Bei einer zylindrisch symmetrischen Strömung sollen sich die Flüssigkeitsteile in Kreisen um die Achse bewegen. Dabei ist die Größe des Geschwindigkeitsvektors als Funktion des Achsenabstands gegeben: $v = v(r)$. Wie groß ist $|\nabla \times v|$? Bei geschickter Wahl einer Schleife ist die Aufgabe sofort erledigt, in kartesischen Komponenten aber ist sie recht umständlich.

3.6 Ableitung eines Vektors in vorgegebener Richtung

Eine stationäre Flüssigkeitsströmung wird durch eine ortsabhängige Geschwindigkeit $v(r)$ beschrieben oder graphisch durch ein Stromlinienbild. Stellen wir

uns vor, wir fahren mit dem Bleistift über dieses Bild, etwa in Richtung irgendeines Einheitsvektors $\boldsymbol{u}$. Von Ort zu Ort treffen wir dabei veränderte Geschwindigkeiten an. Wir wollen wissen, wie groß so eine Änderung ist, wenn wir um
einen kleinen Weg $\mathrm{d}s$ weiterschreiten.

Vom Ort $\boldsymbol{r}$ kommen wir durch eine Verschiebung um s zum Ort $\boldsymbol{r} + s\boldsymbol{u}$,
wo wir die Geschwindigkeit $\boldsymbol{v}(\boldsymbol{r} + s\boldsymbol{u})$ antreffen. Wie schnell sich diese mit
dem Weg s ändert, erfahren wir aus der totalen Ableitung nach s, indem wir
die kartesischen Koordinaten des Ortsvektors als Funktionen dieses Parameters
betrachten:

$$\frac{\mathrm{d}\boldsymbol{v}}{\mathrm{d}s} = \frac{\partial \boldsymbol{v}}{\partial x}\, u_x + \frac{\partial \boldsymbol{v}}{\partial y}\, u_y + \frac{\partial \boldsymbol{v}}{\partial z}\, u_z. \tag{3.91}$$

Wir haben dabei $\mathrm{d}x/\mathrm{d}s = u_x$ usw. substituiert. Formell kann man rechts den
Vektor $\boldsymbol{v}$ ausklammern, wobei vorne folgender Operator auftritt:

$$u_x \frac{\partial}{\partial x} + u_y \frac{\partial}{\partial y} + u_z \frac{\partial}{\partial z} \equiv \boldsymbol{u} \cdot \nabla. \tag{3.92}$$

Der linke Ausdruck hat die Form eines Skalarprodukts, womit die rechts angegebene koordinatenfreie Scheibweise gerechtfertigt ist. Die Summe (3.91) wollen
wir also lieber kurz durch

$$\frac{\mathrm{d}\boldsymbol{v}}{\mathrm{d}s} = (\boldsymbol{u} \cdot \nabla)\boldsymbol{v} \tag{3.93}$$

beschreiben. Der Ausdruck gibt an, um wieviel pro Längeneinheit in Richtung
des Einheitsvektors $\boldsymbol{u}$ sich der Vektor $\boldsymbol{v}(\boldsymbol{r})$ verändert. Damit ist also die Wegab-
leitung von $\boldsymbol{v}$ in Richtung $\boldsymbol{u}$ gegeben. Falls $\boldsymbol{u}$ kein Einheitsvektor ist, bekommt
man freilich die Ableitung multipliziert mit seiner Größe u.

Als Beispiel untersuchen wir die Kraft, die auf einen elektrischen Dipol in
einem inhomogenen elektrischen Feld wirkt. Um die Aufgabe zu vereinfachen,
stellen wir uns vor, daß der Dipol aus zwei Punktladungen $+e$ und $-e$ besteht.
Die negative denken wir uns am Ort $\boldsymbol{r}$ und die positive bei $\boldsymbol{r}+\boldsymbol{l}$. Durch Multiplikation mit der Feldstärke ergeben sich zwei annähernd entgegengesetzte Kräfte.
Im homogenen Feld heben sie sich genau auf, nicht aber bei ortsabhängigem
$\boldsymbol{E}(\boldsymbol{r})$. Es bleibt nämlich folgende Kraft übrig:

$$\boldsymbol{F} = e\boldsymbol{E}(\boldsymbol{r} + \boldsymbol{l}) - e\boldsymbol{E}(\boldsymbol{r}) = e(\boldsymbol{l} \cdot \nabla)\boldsymbol{E} = (\boldsymbol{p}_\mathrm{e} \cdot \nabla)\boldsymbol{E}. \tag{3.94}$$

Ganz rechts haben wir uns auf den Ausdruck $\boldsymbol{p}_\mathrm{e} = e\boldsymbol{l}$ für das Dipolmoment
bezogen. Um die Herleitung für eine beliebige genügend eng zusammengeballte
Ladungsverteilung mit Gesamtladung Null zu wiederholen, beziehen wir uns auf
den Ausdruck (3.23).

Eine analoge Formel für das Magnetfeld auf dieselbe Weise herzuleiten wäre
physikalisch sinnlos, da es ja magnetische Ladungen nicht gibt. Einen magnetischen Dipol soll man sich lieber als eine kleine ebene stromtragende Drahtschleife vorstellen. Ihr Dipolmoment ist, wie bekannt, durch das Produkt der

Stromstärke und dem Flächeninhalt der umschlungenen Oberfläche S gegeben, also $p_\mathrm{m} = IS$. Allgemeiner, auch für eine unebene Schleife, haben wir

$$p_\mathrm{m} = I \int_S \mathrm{d}S. \tag{3.95}$$

Den Ausdruck für die Kraft, mit der ein äußeres Magnetfeld auf die Schleife wirkt, kennen wir schon: $F = I \oint \mathrm{d}r \times B$. Um zu einem handlicheren Resultat zu gelangen, entnehmen wir der Formelsammlung im Anhang folgende Abart des Stokesschen Satzes, die man auf ähnliche Weise wie (3.85) herleiten kann:

$$\oint \mathrm{d}r \times B = \int (\mathrm{d}S \times \nabla) \times B. \tag{3.96}$$

Indem wir zweimal die Formel (3.33) zu Hilfe nehmen, formen wir den Integranden folgendermaßen um:

$$(\mathrm{d}S \times \nabla) \times B = \mathrm{d}S \times (\nabla \times B) + (\mathrm{d}S \cdot \nabla)B - \mathrm{d}S(\nabla \cdot B). \tag{3.97}$$

Der letzte Term fällt fort, weil das Magnetfeld quellenfrei ist, d.h. $\nabla \cdot B = 0$. Außerhalb des Drahtes ist das Feld auch wirbelfrei, d.h. $\nabla \times B = 0$, so daß auch der erste Term rechts verschwindet. Für das Innere des Drahtes könnte man in Versuchung geraten, für $\nabla \times B$ die Stromdichte multipliziert mit μ_0 einzusetzen. Das wäre aber eine Zeitverschwendung, denn damit würden wir das durch den Strom selbst erzeugte Feld berücksichtigen. Dem entspricht die Kraft, mit der die Drahtschleife auf sich selbst wirkt. Nach dem Gesetz von Wirkung und Gegenwirkung (dem 3. Newtonschen Gesetz) ist aber diese Kraft gleich Null. Nur das äußere Feld muß berücksichtigt werden. Seine Rotation verschwindet sowohl in der Umgebung als auch im Inneren des Drahtes.

Zuletzt bleibt nur das Integral des mittleren Terms $(\mathrm{d}S \cdot \nabla)B$ übrig. Bei genügend kleiner Drahtschleife und stetig differenzierbarer Kraftflußdichte $B(r)$ dürfen wir deren Ableitungen als konstant ansehen und aus dem Integral ausklammern. Das Endresultat ist also trotz verschiedenen physikalischen Inhalts ähnlich wie beim elektrischen Dipol:

$$F = (p_\mathrm{m} \cdot \nabla)B, \tag{3.98}$$

wobei wir den Ausdruck (3.95) für das Dipolmoment eingesetzt haben.

Bei nichtstationärer Strömung hängt die Geschwindigkeit der Flüssigkeit sowohl vom Ort wie auch von der Zeit ab, $v = v(r, t)$. Aus aufeinanderfolgenden Beobachtungen der Geschwindigkeit an ein und demselben Ort bekommen wir die *lokale Zeitableitung*, die durch $\partial v/\partial t$ bezeichnet wird. Es wäre verkehrt, in dieser Ableitung eine Beschleunigung zu sehen. Ebenso gut könnte jemand auf der Straße an festem Ort den Verkehr beobachten und die Geschwindigkeitsdifferenz zweier aufeinanderfolgender Autos geteilt durch die Zeitdifferenz als Beschleunigung erklären. Wessen Beschleunigung, um Himmelswillen?

Es hat nur Sinn, von der Beschleunigung eines gegebenen Autos oder Flüssigkeitstropfens zu sprechen. Um sie zu messen, muß man eben mitlaufen und nicht an einem Ort sitzen bleiben. Die Bewegung eines bestimmten kleinen Tropfens sei durch die Funktion $r(t)$ beschrieben. Die Geschwindigkeit $v = dr/dt$ dieses Tropfens ist nur von der Zeit abhängig. Um die ganze Flüssigkeit betrachten zu können, müssen wir jedoch an die frühere Schreibweise anknüpfen, also $v = v(r(t), t)$. Die Beschleunigung bekommt man daraus als totale Ableitung, $a = dv(r(t), t)/dt$. In der Hydrodynamik kennt man diesen Begriff als die *substantielle Ableitung*. Um sie durch die lokale Ableitung $\partial v/\partial t$ auszudrücken, braucht man sich nur an die Regeln der Differentialrechnung zu halten: $dv/dt = \partial v/\partial t + (\partial v/\partial x)(dx/dt) + \dots$. Da $dx/dt = v_x$ usw., kann man dem Resultat eine kompaktere Form geben:

$$\frac{dv}{dt} = \frac{\partial v}{\partial t} + (v \cdot \nabla)v. \tag{3.99}$$

Im Zusatzterm rechts erkennen wir die Ableitung der Geschwindigkeit in ihre eigene Richtung, multipliziert mit dem Betrag der Geschwindigkeit.

Auch bei anderen Größen, die bei einer Flüssigkeitströmung von r und t abhängen, kann man nach beiden Arten von Ableitungen fragen. Als Beispiel nehmen wir die Temperatur, die in schnell aufeinanderfolgenden Augenblicken gemessen werden soll. Nach der Division durch die Zeitdifferenz bekommt man (approximativ) die lokale oder die substantielle Ableitung, je nachdem ob man sich an einen festen Ort oder auf einem auserwählten Tröpfchen aufhält. Um die Beziehung zwischen den beiden zu erörtern, stellen wir die Temperatur als $T = T(r(t), t)$ dar, wobei $r(t)$ die Bewegung des Tröpfchens beschreibt. Da T ein Skalar ist, kann die Differenz beider Ableitungen durch den Gradienten ausgedrückt werden,

$$\frac{dT}{dt} = \frac{\partial T}{\partial t} + (v \cdot \nabla)T = \frac{\partial T}{\partial t} + v \cdot \nabla T. \tag{3.100}$$

In der Gleichung, mit der man das 2. Newtonsche Gesetz beschreibt, tritt die Beschleunigung auf, also bei einer Strömung immer die substantielle, nicht die lokale Ableitung. Da verschiedene Teile der Flüssigkeit sich im allgemeinen verschieden bewegen, muß man sich genügend kleine Tröpfchen vorstellen. Es ist aber üblich, beide Seiten der Gleichung durch das Volumen des Tröpfchens zu dividieren. Mit f für die Kraftdichte, d.h. die Kraft pro Volumeneinheit (gemeint ist die Resultante der auf das Tröpfchen wirkenden äußeren Kräfte) hat man also

$$\varrho\frac{dv}{dt} = f. \tag{3.101}$$

So sieht das Newtonsche Gesetz für die Bewegung eines Kontinuums aus. Wenn nötig, kann man die rechte Seite von (3.99) einsetzen.

Als spezielles Beispiel betrachten wir die Bewegung einer Flüssigkeit für den Fall, daß man die Viskosität vernachlässigen kann. Dann gibt es keine Scherspannungen, so daß sich die gegenseitigen Kräfte zwischen den Tröpfchen allein durch den Druck beschreiben lassen, wie bei einer ruhenden Flüssigkeit. Der entsprechende Beitrag zu $\boldsymbol{f}$ ist durch $-\nabla p$ gegeben (Abschn. 3.3). Wenn die Schwere die einzige räumlich verteilte Kraft ist, so bekommen wir aus (3.101) die Gleichung

$$\varrho \frac{\mathrm{d}\boldsymbol{v}}{\mathrm{d}t} = \varrho \boldsymbol{g} - \nabla p. \tag{3.102}$$

Sie ist nach *Euler* benannt.

Aufgaben

3.45 Welche Kraft wirkt auf einen punktförmigen magnetischen Dipol, der sich auf der Achse einer kreisförmigen Stromschleife im Abstand z von deren Ebene befindet und axial orientiert ist?

3.46 Mit welchen Kräften und Drehmomenten wirken ein punktförmiger elektrischer Dipol und eine punktförmige Ladung im Abstand r aufeinander, wenn der Dipol senkrecht zur Verbindungslinie orientiert ist? Zeigen Sie, daß auch für dieses System die Summe der inneren Kräfte und die Summe der inneren Drehmomente verschwinden.

3.47 Berechnen Sie die Kraft und das Drehmoment, mit denen ein gerader stromtragender Draht auf einen punktförmigen magnetischen Dipol wirkt. Betrachten Sie verschiedene Orientierungen des Dipols.

3.48 In einem ausgedehnten Strombett fließt Wasser mit annähernd überall gleicher Geschwindigkeit. Man leitet gefärbtes Wasser ein, das das ungefärbte verdrängt, wobei die partielle Dichte des Farbstoffs nur von einer Koordinate und der Zeit abhängen soll: $\varrho_1 = \varrho_1(x, t)$. Wie unterscheiden sich die lokale und die substantielle Zeitableitung der partiellen Dichte?

3.49 Bei inkompressibler Strömung in einem prismatischen Rohr mit parallelen Stromlinien besteht zwischen lokaler und substantieller Ableitung der Geschwindigkeit kein Unterschied. Erklären Sie in Worten, warum. Gilt die Behauptung auch für nichtstationäre Strömungen? Was passiert, wenn sich die Kompressibilität bemerkbar macht?

3.50 Ein Gefäß voll Wasser dreht sich als ganzes mit gleichmäßiger Winkelgeschwindigkeit. Wie groß sind in diesem Fall beide Zeitableitungen der Geschwindigkeit? Wie muß der Druck vom Abstand von der Achse abhängen?

3.7 Ableitungen von Produkten und zweite Ableitungen

Bei Ableitungen von Produkten verfährt man wie immer: man leitet zunächst den einen Faktor ab und anschließend den anderen, um danach die Summe zu bilden. So gelten die Formeln

$$\nabla(UV) = U\nabla V + V\nabla U, \quad \text{und} \quad \nabla \cdot (\varrho \boldsymbol{v}) = \varrho \nabla \cdot \boldsymbol{v} + \boldsymbol{v} \cdot \nabla \varrho, \tag{3.103}$$

wie man kurz in kartesischen Komponenten nachrechnen kann. Es gibt noch mehrere solcher Identitäten, die der Leser im Anhang des Buches finden kann. Nach mehrmaligem Gebrauch werden ihm einige im Gedächtnis bleiben.

Der Gradient, die Divergenz und die Rotation sind drei Arten von Ableitungen, die man bei Skalar- und Vektorfeldern benötigt. Der Gradient erzeugt aus einem Skalar einen Vektor, und die Divergenz umgekehrt aus einem Vektor einen Skalar, während die Rotation eines Vektors wiederum einen Vektor ergibt. Wiederholte Anwendung dieser Operatoren führt zu zweiten Ableitungen, von denen wir zwei schon erledigt haben. Wir wissen nämlich, daß die Rotation eines jeden Gradienten verschwindet, und ebenso die Divergenz einer jeden Rotation,

$$\nabla \times \nabla U = 0, \quad \nabla \cdot (\nabla \times \boldsymbol{v}) = 0. \tag{3.104}$$

Indem man formell den Operator ∇ als Vektor behandelt, bekommt man aus (3.33) folgende Formel für die Rotation der Rotation

$$\nabla \times (\nabla \times \boldsymbol{v}) = \nabla(\nabla \cdot \boldsymbol{v}) - (\nabla \cdot \nabla)\boldsymbol{v}. \tag{3.105}$$

Man bestätigt sie am schnellsten durch Nachrechnen in kartesischen Komponenten.

Es bleibt noch übrig, die wichtigste aller zweiten Ableitungen näher zu untersuchen, nämlich die Divergenz des Gradienten. Der betreffende Operator $\nabla \cdot \nabla \equiv \nabla^2$ (in der mathematischen Literatur meist als Δ bezeichnet) wird nach *Laplace* benannt. Aus den kartesischen Formen des Gradienten und der Divergenz folgt sofort der Ausdruck

$$\nabla^2 = \frac{\partial^2}{\partial x^2} + \frac{\partial^2}{\partial y^2} + \frac{\partial^2}{\partial z^2}. \tag{3.106}$$

Sehen wir uns einige Beispiele an! Die Stärke eines elektrostatischen Feldes drückt man oft durch den Gradienten des Potentials aus, $\boldsymbol{E} = -\nabla U$. Andererseits wissen wir, daß das Feld den Ladungen entspringt, und zwar gilt in Abwesenheit eines Dielektrikums $\epsilon_0 \nabla \cdot \boldsymbol{E} = \varrho_e$. Durch Einsetzen der vorhergehenden Gleichung eliminieren wir den Vektor $\boldsymbol{E}$ und bekommen die *Poissonsche* (inhomogene Laplacesche) *Gleichung*,

$$\nabla^2 U = -\frac{\varrho_e}{\epsilon_0}, \tag{3.107}$$

die das Potential mit der Ladungsdichte ϱ_e verbindet. Dort, wo keine Ladungen vorhanden sind, gilt die *Potentialgleichung* (Laplacesche Gleichung) $\nabla^2 U = 0$.

Erinnern wir uns an die Formel für die Krümmung (den reziproken Krümmungsradius) einer ebenen Kurve $y(x)$: $1/R = y''/(1+y'^2)^{3/2}$. Wenn die Neigung y' klein gegen 1 ist, vereinfacht sich die Formel zu $1/R = y''$. Bei einer schwach gegen die xy-Ebene geneigten Oberfläche $z = z(x, y)$ findet man einen analogen Ausdruck für die Summe der Hauptkrümmungen,

$$\frac{1}{R_1} + \frac{1}{R_2} = \frac{\partial^2 z}{\partial x^2} + \frac{\partial^2 z}{\partial y^2}, \tag{3.108}$$

wo rechts der zweidimensionale Laplace-Operator auftritt. Obwohl bei drei Dimensionen solche Anschauung versagt, bezeichnen manche Autoren $\nabla^2 U$ als die Krümmung (*buckling*) des Potentials U. Wie oben gezeigt, ist sie beim elektrostatischen Feld überall der negativen Ladungsdichte proportional.

Noch auf vielen Gebieten der Physik begegnet man dem Operator ∇^2. Erinnern wir uns an das Wärmeleitungsgesetz, $j_Q = -\lambda\nabla T$, und an die Kontinuitätsgleichung (3.77) für die Energie, $\nabla \cdot j_Q = -\varrho c_p \partial T/\partial t$. Falls die Wärmeleitfähigkeit konstant ist, folgt durch Eliminieren von j_Q die Gleichung

$$D\nabla^2 T = \frac{\partial T}{\partial t}. \tag{3.109}$$

Dabei haben wir die Abkürzung $D = \lambda/\varrho c_p$ eingeführt. Der Leser möge selbst versuchen, für die Diffusion eine Gleichung derselben Form herzuleiten. Wegen der Analogie erlauben wir uns auch, (3.109) eine *Diffusionsgleichung*, oder genauer die Wärmediffusionsgleichung, zu nennen. Auch hier, wie für den Diffusionskoeffizienten bei der Stoffdiffusion, gebrauchen wir das Zeichen D.

Betrachten wir noch die *Wellengleichung* für Schall, wobei wir beachten werden, daß die Amplitude sehr klein ist im Vergleich zur Wellenlänge. Es ist leicht einzusehen, daß in solchem Fall auch die durch den Schall verursachte Strömungsgeschwindigkeit v klein ist gegen die Ausbreitungsgeschwindigkeit c. Alle Gleichungen darf man daher linearisieren, d.h. wir vernachlässigen höhere Potenzen und Produkte der Variablen, mit denen die Schallausbreitung beschrieben wird. Aus der Kontinuitätsgleichung $\nabla(\varrho v) = -\partial \varrho/\partial t$ folgt in erster Näherung

$$\nabla \cdot v = -\frac{1}{\varrho}\frac{\partial \varrho}{\partial t} = -\chi_S \frac{\partial p}{\partial t}, \tag{3.110}$$

wobei χ_S die adiabatische Kompressibilität ist. Dies kombinieren wir mit der Eulerschen Gleichung (3.102), wobei wir jetzt zwischen substantieller und lokaler Zeitableitung nicht zu unterscheiden brauchen. Diese Gleichungen berücksichtigen weder die Viskosität noch die Wärmeleitfähigkeit, die beide eine Dämpfung des Schalles verursachen. Bei hörbaren Frequenzen ist jedoch (außer bei verdünnten Gasen) die Schalldämpfung sehr schwach. Auch die Schwere ignorieren wir, da wir von vornherein wissen, daß sie beim Schall belanglos ist. Es folgt die Wellengleichung

$$\nabla^2 p = \frac{1}{c^2}\frac{\partial^2 p}{\partial t^2}, \tag{3.111}$$

wobei $c = (\varrho \chi_S)^{-1/2}$.

Da ∇^2 ein skalarer Operator ist, kann er auch auf Vektoren angewandt werden, wie dies schon in (3.105) geschah. Bei einer Strömung, die durch $v = v(r,t)$ beschrieben wird, hat der Ausdruck

$$\nabla^2 v = \frac{\partial^2 v}{\partial x^2} + \frac{\partial^2 v}{\partial y^2} + \frac{\partial^2 v}{\partial z^2} \tag{3.112}$$

jedenfalls eine klare mathematische Bedeutung. Da der Gradient eines Vektors bisher nicht definiert wurde, stelle man sich hier ∇^2 am besten als einen einheitlichen Operator vor, ohne ihn in Divergenz und Gradienten zu zerlegen. Derartige Rechnungen mit Vektoren können aber verwickelt sein. Vor allem darf man die Größen $|\nabla^2 \boldsymbol{v}|$ und $\nabla^2 |\boldsymbol{v}|$ nicht verwechseln, da sie im allgemeinen verschieden sind.

Obwohl wir mehrmals kartesische Koordinaten zu Hilfe nahmen, soll man sich bei allgemeinen Erörterungen möglichst einer koordinaten- und komponentenfreien Schreibweise bedienen. Erst bei konkreten Berechnungen geht es meist nicht ohne Koordinaten. Diese brauchen aber keineswegs immer kartesisch zu sein; man soll sich vielmehr möglichst an eventuell gegebene Symmetrien und Randbedingungen anpassen. Im Anhang sind mehrere Beispiele angeführt. Hier soll es genügen, die Form von $\nabla^2 U$ in zylindrischen Koordinaten (r, ϕ, z) herzuleiten. Das Koordinatennetz (Abb. 3.6) ist zwar krumm, jedoch rechtwinklig. Daher können wir den Gradienten von U am gewählten Ort in rechtwinklige Komponenten entlang der Tangenten an die Koordinatenlinien zerlegen. Jede Komponente gibt an, um wieviel pro Längeneinheit (nicht etwa pro Winkeleinheit!) sich U in ihrer Richtung ändert, also

$$(\nabla U)_r = \frac{\partial U}{\partial x}, \qquad (\nabla U)_\phi = \frac{1}{r}\frac{\partial U}{\partial \phi}, \qquad (\nabla U)_z = \frac{\partial U}{\partial z}. \tag{3.113}$$

Um die Divergenz dieses Gradienten auszudrücken, wählen wir ein kleines von Koordinatenflächen begrenztes Volumen, das wie ein rechtwinkliges Stück Baumrinde aussieht (Abb. 3.6). Approximativ stellen wir das Integral aus (3.64) wieder als Summe von sechs Differentialen dar, die wir in drei Differenzen von je zwei Flüssen gruppieren. Jede Differenz soll wieder als Differential dargestellt werden, nämlich $\mathrm{d}_r(\ldots)$, $\mathrm{d}_\phi(\ldots)$ und $\mathrm{d}_z(\ldots)$, wobei mit den Indices die Richtung der Verschiebung angedeutet ist, also

$$\int (\nabla U) \cdot \mathrm{d}\boldsymbol{S} = \mathrm{d}_r\left(\frac{\partial U}{\partial r} r\,\mathrm{d}\phi\,\mathrm{d}z\right) + \mathrm{d}_\phi\left(\frac{\partial U}{r\partial \phi}\,\mathrm{d}r\,\mathrm{d}z\right) + d_z\left(\frac{\partial U}{\partial z} r\,\mathrm{d}\phi\,\mathrm{d}r\right). \tag{3.114}$$

Nach Division durch das Volumen $\mathrm{d}r\, r\,\mathrm{d}\phi\,\mathrm{d}z$ wird daraus (im Grenzwert) die Divergenz des Gradienten:

$$\nabla^2 U = \frac{1}{r}\frac{\partial}{\partial r}\left(r\frac{\partial U}{\partial r}\right) + \frac{1}{r^2}\frac{\partial^2 U}{\partial \phi^2} + \frac{\partial^2 U}{\partial z^2}. \tag{3.115}$$

Wenn man von vornherein weiß, daß U nur von r abhängt, wäre es sinnlos die ganze Prozedur zu durchlaufen, um erst am Ende die verschwindenden Ableitungen wegzulassen. Besser geht man ihnen von Anfang an aus dem Weg. Dazu schälen wir in Gedanken statt des rechtwinkligen Stücks Rinde einen ganzen Ring vom Baum ab. Die Differenz der Flüsse des Gradienten durch den Innen-und Außenzylinder gibt nach Division durch das umrahmte Volumen sofort das gewünschte Resultat. Das $\mathrm{d}z$ fällt auch weg, so daß

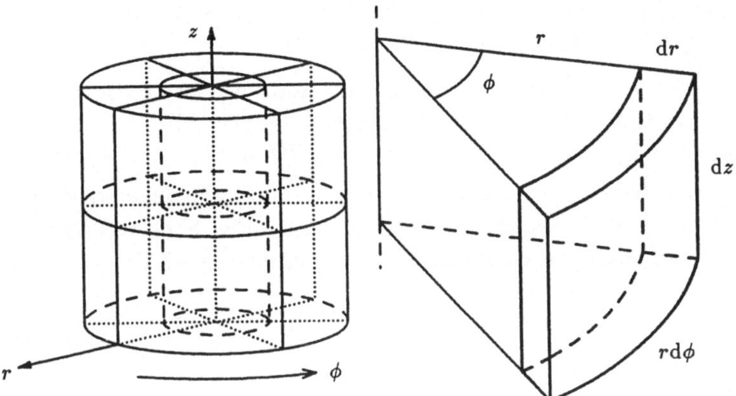

Abb. 3.6. Zur Berechnung von $\nabla^2 U$ in zylindrischen Koordinaten

$$\nabla^2 U = \frac{1}{2\pi r\,\mathrm{d}r}\,\mathrm{d}_r\left(2\pi r\frac{\mathrm{d}U}{\mathrm{d}r}\right) = \frac{1}{r}\frac{\mathrm{d}}{\mathrm{d}r}\left(r\frac{\mathrm{d}U}{\mathrm{d}r}\right). \tag{3.116}$$

Zur Übung möge der Leser beide Aufgaben auch für Kugelkoordinaten erledigen (Resultat im Anhang A).

Aufgaben

3.51 Ein 4 cm dickes Metallrohr, das mit Dampf auf 100°C aufgeheizt wird, ist mit einer 2 cm dicken Isolationsschicht umwickelt. Die Wärmeleitfähigkeit beträgt 0,05 W/m K. Wie groß ist der Wärmestrom, der ständig aus jedem Meter des Rohres entweicht, wenn draußen die Temperatur 0°C herrscht?

3.52 Die magnetische Kraftflußdichte stellt man gern als Rotation eines sogenannten Vektorpotentials dar: $\boldsymbol{B} = \nabla \times \boldsymbol{A}$. Zeigen Sie, daß man im Falle eines homogenen Feldes $\boldsymbol{A} = \frac{1}{2}\boldsymbol{B} \times \boldsymbol{r}$ nehmen kann. Die Wahl ist aber keineswegs eindeutig.

3.53 Das aus Abschn. 3.5 bekannte Resultat, daß bei der Rotation eines starren Körpers $\nabla \times \boldsymbol{v} = 2\boldsymbol{\omega}$ ist, kann man auch ohne Nachdenken herleiten, indem man links $\boldsymbol{v} = \boldsymbol{\omega} \times \boldsymbol{r}$ einsetzt.

3.54 Zeigen Sie an Hand der Eulerschen Gleichung (3.102), daß für stationäre Strömungen einer inkompressiblen idealen Flüssigkeit entlang jeder Stromlinie die Bernoullische Gleichung $p + \frac{1}{2}\varrho v^2 + \varrho g z = \text{const}$ gilt. Von Stromlinie zu Stromlinie kann die Konstante verschieden sein, außer wenn überall $\boldsymbol{v} \times (\nabla \times \boldsymbol{v}) = 0$ ist. Wie steht es bei Potentialströmungen?

3.55 Zeigen Sie, daß auf einen isotropen dia- oder paramagnetischen Stoff im inhomogenen Magnetfeld Kräfte mit der Dichte $\boldsymbol{f} = (\mu - 1)\mu_0 \nabla(H^2/2)$

wirken. Für die Permeabilität gilt $\mu \ll 1$. Eine analoge Formel hat man für Gase ($\epsilon \ll 1$) im inhomogenen elektrischen Feld.

3.56 Bei zylindrisch symmetrischer Strömung mit konzentrischen Kreisen als Stromlinien braucht man nur die Funktion $v = v(r)$ zu kennen. Wie drücken sich mit ihr die Werte von $|\nabla^2 \boldsymbol{v}|$ und $\nabla^2 v$ aus?

3.57 Bei stationärer Strömung im zylindrischen Rohr hat das Geschwindigkeitsprofil die Form eines Rotationsparaboloids. Zeigen Sie, ohne von irgendeinem Koordinatensystem Gebrauch zu machen, daß dabei $\nabla \times (\nabla \times \boldsymbol{v})$ konstant ist.

3.8 Die Maxwellschen Gleichungen

Obwohl wir die Grundgesetze für das elektromagnetische Feld schon kennenlernten, wird ein Überblick nützlich sein, wobei wir einige noch nicht erwähnte Erweiterungen zulassen werden. Auf drei Arten kann man diese Gesetze formulieren: mit Worten, in Integralform und als Differentialgleichungen. Die letzteren sind als die *Maxwellschen Gleichungen* bekannt. Alle drei Formen sind im Grunde gleichwertig; doch ist die Gültigkeit der Maxwellschen Gleichungen enger, wenn man beim Begriff der Ableitung zu altmodisch ist. Bei Schwierigkeiten ist es gewöhnlich besser, auf die Integralform zurückzugreifen.

Unten sind die Gesetze tabellenartig in allen drei Formen angeführt, wobei einige Erweiterungen zugelassen sind. Der Leser wird gut daran tun, jede der Maxwellschen Gleichungen nochmals aus der Integralform abzuleiten.

Ampères Gesetz: Die magnetische Spannung entlang einer geschlossenen Kurve gleicht der Summe des umschlossenen Stromes und Verschiebungsstromes,

$$\oint \boldsymbol{H} \cdot \mathrm{d}\boldsymbol{r} = I + \frac{\mathrm{d}\Phi_e}{\mathrm{d}t}, \qquad \nabla \times \boldsymbol{H} = \boldsymbol{j}_e + \frac{\partial \boldsymbol{D}}{\partial t}. \tag{3.117}$$

Induktionsgesetz: Die in einer Schleife induzierte Spannung gleicht der negativen Zeitableitung des umschlossenen Kraftflusses,

$$\oint \boldsymbol{E} \cdot \mathrm{d}\boldsymbol{r} = -\frac{\mathrm{d}\Phi}{\mathrm{d}t}, \qquad \nabla \times \boldsymbol{E} = -\frac{\partial \boldsymbol{B}}{\partial t}. \tag{3.118}$$

Gesetz vom Kraftfluß: Der gesamte magnetische Kraftfluß durch eine geschlossene Oberfläche verschwindet,

$$\int_{\partial V} \boldsymbol{B} \cdot \mathrm{d}\boldsymbol{S} = 0, \qquad \nabla \cdot \boldsymbol{B} = 0. \tag{3.119}$$

Gesetz von Gauß: Die gesamte elektrische Verschiebung durch eine geschlossene Oberfläche gleicht der sich innen befindenden Ladung,

$$\int_{\partial V} \boldsymbol{D} \cdot \mathrm{d}\boldsymbol{S} = e, \qquad \nabla \cdot \boldsymbol{D} = \varrho_e. \tag{3.120}$$

Erhaltungsgesetz für elektrische Ladung: Der aus einer geschlossenen Oberfläche entspringende Gesamtstrom gleicht der negativen Zeitableitung der eingeschlossenen Ladung,

$$\int_{\partial V} \boldsymbol{j}_{\mathrm{e}} \cdot \mathrm{d}\boldsymbol{S} = -\frac{\mathrm{d}e}{\mathrm{d}t}, \qquad \nabla \cdot \boldsymbol{j}_{\mathrm{e}} = -\frac{\partial \varrho_{\mathrm{e}}}{\partial t}. \tag{3.121}$$

Das letzte Gesetz folgt aus dem ersten und dem vorletzten, wie der Leser auf zwei Arten selbst nachweisen kann. In den letzten drei Gesetzen werden Integrale über die Oberfläche ∂V des betrachteten Volumens V gebraucht.

Um ein abgeschlossenes Gleichungssystem für die Feldgrößen und den Strom zu bekommen, müssen wir noch die Beziehungen zwischen $\boldsymbol{H}$ und $\boldsymbol{B}$ sowie zwischen $\boldsymbol{E}$ und $\boldsymbol{D}$ und auch zwischen $\boldsymbol{j}_{\mathrm{e}}$ und $\boldsymbol{E}$ hinzufügen. Für para- und diamagnetische bzw. dielektrische Stoffe gelten bei nicht zu starken Feldern annähernd die Proportionalitäten

$$\boldsymbol{B} = \mu\mu_0 \boldsymbol{H}, \qquad \boldsymbol{D} = \epsilon\epsilon_0 \boldsymbol{E}. \tag{3.122}$$

Dazu kommt noch das Ohmsche Gesetz (3.48). Diese zusätzlichen Beziehungen sind aber weder exakt noch allgemeingültig. Wenn sich ein paramagnetischer Stoff in starkem Magnetfeld der gesättigten Magnetisierung nähert, versagt die Proportionalität. Noch viel schlimmer ist es bei ferromagnetischen und ferroelektrischen Stoffen, bei denen die beiden Paare von Feldgrößen nicht einmal eindeutig zusammenhängen. In beiden Fällen gibt es nämlich Hysteresis. Auf das Ohmsche Gesetz kann man sich bei Metallen gut verlassen, keineswegs aber bei einem ionisierten Gas.

Bei Feldern im leeren Raum oder in verdünnten Gasen hat es keinen Sinn, je zwei Größen für jedes Feld zu gebrauchen, $\boldsymbol{E}$, $\boldsymbol{D}$ und $\boldsymbol{B}$, $\boldsymbol{H}$. Je eine genügt vollkommen, z.B. $\boldsymbol{E}$ und $\boldsymbol{B}$, so daß vier Maxwellgleichungen übrig bleiben:

$$\nabla \times \boldsymbol{B} = \mu_0 \boldsymbol{j}_{\mathrm{e}} + \frac{1}{c^2}\frac{\partial \boldsymbol{E}}{\partial t}, \qquad \nabla \cdot \boldsymbol{B} = 0, \tag{3.123}$$

$$\nabla \times \boldsymbol{E} = -\frac{\partial \boldsymbol{B}}{\partial t}, \qquad \nabla \cdot \boldsymbol{E} = \frac{\varrho_{\mathrm{e}}}{\epsilon_0}, \tag{3.124}$$

wobei mit $c^2 = 1/\epsilon_0\mu_0$ das Quadrat der *Lichtgeschwindigkeit* im Vakuum gegeben ist.

Aufgaben

3.58 Zeigen Sie, wie aus den Maxwellschen Gleichungen für den leeren Raum ($\varrho_{\mathrm{e}} = 0$, $\boldsymbol{j}_{\mathrm{e}} = 0$) die Wellengleichungen für $\boldsymbol{E}$ oder $\boldsymbol{B}$ folgen, wenn die andere Feldgröße eliminiert wird.

3.59 Leiten Sie aus den Maxwellgleichungen die Kontinuitätsgleichung für den *Poyntingvektor* $\boldsymbol{E} \times \boldsymbol{H}$ ab und interpretieren Sie die einzelnen Terme. Nehmen Sie an, daß $\boldsymbol{E}$ und $\boldsymbol{D}$ einander proportional sind und ebenso $\boldsymbol{H}$ und $\boldsymbol{B}$, wobei die Koeffizienten ϵ und μ zeitunabhängig sein sollen. Die Formel für die Divergenz eines Vektorproduktes (s. Anhang A) hilft dabei.

3.60 Zeigen Sie anhand der Integralformen der elektromagnetischen Gesetze, daß an der Grenze zweier Medien die Tangentialkomponenten der Vektoren E und H stetig sind und ebenso die Normalkomponenten von D und B. Als Integrationsfläche, die bei zweien der Gesetze benötigt wird, wählen Sie die Oberfläche einer ganz flachen Schachtel, die ein Stück der Grenzfläche einschließt. Für die anderen zwei Gesetze erfinden Sie eine schmale Integrationsschleife, die sich an beide Seiten der Grenzfläche anschmiegt.

3.61 Beschreiben Sie eine sinusförmige fortschreitende elektromagnetische Welle, ohne zu wissen, wie die Amplituden der beiden Feldvektoren orientiert sind und wie sie sich zueinander verhalten. Beides bekommen Sie aus den Maxwellgleichungen. Wie verhält sich der Poyntingvektor?

3.62 Wiederholen Sie die vorhergehende Aufgabe für eine stehende Welle.

3.63 In großer Entfernung von einem sinusartigen schwingenden elektrischen Dipol hat das Feld folgende Form:

$$E = \frac{1}{4\pi\epsilon_0 c^2}\left[\frac{(\ddot{p}_e \cdot r)r}{r^3} - \frac{\ddot{p}_e}{r}\right], \qquad H = \frac{\ddot{p}_e \times r}{4\pi c r^2}, \tag{3.125}$$

wobei mit dem Doppelpunkt die zweite Zeitableitung des Dipolmoments gemeint ist. (Für das gegebene Problem ist es unwichtig, daß man eigentlich den verzögerten Wert $\ddot{p}_e(t - r/c)$ einsetzen soll.) Der Zeitmittelwert des Flusses des Poyntingvektors durch eine große konzentrische Kugel ergibt die durchschnittliche ausgestrahlte Leistung.

3.9 Der Satz von Helmholtz

Im folgenden wollen wir nur Felder in einfach zusammenhängenden Gebieten betrachten. Wir haben uns überzeugt, daß jedes wirbelfreie Feld in so einem Gebiet als Gradient eines Potentials dargestellt werden kann. Diese Darstellung garantiert schon die Wirbelfreiheit. Wie ist es nun bei quellenlosen Feldern, deren Divergenz also überall verschwindet? Da die Divergenz jeder Rotation verschwindet, drängt sich der Gedanke auf, das sich ein solches Feld immer als Rotation eines entsprechenden *Vektorpotentials* darstellen läßt. *Helmholtz* ging noch weiter, indem er bewies, daß man jedes Vektorfeld in einen wirbelfreien und einen quellenfreien Anteil zerlegen kann. Der erste ist als Gradient eines skalaren Potentials und der zweite als Rotation eines Vektorpotentials darstellbar.

Um die Hilfsmittel für den Beweis zu erarbeiten, erinnern wir uns an das Potential einer Punktladung: $U(r) = e/4\pi\epsilon_0|r - r'|$, wenn die Ladung im Punkt r' sitzt. Eine stetig verteilte Ladung mit der Dichte ϱ_e denkt man sich klein zerstückelt und für jedes Stück $\varrho_e(r')\,\mathrm{d}^3r'$ das entsprechende Potential am Ort r aufgeschrieben. Das Gesamtpotential bekommt man als Summe, denn die Gesetze für das Feld sind ja linear, also

$$U(\boldsymbol{r}) = \int \frac{\varrho_e(\boldsymbol{r}')\,\mathrm{d}^3 r}{4\pi\epsilon_0 |\boldsymbol{r} - \boldsymbol{r}'|}. \tag{3.126}$$

Dies ist die berühmte *Poissonsche Formel*, mit der wir eine Lösung der Poissonschen Gleichung (3.107) gewonnen haben. Sie ist speziell insofern, als sie im Unendlichen (weit weg von der Ladung) verschwindet. Vergessen wir nicht, daß die Poissonsche Gleichung $\nabla^2 U = -\varrho_e/\epsilon_0$ gilt.

Analog stellen wir uns bei einem beliebigen Vektorfeld $\boldsymbol{v}(\boldsymbol{r})$ vor, daß es die Quelle eines neuen Feldes ist. Wir konstruieren also folgenden Vektor:

$$\boldsymbol{w}(\boldsymbol{r}) = \int \frac{\boldsymbol{v}(\boldsymbol{r}')\,\mathrm{d}^3 r'}{4\pi |\boldsymbol{r} - \boldsymbol{r}'|}. \tag{3.127}$$

Durch Vergleich mit der Poissonschen Formel oder durch direktes Nachrechnen sieht man, daß auch für $\boldsymbol{w}$ eine Poissonsche Gleichung gilt: $\nabla^2 \boldsymbol{w} = -\boldsymbol{v}$. Die linke Seite dieser Gleichung zerlegen wir nach Formel (3.105) in die Rotation einer Rotation und den Gradienten einer Divergenz. Danach erfinden wir ein Potential und ein Vektorpotential durch die beiden Definitionen $\nabla \cdot \boldsymbol{w} = U$ und $\nabla \times \boldsymbol{w} = \boldsymbol{A}$. So gewinnen wir den gewünschten Ausdruck:

$$\boldsymbol{v} = -\nabla U + \nabla \times \boldsymbol{A}. \tag{3.128}$$

Eine solche Zerlegung kann sehr aufschlußreich sein. Bemerkt muß noch werden, daß man das Vektorpotential ohne Schaden um einen beliebigen Gradienten verändern kann, denn dieser trägt ja zur Rotation nichts bei. Mit dem Ansatz $\boldsymbol{A} = \nabla \times \boldsymbol{w} + \nabla \psi$ können wir dem Vektorpotential beliebige Quellen vorschreiben, denn wir sehen, daß $\nabla \cdot \boldsymbol{A} = \nabla^2 \psi$ ist.

Als Beispiel nehmen wir wieder das elektromagnetische Feld. Da ganz allgemein $\nabla \cdot \boldsymbol{B} = 0$ ist, kann man immer die Darstellung $\boldsymbol{B} = \nabla \times \boldsymbol{A}$ verwenden. Beim veränderlichen elektrischen Feld müssen wir vorsichtiger sein, denn weder die Rotation noch die Divergenz verschwinden. Wohl aber ist $\nabla \times \boldsymbol{E} = -\partial \boldsymbol{B}/\partial t$, also $\nabla \times (\boldsymbol{E} + \partial \boldsymbol{A}/\partial t) = 0$. Daher dürfen wir ein skalares Potential durch den Ansatz

$$\boldsymbol{E} + \frac{\partial \boldsymbol{A}}{\partial t} = -\nabla U \tag{3.129}$$

einführen. Um zu schöneren Resultaten für das Vektorpotential zu gelangen, wird ihm meist (nach Lorentz) folgende Divergenz vorgeschrieben:

$$\nabla \cdot \boldsymbol{A} = -\frac{1}{c^2}\frac{\partial U}{\partial t}. \tag{3.130}$$

Falls keine Dielektrika oder magnetisierbare Stoffe vorhanden sind, folgen aus den übrigen zwei Maxwellgleichungen inhomogene *Wellengleichungen* für beide Potentiale,

$$\nabla^2 \boldsymbol{A} - \frac{1}{c^2}\frac{\partial^2 \boldsymbol{A}}{\partial t^2} = -\mu_0 \boldsymbol{j}_e, \qquad \nabla^2 U - \frac{1}{c^2}\frac{\partial^2 U}{\partial t^2} = -\frac{\varrho_e}{\epsilon_0}. \tag{3.131}$$

In Abwesenheit von Ladungen und Strömen genügen die Potentiale den üblichen homogenen Wellengleichungen.

Aufgaben

3.64 Für welche Werte der Parameter n und α ist das Feld

$$v(r) = \frac{1}{r^n}[ar^2 - \alpha(a \cdot r)r]$$

wirbellos bzw. quellenlos? Wann genügt es beiden Bedingungen?

3.65 Um einen dünnen geraden Wirbelfaden (siehe Aufgabe 3.42) fließt Wasser in konzentrischen Kreisen, wobei die Zirkulation C konstant ist. Da die Divergenz von v verschwindet, können Sie diesen Vektor als Rotation eines Vektorpotentials darstellen. Da das Gebiet außerhalb des Wirbelfadens nicht einfach zusammenhängend ist, ist jedoch die Darstellung durch den Gradienten eines eindeutigen skalaren Potentials nicht möglich, obwohl auf diesem Gebiet auch $\nabla \times v$ verschwindet. Es geht aber, wenn man auf die Eindeutigkeit des Potentials verzichtet, indem man zuläßt, daß sich sein Wert beim Umlaufen der Wirbellinie ändert. Wie groß ist diese Änderung?

3.10 Tensoralgebra

Zum Begriff eines Tensors kommen wir bei der Untersuchung aller möglichen Proportionalitätsrelationen, d.h. linearer Beziehungen, zwischen zwei Vektoren. An viele Beispiele können wir uns erinnern: $F = ma$, $D = \epsilon\epsilon_0 E$ usw. In diesen und ähnlichen Fällen ist der Koeffizient ein Skalar, so daß beide Vektoren dieselbe Richtung haben. Es ist aber nicht immer so. Auch in der Gleichung $M = p_e \times E$ (Abschn. 3.1) kann man eine Proportionalität erkennen, die die elektrische Feldstärke E mit dem Drehmoment M verbindet. Die Richtungen dieser Vektoren stehen aber senkrecht zueinander, da der Koeffizient p_e ebenfalls ein Vektor ist und mit ihm vektoriell multipliziert wird. Noch ein gekünsteltes Beispiel: Auch die Gleichung $v = a(b \cdot u)$ kann als Proportionalität zwischen u und v gelten, wobei die konstanten Vektoren a und b zusammen die Rolle eines Koeffizienten übernehmen. Eine vektorielle Funktion eines Vektors, $v = v(u)$, gilt allgemein als linear (als Proportionalität), wenn aus einem linear zusammengesetzten u ein entsprechend zusammengesetztes v folgt:

$$v(\alpha u_1 + \beta u_2) = \alpha v(u_1) + \beta v(u_2). \tag{3.132}$$

Die allgemeinste Proportionalität zweier Vektoren wollen wir symbolisch so darstellen:

$$v = A \cdot u, \tag{3.133}$$

wobei der Koeffizient A ein *Tensor* ist, d.h. ein linearer Operator im Raum der Vektoren u. Er verwandelt Vektoren in andere Vektoren. Um zur kartesischen Darstellung des Tensors zu kommen, zerlegen wir beide Vektoren gemäß (3.6), also

$$v_1 e_1 + v_2 e_2 + v_3 e_3 = u_1 \boldsymbol{A} \cdot e_1 + u_2 \boldsymbol{A} \cdot e_2 + u_3 \boldsymbol{A} \cdot e_3. \tag{3.134}$$

Rechts haben wir unter Beachtung der Linearität den Tensor auf jeden der Einheitsvektoren wirken lassen. Nachdem wir beide Seiten mit einem der Einheitsvektoren multiplizieren, bekommen wir die entsprechende Komponente von $\boldsymbol{v}$ als Summe ausgedrückt,

$$v_i = \sum_{k=1}^{3} A_{ik} u_k, \quad i = 1, 2, 3. \tag{3.135}$$

Dabei sind die 9 Koeffizienten A_{ik} kartesische Komponenten des Tensors, die analog zu (3.5) definiert sind:

$$A_{ik} = e_i \cdot (\boldsymbol{A} \cdot e_k). \tag{3.136}$$

Ebenso wie bei einem Skalarprodukt zweier Vektoren wird auch in (3.135) über ein Paar kartesischer Indices summiert, was den Gebrauch des Multiplikationspunktes in (3.133) rechtfertigt. Dabei gelten dieselben Regeln wie beim Multiplizieren von Matrizen (wo aber meist kein Punkt gebraucht wird). Kartesisch wird ja der Tensor durch eine Matrix dargestellt:

$$\boldsymbol{A} = \begin{pmatrix} A_{11} & A_{12} & A_{13} \\ A_{21} & A_{22} & A_{23} \\ A_{31} & A_{32} & A_{33} \end{pmatrix}. \tag{3.137}$$

Eigentlich hätten wir erklären sollen, daß $\boldsymbol{A}$ ein Tensor zweiten *Ranges* ist, entsprechend den zwei kartesischen Indices seiner Komponenten. Fast ausschließlich mit solchen Tensoren werden wir es zu tun haben und jedenfalls nur mit Tensoren im dreidimensionalen Euklidischen Raum. (Statt „Rang" sagt man auch „Ordnung" oder „Stufe"; in der Matrizenrechnung wird „Rang" in anderem Sinne angewandt.) Um den neuen Begriff an die gewohnten anzulehnen, sagt man gern, daß Vektoren eigentlich Tensoren ersten Ranges sind und Skalare solche nullten Ranges. Auch Tensoren höheren Ranges kann man erfinden.

Indem wir uns auf Gleichung (3.10) berufen, finden wir sofort, wie bei passiver Drehung die entsprechende Transformation von Tensoren aussieht:

$$A'_{il} = \sum_{j,k} (e'_i \cdot e_j) \, A_{jk} \, (e_k \cdot e'_l). \tag{3.138}$$

Durch die Transformation wird erreicht, daß $v'_i = \sum_{l=1}^{3} A'_{il} u'_l$ gilt. Der Fall der aktiven Drehung sei dem Leser überlassen.

Einen Vektor kann man auch von rechts mit einem Tensor multiplizieren, also $\boldsymbol{v} = \boldsymbol{u} \cdot \boldsymbol{A}$, was auf kartesisch heißt, daß $v_i = \sum_{k=1}^{3} u_k A_{ki}$ ist. Man kann also den Ausdruck (3.136) auch so schreiben: $A_{ik} = (e_i \cdot \boldsymbol{A}) \cdot e_k$, oder überhaupt ohne Klammer. Sinnvolle Definitionen für Summe und Produkt von Tensoren sowie für die Multiplikation mit einem Skalar findet man sofort, indem man die entsprechenden Ausdrücke auf einen Vektor anwendet. Man schreibt z.B. vor, daß

$$(\boldsymbol{A} \cdot \boldsymbol{B}) \cdot \boldsymbol{u} = \boldsymbol{A} \cdot (\boldsymbol{B} \cdot \boldsymbol{u})$$

sein soll. Die entsprechenden Beziehungen zwischen den kartesischen Komponenten ergeben sich von selbst:

$$\boldsymbol{C} = \boldsymbol{A} + \boldsymbol{B} \quad \Rightarrow \quad C_{ik} = A_{ik} + B_{ik}, \tag{3.139}$$

$$\boldsymbol{C} = \lambda \boldsymbol{A} \quad \Rightarrow \quad C_{ik} = \lambda A_{ik}, \tag{3.140}$$

$$\boldsymbol{C} = \boldsymbol{A} \cdot \boldsymbol{B} \quad \Rightarrow \quad C_{ik} = \sum_{j=1}^{3} A_{ij} B_{jk}. \tag{3.141}$$

Man soll beachten, daß mehrfache „Punktprodukte" nicht immer assoziativ sind, so daß man sich nötigenfalls mit Klammern helfen muß. Für zwei Tensoren $\boldsymbol{A}$, $\boldsymbol{C}$ und einen Vektor $\boldsymbol{b}$ sehen wir ein, daß $(\boldsymbol{A} \cdot \boldsymbol{b}) \cdot \boldsymbol{C} \neq \boldsymbol{A} \cdot (\boldsymbol{b} \cdot \boldsymbol{C})$.

Die *Spur* (englisch *trace*) und *Determinante* eines Tensors sollen noch erwähnt werden:

$$\operatorname{tr} \boldsymbol{A} = A_{11} + A_{22} + A_{33}, \quad \det \boldsymbol{A} = \begin{vmatrix} A_{11} & A_{12} & A_{13} \\ A_{21} & A_{22} & A_{23} \\ A_{31} & A_{32} & A_{33} \end{vmatrix}. \tag{3.142}$$

Beide sind hier vorläufig mit Hilfe kartesischer Komponenten definiert. Es wird sich aber zeigen, daß beide Größen unabhängig von der Wahl des Koordinatensystems sind. Die Spur eines Produktes von zwei Tensoren ergibt das *doppelte Skalarprodukt*. Da der Doppelpunkt als Divisionszeichen kaum noch gebraucht wird, können wir ihn für den hier gegebenen Zweck einführen:

$$\boldsymbol{A} : \boldsymbol{B} = \operatorname{tr}(\boldsymbol{A} \cdot \boldsymbol{B}) = \sum_{i,k=1}^{3} A_{ik} B_{ki}. \tag{3.143}$$

Oft taucht die Frage auf, ob man die Gleichung $\boldsymbol{v} = \boldsymbol{A} \cdot \boldsymbol{u}$, die kartesisch geschrieben ein System von 3 Gleichungen darstellt, eindeutig umkehren kann, so daß der *inverse Tensor* existiert: $\boldsymbol{u} = \boldsymbol{A}^{-1} \cdot \boldsymbol{v}$. Wie aus der Elementarmathematik bekannt, ist die notwendige und hinreichende Bedingung dafür das Nichtverschwinden der Determinante $\det \boldsymbol{A}$.

Tensoren besonderer Form haben eigene Namen erhalten, so z.B. *isotrope Tensoren*, die aus dem *Einheitstensor* $\boldsymbol{\delta}$ durch Multiplikation mit einem Skalar entstehen:

$$\boldsymbol{\delta} = \begin{pmatrix} 1 & 0 & 0 \\ 0 & 1 & 0 \\ 0 & 0 & 1 \end{pmatrix}, \quad k\boldsymbol{\delta} = \begin{pmatrix} k & 0 & 0 \\ 0 & k & 0 \\ 0 & 0 & k \end{pmatrix}. \tag{3.144}$$

Die kartesischen Komponenten von $\boldsymbol{\delta}$ sind die bekannten Kroneckersymbole δ_{ik}. Statt $\boldsymbol{\delta}$ findet man in der Literatur auch allerhand andere Zeichen: $\mathbf{E}$, $\mathbf{U}$, $\mathbf{I}$, $\mathbf{1}$. Bei Rotation des Koordinatensystems ändern sich die Komponenten eines isotropen Tensors nicht. Wir bemerken auch, daß $\boldsymbol{\delta} : \boldsymbol{A} = \operatorname{tr} \boldsymbol{A}$, womit die Koordinatenunabhängigkeit der Spur deutlich gemacht ist.

Will man in (3.133) statt mit A links mit einem anderen Tensor rechts multiplizieren, so muß man statt A den sogenannten *transponierten Tensor* $A^\dagger$ nehmen, um zu gleichen Resultaten zu gelangen, d.h.

$$A \cdot u = u \cdot A^\dagger. \tag{3.145}$$

Aus den schon erwähnten kartesischen Ausdrücken folgt, daß dabei der kartesisch ausgeschriebene Tensor bezüglich seiner Hauptdiagonale gespiegelt wird:

$$(A^\dagger)_{ik} = A_{ki}. \tag{3.146}$$

(Die Bezeichnung mit dem „$\dagger$" bedeutet üblicherweise den *adjungierten Tensor*, den wir aber von dem transponiertem nicht zu unterscheiden brauchen, da wir uns nur mit reellen Tensoren befassen. Bei einem komplexen Tensor müßte man rechts in der Gleichung die konjugiert komplexen Werte der Komponenten nehmen, um zum adjungierten Tensor zu gelangen.)

Ein Tensor heißt *symmetrisch* (bzw. *selbstadjungiert*), wenn er seinem transponierten (adjungiertem) Bild gleicht, also wenn $A = A^\dagger$ gilt, somit $A_{ik} = A_{ki}$. Für einen solchen Tensor ist $A \cdot u = u \cdot A$. Die entgegengesetzte Eigenschaft definiert einen antisymmetrischen Tensor: $A^\dagger = -A$, d.h. $A_{ik} = -A_{ki}$, also $A \cdot u = -u \cdot A$.

Im allgemeinen sind Tensoren weder symmetrisch noch antisymmetrisch. Wohl kann aber jeder in seinen symmetrischen und antisymmetrischen Teil wie folgt zerlegt werden:

$$A = \frac{1}{2}(A + A^\dagger) + \frac{1}{2}(A - A^\dagger). \tag{3.147}$$

Bei einen symmetrischen Tensor ist es oft nützlich und sinnvoll, ihn weiter zu zerlegen, indem man seinen isotropen Anteil abspaltet. Der übriggebliebene Tensor soll dabei *spurlos* sein, d.h. die Spur Null haben. Die Zerlegung ist selbstverständlich:

$$A = \frac{1}{3}(\operatorname{tr} A)\delta + \overset{\frown}{A}, \quad \text{wobei} \quad \overset{\frown}{A} = A - \frac{1}{3}\operatorname{tr} A. \tag{3.148}$$

Den spurlosen Anteil von A haben wir mit einem aufgesetzten Haken gekennzeichnet.

Zusammenfassend können wir jetzt sagen, daß man jeden Tensor in drei sogenannte *irreduzible Anteile* zerlegen kann: einen isotropen, einen spurlosen symmetrischen und einen antisymmetrischen. Wie wir uns bei den Aufgaben überzeugen werden, bleibt jeder dieser drei Anteile bei beliebiger Rotation des Koordinatensystems und bei Multiplikation mit beliebigem Skalar seiner Klasse treu: isotrop bleibt isotrop, antisymmetrisch bleibt antisymmetrisch und spurlos symmetrisch bleibt spurlos symmetrisch. Das Wort „irreduzibel" soll sagen, daß es keine feinere Aufteilung dieser Art gibt.

Kehren wir jetzt zurück zu den anfangs erwähnten drei Beispielen von Proportionalitätsrelationen zwischen zwei Vektoren. Indem wir sie in die Tensorsprache umdeuten, bekommen wir besondere Tensoren. Die gewöhnliche Proportionalität mit einem skalaren Koeffizienten, z.B. $F = ma$, kann man gekünstelt wie folgt schreiben: $F = (m\delta) \cdot a$. Ein isotroper Tensor ist also gewissermaßen äquivalent einem Skalar. Genauer gesagt: Multiplikation mit einem isotropen Tensor erreicht dasselbe wie gewöhnliche Multiplikation mit dem entsprechenden Skalar.

Als zweites Beispiel nehmen wir die vektorielle Multiplikation mit einem konstanten Vektor, z.B. $v = \omega \times r$, und versuchen dies in die neue Sprache zu übersetzen: $v = \Omega \cdot r$. Indem wir das Vektorprodukt kartesisch ausschreiben, erkennen wir die Komponenten des Tensors Ω. Er ist antisymmetrisch,

$$\Omega = \begin{pmatrix} 0 & -\omega_3 & \omega_2 \\ \omega_3 & 0 & -\omega_1 \\ -\omega_2 & \omega_1 & 0 \end{pmatrix}. \tag{3.149}$$

So wie Ω ist jeder antisymmetrische Tensor auf die beschriebene Weise einem Vektor äquivalent. Daher können wir antisymmetrischen Tensoren aus dem Weg gehen und uns überhaupt nur um symmetrische kümmern.

Um auch Beziehungen wie (3.149) komponentenfrei aufschreiben zu können, benötigen wir den *Levi-Cività Tensor* ϵ. Das ist der total antisymmetrische Einheitstensor dritten Ranges, dessen Komponenten entweder gleich 1 oder -1 oder 0 sind, und zwar: $\epsilon_{123} = \epsilon_{231} = \epsilon_{312} = 1$, $\epsilon_{132} = \epsilon_{321} = \epsilon_{213} = -1$. Alle Komponenten mit zwei gleichen Indices verschwinden. Man kann beweisen, daß die Komponenten beim Drehen des Koordinatensystems sich nicht ändern. Es ist leicht einzusehen, daß ein Vektorprodukt und (3.149) auch wie folgt geschrieben werden können:

$$\omega \times r = -(\epsilon \cdot \omega) \cdot r, \quad \text{also} \quad \Omega = -\epsilon \cdot \omega. \tag{3.150}$$

Es bleibt noch das dritte Beispiel, $v = a(b \cdot u)$, das wir ebenfalls in tensorieller Form, $v = A \cdot u$, darstellen möchten. Kartesische Schreibweise ergibt sofort, daß man $A_{ik} = a_i b_k$ nehmen muß. Den Tensor A, dessen Komponenten auf solche Weise definiert sind, dürfen wir als eine Art Produkt beider Vektoren auffassen. Man sagt, dies sei ein *Tensorprodukt* oder auch ein *direktes Produkt*. Während ein Skalarprodukt zweier Vektoren einen Skalar ergibt und ein Vektorprodukt einen Vektor, bekommen wir mit dem Tensorprodukt einen Tensor 2. Ranges. Als Multiplikationszeichen werden wir in diesem Fall $\otimes$ gebrauchen, also

$$A = a \otimes b \quad \Rightarrow \quad A_{ik} = a_i b_k. \tag{3.151}$$

Bei einer Drehung des Koordinatensystems wissen wir schon, wie sich die Komponenten der Vektoren a und b transformieren. Der Leser soll sich selbst überzeugen, daß die daraus gewonnene Transformation für das Tensorprodukt mit der früher erwähnten allgemeinen Regel übereinstimmt. Komponenten von Tensoren transformieren sich also allgemein wie Produkte von Komponenten von Vektoren. Für aktive Drehungen können wir die Behauptung wiederholen.

Auf vielen Gebieten der Physik benötigt man Tensoren bei der Beschreibung von linearen Beziehungen. Um gleich ein Beispiel zu betrachten, erinnern wir uns an die Definition des Drehimpulses, $\boldsymbol{\Gamma} = \int \boldsymbol{r} \times \boldsymbol{v}\,\mathrm{d}m$. Für einen starren Körper gilt also

$$\boldsymbol{\Gamma} = \int \boldsymbol{r} \times (\boldsymbol{\omega} \times \boldsymbol{r})\,\mathrm{d}m$$

$$= \int [r^2\boldsymbol{\omega} - (\boldsymbol{r}\cdot\boldsymbol{\omega})\boldsymbol{r}]\,\mathrm{d}m = \{\int [r^2\boldsymbol{\delta} - \boldsymbol{r}\otimes\boldsymbol{r}]\,\mathrm{d}m\}\cdot\boldsymbol{\omega} = \boldsymbol{J}\cdot\boldsymbol{\omega}, \quad (3.152)$$

$$\boldsymbol{J} = \int (r^2\boldsymbol{\delta} - \boldsymbol{r}\otimes\boldsymbol{r})\,\mathrm{d}m. \tag{3.153}$$

Das Resultat (3.152) erlaubt uns, den Drehimpuls für verschiedene Drehachsen zu betrachten, die aber alle durch einen gemeinsamen Bezugspunkt gehen sollen. (Dies ist in obiger Schreibweise der Koordinatenursprung.) Um den Zweck leichter zu erreichen, haben wir den Vektor $\boldsymbol{\omega}$, der ja für den ganzen Körper derselbe ist, aus obigem Integral ausgeklammert. Unter Benutzung der Definitionen (3.144) und (3.151) war dies leicht zu erreichen. Der *Trägheitstensor* $\boldsymbol{J}$, der durch das übriggebliebene Integral bestimmt ist, charakterisiert die Massenverteilung im gegebenen Körper für die getroffene Wahl des Bezugspunktes. In seinen diagonalen kartesischen Komponenten $J_{xx} = \int(y^2+z^2)\,\mathrm{d}m$ usw. erkennen wir die *Trägheitsmomente* in bezug auf die Achsen x, y, z. Die Komponenten außerhalb der Diagonale, $J_{xy} = -\int xy\,\mathrm{d}m$ usw. sind (mit dem umgekehrten Vorzeichen) als *Deviationsmomente* bekannt. Der Tensor ist symmetrisch, denn offenbar gilt $J_{xy} = J_{yx}$ usw.; also hat er 6 unabhängige Komponenten. Das Beispiel zeigt, daß neben Skalaren und Vektoren auch Tensoren sinnvolle physikalische Größen darstellen können, eben in gewissen Fällen die Koeffizienten, die zwei einander proportionale Vektoren verbinden. Es ist jedenfalls ratsam, sich den Tensor $\boldsymbol{J}$ irgendwie als eine einzige Größe vorzustellen und nicht fortwährend von einer Sammlung von drei Trägheitsmomenten und drei Deviationsmomenten zu reden, denn die verändern sich ja bei Drehungen des Koordinatensystems.

Auch die kinetische Energie eines sich drehenden starren Körpers können wir mit Hilfe des Trägheitstensors ausdrücken. Aus der Definition ergibt sich ein Integral, aus dem wir zweimal den Vektor der Winkelgeschwindigkeit ausklammern:

$$\frac{1}{2}\int \mathrm{d}m\,v^2 = \frac{1}{2}\int \mathrm{d}m\,(\boldsymbol{\omega}\times\boldsymbol{r})\cdot(\boldsymbol{\omega}\times\boldsymbol{r}) = \frac{1}{2}\int \mathrm{d}m\,[\omega^2 r^2 - (\boldsymbol{\omega}\cdot\boldsymbol{r})^2]$$

$$= \frac{1}{2}\boldsymbol{\omega}\cdot\boldsymbol{J}\cdot\boldsymbol{\omega} = \frac{1}{2}\boldsymbol{\Gamma}\cdot\boldsymbol{\omega}. \tag{3.154}$$

Weiteren Beispielen begegnen wir bei den *Transporterscheinungen* (Wärmeleitung, elektrische Leitung usw., Abschn. 3.3). Bei nicht zu starken Gradienten konnten wir uns auf die Proportionalität verlassen, die bei isotropen Stoffen durch Skalare vermittelt wird, wie z.B. bei $\boldsymbol{j} = -\lambda\nabla T$. Nehmen wir aber einen anisotropen Stoff wie Holz, bei dem Wärme leichter entlang der Fasern fließt als senkrecht dazu. Unter dem Einfluß eines gegen die Fasern geneigten Temperaturgradienten wird die Richtung des Wärmestroms wohl nicht mehr dieselbe sein, sondern näher an die Faserrichtung heranrücken. Bei kleinen Gradienten herrscht jedoch immer noch Proportionalität. Diese vermittelt jetzt der *Wärmeleitfähigkeitstensor* $\boldsymbol{\lambda}$, also

$$j_Q = -\boldsymbol{\lambda} \cdot \nabla T. \tag{3.155}$$

Aus den Gesetzen der irreversiblen Thermodynamik (siehe das unten angeführte Buch) folgt, daß $\boldsymbol{\lambda}$ symmetrisch ist. Auch das Ohmsche Gesetz erweitern wir auf ähnliche Weise auf anisotrope Stoffe, $j_e = -\boldsymbol{\zeta}^{-1} \cdot \boldsymbol{E}$, wobei $\boldsymbol{\zeta}^{-1}$ der *Leitfähigkeitstensor* ist. Man bekommt ihn durch Inversion des Tensors des spezifischen Widerstands $\boldsymbol{\zeta}$. Aus demselben Grund wie vorher sind auch $\boldsymbol{\zeta}$ und daher $\boldsymbol{\zeta}^{-1}$ symmetrisch.

Bei elektrischen Feldern in isotropen dielektrischen und paramagnetischen Stoffen vermitteln die Proportionalität zwischen $\boldsymbol{D}$ und $\boldsymbol{E}$, bzw. $\boldsymbol{B}$ und $\boldsymbol{H}$ (für nicht zu starke Felder) die skalare Dielektrizitätskonstante ϵ und Permeabilität μ. Bei anisotropen Stoffen besteht kein Grund für eine Parallelität, also dürften beide Koeffizienten Tensoren sein:

$$\boldsymbol{D} = \boldsymbol{\epsilon} \cdot \epsilon_0 \boldsymbol{E}, \quad \boldsymbol{B} = \boldsymbol{\mu} \cdot \mu_0 \boldsymbol{H}. \tag{3.156}$$

Wiederum zeigt eine thermodynamische Überlegung, daß auch diese zwei Tensoren symmetrisch sind. Diesmal berufen wir uns auf die Gleichgewichtsthermodynamik, und zwar darauf, daß die Energie eine eindeutige Funktion der thermodynamischen Variablen ist. Eigentlich müssen wir statt der Energie W die *freie Energie* $F = W - TS$ (wobei S die Entropie ist) betrachten, da ja z.B. die Beziehung zwischen $\boldsymbol{E}$ und $\boldsymbol{D}$ bei konstanter Temperatur gemessen wird. Aus elementaren Argumenten folgt bei einem linearen anisotropen Dielektrikum für den elektrischen Anteil der Dichte der freien Energie $f = F/V$ folgender Ausdruck:

$$f = \frac{1}{2} \boldsymbol{E} \cdot \boldsymbol{D}, = \frac{\epsilon_0}{2} \boldsymbol{E} \cdot \boldsymbol{\epsilon} \cdot \boldsymbol{E}. \tag{3.157}$$

Wir finden

$$\frac{\partial^2 f}{\partial E_j \partial E_k} = \frac{1}{2} \epsilon_0 \epsilon_{jk}. \tag{3.158}$$

Bei umgekehrter Reihenfolge der Differentiationen bekommen wir das gleiche für ϵ_{kj}. Also ist der Tensor $\boldsymbol{\epsilon}$ tatsächlich symmetrisch.

Eine ruhende Flüssigkeit drückt senkrecht auf jede ebene Fläche, also $\mathrm{d}\boldsymbol{F} = -p\,\mathrm{d}\boldsymbol{S}$, was schon besprochen wurde. Bei einer bewegten Flüssigkeit und schon gar beim festen Stoff können wir uns zwar für kleine Flächen noch immer auf eine Proportionalität verlassen, keineswegs aber auf die senkrechte Richtung der Kraft. Man muß also mit einem *Drucktensor* rechnen,

$$\mathrm{d}\boldsymbol{F} = -\boldsymbol{p} \cdot \mathrm{d}\boldsymbol{S}. \tag{3.159}$$

Der Drucktensor gehört zur Beschreibung des Zustands eines festen Stoffes oder einer bewegten Flüssigkeit. Er kann sowohl vom Ort wie auch von der Zeit abhängen, wenn der Zustand nicht gleichmäßig ist, bzw. sich mit der Zeit ändert.

Bei Anlehnung eines neuen Begriffs an einen alten sollten wir immer zurückblicken und zeigen, wie man das Alte durch das Neue ausdrückt. Das ist hier gar nicht schwierig, denn wir wissen schon, daß man einen skalaren Koeffizienten durch einen isotropen Tensor ersetzen kann. Für die ruhende Flüssigkeit dürfen wir statt $\mathrm{d}\boldsymbol{F} = -p\,\mathrm{d}\boldsymbol{S}$ auch gekünstelt schreiben $\mathrm{d}\boldsymbol{F} = -\boldsymbol{p} \cdot \mathrm{d}\boldsymbol{S}$, indem wir den isotropen Tensor $\boldsymbol{p} = p\boldsymbol{\delta}$ einsetzen. Flüssigkeiten zeichnen sich makroskopisch eben dadurch aus, daß im ruhenden Zustand bei ihnen der Drucktensor überall isotrop ist.

Während der statische Druck in einer stabilen Flüssigkeit immer positiv ist, kann der Drucktensor im Festkörper sehr wohl negative diagonale Komponenten haben, wie z.B. bei der Dehnung eines elastischen Drahtes. Das hat zu einer bedauernswerten Verdoppelung der Sprache und Bezeichnungsweise geführt. In der Elastomechanik wird nämlich das Vorzeichen in der Definition meist umgedreht und $\boldsymbol{\sigma} = -\boldsymbol{p}$ der *Spannungstensor* genannt. Seine Diagonalkomponenten nennt man die Normalspannungen und die übrigen die Scherspannungen.

Vom praktischen Gesichtspunkt aus darf auch der Drucktensor immer als symmetrisch gelten. Ausnahmen gibt es nur im Falle räumlich verteilter Drehimpulse, z.B. vom Elektronenspin herrührend. Die entsprechenden Effekte sind jedoch kaum meßbar.

Literatur

3.1   S. de Groot and P. Mazur: *Non-Equilibrium Thermodynamics* (North-Holland, Amsterdam, 1962).

3.2   M.W. Zemansky and R. Dittman: *Heat and Thermodynamics* (McGraw-Hill, New York, 1981).

Aufgaben

3.66   Die Äquivalenz mit einem Skalar impliziert, daß bei Drehung des Koordinatensystems keine der Komponenten eines isotropen Tensors sich verändern kann, der Tensor also isotrop bleibt. Zeigen Sie das auch formell mit Hilfe der Transformation (3.138).

3.67   Die oben intuitiv begründete Äquivalenz eines antisymmetrischen Tensors mit einem Vektor kann unterstützt werden, indem man mit Hilfe der Gleichung (3.138) zeigt, daß sich die Komponenten des Tensors bei Drehung genauso transformieren wie die eines Vektors. (Man benutzt dabei die Beziehungen $\boldsymbol{e}_2 \times \boldsymbol{e}_3 = \boldsymbol{e}_1$ usw.) Das heißt also, daß der Tensor antisymmetrisch bleibt. Es folgt auch, daß ein symmetrischer Tensor bei Drehung symmetrisch bleibt.

3.68   Zeigen Sie anhand von (3.138), daß sich die Spur eines Tensors bei Drehungen nicht ändert. Was folgt daraus für spurlose symmetrische Tensoren?

3.69 Die Trägheitsmomente eines homogenen Würfels bezüglich seiner vierzähligen Symmetrieachsen (das sind die, die zu den Kanten parallel sind) seien bekannt. Wie groß ist das Trägheitsmoment bezüglich der Raumdiagonale als Achse? Antworten Sie, ohne zu rechnen!

3.70 Zeigen Sie, daß bezüglich des doppelten Skalarprodukts die irreduziblen Bestandteile eines Tensors zueinander orthogonal sind.

3.11 Eigenwerte von symmetrischen Tensoren

Im folgenden wird wieder der Trägheitstensor als Beispiel dienen, obwohl die Ergebnisse allgemein für symmetrische Tensoren gelten werden. Wie gesagt, können die Vektoren $\boldsymbol{\Gamma}$ und $\boldsymbol{\omega}$ beim Drehen eines starren Körpers verschiedene Richtungen haben. Die Frage stellt sich, ob das immer so ist. Kann man, bei Beibehaltung des Bezugspunktes, die Achsenrichtung so wählen, daß die beiden Vektoren zusammenfallen? Wir werden eine positive Antwort finden: Es gibt entweder drei aufeinander senkrecht stehende Richtungen dieser besonderen Art oder, ausnahmsweise, unendlich viele, immer aber drei linear unabhängige. Sie definieren die sogenannten *Eigenvektoren* des Tensors. Da nur die Richtung definiert ist, macht man sie gern zu Einheitsvektoren.

Für eine solche spezielle Richtung, gegeben durch den Vektor $\boldsymbol{\omega}_\alpha$, sollen also alle Deviationsmomente verschwinden, so daß

$$\boldsymbol{J} \cdot \boldsymbol{\omega}_\alpha = J_\alpha \boldsymbol{\omega}_\alpha, \tag{3.160}$$

wobei wir den noch unbekannten Koeffizienten mit J_α bezeichnet haben. Man nennt ihn den zum Eigenvektor $\boldsymbol{\omega}_\alpha$ zugehörigen *Eigenwert*. Indem wir das Ganze auf kartesisch ausschreiben, erkennen wir in (3.160) ein homogenes System von drei linearen Gleichungen. Wie bekannt, hat so ein System nicht-triviale Lösungen $\boldsymbol{\omega}_\alpha$ nur wenn die Determinante verschwindet, also wenn die sogenannte *Säkulargleichung*

$$\det(\boldsymbol{J} - J_\alpha \boldsymbol{\delta}) = 0 \tag{3.161}$$

gilt. Explizit ausgeschrieben entpuppt sie sich als eine kubische Gleichung für den Eigenwert J_α,

$$-J_\alpha^3 + J_\alpha^2 \operatorname{tr} \boldsymbol{J} \ - \ J_\alpha \left(\begin{vmatrix} J_{11} & J_{12} \\ J_{21} & J_{22} \end{vmatrix} + \begin{vmatrix} J_{11} & J_{13} \\ J_{31} & J_{33} \end{vmatrix} + \begin{vmatrix} J_{22} & J_{23} \\ J_{32} & J_{33} \end{vmatrix} \right)$$
$$+ \ \det \boldsymbol{J} = 0. \tag{3.162}$$

Es gibt im allgemeinen drei verschiedene Lösungen, also drei Eigenwerte J_α, J_β, J_γ, oder es können ausnahmsweise zwei davon oder sogar alle drei zusammenfallen. In der Mechanik kennt man sie als *Hauptträgheitsmomente*, während die Eigenvektoren die sogenannten *Hauptachsen* definieren. Manchmal kann man diese Achsen auf Grund der Symmetrie des Körpers von vornherein erkennen.

Es wird sich herausstellen, daß wegen der Symmetrie des Tensors J seine Eigenwerte reell sind. Daher kann man auch die zugehörigen Eigenvektoren als Lösungen des linearen Gleichungssystems (3.160) reell wählen. Zum Beweis nehmen wir zuerst an, die Annahme wäre falsch, und schreiben noch die zu (3.160) konjugiert komplexe Gleichung auf, multiplizieren sie auf beiden Seiten skalar mit ω_α und die ursprüngliche Gleichung mit dem konjugiert komplexen Eigenvektor ω_α^*, worauf wir die Differenz bilden:

$$\omega_\alpha \cdot J \cdot \omega_\alpha^* - \omega_\alpha^* \cdot J \cdot \omega_\alpha = (J_\alpha^* - J_\alpha)\,\omega_\alpha \cdot \omega_\alpha^*. \tag{3.163}$$

Wegen Symmetrie von J verschwindet die linke Seite. Da das am Ende stehende Skalarprodukt positiv ist, muß $J_\alpha - J_\alpha^* = 0$ sein, was zu beweisen war.

Untersuchen wir weiter vorerst den Fall, daß alle drei Eigenwerte verschieden sind. Ähnlich wie vorhin die Realität der Eigenwerte beweist man, daß die zugehörigen Eigenvektoren ω_α, ω_β, ω_γ aufeinander senkrecht stehen: Wir schreiben die Gleichung (3.160) auch für ω_β auf, multiplizieren sie beiderseits skalar mit ω_α und die ursprüngliche Gleichung mit ω_β. Die Differenz ergibt $0 = (J_\alpha - J_\beta)\omega_\alpha \cdot \omega_\beta$. Da der erste Faktor rechts laut Annahme von Null verschieden ist, muß das Skalarprodukt beider Eigenvektoren verschwinden, was zu beweisen war.

Wenn zwei Eigenwerte J_α und J_β näher zusammenrücken, so bleiben die zugehörigen Eigenvektoren ω_α und ω_β zunächst zueinander senkrecht. Nach dem Zusammenfallen der Eigenwerte ist aber jede Linearkombination beider Eigenvektoren wieder ein Eigenvektor. Jeder Vektor, der in der durch ω_α und ω_β definierten Ebene liegt ist ein Eigenvektor. Auf unendlich viele Weisen kann man in dieser Ebene zwei zueinander senkrechte Eigenvektoren wählen. Nach wie vor gibt es drei linear unabhängige Eigenvektoren; der dritte, ω_γ, steht senkrecht auf der Ebene.

Ein gutes Beispiel liefert der Trägheitstensor eines achsensymmetrischen Körpers bezüglich seines Schwerpunktes. Das Trägheitsmoment in bezug auf die geometrische Achse ist im allgemeinen ein einfacher Eigenwert. Jede Achse in der Äquatorialebene gehört zu dem anderen (doppeltem) Eigenwert. Es ist ratsam, in dieser Ebene zwei zueinander senkrecht stehende Eigenvektoren zu wählen. Ähnlich verfährt man bei einem einzigen dreifachen Eigenwert, wie z.B. beim Trägheitstensor einer homogenen Kugel im Bezug auf ihren Mittelpunkt. Ein beliebiges rechtwinkliges Kreuz dreier Achsen durch diesen Punkt definiert drei zueinander orthogonale Eigenvektoren. Also haben wir entweder von Natur aus orthogonale Eigenvektoren, oder wir können sie (im Falle mehrfacher Eigenwerte) orthogonal machen. Immer werden wir so vorgehen, ohne dies jedesmal zu erklären.

Nehmen wir jetzt einen beliebig geformten Stein und drehen wir ihn um verschieden gewählte Achsen, aber jedesmal um denselben Bezugspunkt. Wie wir soeben herausgefunden haben, existieren drei besondere senkrecht zueinander stehende Achsen, für die alle Deviationsmomente verschwinden, so daß der Drehimpuls die Achsenrichtung hat. Diese Hauptachsen und die zugehörigen

Hauptträgheitsmomente hängen von der Form und Massenverteilung des Steins ab und sind sozusagen mit ihm verbunden. Bei beliebiger Drehung des Steins drehen sich seine Hauptachsen mit ihm, wobei seine Hauptträgheitsmomente unverändert bleiben. Diese sind Eigenschaften des Tensors und hängen nicht von der Wahl des Koordinatensystems ab. Dasselbe gilt für die Säkulargleichung (3.162) und ihre Koeffizienten, denn aus dieser Gleichung bekamen wir die Eigenwerte als Lösungen. So überzeugen wir uns wieder, daß die Spur und Determinante des Tensors seine invarianten Eigenschaften sind, sich also bei Drehungen des Koordinatensystems nicht ändern.

Indem wir das Koordinatenkreuz entlang der Eigenvektoren eines symmetrischen Tensors orientieren, geben wir seiner Matrixdarstellung eine besonders einfache Form. Alle Komponenten außerhalb der Diagonale (z.B. die Deviationsmomente) verschwinden nämlich für solche Achsen. Wir haben somit den symmetrischen Tensor *diagonalisiert*, wie man sagt. In siner Diagonalform erkennen wir den Tensor erst so richtig. Überhaupt ist man bei selbstadjungierten Operatoren viel mit deren Diagonalisierung beschäftigt — eben um sie besser kennen zu lernen. Um Papier zu sparen, hat man eine Kurzschrift für diagonalisierte symmetrische Tensoren erfunden. Man schreibt diag(...) und führt in Klammern die Eigenwerte an. Also

$$\boldsymbol{J} = \mathrm{diag}(J_\alpha, J_\beta, J_\gamma) = \begin{pmatrix} J_\alpha & 0 & 0 \\ 0 & J_\beta & 0 \\ 0 & 0 & J_\gamma \end{pmatrix}. \tag{3.164}$$

Im neuen Koordinatensystem gilt $\Gamma_x = J_\alpha \omega_x$ usw. Die Säkulargleichung vereinfacht sich zu

$$(J - J_\alpha)(J - J_\beta)(J - J_\gamma) = 0, \tag{3.165}$$

wobei J jede der drei Lösungen J_α usw. sein darf. Ein Vergleich der Koeffizienten bestätigt, daß

$$\mathrm{tr}\,\boldsymbol{J} = J_\alpha + J_\beta + J_\gamma \quad \text{und} \quad \det\boldsymbol{J} = J_\alpha J_\beta J_\gamma. \tag{3.166}$$

Etwas unerwartet haben wir mit diesen Ergebnissen eine vom Koordinatensystem unabhängige Beschreibung von symmetrischen Tensoren gewonnen. Man gibt die drei Eigenwerte an und die Richtungen der drei Eigenvektoren, etwa mit Hilfe der drei Eulerschen Winkel. Insgesamt sind also 6 Daten nötig, genau entsprechend den 6 unabhängigen kartesischen Komponenten. Erinnern wir uns an die Beschreibung von Vektoren: Entweder wir notieren 3 Komponenten bezüglich irgendeines kartesischen Koordinatensystems oder wir geben die Größe und Richtung des Vektors an, letzteres meist mit Hilfe von zwei Winkeln.

Viele Menschen können mit einem neuen Begriff erst umgehen, nachdem sie sich von ihm ein anschauliches Bild machen. Das können wir uns jetzt leisten, ganz nach dem Muster der beliebten gerichteten Strecken für Vektoren. Man stelle sich ein entsprechend den Eigenvektoren des Tensors orientiertes Dreibein vor, wobei die Längen der Beine den Größen seiner Eigenwerte entsprechen soll

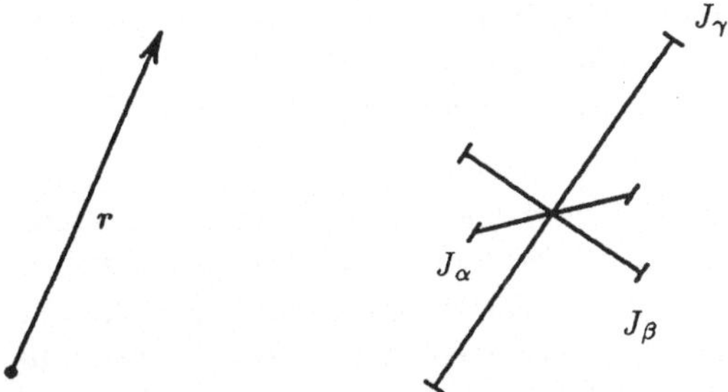

Abb. 3.7. Wie man sich einen Vektor und einen symmetrischen Tensor vorstellt

(Abb. 3.7). Falls die Eigenwerte nicht alle dasselbe Vorzeichen haben, bemalen wir die Beine mit zwei Farben: etwa rot für positiv und blau für negativ. Wohlgemerkt, wir reden die ganze Zeit nur von symmetrischen Tensoren.

Bei Tensoren, die Eigenschaften von Körpern oder von kristallisierten Stoffen charakterisieren, erkennt man die Orientierung der Eigenwerte oft an der äußeren Symmetrie. Bei einem rhombischen Kristall, der etwa die Form eines Quaders hat, sind die Eigenvektoren des Wärmeleitfähigkeitstensors offenbar entlang der Kanten orientiert. Wenn der Temperaturgradient nämlich die Kantenrichtung hat, kann der Wärmestrom wegen Symmetrie nicht anders als in genau entgegengesetzter Richtung fließen. Beim Drucktensor in einem elastischen Körper kann man manchmal die Richtungen der Eigenvektoren im voraus erkennen, wenn die Verteilung der äußeren Kräfte irgendwie symmetrisch ist. Bei Dehnung eines Stahldrahtes ist die Richtung eines der Eigenvektoren offenbar entlang des Drahtes.

Aufgaben

3.71 Berechnen Sie die Trägheitsmomente eines eisernen Zylinders (Durchmesser 10 cm, Höhe 15 cm, Dichte 7,8 g/cm^3) bezüglich seiner geometrischen Achse und bezüglich einer senkrecht dazu stehenden Schwerpunktsachse. Einen wie großen Winkel bilden die Vektoren des Drehimpulses und der Winkelgeschwindigkeit, wenn sich der Zylinder um die Diagonale seines Achsenquerschnitts dreht? Anleitung: Die Projektion des Drehimpulses auf die Achse, geteilt durch ω, ergibt das Trägheitsmoment bezüglich dieser Achse. Weniger bequem bekommt man dasselbe Resultat durch Drehung des Koordinatensystems. Ein dritter Weg führt über die kinetische Energie. Noch eine Frage: Bei festgehaltener diagonaler Achse ändert sich der Drehimpuls trotz konstanter Winkelgeschwindigkeit. Woher kommt das nötige Drehmoment und wie groß ist es?

3.72 Am Ende eines 1 mm dicken Drahtes hängt ein 10 kg Gewicht. Beschreiben Sie den Drucktensor im Draht. Wie groß ist die Scherspannung in einer um 45° zum Draht geneigten Ebene?

3.73 Eine 1 mm dicke Gummimembran wird in ihrer Ebene isotrop gedehnt, und zwar mit der Spannung $\gamma = 1\,\mathrm{N/m}$. Wie sieht der Drucktensor in der Membran aus? Wie groß ist die Scherspannung in einer zur Normalen um 45° geneigten Ebene?

3.74 Kalkspat kristallisiert in Form von Rhomboedern (gleichkantigen Parallelepipeden). In Richtung der dreizähligen Symmetrieachse (der kürzeren Raumdiagonale) hat so ein Kristall eine Dielektrizitätskonstante 7,56, in jeder senkrechten Richtung aber 8,49. Wie steht der Vektor $\boldsymbol{D}$, wenn die elektrische Feldstärke um 45° gegen die erwähnte Achse geneigt ist?

3.75 Der Raum zwischen zwei ausgedehnten planparallelen Elektroden mit 1 cm Abstand ist mit einem anisotropen Stoff erfüllt, dessen Eigenwerte des spezifischen Widerstands gleich 15, 10 und 10 $\Omega\,$m sind. Der zum ersten Eigenwert gehörige Eigenvektor ist um 45° gegen die Elektrodennormale geneigt. Wieviel Strom fließt pro cm^2 von einer Elektrode zur anderen bei einer Spannung von 100 V?

3.76 Wie drückt man die Kapazität eines Plattenkondensators aus, wenn der Zwischenraum mit einem anisotropen Stoff erfüllt ist und keiner der Eigenvektoren des Dielektrizitätstensors senkrecht zu den Platten steht?

3.77 Zeigen Sie, daß man den eingeklammerten Koeffizienten in (3.162) koordinatenfrei so ausdrücken kann: $[\cdots] = \det \boldsymbol{J}\, \mathrm{tr}\, \boldsymbol{J}^{-1}$.

3.12 Die Tensordivergenz

Tensoren, die Stoffeigenschaften oder den Zustand eines Stoffes beschreiben, können sehr wohl von Ort zu Ort verschieden sein. Als Beispiel nehmen wir einen elastischen Körper, in dem wir durch Deformation innere Spannungen erzeugen. Man beschreibt sie durch den Drucktensor $\boldsymbol{p}$, der bei ungleichmäßiger Deformation vom Ort abhängt. Der Spannungszustand des ganzen Körpers ist demnach durch ein *Tensorfeld* gegeben, nämlich durch die Funktion $\boldsymbol{p} = \boldsymbol{p}(\boldsymbol{r})$. Ganz wie bei Vektorfeldern werden wir uns für Ableitungen solcher Funktionen interessieren.

In Analogie zu dem im Abschn. 3.3 aufgeworfenen Problem betrachten wir die Resultante der auf den Körper oder auf einen Teil des Körpers (mit dem Volumen V) wirkenden Oberflächenkräfte:

$$\boldsymbol{F} = \int_{\partial V} \boldsymbol{p} \cdot \mathrm{d}\boldsymbol{S}. \tag{3.167}$$

Wenn wir in Gedanken den Teil zerschneiden, stellen wir wie in Abschn. 3.3 fest, daß das Integral (3.167) gleich der Summe der entsprechenden Oberflächenintegrale für die einzelnen Stücke ist. Die Beiträge von den Zwischenflächen kürzen sich heraus, wegen entgegensetzter Richtungen der Flächennormalen auf beiden Seiten und wegen der Stetigkeit des Drucktensors. (Ein Sprung von $\boldsymbol{p}$

beim Übergang auf die andere Seite der Fläche würde nämlich dem dritten Newtonschen Gesetz – Kraft entgegengesetzt gleich Gegenkraft – widersprechen.)

Wegen solcher Additivität rechnen wir damit, daß bei weitergehender Zerstückelung das Integral ungefähr proportional dem umschlossenen Volumen V ist. Daher vermuten wir (jedenfalls, wenn p stetig differenzierbar ist), daß der Grenzwert des entsprechenden Quotienten existiert. Er definiert die *Divergenz des Tensors* und wird ähnlich wie die Divergenz eines Vektors bezeichnet:

$$\nabla \cdot \boldsymbol{p} = \lim_{V \to 0} \frac{1}{V} \int_{\partial V} \boldsymbol{p} \cdot \mathrm{d}\boldsymbol{S}. \tag{3.168}$$

Wohlgemerkt: Die Divergenz eines Tensors ergibt einen Vektor.

Ganz wie im Falle des negativen Gradienten des Druckes erkennen wir in $\boldsymbol{f} = -\nabla \cdot \boldsymbol{p}$ den Ersatz für eine Kraftdichte. Das soll heißen, daß man für einen genügend kleinen Teil des Körpers die Resultante der Oberflächenkräfte durch das entsprechende Differential ausdrücken darf, $\mathrm{d}\boldsymbol{F} = -\nabla \cdot \boldsymbol{p}\,\mathrm{d}^3 r$. Für einen größeren Körper summieren wir entweder solche Differentiale oder wir greifen auf das ursprüngliche Oberflächenintegral zurück. In der Gleichheit beider Integrale,

$$\int_{\partial V} \boldsymbol{p} \cdot \mathrm{d}\boldsymbol{S} = \int_{V} \nabla \cdot \boldsymbol{p}\,\mathrm{d}^3 r, \tag{3.169}$$

dürfen wir ein Tensoranalogon des *Satzes von Gauß* sehen.

Um zu einem kartesischen Ausdruck für die Tensordivergenz zu gelangen, wählen wir einen kleinen, entlang der Koordinatenachsen orientierten Quader. Das Oberflächenintegral reduziert sich (approximativ) auf eine Summe von sechs Termen, die wir paarweise gruppieren, genau wie in den Abschnitten 3.3 und 3.4. Nach Division durch das umschlossene Volumen $\mathrm{d}x\,\mathrm{d}y\,\mathrm{d}z$ ergeben sich alle drei Komponenten des gesuchten Vektors:

$$\nabla \cdot \boldsymbol{p} = \left(\frac{\partial p_{xx}}{\partial x} + \frac{\partial p_{yx}}{\partial y} + \frac{\partial p_{zx}}{\partial z}, \frac{\partial p_{xy}}{\partial x} + \frac{\partial p_{yy}}{\partial y} + \frac{\partial p_{zy}}{\partial z}, \right.$$
$$\left. \frac{\partial p_{xz}}{\partial x} + \frac{\partial p_{yz}}{\partial y} + \frac{\partial p_{zz}}{\partial z} \right). \tag{3.170}$$

Die rechte Seite hat tatsächlich die Form eines Skalarprodukts des Operatorvektors ∇ und des Tensors $\boldsymbol{p}$.

Als besonders wichtiges Beispiel untersuchen wir die Divergenz eines isotropen Tensors, z.B. $\boldsymbol{p} = p\,\boldsymbol{\delta}$. Einsetzen der Komponenten in (3.170) ergibt den Gradienten des entsprechenden Skalars:

$$\nabla \cdot (p\,\boldsymbol{\delta}) = \nabla p. \tag{3.171}$$

Auf ähnliche Weise entpuppt sich die Divergenz eines antisymmetrischen Tensors als die Rotation des entsprechenden Vektors. Mit dem Levi-Cività Tensor aus (3.150) läßt sich das kurz schreiben:

$$-\nabla \cdot (\boldsymbol{\epsilon} \cdot \boldsymbol{v}) = \nabla \times \boldsymbol{v}. \tag{3.172}$$

Als drittes Beispiel betrachten wir die Divergenz eines Tensorprodukts. Wir schreiben es entweder in kartesischen Komponenten aus, oder wir ersetzen in der modifizierten Definition (3.151), $\boldsymbol{u} \cdot (\boldsymbol{a} \otimes \boldsymbol{b}) = (\boldsymbol{u} \cdot \boldsymbol{a})\boldsymbol{b}$, den Vektor $\boldsymbol{u}$ durch den Operator ∇. Beidesmal bekommen wir

$$\nabla \cdot (\boldsymbol{a} \otimes \boldsymbol{b}) = (\nabla \cdot \boldsymbol{a})\boldsymbol{b} + (\boldsymbol{a} \cdot \nabla)\boldsymbol{b}. \tag{3.173}$$

Das Skalarprodukt von ∇ und $\boldsymbol{a}$ wurde einmal als $\nabla \cdot \boldsymbol{a}$ und das andere Mal als $\boldsymbol{a} \cdot \nabla$ interpretiert, damit sowohl $\boldsymbol{a}$ als auch $\boldsymbol{b}$ der Differenzierung unterworfen wurden.

In der Mechanik der Kontinua benötigt man die Tensordivergenz bei der Formulierung des Newtonsches Gesetzes. Man muß nämlich für jeden kleinen Teil des Körpers sowohl die räumlich wie auch die flächenhaft verteilten Kräfte in Betracht ziehen, also die Dichte $\boldsymbol{f}_{\mathrm{r}}$ und die Ersatzdichte $-\nabla \cdot \boldsymbol{p}$ berücksichtigen. Wir haben somit:

$$\mathrm{d}m\,\boldsymbol{a} = (\boldsymbol{f}_{\mathrm{r}} - \nabla \cdot \boldsymbol{p})\,\mathrm{d}^3 r, \quad \text{oder, schöner:} \quad \varrho\,\boldsymbol{a} = \boldsymbol{f}_{\mathrm{r}} - \nabla \cdot \boldsymbol{p}. \tag{3.174}$$

Durch Integration über das ganze Körpervolumen kommen wir zu dem *Impulssatz*,

$$\int_V \boldsymbol{a}\,\mathrm{d}m = \int_V \boldsymbol{f}_{\mathrm{r}}\,\mathrm{d}^3 r - \int_{\partial V} \boldsymbol{p} \cdot \mathrm{d}\boldsymbol{S}. \tag{3.175}$$

Links steht die Zeitableitung des Impulses (der Bewegungsgröße) und rechts die Resultanten der räumlich und der flächenhaft verteilten Kräfte.

Aufgaben

3.78 Bei longitudinaler stehender Schwingung eines Stabes ändert sich die Komponente des Drucktensors in der Längsrichtung (x) sinusförmig sowohl mit der Koordinate als auch mit der Zeit. Alle anderen Komponenten verschwinden. Drücken Sie die Beschleunigung eines kleinen Stabteils durch die Divergenz des Drucktensors aus.

3.79 Ein Stab wird in stehende Torsionsschwingungen versetzt, so daß sich seine Teile in Kreisen bewegen. Beschreiben Sie den Drucktensor. Berechnen Sie daraus die Beschleunigung eines kleinen Stabteils.

3.80 Maxwell hat den nach ihm benannten Spannungstensor so definiert, daß seine Divergenz die Dichte der tatsächlich wirkenden elektromagnetischen Kräfte wiedergibt. Zeigen Sie dies für den Fall eines Gases, für das der Tensor wie folgt aussieht:

$$\boldsymbol{\sigma} = \left(\boldsymbol{D} \otimes \boldsymbol{E} - \frac{1}{2}\epsilon_0\,E^2\,\boldsymbol{\delta}\right) + \left(\boldsymbol{B} \otimes \boldsymbol{H} - \frac{1}{2}\mu_0\,H^2\,\boldsymbol{\delta}\right). \tag{3.176}$$

Es soll kein veränderliches Magnetfeld vorhanden sein. Näheres über den Maxwellschen Tensor findet man z.B. in J.A. Stratton: Electromagnetic Theory (McGraw-Hill, New York, 1941).

3.13 Der Deformationstensor

Die Bewegung einer Flüssigkeit kann man allgemein in vier Teilbewegungen zerlegen: Translation, Drehung, isotrope Dehnung und Deformation. Wenn alle Flüssigkeitsteile sich gleich bewegen, haben wir eine reine Translation. Als uninteressant eliminieren wir sie, indem wir nur Geschwindigkeitsunterschiede untersuchen. Weder Translation noch Drehung wirken auf den Zustand des Stoffes. Nachdem man auch die Drehung aus der Beschreibung eliminiert (wie unten erklärt) bleiben nur noch die letzen zwei Teilbewegungen übrig: eine isotrope Dehnung oder Kompression und eine Deformation ohne Dichteänderung. Diese zwei Arten von Bewegung werden uns jetzt besonders interessieren.

Wie sich die Geschwindigkeiten benachbarter Flüssigkeitsteile voneinander unterscheiden, wissen wir schon aus Abschn. 3.6:

$$\mathrm{d}\boldsymbol{v} = (\mathrm{d}\boldsymbol{r} \cdot \nabla)\boldsymbol{v}. \tag{3.177}$$

Man kann dies auch gekünstelt schreiben: $\mathrm{d}\boldsymbol{v} = \mathrm{d}\boldsymbol{r} \cdot (\nabla \otimes \boldsymbol{v})$. Das rechts stehende (symbolische) Tensorprodukt von ∇ und $\boldsymbol{v}$ könnte man den Gradienten der Geschwindigkeit nennen. Dieser Tensor ist aber schlecht brauchbar, da er im allgemeinen unsymmetrisch ist. Wir wollen ihn deshalb gar nicht direkt anwenden, sondern ihn vorher in seine irreduziblen Bestandteile zerlegen. Zuerst spalten wir den antisymmetrischen Teil ab. Dieser Teil, $\frac{1}{2}[\nabla \otimes \boldsymbol{v} - (\nabla \otimes \boldsymbol{v})^\dagger]$, hat die kartesischen Komponenten $\frac{1}{2}[\partial v_k/\partial x_i - \partial v_i/\partial x_k]$. Man erkennt darin die Komponenten des Vektors $\frac{1}{2}\nabla \times \boldsymbol{v}$, also der lokalen Winkelgeschwindigkeit. Falls es keine sonstige Bewegung gäbe, hätten wir $\mathrm{d}\boldsymbol{v} = (\frac{1}{2}\nabla \times \boldsymbol{v}) \times \mathrm{d}\boldsymbol{r} = \boldsymbol{\omega} \times \mathrm{d}\boldsymbol{r}$. (Da die Herleitung etwas schnell war, soll der Leser die Vorzeichen nachprüfen, etwa durch Ausschreiben einer kartesischen Komponente.)

Was übrig bleibt, ist der symmetrische Teil des Geschwindigkeitsgradienten mit den Komponenten $\frac{1}{2}[\partial v_i/\partial x_k + \partial v_k/\partial x_i]$. Wir wissen schon, daß die *Dehnungsgeschwindigkeit*, d.h. die relative Volumenänderung pro Zeiteinheit gleich $\nabla \cdot \boldsymbol{v}$ ist. Dieselbe Divergenz hat der isotrope Tensor $\frac{1}{3}(\nabla \cdot \boldsymbol{v})\boldsymbol{\delta}$. Nachdem wir auch diesen von dem ursprünglichen Tensor abziehen, bleibt nur noch der spurlose symmetrische Teil:

$$\overline{\nabla \otimes \boldsymbol{v}} = \frac{1}{2}[\nabla \otimes \boldsymbol{v} + (\nabla \otimes \boldsymbol{v})^\dagger] - \frac{1}{3}(\nabla \cdot \boldsymbol{v})\boldsymbol{\delta}. \tag{3.178}$$

Wir wollen ihn die *Deformationsgeschwindigkeit* nennen. (Manche Autoren benutzen denselben Ausdruck für den gesamten symmetrischen Teil des Geschwindigkeitsgradienten, also für die Summe $\overline{\nabla \otimes \boldsymbol{v}} + \frac{1}{3}(\nabla \cdot \boldsymbol{v})\boldsymbol{\delta}$.)

Der Tensor (3.178) enthält keinerlei Volumenänderung mehr, da ja diese vollständig durch dem isotropen Anteil beschrieben ist. Seine kartesischen Komponenten sind:

$$\overline{\nabla \otimes v} = \begin{pmatrix} \frac{\partial v_x}{\partial x} - \frac{1}{3}\nabla \cdot v & \frac{1}{2}\left(\frac{\partial v_x}{\partial y} + \frac{\partial v_y}{\partial x}\right) & \frac{1}{2}\left(\frac{\partial v_x}{\partial z} + \frac{\partial v_z}{\partial x}\right) \\ \frac{1}{2}\left(\frac{\partial v_x}{\partial y} + \frac{\partial v_y}{\partial x}\right) & \frac{\partial v_y}{\partial y} - \frac{1}{3}\nabla \cdot v & \frac{1}{2}\left(\frac{\partial v_y}{\partial z} + \frac{\partial v_z}{\partial y}\right) \\ \frac{1}{2}\left(\frac{\partial v_x}{\partial z} + \frac{\partial v_z}{\partial x}\right) & \frac{1}{2}\left(\frac{\partial v_y}{\partial z} + \frac{\partial v_z}{\partial y}\right) & \frac{\partial v_z}{\partial z} - \frac{1}{3}\nabla \cdot v \end{pmatrix}. \tag{3.179}$$

Die endgültige Form von Gleichung (3.177),

$$\mathrm{d}v = \frac{1}{2}(\nabla \times v) \times \mathrm{d}r + \frac{1}{3}(\nabla \cdot v)\,\mathrm{d}r + \overline{\nabla \otimes v} \cdot \mathrm{d}r, \tag{3.180}$$

rekapituliert alles bisher Erzählte. Der erste Term rechts beschreibt das lokale Drehen der Flüssigkeit, das zweite die isotrope Dehnung und der letzte die Geschwindigkeit der Deformation.

Für kleine Verschiebungen u der Teile irgend eines Körpers kann man ganz analoge Überlegungen anstellen. Der Unterschied der Verschiebungen der Endpunkte einer kurzen Strecke $\mathrm{d}r$ ist durch

$$\begin{aligned} \mathrm{d}u &= (\mathrm{d}r \cdot \nabla)u = (\nabla u) \cdot \mathrm{d}r \\ &= \frac{1}{2}(\nabla \times u) \times \mathrm{d}r + \frac{1}{3}(\nabla \cdot u)\,\mathrm{d}r + \overline{\nabla \otimes u} \cdot \mathrm{d}r \end{aligned} \tag{3.181}$$

gegeben. Der erste Term des letzten Ausdrucks beschreibt eine Drehung der Umgebung des gewählten Ortes um den kleinen Winkel $\varphi = \frac{1}{2}\nabla \times u$ und der zweite eine kleine relative Volumenänderung (Dehnung oder Kompression, je nach Vorzeichen) $\Delta V/V = \nabla \cdot u$. Der letzte Term aber entspricht einer reinen Deformation ohne Volumenänderung. Maßgebend dafür ist der *Deformationstensor* $d = \overline{\nabla \otimes u}$.

Um sich von diesem Tensor ein Bild zu machen, diagonalisieren wir ihn durch passende Drehung des Koordinatensystems. Die Eigenwerte, d.h. die neuen diagonalen Komponenten, schreiben wir als d_α, d_β, d_γ, wobei die Eigenvektoren durch α, β, γ bezeichnet sein sollen. Eine kleine Strecke Δs parallel zu α erleidet eine relative Dehnung um d_α und ähnliches gilt für die anderen zwei Richtungen. Die Summe aller drei relativen Dehnungen ist freilich gleich null. Das heißt, die Dehnungen und Kompressionen heben sich auf, denn wir haben ja die relative Volumenänderung schon vorher herausgeschält.

Zwei Formeln, deren Verifikation dem Leser überlassen sei, werden im folgenden nützlich sein:

$$\nabla \cdot (p \cdot v) = v \cdot (\nabla \cdot p) + p\,\nabla \cdot v + p : \overline{\nabla \otimes v}, \tag{3.182}$$

$$\nabla \cdot \overline{\nabla \otimes v} = \frac{1}{2}\nabla^2 v + \frac{1}{6}\nabla(\nabla \cdot v). \tag{3.183}$$

Der Tensor p in Formel (3.182) wird als symmetrisch vorausgesetzt. Sein isotroper Anteil wurde durch den entsprechenden skalaren Druck ersetzt: $\frac{1}{3}\mathrm{tr}\,p = p$.

Als Anwendung versuchen wir aus dem Newtonschen Gesetz für das Kontinuum den Satz über die kinetische Energie (nicht zu verwechseln mit dem Energiegesetz) herzuleiten. Gleichung (3.174) multiplizieren wir beiderseits skalar mit v und integrieren über den gegebenen Körper:

$$\int \boldsymbol{a} \cdot \boldsymbol{v}\, \mathrm{d}m = \int \boldsymbol{f}_{\mathrm{r}} \cdot \boldsymbol{v}\, \mathrm{d}^3 r - \int \boldsymbol{v} \cdot (\nabla \cdot \boldsymbol{p})\, \mathrm{d}^3 r.$$

Den letzten Integranden drücken wir mit Hilfe der Formel (3.182) anders aus und wenden auf einen der gewonnenen Terme den Satz von Gauß an. Das Endresultat hat die Form

$$\frac{\mathrm{d}W_k}{\mathrm{d}t} = \int \boldsymbol{f}_{\mathrm{r}} \cdot \boldsymbol{v}\, \mathrm{d}^3 r - \int \boldsymbol{v} \cdot \boldsymbol{p} \cdot \mathrm{d}\boldsymbol{S} + \int p\, \nabla \cdot \boldsymbol{v}\, \mathrm{d}^3 r$$
$$+ \int \boldsymbol{p} : \overline{\nabla \otimes \boldsymbol{v}}\, \mathrm{d}^3 r. \tag{3.184}$$

Links steht die Zeitableitung der kinetischen Energie $W_k = \frac{1}{2} \int v^2\, \mathrm{d}m$ des Körpers und rechts zuerst die Leistungen der räumlich und der flächenhaft verteilten äußeren Kräfte. Die letzten zwei Terme stellen die sogenannte innere Arbeit dar. Mit umgekehrten Vorzeichen definieren sie zwei Beiträge zur inneren Energie, die der Volumenänderung und der Deformation entsprechen. Weiteres findet man in dem Buch von de Groot und Mazur (siehe Literatur zum Abschn. 3.10).

Aufgaben

3.81 Ein Draht wird durch Spannen um 1% gedehnt, wobei sich sein Radius um ν% vermindert ($\nu = $ *Poissonscher Modulus*). Wie groß ist die relative Volumenänderung? Wie sieht der Deformationstensor aus? Wie groß müßte ν sein, damit es keine Volumenänderung gäbe? Anmerkung: So ein Verhalten findet man bei Kautschuk, das für eine Dehnung im Vergleich zu Metallen nur kleine Kräfte benötigt, jedoch relativ große für Volumenänderungen.

3.82 Eine elastische Platte wird in ihrer Ebene in allen Richtungen um 1% gedehnt. Wenn in senkrechter Richtung keine Kraft wirkt, wird sie dabei um $\frac{2\nu}{1-\nu}$% dünner. (Warum?) Wie groß ist die relative Volumenänderung und wie sieht der Deformationstensor aus? Vgl. vorherige Aufgabe.

3.83 Das eine Ende einer 1 m langen und 2 cm dicken Stange wird gegen das andere um 1° verdreht. Beschreiben Sie den Deformationstensor.

3.84 Ein 1 cm dicker Radiergummi wird mit zwei parallelen Platten verleimt. Mit einem Kräftepaar verschieben wir die eine gegen die andere um 2 mm. Beschreiben Sie den Deformationstensor. Diagonalisieren Sie ihn. Nehmen Sie die Eigenvektoren als neue Koordinatenachsen und beschreiben Sie den Tensor mit Worten in dem neuen Koordinatensystem.

3.85 Zwischen zwei parallelen Platten befindet sich eine sehr viskose Flüssigkeit. Bei gleichmäßiger Bewegung der einen Platte parallel zur anderen wird die Flüssigkeit einer Scherbewegung unterworfen. Beschreiben Sie die Deformationsgeschwindigkeit auf zwei Arten im Sinne der vorhergehenden Aufgabe.

3.86 In einer ausgedehnten sehr viskosen Flüssigkeit dreht sich eine lange Stange um ihre Achse. Die Flüssigkeitstropfen kreisen um die Stange mit einer Geschwindigkeit, die umgekehrt proportional der Entfernung von der Achse ist. Beschreiben Sie die Deformationsgeschwindigkeit in einem kartesischen Koordinatensystem, dessen z-Achse mit der Drehachse zusammenfällt.

3.14 Das Hookesche Gesetz

Bei kleinen Deformationen eines elastischen Stoffes ist der Drucktensor proportional dem symmetrischen Teil von $\nabla \otimes \boldsymbol{u}$. Das soll heißen, daß eine lineare Beziehung zwischen beiden Größen besteht. Diese Erkenntnis, die kaum mehr als eine Definition ist, kennt man als das *Hookesche Gesetz*. Die allgemeinste Beziehung dieser Art wird durch einen Tensor vierten Ranges vermittelt. Das ist ein linearer Operator, der aus Tensoren 2. Ranges neue Tensoren desselben Ranges erzeugt. Kartesisch beschreibt man so einen Operator durch eine Sammlung von $3^4 = 81$ Koeffizienten. Wir haben also

$$\boldsymbol{p} \;=\; -\boldsymbol{C} : \frac{1}{2}[\nabla \otimes \boldsymbol{u} + (\nabla \otimes \boldsymbol{u})^{\dagger}], \quad \text{das heißt} \tag{3.185}$$

$$p_{ij} \;=\; -\sum_{kl} C_{ijkl} \,\frac{1}{2}\left[\frac{\partial u_k}{\partial x_l} + \frac{\partial u_l}{\partial x_k}\right]. \tag{3.186}$$

Wegen allerlei Symmetrien sind nicht alle Komponenten von $\boldsymbol{C}$ voneinander linear unabhängig. Die kleinste Anzahl dieser sogenannten elastischen Konstanten findet man bei einem isotropen Stoff. Nur diesen einfachsten Fall wollen wir hier betrachten.

Beim isotropen Stoff muß der Tensor $\boldsymbol{C}$, der ja eine Stoffeigenschaft darstellt, isotrop sein. Das heißt, seine Komponenten dürfen sich bei Drehung des Koordinatensystems nicht ändern. Der erste Gedanke ist: Das kann nur ein einziger Skalar sein. Eine nähere Untersuchung zeigt jedoch, daß für die Beschreibung solch eines isotropen Tensors zwei voneinander unabhängige Skalare nötig sind.

Wenn wir sowohl den Drucktensor als auch den symmetrischen Teil von $\nabla \otimes \boldsymbol{u}$ in die isotropen und spurlosen Anteile zerlegen, taucht der Gedanke auf, daß im isotropen Stoff eine Proportionalität mit skalaren Koeffizienten nur zwischen Tensoren derselben Art gelten kann. Indem wir die beiden Koeffizienten mit $-K$ und $-2G$ bezeichnen und die beiden Proportionalitäten wieder zusammensetzen, gelangen wir zur Beziehung

$$\boldsymbol{p} = -K\,(\nabla \cdot \boldsymbol{u})\,\boldsymbol{\delta} - 2G\,\overline{\nabla \otimes \boldsymbol{u}}. \tag{3.187}$$

Da die einzelnen Tensoranteile bei einer Drehung des Koordinatensystems ihrer Art treu bleiben, vermitteln die beiden elastischen Konstanten tatsächlich eine von der Orientierung unabhängige Relation. Es stellt sich heraus, daß es für einen isotropen Stoff keine allgemeinere Relation gibt. Statt mit Worten können wir dieselbe Erkenntnis auch mit etwas mehr formalistischem Pomp beschreiben, nämlich daß für einen isotropen Stoff der Elastizitätstensor durch folgende Linearkombination zweier isotroper symmetrischer Tensoren vierten Ranges gegeben ist:

$$C = K\boldsymbol{\delta} \otimes \boldsymbol{\delta} + 2G\boldsymbol{\Delta}, \tag{3.188}$$

$$(\boldsymbol{\delta} \otimes \boldsymbol{\delta})_{ijkl} = \delta_{ij}\delta_{kl}, \quad \Delta_{ijkl} = \frac{1}{2}(\delta_{ik}\delta_{jl} + \delta_{il}\delta_{jk}) - \frac{1}{3}\delta_{ij}\delta_{kl}. \tag{3.189}$$

Der Koeffizient K nennt sich der *Kompressionsmodul* (= reziproke Kompressibilität) und G der *Schermodul*. Physiker kennen G und $K - \frac{2}{3}G$ auch als die *Laméschen Konstanten* (oft als μ und λ bezeichnet). Zwei weitere Kombinationen, die sich besondere Namen verdient haben, werden wir demnächst kennenlernen.

Bei einem elastischen Draht (Länge l und Querschnitt S), der mit der Kraft F gedehnt wird, formuliert man das Hookesche Gesetz meist mit Hilfe des *Elastizitätsmoduls*:

$$\frac{F}{S} = E\,\frac{\Delta l}{l} = E\,\frac{\mathrm{d}u_z}{\mathrm{d}z}. \tag{3.190}$$

(Achse z entlang des Drahtes orientiert.) In den Querrichtungen gibt es keine Spannungen. Trotzdem verjüngt sich der Draht, wobei das Verhältnis beider relativen Änderungen durch den *Poissonschen Modul* ν gegeben ist:

$$\frac{\Delta r/r}{\Delta l/l} = -\nu. \tag{3.191}$$

Wie K und G sind auch die beiden letzten Module charakteristisch für das Material des Drahtes. Wir möchten wissen, wie sich das eine Paar von Koeffizienten durch das andere ausdrückt.

Um auf die frühere Bezeichnung zurückgreifen zu können, schreiben wir beide Tensoren und die isotrope Dehnung bzw. den entsprechenden Skalar auf:

$$\boldsymbol{p} = -\mathrm{diag}(0,0,1)\,\frac{F}{S}, \tag{3.192}$$

$$\overline{\nabla \otimes \boldsymbol{u}} = \mathrm{diag}(-1,-1,2)\,\frac{1+\nu}{3}\,\frac{\Delta l}{l}, \quad \nabla \cdot \boldsymbol{u} = (1-2\nu)\,\frac{\Delta l}{l}. \tag{3.193}$$

Nachdem wir (3.190) einsetzen und beide Seiten vergleichen, bekommen wir die gewünschte Beziehung in Form von zwei linearen Gleichungen, mit der Lösung

$$G = \frac{E}{2(1+\nu)}, \quad K = \frac{E}{3(1-2\nu)}. \tag{3.194}$$

Für die Bewegungsgleichung für schwach deformierte elastische Körper benötigen wir die Divergenz des Drucktensors, wobei wir die Formel (3.183) anwenden. Gleichung (3.174) nimmt schießlich folgende Form an:

$$\varrho \frac{\partial^2 \boldsymbol{u}}{\partial t^2} = \boldsymbol{f}_{\mathrm{r}} + G \nabla^2 \boldsymbol{u} + \left(K + \frac{1}{3}G\right) \nabla (\nabla \cdot \boldsymbol{u}). \tag{3.195}$$

Da die Verrückungen klein sind, haben wir uns erlaubt auf der linken Seite die Beschleunigung durch die lokale Zeitableitung auszudrücken.

Ein ähnlicher Formalismus wird auch beim Beschreiben der Bewegung von viskosen Flüssigkeiten gebraucht. Den Drucktensor muß man aber jetzt aus drei Teilen zusammensetzen. Erstens haben wir den hydrostatischen Anteil $p\boldsymbol{\delta}$, der jedenfalls isotrop ist und nichts mit der Bewegung zu tun hat. In bewegter Flüssigkeit kommen zwei weitere Teile hinzu, einer wieder isotrop und der andere spurlos symmetrisch. In guter Approximation ist der erste proportional zur Divergenz der Geschwindigkeit und der zweite zur Deformationsgeschwindigkeit. Die Koeffizienten, die eine analoge Rolle spielen wie K und G vorher, bezeichnet man als *Volumviskosität* (η_V) und als *Scherviskosität* oder oft schlechthin als *Viskosität* (η). Insgesamt sieht also der Drucktensor so aus:

$$\boldsymbol{p} = (p - \eta_V \nabla \cdot \boldsymbol{v})\, \boldsymbol{\delta} - 2\eta\, \overline{\nabla \otimes \boldsymbol{v}}. \tag{3.196}$$

Diese einfache Form gilt wegen der Isotropie der Flüssigkeit. An flüssige Kristalle haben wir nicht gedacht.

Um aus der allgemeinen Bewegungsgleichung für Kontinua (3.174) die spezielle Form für Flüssigkeiten herzuleiten, setzen wir die Divergenz des Tensors (3.196) ein. Wir bekommen die *Navier-Stokessche Gleichung*

$$\varrho \frac{\mathrm{d}\boldsymbol{v}}{\mathrm{d}t} = \boldsymbol{f}_{\mathrm{r}} - \nabla p + \eta \nabla^2 \boldsymbol{v} + \left(\eta_V + \frac{1}{3}\eta\right)\nabla (\nabla \cdot \boldsymbol{v}). \tag{3.197}$$

Der letzte Term entfällt, wenn $\nabla \cdot \boldsymbol{v}$ genügend klein ist, also wenn sich die Flüssigkeit so bewegt, als ob sie inkompressibel wäre. Beim Schall aber macht sich dieser Term bemerkbar, denn er trägt zu dessen Absorption bei.

Aufgaben

3.87 Bei der elementaren Definition des Schermoduls stellt man sich einen an den Koordinatenachsen orientierten Quader vor. Auf die obere Fläche $\Delta x \Delta y = S$ soll eine Kraft F in Richtung x wirken. Die Seitenflächen des Quaders neigen sich um einen kleinen Winkel k, wobei $F/S = Gk$ gilt. Schreiben Sie den Drucktensor und den Deformationstensor auf und zeigen Sie, daß der so definierte Schermodul derselbe ist wie vorher.

3.88 Bei der elementaren Definition der Viskosität stellt man sich vor, daß sich die Flüssigkeit zwischen zwei parallelen Platten befindet, die sich bei gleichbleibendem Abstand h gleichmäßig gegeneinander verschieben. Dabei gilt analog wie in der vorhergehenden Aufgabe $F/S = \eta \Delta v/h$. Schreiben Sie die Tensoren auf und zeigen Sie, daß das so definierte η mit dem vorher eingeführtem übereinstimmt.

3.89 Eine dicke Stange wird mit zwei entgegengesetzten, an den Enden wirkenden Drehmomenten verdreht (tordiert). Wie sehen der Deformationstensor und der Drucktensor in der Stange aus?

3.90 In einem zylindrischen Rohr haben wir eine stationäre Flüssigkeitsströmung mit parabolischem Geschwindigkeitsprofil. Sie wird durch einen konstanten Druckgradienten angetrieben. Wie sehen der Drucktensor und die Deformationsgeschwindigkeit aus? Was sagt die Navier-Stokessche Gleichung dazu?

3.91 In einem langen Rohr rotiert gleichmäßig eine konzentrisch montierte Stange. Der Zwischenraum ist mit einer zähen Flüssigkeit erfüllt. Wie bewegt sie sich? Welch ein Drehmoment und welche Leistung sind da nötig?

4. Gewöhnliche Differentialgleichungen

4.1 Geschwindigkeitsfelder

Mehrmals wurde schon erwähnt, wie man Flüssigkeitsströmungen beschreibt. Nach *Euler* dient diesem Zweck das Vektorfeld $v(r, t)$, mit dem im Bereich der Strömung für jede Zeit und für jeden Ort die dortige Geschwindigkeit gegeben ist. Manchmal benötigt man aber auch die Beschreibung nach *Lagrange*, bei der man für jeden kleinen Flüssigkeitstropfen angibt, wie er sich bewegt, d.h. wie sich sein Ortsvektor $r(t)$ mit der Zeit ändert. Um auf diese Weise ein Bild der ganzen Strömung zu bekommen, identifizieren wir jeden Tropfen durch seine Anfangslage $r(0) = r_0$, so daß wir es dann eigentlich mit einer Funktion der Zeit und des Anfangswerts zu tun haben: $r = r(r_0, t)$.

Um von der Eulerschen zur Lagrangeschen Beschreibung zu gelangen, stellen wir fest, daß sich der Ort eines Tropfens mit der Zeit entsprechend dem gegebenen *Geschwindigkeitsfeld* ändert, also

$$\mathrm{d}r \;=\; v(r, t)\,\mathrm{d}t \quad \text{oder} \tag{4.1}$$

$$\frac{\mathrm{d}r}{\mathrm{d}t} \;=\; v(r, t). \tag{4.2}$$

(Den Anfangspunkt r_0 betrachten wir vorläufig als festen Parameter.) Somit haben wir auf zwei Arten eine *gewöhnliche Differentialgleichung* erster Ordnung aufgeschrieben, das erste Mal mit Hilfe von Differentialen und dann mit der Ableitung. Die Gleichung verbindet die erste Ableitung einer unbekannten Funktion $r(t)$ über das gegebene Geschwindigkeitsfeld mit dem Wert derselben unbekannten Funktion. Wenn man an Komponenten denkt, erkennt man in (4.2) eigentlich ein System von drei gewöhnlichen Differentialgleichungen erster Ordnung:

$$\frac{\mathrm{d}x}{\mathrm{d}t} = v_x(x, y, z, t) \quad \text{usw.}$$

Numerisch ist die Gleichung äußerst einfach zu lösen, freilich nur annähernd und in einem begrenzten Zeitintervall. Wir fangen beim gewählten Anfangsort r_0 an und approximieren die Verrückung des Tropfens in einer kurzen Zeit $\mathrm{d}t$ wie in (4.1), wobei wir den Wert von v bei r_0 und $t = 0$ berücksichtigen. Vom neuen Ort angefangen wiederholen wir den Schritt mit dem neuen Wert von v

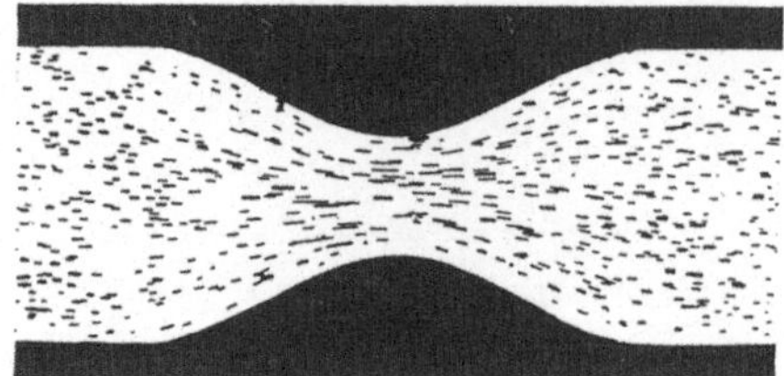

Abb. 4.1. Stationäre Strömung in einer Verengung. Das strömende Wasser wird mit Aluminiumpulver versetzt und seine Bewegung unter starker Beleuchtung photographiert. Bei genügend langer Belichtung macht jedes Alumuniumteilchen auf dem Bild einen Strich, dessen Länge der dortigen Geschwindigkeit proportional ist. Aus R.W. Pohl, *Mechanik, Akustik und Wärmelehre* (Springer, Berlin, Heidelberg 1983)

und fahren so fort. Wie bekannt, läßt sich die Methode (etwa nach Runge und Kutta) durch mehrmalige Wiederholung jeden Schrittes und durch Mitberücksichtigung des dabei schon gewonnenen Endwertes noch gehörig verbessern. Durch angemessene Wahl der Schrittlänge gelingt es so, ein gutes Stück der Lösung $r(t)$ zu finden.

Für jede *Anfangsbedingung*, d.h. für jeden gegebenen Anfangswert r_0 bekommen wir auf die beschriebene Weise genau eine Lösung $r(t)$ der Differentialgleichung. In Komponenten gelesen haben wir eigentlich, entsprechend den drei Differentialgleichungen, auch drei Anfangsbedingungen, die durch die Anfangswerte x_0, y_0, z_0 vorgeschrieben sind.

Bei stationären Flüssigkeitsströmungen, bei denen das Geschwindigkeitsfeld zeitunabhängig ist, vereinfacht sich das Bild. Indem man an jedem Ort die Richtung der Geschwindigkeit durch einen kurzen Pfeil andeutet und die Pfeile kettenartig miteinander verbindet, bekommt man *Stromlinien*. Eine Erklärung ist da nicht nötig, denn das Stromlinienbild schwebt uns von selbst vor Augen, sobald wir die Menge der kleinen Pfeile erblicken. Auch photographisch lassen sich solche Bilder erzeugen (Abb. 4.1). Ein jeder Tropfen wandert entlang seiner Stromlinie wie eine Perle an einer feststehenden Schnur. Das ist also die *Trajektorie* des Tropfens. Statt von Trajektorien oder Stromlinien spricht man auch von *Phasenkurven*, während man den Raum, den sie erfüllen, den *Phasenraum*, nennt. (Die Bedeutung des aus der Physik stammenden Wortes wurde hier gehörig erweitert.) Um der Anfangsbedingung zu genügen, wählen wir diejenige Phasenkurve (Stromlinie), die durch den Punkt r_0 geht. Das Bild der Bewegung kann man noch vervollkommnen, indem man entlang der Stromlinie die Lagen des Tropfens in passenden Zeitintervallen anzeichnet.

In einer Dimension sind die Verhältnisse besonders einfach. Im stationären Fall ist die Lösung sogar analytisch erreichbar. Als Beispiel sehen wir uns das Abklingen einer Radioaktivität an. Von N gleichartigen radioaktiven Kernen zerfällt in der Zeit dt (im Mittel) die Anzahl λN. Also gilt (im Mittel) die

Differentialgleichung

$$\mathrm{d}N \;=\; -\lambda N\,\mathrm{d}t, \qquad \text{oder} \tag{4.3}$$

$$\frac{\mathrm{d}N}{\mathrm{d}t} \;=\; -\lambda N, \tag{4.4}$$

aus der die Lösung $N(t)$ für die Anfangsbedingung $N(0) = N_0$ zu finden ist. Dabei ist λ die *Zerfallsrate*, d.h. $\lambda\,\mathrm{d}t$ ist die Wahrscheinlichkeit für einen Einzelkern, daß er in der Zeit $\mathrm{d}t$ zerfällt.

Zur Gleichung muß bemerkt werden, daß sie unmöglich wörtlich gelten kann, da sich ja die Zahl der Kerne nicht stetig ändern kann. In Wirklichkeit ist $N(t)$ eine treppenartige Funktion, wobei die Zeitpunkte der Stufen zufällig sind. (Mehr darüber im Abschn. 11) Bei einer genügend großen Anzahl von Kernen bemerkt man aber die Stufen nicht und man darf vergessen, daß die Gleichung eigentlich nur im Sinne von Mittelwerten gilt.

Obwohl die physikalischen Begriffe jetzt ganz anders sind, ist der mathematische Inhalt der Gleichung ähnlich wie vorher. Sie verbindet die Ableitung einer Funktion $N(t)$ mit ihrem Wert zu demselben Zeitpunkt. Im rechts stehenden Ausdruck $-\lambda N$ erkennen wir wieder ein Geschwindigkeitsfeld, obwohl es sich jetzt nicht um Geschwindigkeiten im geometrischen Raum handelt, sondern im eindimensionalen Phasenraum der Zahlen N. Die Gleichung (4.4) ist etwas besonderes insofern, als die Ableitung der gesuchten Funktion eben dieser Funktion proportional ist. Das kann nur eine Exponentialfunktion sein. Durch Versuchen finden wir sofort

$$N(t) = N_0\,\mathrm{e}^{-\lambda t}. \tag{4.5}$$

Für jeden Anfangswert N_0 gibt es genau eine Lösung.

Im eindimensionalen Fall kann man bei gewöhnlichen Differentialgleichungen erster Ordnung das Verhalten von Lösungen im qualitativen Sinne sogar graphisch erfassen. Bei der Gleichung $\mathrm{d}N/\mathrm{d}t = -\lambda N$ trägt man N und t als Koordinaten auf ein Blatt Papier auf. Beim Punkt $N = N_0$, $t = 0$ zeichnet man in der Richtung, die durch die rechte Seite der Gleichung vorgeschrieben ist, einen kurzen Strich. Man fährt weiter mit veränderter Steigung, entsprechend der veränderten „Geschwindigkeit" $-\lambda N$, also ganz im Sinne des üblichen numerischen Verfahrens. Wie beim Stromlinienbild ist es lehrreich, statt nur einer Lösung eine ganze Schar aufzuzeichnen (Abb. 4.2). Das Bild zeigt wieder, daß durch jeden Punkt genau eine Lösungskurve geht. Diejenige, die der gewählten Anfangsbedingung genügt, ist hervorgehoben.

Sogar freihändige Zeichnungen dieser Art können zum besseren Verständnis von Differentialgleichungen verhelfen. Eigentlich haben wir mit dieser Technik schon Erfahrung. In der Schule haben wir z.B. beim Skizzieren des Abbremsens eines Fahrzeugs oder des Abklingens der elektrischen Spannung in einem RC-Kreis oder des Abklingens einer Radioaktivität jedesmal – oft ohne sich dessen bewußt gewesen zu sein – eine Differentialgleichung graphisch gelöst. Sogar ohne Bleistift und Papier taten wir das, als wir auf das mit Eisenfeilspänen

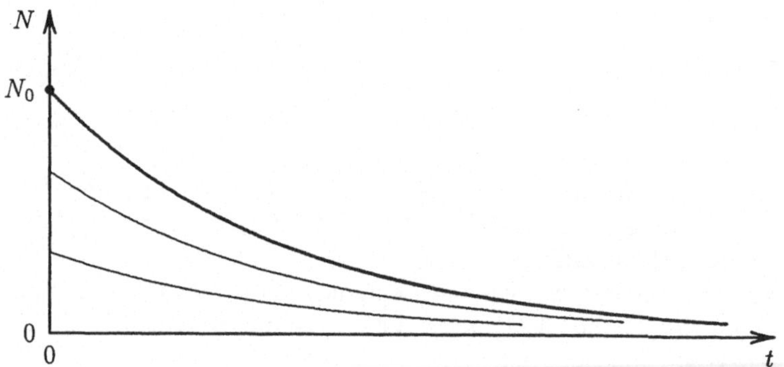

Abb. 4.2. Abklingen einer Radioaktivität. Die zur Anfangsbedingung zugehörige Lösungskurve ist hervorgehoben

gewonnene Bild eines Magnetfeldes blickten und ungewollt in Gedanken die Feldlinien sahen. Zeichnerische Experimente helfen, dieses wertvolle instinktive Können ins Bewußtsein zu bringen.

Geschwindigkeitsfelder bzw. Bilder von Phasenkurven können allerlei Besonderheiten aufweisen. Nehmen wir einen kreisrunden flachen Trog mit Wasser und streuen darauf ein leichtes Pulver, um die Bewegung des Wassers an seiner Oberfläche sichtbar zu machen. Auf diese Weise untersuchen wir Differentialgleichungen der Form (4.2) in einem zweidimensionalen Bereich. Bei stationären Strömungen zeigen sich ein oder mehrere *Fixpunkte*, bei denen sich das Wasser nicht bewegt. Für die Staubteilchen sind das Gleichgewichtslagen. Wenn wir den Trog mitsamt dem Wasser drehen, bekommen wir kreisförmige Stromlinien mit einem Fixpunkt in der Mitte. Die Bewegung wird komplizierter, wenn wir dort das Wasser durch ein kleines Loch im Boden ausfließen lassen und es am Rande des Troges ständig nachfüllen. Statt Kreise gibt es bei dem sich drehenden Trog jetzt Spiralen, die in den Fixpunkt hineinlaufen. Beim festsitzenden Trog sind die Stromlinien radial nach innen orientiert oder sie können bei ovalem Loch auch kompliziertere Formen annehmen. In allen bisherigen Fällen war der Fixpunkt *stabil*, was heißen soll, daß das dort sitzende Staubteilchen sich im stabilen Gleichgewicht befand. Indem wir die Strömung umdrehen, also das Wasser durch das Loch hineinpumpen und es am Rand abfließen lassen, machen wir den Fixpunkt *instabil*: Die nicht genau im Fixpunkt sitzenden Teilchen laufen von ihm weg. Siehe Abb. 4.3.

Ein Fixpunkt kann auch so beschaffen sein, daß in einigen Richtungen die Geschwindigkeiten gegen ihn gerichtet sind und in anderen weg von ihm. Das wäre ein *Sattelpunkt*. Wenn wir in einen Wassertrog an entgegengesetzten Seiten langsam Wasser einfließen und seitlich ausfließen lassen, so zeigt sich auf der Oberfläche in der Mitte ein Sattelpunkt. Vorn und hinten nähern sich die Pulverteilchen dem Sattelpunkt, weichen ihm aber auf hyperbelartigen Bahnen aus, um dann rechts und links wegzulaufen.

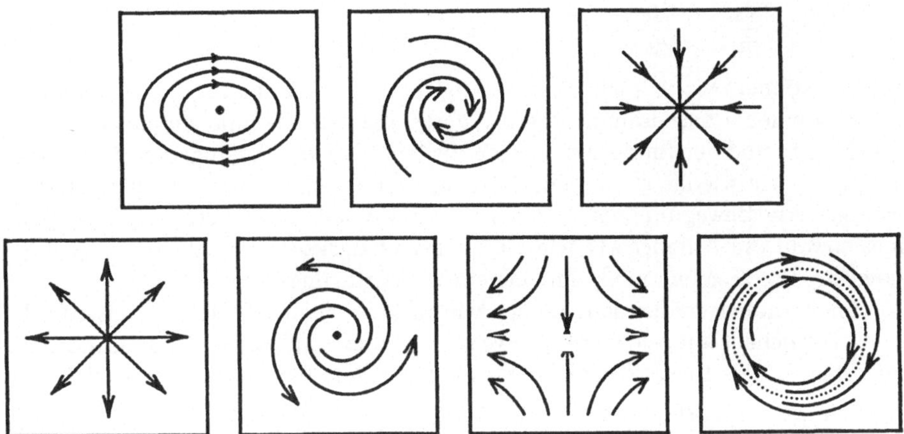

Abb. 4.3. Zweidimensionale Geschwindigkeitsfelder: drei mit stabilen und zwei mit instabilen Fixpunkten, eins mit Sattelpunkt und eins mit einem Grenzzyklus

In mehr als zwei oder drei Dimensionen oder, was auf dasselbe hinausläuft, bei Systemen von mehreren Körpern im dreidimensionalen Raum, kommt man mit anschaulichen Bildern nicht so gut weiter, obwohl im Grunde genommen die Verhältnisse doch irgendwie ähnlich sind. Nehmen wir N Körper, die sich im Raume bewegen und aufeinander mit Kräften einwirken. Die Körper seien so klein im Vergleich zu den Entfernungen, daß man sie als punktförmig betrachten darf. Man denke z.B. an Sterne in einem Sternhaufen oder an das Sonnensystem oder an die Teilchen eines atomaren Gases. Bei klassischer Beschreibung wird die Bewegung eines jeden Teilchens durch eine Funktion $r_i(t)$ dargestellt. Die Kräfte seien gegebene Funktionen der Orte:

$$F_i = F_i(r_1, r_2 \ldots r_N), \quad i = 1, 2, \ldots N.$$

Beim Sternhaufen oder Sonnensystem sind dies Gravitationskräfte:

$$F_i = \sum_{j=1, j \neq i}^{N} G \frac{m_i m_j}{|r_j - r_i|^2} \frac{r_j - r_i}{|r_j - r_i|}, \quad i = 1, 2, \ldots N.$$

Das Newtonsche Gesetz gibt uns ein System von N Differentialgleichungen zweiter Ordnung, d.h. mit den zweiten Ableitungen:

$$\frac{\mathrm{d}^2 r_i}{\mathrm{d}t^2} = F_i(r_1, \ldots r_N), \quad i = 1, 2, \ldots N. \tag{4.6}$$

Eigentlich sind es $3N$ Gleichungen, wenn man an Komponenten denkt.

Es ist ein Leichtes, aus (4.6) ein System von doppelt so vielen Gleichungen erster Ordnung herzuleiten. Man braucht nur die ersten Ableitungen oder statt dessen die Impulse (Bewegungsgrößen) $p_i = m_i v_i = m_i \mathrm{d} r_i / \mathrm{d}t$ als neue unbekannte Funktionen einführen. Das so verwandelte Gleichungssystem lautet:

$$\frac{\mathrm{d}\boldsymbol{r}_i}{\mathrm{d}t} = \frac{\boldsymbol{p}_i}{m_i}, \qquad \frac{\mathrm{d}\boldsymbol{p}_i}{\mathrm{d}t} = \boldsymbol{F}_i, \qquad i = 1, 2, \dots N. \tag{4.7}$$

Wieder können wir uns ein Geschwindigkeitsfeld vorstellen, und zwar im $6N$-dimensionalen Phasenraum, dessen Koordinaten die Komponenten der Ortsvektoren $\boldsymbol{r}_i$ und der Impulse $\boldsymbol{p}_i$ sind. Zu jedem Satz von Anfangswerten $\boldsymbol{r}_{i0}$, $\boldsymbol{p}_{i0}$ vermuten wir wieder genau eine Lösung, daher genau eine Phasenkurve, die eine gewisse Bewegung des Systems beschreibt. Es ist zu beachten, daß man hier sowohl die Anfangsorte wie auch die Anfangsgeschwindigkeiten oder Anfangsimpulse angeben muß, um eine einzige Bewegung zu bestimmen.

Im eindimensionalen Fall können wir auch bei einer Gleichung zweiter Ordnung versuchen, auf zeichnerische Weise zu einem qualitativen Bild der Lösung zu kommen. Als Beispiel nehmen wir die Gleichung für ein Schwerependel,

$$\frac{\mathrm{d}^2\phi}{\mathrm{d}t^2} = -\frac{mgl^*}{J}\sin\phi, \tag{4.8}$$

wo ϕ der Ablenkwinkel ist. Der Koeffizient rechts enthält die Daten für das Pendel: Masse, Schwerebeschleunigung, Abstand des Schwerpunkts von der Achse, Trägheitsmoment. Das Pendel soll starr sein, so daß man es beliebig hoch aufschaukeln kann.

Fangen wir mit der Gleichgewichtslage an, also mit $\phi_0 = 0$, und geben dem Pendel so einen Stoß, daß die anfängliche Winkelgeschwindigkeit ($\omega = \mathrm{d}\phi/\mathrm{d}t$) gleich ω_0 ist. Die erlaubt uns, einen kurzen Strich auf dem Bild von $\phi(t)$ zu ziehen. Beim nächsten Schritt müssen wir die zweite Ableitung berücksichtigen. Man hilft sich mit der Krümmung (dem reziproken Krümmungsradius). Im Diagramm der Funktion $\phi(t)$ gilt nämlich

$$\frac{1}{R} = \frac{\ddot{\phi}}{(1 + \dot{\phi}^2)^{3/2}}. \tag{4.9}$$

Bei nicht zu großer Steigung $\dot{\phi}$ braucht man auf einer beiläufigen Zeichnung die Krümmung von der zweiten Ableitung nicht zu unterscheiden. Obige Gleichung zeigt, daß bei kleinem positiven ϕ die zweite Ableitung einen kleinen negativen Wert annimmt. Also ziehen wir ein Stück einer schwach nach unten gekrümmten Kurve. Dadurch vergrößern sich ϕ und damit $\sin\phi$. Entsprechend verstärken wir die Krümmung. Nach Erreichen des Maximums werden ϕ und damit der Absolutwert der Krümmung wieder kleiner. Nachdem wir die Abszisse überqueren, wird die Krümmung negativ, so daß sich die Kurve nach oben biegt. So führen wir den Bleistift auf und ab und geben damit ein Bild der Pendelschwingungen wieder. Bei kleinen Amplituden sind sie fast sinusartig, bei großen wird hingegen die Kurve in der Nähe der Extrema flacher. Beim Zeichnen stellen wir abermals fest, daß bei einer Gleichung zweiter Ordnung zwei Anfangsbedingungen nötig sind, um die Lösung eindeutig zu bestimmen. Oben waren sie durch den Anfangswert $\phi(0) = 0$ und die Anfangsgeschwindigkeit $\dot{\phi}(0) = \omega_0$ vorgeschrieben. Nachdem wir auf ein System von zwei Gleichungen erster Ordnung umschalten, ist dies ohne weiteres zu verstehen.

Es kann nützlich sein, bei einer Gleichung zweiter Ordnung eine Schar von Lösungen mit demselben Anfangspunkt, aber mit verschiedenen Anfangswerten der ersten Ableitung zu skizzieren. Es kommt vor, daß die gewonnenen Kurven auseinanderlaufen, daß also die Lösung *instabil* ist, wie man sagt. Solche Instabilität macht auch beim numerischen Lösen Schwierigkeiten.

Später werden wir viel mit der *Amplitudengleichung* zu tun haben, die im eindimensionalen Fall so aussieht:

$$\frac{\mathrm{d}^2 u}{\mathrm{d}x^2} + k^2 u = 0 \tag{4.10}$$

und die für die Amplitude von Wellen auf einem linearen Träger, etwa auf einer Saite, gilt. Der Koeffizient entspricht der Wellenlänge bzw. der Frequenz: $k = 2\pi/\lambda = \omega/c$. Oft werden wir die Lösung $u(x)$ nur auf einem endlichen Intervall $(0, l)$ suchen und dabei an jedem Ende je eine *Randbedingung* vorschreiben, statt der vorherigen zwei Anfangsbedingungen im Anfangspunkt. Bei einer eingespannten Saite müssen beide Randwerte verschwinden: $u(0) = 0$ und $u(l) = 0)$. Freilich gibt es dazu immer die triviale Lösung $u(x) = 0$, die aber völlig uninteressant ist. Wir bemerken noch, daß es unter den nichttrivialen Lösungen der Gleichung immer solche gibt, die der einen Randbedingung $u(0) = 0$ genügen; sie lauten: $u(x) \propto \sin kx$. Auch der anderen Randbedingung $u(l) = 0$ genügt aber so eine Lösung nur bei ganz bestimmten *Eigenwerten* von k^2, nämlich bei solchen, für die kl einem positiven ganzzahligen Vielfachen von π gleich ist: $kl = n\pi$, $n = 1, 2, \ldots$ Sie entsprechen den *Eigenfrequenzen*, mit denen die sich selbst überlassene Saite schwingen kann. Die gewonnenen Lösungen, $u(x) \propto \sin(n\pi x/l)$ heißen *Eigenlösungen* oder *Eigenfunktionen*, die zur gegebenen Differentialgleichung mit den gegebenen Randbedingungen gehören. Wegen Linearität sowohl der Gleichung als auch der Randbedingungen ist jedes Multipel der Lösung wieder eine Lösung, so daß die Schreibweise mit dem Proportionalitätszeichen angebracht ist.

Auch wenn wir die Lösungen analytisch nicht kennen, was ja bei komplizierteren Gleichungen vorkommen kann, kommen wir durch Skizzieren zu ähnlichen Erkenntnissen. Wir fangen bei $u(0) = 0$ mit beliebigem $u'(0)$ und irgend einem k^2 an und verfahren wie vorher beim Pendel. Bei falsch gewähltem k^2 schießt die Kurve am Endpunkt $u(l) = 0$ vorbei. Nur bei ganz bestimmten Eigenwerten k^2 treffen wir ihn, so daß dann beide Randbedingungen erfüllt sind.

Kehren wir jetzt zur allgemeinen Diskussion zurück! Das aus (4.8) gewonnene System zweier Differentialgleichungen erster Ordnung für ϕ und ω lautet:

$$\frac{\mathrm{d}\phi}{\mathrm{d}t} = \omega, \tag{4.11}$$

$$\frac{\mathrm{d}\omega}{\mathrm{d}t} = -\frac{mgl^*}{J} \sin\phi. \tag{4.12}$$

Wie sieht jetzt das Geschwindigkeitsfeld im Phasenraum, d.h. in der Ebene mit den Koordinaten ϕ und ω aus? Die Erkenntnis, daß sich beim Pendel ohne Reibung oder sonstiger Energieverluste die Summe der kinetischen und potentiellen Energie während der Bewegung nicht ändert, wird uns weiterhelfen:

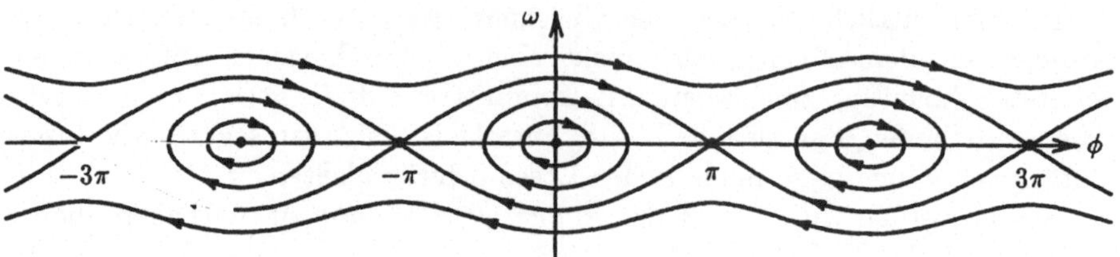

Abb. 4.4. So stellt man die Bewegung eines Schwerependels in der Phasenebene dar

$$W(\omega, \phi) \equiv \frac{1}{2} J\omega^2 - mgl^* \cos \phi = \frac{1}{2} J\omega_0^2 - mgl^*. \tag{4.13}$$

Den Wert der rechts stehenden Konstanten haben wir aus den oben angegebenen Anfangsbedingungen bestimmt. Für jede Lösung des Gleichungssystems, d.h. entlang jeder Phasenkurve in unserem Bild, ist dieser Ausdruck konstant: $W(\omega(t), \phi(t)) = $ const. Nebenbei sei bemerkt, daß man so einen Ausdruck ein *Integral des Differentialgleichungssystems* nennt.

Die Gleichung $W = $ const verbindet die Variablen ω und ϕ und bestimmt somit die Form der Phasenkurven (Abb. 4.4). Bei kleinen Amplituden sind es ungefähr Ellipsen, die sich aber rechts und links zuspitzen, sobald das Pendel zu großen Ausschlägen (nahezu bis $\phi_0 = \pi$) aufgeschaukelt wird. Bei noch größerer Energie überstürzt sich das Pendel und dreht sich dann fortwährend weiter, obwohl mit ungleichmäßiger Winkelgeschwindigkeit. Die Phasenkurven sehen jetzt wellenartig aus. Auf dem Bild erkennen wir stabile Fixpunkte bei $\omega = 0$ und $\phi = 0$, $\pm 2\pi$ etc. Bei $\phi = \pi$, 3π usw. aber gibt es Sattelpunkte. Da schneiden sich die besonderen Phasenkurven, die einem Aufschaukeln genau bis zur Amplitude π entsprechen.

Wenn das Pendel Reibungskräften unterliegt, was ja in der wirklichen Welt unvermeidlich ist, verkleinern sich die Amplituden mit der Zeit. Bei einer Penduluhr kann man das nicht zulassen, und man muß deshalb das Pendel durch Energiezufuhr stören. Gleichzeitig wünscht man aber, daß das Pendel möglichst so schwingt wie ohne Störung und ohne Reibung. Das erreicht man durch *Selbststeuerung*, bei der das Pendel selbst bestimmt, zu welchen Zeitpunkten und in welcher Richtung es angetrieben wird. Bei der Pendeluhr sorgt dafür der Anker, der mit dem oberen Ende des Pendels verbunden ist und in ein Zahnrad des Triebwerkes eingreift. Auf diese Weise wirkt der Anker auf das Pendel mit einem veränderlichen Drehmoment, und zwar immer in demselben Sinne, in dem sich das Pendel soeben dreht. Näherungsweise dürfen wir annehmen, daß dieses Drehmoment am Ende jeder Halbschwingung das Vorzeichen umdreht, dem Absolutwert M nach aber konstant bleibt. Ohne die Differentialgleichung für die selbstgesteuerte Pendelbewegung zu lösen oder sie überhaupt aufzuschreiben, wollen wir im qualitativen Sinne das Verhalten der Lösungen herausfinden.

Zuerst betrachten wir das ungestörte Pendel. Wegen der Reibungsverluste wird die Amplitude ϕ_1 und damit die Energie seiner Schwingungen immer kleiner. Man erwartet, daß die Verminderung der Energie während einer Schwingung dem Wert der Energie und damit dem Quadrat der Amplitude ϕ_1 ungefähr proportional ist, sagen wir $\Delta W = -\alpha\phi_1^2$. (Es ist leicht zu beweisen, daß bei kleiner Amplitude so eine Proportionalität gilt, wenn das Drehmoment der Reibungskräfte der Winkelgeschwindigkeit proportional ist.) Das Drehmoment des Antriebswerkes leistet während einer halben Schwingung die Arbeit $M \cdot 2\phi_1$, während einer ganzen Schwingungszeit also $4M\phi_1$. Das wichtige dabei ist, daß der Reibungsverlust bei genügend großer Amplitude die vom Antrieb gewonnene Energie übertrifft. Solange die Amplitude so groß ist, verkleinert sie sich von Schwingung zu Schwingung. Bei zu kleinen Amplituden ist es umgekehrt, denn die vom Antrieb hineingepumpte Energie gewinnt die Oberhand. Dazwischen findet man eine ganz bestimmte Amplitude ϕ_1^*, bei der sich Verlust und Gewinn die Waage halten, so daß die Amplitude unverändert bleibt. Aus der Bedingung $\alpha\phi_1^2 = 4M\phi_1$ finden wir den Wert $\phi_1^* = 4M/\alpha$.

Wie sehen jetzt die Stromlinien in der Phasenebene aus? Ohne Antrieb bekommen wir statt der geschlossenen ovalen Kurven Spiralen, die gegen den Fixpunkt bei $\phi = 0$, $\omega = 0$ zusammenlaufen (Abb. 4.3, zweites Bild). Beim Mitwirken des Antriebs aber schrumpfen sie entweder zusammen oder sie laufen auseinander, je nachdem, ob die Amplitude größer oder kleiner als ϕ_1^* ist. Von beiden Seiten schmiegen sich die spiralförmigen Stromlinien dem *Grenzzyklus* an, der einer Schwingung mit der Amplitude ϕ_1^* entspricht (Abb. 4.3, letztes Bild). Wenn also die Pendeluhr mit einer zu großen (bzw. zu kleinen) anfänglichen Amplitude gestartet wird, verringern (bzw. vergrößern) sich die Amplituden, und nähern sich asymptotisch dem Wert ϕ_1^*. Mit dieser Amplitude schwingt das Pendel dann beliebig lang und man glaubt zu verstehen, daß sich bei kleiner Reibung und sonstiger Störung die Schwingungen von denen eines ungestörten Pendels nur wenig unterscheiden.

Zeichnungen und Vorstellungen von Kurven beweisen freilich nicht, daß Lösungen von Differentialgleichung oder von Systemen solcher Gleichungen tatsächlich existieren. Dennoch braucht man sich darüber nicht allzuviel Sorgen machen. Man kann beweisen, daß die Lösung eines Gleichungssystems in einer Umgebung des gewählten Anfangspunktes existiert, wenn dort das Geschwindigkeitsfeld stetig diffenzierbar ist. Dennoch wäre es voreilig zu vermuten, daß bei so einem Geschwindigkeitsfeld die Existenz und Eindeutigkeit der Lösung für alle Zeiten, oder wenigstens soweit das Geschwindigkeitsfeld keine Singularität aufweist, gewährleistet ist. Die Vermutung ist zwar bei linearen Gleichungen berechtigt, sonst aber nicht immer, denn die Lösung kann z.B. ins Unendliche fortlaufen. Dazu ein abschreckendes, obwohl etwas gekünsteltes Beispiel.

In einem Land mit unbeschränkten Futtervorrat leben Hasen. Die Zahl ihrer Jungen pro Jahr sei durch die Zahl der Begegnungen von Paaren bestimmt, so daß sie dem Quadrat der Hasenzahl proportional ist. Für diese Zahl gilt somit (im Mittel) die Gleichung

$$\frac{\mathrm{d}N}{\mathrm{d}t} = k\,N^2. \tag{4.14}$$

Die anfängliche Zahl N_0 der Hasen bei $t = 0$ sei gegeben. Nachdem wir die Variablen trennen, ist die Gleichung durch Integrieren schnell gelöst. Aus $\mathrm{d}N/N^2 = k\,\mathrm{d}t$ folgt $1/N = -kt + 1/N_0$, wobei wir die Integrationskonstante durch die Anfangszahl ausgedrückt haben. Die endgültige Form der Lösung ist also

$$N = \frac{N_0}{1 - N_0 kt}. \tag{4.15}$$

Wir sehen, daß die Hasenbevölkerung bei Annäherung an den Zeitpunkt $t = 1/N_0 k$ ins Unendliche anwächst, sozusagen explodiert. Besser gesagt, sie würde explodieren, wenn die Hasen bei ihrer Vermehrung unser unrealistisches mathematisches Modell genau befolgen würden. Zum Glück tun sie das nicht. Übrigens trifft man auf solch schlimmes Verhalten nur bei Lösungen von nichtlinearen Gleichungen, bei linearen hingegen niemals.

Aufgaben

4.1   Auch bei nichtstationärer Strömung gibt es Stromlinien, die so beschaffen sind, daß jede ihrer Tangenten die Richtung der im Berührungspunkt zu einer bestimmten Zeit herrschenden Geschwindigkeit wiedergibt. Die Stromlinien sind zeitlich veränderlich und stimmen nicht mit den Bahnen der Flüssigkeitströpfchen überein. Eine dritte Schar von Kurven sind die Stromfäden, die man sichtbar macht, indem man an festen Orten dünne Strahlen gefärbter Flüssigkeit einspritzt. Zeigen Sie, daß die Stromfäden bei nichtstationärer Strömung weder mit den Stromlinien noch mit den Tröpfchenbahnen übereinstimmen.

4.2   Im Abschn. 4.3 werden wir sehen, daß die Temperatur eines im Vakuum gespannten und mit Wechselstrom geheizten Drahtes einer Differentialgleichung genügt, die in dimensionsloser Form wie folgt aussieht: $y' = c(1 + \cos x - y^4)$. Wählen Sie $c = 0,25$ und skizzieren oder berechnen Sie die Lösungen für mehrere Anfangswerte $y(0)$. Wie groß soll man $y(0)$ vorschreiben, um eine periodische Lösung zu bekommen? Wie verhalten sich bei $t \to \infty$ die übrigen Lösungen in bezug auf die periodische Lösung? Versuchen Sie das Ergebnis physikalisch zu erläutern.

4.3   Skizzieren Sie eine Schar von Lösungen der Differentialgleichung $y'' = (x^2 - 1)y$ für den Anfangswert $y(0) = 1$ und für verschiedene Anfangswerte $y'(0)$ der Ableitung. Wie verhalten sich die Lösungen bei $x \to \infty$?

4.4   Die Differentialgleichung für ein harmonisches Pendel, $m\,\mathrm{d}^2 x/\mathrm{d}t^2 = -kx$, kann durch zwei Gleichungen erster Ordnung für die Ablenkung x und den Impuls p ersetzt werden: $\mathrm{d}p/\mathrm{d}t = -kx$ und $\mathrm{d}x/\mathrm{d}t = p/m$. Beschreiben Sie das Geschwindigkeitsfeld in der Phasenebene, in der x und p die Koordinaten sind.

4.5 Zeichnen Sie auf den Trajektorien für das Schwerependel (Abb. 4.4) durch kleine Querstriche die Lage der Phasenpunkte in gleichmäßigen Zeitabständen an. Wie lange dauert es, bis bei der Amplitude π die instabile Gleichgewichtslage (entsprechend dem Sattelpunkt im Phasenbild) erreicht wird?

4.6 Wie ändert sich das Phasenbild Abb. 4.4 für das Schwerependel, wenn es Dämpfung gibt? (Die Gleichung (4.12) enthält dann rechts noch einen Term $-\beta\omega$.)

4.2 Analytische Lösungsmethoden

Manchmal gelingt es, eine Differentialgleichung analytisch zu lösen. Das heißt, daß man die Lösung durch schon bekannte Funktionen ausdrücken kann, nämlich durch solche, für die es Tabellen und Formelsammlungen gibt. In Betracht kommen auch Ausdrücke mit Reihen und Integralen. Man soll aber dabei nicht übertreiben, denn die Auswertung von komplizierten Ausdrücken kann langwieriger werden als das direkte numerische Lösen einer Differentialgleichung. Bei solchem Suchen hilft das Handbuch von Kamke, das ein Lexikon bekannter analytischer Lösungen von gewöhnlichen Differentialgleichungen ist und im Anhang C aufgeführt wird.

Es gibt kein allgemeines Rezept zum Aufsuchen analytischer Lösungen von Differentialgleichungen. Einige Methoden sollen aber erwähnt werden, und zwar zuerst die schon oben angewendete Trennung der Variablen, die bei homogenen linearen Differentialgleichungen erster Ordnung immer durchführbar ist. Aus $y' + p(x)y = 0$ folgt ja

$$\frac{\mathrm{d}y}{y} = -p(x)\,\mathrm{d}x \quad \text{und daraus} \quad y(x) = y_0 \exp\left(-\int_{x_0}^{x} p(x)\,\mathrm{d}x\right), \qquad (4.16)$$

wobei wir die Anfangsbedingung $y(x_0) = y_0$ berücksichtigt haben. Durch Einsetzen in die Differentialgleichung überzeugen wir uns, daß dies wirklich ihre Lösung ist. Falls die Gleichung inhomogen ist, also mit einem $f(x)$ statt 0 auf der rechten Seite versehen, versuchen wir mit $y(x) = C(x)\,\eta(x)$, wobei $\eta(x)$ eine Lösung der entsprechenden homogenen Gleichung ist. Es folgt ein Ausdruck für $C'(x)$, den man nur noch integrieren muß.

Hoffnung auf analytische Lösungen darf man vor allem bei *linearen* Gleichungen (bzw. Systemen von Gleichungen) haben, d.h. bei solchen, die die gesuchte(n) Funktion(en) mitsamt Ableitungen nur in erster Potenz enthalten. Eine homogene lineare Differentialgleichung zweiter Ordnung, also der Form $y'' + p(x)y' + q(x)y = 0$, hat genau zwei und die Gleichung n-ter Ordnung genau n *linear unabhängige* Lösungen (d.h. solche, für die keiner der nichttrivialen Linearkombinationen überall verschwindet). Jede Linearkombination von Lösungen ist aber wieder eine Lösung derselben Gleichung.

Ganz besonders einfach sind lineare homogene Differentialgleichungen mit konstanten Koeffizienten, so wie die Gleichung für gedämpfte Schwingungen eines harmonischen Pendels (mehr darüber im Abschn. 4.6),

$$m \frac{\mathrm{d}^2 x}{\mathrm{d}t^2} + R \frac{\mathrm{d}x}{\mathrm{d}t} + kx = 0. \tag{4.17}$$

Immer gibt es exponentielle Lösungen, die wir als $x \propto \mathrm{e}^{-\alpha t}$ oder $x \propto \mathrm{e}^{-\mathrm{i}\omega t}$ schreiben mögen, je nach dem Vorzeichen der Diskriminante $R^2 - 4mk$. Durch Einsetzen bekommen wir für das unbekannte α bzw. ω eine quadratische Gleichung. Falls deren Wurzeln verschieden sind, haben wir schon zwei linear unabhängige Lösungen, womit alles erledigt ist. Der Ausnahmefall einer doppelten Wurzel verlangt besondere Behandlung. Durch einen Grenzübergang finden wir, daß diesmal auch $t\,\mathrm{e}^{-\alpha t}$ eine Lösung ist, was man durch Einsetzen in die Gleichung leicht nachweist.

Bei einer inhomogenen linearen Differentialgleichung, bei der z.B. rechts in (4.17) $f(t)$ statt 0 steht, genügt es, irgend eine spezielle Lösung zu finden; manchmal läßt sie sich erraten. Alle anderen Lösungen gewinnt man dann durch Addition der allgemeinen Lösung der entsprechenden homogenen Gleichung.

Durch Transformation der Variablen gelingt es oft, der Differentialgleichung eine passendere Form zu geben. Falls in einer Gleichung zweiter Ordnung die unabhängige Variable explizit nicht vorkommt, so daß sie die Form $y'' = f(y, y')$ hat, führt man y und y' als neue Variablen ein. Mit $y'' = \mathrm{d}y'/dx = (\mathrm{d}y'/\mathrm{d}y)(\mathrm{d}y/\mathrm{d}x) = (\mathrm{d}y'/\mathrm{d}y)y'$ bekommen wir eine Differentialgleichung erster Ordnung für die Funktion $y'(y)$,

$$\frac{\mathrm{d}y'}{\mathrm{d}y}\, y' = f(y, y'). \tag{4.18}$$

In der Lösung $y' = y'(y)$ erkennen wir schon wieder eine Differentialgleichung erster Ordnung, diesmal für die Funktion $y(x)$.

Mit allerhand anderen Substitutionen kann man noch sein Glück versuchen. So z.B. gelingt es, bei einer linearen Differentialgleichung zweiter Ordnung den Term mit der ersten Ableitung zu eliminieren, indem man $y(x) = v(x)\,\eta(x)$ einsetzt und $v(x)$ passend wählt. Falls man selbst nicht weiter weiß, ist es ratsam, nach jeder Substitution nachzulesen, ob es in dem zitierten Handbuch von Kamke eine Lösung gibt. Wenn aber auch nach mehreren Versuchen nichts zu finden ist, haben wir Grund zu der Vermutung, daß die Gleichung analytisch nicht lösbar ist. Dann wenden wir uns getrost numerischen Methoden zu, die bei gewöhnlichen Differentialgleichungen im allgemeinen recht erfolgreich sind.

Aufgaben

4.7   In Abschn. 4.1 hatten wir bei der Hasenvermehrung angenommen, daß eine Proportionalität $\dot{N} \propto N^2$ gilt. Wie wäre es mit N^α statt N^2? Für welche Werte des Exponenten α gibt es keine Bevölkerungsexplosion in endlicher Zeit?

4.8   Versuchen Sie die Differentialgleichung $y'' + 2y'/x + y = 0$ (Gleichung für sphärische Besselfunktionen, kugelsymmetrischer Fall, siehe Abschn. 8.2) so zu transformieren, daß der Term mit der ersten Ableitung verschwindet. Die transformierte Gleichung ist leicht zu lösen.

4.3 Beispiele von Gleichungen erster Ordnung

In den unten ausgearbeiteten Beispielen spielt die Zeit die Rolle der unabhängigen Variable. Die Gleichung erklärt, nach welchem Gesetz sich eine physikalische Größe verändert. Meist ist es anschaulicher, wenn wir nicht sofort die Geschwindigkeit der Veränderung betrachten, sondern eine kleine Änderung selbst, die wir als Differential darstellen. Drei Beispiele sollen dies näher erläutern.

Überlegen wir uns, wie sich bei konstanter Temperatur der Druck eines Gases in einem Behälter mit dem Volumen V ändert, wenn mit einer Pumpe ein konstanter Strom der Stärke Φ_V abgesaugt wird. Wir wissen also, daß die Pumpe in der Zeit dt ein Volumen $dV = \Phi_V \, dt$ herauszieht. Um soviel vergrößert sich das Volumen V der Gasmenge, die am Anfang des Zeitintervalls im Behälter war. Aus dem Boyleschem Gesetz, $pV = \text{const}$, folgt durch logarithmisches Differenzieren $dp/p + dV/V = 0$ und sodann

$$\frac{dp}{p} = -\frac{\Phi_V \, dt}{V}. \tag{4.19}$$

Das ist schon die gesuchte Differentialgleichung, vorerst in Differentialform. Meistens schreiben wir

$$\frac{dp}{dt} + \frac{\Phi_V}{V}\, p = 0. \tag{4.20}$$

Da dies eine homogene lineare Differentialgleichung mit konstanten Koeffizienten ist, vermuten wir, daß sich die Lösung durch eine Exponentialfunktion ausdrücken läßt. Wir schreiben entweder $p \propto e^{-t/\tau}$ oder, wenn wir dem Anfangswert des Druckes einen Namen geben wollen, $p = p_0\, e^{-t/\tau}$. Den Wert der *Relaxationszeit*, $\tau = V/\Phi_V$, finden wir durch Einsetzen in die Differentialgleichung. Auch ohne hinzublicken hätte man erraten können, wie die Relaxationszeit von den gegebenen Daten abhängen kann. Eine Prüfung der Dimension ist trotzdem angebracht: $m^3 (m^3\, s^{-1})^{-1} = s$.

Auch anders kann man schließen. Die Pumpe saugt den Massenstrom $\varrho\,\Phi_V$ ab. In der Zeit dt verändert sich die Gasmasse im Behälter um $dm = -\varrho\,\Phi_V\, dt$, die Dichte also um $d\varrho = -\varrho(\Phi_V/V)dt$. Sofort folgt $\varrho \propto e^{-t/\tau}$, mit $\tau = V/\Phi_V$, und nach Boyle ein ähnliches Resultat für den Druck.

Als zweites Beispiel studieren wir den radioaktiven Zerfall von Tellur 132, das mit einer Halbwertszeit von 77 Stunden in Jod 132 zerfällt. Dieses Isotop zerfällt weiter mit einer Halbwertszeit von 2,4 Stunden in das stabile Xenon 132. Gleich nach der Erzeugung des Tellurisotops ist noch kein Jod da, und nach sehr langer Zeit ist schon alles in Xenon verwandelt. Zu welchem Zeitpunkt ist am meisten von dem radioaktiven Jod vorhanden?

Die Zahl N_1 der Telluratome verändert sich in der Zeit dt (im Mittel) um $dN_1 = -\lambda_1 N_1 \, dt$. Wie bekannt, drückt sich jede Zerfallsrate λ folgendermaßen durch die mittlere Zerfallszeit oder die Halbwertszeit aus: $\lambda = 1/\tau = \ln 2/t_{1/2}$. Wie im vorigen Beispiel ist die Lösung der Gleichung eine Exponentialfunktion, $N_1(t) = N_1(0) \exp(-\lambda_1 t)$. Beim Jod sind die Verhältnisse komplizierter, weil es nicht nur zerfällt, sondern fortwährend auch neue Atome entstehen, nämlich genau so viele, wie Telluratome zerfallen. Also gilt $dN_2 = \lambda_1 N_1 \, dt - \lambda_2 N_2 \, dt$ oder, anders geschrieben und mit der schon bekannten Lösung für $N_1(t)$ eingesetzt,

$$\frac{dN_2}{dt} + \lambda_2 N_2 = \lambda_1 N_1(0) \, \exp(-\lambda_1 t). \tag{4.21}$$

Dies ist eine inhomogene lineare Differentialgleichung für $N_2(t)$ mit konstanten Koeffizienten. Da die Ableitung der Exponentialfunktion proportional derselben Funktion ist, errät man leicht, daß es eine spezielle Lösung gibt, die proportional $\exp(-\lambda_1 t)$ ist. Den Koeffizienten bestimmt man durch Substitution. Diese Lösung verletzt aber die Anfangsbedingung. Um ihr gerecht zu werden, muß man ein passendes Vielfaches der Lösung $\exp(-\lambda_2 t)$ der homogenen Gleichung hinzufügen. Wieviel, bestimmen wir wieder durch Substitution. Das Endresultat lautet

$$N_2(t) = \frac{\lambda_1}{\lambda_2 - \lambda_1} \, N_1(0) \, [\exp(-\lambda_1 t) - \exp(-\lambda_2 t)]. \tag{4.22}$$

Indem wir die Ableitung gleich Null setzen, bestimmen wir den Zeitpunkt und Wert des Maximums:

$$t_m = \frac{\ln(\lambda_2/\lambda_1)}{\lambda_2 - \lambda_1} = 12,4 \, \text{h}, \tag{4.23}$$

$$N_2(t_m) = N_1(0) \left(\frac{\lambda_1}{\lambda_2}\right)^{\frac{\lambda_2}{\lambda_2 - \lambda_1}} = 0,028 \, N_1(0). \tag{4.24}$$

Für das Verhältnis der Zerfallsraten haben wir das reziproke Verhältnis der gegebenen Halbwertszeiten eingesetzt.

Jetzt noch ein schwierigeres Problem: Wie schwankt die Temperatur eines dünnen, schwarzen, im Vakuum aufgespannten Drahtes (Radius r, Länge l), wenn man ihn mit Wechselstrom der Dichte $j = j_0 \cos \omega t$ heizt? Temperaturunterschiede innerhalb des Drahtes wollen wir vernachlässigen, ebenso wie die Temperaturabhängigkeit des spezifischen Widerstands ζ und die aus der Umgebung einfallende Strahlung. (Ob solche Vereinfachungen gerechtfertigt sind, könnte man an Hand von speziellen Daten und mit Hilfe der provisorischen Lösung nachträglich untersuchen.)

Offenbar verlangt die Aufgabe das Aufstellen einer Energiebilanz. Der Draht empfängt die elektrische Leistung $RI^2 = \pi r^2 l \zeta j^2$, während er nach dem Stefanschen Gesetz den Lichtstrom $2\pi r l \sigma T^4$ austrahlt. In der Zeit dt gewinnt der

Draht die Energie $(\pi r^2 l \zeta j^2 - 2\pi r l \sigma T^4)\,\mathrm{d}t$, was eine Erwärmung um $\mathrm{d}T$ und damit eine Änderung seiner inneren Energie um $\varrho \pi r^2 l c_p\,\mathrm{d}T$ bewirkt. Nach einer kleinen Umformung der Energiebilanz gelangen wir zur Differentialgleichung

$$\frac{\mathrm{d}T}{\mathrm{d}t} + \frac{2\sigma}{\varrho r c_p}\,T^4 = \frac{\zeta j_0^2}{2\varrho c_p}\,(1 + \cos 2\omega t). \tag{4.25}$$

Es wäre unpraktisch, noch weiter mit allen aufgeschriebenen Größen arbeiten zu wollen. Neue Namen für die zusammengesetzten Koeffizienten genügen jedoch keineswegs. Wichtiger ist es, daß wir statt t und T geeignete dimensionslose Größen einführen. Dadurch wird die Gleichung von belanglosen Daten gereinigt und kann dann der numerischen Behandlung unterworfen werden. Erst nach solcher Reinigung merkt man, wieviel unabhängige Parameter wirklich vorhanden sind. Beim Ändern der Parameter kann man sich dadurch viel unnötiges Wiederholen der Rechenarbeit ersparen. Wir setzen also $2\omega t = x$ und $T/T_0 = y$, wobei T_0 eine noch zu bestimmende Vergleichstemperatur ist. Hier müssen wir bemerken, daß die letzte Substitution bei einer homogenen linearen Gleichungen nutzlos wäre, denn dort ist ja jedes Vielfache einer Lösung wieder eine Lösung, so daß ein Faktor wie $1/T_0$ belanglos ist. Bei einer solchen Gleichung kann es gar keine vernünftige Vergleichstemperatur geben; andererseits wäre ein willkürlicher Vergleich, etwa mit $T_0 = 273$ K, vollkommen sinnlos. Bei Gleichung (4.25) ist es anders und ein sozusagen naturgegebenes T_0 ist leicht zu finden: Es soll dies die Temperatur sein, bis zu welcher sich der Draht bei Heizung mit Gleichstrom erhitzen würde, wenn seine Leistung gleich dem zeitlichen Mittelwert der gegebenen Leistung wäre. Da bei sinusförmigem Strom dieser Durchschnitt gleich der Hälfte des Maximalwerts ist, setzen wir fest, daß $\frac{1}{2}\pi r^2 \zeta j_0^2 = 2\pi r \sigma T_0^4$, also $T_0 = (\zeta r j_0^2/4\sigma)^{1/4}$ sein soll. Nach allen diesen Substitutionen nimmt die Gleichung folgende Form an:

$$\frac{\mathrm{d}y}{\mathrm{d}x} = c(1 + \cos x - y^4), \quad \text{wobei} \quad c = \frac{\zeta j_0^2}{4\omega \varrho c_p T_0}. \tag{4.26}$$

Eine Prüfung der Einheiten bestätigt, daß der Koeffizient dimensionslos ist, wie schon die Gleichung zeigt.

Die Wahl der Lösungsmethode hängt entscheidend von der Größe des Koeffizienten c ab. Um seine physikalische Bedeutung zu erkennen, schreiben wir $c = \Delta T_1/T_0$, mit $\Delta T_1 = \zeta j_0^2/4\omega \varrho c_p$. Der Vergleich $\varrho c_p \Delta T_1 = \frac{1}{2}\zeta j_0^2 (2\omega)^{-1}$ zeigt, daß ΔT_1 diejenige Temperaturdifferenz ist, um die sich der Draht in der Zeit $(2\omega)^{-1} = $ Periode$/4\pi$ bei gleichmäßiger Heizleistung (Leistungsdichte $\frac{1}{2}\zeta j_0^2$) erwärmen würde, wenn es keinen Strahlungsverlust gäbe. Aus Erfahrung mit Glühlampen wissen wir aber, daß es bei gewöhnlichem Wechselstrom und bei den üblichen Drahtdicken viele Perioden dauert, bevor sich die Temperaturschwankungen dem endgültigen Intervall annähern. Wir dürfen also für solche Umstände $c \ll 1$ annehmen, wodurch das Aufsuchen von Lösungen sehr erleichtert wird.

Besonders interessieren wir uns für die periodische Lösung, der sich alle anderen Lösungen mit der Zeit nähern (siehe Aufgaben im Abschn. 4.1). Für kleines c vermuten wir, daß die Temperatur nur relativ wenig um den Mittelwert T_0 schwankt. Also schreiben wir $y = 1 + z$, wobei $z \ll 1$. Nach dem Einsetzen in die Gleichung vernachlässigen wir höhere Potenzen von z, wodurch die Gleichung *linearisiert* wird:

$$\frac{\mathrm{d}z}{\mathrm{d}x} + 4c\,z = c\,\mathrm{e}^{-\mathrm{i}x}. \tag{4.27}$$

Statt $\cos x$ haben wir $\mathrm{e}^{-\mathrm{i}x}$ geschrieben, womit natürlich nur der Realteil dieser Funktion gemeint ist (siehe Abschn. 2.1). Da wir nur nach periodischen Temperaturschwankungen fragen und diese dieselbe Frequenz wie die elektrische Leistung haben, versuchen wir es mit $z = A\,\mathrm{e}^{-\mathrm{i}x}$. Sofort ergibt sich

$$A = \frac{\mathrm{i}c}{1 + 4\mathrm{i}c} \approx \mathrm{i}c. \tag{4.28}$$

Der Faktor i der komplexen Amplitude entspricht einer Verzögerung um ein Viertel der Periode, mit der die Heizleistung oszilliert. Wenn diese das Maximum erreicht, ist die Temperatur in der gegebenen Näherung erst auf dem halben Weg. Sie steigt weiter an und erreicht das Maximum erst, wenn die Leistung schon auf ihren Mittelwert gesunken ist. Alles erscheint ziemlich glaubwürdig.

Zu genaueren Approximationen kommt man durch den Ansatz in Form einer komplexen Fourier-Reihe für y, die dem nichtsinusartigen Charakter der Temperaturschwankungen gerecht wird. Mit mehreren Termen wird aber die Prozedur langwierig. Für größere Werte von c und besonders wenn wir uns für den anfänglichen Verlauf der Anheizung des Drahtes interessieren, geht es kaum anders als numerisch. Mit den heutigen Rechenmaschinen braucht man solche Arbeit bestimmt nicht scheuen.

Auch in der Biologie gibt es interessante Anwendungen von Differentialgleichungen. Sehen wir uns die Wechselwirkung zwischen Beute- und Raubtierpopulationen an. In einer Gegend leben H Hasen und F Füchse, wobei beide Zahlen so groß sind, daß wir sie als stetige Funktionen der Zeit behandeln dürfen. Der Nahrungsvorrat für die Hasen sei ausreichend, so daß ihre Zahl ohne die Füchse ständig wachsen würde. Wir nehmen an, daß dabei eine Proportionalität $\mathrm{d}H/\mathrm{d}t \propto H$ gelten würde. (Die Annahme ist hypothetisch, aber sicher realistischer als die, die wir im vorherigen Abschnitt machten.) Die Füchse sorgen für Verluste, die vermutlich dem Produkt beider Zahlen proportional sind. Bei den Füchsen ist es umgekehrt: Ohne Hasenfleisch würden sie aussterben, und zwar mit einer Rate, die wir wieder als proportional zu ihrer Zahl annehmen. Vermehren können sie sich nur, wenn sie Hasen fressen, wobei die Zuwachsrate wieder dem Produkt beider Zahlen proportional sein soll. So haben wir als das einfachste mögliche Modell folgendes nichtlineares System von Differentialgleichungen:

$$\frac{\mathrm{d}H}{\mathrm{d}t} = \alpha H - \beta H F, \qquad \frac{\mathrm{d}F}{\mathrm{d}t} = -\gamma F + \delta H F. \tag{4.29}$$

Sogleich stellen wir fest, daß das System zwei Fixpunkte hat, so daß es zweierlei mögliche stationäre Bevölkerungszahlen gibt. Der eine Punkt – ein Sattelpunkt – ist trivial: $H = 0$, $F = 0$. Die Gegend wäre für immer leer – ohne Hasen und ohne Füchse. Der andere Fixpunkt ist stabil und durch $H_1 = \gamma/\delta$, $F_1 = \alpha/\beta$ gegeben.

Um lästige unwesentliche Parameter loszuwerden, führen wir als neue Variablen die relativen Abweichungen von den stabilen fixen Werten ein:

$$h = \frac{H - H_1}{H_1}, \quad f = \frac{F - F_1}{F_1}. \tag{4.30}$$

Das System (4.29) vereinfacht sich dadurch zu

$$\frac{dh}{dt} = -\alpha f(1 + h), \quad \frac{df}{dt} = \gamma h(1 + f). \tag{4.31}$$

Solange die relativen Abweichungen h und f klein sind, kann man die Produktterme vernachlässigen, so daß ein lineares Gleichungssystem resultiert. Seine Lösungen stellen wir am übersichtlichsten komplex dar:

$$h - i\gamma\omega f \propto e^{i\omega t}, \quad \omega^2 = \alpha\gamma. \tag{4.32}$$

In dieser Approximationm bewegen sich die Phasenpunkte in konzentrischen Ellipsen um den stabilen Fixpunkt. Man veranschaulicht dies gern mit Erzählungen über „Fressen und Gefressen werden" sowie darüber, daß sich Überfluß und Hungersnot abwechseln.

Auch bei größeren relativen Abweichungen, bei denen sich die Nichtlinearität bemerkbar macht, bleiben die Lösungen periodisch, obwohl sich die Periode und die Form der Phasenkurven verändern. Um letztere herzuleiten, konstruieren wir ein Integral des Systems. Zu diesem Zweck eliminieren wir die Zeitvariable, indem wir beide Gleichungen dt nach auflösen und die Ausdrücke gleichsetzen. Multiplikation mit $\alpha\gamma h f$ führt zu einem verschwindenden totalen Differential,

$$\gamma\frac{h\,dh}{1 + h} + \alpha\frac{f\,df}{1 + f} = 0. \tag{4.33}$$

Im nächsten Schritt erhalten wir daraus das gewünschte Integral,

$$\gamma[h - \ln(1 + h)] + \alpha[f - \ln(1 + f)] = \text{const}, \tag{4.34}$$

mit dem in impliziter Form die Phasenkurven gegeben sind. Eine quadratische Approximation für beide Logarithmen führt auf die früher gewonnenen Ellipsen zurück.

Die Verhältnisse in der Natur sind freilich ziemlich kompliziert und weniger berechenbar als vom obigen Modell nahegelegt. Ähnliche Gleichungen wie (4.29) trifft man aber auch anderswo, z.B. beim Beschreiben des Verhaltens von Lasern. Statt der Hasen haben wir da einen Überschuß von angeregten Atomen und statt der Füchse Photonen.

Aufgaben

4.9   Ein Kondensator der Kapazität C wird über den vorgeschalteten Widerstand R mit konstanter Spannung U_0 aufgeladen. Ermitteln Sie den zeitlichen Verlauf der Spannung zwischen den Elektroden.

4.10   Ein Scheinwerfer mit aufgesetztem Farbfilter wirft ein einfarbiges Lichtbündel auf eine dicke Schicht Tinte. Wie klingt in der Tinte der Lichtstrom ab? Beachten Sie, daß Lichtströme der üblichen Dichte die Eigenschaften der Tinte nicht merklich beeinflussen.

4.11   Wie nimmt der Luftdruck mit der Höhe ab, wenn die Temperatur konstant ist? In welcher Höhe hat sich bei 0°C der Druck auf die Hälfte des ursprünglichen verringert? In welcher Höhe wird er e-mal so klein? Die mittlere Kilomolmasse der Luft beträgt 29 kg.

4.12   Wie verringert sich der Luftdruck mit der Höhe, wenn er wegen Konvektion der Gleichung der Adiabate genügt, also $p \propto \varrho^{\gamma}$, wobei $\gamma = c_p/c_V = 1{,}40$ ist?

4.13   Aus einem Gefäß saugt eine Vakuumpumpe einen konstanten Strom Φ_V ab. Wie fällt der Druck im Gefäß ab, wenn gleichzeitig ein konstanter Massenstrom Φ_m durch ein Leck eindringt?

4.14   In einem zylindrischen Gefäß (Durchmesser 8 cm) steht das Wasser am Anfang 20 cm hoch. Der Boden hat ein Loch mit dem Durchmesser 3 mm. Wie lange dauert es ungefähr, bis die Hälfte des Wassers ausfließt? Schätzen Sie die Geschwindigkeit des austretenden Wasserstrahls aus dem Energiegesetz (nach Bernoulli) ab, jedoch ohne die Verjüngung des Strahls zu berücksichtigen.

4.15   In ein zylinderförmiges Faß mit $1\,\text{m}^2$ Grundfläche strömt 1 Liter Wasser pro Sekunde ein. Im Boden ist ein rundes Loch mit 2 cm Durchmesser, durch das das Wasser frei ausströmt (wie in der vorhergehenden Aufgabe). Wie steigt der Wasserspiegel an?

4.16   In ein Gefäß mit gefärbtem Wasser strömt reines Wasser in einem konstanten Strahl, während das gefärbte über den Rand abfließt. Heftiges Mischen erhält im Gefäß eine gleichmäßige Konzentration des Farbstoffs. Wie verringert sie sich mit der Zeit?

4.17   Erweiterung der vorhergehenden Aufgabe: Eine lange Reihe gleicher Gefäße ist so aufgestellt, daß aus jedem das abfließende Wasser in das nächste rinnt. Am Anfang wird nur das Wasser im ersten Gefäß gefärbt, danach aber sorgt man durch Mischen für eine gleichmäßige Konzentration in jedem Gefäß. Beschreiben Sie die Zeitabhängigkeit der Farbstoffkonzentration im zweiten, dritten,... Gefäß. Nach längerer Zeit kann die Konzentration als Funktion der Gefäßnummer mit Hilfe der Stirlingschen Formel durch eine Gaußfunktion approximiert werden. Wie bewegt sich ihr Schwerpunkt und wie verändert sich ihre Streuung? (Erklärungen im Kapitel 11.)

4.18 Ein dünnwandiges würfelförmiges Gefäß mit 1 m Kantenlänge ist voll mit kaltem Wasser, das mit einem elektrischen Heizkörper (Leistung $P = 200\,\text{W}$) erwärmt wird. Durch Mischen sorgt man für gleichmäßige Temperatur. Außen ist die Oberfläche des Gefäßes mit einer Isolierschicht (Dicke $h = 0,5\,\text{cm}$, Wärmeleitfähigkeit $\lambda = 0,1\,\text{W/m K}$) bedeckt. Beschreiben Sie die Zeitabhängigkeit der Wassertemperatur, wenn die Außentemperatur T_0 konstant ist. Wie groß ist der Temperaturunterschied nach sehr langer Zeit? Zu welcher Zeit erreicht der Temperaturunterschied 90% seines Endwertes?

4.19 Wie ändert sich die Gleichung (4.26), wenn der Draht mit Gleichstrom geheizt wird? Wie sieht die Lösung aus? Suchen Sie Approximationen für kurze und für lange Zeiten.

4.20 Eine geschwärzte heiße Kupferkugel (Radius 1 cm) hängt in einem evakuierten Gefäß mit der Wandtemperatur 300 K. Wie schnell kühlt sich die Kugel von 800 auf 400 K ab? Man darf so rechnen, als ob die Wärmeleitfähigkeit des Kupfers unendlich wäre.

4.21 Ein Elektron mit der anfänglichen kinetischen Energie 1 keV kreist im Magnetfeld mit der Kraftflußdichte 1 Tesla. Wie verkleinert sich der Radius mit der Zeit wegen des Energieverlusts durch Strahlung? Ersetzen Sie das kreisende Elektron näherungsweise durch zwei gekreuzte Dipole und benutzen Sie in einer quasistationären Approximation das Resultat der Aufgabe 3.63.

4.22 Auf einem Picknick wird ein 25-Liter Faß Bier mit der Anfangstemperatur 10°C zur Verfügung gestellt. Das Faß hat eine Oberfläche von $45\,\text{dm}^2$ und eine Holzwand mit der Dicke $h = 2\,\text{cm}$ und der Wärmeleitfähigkeit $\lambda = 0,21\,\text{W/m K}$. Bei ständigem Verbrauch von je 10 Liter pro Stunde wird das Faß genügend geschaukelt, so daß die Temperatur des Bieres jederzeit gleichmäßig ist. Wie warm ist bei einer Außentemperatur von 20°C das Bier, das man nach 2 Stunden trinkt?

4.23 Maschinenöl mit der Dichte $0,9\,\text{g/cm}^3$ und Viskosität 120 Pas wird aus einem Gefäß durch ein 2 m langes senkrechtes Rohr mit Innenradius 1 mm mit einem Druckunterschied 0,3 bar abgesaugt. Wie lange dauert es, bis das Öl das ganze Rohr ausfüllt?

4.24 Um beim Aufzeichnen von Flut und Ebbe Störungen durch Wellen zu vermeiden, muß man für entsprechende Dämpfung sorgen. Der Stand des Meeresspiegels werde in einem vertikalen Glasrohr mit Innendurchmesser 1 cm abgelesen. Unten verbinden wir es mit einem 10 m langen Rohr (Innendurchmesser 2 mm), dessen anderes Ende am Grunde des Meeres liegt. Wie genau folgt die Bewegung des Wasserspiegels im Glasrohr den

Flutschwankungen? Wie stark ist die Dämpfung von Wellen mit der Periode 5 s?

4.25 Man bestrahlt 1 Gramm natürliches Natrium (^{23}Na) mit einem Flux $10^{13}\,\mathrm{cm}^{-2}\,\mathrm{s}^{-1}$ thermischer Neutronen, für die das genannte Isotop einen Absorptionsquerschnitt $0,5 \cdot 10^{-24}\,\mathrm{cm}^2$ hat. Dabei entsteht radioaktives Natrium 24, das eine Halbwertszeit von 15 Stunden hat. Eine wie große Aktivität (wieviele Zerfälle pro Sekunde) bekommt man nach 30-stündiger Bestrahlung?

4.4 Eindimensionale stationäre Felder

Im vorigen Kapitel begegneten wir einigen Gesetzen, denen verschiedene Skalar- und Vektorfelder gehorchen. Sie werden allgemein durch partielle Differentialgleichungen ausgedrückt, die wir im nächsten Kapitel studieren wollen. Nur in besonderen Fällen bekommen wir gewöhnliche Differentialgleichungen, nämlich dann, wenn das Feld zeitunabhängig ist und nur von einer Koordinate abhängt. Dies kann eine der kartesischen Koordinaten sein oder bei zylindrisch- oder kugelsymmetrischen Feldern der Abstand r von der Achse bzw. vom Mittelpunkt. Beispiele derartiger Felder wollen wir uns schon jetzt ansehen. Statt die entsprechenden Gleichungen durch Reduktion aus den allgemeinen partiellen zu gewinnen, werden wir sie lieber jedesmal neu und ohne viel Vektorrechnung herleiten.

Bei ganz grober Beschreibung stellt man sich die Erde als homogene Kugel vor (Radius r_0), mit einem stationären kugelsymmetrischen Temperaturfeld $T(r)$ im Inneren und mit temperaturunabhängiger Wärmeleitfähigkeit. Die ausströmende Wärme entstammt den gleichmäßig verteilten radioaktiven Stoffen, die eine Leistungsdichte q ergeben. Was für eine Form hat das Temperaturprofil?

Versuchen wir es erst einmal so einfach wie möglich! Durch die durch den Radius $r < r_0$ gegebene Kugeloberfläche fließt ein Wärmestrom der Dichte $j = -\lambda\,\mathrm{d}T/\mathrm{d}r$, also insgesamt der Strom $P = 4\pi r^2 j = -4\pi r^2 \lambda\,\mathrm{d}T/\mathrm{d}r$. Dieser Strom entspringt den innerhalb der genannten Kugel vorhandenen Quellen, so daß $P = \frac{4}{3}\pi r^3 q$ gilt. Ein Vergleich beider Ausdrücke ergibt

$$-\lambda\frac{\mathrm{d}T}{\mathrm{d}r} = \frac{1}{3}rq \tag{4.35}$$

und sofort auch schon die Lösung,

$$T(r) = T(0)\left[1 - \left(\frac{r}{r_0}\right)^2\right], \quad \text{wobei} \quad T(0) = \frac{r_0^2 q}{6\lambda} \tag{4.36}$$

die Temperatur im Mittelpunkt ist. Wir haben die Oberflächentemperatur zum Ausgangspunkt der Temperaturzählung gewählt, also $T(r)$ statt $T(r) - T(r_0)$ geschrieben.

Wer eine formale Herleitung lieber hat als eine einfache Überlegung, wird die Aufgabe anders anpacken. Er wird die aus Abschn. 3.7 bekannte Wärmediffusionsgleichung durch einen Quellenterm ergänzen und die Zeitableitung weglassen. Man hat also die Gleichung $\lambda \nabla^2 T = -q$, die sich mit der speziellen Form von ∇^2 für den Fall kugelförmiger Symmetrie (siehe Anhang) zu

$$\frac{1}{r^2} \frac{\mathrm{d}}{\mathrm{d}r} \left(r^2 \frac{\mathrm{d}T}{\mathrm{d}r} \right) = -\frac{q}{\lambda} \tag{4.37}$$

vereinfacht. Jetzt müssen wir zweimal integrieren, um zum oben angegebenen Resultat zu kommen. Das erste Mal wird die Integrationskonstante gleich Null gesetzt, um eine Singularität bei $r \to 0$ zu vermeiden. Bei der früheren einfachen Überlegung hatten wir – ohne uns dessen bewußt gewesen zu sein – diese Integration schon beim Formulieren der Gleichung (4.35) erledigt.

Da man die Dichte der Wärmequellen im Erdinneren nicht gut kennt, kann man den bekannten Temperaturgradienten in der Nähe der Oberfläche heranziehen. Oft rechnet man mit einem mitteren Wert $T'(r_0) = -0,0014\,\mathrm{K/m}$. Unter Berufung auf (4.36) und mit $r_0 = 6400\,\mathrm{km}$ bekommen wir $T(0) = \frac{1}{2} r_0 T'(r_0) = 45\,000\,\mathrm{K}$. Aus anderen Beobachtungen weiß man aber, daß diese Abschätzung viel (vielleicht um einen Faktor 10) zu hoch ist, so daß wir hier ein warnendes Beispiel für das Fehlschlagen eines allzueinfachen Modells haben. Vieles müßte man in Betracht ziehen, um besser durchzukommen, vor allem Inhomogenitäten. Man schätzt, daß es im Inneren weniger radioaktive Stoffe gibt als in der Erdkruste. Zudem ist der innerste Teil der Erdkugel metallisch und daher ein besserer Wärmeleiter als die äußeren Schichten. Beides senkt die Abschätzung. Dazu kommt noch, daß es sowohl in der Schicht unter der Kruste als auch weiter innen Konvektion gibt, wie es das Kriechen der Kontinente und das erdmagnetische Feld bezeugen. Abermals wird die Abschätzung gesenkt, denn die Konvektion hat ungefähr dieselbe Wirkung wie eine stark erhöhte Wärmeleitfähigkeit.

Als nächstes Beispiel nehmen wir eine Elektronenröhre mit planparallelen Elektroden, die groß im Vergleich zum Abstand x_0 sind. Aus der geheizten Kathode, von der wir den Abstand x messen, verdampfen Elektronen und bewegen sich gegen die Anode. Im stationären Zustand haben wir im Zwischenraum eine Elektronenwolke mit einer von x abhängigen Ladungsdichte ϱ_e. Ihretwegen ist das elektrische Feld trotz der zu x parallelen Feldlinien inhomogen. Die Frage (zuerst von *Langmuir* aufgeworfen), wie der Strom von der Spannung zwischen Anode und Kathode abhängt, ist also nicht ganz einfach und keineswegs mit dem Ohmschen Gesetz zu beantworten.

Die verdampften Elektronen bilden zunächst ein Gas mit der Temperatur der Kathode. Bei Temperaturen um $1000\,\mathrm{K}$ ist die entsprechende mittlere kinetische Energie (etwa $0,1\,\mathrm{eV}$) klein im Vergleich zur Energie, die die Elektronen auf dem Weg zur Anode gewinnen (meist einige hundert eV). Wir können also tun, als ob die Elektronen mit der Anfangsenergie Null starten, wodurch sich die Beschreibung sehr vereinfacht. Entlang des Wegs x gewinnen sie die Energie $e_0 U(x)$, also die Geschwindigkeit $v(x) = \sqrt{2 e_0 U(x)/m_e}$, entsprechend der Spannung $U(x)$. Die mit dieser Geschwindigkeit sich bewegende Ladungswolke trägt eine Stromdichte $j = \varrho_e(x)\, v(x)$, die wegen Stationarität und Ladungserhaltung von x unabhängig sein muß.

Für die drei unbekannten Funktionen $U(x)$, $v(x)$ und $\varrho_e(x)$ haben wir zwei Beziehungen gewonnen. Als dritte bietet sich die Poissonsche Gleichung an (Abschn. 3.7), die das Feld mit der Ladung verbindet: $\mathrm{d}^2U/\mathrm{d}x^2 = -\varrho_e/\epsilon_0$. Nach Substitution der ersten zwei Beziehungen folgt endlich

$$\sqrt{U}\,\frac{\mathrm{d}^2U}{\mathrm{d}x^2} = -\frac{j}{\epsilon_0}\sqrt{\frac{m_e}{2e_0}}. \tag{4.38}$$

Um zu einer eindeutigen Lösung zu gelangen, benötigen wir zwei Anfangsbedingungen. Die eine, $U(0) = 0$, ist trivial und Sache der Verabredung. Ob wir auch $(\mathrm{d}U/\mathrm{d}x)|_{x=0} = 0$ setzen dürfen, hängt aber von den physikalischen Verhältnissen ab. Das Feld an der Kathode ist um so mehr abgeschwächt, je dichter dort die Elektronenwolke ist. Man stelle sich vor, daß die Feldlinien der Anode entspringen und entweder an der Kathode oder an den dazwischen gelegenen Elektronen enden. Wenn genügend Elektronen vorhanden sind, reicht das Feld nicht bis zur Kathode, sondern verschwindet vorher. Solche Verhältnisse herrschen jedenfalls, wenn das Emissionsvermögen der Kathode groß ist im Vergleich zur Stromdichte. (Anders gesagt: die Stromdichte bleibt weit unter ihrem Sättigungswert.) Der Anfangswert von $\mathrm{d}U/\mathrm{d}x$ verschwindet unter solchen Umständen.

Da x in (4.38) nicht vorkommt, bestimmen wir die Lösung nach der im Abschn. 4.2 angeführten Methode. Das Endresultat ist

$$U = \left[\left(\frac{9j}{4\epsilon_0}\right)^2 \frac{m}{2e_0}x^4\right]^{1/3}. \tag{4.39}$$

Indem wir den Anodenabstand x_0 und die Anodenspannung $U_0 = U(x_0)$ einsetzen, finden wir die Beziehung zwischen Stromdichte und Anodenspannung, $j \propto U_0^{3/2}$. Den Koeffizienten möge der Leser selbst berechnen.

Die Lösung der Gleichung (4.38) hätte man auch mit Hilfe der *Dimensionsanalyse* erraten können. Obwohl diese Methode zu riskant ist, um empfohlen zu werden, ist sie dennoch vom physikalischen Gesichtspunkt lehrreich. Wir bemerken, daß sich die Form der Gleichung und die Anfangsbedingungen bei folgender Variablensubstitution nicht ändert: $\tilde{x} = kx$, $\tilde{U} = k^{4/3}U$. Wir dürfen also hoffen, daß es eine Lösung gibt, die bei der durch die Substitution definierten Maßänderung sich selbst ähnlich bleibt. Das soll heißen, daß $k^{4/3}U$ von kx auf dieselbe Weise abhängt wie U von x. Die Lösung muß also die Form $U \propto x^{4/3}$ haben.

Das nächste Beispiel wird uns an eines aus dem vorhergehenden Abschnitt erinnern. Im Vakuum spannen wir einen dünnen, langen, grauen Draht mit Durchmesser $2r$, Emissionsvermögen α (also Reflexionsvermögen $1-\alpha$), Wärmeleitfähigkeit λ und spezifischem Widerstand ζ, wobei diese Koeffizienten temperaturunabhängig sein sollen. Mit Gleichstrom wird der Draht so stark geheizt, daß er im ungestörten Gebiet die Temperatur 2000 K erreicht, während in der Umgebung 300 K herrscht. Jedes Ende ist in einen größeren Metallblock eingeklemmt, der ebenso 300 K hat. Wir interessieren uns für das longitudinale stationäre Temperaturprofil des Drahtes, wie es sich durch eine teilweise Verdunkelung der Endstücke bemerkbar macht.

Da der Draht dünn ist, wollen wir radiale Temperaturunterschiede von vornherein vernachlässigen. Wir tun also so, als ob in radialer Richtung die Wärmeleitfähigkeit unendlich wäre. (Um diese Vereinfachung zu rechtfertigen, müßten wir uns nachträglich überzeugen, daß die berechneten radialen Temperaturgradienten klein genug sind.) Die Temperatur hängt also im stationären Zustand nur von der Längskoordinate ab, $T = T(x)$.

Ein Stück Draht mit der Länge dx empfängt die elektrische Leistung $I^2 \, dR = I^2 \zeta \, dx/\pi r^2$, während die Differenz der abgegebenen und empfangenen Strahlungsleistung $2\pi r \, dx \, \alpha \, \sigma \, (T^4 - T_0^4)$ beträgt. In größerer Entfernung von den Drahtenden muß beides gleich sein, so daß

$$T(\infty) = \left(\frac{I^2 \zeta}{2\pi^2 r^3 \alpha \sigma} + T_0^4 \right)^{\frac{1}{4}}. \tag{4.40}$$

An den Enden sind die Verhältnisse anders, da wegen des longitudinalen Temperaturgradienten ein Wärmestrom gegen die Klemmen fließt, also $P = -\pi r^2 \lambda \, dT/dx$. Zugleich mit dem Gradienten ist dieser Wärmestrom ortsabhängig. Der Unterschied dP zwischen den Enden des beobachteten Drahtstücks muß dem Unterschied von empfangener elektrischer und abgegebener Strahlungsleistung die Waage halten:

$$dP = I^2 \zeta \, dx/\pi r^2 - 2\pi r \, dx \, \alpha \, \sigma \, (T^4 - T_0^4).$$

Nach Substitution des Wärmeleitungsgesetzes bekommen wir eine nichtlineare Differentialgleichung zweiter Ordnung,

$$\pi r^2 \lambda \frac{d^2 T}{dx^2} = 2\pi r \alpha \sigma (T^4 - T_0^4) - \frac{I^2 \zeta}{\pi r^2}. \tag{4.41}$$

Wie in dem physikalisch verwandten Beispiel aus Abschn. 4.3 werden wir vorerst die Gleichung durch Einführung dimensionsloser Größen vereinfachen. Die eine bietet sich sofort an: $y = T/T(\infty)$ und entsprechend $y_0 = T_0/T(\infty)$. Nach Division durch den letzten Term finden wir links den Koeffizienten $a^2 = (\pi r^2)^2 \lambda T(\infty)/I^2 \zeta$, der die Dimension einer Fläche hat. Somit lohnt es sich die dimensionslose Koordinate $u = x/a$ einzuführen, wonach y_0 als einziger Parameter übrig bleibt:

$$\frac{d^2 y}{du^2} = -\frac{1 - y^4}{1 - y_0^4}. \tag{4.42}$$

Für das Gebiet, wo $y \gg y_0$, darf man den Divisor rechterhand durch 1 ersetzen, so daß die Gleichung gar keinen Parameter mehr enthält. Man könnte dann sagen, daß sich in Hinsicht auf das gegebene Problem alle Drähte ähnlich verhalten. Nachdem wir die dimensionslose Gleichung ein für allemal lösen, haben wir auch schon die Lösung für beliebige Werte der ursprünglichen Parameter r, α, λ, I und ζ.

Da die unabhängige Variable in der Gleichung nicht vorkommt, finden wir die Lösung mit der im Abschn. 4.2 erwähnten Methode. Man berücksichtigt dabei, daß bei $u \to \infty$ zugleich y und y' gegen Null streben. Das Resultat hat die implizite Form

$$u = \sqrt{\frac{5}{2}(1 - y_0^4)} \int_{y_0}^{y} \frac{\mathrm{d}y}{\sqrt{y^5 - 5y + 4}}. \tag{4.43}$$

Bei einer Untersuchung des Polynoms unter der Quadratwurzel stellt es sich heraus, daß es bei $y = 1$ eine doppelte Nullstelle hat, so daß man dem Divisor des Integranden folgende Form geben kann: $(1 - y)\sqrt{y^3 + 2y^2 + 3y + 4}$. Damit entpuppt sich das Integral als ein elliptisches dritter Art. Es kostet etwas Mühe, es in eine der Normalformen zu transformieren (siehe z.B. Korn & Korn, Anhang C), um dann die Lösung aus entsprechenden Tabellen zu entnehmen.

Der mühsamen Arbeit mit Tabellen kann man freilich ausweichen, indem man das Integral (4.43) numerisch berechnet. Ebensogut oder vielleicht noch besser ist es aber, auf obige Lösung überhaupt zu verzichten und die Gleichung (4.42) selbst numerisch zu lösen. Sogar ohne Rechenmaschine, nur mit Bleistift und Papier, ist diese direkte Methode konkurrenzfähig, wenn man mit bescheidener Genauigkeit zufrieden ist. Es geht jedoch nicht ohne vorbereitende Überlegungen. Am Anfang erschrickt man wegen der Instabilität der Lösung. Die Kurven, die man für verschiedene Anfangswerte von $\mathrm{d}y/\mathrm{d}u$ skizziert, laufen nämlich auseinander. Also versuchen wir es rückwärts, beginnend bei großem u, wo $y = 1$ ist. Auch so kommen wir nicht weiter, denn der Wert $y = 1$ bleibt für u von $+\infty$ bis $-\infty$ unverändert; wir haben dadurch eben die triviale Lösung für einen unendlich langen Draht ohne Klemmen gewählt. Man muß vorsichtiger vorgehen, und zwar zuerst mit kleinen Abweichungen vom Grenzwert, die eine Linearisierung erlauben. Wir setzen $y = 1 - z$ und vernachlässigen z^2 in der Gleichung. Statt $1 - y_0^4$ dürfen wir jetzt ruhig 1 einsetzen. Die aus der Umgebung einfallende Strahlungsleistung beträgt nämlich bei den angegebenen Temperaturen nur $(300/2000)^4 = (0,15)^4 = 0,05\%$ der ausgestrahlten und wird daher hier mit Recht ignoriert. So bekommen wir die lineare Gleichung

$$\frac{\mathrm{d}^2 z}{\mathrm{d}u^2} = 4z \quad \text{und die Lösung} \quad z \propto \mathrm{e}^{-2u}. \tag{4.44}$$

Die andere Lösung $z \propto \mathrm{e}^{2u}$ haben wir außer Acht gelassen, als ob der Draht bis $+\infty$ reichen würde und dort immer noch $y = 1$ wäre. Die weit entfernte rechte Klemme hat ja am Beobachtungsort keinen merklichen Einfluß. Den fehlenden Koeffizienten können wir beliebig wählen, wenn wir uns nicht darauf kaprizieren, den vorgeschriebenen Anfangswert gerade bei $u = 0$ anzutreffen. Falls eine

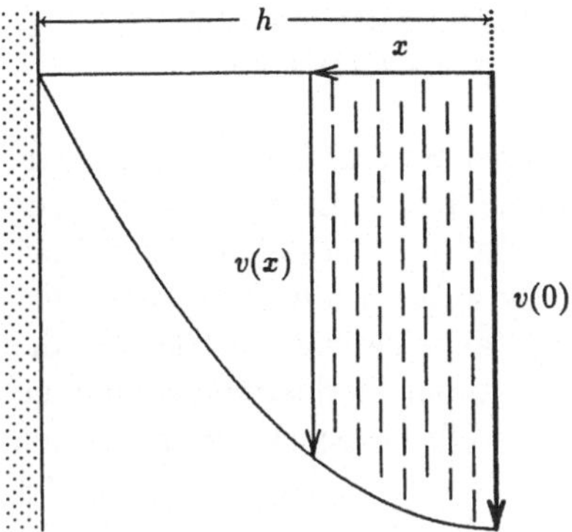

Abb. 4.5. Eine viskose Flüssigkeit fließt laminar an einer senkrechten Wand ab. Das Geschwindigkeitsprofil ist parabolisch

ungefähr 1prozentige Genauigkeit verlangt wird, dürfen wir die gewonnene Approximation in negativer Richtung u (gegen die linke Klemme) bis zu etwa dem Wert $z = 0,01$, der $y = 0,99$ entspricht, fortsetzen. Von dort geht es dann an Hand von Gleichung (4.42) numerisch weiter bis zum Anfangswert $y_0 = 0,15$.

Lehrreiche Probleme findet man auch in den Ingenieurwissenschaften. Das folgende, das für die Verfahrenstechnik von Belang ist, behandelt die Kondensation an der vertikalen Wand eines mit gesättigtem Dampf gefüllten Behälters. Die Wand sei um ΔT kühler als der Dampf. Wir suchen den zeitunabhängigen Zustand, in dem die an der Wand entstehende Flüssigkeitsschicht stationär nach unten fließt und sich entsprechend durch Kondensation erneuert. Wir nehmen an, daß ihre Bewegung laminar ist, was aber nachträglich durch Abschätzung der Reynoldsschen Zahl sichergestellt werden muß. Um die Kondensationsgeschwindigkeit zu bestimmen, berücksichtigen wir, daß die freigewordene Verdampfungswärme durch die Flüssigkeit an die Wand abgeleitet werden muß. Andererseits müssen wir, um die Bewegung der Schicht zu berechnen, auch ihre Viskosität in Betracht ziehen. Fangen wir mit dieser letzten Aufgabe an.

Man darf wohl annehmen, daß die Flüssigkeitsschicht dünn im Verhältnis zur Wandhöhe ist und daß sich die Dicke der Schicht relativ langsam ändert. (Beides soll ebenfalls an Hand des Endresultats verifiziert werden.) Ein kurzes Stück der Schicht (Abb. 4.5) darf man daher näherungsweise als planparallel behandeln, wodurch die Rechnung sehr erleichtert wird. Der Bereich in der Nähe des oberen Randes muß aber dabei ausgenommen werden, wie sich noch zeigen wird.

Nebenbei sei bemerkt, daß man vor solchen Vereinfachungen bei der mathematischen Beschreibung von Erscheinungen nicht zurückschrecken soll, denn ohne sie wären viele Ziele in vernünftiger Zeit nicht zu erreichen. Alle Natur- und Ingenieurwissenschaften sind voll von solchen Beispielen; man erinnere sich z.B. an die quasistationäre Beschreibung von Wechselströmen, ohne die man sich in der Elektrotechnik fortwährend in unnötige Schwierigkeiten verwickeln würde.

Wer eine formale Herleitung bevorzugt, wird zur Berechnung des Geschwindigkeitsprofils sofort die Navier-Stokessche Gleichung heranziehen. Der Leser soll dies selbst versuchen, um sich zu überzeugen, daß sich bei kleinen Problemen das Schießen mit großen Kanonen nicht lohnt. Hier wollen wir es lieber möglichst einfach schaffen. Da die Strömung als stationär angenommen wurde und die Stromlinien in guter Annäherung parallel sind, gibt es keinerlei Beschleunigung. Daher wissen wir, daß sich überall die Kräfte das Gleichgewicht halten. Sehen wir uns eine äußere Flüssigkeitsschicht (Dicke x auf Abb. 4.5) an, die an der inneren Schicht (Dicke $h-x$) hängt. Sie wird durch die Schwere hinuntergezogen. Ihr wirkt die Scherspannung entgegen, die der Schergeschwindigkeit proportional ist. Umgerechnet pro Flächeneinheit haben wir also die Gleichung $\varrho g x = -\eta \, dv/dx$ und damit das Geschwindigkeitsprofil $v = v_0[1 - (x/h)^2]$, wobei $v_0 = \varrho g h^2/2\eta$ ist. Die Form ist parabolisch, wie man schon vermuten konnte. Der Massenstrom ist dem Flächeninhalt des Parabelausschnitts in Abb. 4.5 proportional,

$$\Phi_m = \varrho b \int_0^h v \, dx = \frac{2}{3}\varrho b h v_0 = \frac{\varrho^2 g h^3 b}{3\eta}, \qquad (4.45)$$

wobei b die Breite der Schicht ist (gemessen senkrecht zur Ebene der Abb. 4.5).

Jetzt wollen wir nachsehen, wie schnell die Schicht mit der Höhenkoordinate z (nach unten gemessen) aufgrund der Kondensation dicker wird. Durch die Schicht verliert der Dampf einen Wärmestrom mit der Dichte $j_Q = \lambda \Delta T/h$. Indem wir durch die spezifische Verdampfungswärme q dividieren, bekommen wir die Dichte des durch Kondensation anfallenden Massenstroms, $j_m = j_Q/q$. Ein kurzes Stück der Flüssigkeitsschicht im Intervall von z bis $z + dz$ rahmen wir in Gedanken ein, ohne den Rahmen mit der Flüssigkeit zu bewegen. Oben fließt der Massenstrom $\Phi_m(z)$ hinein und unten $\Phi_m(z + dz)$ heraus. Wegen der Massenerhaltung und der Stationarität gilt $\Phi_m(z + dz) - \Phi_m(z) = j_m \, b \, dz$ oder kürzer geschrieben $d\Phi_m/dz = j_m \, b$. Einsetzen der vorher gewonnenen Ausdrücke führt zur Differentialgleichung für das Längsprofil der Schicht und danach sofort zur Lösung:

$$h^3 \frac{dh}{dz} = a^3, \qquad h = (4a^3 z)^{1/4}. \qquad (4.46)$$

Wir haben hier berücksichtigt, daß am oberen Ende der Wand (bei $z = 0$) der Massenstrom verschwindet, so daß $h(0) = 0$ ist. Der eingeführte Koeffizient $a = (\eta\lambda\Delta T/\varrho^2 q g)^{1/3}$ hat die Dimension einer Länge. Wegen der Übersichtlichkeit der Gleichung konnten wir uns die Einführung dimensionsloser Größen ersparen. Mit $\Delta T = 10\,\mathrm{K}$ und den Daten für Wasser bei $100°\mathrm{C}$ ($\eta = 2,83 \cdot 10^{-4}\,\mathrm{Pa\,s}$, $\lambda = 0,68\,\mathrm{W/m\,K}$, $\varrho = 960\,\mathrm{kg/m^3}$, $q = 2,26 \cdot 10^6\,\mathrm{J/kg}$) bekommen wir $a = 4,6\,\mu\mathrm{m}$.

Scheinbar haben wir uns in einen Widerspruch verwickelt, denn in der Nähe von $z = 0$, besser gesagt bei $z \lesssim a$, ist gemäß der Lösung (4.46) die Voraussetzung einer relativ langsamen Dickeänderung nicht erfüllt, so daß die Lösung nicht stimmt. Zum Glück ist a so klein, daß wir uns keine Sorgen zu machen brauchen. Für die ersten Hundertstel Millimeter geben wir zu, daß die Lösung ungültig ist; danach ist sie aber richtig, oder besser gesagt, nur ganz wenig verschoben. Um einen Begriff von den Größenordnungen zu bekommen, nehmen wir eine 1 m hohe und 1 m breite Wand und fragen nach dem unten ankommenden Massenstrom. Wir bekommen $\Phi_m(x_0) = 29\,\mathrm{g/s}$, was einer Schichtdicke von $h(x_0) = 0,14\,\mathrm{mm}$ und einer Oberflächengeschwindigkeit von $32\,\mathrm{cm/s}$ entspricht. Die mit dieser Geschwindigkeit definierte Reynoldssche Zahl $Re = hv\varrho/\eta = 151$ ist so klein, daß die Bewegung mit Sicherheit laminar ist.

Aufgaben

4.26 Ein 1 mm dicker Kupferdraht wird mit einem Strom von 10 A geheizt. Wie hoch ist im stationären Zustand die Temperatur in der Drahtachse, wenn man mit Hilfe einer Eiskühlung auf der Oberfläche 0°C aufrecht erhält?

4.27 Der Draht der vorhergehenden Aufgabe ist geschwärzt und hängt in einem evakuierten Gefäß mit der Temperatur 300 K. Wie hängen die Temperaturen auf der Oberfläche und in der Achse des Drahtes vom Strom ab?

4.28 Ein innen wassergekühltes und außen isoliertes Kupferrohr mit Innenradius 2 mm und Außenradius 4 mm trägt einen Strom von 500 Ampère. Um wieviel unterscheiden sich die Temperaturen an der äußeren und inneren Oberfläche?

4.29 Ein Heizrohr mit Außenradius 7 mm ist mit einer 3 cm dicken Schicht Glaswolle, die eine Wärmeleitfähigkeit 0,1 W/m K hat, umgeben. Wie groß ist der Wärmestrom, der pro Längeneinheit dem Rohr entweicht, und zwar bei einer Temperatur der Rohroberfläche von 90°C und bei einer Außentemperatur von 10°C?

4.30 In einem langen Rohr aus Polyvinylchlorid (Innenradius 1 cm, Wanddicke 1 mm, Wärmeleitfähigkeit 0,8 W/m K), das in Schnee eingebettet ist, fließt Wasser mit durchschnittlicher Geschwindigkeit 1,5 m/s. Beim Eintritt ist es 60°C warm. Wie klingt die Temperatur entlang des Rohres ab? Überzeugen Sie sich zuerst, daß die Reynoldssche Zahl den kritischen Wert 2300 weit übertrifft, so daß der Strom mit Sicherheit turbulent ist. Wegen starker Mischung darf man annehmen, daß die Zeitmittelwerte der Geschwindigkeit und der Temperatur über den ganzen Querschnitt annähernd konstant sind.

4.31 Zwischen zwei ausgedehnten planparallelen Platten fließt ein stationärer (und demnach laminarer) Strom einer Flüssigkeit. Wie hängt die Durchschnittsgeschwindigkeit vom Druckgradienten ab? Vergleichen Sie das Resultat mit der Poiseuilleschen Formel für ein zylindrisches Rohr.

4.32 Zwischen konzentrischen Zylindern mit gleicher Temperatur (20°C) befindet sich eine dünne Schicht Wasser (Innenradius 40 mm, Außenradius 41 mm, Viskosität 0,001 Pa s). Der äußere Zylinder macht eine Umdrehung pro Sekunde, während der innere ruht. Um wieviel ist im stationären Zustand das Wasser in der Mitte der Schicht wegen der inneren Reibung wärmer als an den Zylinderoberflächen?

4.33 Wiederholen Sie Langmuirs Berechnung, die zu (4.38) führte, für den Fall zylindrischer Symmetrie. Die Kathode ist ein dünner Draht und die Anode ein konzentrischer Zylinder mit 10mal so großem Radius.

4.34 Eine runde Insel in einem See besteht aus einer horizontalen gleichmäßig porösen Schicht, die teilweise mit ruhendem Grundwasser gefüllt ist und die auf einem undurchlässigem Boden ruht. In der Mitte bohrt man in die Schicht bis zum Untergrund einen zylindrischen Brunnen und fängt an, daraus einen ständigen Strom Wasser zu pumpen. Es wird nur schwach gepumpt, so daß sich der Wasserspiegel nur wenig senkt. Um wieviel ist er im Brunnen gesunken, wenn der stationäre Zustand erreicht ist?

4.35 Zwischen zwei ausgedehnten horizontalen Platten mit verschiedenen Temperaturen befindet sich ein Gas, dessen Wärmeleitfähigkeit der Quadratwurzel aus der absoluten Temperatur proportional ist. Die obere Platte ist wärmer, so daß es zu keiner Konvektion kommen kann. Wie verhält sich im stationären Zustand die Temperatur in der Mitte zu den Plattentemperaturen?

4.36 Über einen gefrorenen See bläst ein kalter Wind, der die Oberfläche auf $-2°C$ abkühlt. Wie wächst mit der Zeit die Dicke des Eises, das die Wärmeleitfähigkeit 1 W/m K und die spezifische Schmelzwärme 330 kJ/kg hat? Rechnen Sie, als ob der Zustand der Eisdecke stationär wäre. (Für die Rechtfertigung dieser Vereinfachung siehe Abschn. 6.1.)

4.5 Das Newtonsche Gesetz

Anhand von Beispielen wollen wir uns nochmals mit Newtons Gesetz für die Schwerpunktsbewegung eines Körpers befassen,

$$m \frac{\mathrm{d}^2 \boldsymbol{r}}{\mathrm{d}t^2} = \boldsymbol{F}, \tag{4.47}$$

wobei die Kraft $\boldsymbol{F}$ (bzw. Resultante der äußeren Kräfte) eine gegebene Funktion der Zeit und des Ortes sein mag. Das einfachste Beispiel des senkrechten freien

Falles ist schon von der Schule her bekannt. Aus $d^2z/dt^2 = g$ finden wir die allgemeine Lösung $z = \frac{1}{2}gt^2 + v_0 t + z_0$ und bestimmen die Integrationskonstanten v_0 und z_0 aus den Anfangsbedingungen. Es gibt zwei davon, weil die Gleichung zweiter Ordnung ist.

Ein ebenso einfaches Beispiel liefert das Abbremsen einer Metallplatte in einem Magnetfeld. Die Platte hängt an einem sehr langen Faden und befindet sich mit ihrem mittleren Teil in einem senkrecht zu ihr orientierten Magnetfeld. Bei einer Bewegung der Platte induziert sich in diesem Teil ein Strom, der an den Rändern zurückfließt. Der Strom erzeugt eine Kraft, die nach der Lenzschen Regel der Bewegung entgegenwirkt. Solange die Verrückungen klein sind, so daß sich die Lage der Platte gegenüber dem Feld nicht wesentlich ändert, ist die Kraft der Geschwindigkeit proportional, also $m\,dv/dt = -kv$. Die Lösung dieser Gleichung finden wir durch Trennung der Variablen oder noch schneller durch Raten. Indem wir versuchsweise $v = v_0\,e^{-t/\tau}$ in die Gleichung einsetzen, erhalten wir $\tau = m/k$. Weiter folgt durch Integration

$$s(t) = \int_0^t v\,dt = v_0\tau(1 - e^{-t/\tau}), \tag{4.48}$$

also insbesondere $s(\infty) = v_0\tau = mv_0/k$. Das letzte Resultat folgt auch direkt aus dem Impulssatz. Die Impulsänderung von $t = 0$ bis ∞ ist dem Gesamtstoß der Kraft gleich,

$$0 - mv_0 = -k\int_0^\infty v\,dt = -ks(\infty). \tag{4.49}$$

Das Abbremsen eines langsamen Körpers in einer viskosen Flüssigkeit wird oft auf ähnliche Weise behandelt, mit der Entschuldigung, daß für kleine Reynoldssche Zahlen der hydrodynamische Widerstand ziemlich genau dem linearen Gesetz gehorcht. Die Resultate sind aber höchstens als grobe Näherungen brauchbar, denn das Gesetz gilt nur für gleichmäßige Bewegung und nicht für beschleunigte.

Oft läßt sich die Kraft als negativer Gradient eines ortsabhängigen Potentials darstellen, $\boldsymbol{F} = -\nabla W_p$, wodurch sich das Lösen der Differentialgleichung (4.47) sehr vereinfacht. Aus ihr gewinnen wir nämlich durch skalare Multiplikation mit $d\boldsymbol{r} = \boldsymbol{v}\,dt$ und Integration sofort den Satz für die kinetische Energie,

$$\frac{1}{2}mv^2 + W_p(\boldsymbol{r}) = \text{const.} \tag{4.50}$$

Dies ist ein Integral der Gleichung (4.47). Es wäre eine dumme Zeitverschwendung, diese Herleitung jedesmal zu wiederholen, denn es genügt, daß unsere Vorfahren dies ein für allemal und für alle derartigen Probleme erledigt haben. Lieber schreibt man sofort den Energiesatz hin, ohne überhaupt auf das Newtonsche Gesetz zurückzugreifen.

Als Beispiel denken wir uns einen aus dem Weltall senkrecht zur Erde fallenden Körper. Ähnlich wie im Coulombschen Feld haben wir hier die potentielle Energie $W_p = \text{const} - Gmm_0/r$, wobei G die Gravitationskonstante ist, m die

Masse des Körpers und m_0 die Masse der Erde. Somit gilt $\frac{1}{2}v^2 - Gm_0/r = \text{const}$. Die hier eingeführte Integrationskonstante muß man aus den Anfangsbedingungen bestimmen. Nehmen wir z.B. an, daß der Körper aus der Entfernung r_0 mit der Anfangsgeschwindigkeit Null zur Erde zu fallen beginnt. Es folgt, daß $\frac{1}{2}v^2 = Gm_0(r^{-1} - r_0^{-1})$, also $dr/dt = -\sqrt{2Gm_0(r^{-1} - r_0^{-1})}$. Man trennt die Variablen und führt $u = \sqrt{r_0/r - 1}$ ein, um das Integral auszurechnen. Der Leser kann diese Kleinarbeit selbst erledigen und wird zu folgendem Resultat in impliziter Form gelangen:

$$t = \sqrt{\frac{r_0^3}{2Gm_0}}\left[\frac{r}{r_0}\sqrt{\frac{r_0}{r} - 1} + \arctan\sqrt{\frac{r_0}{r} - 1}\right]. \tag{4.51}$$

Man soll sich daran gewöhnen, Resultate von Rechnungen auf möglichst viele Weisen zu kontrollieren, besonders wenn sie kompliziert aussehen. Das mindeste wäre eine Kontrolle der Dimensionen und eine Prüfung, ob die gefundene Lösung tatsächlich der Gleichung und den vorgeschriebenen Anfangsbedingungen genügt. Auch wenn im Druck solche Kontrollen fehlen, soll sie der Leser ausführen. Noch eines kann er bestätigen: Wenn der Körper nur eine kurze Strecke fällt, also bis $r = r_0 - h$, wobei $h \ll r_0$, darf sich das Resultat von der bekannten Formel $t = (2h/g)^{1/2}$ für den freien Fall im homogenen Gravitationsfeld nicht merklich unterscheiden.

Aufgaben

4.37 Wir stoßen ein Boot in ruhendem Wasser. Wie bewegt es sich, wenn das quadratische Widerstandsgesetz gilt?

4.38 Ein Elektron bewegt sich im homogenen Magnetfeld, das mit einem dazu senkrecht orientierten, homogenen elektrischen Feld kombiniert ist. Die Bewegung verläuft in einer zu $\boldsymbol{B}$ senkrechten Ebene. Was für Kurven beschreibt das Elektron? Im Durchschnitt über längere Zeiten wandert es mit der sogenannten *Driftgeschwindigkeit* in eine gewisse Richtung. In welche und wie schnell?

4.39 Ein Fallschirmspringer wiegt mitsamt seiner Ausrüstung 100 kg. Sein Fallschirm hat einen Durchmesser von 8 m, und für ihn gilt das quadratische Widerstandsgesetz $F = c \cdot \frac{1}{2}\varrho v^2 \pi r^2$ mit dem Widerstandskoeffizienten $c = 1.3$. Die Luftdichte ist $\varrho = 1{,}2\,\text{kg/m}^3$. Wie groß ist die Fallgeschwindigkeit nach langer Zeit? Wie lang nach dem Absprung wird 90% dieser Grenzgeschwindigkeit erreicht?

4.40 In einer alten Elektronenröhre besteht die Kathode aus einem langen 0,1 mm dicken Draht, der mit einer zylindrischen Anode von 1 cm Durchmesser umgeben ist. Die Spannung dazwischen beträgt 250 V. In welcher Zeit gelangt ein emittiertes Elektron zur Anode? Die Emission sei dabei so schwach, daß die Elektronen sich gegenseitig nicht merklich stören.

4.41 Im Vakuum ist ein langer Draht gespannt, der einen Strom von 100 Ampère trägt. In 1 cm Entfernung wird parallel zu ihm in Stromrichtung ein Elektron mit der kinetischen Energie 5 eV losgelassen. Wie bewegt es sich?

4.6 Harmonische Pendel

Da viele Beispiele von *harmonischen* (sinusartigen) Schwingungen schon aus der Elementarphysik bekannt sind, sind wohl keine langatmigen Erläuterungen nötig. Erinnern wir uns an das Federpendel: Ein an einem elastischen Faden oder an einer Feder hängendes Gewicht schwingt auf und ab. Bei nicht zu großen Amplituden ist die Resultante der auf das Gewicht wirkenden Kräfte dem Ausschlag proportional: $F = -kx$. Falls man Energieverluste vernachlässigen kann, gilt also die Gleichung $m\ddot{x} + kx = 0$. Die allgemeine Lösung dieser Gleichung ist $x = A\cos(\omega_0 t - \delta)$ mit $\omega_0 = (k/m)^{1/2}$.

Wenn eine dämpfende Kraft hinzukommt und diese der Geschwindigkeit proportional ist, erweitert sich die Gleichung wie folgt:

$$m\ddot{x} + R\dot{x} + kx = 0. \tag{4.52}$$

Mit dem Versuch $x = e^{\lambda t}$ bekommen wir die Bedingung $m\lambda^2 + R\lambda + k = 0$ und daraus

$$\lambda = -\beta \pm i\omega_1, \tag{4.53}$$

$$\beta = -\frac{R}{2m}, \quad \omega_1^2 = \omega_0^2 - \beta^2, \quad \omega_0^2 = \frac{k}{m}. \tag{4.54}$$

In reeller Form lautet die allgemeine Lösung $x = A\,e^{-\beta t}\cos(\omega_1 t - \delta)$.

Die angegebene Form der Lösung ist nur für schwache Dämpfung brauchbar, nämlich solange $\beta < \omega_0$. Im entgegengesetzten Fall schreiben wir lieber

$$x = A_1 \exp(-\beta_1 t) + A_2 \exp(-\beta_2 t), \quad \text{mit} \quad \beta_{1,2} = \beta \pm \sqrt{\beta^2 - \omega_0^2}. \tag{4.55}$$

Der Grenzfall der *kritischen Dämpfung* ($\beta = \omega_0$) bedarf einer besonderen Untersuchung. Wie im Abschn. 4.2 erwähnt, hat die allgemeine Lösung jetzt die Form $x = (A + Bt)e^{-\beta t}$. Man sieht leicht ein, daß sich das schwingende Gewicht in diesem Fall am schnellsten der Gleichgewichtslage nähert. Bei Meßinstrumenten ist das oft wünschenswert.

Auch an *erzwungene Schwingungen* erinnern wir uns. Sie kommen zustande, wenn auf das Pendel noch eine zusätzliche sinusartig schwingende äußere Kraft $F_0\cos\omega t$ wirkt, und zwar mit beliebiger Kreisfrequenz ω. Wir setzen in die Gleichung besser die Exponentialfunktion ein, also

$$m\ddot{x} + R\dot{x} + k = F_0 e^{-i\omega t}, \tag{4.56}$$

obwohl mit dem Ausdruck rechts sein Realteil gemeint ist. Der Kniff ist erlaubt, weil die Gleichung linear und die Koeffizienten reell sind (Abschn. 2.1).

Gewöhnlich fragen wir nur nach der reinen erzwungenen Schwingung, die eine konstante Amplitude und die Kreisfrequenz ω hat. Sie bleibt nach langer Zeit allein übrig, nachdem die eventuell anfangs vorhandene gedämpfte Eigenschwingung schon ausgeklungen ist. Also versuchen wir es mit $x = Be^{-i\omega t}$ und finden für die komplexe Amplitude das Resultat

$$B = \frac{F_0}{-m\omega^2 - Ri\omega + k} = \frac{F_0}{k}\left[1 - \left(\frac{\omega}{\omega_0}\right)^2 - 2i\frac{\beta\omega}{\omega_0^2}\right]^{-1}. \tag{4.57}$$

Um die Phasenverzögerung der Schwingung gegenüber der Kraft abzulesen, schreiben wir $B = |B|e^{i\delta}$ und denken dabei an den Realteil der Lösung, $|B|\cos(\omega t - \delta)$. Man findet

$$|B| = \frac{F_0}{k}\left\{\left[1 - \left(\frac{\omega}{\omega_0}\right)^2\right]^2 + \left(\frac{2\beta\omega}{\omega_0^2}\right)^2\right\}^{-\frac{1}{2}}, \tag{4.58}$$

$$\tan\delta = \frac{2\beta\omega}{\omega_0^2 - \omega^2}. \tag{4.59}$$

Graphische Darstellungen beider Funktionen sind aus Lehrbüchern der Physik bekannt. Bei Resonanz ($\omega = \omega_0$) ist $|B| = F_0/2m\beta\omega$ und $\delta = \pi/2$.

Da (4.56) linear und inhomogen ist, läßt sich ihre allgemeine Lösung als Summe der eben gefundenen Partikulärlösung und der allgemeinen Lösung der entsprechenden homogenen Gleichung darstellen, d.h. als Superposition der erzwungenen und einer Eigenschwingung:

$$x = |B|\cos(\omega t - \delta) + A_1\cos(\omega_1 t - \delta_1)e^{-\beta t}. \tag{4.60}$$

Während $|B|$ und δ (innerhalb des Intervalls $[0, \pi]$) eindeutig aus obiger Rechnung folgen, müssen A_1 und δ_1 erst aus den Anfangsbedingungen bestimmt werden. Wegen des Dämpfungsfaktors $e^{-\beta t}$ bleibt nach längerer Zeit nur die spezielle Lösung übrig, wie schon erwähnt wurde.

Auf dieselbe Weise analysiert man auch Schwingungen anderer Oszillatoren, z.B. des Torsionspendels und des elektrischen Schwingungskreises.

Aufgaben

4.42 Auf ein verlustloses Torsionspendel fängt auf einmal ein sinusartig schwingendes Drehmoment zu wirken, und zwar mit einer Frequenz, die nicht mit der Eigenfrequenz übereinstimmt. Das Drehmoment ist zur Anfangszeit gerade gleich Null. Wie schwingt das Pendel?

4.43 An 220 Volt Wechselspannung (Frequenz $50\,\mathrm{s}^{-1}$) sind hintereinander eine Induktionsspule mit Induktivität 2 Henry und Widerstand 100 Ohm, sowie ein verlustloser Kondensator mit Kapazität $4\,\mu\mathrm{F}$ geschaltet. (Achtung: $\hat{U}_0 = 220\,\mathrm{V}$ ist die Effektivspannung = Amplitude$/\sqrt{2}$.) Wie groß sind die Effektivspannungen auf der Spule und dem Kondensator und wie groß sind die Phasenverschiebungen?

4.44 Eine Spule mit 0,1 Henry und 10 Ohm wird zusammen mit einem in Serie geschalteten verlustlosen Kondensator ($0,5\,\mu$F) auf einmal an eine Gleichspannung $100\,$V angeschlossen. Wie verläuft die Spannung am Kondensator danach?

4.45 Wenn sich im Nebel Schall ausbreitet, zittern die Wassertröpfchen. Schätzen Sie für Tröpfchen mit dem Radius $5\,\mu$m und für Schall der Frequenz $100\,\mathrm{s}^{-1}$ die Phasenverschiebung und Amplitudenverkleinerung ab, indem Sie sich auf das Stokessche Widerstandsgesetz $F = -6\pi r\eta v$ berufen. Die Schallgeschwindigkeit beträgt $340\,$m/s.

4.46 Wie verhält sich bei einem schwach gedämpften Pendel die Amplitude als Funktion der Zeit, wenn für die Dämpfungskraft das quadratische Gesetz gilt ($|F| = \beta\dot{x}^2$)? Anleitung: Die schwache Dämpfung erlaubt eine quasistationäre Berechnung. Man tut zuerst so, als ob es keine Dämpfung gäbe und berechnet die vom Widerstand in einer Viertelperiode geleistete Arbeit. Daraus folgt (freilich approximativ) eine Differentialgleichung für die Amplitude.

4.47 Luft in einem Gefäß kann durch die poröse Wand mit der Außenluft ausgetauscht werden. Der durchgelassene Strom sei dem Druckunterschied proportional. Wie schwankt der Druck im Gefäß, wenn sich der Außendruck mit kleiner Amplitude sinusartig ändert, und zwar so langsam, daß sich jegliche Temperaturunterschiede laufend ausgleichen?

4.7 Gekoppelte Pendel

Zwei oder mehrere einfache Pendel, wie die in Abschn. 4.6 besprochenen, können wir zu komplizierteren Systemen *zusammenkoppeln*. Statt durch eine Differentialgleichung wird dann das Bewegungsgesetz durch ein System solcher Gleichungen beschrieben. Wir werden nur den einfachsten Fall ohne Energieverluste betrachten, so daß es keine Dämpfung geben wird. Es wird sich zeigen, daß im allgemeinen bei kleinen Amplituden auch das zusammengesetzte ungedämpfte Pendel sinusartiger Schwingungen fähig ist. Freilich ist das wieder nur eine Approximation – wie überhaupt jede Naturbeschreibung.

Vor allem *freie Schwingungen* werden uns interessieren, wobei also das zusammengesetzte Pendel sich selbst überlassen bleibt. Besonders wichtig sind die *Eigenschwingungen*, bei denen alle Teile des Pendels sinusartig schwingen und alle mit derselben *Eigenfrequenz*. Es kann mehrere linear unabhängige Eigenschwingungen geben. Ihre Zahl ist im allgemeinen gleich der Zahl der einfachen Pendel, aus denen das System aufgebaut ist. Man beschreibt eine Eigenschwingung, indem man neben der zugehörigen Eigenfrequenz auch das Verhältnis der Amplituden und die relativen Phasen angibt.

Als Beispiel nehmen wir zwei Federpendel mit den Massen m_1, m_2 und den Federkonstanten k_1, k_2, die aneinander hängen und die, wie aus Abb. 4.6

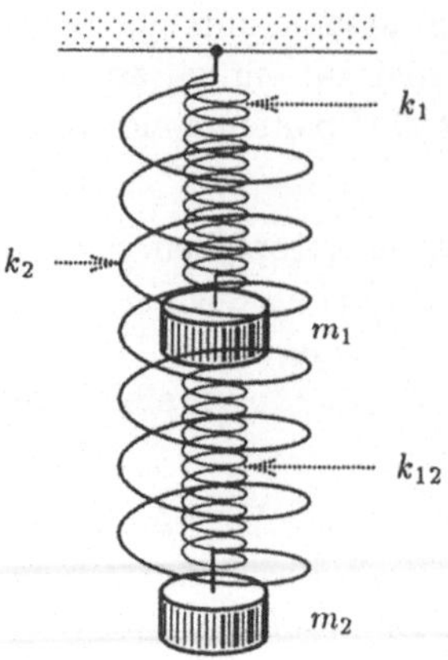

Abb. 4.6. Ein Beispiel gekoppelter Pendel

ersichtlich, noch mit einer dritten Feder verkoppelt sind. Auf jede der Massen wirken zwei von den drei Federn. Für kleine Ausschläge sehen wir ein, daß die Kräfte der oben befestigten Federn proportional zu den Ausschlägen x_1 und x_2 der Massen m_1 und m_2 sind, während man bei der dritten Feder mit der Differenz $x_1 - x_2$ beider Ausschläge rechnen muß. So kommen wir zum Gleichungssystem

$$m_1\ddot{x}_1 + k_1 x_1 + k_{12}(x_1 - x_2) = 0, \qquad (4.61)$$
$$m_2\ddot{x}_2 + k_2 x_2 + k_{12}(x_2 - x_1) = 0. \qquad (4.62)$$

Um die Eigenschwingungen zu bestimmen, versuchen wir es mit dem Ansatz $x_1 = A_1 e^{-i\omega t}$, $x_2 = A_2 e^{-i\omega t}$. Da man von vornherein sehen kann, daß es keine Phasenverschiebung geben wird, wäre ein realer Ansatz $x_1 = A_1 \cos\omega t$ und $x_2 = A_2 \cos\omega t$ ebensogut. Für die Amplituden folgt ein homogenes Gleichungssystem:

$$A_1(k_1 + k_{12} - m_1\omega^2) - A_2 k_{12} = 0, \qquad (4.63)$$
$$-A_1 k_{12} + A_2(k_2 + k_{12} - m_2\omega^2) = 0. \qquad (4.64)$$

Eine nichttriviale Lösung gibt es nur, wenn die Determinante der Koeffizienten verschwindet,

$$\begin{vmatrix} k_1 + k_{12} - m_1\omega^2 & -k_{12} \\ -k_{12} & k_2 + k_{12} - m_2\omega^2 \end{vmatrix} = 0. \qquad (4.65)$$

Dies ist eine quadratische *Säkulargleichung* für ω^2. Sie hat zwei reelle Wurzeln ω'^2 und ω''^2, zu denen wir zwei linear unabhängige Eigenschwingungen finden. Man beschreibt sie durch die Quotienten A_1'/A_2' und A_1''/A_2'' der beiden Amplituden. Die Überlegungen sind dieselben wie bei der Bestimmung der Eigenwerte und Eigenvektoren von symmetrischen Tensoren (Abschn. 3.11).

Wenn ein zusammengesetztes Pendel irgendwie symmetrisch ist, kann man oft Symmetriebeziehungen zwischen den Amplituden erraten, was weitere Berechnungen sehr erleichtert. In der Mechanik und in der Molekularphysik werden solche Kniffe beim Aufsuchen von Eigenschwingungen häufig gebraucht.

Jede beliebige freie Schwingung eines gekoppelten Pendelsystems kann als *Superposition* (= lineare Kombination) der Eigenschwingungen dargestellt werden. Wieviel von jeder, das hängt von den Anfangsbedingungen ab. Durch das Zusammensetzen von Schwingungen mit verschiedenen Frequenzen entstehen nichtsinusartige Schwingungen. Mit zwei benachbarten Frequenzen entstehen auf diese Weise *Schwebungen* (siehe Abschn. 2.2). Um sie zu beschreiben, drücken wir im Fall gleich großer Amplituden die Summe zweier Sinusfunktionen als Produkt aus:

$$A \sin \omega' t + A \sin \omega'' t = 2A \cos(\Delta\omega\, t)\, \sin \omega t, \tag{4.66}$$

wobei $\omega = \frac{1}{2}(\omega' + \omega'')$ und $\Delta\omega = \frac{1}{2}(\omega' - \omega'')$. Der letzte Faktor entspricht einer Schwingung mit der mittleren Frequenz ω und der vorletzte zeigt, wie sich die Amplitude zeitlich ändert. Die Periode der Schwebung, d.h. der Abstand der Zeitpunkte, bei denen die Amplitude verschwindet, ist $\pi/\Delta\omega$.

Aufgaben

4.48 Zwei Schwerependel, jedes bestehend aus einer 1 m langen leichten Stange mit einem 1 kg schweren Gewicht am Ende, sind nebeneinander aufgehängt. Die Gewichte sind mit einer leichten gespannten Feder (Federkonstante 0,03 N/m) verbunden. Berechnen Sie die Eigenschwingungen. Bemerkung: In diesem Beispiel kann man das Resultat ganz ohne Rechnung erraten: Da das Pendelsystem symmetrisch ist (invariant gegen Vertauschung), ist die Eigenschwingung entweder symmetrisch oder antisymmetrisch. Das heißt, daß die Pendel mit gleich großen Amplituden schwingen, und zwar entweder gleichsinnig oder gegeneinander. Im ersten Fall ist die Eigenfrequenz dieselbe wie bei einem einzelnen freien Pendel. Im zweiten Fall aber ist sie erhöht, genau so als ob wir nur ein Pendel hätten und die Feder in der Mitte befestigt wäre.

4.49 Nachdem man eines der Pendel aus der vorherigen Aufgabe anstößt, bemerkt man Schwebungen. Anfangs schwingt nur das erste Pendel, kommt aber langsam zur Ruhe, wobei das andere ins Schwingen gerät. So wandert die Energie langsam hin und her. Beschreiben Sie den Vorgang und stellen Sie fest, wie er durch die Anfangsbedingungen bestimmt ist.

4.50 Betrachten Sie eine ähnliche Aufgabe wie die vorletzte (und mit ähnlichen Daten), jedoch mit drei Pendeln. Das mittlere ist mit den seitlichen durch zwei gleiche Federn verbunden. Können Sie auch hier die Eigenschwingungen erraten?

4.51 Zwei gleich lange Pendel wie in Aufgabe 4.48 haben verschiedene Massen
angehängt: 1 kg und 0,25 kg. Man kann auch hier das Amplitudenverhält-
nis erraten und bekommt dann sofort die entsprechende Eigenfrequenz.

4.52 An einem langen Faden hängt ein größeres Gewicht und daran an einem
kurzen Faden ein kleines. Berechnen Sie die Eigenfrequenzen. Können Sie
sie im Voraus abschätzen?

4.53 Zwei gleiche verlustlose elektrische Schwingungskreise stehen nebeneinander, so daß das Magnetfeld der einen Spule teilweise in die andere hinein-
reicht. Wie schwingt so ein System?

4.54 An einem elastischen Faden hängen drei gleiche Gewichte, eins am Ende
und die anderen zwei bei einem Drittel und bei zwei Drittel der Fa-
denlänge. Die Gewichte sollen auf und ab schwingen. Wie sehen die Eigenschwingungen aus?

4.8 Anharmonische Pendel

Ein Pendel schwingt harmonisch (sinusartig) nur dann, wenn für die Kraft das
lineare Gesetz gilt, so daß die potentielle Energie eine quadratische Funktion
des Ausschlags ist, wie $W_p = \frac{1}{2}kx^2$ beim Federpendel. Die Berechtigung einer
solchen Voraussetzung hängt einerseits von der Amplitude ab und andererseits
von der verlangten Genauigkeit der Beschreibung. Bei größeren Amplituden
bemerkt man bei jedem Pendel, daß die Schwingungen von der Sinusform abweichen. Den Grund dafür müssen wir in Abweichungen des Kraftgesetzes bzw.
der potentiellen Energie von der erwähnten einfachen Form suchen.

Den Weg zur Beschreibung *anharmonischer* (nichtsinusartiger) Schwingungen kürzen wir ab, indem wir uns gleich auf den Energiesatz berufen,

$$\frac{1}{2}m\left(\frac{dx}{dt}\right)^2 + W_p(x) = W_p(x_0), \tag{4.67}$$

wobei x_0 die Amplitude ist. Der Einfachheit halber wollen wir annehmen, daß
die potentielle Energie eine gerade Funktion ist. Durch Trennung der Variablen
und Integration bekommen wir die Zeit als Funktion des Ausschlags,

$$t(x) = \sqrt{\frac{m}{2}} \int_0^x \frac{dx}{\sqrt{W_p(x_0) - W_p(x)}}. \tag{4.68}$$

Einsetzen der Amplitude ergibt ein Viertel der Schwingungszeit, $t(x_0) = \frac{1}{4}t_0$.
Vom Resultat (4.68) sind wir nicht besonders begeistert, da es direkt nur im
Intervall einer halben Periode brauchbar ist. Wenn irgend möglich, möchten wir
die inverse Funktion $x(t)$ finden. Sie ist periodisch mit der Periode t_0.

Um mit einem einfachen Beispiel anzufangen, greifen wir zurück auf das
harmonische Pendel, bei dem die potentielle Energie durch $W_p = \frac{1}{2}kx^2$ gegeben

ist. Aus $\frac{1}{2}mv^2 = \frac{1}{2}k(x_0^2 - x^2)$ folgt $\sqrt{k/m}\,dt = dx/\sqrt{x_0^2 - x^2}$ und durch Integration dann $\omega t = \arcsin(x/x_0)$, wobei $\omega = (k/m)^{1/2}$. Die inverse Funktion ist wohlbekannt: $x(t) = x_0 \sin \omega t$.

Als nächstes Beispiel wählen wir ein Pendel mit $W_{\mathrm{p}} = \frac{1}{2}(ax^2 - bx^4)$, wobei a und b beide positiv sein sollen. Man stelle sich eine Feder vor, die bei größerem Ausschlag weicher wird. Damit der schwingende Körper nicht davon läuft, darf die Amplitude nicht zu groß sein; für jedes $x < x_0$ muß $W_{\mathrm{p}}(x) < W_{\mathrm{p}}(x_0)$ sein. Auf dieselbe Weise wie vorher bekommen wir

$$t = \sqrt{m} \int_0^x \frac{dx}{\sqrt{ax_0^2 - bx_0^4 - ax^2 + bx^4}}. \tag{4.69}$$

Durch Nachschlagen in Jahnke & Emde oder Gradstein & Ryshik (siehe Anhang) lernen wir, daß dies ein *elliptisches Integral* erster Art ist und wie es zu handhaben ist. Jedoch auch ohne viel nachzulesen kann man Substitutionen erraten, die das Integral in eine der verabredeten Normalformen bringen. Das Polynom unter der Quadratwurzel ist leicht zu zerlegen, denn es enthält den Faktor $x_0^2 - x^2$. Die Konstanten werden aus der Wurzel herausgehoben, was zur Einführung folgender dimensionsloser Größen führt,

$$u = \frac{x}{x_0}, \qquad z = \sqrt{\frac{a - bx_0^2}{m}}\,t, \qquad k^2 = \frac{bx_0^2}{a - bx_0^2}, \tag{4.70}$$

wodurch das Integral die von Jacobi vorgeschriebene Form annimmt:

$$z = \int_0^u \frac{du}{\sqrt{(1 - u^2)(1 - k^2 u^2)}}. \tag{4.71}$$

Zwei weitere bekannte Formen, die man durch die Substitutionen $v = \sqrt{1 - u^2}$ und $w = \sqrt{1 - k^2 u^2}$ gewinnt, sollen bei dieser Gelegenheit erwähnt werden:

$$z = \int_v^1 \frac{dv}{\sqrt{(1 - v^2)(1 - k^2 + k^2 v^2)}} = \int_w^1 \frac{dw}{\sqrt{(1 - w^2)(k^2 - 1 + w^2)}}. \tag{4.72}$$

Um zu der besonders beliebten Form von Legendre,

$$z = F(k, \varphi) = \int_0^\varphi \frac{d\varphi}{\sqrt{1 - k^2 \sin^2 \varphi}}, \tag{4.73}$$

zu gelangen, setzen wir $u = \sin \varphi$. Jetzt sehen wir, wie sich das Resultat auf den Fall des harmonischen Pendels reduziert. Dort war $b = 0$, also $k = 0$, also $z = F(0, \varphi) = \int d\varphi = \varphi = \arcsin u$. Auch der andere Extremfall mit $k = 1$ ist elementar zu erledigen: $z = F(1, \varphi) = \ln \mathrm{tg}(\frac{\varphi}{2} + \frac{\pi}{4})$.

Zur Abrundung der Formelsammlung sei noch das elliptische Integral zweiter Art erwähnt,

$$E(k, \varphi) = \int_0^\varphi \sqrt{1 - k^2 \sin^2 \varphi}\,d\varphi, \tag{4.74}$$

sowie die *vollkommenen elliptischen Integrale* erster und zweiter Art, definiert durch $K(k) = F(k, \pi/2)$ und $E(k) = E(k, \pi/2)$. Folgende Reihen bekommt man durch Entwicklung der Integranden nach Potenzen von k^2:

$$K(k) = \frac{\pi}{2}\left[1 + \left(\frac{1}{2}\right)^2 k^2 + \left(\frac{1\cdot 3}{2\cdot 4}\right)^2 k^4 + \left(\frac{1\cdot 3\cdot 5}{2\cdot 4\cdot 6}\right)^2 k^6 + \ldots\right], \qquad (4.75)$$

$$E(k) = \frac{\pi}{2}\left[1 - \left(\frac{1}{2}\right)^2 k^2 - \left(\frac{1\cdot 3}{2\cdot 4}\right)^2 \frac{k^4}{3} - \left(\frac{1\cdot 3\cdot 5}{2\cdot 4\cdot 6}\right)^2 \frac{k^6}{5} - \ldots\right]. \qquad (4.76)$$

Schon aus der Definition sieht man, daß $K(0) = \pi/2$ (Fall des harmonischen Pendels) und $K(1) = \infty$. In diesem Grenzfall gibt es kein Schwingen mehr, sondern nur ein kriechendes Annähern $\varphi \to \pi/2$, also $u \to 1$. Zu den angegebenen Formeln soll noch bemerkt werden, daß man sich nichts davon zu merken braucht, und noch weniger, daß man irgendwelche Herleitungen kennen müßte. Es genügt zu wissen, daß vieles schon in Büchern steht, und man soll lernen, es aufzufinden.

Mit dem gefundenen $z(u)$ aus (4.71) oder $z(\varphi)$ aus (4.73) sind wir nicht ganz zufrieden, sondern hätten lieber die inverse Funktion. Mathematiker haben sie längst ausgearbeitet und ihre Eigenschaften eingehend erforscht. Sie ist eine der *elliptischen Funktionen* von Jacobi und als sinus amplitudinis (abgekürzt sn) bekannt. Definieren wir gleich noch die zwei anderen Jacobischen Funktionen, cosinus amplitudinis (cn) und delta amplitudinis (dn) mit den Variablen aus (4.72):

$$u = \mathrm{sn}(z, k), \quad v = \mathrm{cn}(z, k), \quad w = \mathrm{dn}(z, k). \qquad (4.77)$$

Die reelle Periode der Funktionen sn and cn beträgt $4K$, wie aus der Definition (4.75) zu sehen ist, die von dn aber $2K$. Wir notieren auch die Grenzfälle

$$\mathrm{sn}(z, 0) = \sin z, \quad \mathrm{cn}(z, 0) = \cos z, \quad \mathrm{dn}(z, 0) = 1.$$

Bei größer werdendem k werden die Kurven für sinus amplitudinis in der Nähe der Extrema flacher und flacher, während sich jene für $\mathrm{cn}(z, k)$ zuspitzen (siehe die Bilder in Jahnke et al., Anhang C). Der Unterschied ist beim erwähnten anharmonischen Pendel gut zu verstehen. Bei größer werdendem Ausschlag wächst die potentielle Energie langsamer und langsamer, so daß sich das Pendel in den fernen Lagen relativ länger aufhält.

Ganz kurz untersuchen wir noch den Fall, bei dem der zweite Koeffizient in der potentiellen Energie das umgekehrte Vorzeichen hat: $W_\mathrm{p} = \frac{1}{2}(ax^2 + bx^4)$. Wir benötigen folgende Substitutionen:

$$v = \frac{x}{x_0}, \quad z = \sqrt{\frac{a + 2bx_0^2}{m}}\, t, \quad k^2 = \frac{bx_0^2}{a + 2bx_0^2}. \qquad (4.78)$$

Die Zeit zählen wir jetzt vom Augenblick des maximalen Ausschlags: $v(0) = 1$. Dies bringt uns auf die zweite Jacobische Form (4.72) des elliptischen Integrals, so daß $v = \mathrm{cn}(z, k)$. Die zugespitzte Form der Kurven für diese Funktion erscheint verständlich, denn die schneller und schneller anwachsende potentielle Energie zwingt das Pendel zur vorzeitigen Umkehr.

Aufgaben

4.55 An einem sehr langen Faden hängt ein Gewicht, das gleichzeitig in der Mitte eines waagerechten elastischen Bandes mit festgebundenen Enden befestigt ist. Das Band ist zwar voll ausgestreckt, jedoch nicht gespannt. Zeigen Sie, daß bei kleinem seitlichen Ausschlag x des Gewichts die rückwirkende Kraft proportional zu x^3 ist. Somit haben wir ein Beispiel wie das zuletzt beschriebene, jedoch mit $a = 0$. Ohne zu rechnen sieht man schon, daß die Schwingungsperiode der Amplitude umgekehrt proportional ist. Wie schwingt so ein Pendel?

4.56 Ein leichtes Gummiband wird in ungespanntem Zustand waagerecht an seinen Enden befestigt. Wenn wir in der Mitte ein Gewicht anhängen, senkt es sich und schwingt danach zwischen einer tiefsten und der ursprünglichen Lage auf und ab. Berechnen Sie die Frequenz, wenn in der Gleichgewichtslage das Gummiband um 25% gedehnt ist. Das Band selbst gehorche dem linearen Kraftgesetz.

4.57 Am oberen Ende eines langen dünnen Stabes sitzt eine kleine Kugel mit der Ladung e. Über ihr hängt in der Entfernung h an einem langen Faden ein Kügelchen mit entgegengesetzter Ladung und Masse m. Wie schwingt das Kügelchen hin und her bei kleiner Amplitude und wie bei einer Amplitude gleich h?

4.58 Wie hängt die magnetische Feldstärke in der Ebene eines stromtragenden Kreises von der Entfernung vom Mittelpunkt ab? Anleitung: Am besten ist es, ausgehend vom Beobachtungsort Polarkoordinaten einzuführen. Das Resultat hat dann die Form eines vollkommenen elliptischen Integrals zweiter Art.

5. Partielle Differentialgleichungen

5.1 Gleichungen erster Ordnung

Gewöhnliche Differentialgleichungen und Systeme solcher Gleichungen benutzten wir unter anderem als Beschreibung von Gesetzen für die Bewegung punktförmiger Körper. Die Zeit war da die einzige unabhängige Variable. Jetzt werden wir Gesetze betrachten, denen Felder gehorchen, wobei mehrere unabhängige Variablen auftreten werden, z.B. die Koordinaten und die Zeit. Dabei werden wir es mit partiellen Ableitungen der Feldgrößen nach diesen Variablen zu tun haben. Die wichtigsten *partiellen Differentialgleichungen* der Physik sind zweiter Ordnung, wie z.B. die in den Abschnitten 3.7 und 3.9 erwähnten Wellengleichungen für Schall und für das elektromagnetische Feld. Sie wurden aus je einem System partieller Differentialgleichungen erster Ordnung hergeleitet. Einzelne partielle Differentialgleichungen erster Ordnung kommen aber auch vor und sind wegen ihrer Beziehung zu Systemen gewöhnlicher Differentialgleichungen besonderer Erwähnung wert.

Alle *Kontinuitätsgleichungen*, durch die wir im Abschn. 3.4 *Erhaltungsgesetze* ausgedrückt haben, sind partielle Differentialgleichungen erster Ordnung. Als Beispiel sehen wir uns den eindimensionalen Fall für die Erhaltung der Masse an:

$$\frac{\partial(\varrho v)}{\partial x} + \frac{\partial \varrho}{\partial t} = 0. \tag{5.1}$$

Wir stellen uns dabei etwa einen Gasstrom in einem Rohr vor und rechnen mit dem Mittelwert v der Geschwindigkeit über den Rohrquerschnitt. Dasselbe Gesetz gilt auch für einen ganz seichten Bach mit ebenem und gleichmäßig breitem geneigten Grund. Statt der Dichte $\varrho(x,t)$ betrachten wir dabei die Masse pro Flächeneinheit, die der Tiefe $h(x,t)$ des Wassers proportional ist. Die mittlere Fließgeschwindigkeit ist in guter Näherung durch die Tiefe bedingt. Ein etwas gewagteres Beispiel finden wir beim Verkehr auf einer einspurigen Straße, auf der die Autos nur in einer Richtung fahren und sich nicht überholen können. Als lineare Dichte ϱ setzen wir Anzahl der Autos pro Längeneinheit ein. Das Erhaltungsgesetz (5.1) gilt, wenn keine Autos zerstört werden und keine neuen eingeschoben werden. Freilich ist so eine Beschreibung nur angebracht, wenn man lange Strecken der Straße betrachtet, auf denen es so viele Autos gibt, daß man ihre Dichte als eine kontinuierliche Größe behandeln darf.

Mit obiger Gleichung kann man wenig anfangen, da in ihr zwei unbekannte Funktionen auftreten, $\varrho(x,t)$ und $v(x,t)$. Um sie bestimmen zu können, benötigen wir entweder noch eine Differentialgleichung oder aber eine algebraische Beziehung zwischen den beiden Größen. Im letzteren Fall haben wir dann eine einzige Differentialgleichung erster Ordnung.

Beim Verkehrsproblem dürfen wir annehmen, daß die Autofahrer ihre Geschwindigkeit der Verkehrsdichte anpassen. Statt mit der Geschwindigkeit werden wir mit dem Strom $j = \varrho v(\varrho)$ rechnen und festsetzen, daß dies eine gegebene Funktion der Dichte sein soll: $j = j(\varrho)$. Indem wir ihre Ableitung $u(\varrho) = \mathrm{d}j(\varrho)/\mathrm{d}\varrho$ einführen, können wir die Gleichung (5.1) wie folgt umschreiben:

$$u(\varrho)\,\frac{\partial\varrho}{\partial x} + \frac{\partial\varrho}{\partial t} = 0. \tag{5.2}$$

Die Gleichung ist bei nichtkonstantem $u(\varrho)$ nichtlinear, doch linear in den Ableitungen der gesuchten Funktion.

Die Funktion $u(\varrho)$ hat offenbar die Dimension einer Geschwindigkeit. Um ihre Bedeutung zu erfassen, wollen wir die Fortpflanzung eines Verkehrsstaus betrachten. Sehen wir zu, wie wir den Beobachtungsort weiterbewegen müssen, um immer bei derselben Dichte ϱ zu landen. Das totale Differential

$$\mathrm{d}\varrho = \frac{\partial\varrho}{\partial x}\,\mathrm{d}x + \frac{\partial\varrho}{\partial t}\,\mathrm{d}t$$

soll also verschwinden. Ein Vergleich mit der Gleichung (5.2) zeigt, daß $\mathrm{d}x$ und $\mathrm{d}t$ zueinander in demselben Verhältnis sein müssen wie die Koeffizienten u und 1. Die Bewegungsgleichung für den Stau ist somit

$$\frac{\mathrm{d}x}{\mathrm{d}t} = u(\varrho), \qquad \varrho = \text{const}. \tag{5.3}$$

So haben wir (5.2) die sogenannte *charakteristische Gleichung* zugeordnet, die eine gewöhnliche Differentialgleichung ist. Ihre Lösungen $x = x_0 + u(\varrho)t$ nennt man die *Charakteristiken*. Wenn wir die Funktion $\varrho = \varrho(x,t)$ durch eine Fläche im dreidimensionalen Raum darstellen, entpuppen sich die Charakteristiken als Höhenlinien auf dieser Fläche. Indem wir durch jeden Anfangspunkt x_0 für die dort gegebene Dichte $\varrho(x_0,0)$ eine Höhenlinie ziehen, bekommen wir die ganze Fläche. Die Charakteristiken $x(t)$ dienen als Fäden, die die Fläche $\varrho(x,t)$ gewissermaßen wie einen Teppich zusammensetzen.

Ein besonders einfaches Beispiel ergibt sich mit starrköpfigen Autofahrern, die immer mit derselben Geschwindigkeit fahren wollen, so daß $j = v\varrho$ mit konstantem v gilt. In die Gleichung (5.2) setzen wir dann $u = v = \text{const}$ ein. Jede Verdichtung von Autos wandert unverändert mit derselben Geschwindigkeit v auf der Straße weiter. Zur Zeit t ist bei $x = x_0 + vt$ die Dichte dieselbe wie zur Zeit $t = 0$ bei $x = x_0$. Somit hängt die Dichte nur von der Differenz $x_0 = x - vt$ ab, also $\varrho = \varrho(x - vt)$. Im dreidimensionalen Bild sieht diese Funktion wie ein Wellblech aus, und zwar mit schief gestellten Wellen, entsprechend der Geschwindigkeit v.

In jedem richtig orientierten aber beliebig gefalteten Wellblech erkennen wir das Bild einer Lösung der Gleichung. Schon bei einer so einfachen partiellen Differentialgleichung ist also die Menge ihrer Lösungen ungemein reich. Man kann aber durch eine zusätzliche Bedingung die Lösungen so sehr einschränken, daß nur eine einzige übrig bleibt. Oft ist das eine *Anfangsbedingung*, die für die Zeit $t = 0$ und für alle x die Werte $\varrho(x, 0)$ der gesuchten Funktion vorschreibt. Dadurch ist das sogenannte *Cauchysche Anfangswertproblem* definiert. Im soeben betrachteten Beispiel ist es leicht zu lösen: man verbiegt das Wellblech so, daß es die durch die Anfangsbedingung vorgegebene Kurve enthält. Überlegen wir uns dies genauer: Im Raum mit den Koordinaten t, x, ϱ denken wir uns die Anfangsbedingung $\varrho = \varrho(x, 0)$ als Kurve in der Koordinatenebene (x, ϱ) dargestellt. Durch jeden Punkt $x = x_0$ dieser Kurve ziehen wir die entsprechende Charakteristik $x = x_0 + vt$, $\varrho = \varrho(x_0, 0)$. Die Charakteristiken setzen sich zur Fläche $\varrho = \varrho(x, t)$ zusammen, die durch die Anfangsbedingung eindeutig bestimmt ist.

Falls die Autofahrer ihre Geschwindigkeit doch anpassen, zeigt sich eine interessante Schwierigkeit. Vernünftigerweise fährt man bei dichterem Verkehr langsamer, so daß man für $v(\varrho)$ eine monoton abnehmende Funktion verlangen muß. Als einfachstes Beispiel nehmen wir eine lineare Funktion,

$$v = v_0 \left(1 - \frac{\varrho}{\varrho_0}\right). \tag{5.4}$$

Dabei ist v_0 die Höchstgeschwindigkeit, mit der man bei ganz lockerem Verkehr fährt, und ϱ_0 die Grenzdichte, bei der der Verkehr stockt. Aus $j = \varrho\, v(\varrho)$ bekommen wir für dieses Beispiel folgende Fortpflanzungsgeschwindigkeit der Verdichtungen,

$$u = \frac{\mathrm{d}j}{\mathrm{d}\varrho} = v_0 \left(1 - 2\frac{\varrho}{\varrho_0}\right). \tag{5.5}$$

Außer bei verschwindender Verkehrsdichte ist u kleiner als die Geschwindigkeit v der Autos. Die Autos fahren also durch einen Verkehrsstau hindurch. Schon bei halber Grenzdichte wird u negativ, so daß der Stau sich rückwärts bewegt. Bei einer Raupe ist es anders: ihre Verdickungen bewegen sich immer nach vorn und mit größerer Geschwindigkeit als die Raupe selbst.

Zur angekündigten Schwierigkeit kommt es, wenn schon am Anfang der Verkehr nicht gleichmäßig dicht ist. Es seien z.B. zur Zeit $t = 0$ bei $x < x_1$ und bei $x > x_2 > x_1$ die Dichten konstant und gleich ϱ_1 bzw. $\varrho_2 > \varrho_1$. Dazwischen sei der Übergang linear. Im Grundriß verlaufen die Charakteristiken unten steiler als oben (Abb. 5.1), weil dort u kleiner ist. Im Zwischengebiet stauchen sich die Charakteristiken zusammen, bis die Grenzen zusammenlaufen. Danach gibt es eine Unstetigkeit wo die Dichte von ϱ_1 auf ϱ_2 springt. So eine Unstetigkeit nennt man eine *Stoßwelle*. Vorsichtige Autofahrer fahren zwar unbeschädigt hinein, beklagen sich aber trotzdem, weil sie auf einmal ihre Geschwindigkeit verlangsamen müssen. Auf der anderen Seite einer Verkehrsverdichtung geschieht nichts aufregendes, denn das Übergangsintervall wird da immer länger.

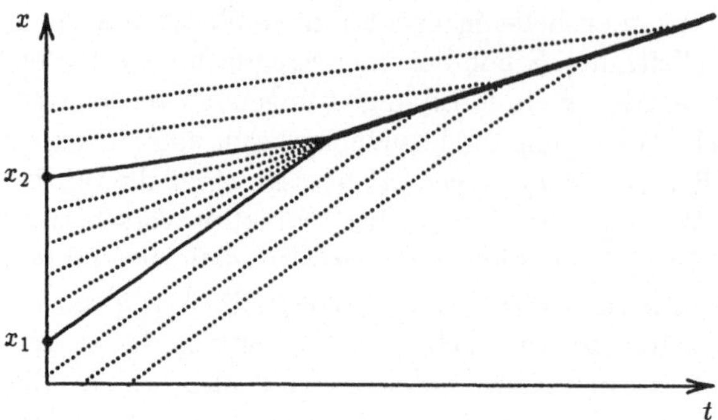

Abb. 5.1. Grundriß der Charakteristiken bei einem Verkehrsproblem. Zur Zeit $t = 0$ sind bei $x < x_1$ und bei $x > x_2 > x_1$ konstante Dichten ϱ_1 und $\varrho_2 > \varrho_1$ vorgeschrieben. Dazwischen gibt es für einige Zeit einen stetigen Übergang. Danach bildet sich eine stoßwellenartiger Stau (dick ausgezogen)

Im flachen Wasserbett ist es umgekehrt wie bei den Autos. Je dicker die Wasserschicht, desto schneller fließt sie. Wenn eine langsame dünne Schicht von einer schnellen dicken eingeholt wird, entsteht eine Stoßwelle, die fast wie eine Stufe aussieht. Am Ende der dicken Schicht aber gibt es einen immer länger werdenden Übergang in das dünne Gebiet. Wenn bei starkem Regen Wasser auf einer glatten steilen Straße herunterfließt, kann man kleine Stoßwellen gut beobachten. Bei einer dickeren Wasserschicht am flachen Strand überstürzen sich die Wellen.

Auch im Gas gibt es Stoßwellen. Man weiß, daß Verdichtungen und Verdünnungen mit Schallgeschwindigkeit fortschreiten. Bei einer starken Verdichtung muß man aber die dort erhöhte Temperatur und damit die erhöhte Schallgeschwindigkeit berücksichtigen. Die Verdichtung holt deshalb die vor ihr vorhandene Verdünnung ein, bis der Übergang ganz schroff wird, fast wie eine fortschreitende Wand.

Gar zu wörtlich soll man die Unstetigkeiten von Stoßwellen nicht verstehen, denn sie wurden von den mathematischen Modellen hervorgezaubert, nicht von der Natur selbst. Genauere Modelle können uns da belehren. Beim Gas berücksichtigt man u.a. die Wärmeleitung, die einen Temperaturausgleich bewirkt. Es zeigt sich dann, daß der Übergang innerhalb einer Stoßwelle doch stetig ist, obwohl die Übergangsschicht bei gewöhnlichem Druck nur wenige zehntausendstel Millimeter dick sein mag. Bei Wasserwellen ist es sicher nicht verwunderlich, daß senkrechte Stufen in Wirklichkeit nicht vorkommen. Schließlich ist auch der Autofahrer mit einem unstetigen Stau kaum einverstanden, da er zum Abbremsen eine endliche Zeit braucht. Übrigens ist die Unterscheidung zwischen stetig und unstetig gerade hier zweifelhaft und vom Modell aufgezwungen, da ja die Zahl der Autos keine kontinuierliche Größe ist. Ist es aber beim Gas prinzipiell besser, wenn man an seine Moleküle denkt?

Schon wegen der Stoßwellen können wir von den Autofahrern nicht verlangen, daß sie auf die Stetigkeit und Differenzierbarkeit ihrer Dichte achten würden. Es fragt sich, ob man auch eine nichtdifferenzierbare Dichte $\varrho(x,t)$ irgendwie als Lösung der Gleichung (5.2) zulassen könnte, obwohl dies nicht wörtlich zu verstehen wäre. Zu diesem Zweck müssen wir das Erhaltungsgesetz in Integralform darstellen, wobei wir wieder j statt ϱv schreiben werden. Der Gleichung (5.1) entspricht

$$\int_{x_1}^{x_2} [\varrho(x,t_2) - \varrho(x,t_1)]\,\mathrm{d}x = \int_{t_1}^{t_2} [j(x_1,t) - j(x_2,t)]\,\mathrm{d}t. \tag{5.6}$$

Dies kann man direkt aus der Anschauung herleiten, ohne auf die Differentialgleichung zurückzublicken. Nachdem wir beide eckigen Klammern aufbrechen, erkennen wir in den vier Integralen nacheinander die im Intervall $[x_1, x_2]$ zu den Zeiten t_2 und t_1 enthaltenen Autozahlen und die bei x_1 und bei x_2 während des Zeitintervalls $[t_1, t_2]$ herein- bzw. herausgeströmten Zahlen. Falls beide Funktionen stetig differenzierbar sind, können für kleine Intervalle die in beiden Integranden auftretenden Differenzen durch Differentiale approximiert werden, so daß im Grenzwert die Differentialgleichung folgt. Eigentlich haben wir die Kontinuitätsgleichungen schon im Abschn. 3.4 auf eben diese Weise hergeleitet, obwohl mit weniger Worten. Die Integralform (5.6) des Gesetzes ist die ursprüngliche und die Differentialform die hergeleitete.

Da beide Gleichungen nicht vollkommen gleichwertig sind, unterscheidet man bei partiellen Differentialgleichungen *starke Lösungen*, die entsprechend differenzierbar sein müssen, um der Gleichung tatsächlich zu genügen, und *schwache*, von denen man wegen ihrer Nichtdifferenzierbarkeit so etwas nicht behaupten kann, wenigstens nicht im herkömmlichen Sinne. Wohl aber erfüllen sie die mit entsprechenden Integralen ausgeschriebene Erhaltungsgleichung, der freilich die starken Lösungen auch genügen.

Aus der Gleichung (5.6) kann man berechnen, mit welcher Geschwindigkeit w eine Stoßwelle fortschreitet. Zu diesem Zweck wählen wir die Punkte x_1 und x_2 in nächster Nähe stromaufwärts bzw. stromabwärts von der Welle. Die beiden Dichten ϱ_1 und ϱ_2 sowie die Ströme j_1 und j_2 dürfen da als konstant gelten. Zu den Zeitpunkten t_1 und t_2 sei die Welle gerade bei x_1 bzw. x_2 angelangt, so daß $x_2 - x_1 = w\,(t_2 - t_1)$ ist. Die Integrale in (5.6) reduzieren sich zu Produkten. Nach Kürzung durch $(t_2 - t_1)$ haben wir eine sogenannte *Rankine-Hugoniot Bedingung* und daraus die gesuchte Geschwindigkeit:

$$w\,(\varrho_2 - \varrho_1) = j_2 - j_1, \quad w = \frac{j_2 - j_1}{\varrho_2 - \varrho_1}. \tag{5.7}$$

Bei schwachen Stoßwellen, d.h. bei relativ kleinen Dichteunterschieden stimmt w mit der früher eingeführten Geschwindigkeit $u = \mathrm{d}j/\mathrm{d}\varrho$ ziemlich gut überein, besonders wenn man die mittlere Dichte $\varrho = \frac{1}{2}(\varrho_1 + \varrho_2)$ in $u(\varrho)$ einsetzt.

Der Weg von einer partiellen Differentialgleichung erster Ordnung zur gewöhnlichen Differentialgleichung oder allgemeiner zu einem System solcher

Gleichungen läßt sich umdrehen. Als Beispiel nehmen wir das harmonische Pendel, dessen Bewegungsgesetz man durch zwei Gleichungen erster Ordnung für die Koordinate x und den Impuls $p = mv$ darstellen kann:

$$\frac{\mathrm{d}x}{\mathrm{d}t} = \frac{p}{m}, \qquad \frac{\mathrm{d}p}{\mathrm{d}t} = -kx. \tag{5.8}$$

In der Phasenebene (x, p) stellen wir die Lösungen $x(t)$, $p(t)$ als Bewegungen auf Phasenkurven, nämlich auf Ellipsen dar, wovon schon in Abschn. 4.1 die Rede war. Wie bekannt, bleibt für jede solche Bewegung die Energie die ganze Zeit konstant: $H(x(t), p(t)) = \mathrm{const}$. Das ist also ein *Integral* des Systems (5.8), wie man sagt. Die durch Koordinaten und Impulse ausgedrückte Energie wird üblicherweise die *Hamilton-Funktion* genannt und mit H bezeichnet. Aus der Zeitunabhängigkeit dieser Funktion für jede einzelne Bewegung folgt:

$$\frac{\mathrm{d}H}{\mathrm{d}t} = \frac{\partial H}{\partial x}\frac{\mathrm{d}x}{\mathrm{d}t} + \frac{\partial H}{\partial p}\frac{\mathrm{d}p}{\mathrm{d}t} = 0. \tag{5.9}$$

Indem wir die rechten Seiten von (5.8) einsetzen, bekommen wir folgende partielle Differentialgleichung:

$$\frac{\partial H}{\partial x}\frac{p}{m} - \frac{\partial H}{\partial p}\,kx = 0. \tag{5.10}$$

Das Beispiel ist ziemlich trivial, da wir die Hamiltonfunktion für diesen Fall gut kennen: $H = \frac{1}{2}(kx^2 + p^2/m)$. In drei Dimensionen mit den Koordinaten x, p, H stellen wir sie durch ein Paraboloid dar, auf dem die Phasenkurven als Höhenlinien erscheinen. Die angegebene Lösung ist aber bei weitem nicht die einzige; $H = F(\frac{1}{2}(kx^2 + p^2/m))$ ist auch eine, wobei F eine beliebige Funktion ist.

Als letztes Beispiel betrachten wir eine nichtstationäre Strömung einer inkompressiblen Flüssigkeit, wobei das Geschwindigkeitsfeld $\boldsymbol{v} = \boldsymbol{v}(\boldsymbol{r}, t)$ gegeben sei. Im Abschn. 4.1 überlegten wir uns, wie man die Bewegung eines einzelnen Tröpfchens bestimmt, also dessen Ort als Funktion der Zeit und des Anfangsortes berechnet: $\boldsymbol{r} = \boldsymbol{r}(t; \boldsymbol{r}_0)$. Dazu dient ein System dreier gewöhnlicher Differentialgleichungen,

$$\frac{d\boldsymbol{r}}{dt} = \boldsymbol{v}(\boldsymbol{r}, t). \tag{5.11}$$

Die entsprechende partielle Differentialgleichung ergibt sich, wenn man in Gedanken die Flüssigkeit mit einem Farbstoff versetzt. Sehen wir mal zu, nach welchem Gesetz sich die partielle Dichte ϱ des Farbstoffs ändert, wenn es keine merkliche Diffusion gibt. Die in jedem Tröpfchen vorhandene Farbstoffmasse bleibt erhalten. Da sich laut Annahme das Volumen des Tröpfchens nicht ändert, bleibt die partielle Dichte im Tröpfchen konstant. Das heißt, die substantielle Zeitableitung (Abschn. 3.4) verschwindet: $d\varrho/dt = 0$. So haben wir schon wieder eine Kontinuitätsgleichung:

$$\frac{\partial \varrho}{\partial t} + \boldsymbol{v} \cdot \nabla \varrho = 0. \tag{5.12}$$

In ihr erkennen wir eine partielle Differentialgleichung erster Ordnung mit vier unabhängigen Variablen, x, y, z, t. Gesucht wird die Lösung $\varrho(\boldsymbol{r}, t)$ für eine durch $\varrho(\boldsymbol{r}, 0) \equiv \varrho_0(\boldsymbol{r})$ gegebene Anfangsverteilung des Farbstoffs. Wir bemerken noch, daß der Koeffizient des Gradienten in (5.12) mit der rechten Seite in (5.11) übereinstimmt, genau so wie das auch bei den Gleichungen (5.10) und (5.8) der Fall war.

Wiederum ergibt sich die Lösung des zweiten Problems aus der des ersten. Indem wir die Bewegung der einzelnen Tröpfchen rückläufig verfolgen, invertieren wir in Gedanken die Funktion $\boldsymbol{r}(t; \boldsymbol{r}_0)$. So bestimmen wir den Anfangsort eines jeden Tröpfchens als $\boldsymbol{r}_0 = \boldsymbol{r}_0(\boldsymbol{r}, t)$. Da sich während der Wanderung des Tröpfchens die partielle Dichte des Farbstoffs in ihm nicht ändert, gilt

$$\varrho(\boldsymbol{r}, t) = \varrho_0(\boldsymbol{r}_0(\boldsymbol{r}, t)). \tag{5.13}$$

Das ist schon die Lösung der partiellen Differentialgleichung (5.12). Dabei ist (5.11) ihr charakteristisches Gleichungssystem, so daß die Funktionen $\boldsymbol{r} = \boldsymbol{r}(t; \boldsymbol{r}_0)$ ihre Charakteristiken sind.

Leser, denen die Grundlagen der analytischen Mechanik bekannt sind, werden sich erinnern, wie man die Bewegung eines konservativen klassischen Systems als Bewegung eines einzigen Punktes entlang einer Phasenkurve im Phasenraum darstellt. Für die Bewegung gelten die *Hamiltonschen Gleichungen*. Das ist ein System gewöhnlicher Differentialgleichungen, das an (5.11) erinnert. In der statistischen Mechanik fragt man nach der Wahrscheinlichkeitsdichte im Phasenraum und wie sie sich mit der Zeit verändert. Für sie gilt die *Liouvillesche Gleichung*, die ähnlich aussieht wie (5.12).

Aufgaben

5.1   Bei einer teilweise beschädigten Straße ist die bevorzugte Fahrgeschwindigkeit sowohl von der Verkehrsdichte wie auch von der Koordinate x abhängig. Wie sieht (5.2) in so einem Fall aus? Bei sehr dünnem Verkehr kommt nur die Abhängigkeit von x zur Geltung, so daß dann die Gleichung linear ist.

5.2   Überzeugen Sie sich, daß im Fall konstanter Geschwindigkeit die Funktion $\varrho(x - vt)$ wirklich der Gleichung (5.1) genügt. Versuchen Sie die Lösung auch ohne Bezug auf die Anschauung herzuleiten, indem Sie $x - vt = \xi$ und $x + vt = \eta$ als neue Variablen einführen. Es zeigt sich, daß ϱ von η nicht abhängt und eine beliebige Funktion von ξ sein darf.

5.3   Um die Fortpflanzungsgeschwindigkeit w einer Stoßwelle zu bestimmen, überlegen Sie sich die Rankine-Hugoniot Bedingung noch auf andere Weise. Gegen die Stoßwelle ist ein Strom j_1 gerichtet und ein Strom j_2 in entgegengesetzter Richtung. Wegen des Fortschreitens der Welle wächst der Bereich mit der kleineren Dichte, während der mit der größeren schrumpft. Dadurch wird die Differenz der Ströme ausgeglichen.

5.4   Bei einer flachen Wasserströmung auf geneigtem Boden sei das Längsprofil der Oberfläche anfänglich durch eine Sinusfunktion beschrieben (Amplitude $a \ll$ Wellenlänge λ und auch $\ll$ mittlere Wassertiefe $\overline{h}$). Die Strömungsgeschwindigkeit, gemittelt über die Dicke h der Schicht, ist proportional zu h^2 (vergleiche Abb. 4.5). Skizzieren Sie die Charakteristiken. Wie ändert sich das Profil mit der Zeit? Nach wie langer Zeit entstehen Stoßwellen?

5.5   In einem langen Zylinderrohr haben wir eine laminare Wasserströmung, in der ein Farbstoff verteilt ist. Bestimmen Sie für eine gegebene Anfangsverteilung seine partielle Dichte als Funktion der Koordinaten und der Zeit, ohne die Diffusion zu berücksichtigen.

5.6   Eine glatte senkrechte Wand beschmieren wir mit einer ungleichmäßig dicken Schicht einer stark viskosen Flüssigkeit, die danach langsam zu Boden fließt. Wie verändert sich die Dicke der Schicht? Von den Koordinaten soll die Dicke nur schwach abhängen, so daß eine ähnliche Behandlung erlaubt ist wie in einem Beispiel des Abschn. 4.4 (Abb. 4.5). Anmerkung: Die Lösung der gewonnenen partiellen Differentialgleichung erster Ordnung ist eigentlich trivial, so daß man sie hätte erraten können.

5.2 Klassifizierung partieller Differentialgleichungen

Nur ganz flüchtig soll erwähnt werden, wie sich die Idee der Charakteristiken auf einen gewissen Typus von Systemen partieller Differentialgleichungen erster Ordnung erweitern läßt. Sehen wir uns folgendes System zweier Gleichungen mit zwei unabhängigen Variablen an:

$$\frac{\partial}{\partial t}\begin{pmatrix} u \\ v \end{pmatrix} + C \cdot \frac{\partial}{\partial x}\begin{pmatrix} u \\ v \end{pmatrix} = 0. \tag{5.14}$$

Für ein erstes Verständnis wird es genügen, den einfachsten Fall einer konstanten Koeffizientenmatrix C zu betrachten.

Nehmen wir zuerst an, daß die Diskriminante $\Delta = (\operatorname{tr} C)^2 - 4\det C$ der Eigenwertgleichung positiv ist, so daß die Matrix C zwei verschiedene reelle Eigenwerte c_1 und c_2 hat. Man sagt, das System sei *hyperbolisch*. Zu jedem der Eigenwerte c_i kann man einen linken „Eigenvektor" (α_i, β_i) finden, so daß $(\alpha_i, \beta_i) \cdot C = c_i(\alpha_i, \beta i)$ gilt. Man sieht, daß die Funktionen $U_i = \alpha_i u + \beta_i v$ getrennten Gleichungen genügen:

$$\frac{\partial U_i}{\partial t} + c_i \frac{\partial U_i}{\partial x} = 0, \quad i = 1, 2. \tag{5.15}$$

Nach dem vorherigen Rezept bestimmen wir jetzt aus

$$\frac{\mathrm{d}x}{\mathrm{d}t} = c_i, \qquad i = 1,\, 2 \tag{5.16}$$

zwei charakteristische Richtungen in der (x, t)-Ebene, entlang derer das totale Differential von U_1 bzw. von U_2 verschwindet.

Gleichungssysteme obiger Art kann man zur Beschreibung von Wellenerscheinungen auf linearen Trägern benutzen. Dabei sind c_1 und c_2 die zwei möglichen Fortpflanzungsgeschwindigkeiten (nach rechts und links), entsprechend den durch (5.16) vorgeschriebenen Richtungen. Bei einem ruhenden Träger ohne innere Asymmetrie sind freilich die Geschwindigkeiten entgegengesetzt gleich: $c_{1,2} = \pm c$.

Auf ganz andere Verhältnisse stoßen wir, wenn die Matrix C so beschaffen ist, daß die Diskriminante der Eigenwertgleichung negativ ist. Dann bekommen wir nämlich konjugiert komplexe Eigenwerte und konjugiert komplexe „Eigenvektoren", die uns nichts nützen, solange wir nur reelle Differentialgleichungen für reelle Funktionen betrachten wollen. Solche Gleichungssysteme nennt man *elliptisch*. Schießlich gibt es noch den Grenzfall, daß beide Eigenwerte zusammenfallen, da die Diskriminante verschwindet. Das System heißt dann *parabolisch*. Eine etwas lockere Unterscheidung wäre also, daß ein System partieller Differentialgleichungen hyperbolisch oder elliptisch ist, je nachdem, ob man reelle Charakteristiken anwenden kann oder nicht. Eine einzelne partielle Differentialgleichung erster Ordnung ist in diesem Sinne immer hyperbolisch.

Manchmal gelingt es, aus einem System von zwei partiellen Differentialgleichungen eine der unbekannten Funktionen zu eliminieren und dadurch eine einzige Gleichung zweiter Ordnung herzuleiten. Aus (5.14) bekommt man durch Elimination von v folgende Gleichung für $u(x, t)$:

$$\frac{\partial^2 u}{\partial t^2} + \operatorname{tr} C \, \frac{\partial^2 u}{\partial x \partial t} + \det C \, \frac{\partial^2 u}{\partial x^2} = 0. \tag{5.17}$$

Indem wir eine neue Ortsvariable einführen,

$$\xi = \frac{2x - (\operatorname{tr} C)t}{\sqrt{|\Delta|}},$$

ohne die Zeit anzutasten, eliminieren wir die gemischte Ableitung. Bei den übriggebliebenen Ableitungen sind die Koeffizienten danach gleich ∓ 1 und 1, je nachdem, ob $\Delta > 1$ oder < 1 ist. Im parabolischen Fall ($\Delta = 0$) substituieren wir $\xi = x$, sowie $\tau = t - 2(\operatorname{tr} C)^{-1}x$ und lassen so auch die zweite Ableitung nach τ verschwinden.

Wir dürfen zusammenfassen: Die gewonnene vereinfachte Form der Gleichung hängt wesentlich davon ab, ob das ursprüngliche System hyperbolisch, elliptisch oder parabolisch war. Im ersten Fall ($\Delta > 0$) haben die beiden übriggebliebenen (reinen) zweiten Ableitung entgegengesetzte Vorzeichen, im zweiten ($\Delta < 0$) sind die Vorzeichen gleich und im dritten ($\Delta = 0$) fehlt eine dieser Ableitungen. Mit Recht übernehmen wir die Namen; in der endgültigen Klassifizierung wollen wir aber auch Terme niedrigerer Ordnung erlauben, die wir durch Punkte andeuten:

$$\frac{\partial^2 u}{\partial \xi^2} - \frac{\partial^2 u}{\partial t^2} + \cdots = 0, \quad (hyperbolisch), \tag{5.18}$$

$$\frac{\partial^2 u}{\partial \xi^2} + \frac{\partial^2 u}{\partial t^2} + \cdots = 0, \quad (elliptisch), \tag{5.19}$$

$$\frac{\partial^2 u}{\partial \xi^2} + \cdots \qquad = 0, \quad (parabolisch). \tag{5.20}$$

Partielle Differentialgleichungen mit zwei unabhängigen Variablen, die zweiter Ordnung sind und in denen die zweiten Ableitungen linear vorkommen, können immer in eine dieser drei Formen gebracht werden.

Bei mehr als zwei unabhängigen Variablen klassifiziert man auf ähnliche Weise. Wenn in der endgültigen Form alle reinen zweiten Ableitungen dasselbe Vorzeichen haben, etwa $(+++)$, und die Koeffizienten nicht verschwinden, so heißt die Gleichung elliptisch; bei einer hyperbolischen Gleichung ist eins der Vorzeichen verschieden, z.B. $(+ + -)$; bei einer parabolischen fehlt eine dieser zweiten Ableitungen, während die übrigen gleiches Vorzeichen haben $(+ + 0)$. Gleichungen mit noch andersartigen Vorzeichenkombinationen, wie z.B. $(+ + - -)$, spielen in den bisherigen Beschreibungen von Naturerscheinungen keine Rolle.

Bei den hyperbolischen Gleichungen mit mehreren räumlichen Variablen werden die Verhältnisse auch wegen der Charakteristiken verwickelter, denn da gibt es unendlich viele Fortpflanzungsrichtungen. Bei Darstellungen von Wellen im (r, t)-Raum entspringt aus jedem Punkt ein ganzer Kegel solcher Richtungen. Man denke an die Lichtkegel in der vierdimensionalen Raum-Zeit, mit denen man in der Relativitätstheorie viel zu tun hat. Das System der zeitabhängigen Maxwellschen Gleichungen ist jedenfalls hyperbolischer Art, wie man am besten nach ihrer Reduktion auf die Wellengleichung sieht.

Allen drei Typen von partiellen Differentialgleichungen zweiter Ordnung sind wir schon begegnet (Abschn. 3.7). Das bekannteste Beispiel einer hyperbolischen Gleichung ist die Wellengleichung, während wir uns beim elliptischen Typus an die Potentialgleichung erinnern dürfen. Schließlich gehört die Diffusionsgleichung, wie wir sie bei der Wärmeleitung kennen lernten, zu den parabolischen Gleichungen. Mit allen werden wir demnächst noch viel zu tun haben.

Aufgaben

5.7 Bei *Flachwasserwellen*, z.B. in einem Kanal mit flachem Grund, verwendet man als unbekannte Funktionen die Wassertiefe $h(x, t)$ und die horizontale Geschwindigkeit $v(x, t)$. Wegen der Änderungen der Tiefe müßte man eigentlich auch eine senkrechte Geschwindigkeitskomponente berücksichtigen und wegen der Viskosität auch Änderungen mit der Tiefe. Beides aber wollen wir vernachlässigen. Man erhält neben der Kontinuitätsgleichung noch eine, die das Newtonsche Gesetz ausdrückt. Schreiben Sie das Gleichungssystem auf und zeigen Sie, daß es hyperbolisch ist. Nach der Linearisierung bekommt man bei ursprünglich ruhendem Wasser die Fortpflanzungsgeschwindigkeiten $\pm c = \pm\sqrt{gh}$. Wie lautet die linearisierte Wellengleichung?

5.8   Um Schwingungen in einer Pfeife zu beschreiben, bedient man sich etwa der Gasdichte $\varrho(x,t)$ und der Strömungsgeschwindigkeit $v(x,t)$. Die Aufgabe ist ganz ähnlich wie die vorherige. Man muß nur noch wissen, wie der Druck von der Dichte abhängt. Bei nicht zu hohen Frequenzen darf man mit der adiabatischen (isentropischen) Kompressibilität

$$\chi_S = \frac{1}{\varrho}\left(\frac{\partial\varrho}{\partial p}\right)_S = \frac{1}{\varrho c^2}$$

rechnen, durch die die Schallgeschwindigkeit c bestimmt ist. Schreiben Sie das System beider Differentialgleichungen auf und zeigen Sie, daß es hyperbolisch ist. Nach der Linearisierung kann man es auf eine einzige Gleichung zweiter Ordnung überführen.

5.3   Die Diffusionsgleichung

Der Rest dieses Kapitels wird einigen speziellen partiellen Differentialgleichungen zweiter Ordnung gewidmet sein, wie sie bei der Beschreibung physikalischer Vorgänge auftreten. Manche sind uns schon aus der Vektoranalyse bekannt. Vom Suchen nach Lösungen werden wir entweder absehen oder uns meist mit ganz speziellen begnügen, nämlich mit solchen, in denen die Variablen *getrennt* sind. So werden wir bei einer Gleichung für $\varrho(x,t)$ versuchen, Lösungen der Form $\varrho(x,t) = X(x)\,T(t)$ zu finden. Wenn es solche gibt, genügt jeder Faktor einer gewöhnlichen Differentialgleichung. Das Anpassen an gegebene Anfangs- und Randbedingungen wird uns da keine Schwierigkeiten bereiten. Wie man das allgemein bei partiellen Differentialgleichungen tut, soll einem gesonderten Kapitel vorbehalten sein.

Die Erörterungen der Wärmeleitung im Abschn. 3.4 wollen wir jetzt erweitern, zuerst durch Zulassung von *Wärmequellen*. Damit ist keineswegs eine Erzeugung von Energie aus dem Nichts gemeint. Wir erlauben aber, daß das betrachtete System außer durch Wärmeleitung auch auf andere Weise Energie mit der Umgebung austauschen kann, nämlich durch mechanische Arbeit (man denke z.B. an Reibung), durch elektrische Arbeit, oder durch Ein- oder Ausstrahlung von Licht. Außerdem kann die innere Energie solche Quellen liefern, z.B. durch chemische Reaktionen oder durch radioaktiven Zerfall. Die Dichte der Wärmequellen, etwa in W/m^3 gemessen, wollen wir mit q bezeichnen. Sie tritt als zusätzlicher Term in der Kontinuitätsgleichung auf. Bei konstantem Druck gilt

$$\nabla \cdot \boldsymbol{j} = -\varrho\, c_p\, \frac{\partial T}{\partial t} + q. \tag{5.21}$$

Wie im Abschnitt 3.7 kombinieren wir dies mit dem Wärmeleitungsgesetz $\boldsymbol{j} = -\lambda\, \nabla T$ und eliminieren die Dichte des Wärmestroms $\boldsymbol{j}$. Bei konstantem λ folgt eine lineare partielle Differentialgleichung zweiter Ordnung, nämlich die inhomogene *Diffusionsgleichung*,

$$D\, \nabla^2 T = \frac{\partial T}{\partial t} - \frac{q}{\varrho\, c_p}. \tag{5.22}$$

Die Abkürzung $D = \lambda/\varrho\, c_p$ für den Koeffizienten kennen wir schon.

Gleichungen derselben Form erhalten wir auch bei der Beschreibung der Diffusion und verwandter Vorgänge. Einiges wurde schon im Abschn. 3.4 erwähnt, so daß der Leser selbst Beispiele ausarbeiten kann. Im folgenden werden wir allerlei Spezialfälle und auch Erweiterungen der Diffusionsgleichung besprechen. Einfachheitshalber werden wir uns auf die Terminologie der Wärmeleitung beschränken, obwohl vieles auch auf andere Transportvorgänge angewandt werden kann. Wenn es nicht anders erklärt sein wird, wollen wir den wärmeleitenden Körper als homogen und λ als temperaturunabhängig voraussetzen.

Im stationären Fall, bei dem die Temperatur nur von den Koordinaten abhängt, reduziert sich die Diffusionsgleichung (5.22) auf die auch schon bekannte Poissonsche Gleichung $\nabla^2 T = -q/\lambda$, oder in Abwesenheit von Quellen auf die Potentialgleichung $\nabla^2 T = 0$.

Der nächste Fall betrifft einen erwärmten Körper ohne eigene Wärmequellen, der sich in einer Umgebung mit konstanter Temperatur T_0 befindet. Seine Temperatur $T(\boldsymbol{r},t)$ strebt mit der Zeit gegen T_0. Man darf nach Fällen fragen, bei denen diese Näherung exponentiell verläuft, so daß folgende Zerlegung berechtigt ist:

$$T(\boldsymbol{r},t) = T_0 + u(\boldsymbol{r})\, e^{-t/\tau}. \tag{5.23}$$

Für die Funktion $u(\boldsymbol{r})$, die die Form des variablen Anteils des Temperaturprofils beschreibt, ergibt sich sofort die *Amplitudengleichung* (auch Helmholtzsche Gleichung genannt):

$$\nabla^2 u + k^2\, u = 0, \tag{5.24}$$

wobei $k^2 = 1/D\tau$ substituiert wurde. Wir haben ein Eigenwertproblem vor uns, da ja die Relaxationszeit τ und damit der Koeffizient k^2 in (5.24) nicht bekannt sind, sondern gleichzeitig mit der Lösung bestimmt werden müssen. Für den eindimensionalen Fall, d.h. wenn $u = u(x)$ ist, kennen wir schon die beiden linear unabhängigen Lösungen $\cos kx$ und $\sin kx$, aus denen sich die Lösung des Eigenwertproblems zusammensetzt.

Eine natürliche Erweiterung ist leicht zu erledigen. Die durch die Umgebung bedingte Temperatur der Körperoberfläche sei ungleichförmig, jedoch zeitunabhängig: $T_0 = T_0(\boldsymbol{r})$. Außerdem darf der Körper zeitunabhängige Wärmequellen der Dichte $q(\boldsymbol{r})$ enthalten. Zuerst versuchen wir, aus der Poissonschen

Gleichung zu den gegebenen Quellen und zu der vorgeschriebenen Oberflächentemperatur die stationäre Lösung $T_s(r)$ zu finden. In glücklichen Fällen gelingt dies analytisch, wie wir noch sehen werden, auf jeden Fall aber geht es numerisch mit dem Computer. Da die Gleichung (5.22) linear ist, findet man ihre Lösungen durch Zufügen der Lösung des homogenen Problems, z.B.

$$T(r, t) = T_s(r) + u(r)\, e^{-t/\tau}. \tag{5.25}$$

Tatsächlich stimmt der Ansatz, wenn u der Amplitudengleichung (5.24) genügt.

Solche Bemühungen dürften manchem als überflüssige Spielerei erscheinen, denn man könnte doch auf das ursprüngliche Problem auch direkt mit dem Computer loshacken. Dagegen muß man bedenken, daß durch rein numerische Arbeitsweise jede Einsicht in die Natur und die allgemeinen Eigenschaften der Lösungen verloren ginge. Eine derartige Einsicht kann viel helfen, wenn man Einflüsse verschiedener Parameteränderungen ohne wiederholte Rechnerei wenigstens qualitativ voraussagen möchte. Außerdem haben wir durch die obige Zerlegung die Zahl der unabhängigen Variablen um 1 verringert, was für die weitere Bearbeitung von großem Vorteil sein kann.

Oft wird ein Körper periodischen Temperatureinflüssen ausgesetzt, wie z.B. dem Wechsel von Tag und Nacht oder von Sommer und Winter. Einfachheitshalber werden wir uns vorstellen, daß der Einfluß sinusartig verläuft. Wenn nicht, können wir ihn ja nach Fourier entwickeln und danach (wegen der Linearität der Gleichung) den Einfluß jedes Entwicklungsterms gesondert berechnen. Es erscheint sinnvoll, nach besonderen Lösungen der Form

$$T(r, t) = T_0(r) + \mathrm{Re}[u(r)\, e^{-i\omega t}] \tag{5.26}$$

zu suchen. Wie vorher haben wir rechts eine Zerlegung in die Lösung des stationären inhomogenen Problems und eine Lösung des zeitabhängigen homogenen Problems vorgenommen. Durch Einsetzen stellen wir fest, daß die komplexe Amplitude wieder einer Amplitudengleichung genügt, jedoch mit einem imaginären Koeffizienten:

$$\nabla^2 u + \frac{i\omega}{D}\, u = 0. \tag{5.27}$$

Wenn man die Temperaturabhängigkeit von λ in (5.21) berücksichtigt, wird die Gleichung nichtlinear:

$$\nabla \cdot [\lambda(T)\, \nabla T] = \varrho\, c_p \frac{\partial T}{\partial t} - q. \tag{5.28}$$

Physikalisch gesehen handelt es sich nur um eine geringfügige Verallgemeinerung des früheren Falls (5.22). Die Nichtlinearität bringt jedoch ernste mathematische Schwierigkeiten mit sich. Deshalb rechnet man viel lieber mit konstantem λ, obwohl man bei allen Stoffen eine Temperaturabhängigkeit feststellt. Durch diese Vereinfachung *linearisiert* man die Gleichung, was bei kleinen Temperaturunterschieden durchaus zulässig ist. Vernünftigerweise substituiert man einen mittleren Wert von λ.

Aufgaben

5.9 Versuchen Sie für die Kontinuitätsgleichung (5.1) mit konstantem v eine Lösung mit getrennten Variablen zu finden.

5.10 In einer stationären Flüssigkeitströmung mit konstanter Geschwindigkeit strömt Wärme in entgegengesetzter Richtung. Welcher Differentialgleichung genügt $T(x,t)$? Gibt es eine stationäre Lösung?

5.11 Begründen Sie die Differentialgleichung für nichtstationäre Gasströmungen in einem porösen Material, wobei das Darcysche Gesetz (Abschn. 3.3) gelten soll.

5.12 Welche Differentialgleichung gilt für eine langsame isotherme nichtstationäre Gasströmung in einem langen dünnen zylindrischen Rohr? Rechnen Sie, als ob in jedem Moment und an jedem Ort die Poiseuillesche Formel gültig wäre, und vernachlässigen Sie die für die Beschleunigung nötigen Kräfte.

5.13 Begründen Sie die Diffusionsgleichung für ein ruhendes, verdünntes, binäres Gemisch.

5.14 In einem isolierten Stab mit kreisförmigem Querschnitt, der sich aber mit der Längskoordinate z langsam verändert, gibt es in der Längsrichtung einen nichtstationären Wärmestrom. Radiale Temperaturunterschiede sind zu vernachlässigen. Welche Differentialgleichung gilt für die Funktion $T(z,t)$? Anmerkung: Es lohnt sich nicht, von der dreidimensionalen Beschreibung auszugehen, sondern man fängt lieber von vorne, nur mit den Variablen z und t, an. Frage: Unter welchen Umständen ist die erwähnte Vernachlässigung berechtigt?

5.15 Betrachten Sie eine ähnliche Aufgabe wie die vorhergehende, jedoch für eine Platte, deren Dicke schwach von $\boldsymbol{r} = (x,y)$ abhängt. Gesucht wird $T(\boldsymbol{r},t)$.

5.16 Betrachten Sie einen längsgerichteten nichtstationären Wärmestrom in einem zylindrischen Stab, dessen Oberfläche Energie durch Strahlung in den leeren Raum abgibt. Radiale Temperaturunterschiede seien vernachlässigbar klein. (Begründen Sie, wann und warum man so rechnen darf!) Welcher Gleichung genügt die Temperatur als Funktion von x und t?

5.17 Im Abschn. 4.4. haben wir die Temperatur nahe den Enden eines elektrisch geheizten Drahtes für den stationären Fall berechnet. Welche Gleichung gilt für den nichtstationären Vorgang, z.B. während der Aufheizung des Drahtes?

5.18 Welche Gleichung gilt für die Wärmeleitung in einer dünnen, nach innen und außen isolierten Kugelschale?

5.19 In einem gleichmäßig durchlässigen Material, das auf einem waagerechten undurchlässigen Boden liegt, fließt Grundwasser. Gesucht wird eine Gleichung für die Funktion $z(x,y,t)$, die den Grundwasserspiegel beschreibt, unter der Bedingung $\partial z/\partial x \ll 1$ und $\partial z/\partial y \ll 1$. Man darf mit dem Gesetz von Darcy (Abschn. 3.3) rechnen.

5.20 Eine steile Meeresküste besteht aus einem gleichmäßig durchlässigen Material oberhalb eines waagerechten undurchlässigen Bodens. Im Durchschnitt steht das Grundwasser 5 m hoch, hebt und senkt sich jedoch langsam mit Ebbe und Flut. Wie verlaufen diese Schwankungen, wenn der Meeresspiegel selbst mit einer Amplitude von 15 cm und einer Periode von 12,4 Stunden sinusartig schwankt? Die Durchlässigkeit des Materials (definiert wie im Abschn. 3.3) beträgt $k = 0,001\,\mathrm{m^3\,s/kg}$.

5.21 Die Temperatur des Erdreichs hängt von der Tiefe und wegen täglicher sowie jährlicher Veränderungen auch von der Zeit ab. In welcher Tiefe vermindert sich die Amplitude der jährlichen Schwankungen um den Faktor e und um wieviel ist dort die Phase verzögert, wenn der Erdboden gleichmäßig ist und für ihn folgende Daten gelten: $\lambda = 0,6\,\mathrm{W/m\,K}$, $\varrho = 2,7\,\mathrm{g/cm^3}$, $c_p = 1000\,\mathrm{J/kg\,K}$?

5.22 In einem langen zylindrischen Rohr mit der Wandtemperatur T_0 gibt es eine laminare Strömung erhitzten Wassers. Nach längerem Lauf des Wassers vermutet man ein exponentielles Annähern seiner Temperatur an T_0. Begründen Sie dies! Wie sieht die Gleichung in dimensionsloser Form aus?

5.23 Eine laminare Wasserströmung im zylindrischen Rohr wird mit einem Farbstoff versetzt, und zwar so, daß die Farbstoffdichte nur von z, r und t abhängt. Welcher Gleichung genügt diese Funktion? Kann man Lösungen vermuten, die exponentiell von z und von t abhängen?

5.4 Die Schrödingergleichung

In der klassischen Mechanik beschreibt man die Bewegung eines Teilchens oder Systems, indem man seine Koordinaten als Funktionen der Zeit angibt. Im Gegensatz dazu behauptet die *Quantenmechanik*, daß eine streng definierte Bahn des Teilchens gar nicht existiert und daß deshalb eine ganz andersartige Beschreibung nötig ist. Meist gebraucht man zu diesem Zweck eine *Wellenfunktion*, die eine im allgemeinen komplexe Funktion der Koordinaten und der Zeit ist. Für ein einzelnes Teilchen ohne innere Struktur hat sie also die Form $\psi(\boldsymbol{r}, t)$. Dabei stellt man sich vor, daß $|\psi(\boldsymbol{r}, t)|^2\,\mathrm{d}^3 r$ die Wahrscheinlichkeit ist, daß sich das Teilchen zur Zeit t im Volumenelement $\mathrm{d}^3 r$ bei $\boldsymbol{r}$ befindet.

Auch das Bewegungsgesetz sieht in der Quantenmechanik ganz anders aus. Statt des Newtonschen Gesetzes haben wir nämlich die *Schrödingergleichung*, durch die die zeitlichen Änderungen der Wellenfunktion bestimmt sind. Für nichtrelativistische Energien – und nur von solchen wird hier die Rede sein – sieht sie so aus:

$$\hat{H}\psi = \mathrm{i}\hbar\,\frac{\partial\psi}{\partial t}. \tag{5.29}$$

Dabei ist $\hbar$ die durch 2π geteilte *Plancksche Konstante* (siehe Anhang A.6). Vorne steht der *Hamiltonoperator* $\hat{H}$, auch Energieoperator genannt, weil er die Rolle der Gesamtenergie übernimmt. Für ein einzelnes Teilchen (ohne innere Struktur) in einem Potentialfeld $W_p(r)$ hat er folgende Form,

$$\hat{H} = -\frac{\hbar^2}{2m}\,\nabla^2 + W_p(r).\tag{5.30}$$

Mit dieser Substitution wird die Schrödingergleichung (5.29) der Diffusionsgleichung (5.22) ähnlich, nur daß jetzt die Zeitableitung mit einem Faktor i versehen ist. Eben wegen dieses Faktors erinnern die Lösungen in etwas abstrakter Weise oft an Wellen (daher der Name). Sie sehen jedenfalls ganz anders aus als bei der Diffusion oder Wärmeleitung.

Es wäre noch zu bemerken, daß die Lösungen im *Hilbert-Raum* L^2 gesucht werden. Dieser Raum umfaßt alle Funktionen, bei denen das Integral (nach Lebesgue) von $|\psi|^2\,\mathrm{d}^3 r$ über den ganzen Raum konvergiert. Um die Vorstellung einer Wahrscheinlichkeitsverteilung aufrechtzuerhalten, normiert man die Lösungen gern so, daß jenes Integral gleich 1 ist. Trotzdem enthält die Lösung einen unbestimmten konstanten *Phasenfaktor* $\mathrm{e}^{\mathrm{i}\varphi}$, der aber auf die aus ihr berechneten physikalischen Größen (wie z.B. die oben erwähnte Wahrscheinlichkeit) keinerlei Einfluß hat. Wir sehen schon, daß der Wellenfunktion keine direkte physikalische Bedeutung zukommt. Sie ist vielmehr so etwas wie ein mathematisches Zwischending, aus dem erst durch weitere Berechnungen Aussagen folgen, die man mit Beobachtungen vergleichen kann.

Bei Anwendungen der Quantenmechanik sucht man zuerst nach Lösungen der Schrödingergleichung. Damit ist aber nicht der Endzweck erreicht, sondern man benützt die Lösung, um z.B. Mittelwerte von allerlei physikalischen Größen zu berechnen. Diese werden im Formalismus ganz allgemein durch Operatoren ersetzt, wie z.B. die Energie durch den Operator $\hat{H}$. Ein anderes Beispiel ist der Impuls des Teilchens, den in quantenmechanischen Rechnungen der Operator

$$\hat{p} = -\mathrm{i}\hbar\,\nabla\tag{5.31}$$

ersetzt. Beide erwähnten Operatoren stehen zueinander in derselben Beziehung wie im klassischen Fall: $\hat{H} = \hat{p}^2/2m + W_p$. Die potentielle Energie wird unverändert aus dem klassischen übernommen, indem man sie als Multiplikationsoperator gebraucht.

Wird eine physikalische Größe A bei demselben Zustand des Systems wiederholt exakt gemessen, so bekommt man nicht immer das gleiche Resultat, eben weil es keine bestimmten Bahnen gibt. Jede ideal genaue Messung kann nur einen der *Eigenwerte* a_i (allgemeiner einen Spektralwert) des zu A gehörigen Operators $\hat{A}$ ergeben, d.h. einen solchen, für den die Gleichung $\hat{A}\,\phi_i = a_i\,\phi_i$ eine nicht triviale Lösung $\phi_i(r)$ hat. Man nennt dies eine *Eigenfunktion* des Operators $\hat{A}$. Bei oft wiederholter Messung nähert sich der Mittelwert der Meßergebnisse dem *quantenmechanischen Mittelwert*

$$\bar{A} = \int \psi^* \hat{A} \psi \, \mathrm{d}^3 r.$$ (5.32)

In Ausnahmefällen, nämlich dann wenn die Wellenfunktion einer der Eigenfunktionen des Operators (wie ϕ_i im obigen Beispiel) proportional ist, ist das Meßergebnis jedesmal dasselbe, nämlich gleich dem zugehörigen Eigenwert.

Wenn sich mit der Zeit nur der Phasenfaktor der Wellenfunktion ändert, sagt man, der Zustand sei stationär. Alles, was man messen kann, insbesondere alle Mittelwerte, sind nämlich bei einem solchen Zustand zeitunabhängig. Um derartige Zustände zu bestimmen, versuchen wir die Gleichung (5.29) mit dem Ansatz $\psi(\boldsymbol{r}, t) = u(\boldsymbol{r}) \, \mathrm{e}^{-\mathrm{i}\omega t}$ zu lösen. Es folgt, daß der ortsabhängige Faktor der *stationären Schrödingergleichung*

$$\hat{H} u(\boldsymbol{r}) = W u(\boldsymbol{r})$$ (5.33)

genügen muß. Das heißt, u muß eine Eigenfunktion des Hamiltonoperators sein. Der zugehörige Eigenwert $W = \hbar\omega$ gibt die Energie des Systems an, die für so einen Zustand eindeutig bestimmt ist. Nachdem man den Ausdruck (5.30) einsetzt, nimmt die stationäre Schrödingergleichung (5.33) die Form der *Amplitudengleichung* (5.24), d.h $\nabla^2 u + k^2 u = 0$ an, jedoch im allgemeinen mit ortsabhängigem

$$k^2 = (2m/\hbar^2)[W - W_p(\boldsymbol{r})].$$

Man merkt, daß die eckige Klammer die kinetische Energie darstellt, die dem Teilchen am Ort $\boldsymbol{r}$ zukommt. Da $W_k = mv^2/2 = p^2/2m$ gilt, entspricht ihr ein Impuls der Größe $p = \hbar k$. Obwohl das erwähnte Wellenbild ziemlich gewagt ist, substituiert man manchmal $k = 2\pi/\lambda$ und nennt λ die *de Brogliesche Wellenlänge*. Wir sehen, daß $\lambda = 2\pi\hbar/p$ ist.

Aufgaben

5.24 Suchen Sie für den Fall, daß kein Feld vorhanden ist ($W_p = 0$), eine Lösung der Schrödingergleichung, die sowohl von x als auch von t exponentiell abhängt. Wie steht es hier mit dem Impuls und mit der kinetischen Energie? Anmerkung: Da in diesem Fall das Raumintegral von $|\psi|^2$ divergiert, gehört diese Lösung nicht zu L^2 und kann nicht in der angegebenen Weise normiert werden.

5.25 Zwischen parallelen Wänden springt ein Teilchen hin und her, was mit einer eindimensionalen Schrödingergleichung beschrieben werden soll. Setzen Sie innen $W_p = 0$ und in der Wand $W_p = \infty$. Letzterem entspricht die Randbedingung $\psi = 0$. Bestimmen Sie die Lösungen der stationären Schrödingergleichung und die entsprechenden Eigenwerte der Energie. Wieso ist der Mittelwert des Impulses gleich Null?

5.26 Das Elektron im Wasserstoffatom bewegt sich im Coulombschen Potential $W_p = e^2/4\pi\epsilon_0 r$. Die stationäre Schrödingergleichung besitzt in diesem Fall eine Lösung, die proportional zu $\exp(-r/r_0)$ ist. Dabei stimmt r_0 mit dem Radius der kleinsten Kreisbahn im alten Bohrschen Atommodell überein und heißt deshalb der *Bohrsche Radius*. Bestimmen Sie seinen Wert und auch den Eigenwert der Energie.

5.5 Schwingende Saite und Membran

Das Schwingen einer *Saite* werden wir so behandeln, als ob sie ein ideal dünner und ideal biegsamer gespannter Faden wäre. Seine Teile sollen sich nur wenig und nur in senkrechter Richtung von der durch die Ruhelage bestimmten Geraden entfernen. Auch die Neigung der Saite gegen die Gerade soll klein bleiben.

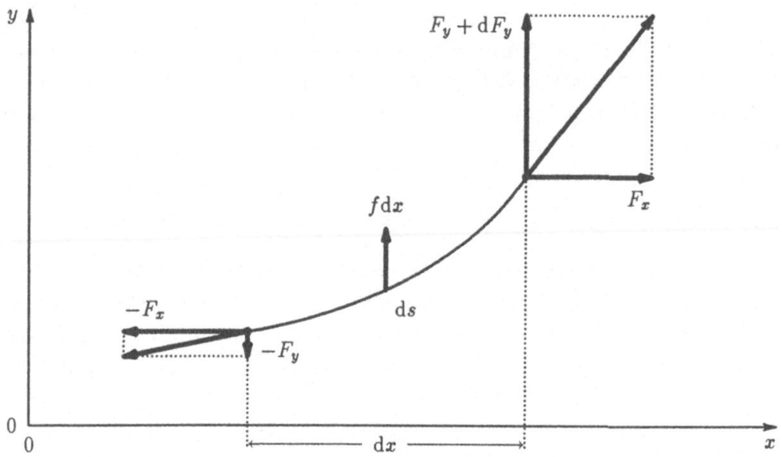

Abb. 5.2. Die Kräfte, die auf einen kleinen Abschnitt der schwingenden Saite wirken. Die senkrechten Koordinaten sind stark vergrößert

Um zur Gleichung zu kommen, die für das Schwingen der Saite gilt, stellen wir uns die Kräfte vor, die auf einen kurzen Abschnitt wirken (Abb. 5.2). Um das Bild deutlicher zu machen, sind die senkrechten Koordinaten (y) stark vergrößert, und auch die Krümmung der Saite ist übertrieben dargestellt. Um lästigem Kopfweh wegen der Vorzeichen vorzubeugen, sind alle für die Analyse wichtigen Größen im Bilde positiv gewählt.

Die Masse pro Längeneinheit ist ϱS, wenn ϱ die Dichte und S der Querschnitt der Saite sind. Falls auf die Saite eine Querkraft wirkt (senkrecht im Bilde), soll ihre lineare Dichte (Kraft pro Längeneinheit) mit f bezeichnet werden. Dies könnte z.B. das Gewicht der Saite sein, also $f = -\varrho g S$, wobei die

Saite waagerecht aufgespannt ist und y nach oben zeigt. Auf den Abschnitt mit der Bogenlänge ds wirken außer der Kraft $f\,ds$ noch die Spannungskräfte an beiden Enden. Sie haben die Richtungen der jeweiligen Tangenten. Wir zerlegen sie in Komponenten in den Richtungen x und y. Die horizontalen Komponenten müssen entgegengesetzt gleich sein, so daß sie sich die Waage halten, denn sonst würde es auch in Richtung x eine Beschleunigung geben, im Gegensatz zu unserer Annahme. Der Unterschied dF_y in der Größe der senkrechten Komponenten trägt zur Resultante bei, die nach dem Newtonschen Gesetz die Beschleunigung bestimmt: $dF_y + f\,ds = \varrho S\,ds\,\partial^2 y/\partial t^2$. Da die Saite nur schwach geneigt ist ($|\partial y/\partial x| \ll 1$), dürfen wir den Bogen ds ruhig durch seine Projektion dx ersetzen. Wenn wir noch berücksichtigen, daß $F_y = (\partial y/\partial x)\,F_x$ ist, kommen wir zur *Wellengleichung*

$$\frac{\partial^2 y}{\partial x^2} = \frac{1}{c^2}\frac{\partial^2 y}{\partial t^2} - \frac{f}{F_x}. \tag{5.34}$$

Es wird sich bald herausstellen, daß $c = (F_x/\varrho S)^{1/2}$ die Geschwindigkeit wandernder Wellen auf der Saite ist.

Bemerkung: Es mag sein, daß die Verteilung der äußeren Kräfte nicht stetig ist sondern diskret, so daß z.B. bei x_1 eine Kraft F_1 in Richtung y zieht. In einem solchen Fall zeichnen wir ein Kräfteparallelogramm, um herauszubekommen, wie stark dort die Saite geknickt ist, also wie groß der Sprung ihrer Neigung ist: $\Delta(\partial y/\partial x) = -F_1/F_x$. Mit mehr Aufwand und weniger Denken verhilft uns der Ansatz $f = F_1\,\delta(x - x_1)$ zu demselben Ergebnis.

Es bleibt noch, besondere Beispiele zu erörtern sowie solche Lösungen zu finden, die mit den bisherigen Kenntnissen erreichbar sind. Zuerst fragen wir, wie sich im Gleichgewicht eine waagerechte Saite wegen ihres Gewichts deformiert. Von (5.34) bleibt nur eine gewöhnliche Differentialgleichung übrig, $d^2 y/dx^2 = -\varrho g/F_x$, in der wir eine eindimensionale *Poissonsche Gleichung* erkennen. Ihre Lösung ist durch ein quadratisches Polynom gegeben, so daß die Saite die Form einer Parabel annimmt. Hier wird der Leser aufspringen: wieso Parabel, wenn doch jedermann weiß, daß es eine Kettenlinie ist? – Darüber sollten wir uns eigentlich nicht mehr aufregen. Als Strafe für all die Vereinfachungen bekamen wir die Parabel, die aber für $|dy/dx| \ll 1$ eine durchaus erlaubte Näherung für die Kettenlinie ist.

Bei einer stark gespannten Saite ist der Einfluß der Schwere unmerklich, so daß (5.34) durch Weglassung des Terms $-f/F_x$ in die homogene Wellengleichung übergeht. Für sie hat man mit Hilfe der Charakteristiken sogar die allgemeine Lösung gefunden,

$$y = \Phi(x - ct) + \Psi(x + ct), \tag{5.35}$$

wobei Φ und Ψ zwei beliebige, zweimal differenzierbare Funktionen sind. Bei einer sinnvollen Verallgemeinerung kann man sogar Funktionen zulassen, die nur stetig sind; die Saite mag dabei wandernde Knicke haben, die ihr aber nicht schaden. Das sind *schwache Lösungen*.

Die einzelnen Terme rechts in (5.35) beschreiben beliebig geformte Wellen, von denen die eine nach rechts wandert und die andere nach links. Jede dieser Wellen behält ihre durch die angegebene Funktion bestimmte Form bei. Wir sehen unmittelbar, daß c tatsächlich die Fortpflanzungsgeschwindigkeit der Wellen ist. Die Frage, wie wir zur Lösung gekommen sind, müßten wir eigentlich gar nicht aufwerfen. Jederman hat ja schon einmal als Kind auf einem langen Seil wandernde Wellen erzeugt und bewundert. Mit solcher Erfahrung errät man die Lösung und bestätigt durch Substitution, daß sie der Gleichung genügt.

Schwingungen, die mit der Zeit periodisch verlaufen, sind leicht zu finden. Wenn keine äußeren Kräfte wirken, setzen wir $y(x,t) = \mathrm{Re}[u(x)\mathrm{e}^{-i\omega t}]$. Damit reduziert sich das Problem auf eine gewöhnliche Differentialgleichung, nämlich die eindimensionale *Amplitudengleichung* $u'' + k^2 u = 0$, wobei wieder $k = \omega/c$ ist. Je nachdem, ob wir an wandernden oder stehenden Wellen interessiert sind, wählen wir als linear unabhängige Lösungen e^{ikx}, e^{-ikx}, bzw. $\cos kx$, $\sin kx$. Für die wandernden Wellen überzeugen wir uns wieder, daß c ihre Fortpflanzungsgeschwindigkeit ist. Bei Eigenschwingungen der Seite sind die Frequenz und damit k nicht im voraus gegeben, sondern müssen aus den Randbedingungen bestimmt werden. Meist ist die Saite an beiden Enden befestigt, so daß dort $u = 0$ ist.

Falls eine periodische äußere Kraft einwirkt, z.B. $f(x,t) = f_0(x)\,\mathrm{Re}(\mathrm{e}^{-i\omega t})$, kommt es zu erzwungenem Schwingen der Saite. Wir suchen spezielle Lösungen der soeben angegebenen Form, wobei aber k jetzt vorgeschrieben ist, und bekommen eine inhomogene Amplitudengleichung: $u'' + k^2 u = f_0$.

Ganz ähnlich wie bei der Saite behandelt man auch Schwingungen einer eingespannten *Membran*. Im Gleichgewicht und wenn man vom Einfluß der Schwere absehen kann, sei die Membran waagerecht, bei $z = 0$ gelegen. Das Schwingen wird durch eine Funktion $z(x,y,t)$ beschrieben. Auch hier sollen die Neigungen $\partial z/\partial x$ und $\partial z/\partial y$ überall klein gegen 1 sein. Die Masse pro Flächeneinheit ist ϱh, wenn h die Dicke der Membran ist. Die Spannung soll isotrop sein, so daß sie durch einen Skalar γ (etwa in Newton pro Meter) beschrieben wird. Wenn es auch äußere Kräfte gibt, sollen sie nur senkrecht zur Membran wirken. Man beschreibt sie durch ihre Flächendichte, d.h. durch den Druckunterschied p. Er soll als positiv gelten, wenn er die Membran nach oben treibt.

Auf der Membran kennzeichnen wir ein kleines Stück, dessen Projektion auf die waagerechte Ebene ein Rechteck mit den Seiten $\mathrm{d}x$ und $\mathrm{d}y$ sei. An den Seiten ziehen wegen der Spannung vier Kräfte, die wir paarweise genauso behandeln wie die auf Abb. 5.2. Die Resultante dieser Kräfte und der Außenkraft $p\,\mathrm{d}x\,\mathrm{d}y$ verleiht der Masse $\varrho h\,\mathrm{d}x\,\mathrm{d}y$ die Beschleunigung $\partial^2 z/\partial t^2$. Nach Newton gilt also

$$\mathrm{d}_x\left(\gamma\,\mathrm{d}y\,\frac{\partial z}{\partial x}\right) + \mathrm{d}_y\left(\gamma\,\mathrm{d}x\,\frac{\partial z}{\partial y}\right) + p\,\mathrm{d}x\,\mathrm{d}y = \varrho g h\,\mathrm{d}x\,\mathrm{d}y\,\frac{\partial^2 z}{\partial t^2}.$$

Mit d_x bezeichneten wir eine kleine Differenz zwischen rechts und links, d.h. zwischen den Werten des eingeklammerten Ausdrucks bei $x + \mathrm{d}x$ und bei x, und ähnlich für d_y. Nach Division mit $dx\,dy$ bekommen wir im Grenzwert eine zweidimensionale inhomogene Wellengleichung,

$$\nabla^2 z = \frac{1}{c^2}\frac{\partial^2 y}{\partial t^2} - \frac{p}{\gamma},\tag{5.36}$$

wobei $c^2 = \gamma/\varrho h$ ist. Vorne steht der zweidimensionale Laplacesche Operator: $\nabla^2 = \partial^2/\partial x^2 + \partial^2/\partial y^2$. Es soll noch bemerkt werden, daß es gar nicht nötig war, sich auf ein kartesisches Koordinatennetz festzulegen. Mit etwas mehr Nachdenken hätten wir ebenso mit einem beliebig geformten kleinen Stück der Membran arbeiten können.

Als Beispiel erwähnen wir zuerst das Gleichgewicht einer unbelasteten Membran, bei der sich (5.36) auf die Potentialgleichung $\nabla^2 z = 0$ reduziert. Wahrhaftig: In der Form einer Seifenblase, die wir zwischen den Fingern aufspannen, müssen wir eine Lösung dieser berühmten Gleichung erblicken. Bei Belastung folgt die entsprechende inhomogene (Poissonsche) Gleichung, $\nabla^2 z = -p/\gamma$. Zur Übung möge der Leser die Form einer mit gleichmäßigem Druckunterschied belasteten Membran ($p = $ const) berechnen, wenn sie auf einem Kreisring aufgespannt ist. Er wird ein Paraboloid bekommen und sich abermals beklagen: Jedes Kind weiß doch, daß eine aufgeblasene Seifenblase Kugelform annimmt. Das macht wieder nichts aus, denn das Paraboloid ist eben eine Näherung an die Form der Kugelkappe. Unter den obigen Bedingungen darf die Kugelkappe nur sehr flach sein, so daß das Paraboloid keine schlechte Näherung ist.

Aufgaben

5.27 Wie hängt die Amplitude erzwungener Saitenschwingungen von der Frequenz ab, wenn eine gleichmäßig verteilte periodische Kraft $fa\cos\omega t$ mit vorgeschriebener Amplitude auf die Saite (Länge a, Spannung F) wirkt?

5.28 Das *Kettenlinienproblem* unterscheidet sich von dem der belasteten Saite insofern, als die Neigung dy/dx nicht mehr klein gegen 1 ist, so daß man für ds nicht mehr dx substituieren darf. Die Differentialgleichung wird damit nichtlinear; dennoch ist sie einfach zu lösen.

5.29 An einer sich drehenden Achse ist eine Kette angebunden, so daß sie sich mitdreht. Zeigen Sie, daß die beständige Form, die man als *zentrifugale Kettenlinie* bezeichnen könnte, durch die Funktion sinus amplitudinis (Abschn. 4.8) beschrieben wird.

5.30 Was für eine Differentialgleichung gilt für ein hängendes Seil, wenn es wie ein biegsames Schwerependel mit kleiner Amplitude hin und her schwankt? Welche Gleichung folgt für die Eigenschwingungen? Anmerkung: Durch eine Substitution, die in Kamke (im Anhang zitiert) zu finden ist, wird die Gleichung in die Besselsche übergeführt. Die Lösung kann dann durch die Funktion J_0 ausgedrückt werden.

5.31 Ein langer zylindrischer Stab wird an einem Ende schnell hin und her tordiert, ähnlich wie man Wäsche auswringt. Wie schnell schreiten die entstandenen Torsionswellen fort?

5.32 In ruhendes Wasser wird in senkrechter Lage eine Platte getaucht, die vom Wasser benetzt wird. An der Wand krümmt sich der Wasserspiegel wegen der Oberflächenspannung nach oben. Berechnen Sie seine Form! Anmerkung: Das Gleichgewicht für einen Streifen der Oberfläche wird wie bei der Saite in Abb. 5.2 behandelt, jedoch ohne die dortige Vereinfachung. Der Druckunterschied entspricht der Erhöhung des Spiegels und bewirkt seine Krümmung. In größerer Entfernung von der Wand wird die Gleichung linear und ihre Lösung vereinfacht sich zu einer Exponentialfunktion. Wie groß ist die Relaxationslänge?

5.6 Die Telegrafengleichung

Will man bei einer schwingenden Saite auch die Dämpfung berücksichtigen, so ist eine kleine Erweiterung der Wellengleichung nötig. Am einfachsten ist es, wenn die dämpfende Kraft der Geschwindigkeit $\partial y/\partial t$ proportional ist, so daß die Gleichung linear bleibt. So einem Fall begegnen wir beim Saitengalvanometer, dessen metallene Saite an einen Widerstand angeschlossen ist und in einem querorientierten Magnetfeld schwingt. Diese Schwingungen gehorchen einer Kombination der Diffusions- und Wellengleichung, die als die *Telegrafengleichung* bekannt ist.

So eine Gleichung gilt auch für veränderliche elektrische Ströme in Telegrafenkabel – daher der Name. Nur wenn das Kabel verlustlos ist, gilt die Wellengleichung, sonst aber die Telegrafengleichung. Mit ihrer Herleitung wollen wir neu beginnen, obwohl es vom mathematischen Standpunkt nichts neues geben wird. Wir werden ja nur Worte aus der Mechanik oder Wärmeleitung durch entsprechende aus der Elektrotechnik ersetzen.

Ein koaxiales Kabel besteht aus einem metallenen Mantel mit einem isolierten Draht in der Achse. Pro Längeneinheit habe es einen Widerstand r, Kapazität f und Induktivität l. Um die Gleichung noch allgemeiner zu gestalten, lassen wir eine unvollkommene Isolation zu, und zwar soll ihr reziproker Widerstand pro Längeneinheit gleich s sein. Die Dimensionen dieser vier Größen sind durch folgende Einheiten erklärt: Ω/m, Farad/m, Henry/m, Ω^{-1}/m. Um Worte zu sparen, nehmen wir an, daß der Mantel des Kabels widerstandslos ist und daß dort ständig das Potential $U = 0$ herrscht. An einem Ende des Kabels (bei $x = 0$) schließen wir eine veränderliche Spannung an, sonst aber stören wir das Kabel nicht. Der Strom im Kabeldraht und die Spannung zwischen beiden Elektroden sind Funktionen der Längskoordinate und der Zeit, $I = I(x,t)$, $U = U(x,t)$, wobei $U(0,t)$ gegeben ist.

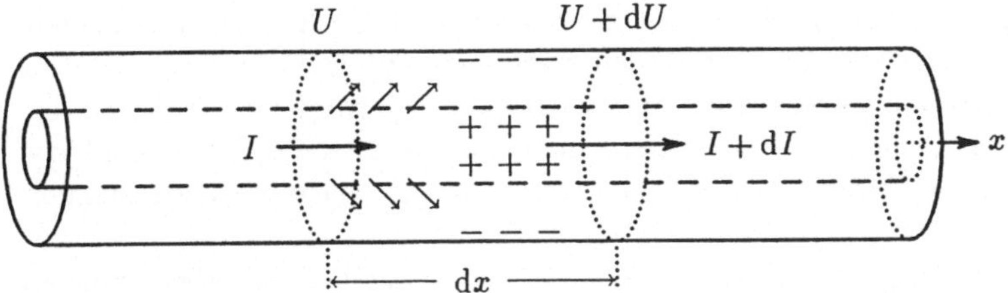

Abb. 5.3. Das koaxiale Kabel

Um zu Gleichungen für diese Funktionen zu gelangen, stellen wir zuerst den Spannungsabfall an einem kurzen Kabelstück fest (Abb. 5.3). Er wird, wie bekannt, durch den Widerstand und die Induktivität bestimmt:

$$\mathrm{d}U = -\left(r\,\mathrm{d}x\right)I - \left(l\,\mathrm{d}x\right)\frac{\partial I}{\partial t}.$$

Auch der Strom bleibt nicht derselbe, nämlich wegen der Verluste durch die Isolation und wegen des Auffüllens der Kapazität:

$$\mathrm{d}I = -\left(s\,\mathrm{d}x\right)U - \left(f\,\mathrm{d}x\right)\frac{\partial U}{\partial t}.$$

Auf Vorzeichen muß man hier besonders achtgeben: Der Strom ist positiv, wenn er in Richtung des wachsenden x fließt. Nach Division durch $\mathrm{d}x$ differenzieren wir beide Seiten der ersten Gleichung nach x und substituieren $\partial I/\partial x$ aus der zweiten. Schon haben wir die Telegrafengleichung:

$$\frac{\partial^2 U}{\partial x^2} = fl\,\frac{\partial^2 U}{\partial t^2} + (rf + ls)\,\frac{\partial U}{\partial t} + rs\,U. \tag{5.37}$$

Man merkt sofort, daß für ein verlustloses Kabel ($r = 0$, $s = 0$) die Telegrafengleichung auf die homogene Wellengleichung zusammenschrumpft. Ein Vergleich mit (5.34) zeigt, daß die Fortpflanzungsgeschwindigkeit elektrischer Wellen in solch einem Kabel durch $c^2 = 1/lf$ gegeben ist. Man berechnet c durch das Einsetzen von Formeln für f und l, die in Physiklehrbüchern zu finden sind, die aber der Leser auch selbst herleiten kann. Für den Fall, daß zwischen den Elektroden leerer Raum ist, gilt $f = 2\pi\epsilon_0/\ln(r_2/r_1)$ und $l = (\mu_0/2\pi)\ln(r_2/r_1)$, so daß $c = 1/\sqrt{\epsilon_0\mu_0} = 3 \cdot 10^8\,\mathrm{m/s}$ resultiert. Das ist derselbe Wert wie für elektromagnetische Wellen im Vakuum.

Der allgemeinere Fall ($r \neq 0$ oder $s \neq 0$ oder beides), bei dem die Wellen gedämpft sind, ist viel interessanter. Die Dämpfung allein wäre für Anwendungen in der Telegrafie und beim Telefon nicht einmal so ein Unglück; man kann sich ja mit Verstärkern helfen. Schlimmer ist es, daß so ein Kabel *Dispersion* aufweist, womit gemeint ist, daß die Wellengeschwindigkeit von der Frequenz abhängt. Ein elektrisches Signal, wenn es nicht gerade sinusartig ist, kommt daher am anderen Ende nicht nur geschwächt, sondern möglicherweise bis zur

Unverständlichkeit verzerrt an. Dazu kommt es, weil die einzelnen sinusartigen Bestandteile des Signals verschieden stark gedämpft sind und verschieden schnell laufen, so daß sie sich am Ende anders überlagern als am Anfang. Wir möchten aus der Gleichung (5.37) mehr über die Dispersion erfahren und vor allem herausfinden, ob man ihr durch geeignetes Abändern des Kabels begegnen kann.

Da die Gleichung linear ist, gibt es in jedem Fall sinusartige (obwohl gedämpfte) fortschreitende Wellen, wie wir schon stillschweigend erraten haben. Wir können zwischen *erzwungenen* und *freien Wellen* wählen. Die ersten werden erzeugt, indem man am Anfang des Kabels eine sinusartig schwingende Spannung (mit gleichbleibender Amplitude) anlegt. Nach längerer Zeit schwingt die Spannung überall sinusartig und mit unveränderter Amplitude; bei wachsendem x wird jedoch die Amplitude kleiner, und die Phase verzögert sich. Freie Wellen sind schwieriger auszulösen. Wir können uns vorstellen, daß wir durch eine Zauberei das ganze Kabel auf einmal so anregen, daß eine fortschreitende sinusartige Welle mit überall gleicher Amplitude entsteht; notwendigerweise aber nimmt sie mit der Zeit ab. Wir entschließen uns für freie Wellen, die zwar gekünstelt erscheinen, aber rechnerisch einfacher zu handhaben sind. Mit dem entsprechenden Ansatz $U \propto \exp(\mathrm{i}kx - \mathrm{i}\omega t - \beta t)$ bekommen wir nach Sortieren der Real- und Imaginärteile der Koeffizienten die Gleichungen

$$k^2 \;=\; fl(\omega^2 - \beta^2) + (rf + sl)\beta - rs, \tag{5.38}$$
$$0 \;=\; -2fl\beta\omega + (rf + sl)\omega. \tag{5.39}$$

Wenn wir β aus der zweiten Gleichung ausrechnen und in die erste einsetzen, folgt die sogenannte *Dispersionsbeziehung*, die k mit ω verbindet:

$$k^2 = fl\,\omega^2 + \frac{(rf - sl)^2}{4fl}. \tag{5.40}$$

Wir stellen fest, daß $c^2 = (k/\omega)^2$ von der Frequenz abhängt, außer wenn der letzte Term in (5.40) verschwindet. In diesem ersehnten Fall gibt es keine Dispersion und die Fortpflanzungsgeschwindigkeit ist dieselbe wie beim verlustlosen Kabel: $c = \omega/k = (fl)^{-1/2}$. Da dann auch β von ω unabhängig ist, gibt es überhaupt keine Verzerrung. Jetzt laufen nämlich alle Sinuswellen, in die man sich eine gegebene Welle (nach Fourier) zerlegt denkt, gleich schnell weiter und werden um denselben Faktor gedämpft. Ihre Überlagerung gibt zwar nach einiger Zeit eine abgeschwächte Welle, die aber genau die ursprüngliche Form hat.

Aufgaben

5.33 Wiederholen Sie die Herleitung der Dispersionbeziehung für das Kabel mit Hilfe von erzwungenen Wellen.

5.34 Am Anfang eines Kabels legen wir eine konstante Spannung an. Wie hängt
die Spannung von der Längskoordinate ab, nachdem sich der stationäre
Zustand einstellt und wenn das andere Ende des Kabels kurzgeschlossen
ist? Bei einem sehr langen Kabel nimmt die Spannung exponentiell ab.
Mit welcher Relaxationslänge?

5.35 Wenn man bei einem Kabel mit guter Isolierung den Parameter r stark
vergrößert, etwa durch Verwendung eines schlecht leitenden Drahtes, so
reduziert sich die Telegrafengleichung (angenähert) auf die Diffusionsgleichung. Wiederholen Sie für diesen Fall die Herleitung von Anfang an!

5.36 Auf einer gut leitenden Unterlage liegt eine dicke unvollkommene Isolationsschicht (Dicke h_0, spezifischer Widerstand ζ_0) und darauf eine dünne
schlecht leitende Platte (Dicke h_1, spez. Widerstand ζ_1). An den Rand
der Platte legen wir eine konstante Spannung an. Welcher Gleichung folgt
im stationären Zustand die Spannung zwischen Platte und Unterlage als
Funktion des Ortes?

5.37 Als diskretes Analogon des Kabels betrachten wir eine Kette von gleichen
Induktionsspulen, zwischen denen die Kette durch lauter gleiche Kon-
densatoren an einen parallelen, gut leitenden Draht angeschlossen ist.
Beschreiben Sie das Verhalten einer solchen Linie durch ein System von
gewöhnlichen Differentialgleichungen. Wie soll man sich den Übergang zur
Telegrafengleichung vorstellen?

5.38 Ein langes, schweres, biegsames, gespanntes Seil hängt in waagerechter
Lage an einer dichten Reihe gleich langer dünner Fäden. Störungen in
Querrichtung pflanzen sich entlang des Seils wie Wellen fort. Zeigen Sie,
daß für sie eine Gleichung wie (5.37) gilt, jedoch ohne die erste Zeitableitung. Dieser Spezialfall der Telegrafengleichung bzw. ihre Verallgemeinerung auf drei Dimensionmen ist in der relativistischen Quantenmechanik
als die *Klein-Gordonsche Gleichung* bekannt. Wie steht es bei diesem Seil
mit der Dispersion? Bei zu niedriger Frequenz gibt es keine fortschreitenden Wellen mehr. Was passiert dann? Wie hängen die Phasen- und Gruppengeschwindigkeit der fortschreitenden Wellen von der Frequenz ab?

5.39 Entnehmen Sie aus (5.40) die Bedingung, unter der es beim Kabel keine
Dispersion gibt. Bemerkung: Nach Mihajlo Pupin paßt man das Kabel
dieser Bedingung durch Einschalten von gleichmäßig verteilten, kleinen
Induktionsspulen an. Zusätzliche Frage: Wie stark wird in einem „Pupi-
nisierten" Kabel die Welle abgeschwächt?

5.40 Die in der vorhergehenden Aufgabe besprochene Bedingung kann man
auch ohne Berufung auf sinusartige Wellen und auf (5.40) herleiten. Hinweis: Man braucht nur voraussetzen, daß eine Spannungswelle ihre Form
beim Fortschreiten beibehält, also so aussieht: $U = F(x - ct)\,\mathrm{e}^{-\beta t}$, wobei
F eine beliebige Funktion ist. Durch Einsetzen in die Telegrafenglei-

chung folgt eine gewöhnliche Differentialgleichung für F. Nur wenn alle Koeffizienten verschwinden, kann F beliebig sein.

5.7 Elastischer Stab

Das Hauptthema dieses Abschitts werden Querschwingungen eines *elastischen Stabes* sein, die uns zu einer partiellen Differentialgleichung vierter Ordnung führen werden. Zur Erleichterung der Diskussion wenden wir uns aber zuerst dem Gleichgewicht des gebogenen Stabes zu. Um uns nicht in Schwierigkeiten zu verstricken, werden wir so rechnen, als ob die Querschnitte des Stabes beim Biegen keinerlei Deformation erleiden. Das ist eine ziemlich unschuldige und in der Technik übliche Vereinfachung.

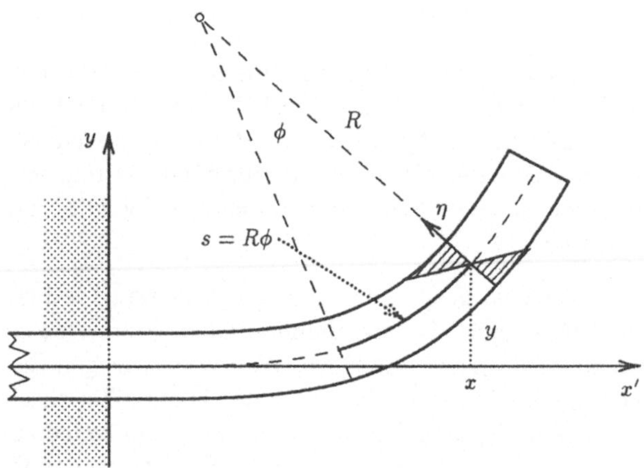

Abb. 5.4. Der gekrümmte elastische Stab. Die Krümmung ist hier übertrieben dargestellt

Der unbelastete Stab liege waagerecht, mit den Schwerpunkten seiner Querschnitte auf der x-Achse. Äußere Kräfte sollen nur in y-Richtung wirken und entsprechend dürfen Drehmomente nur Drehungen um die z-Richtung verursachen. Beiderlei Einflüsse sollen so klein sein, daß sich der Stab nur wenig biegt. Gegeben sind die linearen Dichten der äußeren Kräfte und Drehmomente, $f(x)$ und $\mu(x)$, wobei diskrete Beiträge mit Deltafunktionen zu erledigen sind. Gesucht wird die Funktion $y(x)$, die die Gleichgewichtsform des Stabes beschreibt. Bei der Rechnung werden wir ihn in dünne Längsfasern zerlegen. Diejenigen, die beim Biegen ihre Länge beibehalten, definieren die sogenannte neutrale Fläche (− − − in Abb. 5.4). Es wird sich herausstellen, daß in ihr die Schwerpunkte der Querschnitte liegen. Die verbogene x-Achse liegt in dieser Fläche.

Da der Stab ruht, gilt für jeden seiner Teile, daß sich alle auf ihn wirkenden äußeren Kräfte und ebenso die Drehmomente aufheben. Betrachten wir beides für den Abschnitt zwischen dem Anfang des Stabes und einem Querschnitt bei der Koordinate x. Die Drehmomente sollen sich auf eine Achse durch diesen Querschnitt beziehen. Dabei dürfen wir nicht übersehen, daß auf den behandelten Abschnitt auch der übrige Teil des Stabes ein Drehmoment ausübt. Um ihn zu berechnen, betrachten wir die durch die Krümmung des Stabes verursachte Spannung in den einzelnen Fasern des Stabes. Nach dem Hookeschen Gesetz ist sie der relativen Verlängerung der Faser ($\Delta s/s$) proportional. Wie Abb. 5.4 zeigt, ist dieser Quotient gleich $-\eta/R$, wenn η der Abstand von der neutralen Fläche ist und R der Krümmungsradius. Jetzt haben wir schon das Drehmoment, mit dem der rechte Teil des Stabes den Querschnitt bei x zu verdrehen versucht:

$$M(x) = \int \eta \, \frac{E\eta}{R} \, \mathrm{d}S = \frac{EJ}{R} \approx EJ \, \frac{\mathrm{d}^2 y}{\mathrm{d}x^2}. \tag{5.41}$$

Dabei ist E der Elastizitätsmodul und J das *geometrische Trägheitsmoment* des Querschnitts (gemessen etwa in m^4):

$$J = \int \eta^2 \, \mathrm{d}S. \tag{5.42}$$

In der Längsrichtung sollen sich die Spannungen aufheben, damit die resultierende Kraft in dieser Richtung verschwindet, wie angenommen wurde. Somit ist $\int (E\eta/R) \, \mathrm{d}S = 0$, also $\int \eta \, \mathrm{d}S = 0$. Wir sehen, daß der Schwerpunkt des Querschnitts tatsächlich bei $\eta = 0$ liegt. Dort denken wir uns auch die Achse, bezüglich der das Trägheitsmoment (5.42) definiert wurde.

Im Gleichgewicht muß die Summe aller Drehmomente verschwinden. Neben (5.41) müssen wir auch die durch $\mu(x)$ und durch die äußeren Kräfte gegebenen Drehmomente berücksichtigen. Abb. 5.4 hilft uns, dabei die Vorzeichen richtig zu wählen. Die gefundene Bedingung lautet

$$\int_0^x [\mu(x') - (x - x')f(x')] \, \mathrm{d}x' + EJ \, \frac{\mathrm{d}^2 y}{\mathrm{d}x^2} = 0. \tag{5.43}$$

Die diskreten Beiträge dürfen wir auch nicht vergessen, insbesondere nicht das Drehmoment bei $x = 0$, falls der Stab eingemauert ist (wie in Abb. 5.4). Er bestimmt die Krümmung an diesem Ort. Man kann solche Beiträge den Gleichungen zufügen oder sie mit Hilfe von Deltafunktionen in die Dichten f und μ einbauen.

Durch ein- bzw. zweimaliges Differenzieren folgen aus (5.43) die Gleichungen

$$\mu(x) - \int_0^x f(x') \, \mathrm{d}x' + EJ \, \frac{\mathrm{d}^3 y}{\mathrm{d}x^3} = 0, \tag{5.44}$$

$$EJ \, \frac{\mathrm{d}^4 y}{\mathrm{d}x^4} = f - \frac{\mathrm{d}\mu}{\mathrm{d}x}. \tag{5.45}$$

Aus (5.43) und (5.44) erkennen wir, daß diskrete Drehmomente und Kräfte Unstetigkeiten in der zweiten bzw. dritten Ableitung von y verursachen. Dort, wo ein Drehmoment M_i wirkt, springt y'' um $-M_i/EJ$, während eine Kraft F_i einen Sprung von y''' um F_i/EJ verursacht. Es ist anzumerken, daß eine derartige Lösung $y(x)$ nicht als starke Lösung der Differentialgleichung (5.45) gelten kann, da sie ja nicht viermal differenzierbar ist. Wohl ist dies aber eine schwache Lösung (siehe Abschn. 5.1).

Mit Hilfe aller dieser Erkenntnisse kann man die Gleichgewichtsform des Stabes bei gegebener (schwacher) äußerer Belastung berechnen. Jede der Gleichungen (5.43, 5.44, 5.45) können wir dazu benutzen. Die letzte sieht vornehmer aus, die erste ist aber brauchbarer.

Das Beispiel aus Abb. 5.4, die wir uns umgedreht vorstellen, soll genügen. Links ist der Stab eingemauert, während er rechts frei hängt und sich einzig unter dem Einfluß des eigenen Gewichts verbiegt. Die lineare Dichte dieser Kraft ist $f = \varrho g S$. Bei $x = 0$ halten sich die Kraft F_0 und das Drehmoment M_0 der Mauer die Waage sowohl mit dem Gesamtgewicht des Stabes als auch mit dessen Drehmoment. Es gilt somit

$$F_0 = -\varrho g S l = -mg, \qquad M_0 = -\frac{1}{2}\varrho g S l^2 = -\frac{1}{2}mgl.$$

Mit diesen Zutaten sieht Gleichung (5.43) so aus:

$$-\frac{1}{2}mgl + mgx - \int_0^x (x - x')\,\varrho g S\,\mathrm{d}x' + EJ\,y'' = 0. \tag{5.46}$$

Wir stellen fest, daß am Ende des Stabes $y'' = 0$ ist. Es muß so sein, denn dort wirkt ja kein Drehmoment mehr. Da es dort auch keine Kraft gibt, muß auch die dritte Ableitung verschwinden, was tatsächlich zutrifft.

Zweimalige Integration führt zum Endresultat

$$y = \frac{mgx^2}{4EJl}\left[l^2 - \frac{2}{3}lx + \frac{1}{6}x^2\right]. \tag{5.47}$$

Beide Integrationskonstanten wurden gleich Null gesetzt, damit sowohl y als auch y' bei $x = 0$ verschwinden, was durch die Einmauerung festgesetzt wurde.

Beim schwingenden Stab werden wir uns auf das Gesetz des Drehimpulses beziehen. Damit die Schreiberei nicht zu lang wird, soll jetzt $\mu = 0$ sein. Die in (5.43) angegebene Summe der Drehmomente muß der zeitlichen Ableitung des Drehimpulses gleich sein. Diesen berechnen wir zuerst für eine dünne durch zwei Querschnitte begrenzte Scheibe. Alles wird wieder auf eine Querachse bei x bezogen. Der Drehimpuls hat zwei Teile. Einer entspricht der Vertikalgeschwindigkeit $v = \partial y/\partial t$, mit der sich der Schwerpunkt der Scheibe bewegt, während der zweite den Drehimpuls um ihren Schwerpunkt darstellt. (Wir nutzen hier den bekannten Satz von Steiner aus.) Für eine Scheibe der Dicke $\mathrm{d}x'$ bei x' haben wir

$$\mathrm{d}\Gamma = -(x - x')\,\varrho g S\,\mathrm{d}x'\,v + \varrho J\,\mathrm{d}x'\,\omega. \tag{5.48}$$

Die Winkelgeschwindigkeit drücken wir durch die zeitliche Ableitung der Steigung des Stabes aus, $\omega = \partial^2 y/\partial t \partial x$. Endlich sind wir so weit:

$$-\int_0^x (x - x')\, f(x', t)\, \mathrm{d}x' + EJ \frac{\partial^2 y(x, t)}{\partial x^2} \tag{5.49}$$

$$= \frac{\mathrm{d}}{\mathrm{d}t} \int_0^x \left[-(x - x')\, \varrho S \frac{\partial y(x', t)}{\partial t} + \varrho J \frac{\partial^2 y(x', t)}{\partial x \partial t} \right] \mathrm{d}x'. \tag{5.50}$$

Durch zweimaliges Differenzieren folgt

$$EJ \frac{\partial^4 y}{\partial x^4} = -\varrho S \frac{\partial^2 y}{\partial t^2} + \varrho J \frac{\partial^4 y}{\partial x^2 \partial t^2} + f. \tag{5.51}$$

Das Problem der Eigenschwingungen des unbelasteten Stabes führt erwartungsgemäß auf eine gewöhnliche Differentialgleichung vierter Ordnung. Wir setzen $y = u(x)\, \mathrm{e}^{-\mathrm{i}\omega t}$ und bekommen

$$EJ\, u'''' + \varrho J \omega^2\, u'' - \varrho S \omega^2\, u = 0. \tag{5.52}$$

Da die Koeffizienten konstant sind, findet man die Lösung allgemein als eine Linearkombination von Exponentialfunktionen, oder auch so:

$$u = A \cos kx + B \sin kx + C \cosh \kappa x + D \sinh \kappa x. \tag{5.53}$$

Dabei sind $\pm k(\omega)$ und $\pm \mathrm{i}\kappa(\omega)$ vier Wurzeln der Dispersionsgleichung, die wir durch Einsetzen in (5.52) herleiten:

$$EJ k^4 - \varrho J \omega^2 k^2 - \varrho S \omega^2 = 0 \tag{5.54}$$

Wir sind damit noch nicht am Ende, denn die Eigenfrequenzen sind ja noch unbekannt. Man bestimmt sie aus vier Randbedingungen, denen die Funktion (5.53) genügen muß. Ist der Stab bei $x = 0$ waagerecht eingemauert und am anderen Ende (bei $x = l$) frei, so gilt wie vorher im statischen Fall

$$u(0) = 0, \quad u'(0) = 0, \quad u''(l) = 0, \quad u'''(l) = 0.$$

Es lohnt sich, die zu erwartende Größenordnung des zweiten Terms in (5.54) im Vergleich zum dritten abzuschätzen. Wir wählen eine wellenförmige Lösung, z.B. $u \propto \cos kx$, und finden $\varrho J \omega^2 k^2 / \varrho S \omega^2 = (2\pi r_J/\lambda)^2$. Auf der rechten Seite haben wir $k = 2\pi/\lambda$ eingesetzt und J durch den sogenannten Trägheitsradius ausgedrückt, $J = S r_J^2$. Dieser ist beim zylindrischen Stab $\sqrt{2\pi}$-mal kleiner als der Radius. Die Wellenlänge muß aber jedenfalls viel größer sein, denn sonst würde sich ja der Stab unter dem Einfluß der Welle derartig verformen, daß manche unserer Annahmen unberechtigt wären. Unter physikalisch sinnvollen Umständen dürfen wir also den mittleren Term in (5.52) und ebenso die Terme mit den gemischten Ableitungen in (5.51) und (5.50) getrost vernachlässigen. Die Rechnungen vereinfachen sich dadurch, denn statt (5.54) haben wir $EJ k^4 - \varrho S \omega^2$ und daraus $k = \kappa = (\varrho S \omega^2/EJ)^{1/4}$.

Aufgaben

5.41 Ein sehr leichter Stab wird waagerecht an einem Ende eingemauert. Wie krümmt er sich, wenn man an sein anderes Ende ein Gewicht anhängt?

5.42 Ein langes Brett wird an seinen Enden von zwei Sesseln unterstützt. Wie krümmt sich das Brett wegen seines eigenen Gewichts?

5.43 Wiederholen Sie die Herleitung der Gleichungen für Schwingungen eines Stabes für den Fall, daß er ungleichmäßig dick ist. Der Querschnitt soll sich nur schwach mit der Längskoordinate ändern, ähnlich wie das bei dem Rohr auf Abb. 1.1 der Fall war.

5.44 Berechnen Sie die drei niedrigsten Eigenfrequenzen eines Stahlbandes (Dicke 1 mm, Breite 10 mm, Länge 100 mm, $\varrho = 7{,}8\,\mathrm{g/cm^3}$, $E = 2 \cdot 10^{11}\,\mathrm{Pa}$), bei dem ein Ende unbeweglich befestigt ist, während das andere frei schwingt.

5.45 Wie ändert sich die Grundfrequenz des Stahlbandes aus der vorhergehenden Aufgabe, wenn man an seinem freien Ende ein 5g-Gewicht befestigt?

5.46 Ein (jetzt längst veralteter) Seismograph besteht aus einem vertikal stehenden leichten Stahlband, das mit seinem unteren Ende eingemauert ist, sonst aber frei hin und her schwingen kann. Durch Aufsetzen eines Gewichts kann man die Grundschwingungszeit beliebig lang machen. Bei welcher Bedingung wird sie unendlich? Was geschieht, wenn man ein noch etwas größeres Gewicht aufsetzt?

5.47 Ein langer elastischer Stab schwingt so, daß auf ihm transversale Wellen fortschreiten. Wie hängt die Phasengeschwindigkeit von der Frequenz ab? Bei welcher Bedingung ist sie klein im Vergleich zur Geschwindigkeit der longitudinalen Wellen? Wie steht es mit der Gruppengeschwindigkeit?

5.8 Strömungen

Bei gewöhnlichen (sog. *Newtonschen*) Flüssigkeiten ist der Drucktensor der Deformationsgeschwindigkeit proportional, wie das im Abschn. 3.14 erklärt wurde. Durch Einsetzen dieser Beziehung in das Newtonsche Gesetz gewannen wir die *Navier-Stokessche Gleichung*, die als Gesetz für die Bewegung der Flüssigkeit gilt. Allein reicht sie freilich nicht aus, denn wir haben in der Gleichung drei unbekannte Funktionen: $v(r,t)$, $p(r,t)$ und $\varrho(r,t)$. Man muß noch die Kontinuitätsgleichung (siehe Abschn. 3.4) hinzunehmen und dann noch die Zustandsgleichung, durch die die Dichte als Funktion des Druckes gegeben ist. Hierbei denkt man entweder an isotherme oder an adiabatische Änderungen. Ganz allgemein müßte man eigentlich mit $\varrho = \varrho(p, T)$ rechnen und noch das Wärmeleitungsgesetz und die Kontinuitätsgleichung für die Energie berücksichtigen, wobei noch zwei Funktionen hinzukämen: $T(r,t)$ und $j(r,t)$. Andererseits sind die Dichteänderungen oft unmerklich klein, so daß man so rechnen darf, als ob die Flüssigkeit inkompressibel wäre. Sogar bei Gasen tut man das manchmal. In einem solchen Fall benötigen wir zur Bestimmung der Bewegung nur zwei Gleichungen, die Navier-Stokessche und die Kontinuitätsgleichung für die Masse. Letztere vereinfacht sich dabei zu $\nabla \cdot \boldsymbol{v} = 0$ und die Navier-Stokes-Gleichung lautet dann

$$\varrho \left[\frac{\partial \boldsymbol{v}}{\partial t} + (\boldsymbol{v} \cdot \nabla)\boldsymbol{v} \right] = \boldsymbol{f}_{\mathrm{r}} - \nabla p + \eta \nabla^2 \boldsymbol{v}. \tag{5.55}$$

Die substantielle Zeitableitung ist hier durch die lokale ausgedrückt.

Da sowohl das Berechnen von Lösungen der Navier-Stokes-Gleichung als auch die entsprechenden Experimente sehr aufwendig sind, ist es wertvoll im voraus zu wissen, wann eine *Ähnlichkeit* zweier Strömungen zu erwarten ist. Damit ist gemeint, daß man beide Geschwindigkeitsfelder durch Maßstabsänderung aufeinander abbilden kann. Vorbedingung ist natürlich, daß eine geometrische Ähnlichkeit zwischen den umströmten Körpern bzw. zwischen den Gefäßen, in denen die Flüssigkeiten strömen, besteht.

Stellen wir uns z.B. zwei verschieden große Kugeln vor, die von zwei verschiedenen Flüssigkeiten umströmt werden. Diese sollen einen „unendlich" großen Raum ausfüllen und in großer Entfernung von den Kugeln gleichmäßig strömen, doch mit zwei verschiedenen Geschwindigkeiten. Ein anderes Beispiel hätten wir mit zwei verschieden dicken Rohren, in denen zwei Flüssigkeiten verschieden schnell fließen. Um beide Strömungen vergleichen zu können, wollen wir für beide dimensionslose Koordinaten, Geschwindigkeiten und Zeit einzuführen. Als Maße benutzen wir etwa den Durchmesser l der umströmten Kugel (bzw. den Durchmesser des Rohres) und die ungestörte Strömungsgeschwindigkeit $\overline{v}$ (bzw. die über den Querschnitt gemittelte Geschwindigkeit im Falle des Rohres). Ferner benutzen wir die Zeit $l/\overline{v}$, die die Flüssigkeit bei dieser Geschwindigkeit für die Entfernung l benötigt. Den Druck aber vergleichen wir mit $\varrho\overline{v}^2$. Die neuen Variablen sind also

$$\boldsymbol{\xi} = \frac{\boldsymbol{r}}{l}, \qquad \boldsymbol{\nu} = \frac{\boldsymbol{v}}{\overline{v}}, \qquad \tau = \frac{\overline{v}t}{l}, \qquad w = \frac{p}{\varrho\overline{v}^2}. \tag{5.56}$$

Nachdem wir beide Seiten der Navier-Stokes-Gleichung mit $\varrho\overline{v}^2/l$ dividiert haben, sieht sie mit den dimensionslosen Variablen so aus:

$$\frac{\partial \boldsymbol{\nu}}{\partial \tau} + (\boldsymbol{\nu} \cdot \nabla')\boldsymbol{\nu} = -\nabla' w + \frac{\eta}{\varrho\overline{v}l}\nabla'^2 \boldsymbol{\nu}. \tag{5.57}$$

Die Bezeichnung ∇' macht darauf aufmerksam, daß jetzt nach den dimensionslosen Koordinaten differenziert wird.

Wir sehen, daß in dimensionsloser Form die Gleichung für beide Strömungen dieselbe ist, wenn der dimensionslose Koeffizient des letzten Terms beidemal denselben Wert hat. Ist das nicht der Fall, so sind die Gleichungen verschieden und wir können nicht auf Ähnlichkeit der Strömungen hoffen. Bei gleichen Werten aber dürfen wir das, denn die Gleichungen und auch die Randbedingungen (von denen noch im Kap. 6 die Rede sein wird) stimmen überein und daher vermutlich auch die Lösungen für beide Fälle. Es gibt damit noch Schwierigkeiten, denn die Strömung kann ja turbulent werden. Die ungeordneten Wirbel einer solchen Bewegung schließen eine genaue Ähnlichkeit wohl aus. Es bedarf weiterer Untersuchung, um einzusehen, daß man auch in einem solchen Fall mit einer Ähnlichkeit rechnen darf, wenn man die über längere Zeiten gemittelte Strömung betrachtet. Kaum jemand glaubt aber, daß solche Behauptungen mathematisch einwandfrei bewiesen sind.

Der reziproke Wert des genannten Koeffizienten ist als die *Reynoldssche Zahl* bekannt,

$$Re = \frac{\varrho \overline{v} l}{\eta}.$$ (5.58)

Sie wird allgemein als Kriterium für die Ähnlichkeit von Strömungen gebraucht, wenn geometrische Ähnlichkeit der Randbedingungen schon vorliegt.

Die Reynoldssche Zahl entscheidet auch über den qualitativen Charakter der Strömung. Bei $Re \ll 1$ hat die Viskosität einen ausschlaggebenden Einfluß und die Strömung ist mit Sicherheit laminar; die Stromlinien erscheinen geordnet. Bei großen Reynoldsschen Zahlen hingegen überwiegen Kräfte wegen der beschleunigten Bewegung. Bei Re von der Größenordnung mehr als 10^3 kommt es meist zur Turbulenz, d.h. in der Strömung entstehen ungeordnete Wirbel.

Es fragt sich, ob man bei sehr großer Reynoldsscher Zahl den Viskositätsterm in der Navier-Stokes-Gleichung nicht einfach als belanglos fortlassen darf. Dadurch reduziert sie sich auf die *Eulersche Gleichung*, die erster Ordnung ist. So ein Übergang ist sehr gewagt und nur mit Vorsicht zu unternehmen. Man muß jedenfalls auf andere Randbedingungen umschalten (siehe nächstes Kapitel). Außerdem ist zu bedenken, daß durch manche Lösungen der Eulerschen Gleichung Unstetigkeiten innerhalb der Flüssigkeit vorgetäuscht werden, wie z.B. scharfe Stoßwellen oder ohne Reibung aneinander vorbeigleitende Schichten. In Wirklichkeit verschmiert die Viskosität solche Unstetigkeiten.

Nach diesen allgemeinen Betrachtungen wollen wir uns besonderen Fällen der Navier-Stokesschen Gleichung zuwenden. Ein besonders einfaches Beispiel bietet die laminare Strömung einer inkompressiblen Flüssigkeit in einem zylindrischen oder prismatischen Rohr, in dem die Stromlinien parallel verlaufen. Der Ansatz $\boldsymbol{v} = (0, 0, v(x, y, t))$ erfüllt schon die Kontinuitätsgleichung und führt zu einer zweidimensionalen inhomogenen Diffusionsgleichung,

$$\varrho \frac{\partial v}{\partial t} = -p' + \eta \nabla^2 v.$$ (5.59)

Die lokale Zeitableitung unterscheidet sich jetzt nicht von der substantiellen, weil $(\boldsymbol{v} \cdot \nabla)\boldsymbol{v} = 0$ ist. Wegen der Inkompressibilität muß ja in dem beschriebenen Fall die Geschwindigkeit entlang der ganzen Stromlinie dieselbe sein. Der Druckgradient $p' = \partial p/\partial z$ kann höchstens von der Zeit abhängen.

Alle bei der Diffusionsgleichung (Abschn. 5.3) erwähnten Spezialfälle können an diesem neuen physikalischen Beispiel wiederholt werden. Wir stellen z.B.

fest, daß das Geschwindigkeitsprofil einer stationären Strömung durch die Poissonsche Gleichung mit konstantem p' bestimmt ist. Das ist dieselbe Gleichung wie für das Gleichgewicht einer gleichmäßig belasteten Membran. Im Falle kreisförmiger bzw. zylindrischer Symmetrie ist das Profil beidemal parabolisch, woraus sich für das Rohr die bekannte Poiseuillesche Formel ergibt.

Sehen wir zu, wie sich die Strömung in einem langen Rohr verhält, wenn der Druckgradient auf einmal verschwindet. Die Bewegung kommt langsam zur Ruhe und nach längerer Zeit darf man ein exponentielles Abbremsen erwarten. Wir setzen $v(\boldsymbol{r}, t) = u(\boldsymbol{r}) \exp(-t/\tau)$, wobei $\boldsymbol{r} = (x, y)$, und bekommen für u eine Amplitudengleichung, genau wie im Abschn. 5.3. Die Relaxationszeit τ entspricht einem der Eigenwerte.

Wenn durch einen sinusartig schwankenden Druckgradienten die Flüssigkeit in einem langen Rohr hin und her gepumpt wird, so haben wir bei laminarer Strömung ein ähnliches Problem wie bei der periodischen Erwärmung und Abkühlung eines wärmeleitenden Körpers (Abschn. 5.2).

Die Verwandtschaft zwischen Viskosität und Diffusion ist nicht rein mathematisch, denn bei der inneren Reibung handelt es sich tatsächlich um eine Diffusion des Impulses. Zwei aneinander vorbeigleitende Gasschichten bremsen sich gegenseitig ab, weil beim Austausch der Moleküle auch Impuls ausgetauscht wird. Ebenso würden sich zwei aneinander vorbei fahrende Züge verhalten, wenn Fahrgäste zwischen ihnen überspringen würden. Bei Flüssigkeiten sind die Verhältnisse insofern komplizierter, als der Impuls nicht nur köperlich übertragen, sondern auch durch zwischenmolekulare Kräfte ausgetauscht wird.

Literatur

5.1   L. Prandtl, K. Oswatitsch und K. Wieghardt: *Führer durch die Strömungslehre* (Vieweg, Braunschweig 1990).

Aufgaben

5.48   Die Kraft, mit der die Flüssigkeit auf einen umströmten Körper (mit dem Querschnitt S) wirkt, berechnet man bei großen Reynoldsschen Zahlen nach dem quadratischen Widerstandsgesetz $F = c \cdot \frac{1}{2} \varrho \overline{v}^2 \, S$. Allgemein darf man aber den Wiederstandskoeffizienten c nicht als konstant annehmen. Zeigen Sie anhand der dimensionslosen Navier-Stokes-Gleichung, daß er eine Funktion der Reynoldschen Zahl ist. Hinweis: Man sucht die Resultante der Druck- und Scherkräfte, die auf die Oberfläche des Körpers wirken.

5.49   Für sehr kleine Reynoldssche Zahlen darf man den linken Term in (5.55) vernachlässigen, so daß die Gleichung linear wird. Daher gilt in so einem Fall ein lineares Widerstandsgesetz, z.B. für eine Kugel die bekannte Stokessche Formel $F = 6\pi r \eta \overline{v}$. Schreiben Sie diese Formel in die in der vorherigen Aufgabe angegebene Form um. Wie sieht die Funktion $c(Re)$ jetzt aus? Durch Vergleich einer fiktiven quadratischen Kraft mit der Stokesschen ergibt sich eine Deutung der Reynoldsschen Zahl.

5.50 Berechnen Sie das Geschwindigkeitsprofil für die stationäre Strömung einer inkompressiblen Flüssigkeit zwischen zwei parallelen Wänden.

5.51 Ähnliche Aufgabe wie die vorherige, doch die Flüssigkeit wird mit einem sinusartig schwankenden Druckgradienten hin und her gepumpt.

5.52 Nachdem unter Bedingungen wie in der vorletzten Aufgabe im Spalt eine stationäre Strömung entstanden ist, heben wir den Druckgradienten auf einmal auf, so daß der Druck danach überall gleich ist. Nach längerer Zeit dürfen wir ein exponentielles Abklingen der Bewegung erwarten. Wie sieht dann das Geschwindigkeitsprofil aus? Wie lautet die analoge Aufgabe für die Wärmeleitung?

5.53 Bei *Wellen im tiefen Wasser* bewegen sich kleine Wasserteile annähernd in Kreisen, solange die Amplitude klein im Vergleich zur Wellenlänge ist. Die Phase verschiebt sich proportional zur horizontalen Koordinate des Kreismittelpunktes. Mit der Tiefe aber verkleinert sich der Kreisradius exponentiell. Bei hinreichend großer Wellenlänge darf man sowohl den Einfluß der Viskosität als auch der Oberflächenspannung vernachlässigen. Beschreiben Sie solche Wellen durch einen entsprechenden Ansatz und bestimmen Sie die charakteristischen Parameter durch Einsetzen in die Bewegungsgleichung.

5.9 Schallwellen

Zur Beschreibung von *Schallwellen* in Flüssigkeiten und Gasen, etwa in der Luft, benötigt man folgende Größen: die Verrückung u jedes kleinen Teils der Luft (womit aber keineswegs Moleküle gemeint sind), den Druck $p + \delta p$ und die Dichte $\varrho + \delta \varrho$. Mit δp und $\delta \varrho$ sind die durch die Schallwellen verursachten Abweichungen von den Gleichgewichtswerten p und ϱ bezeichnet. Die letzteren Werte berücksichtigen schon den Einfluß der Schwere. Wenn man sich nicht gerade für die beim hörbaren Schall fast unmerkliche Absorption interessiert, darf man sowohl die Wärmeleitung als auch die Viskosität außer acht lassen. Unter normalen Umständen sind die Amplituden von Schallwellen äußerst klein im Vergleich zu den Wellenlängen. Daher darf man mit u, δp und $\delta \varrho$ wie mit Differentialen umgehen und auf diese Weise alle Gleichungen linearisieren. Es ist auch erlaubt, die substantiellen Ableitungen den lokalen gleichzusetzen.

Mit all diesen Vereinfachungen reduziert sich die Eulersche Bewegungsgleichung auf

$$\varrho \frac{\partial^2 u}{\partial t^2} = - \nabla \, \delta p. \tag{5.60}$$

Dazu kommt die Kontinuitätsgleichung,

$$\varrho \nabla \cdot \boldsymbol{u} = -\delta\varrho. \tag{5.61}$$

Hier bezieht sich die linke Seite auf die durch die Oberfläche eines kleinen Volumens transportierte Masse, während die rechte die dadurch verursachte Massenänderung im Inneren beschreibt. Als dritte Gleichung benötigen wir die Zustandsgleichung. Man soll aber keineswegs an isotherme Änderungen denken, denn die Wärmeleitung kann den Schallwellen (außer bei ganz hohen Frequenzen) nicht nachkommen. Somit müssen wir mit der Gleichung der Adiabate rechnen, die wir in differentieller Form mit Hilfe der adiabatischen Kompressibilität formulieren:

$$\frac{\delta\varrho}{\varrho} = \chi_S \, \delta p. \tag{5.62}$$

Beim Kombinieren aller drei Gleichungen eliminieren wir $\boldsymbol{u}$ und $\delta\varrho$, um zur *Wellengleichung* für δp und auch zu einem Ausdruck für die Schallgeschwindigkeit zu gelangen:

$$\nabla^2 \delta p = \frac{1}{c^2} \frac{\partial^2 \delta p}{\partial t^2}, \qquad c = \frac{1}{\sqrt{\chi_S \varrho)}}. \tag{5.63}$$

Wellen in Festkörpern sind verwickelter, da es auch Scherspannungen und daher Scherwellen gibt. Es genügt nicht mehr, mit isotropen Druckstörungen zu rechnen, sondern man muß den Drucktensor heranziehen. Statt der Eulerschen haben wir jetzt die im Abschn. 3.14 erwähnte Gleichung:

$$\varrho \frac{\partial^2 \boldsymbol{u}}{\partial t^2} = \left(K + \frac{4}{3}G\right) \nabla(\nabla \cdot \boldsymbol{u}) - G \nabla \times (\nabla \times \boldsymbol{u}). \tag{5.64}$$

Den Term mit $\nabla^2 \boldsymbol{u}$ haben wir durch die Rotation der Rotation und den Gradienten der Divergenz von $\boldsymbol{u}$ ausgedrückt.

Auf den ersten Blick sieht die Gleichung hoffnungslos kompliziert aus, doch kann sie auf zwei einfachere zurückgeführt werden. Erinnern wir uns an den Satz von Helmholtz (Abschn. 3.9), nach dem man jedes Vektorfeld aus dem Gradienten eines skalaren Potentials und der Rotation eines Vektorpotentials zusammensetzen kann. Beim ersten Teil verschwindet die Rotation und beim zweiten die Divergenz. Tatsächlich finden wir, daß jeder der beiden Ansätze $\boldsymbol{u} = -\nabla U$ und $\boldsymbol{u} = \nabla \times \boldsymbol{A}$ die obige Gleichung befriedigt, wenn beide Potentiale Wellengleichungen genügen, und zwar mit den unten angegebenen Quadraten der Fortpflanzungsgeschwindigkeiten:

$$\nabla^2 U = \frac{1}{c_{\mathrm{l}}^2} \frac{\partial^2 U}{\partial t^2}, \qquad \nabla^2 \boldsymbol{A} = \frac{1}{c_{\mathrm{t}}^2} \frac{\partial^2 \boldsymbol{A}}{\partial t^2}, \tag{5.65}$$

$$c_{\mathrm{l}}^2 = \frac{K + \frac{4}{3}G}{\varrho} = \frac{E(1-\nu)}{\varrho(1+\nu)(1-2\nu)}, \qquad c_{\mathrm{t}}^2 = \frac{G}{\varrho} = \frac{E}{2\varrho(1+\nu)}. \tag{5.66}$$

Zuletzt haben wir zwei Ausdrücke aus Abschn. 3.14 benutzt. Wir erkennen, daß der erste Ansatz *longitudinale Wellen* beschreibt, denn nur wenn $\boldsymbol{u}$ in Richtung der Wellenfortpflanzung zeigt, verschwindet die Rotation. Der zweite Ansatz entspricht *transversalen Wellen*, denn nur bei diesen verschwindet die Divergenz.

Aufgaben

5.54 In einer geschlossenen Pfeife schwingt die Luft in Längsrichtung hin und her. Bestimmen Sie die Frequenz solcher Eigenschwingungen. Beachten Sie, daß die Wände an beiden Enden die Luftbewegung verhindern, so daß dort ständig $u = 0$ ist.

5.55 Erzwungene Schallschwingungen kann man mit der Kundtschen Pfeife untersuchen. Das ist ein Rohr, das man an einem Ende durch eine feste Wand und am anderen durch einen Kolben abschließt. Der Kolben soll mit ganz kleiner Amplitude sinusförmig in der Längsrichtung schwingen. Wie hängt die Amplitude der Luftschwingungen von der Kolbenfrequenz ab? Zeigen Sie, daß im Resonanzfall die Länge der Pfeife einem Vielfachen der halben Wellenlänge gleich ist.

5.56 Ein langer Stab, der in der Mitte befestigt ist, schwingt in seiner Längsrichtung. Bestimmen Sie seine Eigenfrequenzen. Beachten Sie, daß an den Enden keine Kräfte wirken.

5.57 Vergleichen Sie die Geschwindigkeiten von longitudinalen Wellen in einem elastischen Stoff, der einen größeren Raum erfüllt, und ähnlicher Wellen in einem Stab aus demselben Stoff. Hätte man erraten können, daß die Wellen im Stab langsamer fortschreiten? Soll man ein größeres Verhältnis beider Geschwindigkeiten bei Stahl oder bei Kautschuk erwarten?

5.58 Versuchen Sie den Beitrag der Viskosität zur Schallabsorption abzuschätzen, indem Sie mit der linearisierten Navier-Stokesschen Gleichung statt mit (5.60) anfangen. Wie steht es mit der Dispersion? Bei wie hohen Frequenzen wird in Luft bei Normalbedingungen die Schallamplitude um mehr als 1% pro Wellenlänge vermindert? Für Gase können wir den Ausdruck $\eta \approx 0,5\, l\bar{v}\varrho$ einsetzen, wobei l die mittlere freie Weglänge ist und $\bar{v} = \sqrt{8kT/\pi m}$ der mittlere Absolutwert der molekularen Geschwindigkeit. Man findet, daß die Absorption pro Wellenlänge unmerklich ist, solange für die Wellenlänge des Schalls $\lambda \gg l$ gilt.

5.10 Elektromagnetische Wellen

Erinnern wir uns an die Maxwellschen Gleichungen für den leeren Raum (Abschn. 3.8). Wenn er wirklich ganz leer ist, so daß es in ihm keine Ladungen und keinen Strom gibt, ist das System der Gleichungen homogen. Nachdem wir auf die erste oder die dritte beiderseits die Rotation anwenden, können wir E bzw. B eliminieren. Anwendung der Formel für die Rotation der Rotation zeigt, daß sowohl für B als auch für E *Wellengleichungen* gelten,

$$\nabla^2 B = \frac{1}{c^2}\frac{\partial^2 B}{\partial t^2}, \qquad \nabla^2 E = \frac{1}{c^2}\frac{\partial^2 E}{\partial t^2}. \tag{5.67}$$

Zum Auffinden von Lösungen sind sie schlecht zu brauchen, da wir nicht jede ohne Rücksicht auf die andere lösen dürfen. Beide Feldvektoren sind ja nicht unabhängig voneinander, sondern durch die Maxwellschen Gleichungen miteinander verbunden. Besser ist es, sie durch ein skalares Potential U und ein Vektorpotential A auszudrücken, wie dies im Abschn. 3.9 erklärt wurde. Wenn wir die Lorentzbedingung (Abschn. 3.9) vorschreiben, genügen beide Potentiale homogenen Wellengleichungen derselben Form wie oben.

Aus Abschn. 3.9 wissen wir auch schon, wie sich diese Gleichungen ändern, wenn Ladungen oder Ströme vorhanden sind; irgendwo muß es sie ja geben, denn aus ihnen entspringt das Feld. Beide Gleichungen werden dabei inhomogen. Für statische Felder reduzieren sie sich auf Poissonsche Gleichungen, deren Lösungen wir auch schon kennen. Wenn nämlich die Potentiale im Unendlichen verschwinden ist, so gilt für den ersten Fall die Poissonsche Formel und eine ganz analoge auch für A. Aus der letzteren folgt durch Anwendung der Rotation die Biot-Savartsche Formel (Abschn. 3.1).

Wir möchten auch wissen, wie man nichtstationäre Felder berechnet, wenn im ganzen Raum und zu jeder Zeit die Verteilungen der Ladungen und Ströme bzw. deren Dichten $\varrho(r,t)$ und $j(r,t)$ bekannt sind. Der Raum ist also doch nicht ganz leer, denn es gibt in ihm bewegte geladene Teilchen. Nach wie vor aber erlauben wir nur geringe Dichten, so daß wir uns nicht mit lästigen Diskussionen über Stoffeigenschaften zu plagen brauchen.

Überraschenderweise gelten für diesen allgemeinen Fall ganz ähnliche Formeln wie vorher. Das einzig Neue ist eigentlich, daß man mit *retardierten Potentialen* rechnen muß. Das heißt, man muß in die Integranden verzögerte Werte der Ladungs- bzw. Stromdichten einsetzen. Dabei entspricht die Verzögerung der Zeit, die die elektromagnetische Welle vom Ort der Ladung zum Beobachtungsort benötigt. Auf die Herleitung der Formeln, die man in Lehrbüchern der theoretischen Physik finden kann, verzichten wir diesmal und begnügen uns mit dem Endresultat:

$$U(r,t) \;=\; \frac{1}{4\pi\epsilon_0}\int\frac{\varrho(r',t-R/c)\,\mathrm{d}^3r'}{R}, \tag{5.68}$$

$$A(r,t) \;=\; \frac{\mu_0}{4\pi}\int\frac{j(r',t-R/c)\,\mathrm{d}^3r'}{R}. \tag{5.69}$$

Die Entfernung beider Punkte ist durch $R=|r-r'|$ gegeben, so daß R/c die Verzögerung ist.

Der mathematisch interessierte Leser wird beim Nachprüfen der Herleitung bemerken, daß man ebensogut avancierte Potentiale hätte nehmen können. Das heißt, bei denselben Ladungen und Strömen gibt es noch ein anderes Paar von im Unendlichen verschwindenden Lösungen der Wellengleichungen (3.119), bei denen $t-R/c$ in (5.68) und (5.69) durch $t+R/c$ ersetzt ist. Mathematisch gesehen sind beide Arten von Lösungen gleichberechtigt und man könnte auch Linearkombinationen zulassen. Der physikalische Standpunkt ist aber ganz anders. Bei den Lösungen (5.68) und (5.69) stellt man sich vor, daß von den bewegten Ladungen elektromagnetische Wellen ausgehen, die erst mit einer bestimmten Verspätung am Beobachtungsort zum Feld beitragen. In der Bewegung der Teilchen erkennen wir die Ursache und in der Feldänderung die Wirkung. Da stoßen wir auf das *Kausalitätsprinzip*, das jedem Physiker fast selbstverständlich erscheint und zu den Grundlagen aller Naturwissenschaften gehört: Die Wirkung folgt der Ursache, und zwar mindestens mit einer Verzögerung, die der Übertragung durch ein Lichtsignal entspricht. (Bei obigen Formeln ist dieser Mindestwert der Verzögerung genau erreicht.) Bei einem avancierten Potential wären Ursache und Wirkung vertauscht. Man müßte sich vorstellen, daß aus dem Unendlichen aus allen Richtungen Wellen herbeilaufen, um an den Teilchen zu zerren. Es fragt sich nur, wer die Wellen im Unendlichen herstellen soll.

Als erstes Beispiel einer Anwendung der Maxwellschen Gleichungen betrachten wir den sogenannten *Hauteffekt*, den man bei hochfrequenten Strömen in Drähten bemerkt. Die Drahtdicke soll klein sein im Vergleich zur Wellenlänge, die der gegebenen Frequenz entspricht. Das erlaubt uns, den Verschiebungsstrom in der Gleichung für $\nabla \times B$ wegzulassen. Im Einklang damit vernachlässigen wir die periodischen Ladungsanhäufung an der Drahtoberfläche und rechnen so, als ob der Strom überall genau in Richtung z, d.h. parallel zur Drahtachse fließen würde und von z unabhängig wäre. Für die Größen B, E und j haben wir mitsamt dem Ohmschen Gesetz drei Gleichungen,

$$\nabla \times B = \mu_0 j, \quad \nabla \times E = -\frac{\partial B}{\partial t}, \quad E = \zeta j. \tag{5.70}$$

Nach Einsetzen von $B = B_0 e^{-i\omega t}$ usw. und nach Elimination von B_0 und E_0 bekommen wir für die komplexe Amplitude der Stromdichte eine Amplitudengleichung,

$$\nabla^2 j_0 + ik^2 j_0 = 0, \quad k^2 = \frac{\omega \mu_0}{\zeta}. \tag{5.71}$$

Die Vektorzeichen haben wir fortgelassen, da ja die Richtung von j konstant und bekannt ist. Der Operator ∇^2 bezieht sich nur auf die Querkoordinaten x und y.

Wenn wir uns an das analoge durch Gleichung (5.27) beschriebene Wärmeleitungsproblem erinnern, sehen wir schon, wie das Stromprofil aussieht: wie das Temperaturprofil bei einem Stab, dessen Oberfläche periodisch erwärmt und abgekühlt wird. Nach innen nimmt die Amplitude der Temperaturschwankungen ab und die Phase ist verzögert. Dasselbe erlebt der Wechselstrom im Draht. Wegen induzierter Gegenspannung vermindert sich nach innen die Amplitude der Stromdichte. Bei genügend hoher Frequenz fließt der Strom praktisch nur noch in einer dünnen Oberflächenschicht. Daher der Name „Hauteffekt".

Als zweites Beispiel, bei dem wir nicht ganz triviale Lösungen der Maxwellschen Gleichungen gewinnen werden, sehen wir uns fortschreitende elektromagnetische Wellen in einem *Wellenleiter* an. Dies ist ein prismatisches Metallrohr, in dem an einem Ende durch eine kleine Antenne Mikrowellen erregt werden.

Da die Wand gut leitet, kann man für nicht zu lange Strecken von Verlusten absehen. Neuerdings sind auch elektromagnetische Wellenleiter im Bereich des sichtbaren und infraroten Lichtes – die sogenannten *optischen Fasern* – zur Geltung gekommen. Das sind dünne Quarzfäden, durch die man Laserlicht leitet und es zur Übertragung von Signalen benutzt.

Wegen der kleinen Verluste dürfen wir ungedämpfte Wellen voraussetzen. Mit der z-Richtung entlang des Rohres schreiben wir $\boldsymbol{E} = \boldsymbol{E}_0(x, y)\,\mathrm{e}^{\mathrm{i}(kz-\omega t)}$ und ähnlich für $\boldsymbol{B}$. Die Frequenz wird durch den Mikrowellengenerator aufgezwungen, während sich die zunächst unbekannte Phasengeschwindigkeit c_{ph} wegen des Wandeinflusses sehr wohl von der Lichtgeschwindigkeit c im leeren Raum unterscheiden kann. So müssen wir auch zulassen, daß die Wellenzahl $k = \omega/c_{\mathrm{ph}}$ nicht dieselbe ist wie im leeren Raum ($k_0 = \omega/c$).

Aus den Wellengleichungen (5.67) folgen die Amplitudengleichungen für beide komplexen Amplituden:

$$\nabla^2 \boldsymbol{B}_0 + \left(k_0^2 - k^2\right) \boldsymbol{B}_0 = 0, \qquad \nabla^2 \boldsymbol{E}_0 + \left(k_0^2 - k^2\right) \boldsymbol{E}_0 = 0. \tag{5.72}$$

Es erscheint praktisch, die axialen Komponenten $\boldsymbol{B}_{0z}$, $\boldsymbol{E}_{0z}$ und die Projektionen $\boldsymbol{B}_0'$, $\boldsymbol{E}_0'$ auf die Querschnittsebene (x, y) gesondert zu betrachten. Das aus den Maxwellgleichungen erhaltene System sieht dann so aus:

$$\nabla \times \boldsymbol{B}_{0z} + ik\boldsymbol{e}_3 \times \boldsymbol{B}_0' = -\frac{i\omega}{c^2}\boldsymbol{E}_0', \qquad \nabla \times \boldsymbol{E}_{0z} + ik\boldsymbol{e}_3 \times \boldsymbol{E}_0' = i\omega\boldsymbol{B}_0', \tag{5.73}$$

$$\nabla \times \boldsymbol{B}_0' = -\frac{i\omega}{c^2}\boldsymbol{E}_{0z}, \qquad\qquad \nabla \times \boldsymbol{E}_0' = i\omega\,\boldsymbol{B}_{0z}, \tag{5.74}$$

$$\nabla \cdot \boldsymbol{B}_0' = -ik\,\boldsymbol{B}_{0z}, \qquad\qquad \nabla \cdot \boldsymbol{E}_0' = -ik\,\boldsymbol{E}_{0z}, \tag{5.75}$$

wobei $\boldsymbol{e}_3 = (0, 0, 1)$.

Nach den letzten vier Gleichungen scheint es, als ob sowohl die Rotation als auch die Divergenz beider Vektoren $\boldsymbol{B}_0'$ und $\boldsymbol{E}_0'$ von Null verschieden sein würden. In Anlehnung an den Satz von Helmholtz werden wir aber versuchen, zweierlei Arten von besonderen Lösungen zu finden. Bei den einen soll E_{0z} verschwinden, so daß $\nabla \times \boldsymbol{B}_0' = 0$ und $\nabla \cdot \boldsymbol{E}_0' = 0$ ist, während für die anderen umgekehrt $B_{0z} = 0$, $\nabla \times \boldsymbol{E}_0' = 0$ und $\nabla \cdot \boldsymbol{B}_0' = 0$ gelten soll. Lösungen der ersten Art beschreiben die *transversal-elektrischen* (TE) und die der zweiten Art die *transversal-magnetischen* (TM) Wellen. Allgemeinere Wellen bekommt man durch lineares Zusammensetzen.

Für jede dieser Wellenarten haben wir ein System von vier Gleichungen, aus denen wir jedoch $\boldsymbol{E}_0'$ und $\boldsymbol{B}_0'$ eliminieren können. Es bleibt bei den TE-Wellen nur eine einzige Amplitudengleichung wie (5.72) für die Komponente B_{0z} übrig und bei den TM-Wellen nur die für E_{0z}. Damit werden wir uns im Abschn. 6.4 noch eingehend beschäftigen. Die übrigen Komponenten folgen dann aus den obigen Gleichungen, was der Leser selbst ausarbeiten möge.

Aufgaben

5.59 Wie sieht eine ebene fortschreitende Welle in einem isotropen leitenden Medium aus? Unter welchen Umständen kann man den Verschiebungsstrom vernachlässigen?

5.60 In einem breiten, dicken Metallband fließt hochfrequenter Wechselstrom, wobei die elektrischen Stromlinien parallel zur Oberfläche sind. Wir stellen uns vor, daß das Medium einen Halbraum erfüllt. Wie vermindert sich die Amplitude der Stromdichte mit der Tiefe? In welcher Tiefe ist die Phase um 2π verschoben? Um welchen Faktor ist dort die Stromdichte abgeschwächt?

5.61 Wie sieht das Profil eines hochfrequenten Stromes in einem Metallband endlicher Dicke aus?

5.62 Ein breites und sehr dickes Metallband stellen wir in ein homogenes magnetisches Wechselfeld, so daß die Kraftlinien parallel zur Oberfläche sind. Wieder stellen wir uns vor, daß das Metall einen Halbraum erfüllt. Wie klingt die Amplitude des Feldes mit der Tiefe wegen der induzierten Ströme ab? Anmerkung: Wir haben hier ein stark idealisiertes Modell eines Induktionsofens. Das Problem ist sozusagen dual zu dem des Hauteffektes, da die Rollen des elektrischen und magnetischen Feldes vertauscht sind.

5.63 Betrachten Sie das magnetische Wechselfeld in einem breiten Band mit endlicher Dicke (sonst wie in der vorherigen Aufgabe).

5.64 Zeigen Sie, daß auch für elektromagnetische Wellen im ionisierten Gas die in den Aufgaben zu Abschn. 5.5 erwähnte Klein-Gordonsche Gleichung gilt. Unterhalb einer kritischen Frequenz, die von der Elektronendichte (Zahl pro Volumeneinheit) abhängt, gibt es keine fortschreitenden Wellen mehr. Was gibt es dann? Hinweis: Unter dem Einfluß des elektrischen Feldes zittern die Elektronen, wobei sie aber kaum Stöße erfahren, so daß es praktisch keine Energieverluste gibt. Wohl aber muß man in den Maxwellgleichungen den durch die Elektronenbewegung entstandenen Strom berücksichtigen. Warum ist die Bewegung der Ionen belanglos?

6. Randbedingungen

6.1 Randbedingungen bei der Diffusionsgleichung

Aus der reichen Vielfalt von Lösungen einer partiellen Differentialgleichung muß man meist eine besondere Lösung heraussuchen, die gewissen zusätzlichen Bedingungen genügt. Fast immer hat man *Randbedingungen*, durch die z.B. die Werte der gesuchten Funktion an der Grenze des betrachteten Gebietes vorgeschrieben werden. Bei zeitabhängigen Problemen ist in der Regel auch die *Anfangsbedingung* gegeben, d.h. eine Aussage über die Lösung z.B. zum Zeitpunkt $t = 0$, und zwar für den ganzen betrachteten Bereich. Wie diese Bedingungen beschaffen sein mögen, hängt wesentlich von dem Typus der Differentialgleichung ab. Statt dies gleich allgemein abzuhandeln, beginnen wir lieber mit Beispielen. Wir wollen uns beim Formulieren von Rand- und Anfangsbedingungen unmittelbar an die Beschreibung der physikalischen Vorgänge anlehnen.

Für die Wärmeleitung in einem ungleichmäßig erhitzten Körper, den wir einfachheitshalber als homogen, isotrop und mit temperaturunabhängigen Stoffeigenschaften voraussetzen werden, haben wir im Abschn. 5.3 die Diffusionsgleichung für die Temperatur $T(\boldsymbol{r}, t)$ besprochen,

$$D\nabla^2 T = \frac{\partial T}{\partial t}, \tag{6.1}$$

wobei wieder die Abkürzung $D = \lambda/\varrho c_p$ eingesetzt wurde. Es sollen jetzt keine inneren Wärmequellen vorhanden sein. Die Gleichung allein genügt keineswegs, um das Verhalten des Temperaturfeldes voraussagen zu können. Erstens benötigen wir noch die Anfangsbedingung, sagen wir zum Zeitpunkt $t = 0$. Das heißt, das anfängliche Temperaturfeld $T(\boldsymbol{r}, 0)$ soll bekannt sein. Durch dieses wird in die Lösung eine beliebige Funktion eingebaut.

Um die Bedeutung der Anfangsbedingung zu verstehen, sehen wir mal zu, wie man mit der Rechenmaschine zu einer angenäherten Lösung kommt. Man kann sie freilich nur für endlich viele Raum- und Zeitpunkte bestimmen und muß daher die Variablen diskretisieren. Tun wir dies zuerst mit den Koordinaten, indem wir ein geeignetes Koordinatennetz wählen. (Eine kleine Schwierigkeit entsteht, wenn man das Netz nicht genau dem gegebenen Rand anpassen kann; am einfachsten ersetzt man ihn durch eine möglichst nahe, die Netzpunkte verbindende Zickzacklinie.) Wir werden also nur nach den Werten $T(\boldsymbol{r}_n, t)$ der

Temperatur in den Netzpunkten r_n fragen. Den Differentialausdruck links in (6.1) approximieren wir durch einen Quotienten von Differenzen in bezug auf die benachbarten Netzpunkte, wofür man in Büchern über numerische Mathematik gute Rezepte findet. Nur in den Randpunkten geht das nicht; die dortigen Werte müssen eben durch die Randbedingung bestimmt sein, was wir demnächst noch besprechen werden.

Durch die beschriebene Diskretisierung ensteht aus der partiellen Differentialgleichung ein System von N gewöhnlichen Differentialgleichungen erster Ordnung, wobei die Zeit die einzige unabhängige Variable ist und N die Anzahl der inneren Netzpunkte. Wenn für alle diese Netzpunkte die Anfangswerte gegeben sind, so sind wir uns der Existenz von Lösungen $T(r_n, t)$ sicher. Man bestimmt sie, indem man in der Zeit Schritt für Schritt vordringt, etwa nach dem Verfahren von Runge und Kutta.

Freilich führt das Verfahren zu einem eindeutigen Ergebnis nur, wenn wir auch wissen, was nach dem anfänglichen Zeitpunkt (bei $t > 0$) in den Randpunkten, also an der Oberfläche des Körpers, vorgeht. Womöglich versenken wir den Körper in schmelzendes Eis und drücken das Eis fest an seine Oberfläche, so das dort ständig die Temperatur $T(r, t) = 0°C$ herrscht. Damit ist die Randbedingung gegeben, die für alle Punkte an der Oberfläche des Körpers und für alle $t > 0$ gilt. Durch Kunstgriffe könnte man auch von Ort zu Ort verschiedene oder sogar zeitlich veränderliche Randwerte der Temperatur festlegen.

Eine andere Möglichkeit wäre, den Körper gegen äußere Temperatureinflüsse zu isolieren, indem wir ihn in Wolle einwickeln oder besser, ihn im Vakuum an einen dünnen Faden aufhängen. Dann kann der Körper durch seine Oberfläche keine Wärme mit seiner Umgebung austauschen. Will man auch Strahlungsverluste möglichst gering halten, so versilbert man die Oberfläche des Körpers. Dann stimmt es ziemlich genau, daß durch die Oberfläche kein Wärmestrom in die Außenwelt gelangt oder, anders gesagt: die Normalkomponente j_n der von innen ankommenden Wärmestromdichte verschwindet dort. Da dieser Vektor dem Temperaturgradienten proportional ist und bei einem isotropen Stoff auch dieselbe Richtung hat, kommen wir zum Schluß, daß beim isolierten Körper die Ableitung der Temperatur in normaler Richtung auf der ganzen Oberfläche verschwindet. Das wollen wir so schreiben: $\partial T/\partial n = 0$. Wenn man die Oberfläche mit Heizkörpern pflastern würde, könnte man auch von Null verschiedene Werte der angegebenen Ableitung vorschreiben. Wir merken den Unterschied: Früher, mit den vorgeschriebenen Oberflächenwerten der gesuchten Funktion T, hatten wir eine *Randbedingung „erster Art"*, auch Dirichletsche Randbedingung genannt. Jetzt, mit vorgeschriebener Ableitung in normaler Richtung, haben wir eine *Randbedingung „zweiter Art"* (Neumannsche Randbedingung).

Auch *gemischte Randbedingungen* können vorkommen, nämlich solche, die die Randwerte der gesuchten Funktion mit ihrer Ableitung in der Richtung normal zur Oberfläche verbinden. Die Wärmeisolierung ist vielleicht unvollkommen, so daß doch ein Wärmestrom durchsickert. Bei genügend dünner Isolationsschicht ist an der Oberfläche des Körpers die Dichte dieses Stromes proportional zu dem Unterschied zwischen Oberflächentemperatur und der Außentemperatur T_0, die wir kennen müssen. Die Bedingung lautet also $j_n = \Lambda\,(T - T_0)$. Der *Wärmedurchlässigkeitskoeffizient* Λ ist ein für die Isolationsschicht charakteristischer Parameter. Andererseits gilt bis an die Oberfläche der Körpers das Wärmeleitungsgesetz, so daß man die obige Randbedingung auch wie folgt schreiben kann:

$$\lambda \frac{\partial T}{\partial n} = -\Lambda(T - T_0). \tag{6.2}$$

Auch diese letzte Randbedingung ist linear, da sowohl T als auch $\partial T/\partial n$ in ihr nur in erster Potenz vorkommen. Nichtlineare Bedingungen sind aber keineswegs ausgeschlossen. Nehmen wir einen heißen, schwarzen, konvexen Körper, der an einem dünnen Faden in einem evakuierten Gefäß mit kalten Wänden hängt. Der von innen an die Oberfläche kommende Wärmestrom kann nach außen nur durch Strahlung abgegeben werden. Indem wir die Normalkomponenten beider Energiestromdichten gleichsetzen, bekommen wir die Randbedingung $\lambda\,\partial T/\partial n = -\sigma T^4$.

Noch verwickelter werden die Verhältnisse, wenn ein erwärmter Körper mit einem kälteren Gas (oder einer Flüssigkeit) umgeben ist, das ihm durch *Konvektion* Energie entzieht. Im Gas gibt es dabei eine turbulente Strömung, die z.B. durch einen Ventilator „erzwungen" wird, oder vielleicht „natürlich" durch den Auftrieb der erwärmten Gasmassen zustande kommt. Man stellt sich vor, daß kalte Gasballen beim Anschmiegen an den warmen Körper durch Wärmeleitung Energie aufnehmen, um sie dann durch ihre Bewegung fortzutragen. Eine genaue rechnerische Behandlung der Konvektion wäre äußerst aufwendig, denn man müßte gleichzeitig die nichtstationäre Bewegungsgleichung für das Gas und die Gleichung für die Wärmeleitung lösen. Durch Beobachtungen und durch Ähnlichkeitsbetrachtungen (wie bei der Reynoldsschen Zahl, Abschn. 5.8) haben aber Ingenieure handliche Faustformeln ausgearbeitet, die für viele praktisch wichtigen Fälle brauchbare Abschätzungen liefern. Als einziges Beispiel sehen wir uns ein langes heißes Rohr an (Temperatur T_1, Länge l, Durchmesser $2r$), das quer von einem kalten Wind mit der ungestörten Geschwindigkeit v_0 und Temperatur T_0 angeblasen wird. Für den vom Rohr abgegebenen Wärmestrom P findet man in technischen Handbüchern (z.B. [6.1]) folgende Näherungsformel:

$$\frac{P}{\pi l \lambda (T_1 - T_0)} = 0,60\,Re^{0,50} \left(\frac{\eta c_p}{\lambda}\right)^{0,31}. \tag{6.3}$$

Wie die in der üblichen Weise definierte Reynoldssche Zahl sind auch die anderen zwei in der Formel auftretenden Quotienten dimensionslos.

Bei linearen Randbedingungen ist es wichtig zu unterscheiden, ob sie homogen oder inhomogen sind. Beim ideal isolierten Körper ist die Bedingung offenbar homogen, nicht aber, wenn durch aufgesetzte Heizkörper Wärme hineingepumpt wird. Auch beim in Eis eingebetteten Körper ist die Randbedingung homogen, vorausgesetzt, daß wir die Temperatur nach Celsius messen. Ähnlich ist die Bedingung (6.2) homogen, wenn T_0 in der ganzen Umgebung konstant ist und als Ausgangspunkt der Temperaturskala gewählt wird.

Falls sowohl die Gleichung als auch die Rand- und alle anderen Bedingungen linear und homogen sind, so sagt man, das Problem selbst sei linear. Probleme dieser Art sind besonders leicht zu behandeln, da jedes Vielfache einer Lösung offenbar wieder eine Lösung ist. Dasselbe gilt für lineare Kombinationen von Lösungen, falls es mehr als eine linear unabhängige Lösung gibt.

Für ein unbegrenztes Medium benötigen wir eine Randbedingung im Unendlichen, d.h. eine Angabe über das Verhalten der Lösung bei unbegrenzt wachsender Entfernung. Oft wird Annäherung an einen vorgeschriebenen Wert vorausgesetzt, oder auch nur, daß die Lösung nicht zu stark anwachsen soll. Man darf aber nicht vergessen, daß das unbegrenzte Medium eine starke Idealisierung darstellt, und man muß aufpassen, daß man keine unerfüllbaren Forderungen stellt.

Zwei Beispiele sollen zeigen, wo Gefahren stecken können. In einem unendlich ausgedehnten, homogenen, isotropen Medium sei im Koordinatenursprung eine punktförmige Wärmequelle mit der Leistung P eingebettet. („Punktförmig" soll heißen: klein gegen Abstände, für die wir uns interessieren.) Wie sieht das Temperaturfeld aus, nachdem der stationäre Zustand erreicht ist, wenn im Unendlichen T gegen 0 (z.B. Grad Celsius) strebt? – Statt mit der Laplacegleichung zu operieren, stellen wir fest (ähnlich wie bei einer Aufgabe im Abschn. 4.4), daß durch jede bezüglich des Ursprungs konzentrische Kugeloberfläche derselbe Wärmestrom fließt: $P = 4\pi r^2 j = \text{const}$, also $4\pi r^2 \lambda \, dT/dr = -P$. Daraus folgt $T = P/4\pi\lambda r$. Die Integrationskonstante setzten wir gleich Null, um die gewünschte Bedingung im Unendlichen zu erfüllen. Hier ist alles in bester Ordnung.

Zur Abwechselung ersetzen wir in Gedanken die Punktquelle durch einen dünnen, unendlich langen Heizdraht, der pro Längeneinheit einen Wärmestrom P' abgibt. Der Vergleich mit dem Wärmestrom durch einen konzentrischen Zylinder mit dem Radius r ergibt die Gleichung $P' = 2\pi r j = -2\pi r \lambda \, dT/dr$ und daraus die Lösung $T = -(P'/2\pi\lambda) \ln r + C$. Jetzt sind wir in die Klemme geraten, denn durch keinerlei Wahl der Integrationskonstante C können wir der Bedingung $T \to 0$ bei $r \to \infty$ genügen.

Nachdem wir keinen Fehler in der Rechnung finden, ist die Warnung klar: Etwas bei den physikalischen Annahmen stimmt nicht. Es gibt einfach keine Lösung, die den obigen Vorstellungen entsprechen würde. Um dies zu verstehen, überlegen wir, wie der stationäre Zustand erreicht wird. Nachdem wir in dem ursprünglich kalten Medium den Heizkörper einschalten, breitet sich von ihm eine Hitzewolke aus. Immer weitere Teile des Mediums werden immer stärker erwärmt. Bei einer punktförmigen Quelle oder überhaupt, wenn die Heizleistung begrenzt ist, gibt es einen Grenzwert, der den stationären Zustand definiert und dem sich das Temperaturfeld ganz allmählich nähert. Nicht so beim unendlich langen Heizdraht, dessen gesamte Heizleistung unendlich groß ist. In allen Teilen des Mediums wächst die Temperatur über alle Grenzen, so daß sich das Feld keiner stationären Form nähert.

Die ganze Zeit sprachen wir über einen homogenen Körper, woran wir aber nicht festzuhalten brauchen. Ohne weiteres können wir einen ortsabhängigen Wärmeleitungskoeffizienten zulassen, obwohl dadurch das Problem schwieriger wird. Als besonderen Fall betrachten wir einen Körper, der aus zwei verschiedenen Stücken mit den Wärmeleitungskoeffizienten λ_1 und λ_2 zusammengesetzt ist. Prinzipiell ist nichts besonderes dabei, denn man braucht für $\lambda(\boldsymbol{r})$ nur die soeben beschriebene, unstetige Funktion einzusetzen. Die Unstetigkeit verursacht aber einiges Kopfzerbrechen, denn man müßte mit schwachen Lösungen arbeiten. Es ist praktischer, jeden homogenen Teil des Körpers für sich zu behandeln und die Lösungen sozusagen zusammenzukleben. Dazu benötigen wir zwei *Übergangsbedingungen*, die für die ganze Grenzfläche zwischen beiden Teilen des Körpers gelten sollen. Falls sich beide Teile eng berühren, dürfen wir uns meist darauf verlassen, daß beiderseits die Temperatur gleich ist: $T_1(\boldsymbol{r},t) = T_2(\boldsymbol{r},t)$ für alle $\boldsymbol{r}$ an der Grenzfläche und für jede Zeit t. Außerdem sind wir sicher, daß in der Grenzfläche Energie weder verschwindet noch aus dem Nichts entsteht. Die Normalkomponenten der Wärmestromdichte müssen also beiderseits dieselben sein. Beiderseits können wir sie durch die Normalkomponenten des Temperaturgradienten ausdrücken, so daß die zweite Übergangsbedingung folgendermaßen aussieht:

$$\lambda_1 \frac{\partial T_1(\boldsymbol{r},t)}{\partial n} = -\lambda_2 \frac{\partial T_2(\boldsymbol{r},t)}{\partial n}. \tag{6.4}$$

Das Minuszeichen entspricht der üblichen Verabredung hinsichtlich der Oberflächennormale: Bei jedem Teil des Körpers soll sie nach außen orientiert sein.

Noch manche Verallgemeinerungen sind der Überlegung wert. Es kann vorkommen, daß sich die Oberfläche bewegt, wie z.B. bei einem schwingenden Wassertropfen. Noch verwickelter werden Probleme, bei denen erst die Lösungen die Bewegung der Oberfläche bestimmen. Man spricht in solchen Fällen von Bedingungen an *freien Rändern*. Ein Beispiel bietet uns das in einer der Aufgaben im Abschn. 4.4 beschriebene Wachsen der Eisdecke auf einem gefrorenen See. Dort wurde nahegelegt, man soll das Problem als ein quasistationäres behandeln. Man tut also, als ob das Temperaturprofil der Eisschicht genau so aussieht wie bei stationärer Wärmeleitung durch eine Schicht gleichbleibender Dicke. Überraschenderweise kann aber diese von J. Stefan stammende Aufgabe auch ohne solch gewagte Vereinfachung analytisch gelöst werden.

Die Oberfläche der Eisdecke sei bei $z = 0$, wo der kalte Wind eine konstante Temperatur $-2°$C aufzwingt, die wir zum Ausgangspunkt unserer Temperaturzählung wählen. An der Unterseite bei $z = h$ herrscht ständig die um $2\,$K höhere Gefriertemperatur $0°$C, also $T(h,t) = T_1 = 2\,$K. Damit ist die andere Randbedingung gegeben; leider wissen wir aber nicht im voraus, wo der betreffende Rand ist, denn die Eisdicke h wächst ja mit der Zeit.

Sehen wir uns zuerst die quasistationäre Approximation an. Die Dichte des durchsickernden Wärmestroms ist durch $j = -\lambda T_1/h$ approximiert, während das approximative Temperaturprofil linear ist: $T(z,t) = [z/h(t)]T_1$. Die in der Zeit $\mathrm{d}t$ pro m^2 dem Wasser entzogene Wärme produziert eine Eisschicht der entsprechenden Dicke

$$\mathrm{d}h = \frac{|j|\,\mathrm{d}t}{\varrho q} = \frac{\lambda T_1\,\mathrm{d}t}{\varrho q h},$$

wobei ϱ und q die Dichte und die spezifische Schmelzwärme des Eises bezeichnen. Die Lösung dieser Differentialgleichung ist $h = (2\lambda T_1 t/\varrho q)^{1/2}$. Selbstverständlich wurde der Anfang des Gefrierprozesses zum Ausgangspunkt der Zeitmmessung gewählt.

Jetzt zur Kritik! Weil in der Vergangenheit die Eisdecke dünner war, ist durch sie mehr Wärme entkommen, als es die quasistationäre Approximation zugibt. Deshalb verbiegt sich das Temperaturprofil; es hinkt sozusagen dem Wachstum der Eisschicht nach. Um den begangenen Fehler grob abzuschätzen, stellen wir uns vor, das Wachsen der Eisdecke höre auf einmal auf, als ob die Schmelzwärme ins Unendliche gesprungen wäre. Das Temperaturprofil nähert sich danach dem linearen. Nach einiger Zeit dürfen wir auf ein exponentielles Abflauen der Abweichung ΔT vom linearen Profil hoffen: $\Delta T = \Theta(z)\,\mathrm{e}^{-t/\tau}$. Für Θ folgt die eindimensionale Amplitudengleichung $\Theta'' + k^2\Theta = 0$ und sofort ihre allgemeine Lösung $\Theta = A\cos kz + B\sin kz$, wobei $k^2 = 1/D\tau$ mit $D = \lambda/\varrho c_p$. Nur Lösungen, die an beiden Endpunkten verschwinden, sind hier von Interesse und unter ihnen nur diejenige, die das langsamste Abflauen von ΔT wiedergibt. Sie wird duch eine halbe Sinuswelle beschrieben: $\Theta \propto \sin kz$, mit $k = \pi/h$. So folgt $\tau = h^2/\pi^2 D$.

Es ist klar, daß der relative Fehler klein ist, wenn die berechnete Temperaturabweichung schnell abflaut, nämlich schnell im Vergleich zur Zeit $t = \varrho q h^2/2\lambda T_1$, die die Eisdecke zu ihrem Wachstum benötigte. Mit einem etwas veränderten numerischen Faktor kann das Kriterium so formuliert werden:

$$\epsilon \equiv \frac{\pi^2}{4}\frac{\tau}{t} = \frac{c_p T_1}{2q} \ll 1. \tag{6.5}$$

Mit $T_1 = 2\,\mathrm{K}$ und den Daten für Eis ($c_p = 2,1\,\mathrm{kJ/kg\,K}$, $q = 0,33\,\mathrm{MJ/kg}$) finden wir für den soeben eingeführten dimensionslosen Parameter den Wert $\epsilon = 0,0063$. Die Vermutung liegt nahe, daß ϵ die Größenordnung des relativen Fehlers, z.B. beim entzogenen Wärmestrom, wiedergibt. Bemerkenswerterweise ist aber ϵ von der Dicke des Eises unabhängig, denn die Faktoren h^2 kürzen sich. Der relative Fehler bleibt gleich groß, auch wenn wir noch so lange warten. Dadurch wird die quasistationäre Näherung etwas unheimlich. Andererseits können wir aus der gewonnenen Erkenntnis auch eine nützliche Lehre ziehen.

Wenn die relativen Fehler gleich groß bleiben, könnte es sein, daß sich auch die Form der erwähnten Temperaturabweichung nicht verändert. Wir wollen daher versuchen, ob es eine sich selbst ähnlich bleibende Lösung gibt, so daß sie nach entsprechender Reduktion des Maßstabes zeitunabhängig erscheint. Statt $T(z,t)$ setzen wir also eine Funktion der einzigen unabhängigen Variablen

$\zeta = z/h(t)$ ein. Die Diffusionsgleichung (6.1) und die Randbedingung reduzieren sich damit auf ein etwas merkwürdiges System zweier gewöhnlichen Differentialgleichungen für die Funktionen $T(\zeta)$ und $h(t)$:

$$D\frac{d^2 T(\zeta)}{d\zeta^2} + \zeta h(t)\frac{dh(t)}{dt}\frac{dT(\zeta)}{d\zeta} = 0, \quad \varrho q\frac{dh(t)}{dt} = \frac{\lambda}{h(t)}\left(\frac{dT(\zeta)}{d\zeta}\right)_{\zeta=1}. \quad (6.6)$$

Aus der ersten Gleichung folgt nach Einsetzen von $h\,dh/dt$ aus der zweiten und mit Berücksichtigung beider Randwerte nach kurzer Rechnung folgende Lösung:

$$\frac{dT(\zeta)}{d\zeta} = \frac{2}{\sqrt{\pi}}\,T_1\,\frac{\exp(-\alpha\zeta^2)}{\mathrm{erf}(\sqrt{\alpha})}, \quad T(\zeta) = T_1\frac{\mathrm{erf}(\sqrt{\alpha}\zeta)}{\mathrm{erf}(\sqrt{\alpha})}. \quad (6.7)$$

Der Parameter $\alpha = c_p T'(1)/2q$ hat dieselbe Größenordnung wie das oben verwendete ϵ.

Die Aufgabe ist noch immer nicht erledigt, denn in dem α verbirgt sich der unbekannte Wert $T'(1)$. Einsetzen von $\zeta = 1$ in den Ausdruck für $T'(\zeta)$ ergibt für α eine transzendente Gleichung,

$$\alpha = \epsilon\,\frac{2\sqrt{\alpha}\,\exp(-\alpha)}{\sqrt{\pi}\,\mathrm{erf}(\sqrt{\alpha})}. \quad (6.8)$$

Durch Manipulation der Reihenentwicklungen ist die Lösung für kleines ϵ schnell gefunden:

$$\alpha = \epsilon\left(1 - \frac{2}{3}\epsilon + \frac{16}{15}\epsilon^2 + \ldots\right). \quad (6.9)$$

Der führende Term reproduziert die quasistationäre Approximation $\alpha = \epsilon$, deren relativer Fehler durch $-\frac{2}{3}\epsilon$ approximiert wird. Bei $\epsilon = 0,0064$, wie oben angegeben, beträgt er nur $-0,4\%$. Angesichts der bescheidenen Genauigkeit der Messungen wäre so ein kleiner Fehler experimentell kaum nachzuweisen, so daß die quasistationäre Approximation durchaus gut genug ist.

Approximationen sind besonders geschätzt, wenn sie beliebiger Verbesserung fähig sind, wie z.B. die Teilsummen einer konvergenten Taylorschen Reihe. Dennoch begnügt man sich in der Praxis oft mit Näherungen, bei denen Verbesserungen schwer zu erreichen sind oder sich nicht lohnen. Mit der quasistationären Approximation hätten wir beim obigen Problem zufrieden sein können, denn die Ausarbeitung der „exakten" Lösung brachte keine nennenswerte Verbesserung. Das gewonnene tiefere Verständnis war aber dennoch der Mühe wert.

Zum Schluß sei bemerkt, daß man die Anfangsbedingung entbehren kann, wenn z.B. eine exponentielle Zeitabhängigkeit vorgeschrieben wird oder wenn wir verlangen, daß die Temperatur zeitunabhängig sein soll. Für den ersten Fall bekamen wir im Abschn. 5.3 eine Amplitudengleichung und im zweiten die Laplacesche Potentialgleichung. Da darin die Zeit nicht mehr vorkommt, kann von einer Anfangsbedingung keine Rede mehr sein. Die Randbedingung genügt vollauf. Die Diskretisierung der örtlichen Variablen führt hier zu einem System algebraischer Gleichungen, was uns Hoffnung auf die Existenz und Eindeutigkeit der Lösungen gibt. Es kann aber auch Ausnahmen geben, nämlich wenn die Determinante im Nenner verschwindet.

Wegen der formellen Verwandschaft der Diffusionsgleichung mit der Schrödingergleichung (Abschn. 5.4) wollen wir gleich auch für die letztere die Frage der Anfangs-, Rand- und Übergangsbedingungen erledigen. Bei der zeitabhängigen Gleichung ist die Anfangsbedingung genau dieselbe wie bei der Diffusionsgleichung: $\psi(\mathbf{r}, t)$ soll zum Anfangszeitpunkt ($t = 0$) gegeben sein, um eine Voraussage der künftigen Entwicklung der Wellenfunktion zu ermöglichen.

Mit Hinsicht auf die Randbedingung muß man gestehen, daß es in der atomaren Welt in Wirklichkeit gar keine scharfen Ränder gibt. Einzig im Unendlichen muß man eine Randbedingung vorschreiben, und zwar venünftigerweise $\psi \to 0$ bei $r \to \infty$. Dennoch kommt man damit nicht immer aus, denn Lehrbücher der Quantenmechanik sind voll von Aufgaben, bei denen Teilchen ideale Potentialwände durchdringen oder in idealen Schachteln hin und her tanzen. Obwohl solche Beispiele als übertriebene Idealisierungen erscheinen, sind sie dennoch lehrreich und liefern manchmal sogar brauchbare Voraussagen für das Verhalten von Atomen, Atomkernen und Molekülen.

Es wird genügen, die eindimensionale stationäre Gleichung zu betrachten:

$$-\frac{\hbar^2}{2m}\frac{\mathrm{d}^2 u}{\mathrm{d}x^2} + W_p(x)\, u(x) = W\, u(x). \tag{6.10}$$

Das Potential W_p habe irgendwo einen Sprung, der uns zwingt, im Stillen mit einer schwachen Lösung zu rechnen. Die Unstetigkeit klammern wir in ein ganz kurzes Interval (a, b) ein und integrieren darüber beide Seiten der Gleichung. Es folgt

$$-\frac{\hbar^2}{2m}\left[\left(\frac{\mathrm{d}u}{\mathrm{d}x}\right)_{x=b} - \left(\frac{\mathrm{d}u}{\mathrm{d}x}\right)_{x=a}\right] + \cdots = \cdots . \tag{6.11}$$

Mit $\cdots$ sind Terme angedeutet, die bei $b-a \to 0$ verschwinden, solange u und W_p endlich bleiben. So sehen wir, daß im Grenzwert die eingeklammerte Differenz verschwindet, daß also $\mathrm{d}u/\mathrm{d}x$ trotz der Unstetigkeit des Potentials stetig bleibt. *A fortiori* ist auch die Funktion u selbst als Integral ihrer Ableitung stetig. Es ist leicht allgemein einzusehen, daß man bei der Schrödingergleichung bei Unstetigkeiten des Potentials (wie bei der Diffusionsgleichung im Falle von unstetigen Stoffeigenschaften) zwei Übergangsbedingungen verlangen muß, nämlich Stetigkeit sowohl der Lösung selbst als auch ihrer normalen Ableitung.

Unendlich hohe Potentialwände, die das Teilchen nicht durchdringen kann, sind dabei eine Ausnahme. Jenseits der Wand muß die Wellenfunktion jedenfalls verschwinden, so daß ihre Ableitung an der Wand unstetig ist. Die Wellenfunktion selbst bleibt aber stetig, indem sie bei Annäherung an die Wand den Grenzwert Null erreicht.

Literatur

6.1   G. Gröber, S. Erk und W. Grigull: *Die Grundgesetze der Wärmeübertragung* (Springer, Berlin, Heidelberg 1981).

6.2   A. Messiah: *Quantenmechanik*, Bd. 1 (De Gruyter, Berlin 1991).

6.3   F. Schwabl: *Quantenmechanik*, (Springer, Berlin, Heidelberg 1993).

Aufgaben

6.1   Silberkügelchen, die die Wärme sehr gut leiten, werden in gleichen Abständen an einem schlecht wärmeleitenden Faden befestigt. Nach außen soll alles gut isoliert sein. Wie sieht das System gewöhnlicher Differentialgleichungen aus, durch das die Temperaturen der Kügelchen als Funktionen der Zeit bestimmt sind? Vergleichen Sie es mit der partiellen Differentialgleichung für einen homogenen Stab.

6.2   Eine 40 cm dicke Betonwand (Wärmeleitfähigkeit $\lambda_1 = 1\,\mathrm{W/m\,K}$) wird mit einer 5 cm dicken Schicht eines Isoliermaterials ($\lambda_2 = 0{,}15\,\mathrm{W/m\,K}$) belegt. Um wieviel % werden durch diesen Belag die Wärmeverluste durch die Wand in der kalten Jahreszeit verringert?

6.3   Eine erhitzte homogene Kugel wird in schmelzendes Eis geworfen. Nach längerer Zeit klingt das Temperaturprofil der Kugel exponentiell gegen 0°C ab. Mit welcher Relaxationszeit?

6.4   Eine Metallplatte, deren eine Seite thermisch isoliert ist, während die andere geschwärzt ist und an leeren Raum grenzt, wird gleichmäßig elektrisch geheizt. Wie sieht im stationären Zustand das Temperaturprofil aus?

6.5   Zur Zeit, als Kupfer teuer war und Aluminium billig, ist man auf den Gedanken gekommen, elektrische Drähte aus Aluminium zu erzeugen, jedoch mit einer Stahlader zwecks mechanischer Festigung. Als Beispiel nehmen wir eine 1 mm dicke Stahlader, die mit einer 2 mm dicken Schicht Aluminium umgeben ist. Um wieviel ist im stationären Zustand bei einem Strom von 100 A die Temperatur in der Drahtachse höher als an der Oberfläche?

6.6   Eine 0,1 m lange Stange aus Eisen wird an einem Ende einmal alle 10 Sekunden erwärmt und abgekühlt, und zwar so, daß die Änderungen zwischen 20 und 80°C sinusförmig verlaufen. Am anderen Ende ist eine sehr lange, ebenso dicke Kupferstange angeschweißt. Durch Wärmeisolation wird seitlicher Wärmeaustausch vermieden. Wie schwankt die Temperatur an der Schweißstelle?

6.7   Auf einen 1 mm dicken Kupferdraht, der einen Strom von 20 A trägt, bläst quer ein Wind mit der Geschwindigkeit von 5 m/s. Um wieviel ist im Mittel die Oberfläche des Drahtes wärmer als die ankommende Luft?

6.8   Bestimmen Sie die kugelsymmetrischen stationären Zustände eines Teilchens in einem Potentialtopf, bei dem $W_p(r) = 0$ für $r > r_0$ ist und

$W_p = -W_0$ für $r < r_0$. Hinweis: Durch die Substitution $ru(r) = \phi(r)$ läßt sich die Gleichung vereinfachen. Wie hängt die Zahl dieser Zustände von den gegebenen Parametern ab?

6.9   Ein sich nach rechts oder links mit bestimmter Geschwindigkeit bewegendes Teilchen wird durch die stationäre Wellenfunktion $u \propto \pm e^{\pm ikx}$ beschrieben. Durch Kombinieren beider Funktionen erfährt man, mit welcher Wahrscheinlichkeit das Teilchen von einer scharfen Potentialstufe reflektiert wird. Merkwürdigerweise ist diese Wahrscheinlichkeit von Null verschieden auch dann, wenn das Teilchen auf eine Potentialgrube stößt. Zeigen Sie, daß die Reflexionswahrscheinlichkeit nur vom Quotienten der kinetischen Energie und der Tiefe der Potentialstufe abhängt, nicht aber von der Masse des Teilchens. Die berechnete Wahrscheinlichkeit müßte also auch für ein Auto gelten, das gegen einen Abgrund fährt. Wieso glauben Autofahrer nicht daran? – Hinweis: Erinnern Sie sich an die Antireflexüberzüge optischer Linsen.

6.2 Randbedingungen bei der Wellengleichung

Um die Bewegung einer gespannten Saite voraussagen zu können, genügt es nicht, für jeden Teil der Saite seine Anfangslage, etwa $y(x,0)$, anzugeben, sondern wir benötigen auch die anfängliche Geschwindigkeit $\dot{y}(x,0)$. Ganz allgemein benötigen wir bei jeder Wellengleichung zwei Anfangsbedingungen, eben weil die Gleichung mit Rücksicht auf die Zeit zweiter Ordnung ist. Durch Berücksichtigung beider Bedingungen bauen wir in die Lösung zwei willkürliche Funktionen des Ortes ein. Bei der Diffusionsgleichung war es nur eine.

Um die Verdoppelung der Anfangsbedingung besser zu verstehen, diskretisieren wir wieder die örtlichen Variablen, so wie im vorhergehenden Abschnitt. Die Wellengleichung zerfällt dabei in ein System gewöhnlicher Differentialgleichungen *zweiter* Ordnung – je einer für jeden inneren Knotenpunkt. Für jeden schreiben wir seine Anfangslage *und* Anfangsgeschwindigkeit vor, um die Bewegung verfolgen zu können. Numerisch wird das wieder in Zeitstufen erledigt.

Übrigens kann man sich bei einer unendlich langen Saite sehr gut mit Charakteristiken helfen, die durch die Geraden $x = x_0 \pm ct$ gegeben sind. Die beiden Familien entsprechen den nach rechts bzw. nach links fortschreitenden Wellen. So kommen wir wieder zu der schon im Abschn. 5.5 erwähnten allgemeinen Lösung der Wellengleichung, wo zwei willkürliche Funktionen explizit auftreten. Bei einer endlich langen Saite muß man aufpassen, weil die Wellen an beiden Enden reflektiert und abermals reflektiert werden. Was dabei geschieht, hängt von den Randbedingungen ab, die wir demnächst betrachten wollen.

Für eine Saite mit fixierten Enden und ebenso für eine Membran mit fixiertem Rand verschwindet dort die Verrückung zu allen Zeiten. Somit haben wir wieder eine Randbedingung erster Art. In Gedanken können wir aber auch eine Saite erfinden, für die eine Randbedingung zweiter Art gilt. Wir nehmen lieber ein ziemlich schweres Seil und befestigen an beiden Enden Rädchen mit vernachlässigbar kleiner Masse, die über zwei quer gehaltene Stäbe laufen. Mit Hilfe der Stäbe spannen wir das Seil. Wir stellen uns vor, daß es keine Reibung gibt, so daß das Seil an beiden Enden die ganze Zeit senkrecht zu den Stäben steht. Dort gilt also eine Randbedingung zweiter Art: $\partial y/\partial x = 0$. Es bedarf noch etwas mehr Phantasie, um auch der Membran eine derartige Randbedingung aufzuzwingen.

Falls die Masse m des Rädchens am Ende des Seils nicht klein genug ist, so bedarf es zu seiner Beschleunigung einer Kraft. Sie ist durch die Komponente der Spannung des Seils parallel zum Stab gegeben. So kommen wir zur Randbedingung

$$m\frac{\partial^2 y}{\partial t^2} = \pm F_x \frac{\partial y}{\partial x}, \tag{6.12}$$

wobei das Vorzeichen $+$ für ein Rädchen am Anfang des Seils gilt und $-$ für eins am Ende. Für sinusartige Schwingungen des Seils folgt aus der Wellengleichung die Amplitudengleichung, diesmal mit einer gemischten Randbedingung, $m\omega^2 y = F_x y'$. Wenn man auch die Reibung berücksichtigt, wird die Randbedingung noch verwickelter, womöglich sogar nichtlinear.

Eine Saite, die aus verschieden dicken Abschnitten zusammengesetzt ist, beschreiben wir am besten stückweise, wobei wir für jede Verbindungsstelle zwei Übergangsbedingungen benötigen. Da die Saite nicht zerreißen soll, muß dort y stetig sein. Falls es dort keinen Knoten mit merklicher Masse gibt, ist auch die Ableitung $\partial y/\partial x$ normalerweise stetig. Jedenfalls kann es dort keinen ständigen Knick geben, denn sonst würde die beiderseitige Spannung der Saite eine quergerichtete Resultante ergeben, die der masselosen Verbindungsstelle eine unendlich große Beschleunigung erteilen würde. Entsprechendes gilt für eine Membran, die aus verschieden dicken Stücken zusammengenäht ist, jedoch mit masseloser Naht. Sowohl die Verrückung $z(x, y, t)$ als auch deren Ableitung in Richtung normal zur Naht sollen stetig sein.

Jetzt sehen wir schon, wie man die Masse m eines Knotens auf der Saite (bei $x = x_0$) berücksichtigt. Man braucht für ihn nur das Newtonsche Gesetz zu zitieren:

$$m\frac{\partial^2 y(x_0)}{\partial t^2} = F_x \left[\left(\frac{\partial y}{\partial x}\right)_{x_0+} - \left(\frac{\partial y}{\partial x}\right)_{x_0-} \right]. \tag{6.13}$$

Mit beiden Ausdrücken in den eckigen Klammern sind die rechte und linke Ableitung von y an der Knotenstelle gemeint.

Ganz analoge Bedingungen gelten an den Enden eines koaxialen Kabels. Wir können die Enden kurzschließen und damit dort für alle Zeiten die Bedingung $U = 0$ erzwingen. Wenn aber die beiden Leiter an den Enden voneinander isoliert sind, so gibt es dort keinen Strom. Aus $I = 0$ folgt für die Spannung eine Randbedingung zweiter Art: $\partial U/\partial x = 0$. Durch Einschaltung eines Widerstands können wir $I = \pm U/R$ vorschreiben, wobei das Vorzeichen $+$ für das rechte Ende gilt und − für das linke. Dies setzen wir in die für dI und dU im Abschn. 5.6 hergeleiteten Beziehungen ein, um den Strom zu eliminieren. Wir bekommen *zwei* Bedingungen, die U mit $\partial U/\partial x$ und $\partial U/\partial t$ verbinden. Nachdem wir aus beiden die zeitliche Ableitung eliminieren, bleibt *eine* Randbedingung der gemischten Art übrig:

$$\left(Rf - \frac{l}{R}\right)\frac{\partial U}{\partial x} = \mp(rf - sl)\,U, \tag{6.14}$$

wobei die Bezeichnungen aus Abschn. 5.6 übernommen sind. Für das rechte oder linke Ende des Kabels gelten rechts die Vorzeichen − bzw. +.

Beim Zusammensetzen von zwei Kabelstücken müssen wir mit der Stetigkeit der Spannung und des Stromes rechnen. Die beiderseitigen Grenzwerte von U und von $\partial U/\partial x$ müssen also übereinstimmen.

Schwieriger wird es beim Biegen des elastischen Stabes, denn da gilt eine Differentialgleichung vierter Ordnung. Dementsprechend sind vier Randbedingungen nötig. Meist haben wir je zwei für jedes Stabende. Wenn das Ende des Stabes sich frei bewegen kann, so daß auf ihn keine Kraft und kein Drehmoment wirken, so gelten gemäß der Ergebnisse im Abschn. 5.7 die Bedingungen $\partial^3 y/\partial x^3 = 0$ und $\partial^2 y/\partial x^2 = 0$. Andererseits sind im Falle eines eingemauerten Stabendes dort die Werte von y und $\partial y/\partial x$ vorgeschrieben. Noch eine dritte wichtige Möglichkeit gibt es. Das Ende des Stabes kann in einem reibungslosen Lager eingehakt sein, so daß es sich unbehindert drehen, nicht aber verrücken kann. Hier ist also y vorgeschrieben; außerdem gilt $\partial^2 y/\partial x^2 = 0$, weil das reibungslose Lager kein Drehmoment erzeugen kann.

Zum Schluß vergleichen wir nochmals die Anfangs- und Randbedingungen bei der Wellengleichung für die eingespannte Saite mit denen bei der Wärmediffusion in einem an den Enden gekühlten und sonst isolierten Stab (beide Male etwa für $-a < x < a$ und $0 < t < \infty$) und dann noch mit den Bedingungen bei der Potentialgleichung, etwa für das Rechteck $-a < x < a$, $-b < y < b$, mit vorgegebenen Randwerten. Die Gleichungen lauten:

$$\frac{1}{c^2}\frac{\partial^2 u}{\partial t^2} - \frac{\partial^2 u}{\partial x^2} = 0, \qquad \frac{\partial u}{\partial t} - D\frac{\partial^2 u}{\partial x^2} = 0, \qquad \frac{\partial^2 u}{\partial x^2} + \frac{\partial^2 u}{\partial y^2} = 0. \tag{6.15}$$

Die erste ist hyperbolisch, die zweite parabolisch und die dritte elliptisch.

Der Bereich, auf dem die Lösung gesucht wird, ist in den ersten zwei Fällen ein halbunendlicher Streifen in der (x, t)-Ebene und im dritten das angegebene Rechteck. Die Randbedingungen, wobei jetzt die Anfangsbedingungen miteinbezogen sein sollen, sind für die drei Probleme grundverschieden. Bei der Saite waren bei $t = 0$ sowohl die Werte u als auch die Ableitungen $\partial u/\partial t$ vorgeschrieben und dazu noch die Werte u für $x = \pm a$ für alle Zeiten ($0 < t < \infty$). Bei der Wärmeleitung waren die Ableitungen nicht nötig. Ganz anders ist es bei der Potentialgleichung, wo man es nur mit einer einzigen Randbedingung auf dem ganzen Rand zu tun hat. Man verlangt jedoch stillschweigend auch, daß im Inneren des Rechtecks die Lösung keinerlei Singularitäten aufweisen darf.

Aufgaben

6.10 An eine ganz leichte Saite befestigt man in gleichmäßigen Abständen (h) lauter gleiche Kügelchen. Ihre Bewegung gehorcht einem System gewöhnlicher Differentialgleichungen. Vergleichen Sie es mit der üblichen Wellengleichung. Anmerkung: Schwingungen in Kristallen muß man tatsächlich mit Hilfe solcher Systeme von Gleichungen beschreiben, sobald die Wellenlänge nicht groß genug ist im Vergleich zum interatomaren Abstand.

6.11 Für eine unendlich lange Saite seien $y(x,0)$ und $\dot{y}(x,0)$ vorgegeben. Drücken Sie die Lösung in der Form $y(x,t) = \Phi(x - ct) + \Psi(x + ct)$ aus.

6.12 Versuchen Sie die vorhergehende Aufgabe für eine endlich lange Saite zu wiederholen, wenn sie zwischen $x = 0$ und $x = a$ eingespannt ist.

6.13 Wie wird eine wandernde Welle am Ende einer Saite reflektiert, wenn sie festgespannt bzw. frei ist? Wie aber, wenn Bedingung (6.12) gilt?

6.14 Was müßte man am Ende einer Saite montieren, damit eine ankommende, wandernde Welle überhaupt nicht reflektiert werden würde? Hinweis: Man denke an die Wirkung von Stoßdämpfern bei den Autos.

6.15 Ein sehr langes Seil ist aus zwei verschieden dicken Teilen zusammengesetzt, und zwar ohne Knoten. Der rechte Teil habe eine α-mal so große Masse pro Längeneinheit wie der linke. Weit links erzeugen wir wandernde Wellen, die an der Sprungstelle teilweise reflektiert werden. Welcher Teil des einfallenden Energiestroms dringt in den zweiten Teil ein? Was ändert sich, wenn die Wellen von der anderen Seite kommen?

6.16 Eine ähnliche Frage wie in der vorherigen Aufgabe stellt sich für ein gleichmäßig dickes Seil, an dem irgendwo in der Mitte ein Gewicht mit der Masse m befestigt ist.

6.17 Berechnen Sie die Eigenfrequenzen einer Saite mit der Spannung F_x, Masse m und Länge l, wenn in ihrer Mitte eine Masse αm befestigt ist.

6.18 Drei gleiche Saiten werden in Form eines Y ohne Knoten verbunden und in waagerechter Lage symmetrisch aufgespannt. Wie groß ist die niedrigste Frequenz, mit der dieses System auf und ab schwingen kann?

6.19 Die beiden Leiter eines verlustlosen koaxialen Kabels ($r = 0$, $s = 0$) werden weit weg von den Enden durch einen Widerstand R verbunden. Ein wie großer Teil der Energie einer einfallenden Welle wird am Widerstand reflektiert? Zeigen Sie, daß es keine Reflexion gibt, wenn $R = \sqrt{l/f}$ gilt. Wie steht es mit den Phasen beider Wellen, wenn R größer bzw. kleiner als dieser Wert ist?

6.20 Wie wird eine wandernde Welle am Ende eines verlustlosen Kabels reflektiert, wenn es am Ende durch einen Kondensator oder durch eine Induktionsspule abgeschlossen ist?

6.3 Randbedingungen in der Hydrodynamik

Wir erinnern uns, daß für die Bewegung von Flüssigkeiten und Gasen annähernd die Eulersche Gleichung gilt, wenn man die Viskosität vernachlässigen darf. Sonst muß man die kompliziertere Navier-Stokes-Gleichung heranziehen (Abschn. 5.8). Hinsichtlich der Zeit sind beide Gleichungen der ersten Ordnung, so daß bei zeitabhängigen Problemen nur eine Anfangsbedingung nötig ist. Oft wird die Geschwindigkeit $v(r,t)$ zum Anfangszeitpunkt $t = 0$ für den ganzen betrachteten Bereich vorgeschrieben.

Bei viskosen Flüssigkeiten darf man allgemein damit rechnen, daß sie an festen Oberflächen haften; nur ganz ausnahmsweise bemerkt man ein Gleiten. Demnach gilt für die Navier-Stokessche Gleichung die Randbedingung $v = 0$. Vorsicht ist aber geboten, wenn wir im Sinne einer Approximation mit der Eulerschen Gleichung rechnen oder sogar tun, als ob wir eine Potentialströmung vor uns hätten, d.h. als ob die Geschwindigkeit durch den Gradienten eines Potentials U gegeben wäre. Falls bei einer solchen Strömung an allen Wänden $v = 0$ ist, so ist überhaupt überall $v = 0$. Man muß sich hier mit einer bescheideneren Randbedingung begnügen: An einer undurchdringlichen Wand verschwindet die Normalkomponente der Geschwindigkeit, also $\partial U/\partial n = 0$ im Falle einer Potentialströmung.

Mathematisch hängt der Unterschied damit zusammen, daß durch die Annahme einer verschwindenden Viskosität die zweiten örtlichen Ableitungen verloren gehen. Vom suprafluiden Helium abgesehen gibt es aber keine Flüssigkeiten ohne Viskosität. Somit ist es eigentlich verwunderlich, daß die vereinfachte Beschreibung nach Euler bei Strömungen von Wasser und Luft oft erfolgreich war, so wie seinerzeit beim Projektieren von Schiffen und Flugzeugen. Innerhalb eines Bereichs, wo die Turbulenz noch nicht merklich ist, sieht die Strömung um den Flügel eines Flugzeuges tatsächlich einer Potentialströmung recht ähnlich, jedoch mit Ausnahme einer dünnen *Grenzschicht*, wo ein schroffer Übergang von $v = 0$ an der Flügeloberfläche zu dem durch die Potentialströmung gegebenen Wert stattfindet. Im Grenzwert bei immer kleiner werdender Viskosität nähert sich die Bewegung außerhalb des Turbulenzbereichs vermutlich einer Potentialströmung. Erst nachdem wir mit diesem Grenzwert fertig sind, dürfen wir uns der Wand nähern und finden dort (mathematisch) eine gleitende Bewegung. Dabei ist die Grenzschicht sozusagen unendlich dünn geworden.

Wie schon erwähnt wurde (Abschnitte 5.1, 5.8), kommen bei schwachen Lösungen der Eulerschen Gleichung allerlei Diskontinuitäten vor. Schichten einer Flüssigkeit ohne Viskosität können ja aneinander vorbei gleiten und außerdem gibt es scharfe Stoßwellen. An jeder solchen Diskontinuität benötigt man Übergangsbedingungen, insbesondere die von Rankine und Hugoniot für Stoßwellen. Nichts dergleichen hat man bei der Navier-Stokesschen Gleichung zu befürchten, denn die Viskosität verschmiert alle Diskontinuitäten.

Bei der Beschreibung von Schallwellen darf man den Einfluß der Viskosität meist vernachlässigen. Für Schall in einem Hohlraum mit festen Wänden gilt also, daß an der Wand die Normalkomponente der Geschwindigkeit verschwindet. Ebenso verschwindet dort die Normalkomponente der Beschleunigung und gemäß den Erläuterungen im Abschn. 5.9 auch die Normalkomponente des Druckgradienten: $\partial p/\partial n = 0$. Für die Wellengleichung haben wir dann eine Randbedingung zweiter Art. Mit einer Bedingung erster Art, d.h. mit verschwindenden Druckamplituden an der Oberfläche, könnten wir bei Schallwellen innerhalb eines frei schwebenden Flüssigkeitstropfens rechnen.

Zum Schluß sollen noch Übergangsbedingungen erwähnt sein, z.B. für den Fall zweier nicht mischbarer Flüssigkeiten, die aneinander grenzen. Wenn die Flüssigkeiten aneinander haften, muß die Geschwindigkeit beim Übergang stetig sein. (Bei einer Potentialströmung wäre dies nur für die Normalkomponente zu verlangen.) Außerdem kann es keine Unstetigkeit des Druckes geben, denn sonst würde auf die Grenzfläche, die wir uns ohne Masse vorstellen, eine endliche Kraft wirken und ihr eine unendliche Beschleunigung erteilen.

Aufgaben

6.21 Aus der Luft (Temperatur 20°C, Druck 1 bar) treffen Schallwellen senkrecht auf eine Wasseroberfläche. Ein wie großer Anteil des einfallenden Energiestromes dringt ins Wasser ein? Die Kompressibilität des Wassers beträgt $5 \cdot 10^{-5}\,\text{bar}^{-1}$.

6.22 Fortsetzung der vorhergehenden Aufgabe: Wie hängt bei schrägem Einfall der eingedrungene Anteil des Energiestroms vom Einfallswinkel ab?

6.23 Schallwellen in Luft treffen senkrecht auf eine gespannte Membran. Wovon und wie hängt der durchgelassene Anteil des Energiestroms ab? Wie wäre es bei schrägem Einfall?

6.24 Ein langes Rohr ist mit ruhendem Gas mit der Dichte ϱ_0, Temperatur T_0 und Druck $p_0 = \varrho_0 R T_0/M$ gefüllt. Den Kolben, der links das Rohr verschließt, fangen wir auf einmal an, mit konstanter Geschwindigkeit v nach rechts zu verschieben. Vor ihm entsteht ein Verdichtungsstoß, der mit unbekannter Geschwindigkeit w dem Kolben vorauseilt. Der verdichtete Teil des Gases, dessen Zustand (ϱ_1, T_1, $p_1 = \varrho_1 R T_1/M$) auch zu bestimmen ist, strömt aber mit der Geschwindigkeit des Kolbens. Die gesuchten Daten bekommt man aus drei *Rankine-Hugoniot-Übergangsbedingungen*, die man aus den Erhaltungsgesetzen für Masse, Impuls und Gesamtenergie (kinetische + innere) herleitet.

6.25 Fortsetzung der vorhergehenden Aufgabe: Wie vergrößert sich die Entropie beim Durchgang des Gases durch die Stoßwelle? Zeigen Sie, daß bei schwachem Stoß, d.h. bei kleiner *Machschen Zahl* $Ma = v/c_0$ (die sich auf die ursprüngliche Schallgeschwindigkeit c_0 bezieht), die Zustandsänderung fast isentrop (adiabatisch) ist.

6.4 Randbedingungen für das elektromagnetische Feld

Da die Maxwellschen Gleichungen in den Zeitableitungen erster Ordnung sind, muß man die Anfangswerte der darin vorkommenden Felder kennen, um die künftige Entwicklung voraussagen zu können.

Randbedingungen gibt es entweder im Unendlichen oder dort, wo das Feld auf undurchdringliche Körper stößt. Es ist daher ratsam, zuerst allgemein die Bedingungen für den Übergang zwischen zwei Körpern mit verschiedenen Stoffeigenschaften zu betrachten. Am besten beruft man sich da auf *schwache Lösungen*, d.h. auf Lösungen der Gleichungen in Integralfom (Abschn. 3.8). Dabei stellen wir uns enge Schleifen oder flache Schachteln vor, die Teile der Grenzfläche einschließen. Aus dem Gaußschen Gesetz finden wir auf diese Weise, wie sich die Normalkomponente der elektrischen Verschiebungsdichte D beim Übergang aus einem Stoff in einen anderen ändert, wenn die Zwischenfläche elektrisch geladen ist. Die Änderung gleicht der Flächendichte σ dieser Ladung. Falls die Zwischenfläche ungeladen ist, so ist $D_\perp$ beim Übergang stetig. Beim magnetischen Feld ist das immer der Fall, denn es gibt ja keine magnetischen Ladungen. Beides können wir kurz so aufschreiben:

$$D_{\perp 2} - D_{\perp 1} = \sigma; \qquad B_{\perp 2} - B_{\perp 1} = 0. \tag{6.16}$$

Mit Hilfe von dünnen Schleifen erhalten wir aus dem Induktionsgesetz und Ampères Gesetz analoge Aussagen für die Tangentialkomponenten (d.h. parallel zur Zwischenfläche) der elektrischen und magnetischen Feldstärke. Letztere ändert sich nur, wenn es in der Zwischenfläche selbst einen elektrischen Strom (mit linearer Dichte J) gibt. So etwas kommt beim Hauteffekt (Abschn. 5.9) vor, wie auch bei Supraleitern. Der Strom fließt zwar in einer endlich dicken Schicht, die aber so dünn sein kann, daß man sie makroskopisch besser als eine Fläche beschreibt. Der Verschiebungsstrom spielt da keine Rolle, da er sich nicht auf eine so dünne Schicht zusammendrücken läßt. Dasselbe gilt beim Induktionsgesetz für den magnetischen Kraftfluß, wobei noch zu berücksichtigen ist, daß es keinen Strom magnetischer Ladungen gibt. Also gilt

$$H_{\parallel 2} - H_{\parallel 1} = J; \qquad E_{\parallel 2} - E_{\parallel 1} = 0. \tag{6.17}$$

Besonders wichtig ist der Fall, daß eines der beiden Medien ein Metall ist. Bei höheren Frequenzen benimmt sich jedes Metall fast so, als ob es ideal leitend wäre. Daher gibt es innen kein elektrisches Feld. Ein äußeres elektrisches Feld macht an der Oberfläche halt, denn dort sammeln sich entsprechende Ladungen an. Die Tangentialkomponente $E_\parallel$ ist außen wie innen gleich, also gleich Null. Somit entspringen die Feldlinien senkrecht aus dem Metall. Wegen Induktion kann auch kein wechselndes magnetisches Feld eindringen, denn es induzieren sich entsprechende Oberflächenströme. Die zeitliche Ableitung von $B_\perp$ muß außen wie innen gleich sein, also gleich Null. Für die Amplituden E_0 und B_0 von hochfrequenten Feldern gelten also an einer Metalloberfläche ziemlich genau folgende Randbedingungen:

$$E_{0\parallel} = 0; \qquad B_{0\perp} = 0. \tag{6.18}$$

Ein interessantes Beispiel liefern uns sinusartige elektromagnetische Wellen, die sich in einem Wellenleiter fortpflanzen. Für Wellen vom Typus TM haben wir im Abschn. 5.10 festgestellt, daß es genügt, für die axiale Komponente der elektrischen Amplitude die Potentialgleichung $\nabla^2 E_{0z} = 0$ zu lösen. Jetzt kennen wir auch die dazugehörige Randbedingung: an der Wand muß E_{0z} verschwinden. Indem wir aus dem Gradienten dieser Komponente die Querschnittsprojektion $\boldsymbol{E}_0'$ herleiten (siehe Abschn. 5.10), zeigen wir, daß an der Wand überhaupt die Tangentialkomponente von $\boldsymbol{E}$ verschwindet, wie oben verlangt. Da $\boldsymbol{B}_0'$ senkrecht zu $\boldsymbol{E}_0'$ steht, verschwindet an der Wand auch $B_{0\perp}$, im Einklang mit der zweiten Bedingung.

Anders ist es bei den transversal-elektrischen (TE) Wellen, bei denen man nur die Gleichung $\nabla^2 B_{0z} = 0$ lösen muß. Dabei wird verlangt, daß an der Wand die Ableitung von B_{0z} in normaler Richtung verschwindet: $\partial B_{0z}/\partial n = 0$. Ähnlich wie vorher kann man einsehen, daß dort überhaupt $B_{0\perp} = 0$ gilt und somit auch $E_{0\parallel} = 0$, so daß alles in bester Ordnung ist.

Wir sehen also, daß bei TM Wellen für die Komponente E_{0z} die gleiche Randbedingung gilt, wie für die Verrückung bei der eingespannten Membran, während man bei TE Wellen B_{0z} mit Verrückungen einer Membran mit reibungslos gleitendem Rand vergleichen sollte. Mit etwas Phantasie kann man sich vorstellen, wie eine Membran als analoger Rechner für das Studium von Wellenleitern dienen könnte. Man durchsägt den Wellenleiter, spannt die Membran auf den Querschnitt auf und mißt ihre Eigenfrequenzen, sowie die Fortpflanzungsgeschwindigkeit der von ihr getragenen Wellen. Für jede Frequenz berechnen wir die Wellenzahl $k' = \omega'/c' = 2\pi/\lambda'$. (Alle für die Membran gültigen Zeichen sind apostrophiert.) Jeder Eigenschwingung der Membran entspricht für jede Frequenz ω des elektromagnetischen Feldes eine TM Welle im Wellenleiter, wobei $k_0^2 - k^2 = k'^2$ gilt. Daraus folgt für die Phasengeschwindigkeit $c_{\mathrm{ph}} = \omega/k$ der Welle folgende Beziehung:

$$\frac{1}{c_{\mathrm{ph}}^2} = \frac{1}{c^2} - \left(\frac{k'}{\omega}\right)^2 = \frac{1}{c^2} - \left(\frac{2\pi}{\omega\lambda'}\right)^2. \tag{6.19}$$

Die Geschwindigkeit c_{ph} ist größer als die Lichtgeschwindigkeit c im leeren Raum und wird sogar unendlich, wenn die Frequenz so klein gewählt wird, daß $k_0 = k'$ ist. Bei noch niedrigeren Frequenzen ($k_0 < k'$) kann sich die Welle überhaupt nicht mehr fortpflanzen.

Aufgaben

6.26 In ein ursprünglich homogenes elektrisches Feld im sonst leeren Raum stellen wir quer eine große dielektrische Platte (Dielektrizitätskonstante ϵ). Wie unterscheidet sich das Feld in der Platte von dem äußeren?

6.27 Statt der Platte aus der vorhergehenden Aufgabe nehmen wir eine lange Stange, die wir längs der Feldlinien orientieren.

6.28 Bei schiefem Übertritt eines elektrischen Feldes aus einem Nichtleiter in einen anderen knicken sich die Feldlinien. Kann man da ein Brechungsgesetz aufstellen?

6.29 Eine ebene elektromagnetische Welle fällt senkrecht auf die Oberfläche eines Dielektrikums, der einen Halbraum ausfüllt. Was für ein Anteil des Energiestromes wird reflektiert?

6.30 Statt auf einen Nichtleiter wie in der vorhergehenden Aufgabe soll die Welle auf ein Metall auftreffen. Mit welcher Relaxationslänge l klingt die Welle innen ab?

6.31 Der Spalt zwischen zwei ausgedehnten, parallelen, geerdeten Metallplatten wird als Wellenleiter benutzt. Beschreiben Sie die Wellen, die sich in ihm fortpflanzen können. Welche ist die tiefste Frequenz, die durch einen 1 cm dicken Spalt gerade noch durchkommt? Wie dünn müßte der Spalt sein, damit sichtbares Licht ($\lambda \geq 400\,\mathrm{nm}$) gerade noch durchkäme?

6.32 Mit welchen Phasengeschwindigkeiten wandern elektromagnetische Wellen der Frequenz $2 \cdot 10^{10}\,\mathrm{s}^{-1}$ in einem Wellenleiter mit rechteckigem Profil (12,7 mm $\times$ 25,4 mm)? Wie groß ist die kleinste Frequenz, bei der es noch fortschreitende Wellen gibt? Was passiert bei Erregung des Wellenleiters mit noch kleinerer Frequenz?

6.33 Als scheinbar einfachste Lösung für TE Wellen in einem Wellenleiter bekommen wir $B_{0z} = \mathrm{const}$. Folgt daraus überhaupt was vernünftiges?

7. Besondere Lösungen linearer Probleme

7.1 Lineare Operatoren

Dieses und das nächste Kapitel werden nur lineare Probleme behandeln, also solche, bei denen sowohl die Gleichung als auch die Randbedingungen linear sind. Ganz abstrakt kann man ein inhomogenes Problem dieser Art wie folgt formulieren:

$$\hat{A}u = f, \tag{7.1}$$

wobei $\hat{A}$ ein *Operator*, sozusagen ein mathematischer Befehl ist. Er wirkt auf die gesuchte Funktion u, wobei die gegebene Funktion f resultieren soll. Der Operator wird durch einen mathematischen Ausdruck beschrieben (wie z.B. durch das ∇^2), was aber keineswegs zu seiner Definition ausreicht. Man muß noch wissen, von welchen Variablen die beiden Funktionen abhängen, auf welchem Bereich V sie definiert sind und welchen Randbedingungen die Lösung u genügen soll. Die Variable sei z.B. $r \in \mathbb{R}^3$ und somit $V \subseteq \mathbb{R}^3$. Schließlich muß man noch verabreden, in welchem *Funktionenraum* (in welcher Menge von Funktionen) die Lösung gesucht wird. Meist werden wir stillschweigend annehmen, daß dies der Raum $L^2(V)$ ist. Er umfaßt alle Funktionen ϕ, für die das Integral $\int_V |\phi(r)|^2 \, \mathrm{d}^3 r$ im Lebesgueschen Sinne existiert. Dies ist ein *Hilbert-Raum*, denn in ihm ist das *innere Produkt* zweier Funktionen definiert:

$$\langle\phi|\psi\rangle = \int_V \phi^*(r)\,\psi(r)\,\mathrm{d}^3 r. \tag{7.2}$$

Bei komplexen Funktionen muß man beachten, daß $\langle\psi|\phi\rangle = \langle\phi|\psi\rangle^*$ ist. Falls $\langle\phi|\psi\rangle = 0$ ist, so sagt man, die beiden Funktionen seien zueinander *orthogonal*.

Das innere Produkt hat ähnliche Eigenschaften wie das Skalarprodukt im Euklidischen Raum. Man darf den Raum L^2 (oder überhaupt jeden Hilbert-Raum) als eine natürliche Verallgemeinerung des Euklidischen Raumes auf unendlich viele Dimensionen betrachten.

Analog dem Betrag eines Vektors definiert man im L^2 die *Norm* einer Funktion ϕ durch die Quadratwurzel des vorher erwähnten Integrals:

$$\|\phi\| = \sqrt{\langle\phi|\phi\rangle}. \tag{7.3}$$

Sie kann nicht negativ sein und verschwindet nur, wenn ϕ „fast überall" gleich Null ist. *Fast überall* bedeutet: überall, außer auf einer Menge von Punkten mit verschwindendem Maß. (Das kann z.B. eine diskrete Punktmenge sein, die zum Integral nichts beiträgt und daher in dieser Beziehung belanglos ist.)

Der Operator $\hat{A}$ in (7.1) soll linear sein, was bedeutet, daß er additiv und homogen ist, so daß allgemein $\hat{A}(\phi+\psi) = \hat{A}\phi+\hat{A}\psi$ und $\hat{A}(c\phi) = c\hat{A}\phi$ gilt, wobei c eine beliebige komplexe Zahl sein mag. Die Linearität des Operators impliziert auch, daß die Randbedingungen linear und homogen sind. Durch diese Einschränkung wird aber unser Spielraum nicht ernstlich geschmälert. Man kann nämlich inhomogene Bedingungen durch homogene ersetzen, wenn man im Inneren des betrachteten Bereiches, ganz nahe dem Rande, dünne Schichten (oder auch doppelte Schichten) von Ladungen oder sonstiger Quellen passender Stärke einbaut.

Es kommt vor, daß der Operator nicht auf dem ganzen L^2-Raum definiert ist, sondern nur in einem engeren *Definitionsbereich*. So muß man bei $\nabla^2\phi$ jedenfalls verlangen, daß ϕ differenzierbar ist. Nicht jedes ϕ aus L^2 hat diese Eigenschaft.

Wenn für alle Funktionen aus dem Definitionsbereich $D(\hat{A})$ der Quotient $\|\hat{A}\phi\|/\|\phi\|$ eine endliche Schranke nicht überschreitet, so heißt der Operator *beschränkt*. Differentialoperatoren sind im L^2 nicht beschränkt, wovon man sich leicht überzeugt.

Zu jedem Operator $\hat{A}$ können wir versuchen, einen *adjungierten Operator* $\hat{A}^\dagger$ zu finden, und zwar so, daß

$$\langle\psi|\hat{A}\phi\rangle = \langle\hat{A}^\dagger\psi|\phi\rangle \tag{7.4}$$

gilt. Die Menge von Funktionen ψ, für die diese Relation mit jedem $\phi \in D(\hat{A})$ erfüllt ist, bildet den Definitionsbereich $D(\hat{A}^\dagger)$ des Operators $\hat{A}^\dagger$. Besonders schöne Eigenschaften haben *selbstadjungierte Operatoren*, d.h. solche, für die $\hat{A} = \hat{A}^\dagger$ gilt. Damit ist auch gemeint, daß beide Definitionsbereiche dieselben sein sollen: $D(\hat{A}) = D(\hat{A}^\dagger)$. (Diese Gleichheit kann manchmal durch eine Erweiterung der Definition des Operators auf einen umfangreicheren Definitionsbereich gesichert werden. Wir werden stillschweigend voraussetzen, daß eine solche Erweiterung, wenn möglich, schon vorgenommen wurde.)

Der durch ∇^2 auf einem begrenztem Bereich und für irgendeine homogene lineare Randbedingung definierte Operator ist selbstadjungiert. Wir begnügen uns mit dem Beweis, daß er *symmetrisch* ist; das heißt, daß die Differenz der Ausdrücke, die beiden Seiten von (7.4) entsprechen, verschwindet. Eine Spezialform des Satzes von Gauß, die als die *Greensche Formel* bekannt ist, wird uns helfen:

$$\langle\psi|\nabla^2\phi\rangle - \langle\nabla^2\psi|\phi\rangle$$

$$= \int_V [\psi^*\nabla^2\phi - \phi\nabla^2\psi^*]\,\mathrm{d}^3r = \int_V \nabla\cdot[\psi^*\nabla\phi - \phi\nabla\psi^*]\,\mathrm{d}^3r$$

$$= \int_{\partial V} [\psi^* \nabla \phi - \phi \nabla \psi^*] \cdot \mathrm{d}\boldsymbol{S} = \int_{\partial V} \left[\psi^* \frac{\partial \phi}{\partial n} - \phi \frac{\partial \psi^*}{\partial n} \right] \mathrm{d}S. \tag{7.5}$$

Bei der letzten Form des Integranden merkt man, daß er verschwindet, wenn entweder beide Funktionen an der Oberfläche verschwinden oder wenn das für beide Normalableitungen gilt. Auch für eine gemischte Randbedingung stimmt die Behauptung, wie der Leser selbst nachprüfen kann.

Ein selbstadjungierter Operator heißt *positiv definit*, wenn $\langle \phi | \hat{A} \phi \rangle > 0$ für jedes ϕ mit $\|\phi\| \neq 0$. Der Operator $- \nabla^2$ für eine homogene Randbedingung der ersten oder zweiten Art hat diese wertvolle Eigenschaft, denn

$$- \int_V \phi^* \nabla^2 \phi \, \mathrm{d}^3 r = - \int_V \nabla \cdot (\phi^* \nabla \phi) \, \mathrm{d}^3 r + \int_V |\nabla \phi|^2 \, \mathrm{d}^3 r. \tag{7.6}$$

Der erste Term rechts verschwindet, was wir wie in (7.5) einsehen. Der übriggebliebene Term ist offenbar positiv.

Manchen von den obigen Begriffen sind wir schon bei der Diskussion der Schrödingergleichung (Abschn. 5.4) begegnet, ohne sie jeweils beim Namen genannt zu haben. Von ihrer Lösung verlangten wir, daß sie normiert sein soll, $\langle \psi | \psi \rangle = 1$. Physikalische Größen werden in den quantenmechanischen Gleichungen durch Operatoren dargestellt. Damit diese reellen gemessenen Größen entsprechen, müssen sie selbstadjungiert sein. Der quantenmechanische Mittelwert einer dem Operator $\hat{A}$ entsprechenden Größe wird durch das folgende innere Produkt ausgedrückt: $\overline{A} = \langle \psi | \hat{A} \psi \rangle$.

Aufgaben

7.1   Zeigen Sie, daß der letzte Ausdruck in (7.5) auch im Falle einer gemischten homogenen linearen Randbedingung verschwindet.

7.2   Betrachten Sie die eindimensionale Poissongleichung $y''(x) = f(x)$ auf dem Intervall $[0, 1]$ mit den Bedingungen $y(0) = 0$ und $y'(0) = 0$, jedoch ohne jede Bedingung bei $x = 1$. Ist der so definierte Operator selbstadjungiert?

7.2 Eigenwerte und Eigenfunktionen

Ein homogenes lineares Problem hat in der Regel nur die identisch verschwindende (triviale) Lösung, an der wir sicher nicht interessiert sind. Bei solchen Problemen enthält aber die Gleichung meist einen anpaßbaren Parameter, wie z.B. in

$$\hat{A} u = \lambda u. \tag{7.7}$$

Man soll den Wert von λ so wählen, daß es doch eine nichttriviale Lösung gibt.

Noch einige Begriffe sollten wir uns merken. Solche Werte von λ in (7.7), für die die inhomogene Gleichung $\hat{A}u - \lambda u = f$ für beliebiges $f \in L^2$ eine eindeutige Lösung hat, nennt man *reguläre Werte des Operators* $\hat{A}$. Für ein reguläres λ hat also die Gleichung (7.7) nur die triviale Lösung $u = 0$. Alle anderen Werte von λ bilden das sogenannte *Spektrum* von $\hat{A}$. Dazu gehören insbesondere die *Eigenwerte* des Operators, die das sogenannte *Punktspektrum* bilden. Der Name deutet an, daß die Eigenwerte meist getrennt liegen (diskret verteilt sind). Man sagt, λ sei ein Eigenwert des Operators, wenn die homogene Gleichung eine oder endlich viele linear unabhängige Lösungen – sogenannte *Eigenfunktionen* – innerhalb des L^2 hat.

Es mag sein, daß die regulären Werte von λ und das Punktspektrum zusammen schon die ganze komplexe Ebene ausfüllen. Oft sind aber die Verhältnisse komplizierter, da es auch ein *kontinuierliches Spektrum* geben kann, das womöglich ein Intervall ausfüllt. Für die darin enthaltene Werte von λ mag die homogene Gleichung Lösungen außerhalb L^2 besitzen, oder es gibt innerhalb L^2 beliebig gute Näherungen u, d.h. solche, für die der relative Fehler $\|\hat{A}u - \lambda u\|/\|u\|$ beliebig klein gemacht werden kann.

Das Spektrum eines selbstadjungierten Operators liegt auf der reellen Achse und beschränkt sich auf ihre positive Hälfte, wenn der Operator positiv definit ist. Für die Eigenwerte ist beides leicht zu beweisen, wenn wir das innere Produkt von u mit beiden Seiten von (7.7) bilden. Der gewonnene Ausdruck $\lambda = \langle u|\hat{A}u\rangle/\langle u|u\rangle$ liefert die Antworten.

Bei einem homogenen Problem ist, wie schon gesagt, jedes Vielfache einer Lösung wieder eine Lösung. Um mit dieser Unbestimmtheit keine Zeit zu verlieren, kann man sich entweder des Proportionalitätszeichens $\propto$ bedienen, oder man normiert die Eigenfunktionen durch die Vorschrift $\|u\| = 1$.

Ein altbekanntes Beispiel soll uns helfen, die neuen Begriffe besser zu verstehen. Für die Amplitude der Eigenschwingungen einer gespannten Saite mit festen Enden hatten wir folgende Gleichung und Bedingungen

$$-\frac{\mathrm{d}^2u}{\mathrm{d}x^2} = k^2u, \quad 0 \leq x \leq a, \quad u(0) = 0, \quad u(a) = 0. \tag{7.8}$$

Absichtlich haben wir in dieser Schreibweise die Gleichung (7.7) nachgeahmt. Das Quadrat der Wellenzahl $k = \omega/c$ hat die Rolle von λ übernommen. Die Gleichung und die linke Randbedingung erfüllen wir durch $u \propto \sin kx$. Um auch der zweiten Randbedingung zu genügen, muß man $ka = n\pi$ mit $n = 1, 2, \ldots$ wählen. Die gesuchten Eigenfunktionen und Eigenwerte sind also

$$u_n \propto \sin\frac{n\pi x}{a}, \quad k_n^2 = \left(\frac{n\pi}{a}\right)^2. \tag{7.9}$$

Sollen die Eigenfunktionen normiert sein, so muß man $u_n = \sqrt{2/a}\sin(n\pi x/a)$ schreiben. Der Index n soll uns helfen, die verschiedenen Eigenfunktionen und

Eigenwerte untereinander zu unterscheiden. Diese Eigenfunktionen sind paarweise zueinander orthogonal (wovon schon bei den Fourier-Reihen die Rede war) und daher linear unabhängig.

Bei der Saite haben wir zu jedem Eigenwert $k_n^2 = (n\pi/a)^2$ eine einzige linear unabhängige Eigenfunktion gefunden. Immer ist es aber nicht so, wie das Beispiel einer schwingenden quadratischen Membran zeigen wird. Für die Amplitude $u(x, y)$ gilt die Gleichung

$$-\nabla^2 u = k^2 u, \tag{7.10}$$

wobei $0 \le x \le a$, $0 \le y \le a$ und am Rande $u = 0$ sein soll. Wir erraten die Form der Lösungen, $u \propto \sin k_1 x \, \sin k_2 y$, und stellen fest, daß $k_1^2 + k_2^2 = k^2$ sein muß. Durch die Wahl von zwei Sinusfunktionen haben wir die Randbedingung für zwei Seiten des Quadrats (nämlich für $x = 0$ und $y = 0$) schon erfüllt. Um das auch für die übrigen zwei Seiten ($x = a$, $y = a$) zu erreichen, verlangen wir, daß $k_1 a$ und $k_2 a$ ganzzahlige Vielfache von π sein sollen. Somit haben wir die Eigenfunktionen und Eigenwerte

$$u_{mn} \propto \sin \frac{m\pi x}{a} \sin \frac{n\pi y}{a}, \qquad k_{mn}^2 = (m^2 + n^2)\left(\frac{\pi}{a}\right)^2 \tag{7.11}$$

mit $m, n = 1, 2, 3, \ldots$ Wieder sind alle Eigenfunktionen paarweise zueinander orthogonal und daher voneinander linear unabhängig. Grobe Bilder von ihnen macht man sich durch das Zeichnen der Knotenlinien, entlang denen u_{mn} verschwindet. Die dazwischenliegenden Felder macht man abwechselnd weiß und grau, je nach dem Vorzeichen der u_{mn} (siehe Abb. 8.1 im nächsten Kapitel).

Wenn wir die Membran so drehen, daß die Koordinatenachsen ihre Rollen vertauschen, verwandelt sich die Eigenfunktion u_{mn} in u_{nm}, wobei sich aber freilich die Eigenfrequenz nicht ändert: $k_{mn}^2 = k_{nm}^2$. (Wir verlangen hier, daß $m \ne n$ ist.) Wenn es keine weitere linear unabhängige und zu demselben Eigenwert gehörige Eigenfunktion gibt, so sagt man, daß k_{mn}^2 ein *doppelter Eigenwert* ist. Jede Linearkombination beider Eigenschwingungen ist wieder eine zu derselben Eigenfrequenz gehörige Eigenschwingung. Sie werden durch

$$u = C_1 u_{mn} + C_2 u_{nm} = C_1 \sin \frac{m\pi x}{a} \sin \frac{n\pi y}{a} + C_2 \sin \frac{n\pi x}{a} \sin \frac{m\pi y}{a} \tag{7.12}$$

beschrieben.

Bei selbstadjungierten Operatoren sind die zu verschiedenen Eigenwerten gehörigen Eigenfunktionen immer zueinander orthogonal. Aus

$$\hat{A}u_1 = \lambda_1 u_1, \quad \hat{A}u_2 = \lambda_2 u_2$$

folgt nämlich durch innere Multiplikation (einmal rechts mit u_2 und das andere Mal links mit u_1), daß

$$\langle \hat{A}u_1 | u_2 \rangle - \langle u_1 | \hat{A}u_2 \rangle = (\lambda_1 - \lambda_2)\langle u_1 | u_2 \rangle$$

ist. Die linke Seite verschwindet, weil $\hat{A}$ selbstadjungiert ist. Da $\lambda_1 \neq \lambda_2$ angenommen wurde, muß $\langle u_1|u_2\rangle$ verschwinden, was zu beweisen war.

Im Falle eines doppelten oder mehrfachen Eigenwertes besteht von vornherein keine Gewähr, daß die berechneten dazu gehörigen Eigenfunktionen zueinander orthogonal sind. Sie können aber *orthogonalisiert* werden, ähnlich wie wir das bei Eigenvektoren von Tensoren taten (Abschn. 3.11). Man läßt z.B. eine der Eigenfunktionen unverändert und korrigiert eine zweite (linear unabhängige) durch Addition eines geeigneten Vielfachen der ersten, so daß Orthogonalität erreicht wird. Einer dritten Eigenfunktion wird ein wenig von der ersten und von der zweiten beigegeben, bis sie zu beiden orthogonal ist, u.s.w. Bei allgemeinen Diskussionen über Eigenfunktionen selbstadjungierter Operatoren werden wir weiterhin immer voraussetzen, daß ein solcher Orthogonalisierungsprozess, wenn nötig, schon ausgeführt wurde. Das Ergebnis ist keineswegs eindeutig, denn man kann die schon orthogonalisierten Eigenfunktionen auf viele Weisen so umkombinieren, daß sie zueinander orthogonal bleiben. Man benötigt dazu eine orthogonale Matrix, genau wie beim Drehen eines rechtwinkligen Koordinatensystems.

Um die Beschreibung zu vereinfachen, werden wir die Eigenfunktionen im allgemeinen auch normalisieren, so daß

$$\langle u_m|u_n\rangle = \delta_{mn} \tag{7.13}$$

gelten wird. Die für die Saite und für die quadratische Membran gefundenen Sammlungen von Eigenfunktionen hatten beide diese Eigenschaft, wenn sie mit den Normalisierungskoeffizienten $(2/a)^{1/2}$ bzw. $(2/a)$ versehen wurden. Auch bei der Membran war keine nachträgliche Orthogonalisierung mehr nötig.

Es bleibt noch die Frage, ob alle Eigenfunktionen u_n eines im L^2-Raum wirkenden selbstadjungierten Operators zusammen eine vollständige *orthonormale Basis* bilden. Das wäre ein unendlichdimensionales Analogon der Basis der Einheitsvektoren (e_1, e_2, e_3), mit deren Hilfe wir Vektoren im dreidimensonalen Euklidischen Raum aufbauten (Abschn. 3.1). Jetzt wollen wir wissen, ob man jede Funktion $f \in L^2$ nach den u_n in eine konvergente Reihe entwickeln kann, wie wir das einst mit den Sinusfunktionen taten. Die Koeffizienten hoffen wir auf dieselbe Weise wie dort (Abschn. 2.2) berechnen zu können, also

$$f = \sum_{n=1}^{\infty} a_n u_n, \qquad a_n = \langle u_n|f\rangle. \tag{7.14}$$

Es hat sich herausgestellt, daß bei solchen selbstadjungierten Operatoren, die ein reines Punktspektrum haben (in dem es auch keine Häufungspunkte gibt außer vielleicht für $\lambda \to 0$), die Frage zu bejahen ist. Jeder Operator dieser Art definiert eine vollständige orthonormierte Basis. In jedem solchen Fall konvergiert die Reihe (7.14) *stark* gegen f im L^2. Das bedeutet, daß die Norm der Differenz zwischen f und einem immer länger werdenden Abschnitt der Reihe gegen Null strebt. Mit etwas Phantasie kann man sich vorstellen, daß die Basis

$\{u_n\}$ ein kartesisches Koordinatensystem im unendlichdimensionalen Hilbert-Raum L^2 definiert. Die Koeffizienten a_n in (7.14) sind dabei die Komponenten des „Vektors" f. Jeder Operator der genannten Art definiert ein derartiges Koordinatensystem, so wie jeder symmetrische Tensor uns eine Basis von drei Eigenvektoren lieferte (Abschn. 3.11).

Manchmal ist es nötig, auch Funktionen f, die nicht zum L^2-Raum gehören, nach Eigenfunktionen eines selbstadjungierten Operators zu entwickeln. Formal geht das leicht, wenn nur die nötigen Integrale existieren. Nach wie vor sehen sie wie innere Produkte aus, und wir wollen sie auch so bezeichnen. Insbesondere werden wir den Fall einer Deltafunktion zu erledigen haben: $f(r) = \delta(r - r_0)$. Alles geht ohne Schwierigkeiten, wenn nur die Eigenfunktionen stetig sind (was bei Differentialoperatoren immer der Fall ist). Wir bekommen

$$a_n = \langle u_n | \delta(r - r_0) \rangle = u_n^*(r_0), \tag{7.15}$$

wissen aber nicht, ob wir dies in die Summe (7.14) einsetzen dürfen. Die billigste Ausrede ist, daß man eine Deltafunktion nicht ganz ernst zu nehmen braucht, sondern sie approximativ durch eine L^2-Funktion, die nur auf einem sehr engen Bereich von 0 verschieden ist, ersetzen darf. Um zu einer besseren Rechtfertigung zu gelangen, multiplizieren wir beide Seiten der vermuteten Entwicklung

$$\delta(r - r_0) = \sum_{n=1}^{\infty} u_n^*(r_0) u_n(r) \tag{7.16}$$

mit einer beliebigen stetigen Funktion $f(r_0)$ aus L^2 und integrieren über r_0. Das Ergebnis stimmt mit (7.14) überein, so daß wir auch der Entwicklung der Deltafunktion vertrauen können. Die Konvergenz ist aber nicht mehr stark in L^2. Leser, die die Grundlagen der Funktionalanalysis gemeistert haben, werden in (7.16) eine Darstellung der Entwicklung des Einheitoperators mit Hilfe einer vollständigen Basis von zueinander orthogonalen Projektionsoperatoren erkennen.

Bei einer Erweiterung von Entwicklungen wie (7.14) auf Eigenfunktionen selbstadjungierter Operatoren, die auch ein kontinuierliches Spektrum besitzen, muß man der Summe noch ein Integral hinzufügen. Damit werden wir uns aber nicht befassen können.

Aufgaben

7.3   Entwickeln Sie im Sinne von (7.14) eine innerhalb eines Quadrats definierte Funktion $f(x, y)$ nach den Eigenfunktionen einer quadratischen Membran, wobei die Randwerte verschwinden sollen.

7.4   Als Beispiel zur vorhergehenden Aufgabe nehme man $f = 1$. Wie steht es mit der Konvergenz in der Nähe des Randes?

7.5   Zeichnen Sie nach dem Muster der Abb. 8.1 nebeneinander Bilder der Eigenfunktionen u_{12} und u_{21} für die quadratische Membran und versuchen

Sie zu erraten, wie die Knotenlinien bei der Linearkombination $\alpha u_{12}+\beta u_{21}$ verlaufen. Berechnen Sie ihre Form, insbesondere für die Fälle $\beta = \pm\alpha$.

7.6   Zeigen Sie, daß die beiden in der vorhergehenden Aufgabe zuletzt erwähnten Linearkombinationen zueinander orthogonal sind. Normieren Sie sie. Sie können statt der ursprünglichen u_{12} und u_{21} in die Basis eingesetzt werden. Welcher Drehung des Koordinatensystems entspricht so eine Substitution?

7.7   Zeichnen Sie auf ähnliche Weise wie in der vorherigen Aufgabe auch Bilder für Linearkombinationen von u_{13} und u_{31}. Bei welcher Kombination ist das Bild invariant unter einer Drehung um 90°?

7.8   Berechnen Sie einige Eigenfrequenzen einer quadratischen Membran mit dem Seitenverhältnis 2:1 und geben Sie an, welche einfach, doppelt oder mehrfach sind.

7.9   Welcher Eigenschwingungen ist die Luft in einem würfelförmigen Hohlraum mit starren Wänden fähig? Welche von den niedrigsten Eigenfrequenzen sind einfach, doppelt usw.?

7.3 Erzwungene Schwingungen

Die obigen Erkenntnisse ermöglichen es, die Technik der Fourier-Reihen allgemein auf Eigenfunktionen selbstadjungierter Operatoren mit reinen Punktspektren zu erweitern. Aufgaben, in denen solche Operatoren auftreten, sind bequem zu lösen, wenn die zugehörigen Eigenfunktionen und Eigenwerte bekannt sind.

Als Beispiel sehen wir uns zuerst *erzwungene Schwingungen* irgendeines linearen Systems an, wobei die erzwungene Frequenz keiner der Eigenfrequenzen gleich sein soll. Noch allgemeiner können wir die inhomogene Gleichung

$$\hat{A}u - \lambda u = f \tag{7.17}$$

betrachten, wobei der Operator $\hat{A}$ selbstadjungiert ist und ein reines Punktspektrum hat. Der vorgeschriebene Wert λ soll mit keinem der Eigenwerte λ_n des Operators zusammenfallen. Wir entwickeln die gegebene Funktion f wie in (7.14) und versuchen dasselbe mit der Lösung,

$$u = \sum_{n=1}^{\infty} b_n u_n, \quad b_n = \langle u_n | u \rangle. \tag{7.18}$$

Nun bilden wir das innere Produkt von u_n mit beiden Seiten der Gleichung (7.17) und berücksichtigen, daß $\langle u_n | \hat{A}u \rangle = \langle \hat{A}u_n | u \rangle = \lambda_n \langle u_n | u \rangle$ ist. Wir bekommen $b_n = a_n/(\lambda_n - \lambda)$ und damit die Lösung von (7.17):

$$u = \sum_{n=1}^{\infty} \frac{a_n u_n}{\lambda_n - \lambda} = \sum_{n=1}^{\infty} \frac{\langle u_n | f \rangle u_n}{\lambda_n - \lambda}. \tag{7.19}$$

Das Resultat zeigt, daß die inhomogene Gleichung (7.17) eindeutig lösbar ist, wenn λ von allen Eigenwerten des Operators verschieden ist, also nicht zu seinem Spektrum gehört. (Eigentlich haben wir damit nur die Verabredung aus Abschn. 7.2 bestätigt.) Andererseits kann bei $\lambda = \lambda_n$ die Gleichung nicht für beliebiges f lösbar sein, denn einer der Nenner in der Summe (7.19) verschwindet dabei. Nur wenn f zu allen zu diesem Eigenwert gehörigen Eigenfunktionen orthogonal ist, so daß auch der entsprechende Zähler verschwindet, ist die Gleichung lösbar. Die Lösung ist jedoch nicht mehr eindeutig. Jetzt hat nämlich die homogene Gleichung nichttriviale Lösungen, die man nach Belieben zur Lösung der inhomogenen Gleichung addieren darf.

All dies kann man ohne viel Worte auf das Problem der erzwungenen Schwingungen einer Membran anwenden, wobei für die Amplitude die Gleichung

$$\nabla^2 u + k^2 u = -f \tag{7.20}$$

gilt. Die Amplitude des antreibenden Druckunterschieds ist zur Funktion f proportional. Auch der Fall der Poissonschen Gleichung $\nabla^2 u = -f$ ist damit erledigt, denn man braucht ja nur $k^2 = 0$ in das allgemeine Schema einzusetzen.

Nach Substitution der neuen Buchstaben sieht das Resultat (7.19) so aus:

$$u = \sum_{n=1}^{\infty} \frac{\langle u_n | f \rangle u_n}{k_n^2 - k^2} = c^2 \sum_{n=1}^{\infty} \frac{\langle u_n | f \rangle u_n}{\omega_n^2 - \omega^2}. \tag{7.21}$$

Wir haben die Gleichung $\nabla^2 u_n + k_n^2 u_n = 0$ für die Eigenfunktionen berücksichtigt. Jeder Term für sich gibt eine Resonanzkurve (ohne Dämpfung). Sie steigt bei Annäherung der erzwungenen Frequenz an die betreffende Eigenfrequenz im allgemeinen ins Unendliche an. Eine Ausnahme ergibt sich nur, wenn die durch f gegebene Verteilung der äußeren Kräfte die entsprechenden Eigenschwingungen nicht anregen kann, weil $\langle u_n | f \rangle = 0$ ist. Bei einem einfachen Eigenwert kommt es dazu, wenn z.B. die Kräfte entlang der Knotenlinien verteilt sind.

Zum Schluß noch eine ganz konkrete Aufgabe. Beim *Saitengalvanometer*, das manchmal als Meßinstrument für Wechselstrom verwendet wurde, schwingt ein zwischen $x = 0$ und $x = a$ aufgespannter Metalldraht im querorientierten homogenen Magnetfeld mit der Kraftflußdichte B. Wodurch ist die Amplitude der Schwingungen bestimmt und wie sieht die Beziehung aus? Wie groß ist die Amplitude in der Mitte der Saite? Der Strom soll sinusartig oszillieren, und zwar mit der Hälfte der Grundfrequenz der Saite.

Nachdem wegen unvermeidlicher Dämpfung (die wir aber sonst nicht berücksichtigen wollen) alle Eigenschwingungen erloschen sind, schwingt auch die Saite bei sinusartig oszillierendem Strom sinusartig, und zwar mit derselben Frequenz. In die inhomogene Wellengleichung (Abschn. 5.5) setzen wir $y = u\,e^{-i\omega t}$ und $f = f_0\,e^{-i\omega t}$ ein, wobei jedesmal der Realteil gemeint ist. Die Amplitude genügt der Gleichung $u'' + k^2 u = -f_0/F_x$. Die lineare Dichte der äußeren Kraft wird durch den Strom $I = I_0\,e^{-i\omega t}$ bestimmt, nämlich $f = IB$. Wir sehen, daß die Amplitude $f_0 = I_0 B$ von der Koordinate x unabhängig ist. Um die in (7.21) angeführte Lösung explizit auszudrücken, müssen wir noch die dort benötigten inneren Produkte mit $u_n = (2/a)^{1/2} \sin(n\pi x/a)$ ausrechnen. Wir sehen im voraus, daß für gerades n das innere Produkt verschwindet; Kräfte, die bezüglich des Mittelpunktes der Saite symmetrisch verteilt sind, können nämlich Schwingungen mit ungerader Symmetrie nicht erregen. Für ungerades n bekommen wir aber folgendes Resultat:

$$\langle u_n | \frac{f_0}{F_x} \rangle = \frac{I_0 B}{F_x} \int_0^a \left(\frac{2}{a}\right)^{\frac{1}{2}} \sin \frac{n\pi x}{a}\, \mathrm{d}x = \frac{I_0 B}{F_x} \frac{2\sqrt{2a}}{n\pi}, \tag{7.22}$$

so daß sich

$$u(x) = \frac{I_0 B}{F_x} \frac{4a^2}{\pi^3} \sum{}' \frac{\sin(n\pi x/a)}{n(n^2 - \frac{1}{4})} \tag{7.23}$$

ergibt. Die Summe enthält nur ungerade Terme (von $n = 1$ bis ∞), was durch ein Apostroph angedeutet ist. Für die Mitte der Saite folgt

$$\frac{u(a/2)}{a} = \frac{4}{\pi^3} \frac{I_0 B a}{F_x} \sum{}' \frac{(-1)^{(n-1)/2}}{n(n^2 - \frac{1}{4})} = 0,168 \frac{I_0 B a}{F_x}. \tag{7.24}$$

Damit das Resultat schöner aussieht, haben wir es in dimensionslose Form gebracht.

Aufgaben

7.10 Wie schwingt eine quadratische Membran (Größe $10\,\mathrm{cm} \times 10\,\mathrm{cm}$, Masse $2\,\mathrm{g}$, Spannung $1\,\mathrm{N/cm}$), wenn sie durch einen sinusartig oszillierenden gleichmäßigen Druckunterschied mit der Amplitude $200\,\mathrm{Pa}$ angeregt wird? Seine Frequenz soll 0,9mal so groß sein wie die niedrigste Eigenfrequenz. Wie groß ist die Amplitude in der Mitte?

7.11 Wie deformiert sich dieselbe Membran unter dem Einfluß eines statischen Druckunterschieds $0,2\,\mathrm{N/cm^2}$? Wie groß ist die Verschiebung in der Mitte? Wie groß ist das auf der konvexen Seite verdrängte Volumen?

7.12 Auf dieselbe Membran drückt eine entlang der Mittellinie (parallel zur Seite) gleichmäßig verteilte Kraft von $1\,\mathrm{N}$. Um wieviel verschiebt sich jetzt der Mittelpunkt der Membran?

7.13 Nach Poiseuille ist bei laminarer Strömung in einem Rohr die Stromstärke (durchflossenes Volumen pro Zeiteinheit) zum Druckgradienten proportional. Dabei gilt für einen kreisförmigen Querschnitt der Koeffizient $\pi r^4/8\eta$. Berechnen Sie den Koeffizienten für ein quadratisches Profil. Wie groß ist die Geschwindigkeit in der Mitte im Vergleich zur Durchschnittsgeschwindigkeit? Mit welcher der vorherigen Aufgaben kann man das Problem vergleichen?

7.14 Ein kupfernes Band mit dem Querschnitt $2\,\mathrm{mm}\times10\,\mathrm{mm}$ trägt einen Strom von $100\,\mathrm{A}$ und wird durch schmelzendes Eis gekühlt. Um wieviel ist im stationären Zustand die Temperatur in der Symmetrieachse des Bandes höher als an seiner Oberfläche?

7.15 Ein würfelförmiger homogener fester Körper (Kante $1\,\mathrm{m}$, Wärmeleitfähigkeit $0{,}8\,\mathrm{W/m\,K}$), dessen Oberfläche ständig gekühlt wird, enthält einen gleichmäßig verteilten langlebigen radioaktiven Stoff, dem eine Leistung von 100 Watt entspricht. Um wieviel ist im stationären Zustand die Temperatur in der Mitte höher als an der Oberfläche?

7.16 Mit welchen Phasengeschwindigkeiten können in einem Wellenleiter mit rechteckigen Querschnitt ($2{,}54\,\mathrm{cm}\times1{,}27\,\mathrm{cm}$) elektromagnetische Wellen fortschreiten, wenn ihnen im unbegrenzten Raum die Wellenlänge $\lambda_0 = 1\,\mathrm{cm}$ entspricht?

7.4 Anfangswertprobleme

Wir wollen uns jetzt *Anfangswertproblemen* für die Wellengleichung und die Diffusionsgleichung zuwenden. Bei der ersten Aufgabe stellen wir uns eine am Rande fest eingespannte Membran vor, die wir durch senkrecht orientierte Kräfte deformieren und dann zum Zeitpunkt $t = 0$ loslassen. Gleichzeitig können wir auch jedem Teil der Membran einen Stoß geben und damit eine von Null verschiedene Anfangsgeschwindigkeit $v_0(\boldsymbol{r})$ vorschreiben. (Hierbei bedeutet $\boldsymbol{r}$ den zweidimensionalen Ortsvektor.) Wir wollen berechnen, wie sich die Membran danach bewegt. Gesucht wird also die Lösung der Gleichung

$$\nabla^2 z(\boldsymbol{r},t) = \frac{1}{c^2}\frac{\partial^2 z}{\partial t^2} \tag{7.25}$$

für $z = 0$ am Rande und für die Anfangsbedingungen

$$z(\boldsymbol{r},0) = z_0(\boldsymbol{r}), \qquad \left.\frac{\partial z}{\partial t}\right|_{t=0} = v_0(\boldsymbol{r}). \tag{7.26}$$

Falls wir für dieselbe Randbedingung alle Frequenzen ω_n und die zugehörigen Amplituden $u_n(\boldsymbol{r})$ der Eigenschwingungen schon kennen, ist die Aufgabe schnell erledigt. Wir brauchen nur unter den freien Schwingungen, wie sie durch die allgemeine Lösung

$$z(\boldsymbol{r},t) = \sum_{n=1}^{\infty} u_n(\boldsymbol{r})(a_n \cos \omega_n t + b_n \sin \omega_n t) \tag{7.27}$$

beschrieben werden, diejenige heraussuchen, die beiden Anfangsbedingungen (7.26) genügt. Die Koeffizienten sind also so zu wählen, daß für das ganze Gebiet

$$\sum_{n=1}^{\infty} a_n u_n(\boldsymbol{r}) = z_0(\boldsymbol{r}) \quad \text{und} \quad \sum_{n=1}^{\infty} \omega_n b_n u_n(\boldsymbol{r}) = v_0(\boldsymbol{r}) \tag{7.28}$$

gilt. Durch Anwendung des inneren Produkts mit einer der Eigenfunktionen $u_n(\boldsymbol{r})$ finden wir

$$a_n = \langle u_n | z_0 \rangle = \int u_n^*(\boldsymbol{r})\, z_0(\boldsymbol{r})\, \mathrm{d}^3 r, \qquad (7.29)$$

$$b_n = \frac{1}{\omega_n} \langle u_n | v_0 \rangle = \frac{1}{\omega_n} \int u_n^*(\boldsymbol{r})\, v_0(\boldsymbol{r})\, \mathrm{d}^3 r. \qquad (7.30)$$

Da wir die Lösungen u_n reell wählen können (und es auch immer tun), war es eigentlich nicht nötig, in den Integranden u_n^* zu schreiben. Ausnahmsweise waren hier die trigonometrischen Funktionen praktischer als die üblichen $\mathrm{e}^{\mp i\omega t}$.

Ganz ähnlich geht es bei der Diffusionsgleichung. Nehmen wir den Fall eines sich abkühlenden homogenen Körpers, dessen Oberfläche auf einer konstanten Temperatur gehalten wird. Für die Differenz $T(\boldsymbol{r}, t)$ der Temperatur im Inneren des Körpers und der Oberflächentemperatur haben wir im Abschn. 5.2 spezielle, exponentiell abklingende Lösungen der Diffusionsgleichung $D\nabla^2 T = \partial T/\partial t$ gefunden (mit $D = \lambda/\varrho c_p$), nämlich $T \propto u_n(\boldsymbol{r}) \exp(-k_n^2 Dt)$. Dabei genügt u_n der Amplitudengleichung $\nabla^2 u_n + k_n^2 u_n = 0$. Da diese unendlich viele, linear unabhängige Lösungen besitzt, haben wir einen Index ($n = 1, 2, \ldots$) zugelassen.

Jetzt dürfen wir nur eine einzige Anfangsbedingung vorschreiben, nämlich den Anfangswert $T(\boldsymbol{r}, 0) = T_0$. Um dieser Bedingung zu genügen, müssen wir unter der Vielfalt aller Linearkombinationen

$$T(\boldsymbol{r}, t) = \sum_{n=1}^{\infty} a_n u_n(\boldsymbol{r}) \exp(-k_n^2 Dt) \qquad (7.31)$$

der obigen Lösungen diejenige heraussuchen, für die

$$\sum_{n=1}^{\infty} a_n u_n(\boldsymbol{r}) = T_0(\boldsymbol{r}) \qquad (7.32)$$

gilt. Die Koeffizienten bestimmen wir auf dieselbe Weise wie vorher:

$$a_n = \langle u_n | T_0 \rangle. \qquad (7.33)$$

Dazu noch ein konkretes Beispiel. Wir nehmen einen allseitig thermisch isolierten Metallstab mit der Querschnittsfläche S und der Länge $2a$. Am Anfang habe der Stab eine gleichmäßige Temperatur, die wir wieder als den Ausgangspunkt der Temperaturzählung wählen. Zum Zeitpunkt $t = 0$ führen wir dann in der Mitte des Stabes (bei $x = 0$) eine Wärmemenge Q zu, die gleichmäßig über eine dünne Schicht verteilt sein soll. Bald danach hat der Stab seiner Länge nach ein glockenartiges Temperaturprofil, das mehr und mehr zerfließt. Schließlich wird im Grenzwert bei $t \to \infty$ wieder eine gleichmäßige Temperatur T_∞ erreicht. Da keine Energie verloren geht, gilt die ganze Zeit die Gleichung

$$Q = \varrho S c_p \int_{-a}^{a} T(x,t)\,\mathrm{d}x. \tag{7.34}$$

Aus ihr entnehmen wir den Wert $T_\infty = Q/\varrho V c_p$, wobei $V = 2aS$ das Volumen des Stabes ist.

Am Anfang ist nur eine dünne Querschicht des Stabes bei $x = 0$ erhitzt, was wir durch die Anfangsbedingung

$$T(x,0) = \frac{Q}{\varrho S c_p}\,\delta(x) = 2aT_\infty\delta(x) \tag{7.35}$$

ausdrücken. Den Koeffizienten fanden wir aus (7.34).

Wegen der Isolierung gilt beiderseits eine Randbedingung zweiter Art, $u'(\pm a) = 0$. Die geraden Lösungen der Amplitudengleichung drücken sich durch Cosinusfunktionen und die ungeraden durch Sinusfunktionen aus. Nur die ersteren benötigen wir jetzt, weil die Anfangsbedingung durch eine gerade Funktion gegeben ist, also

$$u_n(x) \propto \cos k_n x, \quad k_n a = n\pi, \quad n = 0,\,1,\,2,\,\dots \tag{7.36}$$

Nach der Normalisierung setzen wir die Eigenfunktionen in das allgemeine Resultat (7.31) und (7.33) ein, um zu folgender Fourier-Reihe zu gelangen:

$$T(x,t) = T_\infty \left\{ 1 + 2\sum_{n=1}^{\infty} \cos\frac{n\pi x}{a} \exp\left[-\left(\frac{n\pi}{a}\right)^2 Dt\right]\right\}. \tag{7.37}$$

Bei großem t konvergiert die Reihe recht schnell, so daß schon die ersten zwei Terme eine gute Approximation ergeben. Sie enthält nur noch die längste Relaxationszeit $\tau_1 = a^2/\pi^2 D$.

Mit der Lösung des obigen Problems braucht man sich nicht viel Mühe geben, da sie als eine der sogenannten *Thetafunktionen* wohlbekannt ist und es für sie Tabellen und ausgiebige Formelsammlungen (s. Anhang C) gibt. Folgende dimensionslose Variablen werden dabei gebraucht,

$$v = \frac{x}{2a}, \quad \kappa = \frac{\pi Dt}{a^2}, \quad \vartheta(v,\kappa) = \frac{T}{T_\infty}. \tag{7.38}$$

Die Diffusionsgleichung und die Anfangsbedingung nehmen dadurch folgende Form an,

$$\frac{1}{4\pi}\frac{\partial^2\vartheta}{\partial v^2} = \frac{\partial\vartheta}{\partial\kappa}, \quad \vartheta(v,0) = \delta(v). \tag{7.39}$$

In der reduzierten Schreibweise ist die obige spezielle Lösung (7.37) als die Funktion ϑ_3 bekannt (Abb. 7.1)

$$\vartheta_3(v,\kappa) = 1 + 2\sum_{n=1}^{\infty} \cos(2\pi n v)\exp(-n^2\pi\kappa). \tag{7.40}$$

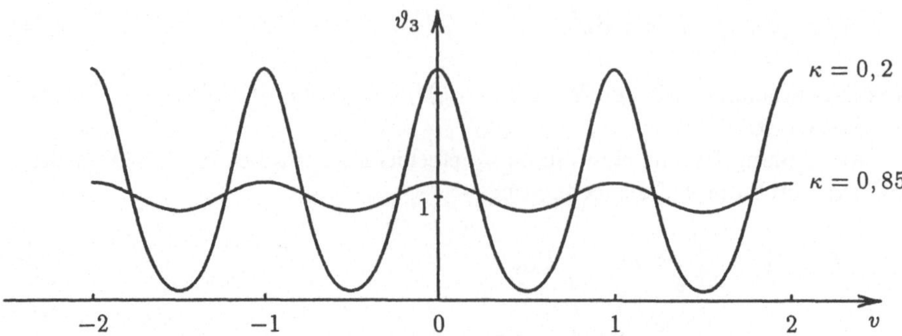

Abb. 7.1. Die Funktion $\vartheta_3(v, \kappa)$ für zwei verschiedene Werte des Parameters κ

Statt $e^{-\pi\kappa}$ wird oft das Zeichen q eingesetzt. Bei $\kappa \ll 1$ konvergiert die Reihe nur langsam. Es gibt aber eine andere Reihe,

$$\vartheta_3(v, \kappa) = \frac{1}{\sqrt{\kappa}} \sum_{n=-\infty}^{\infty} \exp\left[-\frac{\pi(v-n)^2}{\kappa}\right], \tag{7.41}$$

die wir im Abschn. 7.6 untersuchen werden und die gerade unter solchen Umständen ausgezeichnet konvergiert.

Wenn wir beide Enden des Stabes auf eine feste Temperatur abkühlen und damit Randbedingungen der ersten statt der zweiten Art vorschreiben, sieht die Lösung etwas anders aus. In der dimensionslosen Schreibweise kennt man sie als die Funktion ϑ_2. Der Leser möge selbst folgende Reihe herleiten:

$$\vartheta_2(v, \kappa) = 2 \sum_{n=0}^{\infty} \cos[(2n+1)\pi v] \exp\left[-\pi \left(n + \frac{1}{2}\right)^2 \kappa\right]. \tag{7.42}$$

Zwei weitere Thetafunktionen werden durch Einsetzen von $v - \frac{1}{2}$ statt v definiert. Da es für alle diese Funktionen gut konvergierende Reihen gibt, ist es wert zu wissen, daß sich elliptische Funktionen als Quotienten der ϑ_i darstellen lassen.

Es ist interessant zu untersuchen, was aus der Lösung (7.37) wird, wenn der Stab unendlich lang ist. Da jetzt jeder Wert von k erlaubt ist (d.h., das Spektrum ist kontinuierlich), geht die Fourier-Reihe vermutlich in ein Fourier-Integral über. Wir versuchen es also mit

$$\begin{aligned} T(x,t) &= \int_0^{\infty} 2A(k) \cos kx \exp(-k^2 Dt) \, dk \\ &= \int_{-\infty}^{\infty} A(k) \, e^{ikx} \exp(-k^2 Dt) \, dk. \end{aligned} \tag{7.43}$$

Wenn wir dies in die Anfangsbedingung (7.35) einsetzen, bekommen wir die Amplitudenfunktion durch Umkehr des Fourier-Integrals:

$$A(k) = \frac{1}{2\pi} \int_{-\infty}^{\infty} T(x,0)\,\mathrm{e}^{-\mathrm{i}kx}\,\mathrm{d}x = \frac{1}{2\pi}. \tag{7.44}$$

Mit diesem $A(k)$ muß man das Integral (7.43) auswerten oder es in einer Formelsammlung aufsuchen, um die endgültige Form der Lösung zu erhalten:

$$T(x,t) = \frac{Q}{\varrho S c_p}\,\frac{1}{\sqrt{4\pi Dt}}\,\exp\left(-\frac{x^2}{4Dt}\right). \tag{7.45}$$

Da die obige „Herleitung" lückenhaft war, müssen wir prüfen, ob das Ergebnis wirklich die Diffusionsgleichung erfüllt. So sehen wir, daß die Temperatur des Stabes tatsächlich durch eine mit der Zeit auseinanderlaufende Gaußsche Funktion beschrieben wird. Ihr Maximalwert bei $x = 0$ wird immer kleiner, und zwar so, daß die ganze Zeit eine Bedingung wie (7.34) erfüllt ist, nämlich

$$\varrho S c_p \int_{-\infty}^{\infty} T(x,t)\,\mathrm{d}x = Q. \tag{7.46}$$

Die beschriebene, herkömmliche Berechnungsweise der Lösung (7.45) ist nicht die einfachste. Ein eleganteres, aber auch dreisteres Verfahren beruht auf der Erkenntnis, daß die Lösung sich selbst ähnlich bleibt. Das soll bedeuten, daß man für verschiedene Werte von t die Temperatur $T(x,t)$ durch dieselbe Funktion der Koordinate ausdrücken kann, wenn man nur den Maßstab entsprechend ändert. Daß es so sein muß, folgt schon daraus, daß es bei diesem Problem keinerlei Anhaltspunkt gibt, der uns zu irgendeiner natürlichen Wahl des Maßstabes zwingen würde. Verläßlicher erkennt man das aus der Differentialgleichung. Wir sehen, daß nach der Substitution $x' = \alpha x$, $t' = \alpha^2 t$ die Gleichung genau dieselbe ist wie vorher. Die Anfangsbedingung ändert sich aber, denn man muß $\delta(\alpha x) = \frac{1}{\alpha}\delta(x)$ einsetzen, damit das Integral dasselbe bleibt. So sehen wir, daß das Produkt $\sqrt{t}\,T$ bei einer Maßstabsänderung unverändert bleibt: $\sqrt{t}\,T(x,t) = \sqrt{\alpha t}\,T(\alpha^2 x, \alpha t)$. Daraus folgt, daß das genannte Produkt allein vom Quotienten x^2/t abhängt. So machen wir den Ansatz $\sqrt{t}\,T(x,t) \propto F(u)$ mit $u = x^2/Dt$, was zu einer gewöhnlichen Differentialgleichung führt:

$$\left(2u\frac{\mathrm{d}}{\mathrm{d}u} + 1\right)[4F'(u) + F(u)] = 0. \tag{7.47}$$

Indem wir das Verschwinden der eckigen Klammer verlangen, erraten wir eine spezielle Lösung: $F \propto e^{-u/4}$. Zum Glück ist es die richtige, denn sie genügt der Randbedingung $F \to 0$ bei $u \to \infty$. Nach der Normalisierung entsprechend der Anfangsbedingung erkennen wir in ihr die Lösung (7.45).

Aufgaben

7.17 Beim Saitengalvanometer, bei dem es keine Dämpfung geben soll, erzwingen wir eine Ablenkung durch einen konstanten Strom. Wie schwingt die Saite, nachdem der Strom auf einmal abgeschaltet wird? Zu welcher Zeit geht ihr Mittelpunkt durch die Ruhelage?

7.18 Eine gespannte Membran, bei der es keine Dämpfung geben soll, wird durch einen konstanten Druckunterschied ausgebaucht. Wie schwingt die Membran, nachdem der Druckunterschied auf einmal aufhört?

7.19 Ein Steinwürfel (Kantenlänge $a = 5\,\mathrm{cm}$, $\varrho = 2,7\,\mathrm{g/cm^3}$, $\lambda = 1,8\,\mathrm{W/m\,K}$, $c_p = 1200\,\mathrm{J/kg\,K}$) wird auf $100°\mathrm{C}$ erhitzt und danach in ein Gemisch aus Wasser und Eis getaucht. Durch Mischen sorgt man dafür, daß auf der Oberfläche ständig die Temperatur $0°\mathrm{C}$ herrscht. Wie ändert sich die Temperatur im Würfel? Nach langer Zeit setzt ein exponentielles Abklingen ein. Mit welcher Relaxationszeit? Wann wird in der Mitte des Würfels die Temperatur $1°\mathrm{C}$ erreicht?

7.20 In einem zylindrischen Gefäß steht $2\,\mathrm{cm}$ hoch eine wässerige Lösung mit $10\,\mathrm{g}$ Zucker im Liter. Darüber schichten wir vorsichtig $2\,\mathrm{cm}$ hoch reines Wasser. Der Diffusionskoeffizient beträgt $0,3\,\mathrm{cm^2/Tag}$. Wie sieht die Zuckerverteilung nach 48 Stunden aus? Wieviel Zucker ist bis zu diesem Zeitpunkt in die obere Hälfte der Lösung eingedrungen?

7.21 Ein gerader Kanal ist von einem turbulenten Wasserstrom erfüllt. Zur Zeit $t = 0$ werfen wir bei $x = 0$ einen Farbstoff ins Wasser und beobachten dann, wie die Farbwolke weiterwandert und sich gleichzeitig ausbreitet. Nach einiger Zeit kann man von radialen Unterschieden absehen und mit einer Konzentration $c(x, t)$ rechnen. Sie ist einer turbulenten Diffusion mit einem Koeffizienten D (den man durch Messungen ermitteln muß) unterworfen, sowie einer Wanderung mit der Durchschnittsgeschwindigkeit $\bar{v}$. Versuchen Sie die Konzentration durch Kurven darzustellen, und zwar a) als Funktion von x für verschiedene t und b) als Funktion von t für verschiedene x.

7.22 Zwischen zwei ausgedehnten planparallelen Platten befindet sich eine sehr zähe Flüssigkeit. Eine Scherströmung wird erzwungen, indem wir auf einmal anfangen, eine der Platten gleichmäßig zu bewegen. Wie bewegt sich die Flüssigkeit?

7.5 Greensche Funktionen

Bei einer inhomogenen linearen Gleichung ist es manchmal von Vorteil, den inhomogenen Term aus zwei oder mehreren Teilen aufzubauen, wie etwa in $\hat{A}u = f_1 + f_2$. Wenn die Lösungen u_1 und u_2 der Gleichungen $\hat{A}u_1 = f_1$ und $\hat{A}u_2 = f_2$ bekannt sind, so ist auch die ursprüngliche Gleichung sofort gelöst: $u = u_1 + u_2$. Es gilt ja $\hat{A}(u_1 + u_2) = \hat{A}u_1 + \hat{A}u_2$, weil der Operator linear ist.

Als Beispiel nehmen wir die Poissonsche Gleichung, $-\nabla^2 U(\boldsymbol{r}) = f(\boldsymbol{r})$, für das elektrostatische Feld in einem leeren Hohlraum für eine homogene Randbedingung, wobei f die mit ϵ_0 dividierte Ladungsdichte bedeutet. Diese stellen wir als Summe von zwei Teilen dar, $f = f_1 + f_2$. Der erste Teil erzeugt ein Feld mit dem Potential U_1 und der zweite mit U_2. Da die Beziehung des Potentials zu den

Ladungen linear ist, finden wir das Gesamtfeld durch lineares Zusammensetzen:
$U = U_1 + U_2$.

Die Frage drängt sich auf, ob man nicht die Gleichung zuerst ein für allemal für eine Sammlung besonders einfacher, typisierter Ladungsverteilungen lösen soll, nämlich für solche, aus denen sich jede beliebige Verteilung zusammensetzen läßt. Im allgemeinen muß man dabei freilich auch unendliche Summen oder sogar Integrale zulassen.

Die einfachste vorstellbare Ladungsverteilung ist eine Punktladung, die an irgendeinem Ort r_0 sitzt und deren Größe gleich der Einheit sein soll. Sie wird durch eine Deltafunktion beschrieben: $f(r) = \delta(r - r_0)$. Die für diese Ladung gültige Lösung ist als die zum gegebenen Operator $\hat{A}$ (mit gegebener Randbedingung) gehörige *Greensche Funktion* bekannt und wird als $G(r, r_0)$ bezeichnet. Sie hängt sowohl vom Beobachtungsort r als auch vom Sitz r_0 der Einheitsladung ab und genügt der Gleichung

$$\hat{A}G(r, r_0) = \delta(r - r_0). \tag{7.48}$$

Das bestbekannte Beispiel liefert uns das elektrostatische Feld einer Punktladung im sonst leeren unbegrenzten Raum. Wie aus der Elementarphysik bekannt, ist das entsprechende Potential durch $U = e/4\pi\epsilon_0 R$ gegeben, wenn im unendlichen $U = 0$ vorgeschrieben wird. Dabei ist $R = |r - r_0|$ die Entfernung von der Ladung. Wir ersetzen e/ϵ_0 durch 1 und stellen fest, daß für diesen Fall die Greensche Funktion durch

$$G(r, r_0) = \frac{1}{4\pi|r - r_0|} \tag{7.49}$$

gegeben ist. Sie heißt auch die *Fundamentallösung* der Poissonschen Gleichung, womit gemeint ist, daß dies die Greensche Funktion für den unbegrenzten Raum ist. Sie genügt der Gleichung

$$-\nabla_r^2 G(r, r_0) = \delta(r - r_0), \tag{7.50}$$

wobei der Index r andeuten soll, daß nach den Koordinaten des Beobachtungsortes differenziert wird. Mit Hilfe der Integralform des Gaußschen Gesetzes (Abschn. 3.8) ist die Gültigkeit der Gleichung leicht zu bestätigen.

Jede Ladungsverteilung kann man sich aus Punktladungen zusammengesetzt vorstellen. Bei einer Verteilung mit der Dichte $f(r)$ sitzt im Volumen d^3r_0 die Ladung $f(r_0)\, d^3r_0$, die wir approximativ als eine Punktladung betrachten wollen. Symbolisch setzen wir die ganze Verteilung so zusammen:

$$f(r) = \int \delta(r - r_0)\, f(r_0)\, d^3r_0. \tag{7.51}$$

(Eigentlich haben wir damit nur eine der Definitionen der Deltafunktion wiederholt.)

Jetzt sind wir am Ziel. Für eine durch die Dichte f gegebene Ladungsverteilung setzt sich das Potential aus Potentialen von Punktladungen gemäß der wohlbekannten *Poissonschen Formel* zusammen:

$$U(\boldsymbol{r}) = \int \frac{f(\boldsymbol{r}_0)\,\mathrm{d}^3 r}{4\pi|\boldsymbol{r} - \boldsymbol{r}_0|}. \tag{7.52}$$

Auch allgemein kann man die Lösung einer inhomogenen Gleichung $\hat{A}u = f$ mit Hilfe der zu $\hat{A}$ gehörigen Greenschen Funktion ausdrücken:

$$u(\boldsymbol{r}) = \int G(\boldsymbol{r}, \boldsymbol{r}_0)\, f(\boldsymbol{r}_0)\,\mathrm{d}^3 r_0. \tag{7.53}$$

Das Resultat hat die Form einer Integraltransformation mit dem Kern $G(\boldsymbol{r}, \boldsymbol{r}_0)$ (siehe Abschn. 9.1). Symbolisch schreibt man auch $u = \hat{A}^{-1}f$ und nennt $\hat{A}^{-1}$ den zu $\hat{A}$ *inversen Operator*. Die Greensche Funktion betrachtet man als Integralkern dieses Operators. Die entsprechende Übersetzung von Gleichung (7.48) lautet also

$$\hat{A}\hat{A}^{-1} = 1, \tag{7.54}$$

denn die Deltafunktion ist im Sinne von (7.51) als Integralkern des Einheitsoperators anzusehen ($\hat{1}$ in der Operatorsprache). Wenn $\hat{A}$ selbstadjungiert ist, so hat auch $\hat{A}^{-1}$ diese Eigenschaft. Sie spiegelt sich in der Symmetrie der Greenschen Funktionen für solche Operatoren wieder: $G(\boldsymbol{r}, \boldsymbol{r}_0) = G(\boldsymbol{r}_0, \boldsymbol{r})$. In der Formel (7.49) ist diese Symmetrie unmittelbar zu erkennen. Das von einer bei $\boldsymbol{r}_0$ befindlichen Einheitsladung am Orte $\boldsymbol{r}$ verursachte Potential gleicht dem Potential bei $\boldsymbol{r}_0$, wenn die Ladung bei $\boldsymbol{r}$ sitzt.

Sehen wir uns jetzt den Fall eines begrenzten Bereiches an, etwa eines Hohlraums mit metallischer Wand, an der $U = 0$ sein soll. Die Greensche Funktion beschreibt das Potential einer im Inneren gelegenen Punktladung. Sie sieht jetzt anders aus als für den unbegrenzten Raum und wir wissen warum: weil durch Influenz an der Wand Oberflächenladungen entstanden sind. Da wir sie nicht kennen, ist mit dieser Erklärung nicht viel geholfen. Eines ist aber sicher: Ganz in der Nähe der Punktladung merkt man den Einfluß der Wandladungen kaum, so daß (abgesehen von einer eventuellen additiven Konstante) das Potential ungefähr dasselbe sein muß wie im unbegrenzten Raum. Genauer gesagt,

$$4\pi|\boldsymbol{r} - \boldsymbol{r}_0|\,G(\boldsymbol{r}, \boldsymbol{r}_0) \to 1 \quad \text{bei} \quad \boldsymbol{r} \to \boldsymbol{r}_0. \tag{7.55}$$

Nur selten gibt es auch für solche Fälle explizite Ausdrücke für die Greensche Funktion des Laplaceschen Operators. Trotzdem sind Greensche Funktionen ein erfolgreiches theoretisches Hilfsmittel bei allerlei Problemen mit diesem Operator und überhaupt mit linearen Operatoren. Ein interessantes Beispiel liefert die Potentialgleichung $\nabla^2 U = 0$ für einen Hohlraum V mit der inhomogenen Randbedingung $U = U(\boldsymbol{r}_{\mathrm{w}})$ an der Wand. Zu diesem Zweck benutzen wir die Greensche Formel (7.5), wo wir U statt ψ^* und G statt ϕ einsetzen:

$$\int_V [U(\boldsymbol{r})\,\nabla_r^2 G(\boldsymbol{r},\boldsymbol{r}_0) - G(\boldsymbol{r},\boldsymbol{r}_0)\,\nabla^2 U(\boldsymbol{r})]\,\mathrm{d}^3 r$$

$$= \int_{\partial V} [U(\boldsymbol{r}_\mathrm{w})\,\frac{\partial G(\boldsymbol{r},\boldsymbol{r}_\mathrm{w})}{\partial n_\mathrm{w}} - G(\boldsymbol{r},\boldsymbol{r}_\mathrm{w})\,\frac{\partial U(\boldsymbol{r}_\mathrm{w})}{\partial n_\mathrm{w}}]\,\mathrm{d}S. \tag{7.56}$$

Den Gradienten nach $\boldsymbol{r}_\mathrm{w}$ haben wir als Ableitung entlang der ins Innere des Hohlraums gerichteten Wandnormalen ausgedrückt. Nachdem wir beachten, daß $\nabla^2 U = 0$ und $\nabla_r^2 G(\boldsymbol{r},\boldsymbol{r}_0) = \delta(\boldsymbol{r} - \boldsymbol{r}_0)$ ist, folgt

$$U(\boldsymbol{r}) = \int_{\partial V} U(\boldsymbol{r}_\mathrm{w})\,\frac{\partial G(\boldsymbol{r},\boldsymbol{r}_\mathrm{w})}{\partial n_\mathrm{w}}\,\mathrm{d}S. \tag{7.57}$$

Diese Formel läßt sich physikalisch interpretieren. Stellen wir uns vor, daß durch lauter kleine Elektroden, die an Spannungsquellen angeschlossen sind, die vorgegebenen Werte $U(\boldsymbol{r}_\mathrm{w})$ des Potentials an jedem Ort $\boldsymbol{r}_\mathrm{w}$ der Wand erzwungen werden. Wie schon erwähnt, darf man das Problem in Gedanken abändern, indem man $U(\boldsymbol{r}_\mathrm{w}) = 0$ vorschreibt, dann aber die Wand mit einer hauchdünnen doppelten Schicht von entgegengesetzten Ladungen belegt (also mit einer Schicht von Dipolen). Sie sollen so bemessen sein, daß sich an der Innenseite die vorgeschriebenen Werte $U(\boldsymbol{r}_\mathrm{w})$ ergeben. Wie man das Feld eines Dipols durch Zusammensetzen der Felder von zwei entgegengesetzten nahe beieinander liegenden Punktladungen berechnet, haben wir bei den Aufgaben im Abschn. 3.3 gelernt. Am bequemsten ist es, zuerst das Potential einer Punktladung aufzuschreiben und dann mit Rücksicht auf den Ort der Ladung den Gradienten zu bilden. Dem entspricht der Faktor $\partial G/\partial n_\mathrm{w}$ im Integranden in (7.57).

Die ganze Zeit war fast nur vom Laplaceschen Operator im dreidimensionalen Raum die Rede. Die Ergebnisse kann man aber ohne weiteres jeder anderen Dimensionszahl anpassen. Denken wir z.B. an eine durch einen zeitunabhängigen Druckunterschied ausgebauchte Membran, die auf einen in der z-Ebene gelegenen Ring aufgespannt ist. Bei kleiner Deformation gilt für die Verrückung die zweidimensionale Poissonsche Gleichung $-\nabla^2 z = f$, wobei $f = p/\gamma$ ist (Abschn. 5.5). Um uns ein Bild der Greenschen Funktion $G(\boldsymbol{r},\boldsymbol{r}_0)$ zu machen, benötigen wir jetzt eine (bitte etwas stumpfe) Nadel. Mit ihrer Hilfe drücken wir mit „Einheitskraft" bei $\boldsymbol{r}_0$ auf die Membran und beobachten die entstandene Deformation. Von einer unbegrenzten Membran ist nicht leicht zu reden, denn die entsprechende Greensche Funktion $G = -\ln|\boldsymbol{r}-\boldsymbol{r}_0|/2\pi$ genügt im Unendlichen keiner vernünftigen Randbedingung. Wohl darf man aber behaupten, daß sich bei Annäherung an die Nadel auch jede begrenzte Membran ähnlich verhält, so daß

$$-\frac{2\pi}{\ln|\boldsymbol{r}-\boldsymbol{r}_0|}\,G(\boldsymbol{r},\boldsymbol{r}_0) \to 1 \quad \text{bei} \quad \boldsymbol{r} \to \boldsymbol{r}_0. \tag{7.58}$$

Auch für die Amplitudengleichung kann man Greensche Funktionen finden. Man denke an erzwungene Schwingungen der Luft in einem Hohlraum mit starrer Wand, wobei für die Amplitude die Gleichung $-\nabla^2 u - k^2 u = f$ gilt, mit einer homogenen Randbedingung zweiter Art. Statt f setzen wir nun eine dreidimensionale Deltafunktion $\delta(\boldsymbol{r} - \boldsymbol{r}_0)$ ein, womit eine punktförmige, isotrop oszillierende Störung mit Einheitsamplitude gemeint ist. So bekommen wir die Greensche Funktion $u = G(\boldsymbol{r}, \boldsymbol{r}_0; k^2)$, die den Operator $(-\nabla^2 - k^2)^{-1}$ (für die angegebene Randbedingung) darstellt. Wir haben vermerkt, daß G auch von der erzwungenen Frequenz und damit von k^2 abhängt. Man darf nur nicht erlauben, daß k^2 irgendeinem Eigenwert gleich wäre, da dann der inverse Operator nicht existiert. Die Eigenwerte sind Singularitäten der Greenschen Funktion.

Wir wollen noch versuchen, $G(\boldsymbol{r}, \boldsymbol{r}_0; k^2)$ nach dem Muster aus Abschn. 7.3 nach Eigenfunktionen zu entwickeln. Mit Hilfe der Entwicklung (7.16) der Deltafunktion und mit k^2 statt λ in (7.19) bekommen wir

$$G(\boldsymbol{r}, \boldsymbol{r}_0; k^2) = \sum_{n=0}^{\infty} \frac{u_n(\boldsymbol{r}) u_n(\boldsymbol{r}_0)}{k_n^2 - k^2}. \tag{7.59}$$

Es ist bemerkenswert, daß alle Eigenwerte einfache Pole von G als Funktion des Parameters k^2 sind. Auch diesmal ist die Greensche Funktion reell und bezüglich Vertauschung von $\boldsymbol{r}$ und $\boldsymbol{r}_0$ symmetrisch. Kein Wunder, denn sie stellt ja wieder einen selbstadjungierten Operator dar. Übrigens folgt die Greensche Funktion für den Laplaceschen Operator, von der früher die Rede war, aus (7.59) als Spezialfall, wenn die erzwungene Frequenz verschwindet ($k^2 = 0$).

Als konkretes Beispiel wollen wir uns diese Greensche Funktion für eine quadratische Membran ansehen ($0 < x < a$, $0 < y < a$). Die Eigenfunktionen $u_{mn}(x, y)$ für diesen Fall können wir aus Abschn. 7.2 abschreiben, wodurch die allgemeine Formel (7.59) in den folgenden Ausdruck übergeht:

$$G(x, y, x_0, y_0; k^2)$$

$$= \frac{4}{a^2} \sum_{m,n=1}^{\infty} \frac{1}{k_{mn}^2 - k^2} \sin \frac{m\pi x}{a} \sin \frac{n\pi y}{a} \sin \frac{m\pi x_0}{a} \sin \frac{n\pi y_0}{a}, \tag{7.60}$$

$$k_{mn}^2 = \left(\frac{\pi}{a}\right)^2 (m^2 + n^2), \quad m, n = 1, 2, 3, \ldots .$$

Das Konzept der Greenschen Funktion läßt sich auch auf die Diffusionsgleichung anwenden. Bei der Wärmeleitung stellen wir uns bei $\boldsymbol{r} = \boldsymbol{r}_0$ eine entsprechend normierte, punktförmige Wärmequelle vor, die zum Zeitpunkt $t = t_0$ einen ganz kurzen Wärmestoß liefert. Mit der üblichen Abkürzung $D = \lambda/\varrho c_p$ haben wir die Gleichung

$$-D\nabla^2 T + \frac{\partial T}{\partial t} = \delta(\boldsymbol{r} - \boldsymbol{r}_0)\,\delta(t - t_0), \tag{7.61}$$

wobei irgendeine homogene Randbedingung vorausgesetzt wird. Die Lösung des Problems sehen wir wieder als eine Greensche Funktion an und nennen sie $G(\boldsymbol{r}, \boldsymbol{r}_0; t - t_0)$. Vor dem Wärmestoß war überall $G = 0$, gleich danach aber gilt (wie leicht einzusehen ist) $G(\boldsymbol{r}, \boldsymbol{r}_0; t_0+) = \delta(\boldsymbol{r} - \boldsymbol{r}_0)$. Damit sind wir zu einem Anfangswertproblem zurückgekehrt.

Für den Fall eines wärmeisolierten Stabes $(-a \leq x \leq a)$, der den Wärmestoß bei $x = 0$ und $t = 0$ erhält, entnehmen wir aus Abschn. 7.4 folgendes Resultat:

$$G(x, 0; t) = \frac{1}{2a}\, \vartheta_3 \left(\frac{x}{2a}, \frac{\pi Dt}{a^2} \right).$$

(7.62)

Für einen unendlich langen Stab wird daraus die Fundamentallösung der eindimensionalen Diffusionsgleichung:

$$G(x, x_0; t) = \frac{1}{\sqrt{4\pi Dt}} \exp\left(-\frac{(x - x_0)^2}{4Dt} \right),$$

(7.63)

die wir schon im Abschn. 7.4 kennen lernten. (Da hier die Temperatur nur von der Differenz $x - x_0$ abhängt und nicht einzeln von x und x_0, konnten wir ohne weiteres einen beliebigen Ort für den Wärmestoß erlauben.) In beiden Fällen haben wir durch $Q/\varrho S c_p$ dividiert.

Lösungen für analoge Probleme für Würfel und Quader lassen sich als Produkte von Thetafunktionen ausdrücken. Es ist nichts schlimmes dabei, wenn man solche Lösungen errät, vorausgesetzt, daß man jedesmal nachher bestätigt, daß die Lösung sowohl der Gleichung wie auch den Randbedingungen genügt. Besonders wichtig ist der Fall der Diffusion in einem unbegrenzten, dreidimensionalen, homogenen Medium. Das Produkt von drei Lösungen der Form (7.63) liefert die Formel

$$G(\boldsymbol{r} - \boldsymbol{r}_0; t) = (4\pi Dt)^{-3/2} \exp\left(-\frac{|\boldsymbol{r} - \boldsymbol{r}_0|^2}{4Dt} \right).$$

(7.64)

Mit ihr kann man die Temperatur eines unbegrenzten Mediums für beliebige in Raum und Zeit verteilte Wärmequellen voraussagen. Bei $t \to -\infty$ war $T = 0$ (was immer auch diese Null bedeutet), danach aber ändert sich die Temperatur entsprechend der Leistungsdichte $q(\boldsymbol{r}, t)$ der Wärmequellen. Ohne viel nachdenken zu müssen, schreiben wir die Lösung auf,

$$T(\boldsymbol{r}, t) = \int_{-\infty}^{t+} dt_0 \int d^3 r_0 \, G(\boldsymbol{r} - \boldsymbol{r}_0; t - t_0) \frac{q(\boldsymbol{r}_0, t_0)}{\varrho c_p},$$

(7.65)

und versuchen, nachträglich zu bestätigen, daß sie wirklich der Gleichung genügt. So wird es gehen:

$$\left(-D\nabla^2 + \frac{\partial}{\partial t} \right) T(\boldsymbol{r}, t)$$

$$= \int_{-\infty}^{t+} dt_0 \int d^3 r_0 \left(-D\nabla_r^2 - \frac{\partial}{\partial t} \right) G(\boldsymbol{r} - \boldsymbol{r}_0; t - t_0) \frac{q(\boldsymbol{r}_0, t_0)}{\varrho c_p}.$$

(7.66)

Nachdem wir die rechte Seite von (7.61) für den Differentialausdruck im Integranden einsetzen, ergibt die Integration das Resultat $w(\boldsymbol{r}, t)/\varrho c_p$, was tatsächlich mit der rechten Seite der inhomogenen Diffusionsgleichung für die Wärmeleitung übereinstimmt. Die obere Grenze $t+$ des ersten Integrals soll andeuten, daß der Faktor $\delta(t - t_0)$ bei der Integration voll einbezogen werden muß.

Eigentlich sollte man sich bei solchen Aufgaben Sorgen machen, daß Integrale wie in (7.65) divergieren könnten. Das geschieht sehr wohl, wenn wir zu viel Wärmequellen erfunden haben, so daß sie im Stande sind, das Medium unendlich zu erhitzen.

Aufgaben

7.23 Wie sieht die Greensche Funktion für die eindimensionale Poissonsche Gleichung für ein endliches Interval $(0, a)$ aus, wenn an beiden Enden der Randwert Null vorgeschrieben ist? Die Form dieser Funktion kann man erraten, indem man sich eine Saite vorstellt, die durch eine in einem Punkt wirkende Kraft deformiert wird.

7.24 Entwickeln Sie die Greensche Funktion aus der vorhergehenden Aufgabe in eine Fourier-Reihe. Dieselbe Reihe bekommt man auch nach der im Abschn. 7.2 erläuterten Vorschrift.

7.25 Bestimmen Sie den Wert des ebenen Potentials im Mittelpunkt eines Quadrates, wenn an drei Seiten die Spannung 0 und an die vierte 100 V angelegt wird. Durch List kann man das Resultat ohne jedes Rechnen erraten: Man denke sich die Aufgabe viermal wiederholt, indem man jedesmal eine andere Seite als die vierte wählt. Das arithmetische Mittel der vier Lösungen ist trivial.

7.26 Im sonst leeren Raum befindet sich eine kreisförmige, gleichmäßig geladene Platte aus einem isolierenden Material. Wie sieht das Potential des erzeugten Feldes aus? Wie verhält es sich entlang der Achse?

7.27 Zwei lange Stäbe aus gleichem Material, aber mit verschiedenen Temperaturen, werden mit ihren Enden zusammengesetzt und nach außen isoliert. Wie verläuft der Temperaturausgleich? Benutzen Sie die Greensche Funktion für die Diffusionsgleichung.

7.6 Spiegelungen

Die Greensche Funktion für die Poissonsche Gleichung, die das Potential einer Punktladung ausdrückt, war für den unbegrenzten Raum leicht zu finden, wesentlich schwerer aber für ein begrenztes Gebiet. Manchmal gelingt es jedoch, das letzte Problem durch *Spiegelungen* auf das erste zu reduzieren. Einige solche Fälle wollen wir jetzt untersuchen.

Als einfachstes Beispiel sehen wir uns die Greensche Funktion für die Poissonsche Gleichung im Halbraum an. Man denke sich eine ausgedehnte, senkrechte, geerdete Metallplatte, der wir also das Potential $U = 0$ zuschreiben, und rechts von ihr eine punktförmige Ladung e. Wie bekannt, verlaufen die Feldlinien so, daß sie die Platte senkrecht treffen. In Gedanken machen wir uns ein Spiegelbild des Feldes, mit der Oberfläche der Platte als Spiegel.

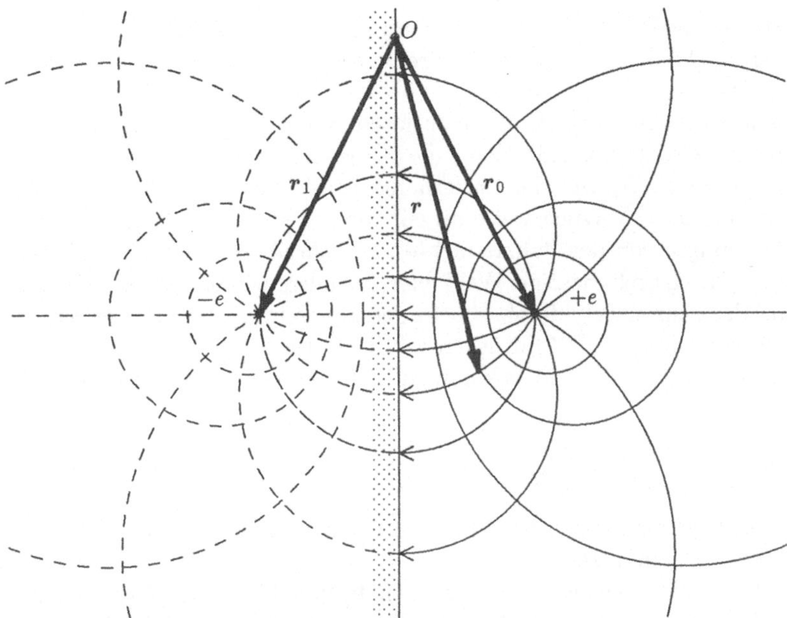

Abb. 7.2. Elektrisches Feld zwischen geladenem Draht und paralleler, leitender Platte

Dadurch verlängern wir die Feldlinien ohne Knick oder sonstige Singularität ins Gebiet hinter der Platte. Sie kommen im Spiegelbild der Punktladung wieder zusammen.

Stellen wir uns jetzt vor, daß wir in den Spiegelpunkt tatsächlich eine Punktladung $-e$ setzen. Danach kann man die Platte entfernen, ohne daß sich das Feld rechts ändert, denn die negative Ladung sorgt für die Verlängerung der Feldlinien. So haben wir das Feld einer Punktladung im Halbraum zum Feld zweier entgegengesetzter Ladungen im unbegrenzten Raum ergänzt. Indem wir das Potential noch durch e/ϵ_0 dividieren, bekommen wir schon die gewünschte Greensche Funktion,

$$G(\boldsymbol{r}, \boldsymbol{r}_0) = \frac{1}{4\pi|\boldsymbol{r} - \boldsymbol{r}_0|} - \frac{1}{4\pi|\boldsymbol{r} - \boldsymbol{r}_1|}, \tag{7.67}$$

wobei die Orte der ursprünglichen Ladung und ihres Spiegelbildes als $\boldsymbol{r}_0$ und $\boldsymbol{r}_1$ gekennzeichnet sind.

Auf dieselbe Weise lösen wir auch das entsprechende ebene Problem. Statt einer Punktladung nehmen wir einen unendlich langen, gleichmäßig geladenen Draht, der parallel zur Platte verläuft (Abb. 7.2). Das Resultat ist

$$G(\boldsymbol{r}, \boldsymbol{r}_0) = -\frac{1}{2\pi} \ln \frac{|\boldsymbol{r} - \boldsymbol{r}_0|}{|\boldsymbol{r} - \boldsymbol{r}_1|}. \tag{7.68}$$

Wie leicht zu beweisen ist, bilden jetzt die Feld- und Äquipotentiallinien ein Netz orthogonal sich schneidender Kreise, während wir im räumlichen Fall kompliziertere Kurven bzw. Flächen hatten.

Das ebene Problem ist auch leicht zu lösen, wenn die Platte durch einen Zylinder ersetzt wird (Abb. 7.3), denn die Kreise bleiben dieselben. Der Zylinderradius sei gleich R, und die Entfernung des geladenen Drahtes von der Zylinderachse gleich a. Versuchsweise setzen wir die entgegengesetzte Ladung in eine Entfernung b von der Zylinderachse und schreiben dann das Potential wie in (7.68) auf. Durch richtige Wahl von b wollen wir erreichen, daß das Potential auf der ganzen Zylinderoberfläche dasselbe sein wird. Für einen Punkt mit den Polarkoordinaten (R, θ) drücken wir beide Entfernungen in (7.68) mit Hilfe des Cosinussatzes aus und bekommen so folgenden Wert von G auf der Zylinderoberfläche:

$$-\frac{1}{2\pi} \ln \frac{R^2 + a^2 - 2Ra\cos\theta}{R^2 + b^2 - 2Rb\cos\theta}.$$

Nur wenn man $b = R^2/a$ wählt, ist dieser Ausdruck unabhängig vom Winkel θ, nämlich gleich $-\pi^{-1}\ln(a/R)$.

Ebene Potentialprobleme wie das soeben besprochene löst man viel eleganter mit Hilfe von *analytischen* (d.h. im komplexen Sinne differenzierbaren) Funktionen, was uns Gelegenheit zu einem Seitensprung gibt. Aus Lehrbüchern erfahren wir, daß sowohl der Real- wie der Imaginärteil jeder analytischen Funktion $f(z) = U(x, y) + iV(x, y)$, wobei $z = x + iy$, der ebenen Potentialgleichung genügen: $\nabla^2 U = 0$, $\nabla^2 V = 0$. Man sagt, die Potentiale U und V seien zueinander *konjugiert*, denn sie sind durch die *Cauchy-Riemannschen Differentialgleichungen* miteinander verbunden:

$$\frac{\partial U}{\partial x} = \frac{\partial V}{\partial y}, \qquad \frac{\partial U}{\partial y} = -\frac{\partial V}{\partial x}. \tag{7.69}$$

Daraus folgt, daß die Gradienten beider Potentiale gleich groß sind und zueinander senkrecht stehen:

$$|\nabla U| = |\nabla V|, \qquad \nabla U \cdot \nabla V = 0. \tag{7.70}$$

Die Linien für konstantes U und für konstantes V schneiden sich also überall senkrecht, und zwar so, daß das resultierende Netz bei immer kleineren, gleich großen Schritten $\Delta U = \Delta V$ beider Potentiale einem quadratischen Netz immer ähnlicher wird. Die Abbildungen 7.2 und 7.3 können einen Eindruck davon vermitteln. Weitere solche Bilder wird der Leser im Buch von Jahnke und Emde (im Anhang aufgeführt) finden. Abbildung 7.4 zeigt einen komplizierteren Fall: das Feld zwischen der Innenwand eines prismatischen Metallrohres und einem in der Achse gelegenen geladenen prismatischen Leiter.

Die Äquipotentiallinien auf allen diesen Bildern sind Linien mit konstantem U, wobei der Wert von U als die „Nummer" der Linie gelten kann. Die senkrecht dazu verlaufenden Feldlinien sind Linien für konstantes V, wobei wir den Wert von V als Nummer der Feldlinie anerkennen dürfen.

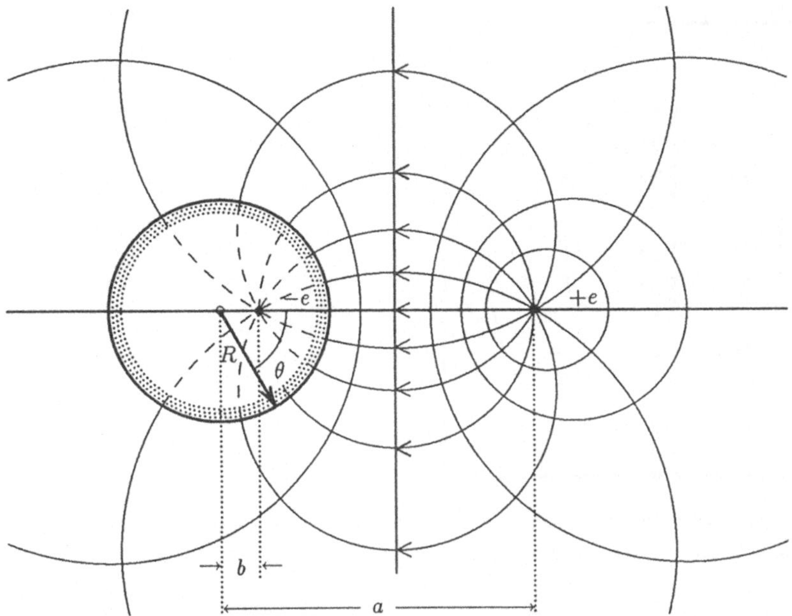

Abb. 7.3. Feld zwischen geladenem Draht und parallelem leitenden Zylinder

Oft lassen sich qualitativ richtige Bilder von ebenen Potentialfeldern durch freihändiges Zeichnen herstellen. Obwohl man heutzutage solche Bilder lieber mit Rechenmaschinen anfertigt, ist die alte Kunst nicht ganz zu verwerfen, denn sie kann zum Verständnis beitragen. Als Beispiel nehmen wir das auf Abb. 7.4 dargestellte Feld. Zwischen beiden Elektroden, an die eine Spannung U_0 angelegt ist, verlaufen im Bild die Äquipotentiallinien (Querschnitte der Äquipotentialflächen), die von den Feldlinien senkrecht durchschnitten werden. Bei richtiger Anordnung müssen sie ein Netz ergeben, das im Kleinen quadratisch ist.

Auf einer Vorlage mit dem Grundriß der Elektroden zeichnet man nach Gefühl zuerst die Äquipotentiallinien und danach die Feldlinien. Abwechselnd verbessert man die einen und die anderen, immer mit Bleistift und Radiergummi, und macht nach einer Weile das Netz dichter. Dabei achtet man darauf, daß es im Kleinen möglichst in Quadrate zerfällt. Fast ohne Übung kommt man so zu einem brauchbaren Bild. Man wundert sich über sich selbst und möchte fast glauben, daß uns die Ideen eines ebenen Potentialfeldes und der Cauchy-Riemannschen Differentialgleichungen irgendwie angeboren sind.

Durch Abzählen der Feldlinien auf so einem Bild kann man die Kapazität zwischen den Elektroden bestimmen. Um dies einzusehen, stellen wir die Ladung als Integral der Verschiebungsdichte entlang einer Äquipotentiallinie dar. Die Kapazität pro Längeneinheit des Prismas ergibt sich somit als

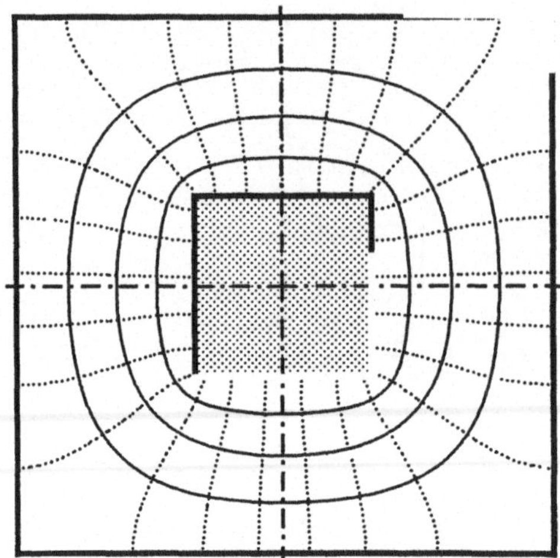

Abb. 7.4. Elektrisches Feld zwischen der Innenwand eines metallenen Rohres mit quadratischem Profil und einem axial angebrachten prismatischen Leiter

$$
\begin{aligned}
\frac{C}{l} &= \frac{1}{U_0} \oint D\,\mathrm{d}s = \frac{\epsilon_0}{U_0} \oint E\,\mathrm{d}s \\
&= -\frac{\epsilon_0}{U_0} \oint \frac{\partial U}{\partial n}\,\mathrm{d}s = \frac{\epsilon_0}{U_0} \oint \frac{\partial V}{\partial s}\,\mathrm{d}s = \frac{\epsilon_0}{U_0}\,\Delta V.
\end{aligned}
\tag{7.71}
$$

In der zweiten Zeile haben wir die Feldstärke zuerst durch die Ableitung des Potentials in Richtung der Feldlinie ausgedrückt. Gemäß den Cauchy-Riemannschen Gleichungen setzten wir dann die Ableitung des konjugierten Potentials in Richtung der Äquipotentiallinie ein. (Man stelle sich ein lokales kartesisches Netz vor, das sich an unser Liniennetz am Betrachtungsort anschmiegt.) So ergibt der Wert des Integrals die Differenz ΔV, die dem einmaligen Umlauf einer Äquipotentiallinie entspricht. Für das gegebene Verhältnis der Quadratseiten $a/b = 3$ bekommen wir so $C/l = 6,24\epsilon_0$, was der Leser durch Nachzählen der Linien prüfen möge.

Nach diesem Exkurs kehren wir zu analytisch erfaßbaren, ebenen Potentialfeldern zurück. Oft braucht man dabei solche analytische Funktionen, die nur isolierte Nullstellen und Pole (wie z.B. $(z - z_0)^{-1}$) haben. Durch sie ist so eine Funktion $f(z)$ gekennzeichnet. Offenbar ist $U = \mathrm{Re}[\ln f(z)]$ das Potential eines Feldes, das in der Ebene durch Punktladungen erzeugt wird (oder im dreidimensionalen Raum durch parallele, dünne, geladene Drähte). Nehmen wir an, daß die Funktion $f(z)$ bei $z = z_0$ einen einfachen Pol hat, so daß sie sich in der Nähe wie $g(z)/(z - z_0)$ verhält, wobei $g(z)$ in einer Umgebung von z_0 ohne Singularitäten ist und in z_0 auch nicht verschwindet. Dann gilt dort $U = -\ln|z - z_0| + \ln g(z)$, was einer Punktladung bei z_0 entspricht. Jeder Nullstelle von $f(z)$ entspricht eine Punktladung mit dem entgegengesetzten

Vorzeichen. Man stellt sich vor, daß die Feldlinien aus den positiven Ladungen entspringen und in den negativen wieder verschwinden. Beides sehen wir auf den Abbildungen 7.2 und 7.3, wo das Potential durch

$$U \propto \mathrm{Re}\left(\ln \frac{z - z_0}{z - z_1}\right) = \ln \left|\frac{z - z_0}{z - z_1}\right| \tag{7.72}$$

gegeben ist. Anhand dieses Ausdrucks können wir nachprüfen, das die Äquipotential- und Feldlinien in beiden Fällen wirklich Kreise sind.

Als nächstes Beispiel nehmen wir einen geladenen Draht, der in der Mitte (bei $x = 0$) zwischen zwei parallelen geerdeten Metallplatten (mit Abstand a) aufgespannt ist. Jetzt muß man den Draht unendlich oft spiegeln, bevor man die Platten entfernen darf. Das Potential der abwechselnd positiven und negativen Ladungen stellt man durch den Logarithmus einer Funktion dar, die bei $x = 0$, $y = \pm a$, $y = \pm 2a, \dots$ abwechselnd Nullstellen und Pole hat. Daß diese Funktion $\tan(\pi z / 2a)$ sein kann, ist nicht schwer zu erraten. Das Potential des Feldes ist also

$$U \propto \mathrm{Re}\left[\ln \tan\left(\frac{\pi z}{2a}\right)\right]. \tag{7.73}$$

Durch das Weglassen einer additiven Konstanten wurde erreicht, daß das Potential bei $y \to \pm\infty$ gegen Null geht, wie der Leser selbst einsehen wird. Er soll sich auch selbst nach dem Muster der Abb. 7.2 und 7.3 ein Bild der Äquipotential- und Feldlinien zeichnen.

Zur Abwechselung sehen wir uns noch ein dreidimensionales Potentialproblem an, bei dem uns komplexe Funktionen nicht mehr helfen können. Am Ort r_0 befinde sich eine Punktladung und in der Nähe eine leitende geerdete Kugel mit dem Radius R. Im Querschnitt sieht das Bild der Äquipotentialflächen und Feldlinien nur wenig anders aus als beim ebenen Problem (Abb. 7.3). Obwohl die Feldlinien jetzt nicht mehr kreisförmig sind, drängt sich die Frage auf, ob man doch auch diesmal mit einem gemeinsamen Schnittpunkt der verlängerten Linien innerhalb der Kugel rechnen darf. Eine beiläufige Skizze führt zur Vermutung, daß nicht alle aus der Punktladung entspringenden Feldlinien die Kugel treffen, sondern daß ein ganzes Bündel vorbei ins Unendliche läuft. Falls beide Vermutungen stimmen, sollte man sich an einem passenden Ort r_1 innerhalb der Kugel eine verkleinerte Ladung mit umgekehrtem Vorzeichen vorstellen. Versuchen wir es also mit

$$U(r)|_{r=R} = \frac{1}{4\pi\epsilon_0}\left[\frac{e}{|r - r_0|} - \frac{e'}{|r - r_1|}\right]. \tag{7.74}$$

Mit Bezeichnungen wie vorher können wir den Wert des Potentials auf der Kugeloberfläche wie folgt ausdrücken:

$$U = \frac{1}{4\pi\epsilon_0}\left[\frac{e}{\sqrt{R^2 + a^2 - 2Ra\cos\vartheta}} - \frac{e'}{\sqrt{R^2 + b^2 - 2Rb\cos\vartheta}}\right]. \tag{7.75}$$

Da die Kugel leitend ist, muß das Potential auf ihr überall gleich, d.h. vom Polarwinkel ϑ unabhängig sein. Also verlangen wir, daß die Ableitung von (7.75) nach $\cos\vartheta$ verschwinden soll. Nach kurzer Rechnung finden wir, daß dies nur geschieht, wenn gleichzeitig die Bedingungen $b = R^2/a$ (wie im ebenen Fall, siehe Abb. 7.3) und $e'/e = R/a$ erfüllt sind.

Die gesamte Oberflächenladung der Kugel ist freilich gleich $-e'$, da ja dort in Wirklichkeit jene Feldlinien enden, die wir vorher bis zur gespiegelten Ladung verlängert haben. Für das Potential der Kugel bekommen wir aus (7.75) den Wert Null, worüber wir uns freuen. Es sieht zwar aus, als wäre dieses Resultat belanglos, denn jedes Potential darf man ja um eine beliebige Konstante vergrößern oder verkleinern. Beim Hinschreiben der Formel (7.74) haben wir aber, wie bei dreidimensionalen Feldern schon mehrmals, diese Freiheit verloren, da wir ein Verschwinden des Potentials im Unendlichen festsetzten.

Das abgeänderte Problem mit einer isolierten leitenden Kugel ohne Ladung bietet nicht viel Neues. Man denke sich noch eine dritte Ladung $+e'$, und zwar im Mittelpunkt der Kugel, so daß der gesamte Verschiebungsfluß durch die Kugeloberfläche gleich Null ist. Trotzdem ist die Kugeloberfläche noch immer eine Äquipotentialfläche, und zwar ist dort $U = e'/4\pi\epsilon_0 R$.

Auch bei anderen Differentialgleichungen kann die Methode von Spiegelungen helfen, so z.B. bei der Diffusionsgleichung. Erinnern wir uns an den wärmeisolierten Stab, dem zur Zeit $t = 0$ ein Wärmestoß zugeführt wurde. Indem wir identische Kopien des Stabes aneinanderreihen, machen wir ihn unendlich lang und können uns auf die entsprechende Lösung (7.45) bzw. die Greensche Funktion (7.63) beziehen. Jedem der Teilstäbe müssen wir aber jetzt in seinem Mittelpunkt den gleichen Wärmestoß zukommen lassen. So drücken wir die Lösung als eine Summe von Ausdrücken wie (7.63) aus, mit $x_0 = 2na$, $n = 0, \pm1, \pm2\ldots$ Nach Einführung dimensionsloser Variablen bekommt man so die Formel (7.41) für die Funktion ϑ_3.

Aufgaben

7.28 In einem langen zylindrischen Metallrohr verlaufen in symmetrischer Lage parallel zur Wand zwei dünne Drähte, die unter gleicher Spannung gegen die Rohrwand stehen. Skizzieren Sie die Querschnitte der Äquipotentialflächen und die Feldlinien des entstandenes elektrischen Feldes. Berechnen Sie das Potential. Wie sieht das Feld nahe der Rohrachse aus?

7.29 Bei einer langsamen Strömung einer viskosen Flüssigkeit in einem engen planparallelen Spalt ist die über die Querkoordinate gemittelte Geschwindigkeit im stationären Zustand (ungefähr) dem Vektor $-\nabla(p + \varrho g z)$ proportional. Das Bild ist also das einer Potentialströmung. In einen ausgedehnten, mit Flüssigkeit gefüllten Spalt wird an einer Stelle ein ständiger Flüssigkeitsstrom zugeführt und an einer anderen Stelle wieder entnommen. Wie sieht die Strömung aus?

7.30 In der Achse eines Metallrohres mit quadratischem Profil ist ein Draht aufgespannt, an den eine Spannung gegen die Wand angelegt ist. Skizzieren Sie das Feld und berechnen Sie das Potential. Hinweis: Indem man das Profil des Rohres in allen Richtungen wiederholt und den Draht jedesmal spiegelt, kommt man zum Schluß, daß das Potential doppelt periodisch ist. Über Funktionen mit dieser Eigenschaft erfährt man das nötige aus Handbüchern in Kapiteln über elliptische Funktionen. Suchen Sie eine mit den richtigen Nullstellen und Polen.

7.31 Ein langes, homogenes, elektrisch nichtleitendes Prisma mit quadratischem Querschnitt wird an seiner Oberfläche auf 0°C gekühlt, in seiner Achse aber mit Hilfe eines dünnen Heizdrahts geheizt. Wie sieht im stationären Zustand das Temperaturfeld aus? Erörtern Sie die Ähnlichkeit mit der vorhergehenden Aufgabe.

7.32 Ein enger, planparalleler Spalt, der durch Seitenwände bei $x = \pm a$ und $y = \pm\frac{1}{2}a$ abgeschlossen ist, ist mit einer viskosen Flüssigkeit gefüllt. Bei $x = \pm\frac{1}{2}a$ und $y = 0$ wird ein ständiger Flüssigkeitsstrom zu- bzw. abgeführt. Beschreiben Sie die Strömung in Anlehnung an die vorhergehenden Aufgaben.

7.33 Ein würfelförmiges Glasgefäß wird mit Salzwasser gefüllt. Zwei entgegengesetzte Wände sind mit geerdeten Elektroden bedeckt, während eine dünne stabförmige Elektrode in der Mitte unter Spannung steht. Wie verlaufen die elektrischen Stromlinien? Verfahren Sie ähnlich wie bei den vorhergehenden Aufgaben.

7.34 Zeichnen Sie die Querschnitte der Äquipotentialflächen und die Feldlinien für das Feld zwischen einer Punktladung und einer ausgedehnten, ungeladenen Metallplatte (Abstand a). Worin unterscheidet sich das Bild von Abb. 7.2? Wie groß ist die Kraft zwischen der Punktladung und der Platte?

7.35 Bei dem im Text erwähnten Problem einer Punktladung und einer isolierten leitenden Kugel mit Gesamtladung Null gab es auf der Kugel eine Trennung der Ladungen. Welcher Kreis trennt den positiv vom negativ geladenen Teil der Oberfläche?

7.36 Mit welcher Kraft ziehen sich eine Punktladung und eine Metallkugel an, wenn die Kugel geerdet ist, und mit welcher, wenn sie isoliert ist und eine verschwindende Gesamtladung hat?

7.37 Innerhalb einer hohlen Metallkugel befindet sich in exzentrischer Lage eine Punktladung. Welche Kraft wirkt auf sie? Wie sieht das Feld aus?

7.38 Einem an den Enden auf 0°C gekühlten und sonst thermisch isolierten Stab wird in der Mitte ein kurzer Wärmestoß zugeführt. Durch Spiegelungen läßt sich auch dieses Problem auf eins für den unendlich langen Stab zurückführen. Man bekommt so eine zu (7.41) analoge Formel für die Funktion $\vartheta_2(v, \kappa)$.

8. Lineare Wellen

8.1 Einleitung

Die Betrachtungen des vorigen Kapitels werden wir jetzt auf die lineare Wellengleichung spezialisieren. Durch Annahme sinusförmiger Schwingungen werden wir sie meist auf die Amplitudengleichung reduzieren. Für gegebene Randbedingung kann man diese und auch andere lineare partielle Differentialgleichungen heutzutage direkt auf Rechnern näherungsweise lösen. Dies wollen wir nur flüchtig und generell besprechen, während der Leser die einzelnen Methoden in den einschlägigen Lehrbüchern aufsuchen soll.

Nehmen wir als Beispiel die ebene inhomogene *Amplitudengleichung*

$$\nabla^2 u(x,y) + k^2 u(x,y) = f(x,y) \tag{8.1}$$

für eine quadratische Membran und für verschwindende Randwerte. Als erstes teilen wir das Gebiet in kleinere Quadrate auf und approximieren die linke Seite der Gleichung durch Differenzen der benachbarten Werte der gesuchten Amplitude. Die Differentialgleichung wird so durch eine Differenzengleichung, also durch ein inhomogenes System linearer algebraischer Gleichungen, ersetzt. Es gibt gute Programme, mit denen man bei nicht zu großen Systemen schnell zu Lösungen gelangt.

Eine kleine Komplikation entsteht, wenn sich das Gebiet nicht in gleiche Quadrate aufteilen läßt, z.B. wenn der Rand gekrümmt ist. In solchem Fall ersetzt man den Rand durch eine möglichst nahe verlaufende Zickzackkurve, und zwar so, daß das neue Gebiet wieder in lauter Quadrate zerfällt. Bei Randwertproblemen zweiter Art, bei denen am Rande die normale Ableitung der gesuchten Funktion gegeben ist, hilft man sich mit Spiegelungen, um Nachbarwerte jenseits des Randes auszudrücken.

Ernstere Schwierigkeiten treten auf, wenn bei der Amplitudengleichung der vorgeschriebene Wert k^2 einem der Eigenwerte gleicht. Wie schon im vorigen Kapitel erwähnt, hat dann das inhomogene Problem normalerweise keine Lösung. Besonders wichtig ist aber das homogene Problem ($f = 0$), das bei allgemeinem k^2 nur die triviale Lösung $u = 0$ hat. Nichttriviale Lösungen gibt es nur, wenn k^2 einem der Eigenwerte gleich ist. Diese sind jedoch meist nicht im voraus bekannt, sondern man muß sie zugleich mit den zugehörigen Eigenlösungen bestimmen. Bei der Approximation durch Differenzen hat man es mit einem homogenen

System von linearen algebraischen Gleichungen zu tun. Für das angegebene Problem ist die Matrix der Koeffizienten symmetrisch, was einiges erleichtert. Der Leser wird sich erinnern, daß wir mit der Diagonalisierung symmetrischer Matrizen schon bei der Suche nach Eigenwerten von symmetrischen Tensoren Bekanntschaft machten. Dort war jedoch die Aufgabe mit Papier und Bleistift zu erledigen, da die Matrix nur 3×3 Komponenten hatte. Jetzt sind es vielleicht 100×100 oder mehr. Oft wird dazu eine Methode von Jacobi benutzt, bei der man nach mehrfachen linearen Transformationen schließlich solche Kombinationen der gesuchten Werte u findet, daß die Matrix diagonal wird. Wie wir schon bei den Tensoren feststellten, sind dann die Eigenwerte durch die Diagonalelemente der Matrix gegeben. Der gefundenen Linearsubstitution entspricht wieder eine Matrix, durch deren Spalten die Eigenfunktionen approximativ beschrieben sind.

Als es noch keine Rechenmaschinen gab, war das Behandeln hochdimensionaler Matrizen äußerst mühsam, so daß man sich beim Lösen von linearen partiellen Differentialgleichungen im allgemeinen mit sehr groben Näherungen begnügen mußte. Man hat aber Ausnahmefälle gefunden, insbesondere derartige Eigenwertprobleme, die Lösungen mit getrennten Variablen zulassen. Solch eine Lösung besteht aus einem Produkt, bei dem jeder Faktor nur von je einer Variable abhängt. Die einzelnen Faktoren genügen gewöhnlichen linearen Differentialgleichungen. Mit solchen Kniffen hat man sich seinerzeit viel beschäftigt. Noch mehr: Für viele der besonderen Funktionen, die dabei auftreten, hat man Tabellen und Formelsammlungen hergestellt, meist unter Namen wie „Spezielle Funktionen der mathematischen Physik".

Mit einigen dieser speziellen Lösungen wollen wir uns im folgenden beschäftigen, und zwar weniger aus Respekt vor der Geschichte als wegen der Tatsache, daß entsprechende Probleme nicht immer gekünstelt oder nach Wünschen der älteren Generation geschaffen sind, sondern sowohl in der Technik als auch in der Physik oft naturgemäß auftreten. In solchen Fällen ist es meist schneller und besser, die Lösung auf die alte Art analytisch auszudrücken, als zu früh mit aufwendigen und unübersichtlichen numerischen Rechnungen anzufangen. Tabellen sind aber außer Mode, denn man hilft sich besser mit Programmen.

8.2 Stehende Wellen

Erinnern wir uns zuerst an das Beispiel der Eigenschwingungen einer rechteckigen Membran ($0 < x < a$, $0 < y < b$) für verschwindende Randwerte. Sie stellen *stehende Wellen* dar. Obwohl wir im Abschn. 7.2 eine Lösung mit getrennten Variablen für die homogene Amplitudengleichung

$$\nabla^2 u + k^2 u = 0, \quad k = \omega/c, \tag{8.2}$$

einfach erraten konnten, wollen wir sie jetzt mit etwas mehr Formalismus herleiten, um auf andere Aufgaben dieser Art besser vorbereitet zu sein.

Nachdem wir die Koordinatenachsen entlang der Seiten des Rechtecks orientiert haben, versuchen wir, ob es Lösungen gibt, bei denen x und y getrennt sind. Nach Einsetzen von $u(x,y) = X(x)Y(y)$ in (8.2) und einer kleinen Umformung folgt die Gleichung

$$\frac{X''}{X} = -\frac{Y''}{Y} - k^2, \tag{8.3}$$

deren linke Seite nur von x abhängt und die rechte nur von y. Das ist nur dann möglich, wenn beide Seiten konstant sind, also weder von x noch von y abhängen. Nennen wir diese Konstante $-k_1^2$, so bekommen wir sowohl für X als auch für Y eindimensionale Amplitudengleichungen,

$$X'' + k_1^2 X = 0, \quad Y'' + k_2^2 Y = 0, \tag{8.4}$$

wobei $k_2^2 = k^2 - k_1^2$ eingesetzt wurde. Die allgemeinen Lösungen drücken wir als Linearkombination von Cosinus und Sinus aus, oder von $\exp(ik_1 x)$ und $\exp(-ik_1 x)$. Da wir stehende Wellen beschreiben möchten, wählen wir die reelle Darstellung, also $X = A_1 \cos k_1 x + A_2 \sin k_1 x \equiv \{\cos, \sin\}(k_1 x)$, und ähnlich für Y. (Verschwindende Randwerte sind nur bei reellen Wellenzahlen möglich, so daß k_1^2 und k_2^2 beide positiv sein müssen, womit obige Vorzeichenwahl nachträglich gerechtfertigt ist.) Um langweilige Koeffizientenschreiberei möglichst zu vermeiden, werden wir oft die hier erfundene Abkürzung $\{\ldots, \ldots\}$ für eine beliebige Linearkombination der beiden, an Stelle der Punkte angeführten Funktionen verwenden. So können wir auch eine Lösung von (8.2) kurz angeben:

$$u(x,y) = \{\cos, \sin\}(k_1 x)\,\{\cos, \sin\}(k_2 y), \quad k_1^2 + k_2^2 = k^2. \tag{8.5}$$

Erinnern wir uns noch, daß nur die Sinusfunktionen die Randbedingungen bei $x = 0$ und $y = 0$ erfüllen. Damit auch die Bedingungen bei $x = a$ und $y = b$ stimmen, muß jede Seite des Rechtecks einem ganzen Vielfachen der entsprechenden Wellenlänge gleich sein. So haben wir die endgültige Form der Lösung:

$$u(x,y) \propto \sin\frac{m\pi x}{a} \sin\frac{n\pi y}{b}, \quad m,\, n = 1,\, 2,\, \ldots \tag{8.6}$$

Ein Bild von der Lösung machen wir uns durch Einteilung der Membran in kleinere Rechtecke, und zwar so, daß auf jedem die Amplitude in allen Punkten dasselbe Vorzeichen hat. Abbildung 8.1 links gilt für den Fall $m = 3$, $n = 4$ und sieht wie ein Schachbrett aus. Innerhalb der weißen Rechtecke ist $u > 0$ und innerhalb der grauen $u < 0$.

Nach einiger Übung mit ähnlichen Aufgaben wird der Leser erkennen, daß die lange Überlegung ziemlich überflüssig war, da ja die endgültige Form der Lösung im voraus zu erwarten war. Versuchen wir dies gleich auch mit der dreidimensionalen Amplitudengleichung, $\nabla^2 u(x, y, z) + k^2 u = 0$, die z.B. für die Amplitude von Druckschwingungen eines in einem quaderförmigen Gefäß eingeschlossenen Gases gilt. Wieder sollen die Variablen in kartesischen Koordinaten getrennt werden:

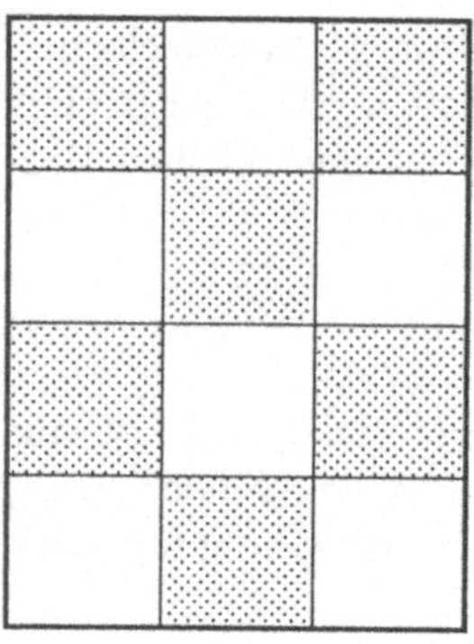 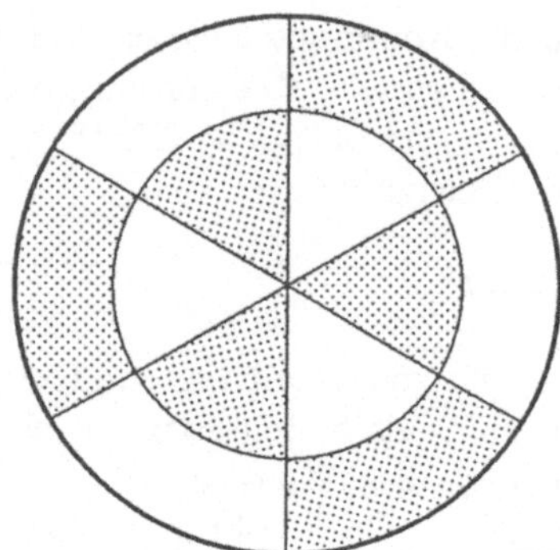

Abb. 8.1. Eigenschwingungen einer rechteckigen und einer kreisförmigen Membran

$$u = \{\cos, \sin\}(k_1 x)\, \{\cos, \sin\}(k_2 y)\, \{\cos, \sin\}(k_3 z), \tag{8.7}$$

wobei $k_1^2 + k_2^2 + k_3^2 = k^2$ sein soll.

Jetzt müssen wir berücksichtigen, daß überall an der Wand die normale Ableitung des Druckes verschwindet (Abschn. 6.3): $\partial u/\partial n = 0$. Es ist bequem, eine der Quaderecken als Koordinatenursprung zu wählen, und zwar so, daß der Quader (Größe $a_1 \times a_2 \times a_3$) im positiven Oktanten des Koordinatensystems sitzt. Um der Bedingung auf den Seitenflächen hinten, links und unten (bei $x = 0$, $y = 0$ und $z = 0$) zu genügen, müssen wir lauter Cosinusfunktionen wählen. Um dann die Lösung auch der Randbedingung bei $x = a_1$ und ebenso bei $y = a_2$ bzw. $z = a_3$ anzupassen, muß die Ableitung des jeweiligen Cosinusfaktors dort verschwinden, was bei jedem Vielfachen von π geschieht. Somit haben wir schon die endgültige Form der gewünschten Lösung:

$$u(x, y, z) \propto \cos\frac{n_1 \pi x}{a_1}\, \cos\frac{n_2 \pi y}{a_2}\, \cos\frac{n_3 \pi z}{a_3}. \tag{8.8}$$

Formell sind jetzt alle nichtnegativen ganzen Zahlen zugelassen, $n_i = 0, 1, 2, \ldots$, $i = 1, 2, 3$, da sie nichttriviale Lösungen ergeben. Jedes Triplet nichtnegativer ganzer Zahlen ergibt somit genau eine Eigenfunktion und sofort auch den zugehörigen Eigenwert,

$$k^2_{n_1 n_2 n_3} = \left(\frac{n_1 \pi}{a_1}\right)^2 + \left(\frac{n_2 \pi}{a_2}\right)^2 + \left(\frac{n_3 \pi}{a_3}\right)^2. \tag{8.9}$$

Eine Ausnahme muß aber doch gemacht werden: Wenn alle drei n_i verschwinden, ist die Lösung konstant und die Frequenz gleich Null. Da es gar keine Schwingungen gibt, ist diese Lösung von keinerlei Interesse.

Nebenbei sei bemerkt, daß auch die zeitunabhängige Schrödingergleichung für ein Teilchen in einer leeren Schachtel ähnliche Lösungen wie (8.8) erlaubt, doch mit Sinusfunktionen statt Cosinus. Dort würde man n_1, n_2, n_3 als *Quantenzahlen* bezeichnen.

In Gedanken können wir uns auch jetzt ein Bild im obigen Sinne machen. Wir stellen uns die Knotenflächen vor, entlang derer $u = 0$ ist, was bedeutet, daß der Druck dort konstant ist. Man findet sie, indem man nacheinander $k_1 x$, $k_2 y$ und $k_3 z$ halbzahligen Vielfachen von π gleich setzt. Dadurch zerfällt der Hohlraum in kleinere Quader, die wir uns wieder abwechselnd hell und dunkel vorstellen. Wenn zu einem Zeitpunkt der Druck in einem hellen Quader über den Gleichgewichtswert angestiegen ist, so ist er in den Nachbarzellen darunter gesunken.

Der Leser wird merken, daß man auch den Weg von (8.7) zu (8.8) überspringen kann, da ja die endgültige Form der Lösung wiederum im voraus erkennbar ist. Solche Sprünge soll man nicht scheuen, sofern man bereit ist, sich jedesmal zu überzeugen, daß die Lösung tatsächlich sowohl der Gleichung als auch den Randbedingungen genügt.

Bei der Amplitudengleichung sind kartesische Koordinaten keineswegs die einzigen Variablen, die sich trennen lassen. Das allgemeinste Koordinatensystem mit dieser Eigenschaft hat als Koordinatenflächen konfokale Ellipsoide und einteilige sowie zweiteilige Hyperboloide. Spezielle Fälle davon sind Polarkoordinaten in 3 und 2 Dimensionen, sowie auch das kartesische Koordinatensystem. Hier sollen nur noch die erstgenannten zwei Spezialfälle behandelt werden, da sie bei physikalischen und technischen Anwendungen oft vorkommen. Alles andere, insbesondere die Namen und Eigenschaften der sonstigen speziellen Funktionen wird der Leser nötigenfalls in Handbüchern finden.

Zuerst wollen wir uns den Polarkoordinaten in der Ebene widmen, indem wir für die Amplitudengleichung Lösungen der Form $u(r, \phi) = R_m(r)\, \Phi_m(\phi)$ suchen. Nach demselben Verfahren wie oben bei kartesischen Koordinaten, finden wir folgende Differentialgleichungen:

$$R_m'' + \frac{1}{r} R_m' + \left(k^2 - \frac{m^2}{r^2} \right) R_m = 0, \qquad \Phi_m'' + m^2 \Phi_m = 0, \tag{8.10}$$

wobei die Konstante m^2 eine ähnliche Rolle spielt wie das k_1^2 in (8.3). Die Lösung der zweiten Gleichung ist $\Phi_m = \{\cos, \sin\}(m\phi)$. Die erste aber läßt sich durch eine Potenzreihe lösen, die mit $(kr)^m$ anfängt. Die passend normierte Lösung wird als $J_m(kr)$ bezeichnet und ist als *zylindrische* oder speziell als die *Besselsche Funktion* der Ordnung m bekannt. Es gibt freilich noch eine Lösung, nämlich die sogenannte *Neumannsche Funktion* $N_m(kr)$. Diese zylindrische Funktion wächst bei $r \to 0$ ins Unendliche und ihre Reihe beginnt mit einer negativen Potenz oder mit einem Logarithmus. So haben wir für die Amplitudengleichung schon die allgemeinste Lösung der gesuchten Form:

$$u(r, \phi) = \{J_m, N_m\}(kr)\, \{\cos, \sin\}(m\phi). \tag{8.11}$$

Daß so die Lösung der Amplitudengleichung aussehen kann, ist eigentlich alles, was man über die zylindrischen Funktionen wissen sollte. Weiteres findet man in Nachschlagewerken und manches auch hier im Anhang.

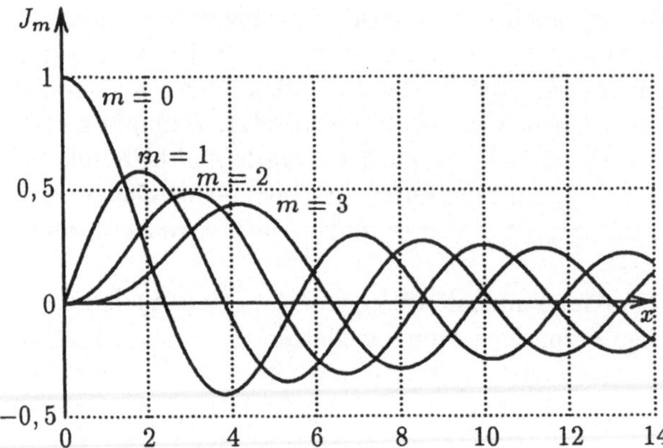

Abb. 8.2. Besselfunktionen

Als Beispiel betrachten wir die Eigenschwingungen einer eingespannten kreisförmigen Membran (etwa einer Trommel) mit dem Radius r_0. Da die Membran nicht zerreißen soll, muß u eindeutig von ϕ abhängen, m also ganzzahlig sein. Andererseits darf die Amplitude in der Mitte nicht ins Unendliche anwachsen, so daß die Neumannsche Funktion in diesem Fall unzulässig ist. Also haben wir

$$u(r, \phi) = J_m(kr)\{\cos, \sin\}(m\phi), \quad m = 0, 1, 2, 3, \ldots \tag{8.12}$$

Bei $r = r_0$ soll $u(r, \phi)$ für alle ϕ verschwinden, so daß $J_m(kr_0) = 0$ sein muß. Somit findet man die Eigenwerte und damit die Eigenfrequenzen der Membran mit Hilfe der Nullstellen ξ_{mn} (mit $n = 1, 2 \ldots$) der Besselschen Funktion $J_m(\xi)$, also aus der Gleichung $kr_0 = \xi_{mn}$. Für diese Nullstellen gibt es sogar Tabellen.

Die Knotenlinien verlaufen jetzt radial und in konzentrischen Kreisen (Abb. 8.1 rechts). Wir denken uns die Membran für einen Zeitpunkt festgehalten und untersuchen ihr Profil in radialer Richtung. Es ergibt sich ein Bild der Funktion $J_m(kr)$. Da wir ein gutes Gefühl für die möglichen Schwingungen einer Trommel haben, bekommen wir so ohne jedes Rechnen qualitativ richtige Bilder der Besselschen Funktionen. Die Kurven in Abb. 8.2 sind jedoch berechnet.

Beim entsprechenden räumlichen Problem, etwa bei den Schwingungen eines Gases in einem zylindrischen Hohlraum, haben wir noch die Koordinate z zu berücksichtigen. Die Endflächen seien bei $z = 0$ und $z = h$. Ohne viel nachzudenken, können wir Lösungen mit getrennten Variablen gleich hinschreiben:

$$u(r, \phi, z) = J_m(k'r)\{\cos, \sin\}(m\phi) \cos k_3 z, \tag{8.13}$$

$$k'^2 + k_3^2 = k^2, \quad m = 0, 1, 2, \ldots$$

Die Randbedingung ist jetzt zweiter Art: $\partial u/\partial n = 0$. Um ihr bei $r = r_0$ zu genügen, muß k' so gewählt werden, daß $k'r_0$ einer der Nullstellen ξ'_{mn} der

Ableitung von J_m gleich ist. Man berechnet diese Werte numerisch oder man findet sie aus Tabellen. Um die Bedingung bei $z = 0$ einzuhalten, haben wir die Cosinusfunktion gewählt. Um dasselbe auch für $z = h$ zu erzwingen, muß $k_3 h = l\pi$ mit $l = 0, 1, 2, \ldots$ verlangt werden. Damit haben wir auch schon die Eigenwerte,

$$k^2_{mnl} = \left(\frac{\xi'_{mn}}{r_0}\right)^2 + \left(\frac{l\pi}{h}\right)^2. \tag{8.14}$$

Das räumliche Bild der Schwingungen erinnert an jenes für die Kreismembran. Durch die radialen Knotenflächen wird der zylindrische Hohlraum wie eine Torte in sektorielle Schnitten zerlegt, die weiter in Stockwerke zerfallen (wenn $l > 0$) und die eventuell noch durch koaxiale Zylinderflächen unterteilt sind.

Allerlei Verallgemeinerung kommen uns in den Sinn. Denken wir uns eine ringförmige Membran, die zwischen zwei konzentrischen Kreisrahmen mit den Radien r_1 und r_2 aufgespannt ist. Eine Singularität der Lösung oder eigentlich ihrer analytischen Fortsetzung bei $r \to 0$ kann jetzt nicht ausgeschlossen werden, so daß wir auch die Neumannschen Funktionen zulassen müssen. Die Linearkombination $aJ_m(kr)+bN_m(kr)$ muß sowohl bei $r = r_1$ als auch bei $r = r_2$ verschwinden. Damit bekommen wir ein homogenes System von zwei linearen Gleichungen für die Koeffizienten a und b. Nichttriviale Lösungen gibt es nur, wenn die Determinante verschwindet. In dieser Bedingung erkennen wir eine Gleichung für die Eigenwerte. Bevor man sie numerisch zu lösen versucht, tut man gut daran, dimensionslose Größen einzuführen, z.B. $\xi = kr_1$ und $\alpha = r_2/r_1$. Nachdem ξ berechnet ist, erledigt sich alles andere sofort.

Bei Schwingungen in einem kugelförmigen Hohlraum versuchen wir zuerst die radiale von den Winkelkoordinaten zu trennen: $u(r, \theta, \phi) = R_l(r)\,Y_l(\theta, \phi)$. Auf obige Weise ergeben sich zwei Differentialgleichungen, eine gewöhnliche für $R_l(r)$ und eine partielle für $Y_l(\theta, \phi)$. Man stellt sich Y_l auch gern als Funktion des Richtungsvektors $\boldsymbol{e} = (\sin\theta\cos\phi,\ sin\theta\sin\phi,\ \cos\theta)$ vor. Die Trennungskonstante, die eine ähnliche Rolle spielt wie k_1^2 in (8.3) und m^2 in (8.12) und an die auch die Indizes bei den Funktionszeichen erinnern sollen, bezeichnen wir mit $l(l+1)$. So haben wir

$$R''_l + \frac{2}{r}R'_l + \left[k^2 - \frac{l(l+1)}{r^2}\right]R_l = 0, \tag{8.15}$$

$$\frac{1}{\sin\theta}\frac{\partial}{\partial\theta}\left(\sin\theta\frac{\partial Y_l}{\partial\theta}\right) + \frac{1}{\sin^2\theta}\frac{\partial^2 Y_l}{\partial\phi^2} + l(l+1)Y_l = 0. \tag{8.16}$$

Es stellt sich heraus, daß es nur bei ganzzahligem l Lösungen gibt, die sowohl bei $kr \to 0$ als bei $\cos\theta \to \pm 1$ regulär bleiben. Die erste Gleichung sieht der Besselschen Differentialgleichung ähnlich und läßt sich auf sie zurückführen. Ihre Lösungen, die als *sphärische Bessel-* und *Neumann-Funktionen* bekannt sind, lassen sich durch die J_m und N_m folgendermaßen ausdrücken:

$$j_l(kr) = \sqrt{\frac{\pi}{2kr}}\, J_{l+\frac{1}{2}}(kr), \qquad n_l(kr) = \sqrt{\frac{\pi}{2kr}}\, N_{l+\frac{1}{2}}(kr). \tag{8.17}$$

Außerdem lassen sie sich für ganzzahliges l rational durch $\cos kr$ und $\sin kr$ ausdrücken. Insbesondere gilt

$$j_0(kr) = \frac{\sin kr}{kr}, \qquad n_0(kr) = -\frac{\cos kr}{kr}. \tag{8.18}$$

Es bleibt noch, die sogenannten *Kugelfunktionen* $Y_l(e) \equiv Y_l(\theta, \phi)$ zu untersuchen. Die Variablen lassen sich weiter trennen, wobei sich bei ganzzahligem Grad l der erste Faktor als ein trigonometrisches Polynom in θ entpuppt, während der zweite durch $\{\cos, \sin\}(m\phi)$ oder durch $\{e^{im\phi}, e^{-im\phi}\}$, mit $m = 0, 1, 2, \ldots l$, beschrieben wird. Die zweite Schreibweise ist in der Quantenmechanik üblich und wird auch hier übernommen werden. Man sollte aber nicht übersehen, daß man dadurch vom Bild der stehenden Wellen abweicht, denn mit dem Faktor $\exp(\pm im\phi)$ bekommt man ja komplexe Amplituden von Wellen, die um die polare Achse herumlaufen. Wir wollen keine Zeit mit langwierigen Herleitungen verlieren, sondern die wichtigsten Resultate aus Handbüchern entnehmen. Einiges ist noch im Anhang zu finden.

Die erwähnten Funktionen von θ lassen sich auf die *Legendreschen Polynome* $P_l(\mu)$ mit $\mu \equiv \cos\theta$ zurückführen. Diese werden am einfachsten durch folgende drei Eigenschaften definiert:

1) $P_l(\mu)$ ist ein Polynom l-ten Grades in μ.
2) Diese Polynome sind im Intervall $[-1, 1]$ zueinander orthogonal.
3) Alle haben bei $\mu = 1$ den Wert $P_l(1) = 1$.

Unter Benutzung dieser Eigenschaften wird der Leser mit Leichtigkeit selbst die ersten drei oder vier Legendrepolynome rekonstruieren:

$$P_0(\mu) = 1, \qquad P_1(\mu) = \mu, \qquad P_2(\mu) = \frac{3\mu^2 - 1}{2}, \ldots \tag{8.19}$$

Die oben erwähnte allgemeine Kugelfunktion l-ten Grades ist eine beliebige Linearkombination der Funktionen Y_{lm} mit $m = -l, -l+1, \ldots, l-1, l$, die für nichtnegatives m folgendermaßen definiert werden:

$$Y_{lm}(\theta, \phi) = (-1)^m \sqrt{\frac{(2l+1)(l-m)!}{4\pi(l+m)!}}\, \sin^m\theta\, \frac{\mathrm{d}^m P_l(\cos\theta)}{\mathrm{d}(\cos\theta)^m}\, e^{im\phi}. \tag{8.20}$$

Außerdem gilt die Verabredung, daß $Y_{l,-m} = (-1)^m Y_{lm}^*$ ist. Die Koeffizienten sind so gewählt, daß die Funktionen bezüglich des ganzen Raumwinkels zueinander orthonormal sind,

$$\int Y_{lm}(e)\, Y_{l'm'}^*(e)\, \mathrm{d}^2 e$$

$$= \int_{-1}^{1} \mathrm{d}(\cos\theta) \int_{0}^{2\pi} \mathrm{d}\phi\, Y_{lm}(\theta, \phi)\, Y_{l'm'}^*(\theta, \phi) = \delta_{ll'}\delta_{mm'}. \tag{8.21}$$

Einen wichtigen Spezialfall bilden die axialsymmetrischen Kugelfunktionen, die den Legendrepolynomen proportional sind:

$$Y_{l0} = \sqrt{\frac{2l+1}{4\pi}}\, P_l(\cos\theta). \tag{8.22}$$

Diese Polynome sind nicht normiert, denn (8.21) reduziert sich für sie auf

$$\int_{-1}^{1} P_l(\mu)\, P_{l'}(\mu)\, \mathrm{d}\mu = \frac{2}{2l+1}\, \delta_{ll'}. \tag{8.23}$$

Im Sinne der allgemeinen Aussagen aus Abschn 7.2 läßt sich jede beliebige Funktion der Richtung (aus dem entsprechenden L^2-Raum) in Kugelfunktionen entwickeln:

$$f(\boldsymbol{e}) = \sum_{l=0}^{\infty} \sum_{m=-l}^{m=l} C_{lm}\, Y_{lm}(\boldsymbol{e}). \tag{8.24}$$

Die Koeffizienten werden in Anlehnung an die Orthonormalitätsrelation (8.21) gewonnen, genau wie bei Fourierreihen:

$$C_{lm} = \int Y_{lm}^{*}(\boldsymbol{e})\, f(\boldsymbol{e})\, \mathrm{d}^2 e. \tag{8.25}$$

Im Falle einer axialsymmetrischen Funktion f, die also nur von θ abhängt, enthält die Entwicklung nur Legendrepolynome:

$$f(\theta) = \sum_{l=0}^{\infty} A_l\, P_l(\cos\theta), \qquad A_l = \frac{2}{2l+1} \int_{-1}^{1} f(\theta)\, P_l(\cos\theta)\, \mathrm{d}(\cos\theta). \tag{8.26}$$

Die $2l+1$ linear unabhängigen Funktionen $Y_{lm}(\theta,\phi)$ mit $m = -l,\ \ldots,\ l$ und daher jede Linearkombination Y_l genügen derselben Differentialgleichung (8.16). Bei Drehung des Koordinatensystems geht jede solche Linearkombination in eine andere über, d.h. in eine Kugelfunktion desselben Grades l. Das ist so, weil die Differentialgleichung für das Y_l (wie schon die ursprüngliche Amplitudengleichung $\nabla^2 u + k^2 u = 0$) linear und gegen Drehungen invariant ist. Die Transformationen der Koeffizienten von Y_{lm} sind freilich linear und bilden eine Gruppe. Man sagt, sie bilden eine *Darstellung der Rotationsgruppe*.

Als wichtigen Spezialfall nehmen wir das Legendrepolynom $P_l(\cos\delta)$. Dabei sei δ der Winkel zwischen zwei Richtungen, die durch die Polarkoordinaten θ, ϕ und θ_0, ϕ_0 gegeben sind. Das Skalarprodukt der beiden Einheitsvektoren liefert die bekannte Formel

$$\cos\delta = \boldsymbol{e}\cdot\boldsymbol{e}_0 = \cos\theta\,\cos\theta_0 + \sin\theta\,\sin\theta_0\,\cos m(\phi-\phi_0). \tag{8.27}$$

Nach der vorigen allgemeinen Überlegung kann man $P_l(\cos\delta)$ als Linearkombination der $Y_{lm}(\theta,\phi)$ darstellen, wobei die Koeffizienten von θ_0 und ϕ_0 abhängen. Da wir die Rolle der beiden Richtungen vertauschen können, gilt auch eine Entwicklung in $Y_{lm}(\theta_0,\phi_0)$ mit Koeffizienten, die von θ und ϕ abhängen. Also dürfen wir Produkte der beiden Y_{lm} mit konstanten Koeffizienten hinschreiben. Indem wir den letzten Faktor in (8.27) zerlegen,

$$\cos m(\phi - \phi_0) = \frac{1}{2}(e^{im\phi}e^{-im\phi_0} + e^{-im\phi}e^{im\phi_0}),$$

und uns auf die Normalisierung aus (8.21) berufen, gelangen wir schließlich zum *Additionstheorem für Kugelfunktionen*, das wir in zwei Formen aufschreiben:

$$P_l(\cos\delta) \;=\; \frac{4\pi}{2l+1} \sum_{m=-l}^{m=l} Y_{lm}(\theta,\phi)Y_{lm}^*(\theta_0,\phi_0), \tag{8.28}$$

$$P_l(e \cdot e_0) \;=\; \frac{4\pi}{2l+1} \sum_{m=-l}^{m=l} Y_{lm}(e)Y_{lm}^*(e_0). \tag{8.29}$$

Jetzt wissen wir mehr als genug über Kugelfunktionen, um die Eigenschwingungen eines Gases in einem kugelförmigen Gefäß (mit Radius r_0) zu beschreiben:

$$u_{lmn}(r,\theta,\phi) \propto j_l(k_{ln}r)\, Y_{lm}(\theta,\phi). \tag{8.30}$$

Dabei wird k_{ln} so gewählt, daß $k_{ln}r_0$ der n-ten Nullstelle η'_{ln} der Ableitung der Funktion $j_l(\eta)$ gleicht, also

$$k_{ln} = \frac{\eta'_{ln}}{r_0}. \tag{8.31}$$

Von m hängt der Eigenwert nicht ab.

Bei stehenden Wellen in der Kugel gibt es drei Familien von Knotenflächen: konzentrische Kugeln, meridionale Ebenen und durch Parallelkreise definierte Kegelflächen. Solche Wellen können wir durch den Real- oder Imaginärteil der komplexen Lösung (8.30) mit (8.20) darstellen. Indem wir uns den Druck entlang eines Radius vorstellen, gewinnen wir qualitative Bilder der Funktionen $j_l(kr)$. Sie sind denen für J_m ähnlich, nur fallen die Amplituden mit wachsendem kr etwas schneller ab. Die Schwingungen des Druckes an der Wand geben uns ein Bild des Realteils der Kugelfunktion $Y_{lm}(\theta,\phi)$. Es sieht wie eine Orange mit mehrfach angeschnittener Schale aus (Abb. 8.3).

Zum Schluß sehen wir uns eine Verallgemeinerung der Amplitudengleichung an,

$$\nabla^2 u + k^2 f(r)u = 0, \tag{8.32}$$

wobei $f(r)$ eine gegebene Funktion und k^2 wieder ein Eigenwertparameter ist. Mit r bezeichnen wir entweder die Entfernung von der z-Achse oder vom Koordinatenursprung. Entsprechend ist ∇^2 entweder der ebene oder räumliche Laplaceoperator. Auf solche Gleichungen trifft man bei der Untersuchung von Wellen, die sich in einem inhomogenen kugelsymmetrischen Medium ausbreiten. Auch Wellenfunktionen für stationäre Zustände eines Teilchens im kugelsymmetrischen Potentialfeld genügen einer ähnlichen Gleichung, jedoch mit dem Koeffizienten $[k^2 - f(r)]$ im zweiten Term. Dabei ist k^2 der zu berechnenden Gesamtenergie und $f(r)$ der gegebenen potentiellen Energie proportional.

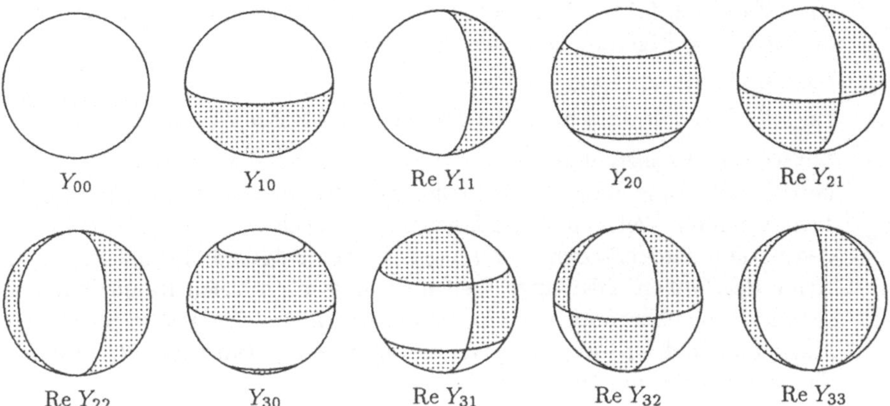

Abb. 8.3. Knotenlinien auf Kugeloberflächen als Bilder von Kugelfunktionen

Beim ebenen Problem machen wir wieder den Ansatz $u = R_m(r)\,\Phi_m(\phi)$ und beim räumlichen $u = R_l(r)\,Y_l(\theta,\phi)$. Das übliche Verfahren führt in beiden Fällen für den zweiten Faktor zu den schon bekannten Gleichungen (8.10, 8.16) und damit wieder zu den trigonometrischen bzw. Kugelfunktionen. Die Funktion $f(r)$ tritt nur in den Gleichungen für die beiden radialen Faktoren auf:

$$R_m'' + \frac{1}{r}R_m' + \left[k^2 f(r) - \frac{m^2}{r^2}\right] R_m = 0, \tag{8.33}$$

$$R_l'' + \frac{2}{r}R_l' + \left[k^2 f(r) - \frac{l(l+1)}{r^2}\right] R_l = 0. \tag{8.34}$$

Für einige spezielle Funktionen $f(r)$ hat man auch für diese Gleichungen die Lösungen ausgearbeitet. Das bekannteste Beispiel ist die Schrödingergleichung für ein Teilchen im Coulombschen Potential, worüber man sich in Lehrbüchern der Quantenmechanik informieren kann.

Aufgaben

8.1   Berechnen Sie einige der niedrigsten Eigenfrequenzen und beschreiben Sie die Eigenschwingungen einer Trommel mit dem Radius 10 cm, der Spannung 1 N/cm und einer Masse mit der Flächendichte 0,1 g/cm^2.

8.2   Um wieviel wölbt sich die Trommel aus der vorherigen Aufgabe in der Mitte aus, wenn auf sie ein Druckunterschied von 0,1 bar wirkt? Wie schwingt die Trommel, nachdem dieser Druckunterschied auf einmal aufhört? Wie ist dabei die Energie auf die einzelnen Eigenschwingungen verteilt?

8.3   Beschreiben Sie das erzwungene Schwingen der Trommel aus Aufgabe 8.1, wenn auf sie ein sinusartig oszillierender Druckunterschied wirkt. Seine

Amplitude soll 0,1 bar betragen und die Frequenz $\frac{3}{4}$ mal so groß sein wie die niedrigste Eigenfrequenz der Trommel.

8.4   Bestimmen Sie einige der niedrigsten Eigenfrequenzen der Luft (20°C) in einer flachen zylindrischen Schachtel mit dem Radius 5 cm.

8.5   Mit welchen Phasen- und Gruppengeschwindigkeiten wandern elektromagnetische Wellen in einem gut leitenden zylindrischen Rohr mit dem Radius 1 cm, wenn die Wellenlänge im freien Raum gleich 1 cm ist? Skizzieren Sie den Verlauf der elektrischen und magnetischen Feldlinien für die einzelnen Arten der Wellen. Wie lange Wellen (gemessen im freien Raum) können sich im Rohr überhaupt noch fortpflanzen? Mit welcher Relaxationslänge klingt das Feld im Rohr ab, wenn die Wellenlänge (im freien Raum) den Grenzwert noch um 10% übertrifft?

8.6   Berechnen Sie die Grundfrequenz einer ringförmigen Membran (Radien 4 cm und 1 cm, Spannung 1 N/cm, Flächendichte der Masse 0,02 g/cm^2).

8.7   Eine Trommel wird entlang einer radialen Linie festgeklemmt. Um welchen Faktor ändert sich dabei die Grundfrequenz?

8.8   Ein sehr hoher Betonzylinder ($\varrho = 2200\,\text{kg/m}^3$, $c_p = 1200\,\text{J/kg K}$, $\lambda = 1,9\,\text{W/m K}$) mit einem Durchmesser von 1 m hat eine Anfangstemperatur von 20°C. Es fängt ein heftiger Wind an zu blasen, der die Oberfläche auf Gefriertemperatur abkühlt. Nach wie langer Zeit kühlt sich der Zylinder in der Achse auf 10°C ab?

8.9   Berechnen Sie die niedrigsten Eigenfrequenzen der Luft (20°C), die in einem zylindrischen Gefäß der Größe $h = 2r = 10$ cm eingeschlossen ist. Die Schallgeschwindigkeit beträgt 340 m/s.

8.10 Ein sehr langer homogener Zylinder wird der Länge nach in zwei Hälften zersägt. Die eine wird gleichmäßig erwärmt und die andere abgekühlt. Wie ändert sich das Temperaturfeld, nachdem beide Hälften vereinigt werden, wobei der Zylinder gegen die Umgebung thermisch isoliert sein soll?

8.11 Ein sehr langer leerer Hohlzylinder, dessen Innenradius gleich der Hälfte des Außenradius ist, wird gleichmäßig erwärmt und dann in schmelzenden Schnee gedrückt. Versuchen Sie das Temperaturfeld als Summe exponentiell (wie $e^{-t/\tau}$) abklingender Funktionen zu beschreiben. Wie groß ist die längste Relaxationszeit τ_1?

8.12 Ein sehr hohes zylindrisches Gefäß mit Wasser wird gleichmäßig gedreht, bis das Wasser sich mitdreht. Wie klingt die Drehung des Wassers ab, lange nachdem man den Zylinder gestoppt hat?

8.13 Auf die Mitte einer sehr leichten, gespannten, kreisförmigen Membran klebt man eine kreisförmige massive Scheibe mit 4mal kleinerem Radius. Mit welcher Grundfrequenz kann so ein System schwingen? Mit welcher aber, wenn die Gesamtmasse der Membran (außerhalb der Platte) gleich der Masse der Platte ist?

8.14 Wie lautet das Analogon der Poiseuilleschen Formel für eine laminare Flüssigkeitsströmung in einem Rohr mit halbkreisförmigem Querschnitt?

8.15 In einem langen Zylinderrohr wird durch einen konstanten Druckgradienten eine stationäre Poiseuillesche Strömung aufrechterhalten. Wie klingt die Strömung ab, nachdem der Gradient auf einmal nachläßt? Wie groß ist die Stromstärke (durchflossenes Volumen pro Zeiteinheit) nach Verlauf des zehnfachen der längsten Relaxationszeit?

8.16 Eine gleichmäßig erhitzte Kugel drückt man in schmelzenden Schnee. Wie klingt das Temperaturprofil ab? Wie drückt man die längste Relaxationszeit τ_1 aus? Wie tief sinkt die Temperatur im Mittelpunkt nach Verlauf der Zeit $t = 10\tau_1$?

8.17 Eine Kugel wird in zwei Hälften zersägt, deren eine man gleichmäßig erhitzt und deren andere man abkühlt. Wie klingen die Temperaturunterschiede ab, nachdem man beide Hälften zusammengefügt und die Kugel nach außen isoliert hat? Wie drückt man die längste Relaxationszeit τ_1 aus? Um welchen Faktor ist nach einer Zeit $t = 5\tau_1$ die Temperaturdifferenz zwischen den Polen abgesunken?

8.18 Mit welchen Eigenfrequenzen kann Luft in einem kugelförmigen Gefäß schwingen?

8.3 Fortschreitende Wellen

Um *fortschreitende Wellen* betrachten zu können, stellen wir uns ein unbegrenztes Medium vor, etwa eine unendlich lange Saite oder eine unendlich ausgedehnte Membran oder ein den ganzen Raum ausfüllendes Gas. Vor allem wollen wir untersuchen, wie man fortschreitende Wellen zu stehenden zusammensetzt und umgekehrt.

Bei einer Welle, die auf der Saite in positiver Richtung fortschreitet, wird der Ausschlag folgendermaßen beschrieben:

$$y(x,t) \propto \exp(\mathrm{i}kx - \mathrm{i}\omega t). \tag{8.35}$$

Die Phase der Schwingung verzögert sich linear mit zunehmendem x, was durch die komplexe Amplitude $u(x) \propto \mathrm{e}^{\mathrm{i}kx}$ ausgedrückt wurde. Für eine Welle, die in entgegengesetzter Richtung fortschreitet, ist $u(x) \propto \mathrm{e}^{-\mathrm{i}kx}$. Falls beide Wellen gleiche Frequenz und gleich große Amplituden haben, setzen sie sich zu einer stehenden Welle zusammen. Nach Weglassen gemeinsamer Faktoren wird dieser allereinfachste Fall von Interferenz durch die wohlbekannte Formel

$$\frac{1}{2}(\mathrm{e}^{\mathrm{i}kx} + \mathrm{e}^{-\mathrm{i}kx}) = \cos kx \tag{8.36}$$

beschrieben. Falls bei einer der fortschreitenden Wellen die Phase um π verschoben wird, indem man das Vorzeichen des Ausschlags umdreht, bekommt man eine um ein Viertel der Wellenlänge verschobene und um ein Viertel der Periode verzögerte stehende Welle, nämlich

$$\frac{1}{2}(e^{ikx} - e^{-ikx}) = i \sin kx. \tag{8.37}$$

Auch die bekannten Umkehrformeln erlauben eine derartige physikalische Deutung. Zwei stehende Wellen, die örtlich gegeneinander um ein Viertel der Wellenlänge und zeitlich um ein Viertel der Schwingungszeit verschoben sind, ergeben eine fortschreitende Welle, nämlich

$$\cos kx + i \sin kx = e^{ikx}, \qquad \cos kx - i \sin kx = e^{-ikx}. \tag{8.38}$$

Der zeitlichen Verzögerung um ein Viertel der Schwingungszeit entspricht eine Phasenänderung $\pi/2$, also ein Phasenfaktor $\exp(i\pi/2) = i$, denn der Zeitfaktor wird nach Verabredung immer als $e^{-i\omega t}$ geschrieben. Eine in demselben Ausmaß vorauseilende Schwingung bekommt den Faktor $\exp(-i\pi/2) = -i$. Sie ergibt, gemäß der zweiten Formel, eine in entgegengesetzter Richtung fortschreitende Welle. Der Leser wird gut daran tun, Momentanbilder von allen diesen Wellen zu skizzieren, um die Zusammensetzungen zu veranschaulichen.

Im vorhergehenden Abschnitt haben wir bei einer kreisförmigen Membran stehende Wellen untersucht und zu ihrer Beschreibung folgende Amplituden benutzt: $J_m(kr)\{\cos, \sin\}(m\phi)$ und $N_m(kr)\{\cos, \sin\}(m\phi)$. Wir haben uns von ihnen rosettenartige Bilder gemacht (Abb. 8.1 rechts), wobei wir uns vorstellten, wie die einzelnen Parzellen der Rosette abwechselnd auf und ab schwingen. Wir möchten wissen, ob es auch entsprechende fortschreitende Wellen gibt, nämlich solche, die in radialer Richtung auseinander- oder zusammenlaufen. Versuchen wir mal, die Formeln (8.38) nachzuahmen. Nach Weglassen der vom Azimuth ϕ abhängigen trigonometrischen Faktoren ergeben sich folgende Linearkombinationen der Besselschen und Neumannschen Funktionen, die den $e^{\pm ikx}$ analog erscheinen und die als *Hankelsche Funktionen* erster und zweiter Art bekannt sind:

$$H_m^{(1)}(kr) = J_m(kr) + iN_m(kr), \qquad H_m^{(2)}(kr) = J_m(kr) - iN_m(kr). \tag{8.39}$$

Daß sie zusammen mit den azimuthalen Faktoren tatsächlich komplexe Amplituden auseinanderlaufender und zusammenlaufender Wellen darstellen, sieht man am besten aus den asymptotischen Formeln

$$H_m^{(1,2)}(kr) = \sqrt{\frac{2}{\pi kr}} \, \exp\left\{\pm i\left[kr - \left(m + \frac{1}{2}\right)\frac{\pi}{2}\right]\right\}, \tag{8.40}$$

die approximativ für $kr \gg m^2$ gelten.

Beide Hankelschen Funktionen erben die Singularität von $N_m(kr)$ bei $kr \to 0$. Der Ursprung einer auseinanderlaufenden und ebenso die Schwundstelle einer zusammenlaufenden Welle müssen ja singulär sein, denn die Energiedichte wächst dort ins Unendliche. Übrigens verhilft uns diese Anschauung auch zum

Verständnis der obigen asymptotischen Formeln. Der gesamte durch den Kreisumfang $2\pi r$ fließende Energiestrom muß konstant sein, da eine ideale Membran keiner Absorption fähig ist. Die lineare Dichte des Energiestroms muß also wie r^{-1} abfallen, und die Amplitude (d.h. der Absolutwert der komplexen Amplitude) wie $r^{-1/2}$ — im Einklang mit der Formel. Letztere Behauptung gilt freilich nur für großes kr, wo sich die Amplitude nur noch langsam ändert.

Auch diesmal können wir den Spieß umdrehen und die beiden fortschreitenden Wellen zu stehenden zusammensetzen:

$$\frac{1}{2}\left[H_m^{(1)}(kr) + H_m^{(2)}(kr)\right] \;=\; J_m(kr), \tag{8.41}$$

$$\frac{1}{2}\left[H_m^{(1)}(kr) - H_m^{(2)}(kr)\right] \;=\; \mathrm{i}N_m(kr). \tag{8.42}$$

Die Analogie zu (8.36, 8.37) ist unverkennbar. Von den Hankelschen Funktionen kommen jene erster Art bei physikalischen Aufgaben öfter vor als die der zweiten. Auseinanderlaufende Wellen sind nämlich durch Störungen im Ursprung leicht auszulösen, während man zur Erzeugung zusammenlaufender Wellen allerlei Kunststücke anwenden müßte.

Genau dieselben Manipulationen können wir mit Kugelwellen bzw. mit sphärischen Bessel- und Neumannfunktionen anstellen. *Sphärische Hankel-Funktionen* werden folgendermaßen definiert:

$$h_l^{(1)}(kr) = j_l(kr) + \mathrm{i}n_l(kr), \qquad h_l^{(2)}(kr) = j_l(kr) - \mathrm{i}n_l(kr). \tag{8.43}$$

Das Produkt $h_l^{(1)}(kr)\, Y_{lm}(\theta, \phi)$ stellt eine auseinanderlaufende (und bei $m \neq 0$ sich gleichzeitig um die Achse drehende), rosettenartige Kugelwelle dar.

Bisher haben wir nur geometrisch verwandte Wellen zusammengesetzt, insbesondere ebene mit ebenen, Kugelwellen mit Kugelwellen usw. Der Spielraum läßt sich jedoch noch gehörig erweitern. Sehen wir mal zu, wie man fortschreitende ebene Wellen auf einer Membran zu stehenden kreisförmigen Wellen zusammensetzen kann. Bei einer ebenen Welle, die in Richtung des Wellenvektors $\boldsymbol{k} = k(\cos\phi, \sin\phi)$ fortschreitet, ist die komplexe Amplitude proportional zu $\exp(\mathrm{i}\boldsymbol{k}\cdot\boldsymbol{r}) = \exp[\mathrm{i}kr\cos(\phi - \phi_0)]$, wobei $x = r\cos\phi_0$, $y = r\sin\phi_0$ eingesetzt wurde. Nehmen wir jetzt sehr viele solcher Wellen, wobei die Fortpflanzungsrichtungen gleichmäßig über das Intervall von $\phi = 0$ bis $\phi = 2\pi$ verteilt sein sollen. Alle komplexe Amplituden wollen wir summieren, oder besser gleich den Mittelwert hinschreiben:

$$\frac{1}{2\pi}\int_0^{2\pi} \exp[\mathrm{i}kr\cos(\phi - \phi_0)]\, \mathrm{d}\phi.$$

Man könnte auch zuerst die entgegengesetzt gerichteten Wellen paarweise zu stehenden Wellen zusammensetzen, also im Integranden die Exponentialfunktion durch den Cosinus ersetzen. Das Integral stellt wieder die komplexe Amplitude einer stehenden Welle dar. Wegen Symmetrie ist sie vom Azimuthalwinkel ϕ_0 des Beobachtungsortes unabhängig, wie man auch durch die Substitution

$\phi - \phi_0 \rightarrow \phi$ für die Integrationsvariable nachweisen kann. Wir haben es also mit einer kreisförmig symmetrischen, stehenden Welle zu tun. Von früher wissen wir, daß ihre Amplitude der Funktion $J_0(kr)$ proportional sein muß. Durch Nachprüfen des Wertes bei $kr \rightarrow 0$ sehen wir ein, daß das Integral genau dieser Funktion gleich ist.

Mit etwas mehr Mühe, nämlich indem wir während des Integrierens die Phase der ebenen Wellen proportional zu ϕ verändern, können wir auch die rosettenartigen stehenden Wellen und damit die Funktionen $J_m(kr)$ mit $m = 1, 2, \ldots$ hervorzaubern. Wir wollen aber von der Herleitung absehen und nur flüchtig mit dem Resultat Bekanntschaft machen:

$$
\begin{aligned}
\mathrm{i}^m J_m(kr) &= \frac{1}{2\pi} \int_0^{2\pi} \exp(\mathrm{i}kr\cos\phi)\, \mathrm{e}^{-\mathrm{i}m\phi}\, \mathrm{d}\phi \\
&= \frac{1}{\pi} \int_0^{\pi} \exp(\mathrm{i}kr\cos\phi)\cos m\phi\, \mathrm{d}\phi, \quad m = 0, 1, 2, \ldots . \quad (8.44)
\end{aligned}
$$

Da die rechte Seite in bezug auf die Integrationsvariable ϕ die Form eines Fourier-Koeffizienten hat, können wir gleich auch die entsprechende Fourier-Reihe hinschreiben:

$$
\exp(\mathrm{i}kr\cos\phi) = J_0(kr) + 2\sum_{m=1}^{\infty} \mathrm{i}^m J_m(kr)\,\cos m\phi. \quad (8.45)
$$

Damit setzen wir aus lauter rosettenartigen stehenden Wellen eine einzige in Richtung x fortschreitende ebene Welle zusammen.

Ähnliche Betrachtungen gelten für räumliche Wellen. Stellen wir uns die Superposition einer großen Anzahl ebener Wellen vor, und zwar mit gleich großen, komplexen Amplituden $[\propto \exp(\mathrm{i}\boldsymbol{k}\cdot\boldsymbol{r}) = \exp(\mathrm{i}kr\cos\theta)]$, wobei θ der Winkel zwischen den Vektoren $\boldsymbol{k}$ und $\boldsymbol{r}$ ist, und mit Richtungen, die gleichmäßig über den ganzen Raumwinkel verteilt sind. Durch Interferenz entsteht eine kugelsymmetrische stehende Welle, so daß

$$
\frac{1}{2} \int_{-1}^{1} \exp(\mathrm{i}kr\cos\theta)\, \mathrm{d}(\cos\theta) = j_0(kr).
$$

Durch eine direkte Rechnung, die diesmal elementar ist, ist diese Identität leicht zu bestätigen. Die allgemeinere Formel,

$$
\frac{1}{2} \int_{-1}^{1} \exp(\mathrm{i}kr\cos\theta)\, P_l(\cos\theta)\, \mathrm{d}(\cos\theta) = \mathrm{i}^l\, j_l(kr), \quad (8.46)
$$

kann durch Schließen von l auf $l+1$ bewiesen werden. Der linke Ausdruck hat die Form von Legendrekoeffizienten folgender Reihe, die nach *Rayleigh* benannt wird:

$$
\exp(\mathrm{i}kr\cos\theta) = \sum_{l=0}^{\infty} (2l+1)\, \mathrm{i}^l j_l(kr)\, P_l(\cos\theta). \quad (8.47)
$$

Sie beschreibt, in der Sprache von komplexen Amplituden, die Zusammensetzung von rosettenartigen stehenden Kugelwellen in eine einzige ebene Welle, die in Richtung z fortschreitet. (Der Exponent links enthält ja $kr\cos\theta = kz$.)

Die obigen Formeln werden viel beim Studium von *Beugung* (*Streuung*) an Kugeln und Zylindern gebraucht. Absichtlich sehen wir uns jetzt ein Beispiel an, das nicht in allen Lehrbüchern ausgeführt ist, nämlich die Beugung von Schallwellen an einem langen Zylinder (Radius r_0).

Seine Achse legen wir in die z-Richtung, während eine ebene Welle in Richtung x einfallen soll. Abgesehen von einem konstanten Faktor ist die komplexe Amplitude dieser Welle gleich $e^{ikx} = \exp(ikr\cos\phi)$. Laut Formel (8.45) kann man sie in komplexe Amplituden für Zylinderwellen zerlegen. Dies legt uns nahe, auch die unbekannte komplexe Amplitude u_s der gebeugten Welle, wenn möglich, so zu zerlegen. Mit den Funktionen J_m geht es aber nicht, denn die gebeugte Welle läuft ja vom Zylinder nach allen Richtungen auseinander. Solchem Verhalten entsprechen die Hankelschen Funktionen erster Art. Versuchen wir also, die Formel (8.45) folgendermaßen nachzuahmen,

$$u_s(r,\phi) = iA_0 H_0^{(1)}(kr) + 2\sum_{m=1}^{\infty} i^{m+1} A_m H_m^{(1)}(kr)\cos m\phi. \qquad (8.48)$$

(Die etwas komplizierte Schreibweise der unbekannten Koeffizienten wird sich später als nützlich erweisen.) Wir haben berücksichtigt, daß wegen der Symmetrie der Anordnung auch u_s eine gerade Funktion von ϕ ist.

Da jeder Term dieser Reihe, die in bezug auf die Variable ϕ eine Fourier-Reihe ist, der Amplitudengleichung genügt, gilt dasselbe auch für die Summe u_s und für die gesamte komplexe Amplitude $u = e^{ikx} + u_s$. Wir müssen die Koeffizienten A_m so bestimmen, daß u den Randbedingungen genügen wird.

Durch die Wahl der Hankelschen Funktionen erster Art haben wir uns auf auslaufende, gebeugte Wellen beschränkt und dadurch eigentlich schon eine Randbedingung im Unendlichen erfüllt. Auch noch die Funktionen zweiter Art zuzulassen wäre sinnlos, da es ja unter den gegebenen Bedingungen keine zusammenlaufenden Wellen gibt. (Um solche Wellen zu bekommen, hätten wir etwa die auslaufenden Wellen an einer zylindrischen Wand reflektieren müssen.)

Die zweite Randbedingung ist an der Oberfläche des beugenden Zylinders vorgeschrieben. Dort muß nämlich die normale Ableitung des Drucks verschwinden, also $\partial u(r,\phi)/\partial r = 0$ bei $r = r_0$ sein. Da dies für alle ϕ gelten soll, muß jeder Term der Fourierreihe für $\partial u/\partial r$ bei $r = r_0$ verschwinden. Um diese Bedingung zu erfüllen, fügen wir die Reihen (8.45) und (8.48) zusammen und differenzieren die Summe. So bekommen wir für jeden Term eine Bedingung, woraus die Werte der gesuchten Koeffizienten folgen:

$$A_m = i\left[\frac{dJ_m(kr)}{dr}\Big/\frac{dH_m^{(1)}(kr)}{dr}\right]_{r=r_0}. \qquad (8.49)$$

Eigentlich sind alle diese Amplituden durch die Größe der einfallenden Amplitude dividiert, denn wir haben ja so getan, als ob diese Größe unsere Einheit wäre.

Wenn der Zylinder dünn ist im Vergleich zur Wellenlänge ($kr_0 \ll 1$), so kann man die Prozedur analytisch weiterverfolgen, indem man nur die führenden Terme der Reihen für die Funktionen J_m und $H_m^{(1)}$ beibehält. Das endgültige Resultat lautet in diesem Fall

$$A_0 \;=\; -\pi \left(\frac{kr_0}{2}\right)^2, \qquad \text{aber} \tag{8.50}$$

$$A_m \;=\; \frac{\pi}{m!(m-1)!} \left(\frac{kr_0}{2}\right)^{2m} \qquad \text{für} \quad m = 1,\, 2,\, \ldots . \tag{8.51}$$

Bei Beobachtungen oder Berechnungen von Beugungs- bzw. Streuerscheinungen drückt man die Ergebnisse gern in Form von *Streuquerschnitten* aus. Bei Streuung einer Schall- oder Lichtwelle an einem Streuzentrum, etwa an einer Kugel oder an einem Staubteilchen, mißt oder berechnet man den gestreuten Energiestrom pro Raumwinkeleinheit. (Meist darf man damit rechen, daß sich bei der Streuung von Licht seine Frequenz nicht ändert. Dann ist es gleichgültig, ob wir den Strom in Watt oder durch die Photonenzahl pro Zeiteinheit ausdrücken. Bei Streuung von echten Teilchen rechnen wir aber besser mit ihrer Zahl.) Da der gestreute Strom zur Dichte j_i des einfallenden Stroms proportional ist, dividieren wir durch diese Stromdichte und erhalten so den differentiellen Streuquerschnitt, den wir als $d\sigma/d\Omega$ bezeichnen. In größerer Entfernung r fällt die Dichte j_s des gestreuten Energiestroms in gegebener Richtung wie r^{-2} ab. Im Produkt $r^2 j_s$ erkennen wir den Strom pro Raumwinkeleinheit. Somit läßt sich der differentielle Streuquerschnitt so darstellen:

$$\frac{d\sigma}{d\Omega} = \frac{r^2 j_s}{j_i}. \tag{8.52}$$

Offenbar hat dieser Quotient die Dimension einer Fläche.

Im allgemeinen hängt der differentielle Streuquerschnitt von der Richtung der gestreuten Wellen bzw. Teilchen ab. Sein Integral über den gesamten Raumwinkel ergibt den integrierten Streuquerschnitt

$$\sigma = \int \frac{d\sigma}{d\Omega}\, d\Omega. \tag{8.53}$$

Dies ist also der Quotient des gesamten, gestreuten Stroms und der einfallenden Stromdichte. Bei streuenden Körpern, die groß im Vergleich zur Wellenlänge sind, hat der totale Streuquerschnitt dieselbe Größenordnung wie der geometrische Querschnitt, womit der Name gerechtfertigt ist.

Kehren wir jetzt zu unserer Aufgabe zurück! Bei der Streuung an einem Zylinder müssen alle Streuquerschnitte auf die Längeneinheit des Zylinders reduziert werden. Um dies zu betonen, werden wir $\sigma' = \sigma/l$ einführen. Da bei zylindrischen Wellen j_s wie r^{-1} abnimmt, ist der differentielle Streuquerschnitt durch

$$\frac{d\sigma'}{d\phi} = \frac{rj_s}{j_i}, \quad r \gg r_0 \tag{8.54}$$

gegeben. Das ist jetzt der Streuquerschnitt pro Winkeleinheit und pro Längeneinheit des Zylinders. Falls erwünscht, können wir daraus den gesamten Streuquerschnitt pro Längeneinheit berechnen:

$$\sigma' = \int_0^{2\pi} \frac{d\sigma'}{d\phi} \, d\phi. \tag{8.55}$$

Die beiden allgemeinen Resultate und die Approximationen für $kr_0 \ll 1$ lauten bei unserem Problem wie folgt,

$$\frac{d\sigma'}{d\phi} = \frac{2}{\pi k} \left| A_0 + 2 \sum_{m=1}^{\infty} A_m \cos m\phi \right|^2 \approx \frac{\pi}{8} k^3 r_0^4 (-1 + 2\cos\phi)^2, \tag{8.56}$$

$$\sigma' = \frac{4}{k} \left[|A_0|^2 + 2 \sum_{m=1}^{\infty} |A_m|^2 \right] \approx \frac{3}{4} \pi^2 k^3 r_0^4. \tag{8.57}$$

Wir sehen, daß der dünne Zylinder eine bemerkenswerte Rückwärtsstreuung bewirkt, und gar keine beim Streuwinkel 60°.

Aufgaben

8.19 In der Luft (20°C, 1 bar) hängt eine Kugel, die man durch innen angebrachte Oszillatoren zum radialen Pulsieren bringt (Radius 10 cm, Frequenz $50\,\mathrm{s}^{-1}$, Amplitude $1\,\mu\mathrm{m}$). Wie groß ist die Leistung des ausgestrahlten Schalles?

8.20 Beschreiben Sie die Beugung von Unterwasserschall an einer kleinen Luftblase. Achtung: Die Randbedingung an der Blasenoberfläche ist jetzt erster Art. Bemerkung: Genau so eine Rechnung gilt für die Beugung von langsamen Neutronen an einem undurchlässigen Atomkern.

8.21 Berechnen Sie den differentiellen und den integrierten Streuquerschnitt für Schallstreuung (Wellenlänge 100 cm) an einer harten Kugel (Radius 2 cm).

8.22 Man stelle sich vor, daß man durch zahlreiche kleine eingebaute Oszillatoren erreicht, daß in einem langen dünnen Draht ein hochfrequenter Strom überall gleichzeitig schwingt. Was für Wellen strahlt der Draht aus? (Die Aufgabe ist zwar fiktiv, aber trotzdem lehrreich.)

8.4 Komplexe Wellenzahlen

Beim Herleiten der Diffusionsgleichung (Abschn. 5.3) haben wir die Erhaltung des diffundierenden Stoffes (bzw. der Energie bei der Wärmeleitung) vorausgesetzt. Immer ist es aber nicht so, denn es kann ja vorkommen, daß die betreffenden Teilchen während des Wanderns durch chemische oder Kernreaktionen oder sonst irgendwie verbraucht werden. Dadurch wird die Gleichung etwas allgemeiner, was Anlaß zu weiterem Studium gibt.

Bei der Diffusion thermischer Neutronen muß man eventuelle Absorption in den anwesenden Atomkernen in Betracht ziehen. Die Anzahl der Absorptionsakte pro Volumeneinheit und pro Zeiteinheit ist der Zahlendichte der Neutronen proportional. Der Koeffizient gleicht dabei annähernd dem Produkt der mittleren Neutronengeschwindigkeit $\bar{v} = \sqrt{8kT/\pi m}$ mit der Zahlendichte n_0 der Kerne und mit deren *Absorptionsquerschnitt* σ_a. Dies ist leicht einzusehen, wenn man nach der Wahrscheinlichkeit einer Absorption in der Zeit dt fragt. Sie ist gleich der mittleren Anzahl der Kerne im Zylinder mit dem Volumen $\sigma_a \bar{v}\, dt$, den das Neutron in dieser Zeit „ausfegt". Die abgeänderte Diffusionsgleichung lautet also

$$D\nabla^2 n = \frac{\partial n}{\partial t} + (\bar{v} n_a \sigma_a)n. \tag{8.58}$$

Wiederum sind stationäre Lösungen von besonderem Interesse. Für sie gilt folgende Form der Amplitudengleichung,

$$\nabla^2 n - \kappa^2 n = 0, \tag{8.59}$$

wobei $\kappa^2 = \bar{v} n_a \sigma_a$ ist. Statt des gewohnten Quadrats der Wellenzahl (k^2) haben wir jetzt einen Koeffizienten mit dem umgekehrten Vorzeichen, also gewissermaßen eine imaginäre Wellenzahl: $k = \mathrm{i}\kappa$. Dieser Hinweis genügt, um einige typische Lösungen hinschreiben zu können. Falls n nur von x abhängt, haben wir $n = \{\mathrm{e}^{\kappa x}, \mathrm{e}^{-\kappa x}\}$ statt des früheren $\{\cos, \sin\}(kx)$. Übrigens ist κ^{-1} als die *Diffusionslänge* bekannt.

Bei zylindrischer bzw. kugelartiger Symmetrie finden wir Lösungen der Form $n = \{J_0, H_0^{(1)}\}(\mathrm{i}\kappa r)$ und $n = \{j_0, h_0^{(1)}\}(\mathrm{i}\kappa r)$. (Als zweite linear unabhängige Lösung wählten wir die Hankelsche Funktion erster Art, was sich als vorteilhaft herausstellen wird.) Weitere Lösungen, die auch trigonometrische Faktoren bzw. Kugelfunktionen enthalten, sind leicht auszudenken. Durch folgende Substitutionen werden die sogenannten *modifizierten Zylinderfunktionen* definiert:

$$I_m(\kappa r) = \mathrm{i}^{-m} J_m(\mathrm{i}kr), \qquad K_m(\kappa r) = \frac{\pi}{2}\, \mathrm{i}^{m+1} H_m^{(1)}(\mathrm{i}kr), \tag{8.60}$$

Mit ihnen kann das Rechnen mit komplexen Funktionen vermieden werden, denn I_m ist bei reellem κr reell, und ebenso K_m bei positivem κr. Unnötigerweise hat man in die Definition von K_m einen Faktor $\pi/2$ eingebaut. Die schon bekannten asymptotischen Formeln ergeben folgende für $\kappa r \gg m^2$ gültigen Approximationen:

$$I_m(\kappa r) \asymp \frac{\mathrm{e}^{\kappa r}}{\sqrt{2\pi\kappa r}}, \qquad K_m(\kappa r) \asymp \sqrt{\frac{\pi}{2\kappa r}}\, \mathrm{e}^{-\kappa r}. \tag{8.61}$$

Ähnliche Definitionen und Formeln gelten für den sphärischen Fall.

Etwas komplizierter werden die Verhältnisse, wenn bei der Diffusion der Wärme sinusartige Schwingungen erzwungen werden. Aus Abschn. 5.3 erinnern wir uns an die entsprechende Amplitudengleichung. Mit dem Ansatz $T(\boldsymbol{r}, t) = T_0 + \mathrm{Re}[u(\boldsymbol{r})\mathrm{e}^{-\mathrm{i}\omega t}]$ bekamen wir

$$\nabla^2 u + \mathrm{i}\kappa^2 u = 0, \tag{8.62}$$

wobei $\kappa^2 = \omega/D$ mit $D = \lambda/\varrho c_p$ eingesetzt wurde. Jetzt haben wir also eine komplexe Wellenzahl: $\sqrt{\mathrm{i}}\kappa = (1 + \mathrm{i})/L$ mit $L = \sqrt{2D/\omega}$. Den ebenen Fall, bei dem u nur von einer kartesischen Koordinate abhängt, haben wir schon im Abschn. 5.3 bei einer der Aufgaben erledigt. Für ein halbunendliches Medium, bei dem für $x \to \infty$ die Lösung verschwinden soll, fanden wir $u \propto \mathrm{e}^{-x/L}\,\mathrm{e}^{\mathrm{i}x/L}$. Es fiel auf, daß in der Tiefe $x = L$, in der die Phase der Temperaturschwankungen sich um 2π verzögert, die Amplitude $\mathrm{e}^{2\pi}$mal $= 535$mal verkleinert ist.

Ganz analog behandelt man zylindrisch symmetrische Probleme. Für das Innere eines Zylinders, der von außen periodisch (und zwar sinusartig) von allen Seiten gleichmäßig erwärmt und abgekühlt wird, wagen wir es, die Lösung sofort hinzuschreiben:

$$u(r) \propto J_0(\sqrt{\mathrm{i}}\kappa r) = |J_0(\sqrt{\mathrm{i}}\kappa r)|\mathrm{e}^{-\mathrm{i}\theta(r)}, \tag{8.63}$$

wobei

$$\tan\theta(r) = -\frac{\mathrm{Im}[J_0(\sqrt{\mathrm{i}}\kappa r)]}{\mathrm{Re}[J_0(\sqrt{\mathrm{i}}\kappa r)]}. \tag{8.64}$$

Sowohl für die Absolutwerte und Phasenwinkel der Funktionen $J_m(\sqrt{\mathrm{i}}\kappa r)$ als auch für die weniger praktischen Real- und Imaginärteile (unter den Namen $\mathrm{ber}_m(\kappa r)$ und $\mathrm{bei}_m(\kappa r)$) gibt es Tabellen (z.B. in Jahnke et al. und in Abramowitz/Stegun (s. Anhang C)).

Aufgaben

8.23 Eine schlecht leitende Kreisplatte ist durch eine dünne unvollkommene Isolierschicht von einem gut leitenden Untergrund getrennt. An den Rand (bei $r = r_0$) wird eine Spannung U_0 gegen den Untergrund angelegt. Wie groß ist die Spannung in der Mitte?

8.24 Eine unendlich ausgedehnte Platte sei durch eine unvollkommene Isolierschicht von einem gut leitenden Untergrund getrennt. Mit Hilfe einer stiftförmigen Elektrode (Radius r_1) legen wir eine Spannung U_0 an. Wie klingt die Spannung mit der Entfernung von der Stiftachse ab?

8.25 Ein langer homogener Zylinder wird in gut vermischtes Wasser getaucht, dessen Temperatur man sinusartig schwanken läßt. Wie stark und mit welcher Verzögerung schwankt die Temperatur in der Achse des Zylinders? Approximieren Sie das Resultat für den Fall eines dünnen Zylinders.

8.26 Auf ähnliche Weise wie in Aufg. 8.25 sollen Temperaturschwankungen in einer homogenen Kugel erzeugt werden. Wie groß und wie stark verzögert sind sie in der Mitte?

8.27 Beschreiben Sie den Hauteffekt (Abschn. 5.10) beim Wechselstrom der Frequenz 10^5 Hertz in einem geraden 0,5 mm dicken Kupferdraht. Berechnen Sie die durchschnittliche Leistung und vergleichen Sie sie mit dem entsprechenden Wert für Gleichstrom.

8.28 In ein ursprünglich homogenes, sinusartig oszillierendes Magnetfeld (Frequenz $10^4\,\mathrm{s}^{-1}$) wird ein langer 2 cm dicker Kupferzylinder gestellt, und zwar mit der Achse in Richtung der Kraftlinien. Um welchen Faktor ist das Feld wegen des induzierten Stroms in der Achse abgeschwächt? Vergleichen Sie die analoge Aufgabe in Abschn. 5.10.

8.29 Ein sinusartig oszillierender Druckgradient pumpt eine Flüssigkeit in einem langen, zylindrischen Rohr hin und her, und zwar soll die Strömung laminar sein. Beschreiben Sie sie!

8.30 In einer unendlich ausgedehnten, stark viskosen Flüssigkeit schwingt eine lange Stange in ihrer Längsrichtung sinusartig hin und her. Wie bewegt sich die Flüssigkeit?

8.5 Multipole

Obwohl die Potentialgleichung $\nabla^2 U = 0$ als Spezialfall der Amplitudengleichung gelten darf, wurde sie in diesem Kapitel bisher kaum erwähnt. Jetzt wollen wir das Versäumte nachholen und auch für diesen Fall Lösungen mit getrennten Variablen konstruieren. Einiges wird sich dabei vereinfachen.

Für ebene kartesische Koordinaten entnehmen wir eine Schar von Lösungen aus (8.5), wo wir $k_1 = k$ und $k_2 = \mathrm{i}k$ einsetzen:

$$U(x,y) = \{\cos, \sin\}(kx)\,\{\cosh, \sinh\}(ky). \tag{8.65}$$

Ähnlich geht es im räumlichen Fall.

Die Aufgabe wird interessanter, wenn wir ebene oder räumliche Polarkoordinaten zu trennen versuchen. Man findet sofort, daß die richtungsabhängigen Faktoren denselben Differentialgleichungen genügen wie im Fall der Amplitudengleichung, und somit wieder trigonometrische und Kugelfunktionen als Lösungen erlauben. Für die beiden radialen Faktoren ergeben sich aber die Gleichungen

$$r^2 R'' + r R' - m^2 R = 0, \quad \text{bzw.} \quad r^2 R'' + 2r R' - l(l+1)R = 0. \tag{8.66}$$

Da beide Gleichungen bei Maßstabsänderung (durch eine Substitution $r \to \alpha r$) unverändert bleiben, vermuten wir, daß sie durch Potenzen oder durch den Logarithmus erfüllt werden. Durch Versuche finden wir $R = \{r^m, r^{-m}\}$, und bei

$m = 0$ noch $R \propto \ln r$ im ebenen Fall, und $R = \{r^l, r^{-(l+1)}\}$ im räumlichen. Die entsprechenden Lösungen der Potentialgleichung lauten also (für ganzzahlige m und für $l = 0, 1, 2, \ldots$):

$$U(r, \phi) \;=\; \{r^m, r^{-m}\}\{\cos, \sin\}(m\phi), \quad \text{für} \quad m = 1, 2, 3, \ldots, \qquad (8.67)$$

$$U(r, \phi) \;=\; \{1, \ln r\} \quad \text{für} \quad m = 0, \qquad (8.68)$$

$$U(r, \theta, \phi) \;=\; \{r^l, r^{-(l+1)}\} \, Y_{l,m}(\theta, \phi). \qquad (8.69)$$

Insbesondere notieren wir die axialsymmetrischen (nur von r und θ abhängigen), räumlichen Lösungen:

$$U(r, \theta) = \{r^l, r^{-(l+1)}\} \, P_l(\cos \theta). \qquad (8.70)$$

Eigentlich hätten wir gar nicht von vorn anzufangen brauchen, denn dieselben Resultate folgen aus denen für die Amplitudengleichung durch den Grenzübergang $k \to 0$. Die Gleichungen (8.66) folgen so aus (8.10) und (8.15). Nur die führenden Terme der Entwicklungen der Besselschen Funktionen bleiben dabei übrig, z.B. $\lim J_m(kr)/k^m \propto r^m$ (siehe Anhang).

Sowohl im ebenen als auch im räumlichen Fall haben wir je zwei Familien von Lösungen gewonnen, die näherer Betrachtung wert sind. Die einen Lösungen sind im Ursprung und die anderen (mit Ausnahme der konstanten Lösung) im Unendlichen singulär. Von jeder der axialsymmetrischen räumlichen Lösungen wollen wir uns jetzt ein Bild verschaffen, wobei eine ähnliche Behandlung der ebenen Lösungen dem Leser überlassen sei.

Fangen wir bei $l = 0$ an! Der Fall $U = \text{const}$ ist trivial, denn da gibt es gar kein Feld. Die andere zu $l = 0$ gehörige Lösung $U \propto r^{-1}$ ist uns auch wohlbekannt. Dies ist das Potential für eine Punktladung im Ausgangspunkt, das wir im Abschn. 7.5 als Fundamentallösung für den Laplaceoperator verwendet haben.

Für $l = 1$ sehen wir uns zuerst die Lösung $U \propto r P_1(\cos \theta) = r \cos \theta = z$ an. Sie entspricht einer konstanten Feldstärke $E = -U/z$ in Richtung z, also einem homogenen Feld. Man darf sich vorstellen, daß das Feld durch Ladungen auf riesigen, weit entfernten, planparallelen Elektroden erzeugt wird.

Durch eine Art mathematischer Spiegelung an einer Kugeloberfläche entsteht die andere Lösung $U \propto r^{-2} \cos \theta$. Die Singularität springt dabei in den Mittelpunkt der Kugel über. Daher schrumpfen die riesigen Elektroden auf einen winzigen *Dipol* zusammen, auf dessen einer Seite die Kraftlinien entspringen, während sie auf der anderen wieder verschwinden. Tatsächlich erkennen wir im angegebenen Ausdruck das Potential eines Dipolfeldes (siehe eine der Aufgaben zum Abschn. 3.3).

Jetzt sehen wir schon, wie es weiter gehen wird. Durch die Potentiale $U \propto r^{-(l+1)} P_l(\cos \theta)$ oder allgemeiner $U \propto r^{-(l+1)} Y_{lm}(\theta, \phi)$ sind *Multipolfelder* l-ter Ordnung beschrieben (Felder, die durch 2^l-Pole erzeugt werden). Als Beispiel sehen wir uns das Potential eines punktförmigen, achsensymmetrischen

Quadrupols genauer an: $U \propto r^{-3} P_2(\cos\theta)$. Der Quadrupol entsteht durch Zusammenfügen zweier winziger, entgegengesetzt gerichteter Dipole, die im gegebenen Fall aneinander gereiht sind. Die Kraftlinien entspringen an beiden Enden und verschwinden am „Äquator". (Um sich ein Bild davon zu machen, denke man sich ein vierblättriges Kleeblatt um den Stengel gedreht.) Andererseits darf man sich beim Potential $U \propto r^2 P_2(\cos\theta)$ einen Quadrupol im Unendlichen vorstellen. Er besteht aus einem riesigen Topf, dessen Seitenwand negativ geladen ist, während Deckel und Boden die positive Ladung tragen.

Aus Multipolfeldern bekommt man durch lineares Zusammensetzen allgemeinere elektrostatische Felder, die irgendwelchen Randbedingungen auf einer Kugeloberfläche genügen mögen. Versuchen wir z.B das Feld zu bestimmen, das im Inneren einer Kugel mit dem Radius r_0 regulär (ohne Singularitäten) ist und dessen Potential an der Oberfläche vorgeschriebene Werte $U(r_0, \theta, \phi)$ einnimmt. Wir entwickeln das Potential nach den in (8.69) angegebenen Funktionen, wobei wir freilich die negativen Potenzen von r fortlassen:

$$U(r, \theta, \phi) = \sum_{l,m} A_{lm} \left(\frac{r}{r_0}\right)^l Y_{lm}(\theta, \phi). \tag{8.71}$$

Um die Koeffizienten A_{lm} aus den gegebenen Randwerten zu bestimmen, setzen wir $r = r_0$ und verfahren ähnlich wie bei Fourierreihen. Multiplikation beider Seiten mit einem der $Y_{lm}^*(\theta, \phi)$ und Integration über den Raumwinkel ergibt wegen (8.21) sofort

$$A_{lm} = \int_{-1}^{1} \mathrm{d}(\cos\theta) \int_{0}^{2\pi} \mathrm{d}\phi \, U(r_0, \theta, \phi) \, Y_{lm}^*(\theta, \phi). \tag{8.72}$$

Sehen wir uns eine spezifische Aufgabe näher an, bei der das Feld achsensymmetrisch sein wird. Eine leere, metallene Hohlkugel wird in zwei Hälften zersägt und beide Teile wieder zusammengefügt. Dabei aber werden die Ränder durch eine dünne, isolierende Schicht getrennt, so daß wir die Halbkugeln ohne Schaden an die Potentiale $\pm U_0$ anschließen können. Die Frage stellt sich, wie dann das Feld innerhalb der Kugel aussieht. Insbesondere wollen wir das Potential in der Achse bei $r = r_0/2$ und die Feldstärke im Mittelpunkt berechnen. Die Entwicklung (8.71) dürfen wir jetzt wie folgt spezialisieren:

$$U(r, \theta) = U_0 \sum_{l=0}^{\infty} A_l \left(\frac{r}{r_0}\right)^l P_l(\cos\theta). \tag{8.73}$$

Da die Randbedingung in bezug auf $\cos\theta$ ungerade ist, wissen wir von vornherein, daß alle geraden Terme der Reihe wegfallen. Für ungerades l ergeben sich die Koeffizienten durch Multiplikation mit $P_l(\cos\theta)\,\mathrm{d}(\cos\theta)$ und Integration. Mit Beachtung der Orthogonalitätsrelation (8.23) ergibt sich

$$A_l = \frac{2l+1}{2} \int_{-1}^{1} \frac{U(r_0, \theta)}{U_0} P_l(\cos\theta) \, \mathrm{d}(\cos\theta) = (2l+1) \int_{0}^{1} P_l(\cos\theta) \, \mathrm{d}(\cos\theta)$$

$$= \frac{2l+1}{l(l+1)} \left(\frac{\mathrm{d}P_\mu}{\mathrm{d}\mu} \right)_{\mu=0} = (-1)^{(l-1)/2} \frac{2l+1}{l} \frac{1 \cdot 3 \cdot 5 \ldots l}{2 \cdot 4 \cdot 6 \ldots (l+1)}, \tag{8.74}$$

also $A_1 = \frac{3}{2}$, $A_3 = -\frac{7}{8}$, $A_5 = \frac{11}{16}$ etc. Den Wert des Integrals konnten wir z.B. den Tafeln von Gradstein und Ryshik (s. Anhang C) entnehmen.

Für den gewünschten Wert des Potentials finden wir

$$U\left(\frac{1}{2} r_0 \right) = \sum_l \left(\frac{1}{2} \right)^l A_l U_0 = 0,658\, U_0.$$

Hinsichtlich des vermuteten Verlaufs des Feldes hätten wir schon erwarten können, daß das Resultat etwas größer sein wird als der Wert $0,5\, U_0$ für eine entsprechende ebene Anordnung der Elektroden.

Die Feldstärke im Mittelpunkt bestimmen wir aus dem Gradienten des Potentials:

$$E|_{r=0} = -\left(\frac{\partial U(r,0)}{\partial r} \right)_{r=0} = -\frac{A_1 U_0}{r_0} = -\frac{3 U_0}{2 r_0}.$$

Das Feld ist hier 3/2mal so stark wie bei einem Plattenkondensator mit dem Elektrodenabstand $2r_0$. Daß es stärker ist, wundert uns nicht.

Ganz ähnlich kann man auch das Feld außerhalb der geladenen Halbkugeln studieren, nur daß man sich in diesem Fall auf die im Unendlichen regulären Lösungen beschränken muß, also:

$$U(r,\theta) = U_0 \sum_{l=0}^{\infty} B_l \left(\frac{r_0}{r} \right)^{l+1} P_l(\cos\theta).$$

Die analytische Fortsetzung ins Innere der Kugel weist jetzt eine Singularität im Mittelpunkt auf, nämlich punktförmige Multipole, aus denen das Feld zu entspringen scheint. Da die Fortsetzung fiktiv ist, kann so eine Singularität nicht verboten werden.

Das Feld einer beliebigen, ruhenden Anordnung von Ladungen haben wir schon im Abschn. 7.5 mit Hilfe der Greenschen Funktion ausgedrückt. Jetzt werden wir noch einen anderen Ausdruck herleiten. Es wird sich zeigen, daß sich außerhalb einer Kugel, die alle Ladungen enthält, das Feld als eine Summe von Multipolfeldern darstellen läßt. Die einzelnen Terme stellt man sich dabei vor, als wären sie durch punktförmige Multipole im Mittelpunkt der Kugel erzeugt.

Zuerst betrachten wir wieder das Potential einer Punktladung, die aber jetzt am Ort $\boldsymbol{r}_0$ außerhalb des Koordinatenursprungs sitzen soll. Indem wir den lästigen Faktor $e/4\pi\epsilon_0$ weglassen, drücken wir das Potential so aus:

$$U(\boldsymbol{r}) = \frac{1}{|\boldsymbol{r} - \boldsymbol{r}_0|} = \frac{1}{\sqrt{r^2 + r_0^2 - 2 r r_0 \cos\delta}}. \tag{8.75}$$

Dabei ist δ der Winkel zwischen den Vektoren $\boldsymbol{r}$ und $\boldsymbol{r}_0$, deren Richtungen etwa durch die Winkel θ, ϕ und θ_0, ϕ_0 gegeben sein sollen. Außerhalb der durch den Radius r_0 bestimmten Kugel ist das Potential regulär und läßt sich entsprechend (8.73) nach den Funktionen $r^{-(l+1)}P_l(\cos\delta)$ entwickeln. Nachdem wir $\delta = 0$ einsetzen, bemerken wir, daß die Koeffizienten gleich r_0^l sind. Die Reihe lautet also

$$\frac{1}{\sqrt{r^2 + r_0^2 - 2rr_0\cos\delta)}} = \sum_{l=0}^{\infty} \frac{r_0^l}{r^{l+1}} P_l(\cos\delta), \quad r > r_0. \tag{8.76}$$

Wenn nötig, können wir auf die längere Form (8.71) durch Anwendung des Additionstheorems (8.28) umschalten.

Das Potential (8.75) ist auch innerhalb der durch $r = r_0$ gegebenen Kugel regulär und kann daher dort nach Potentialen, die scheinbar aus Multipolen im Unendlichen entspringen, entwickelt werden. Das Resultat sieht genau wie (8.76) aus, nur daß die Radien r und r_0 ihre Rollen vertauscht haben.

Eine Verallgemeinerung auf irgendwelche begrenzte Ansammlungen von Ladungen mit der Dichte $\varrho(\boldsymbol{r})$ gewinnen wir aus der Poissonschen Formel (Abschn. 7.5). Der Raum sei sonst leer, so daß keine Dielektrizitätskonstante zu berücksichtigen ist, also

$$U(\boldsymbol{r}) = \frac{1}{4\pi\epsilon_0} \int \frac{\varrho(\boldsymbol{r}_0)\,\mathrm{d}^3r_0}{|\boldsymbol{r} - \boldsymbol{r}_0|}. \tag{8.77}$$

Außerhalb einer Kugel, die alle Ladungen enthält, können wir den Integranden nach dem vorher ausgearbeiteten Muster entwickeln:

$$\begin{aligned}
U(\boldsymbol{r}) &= \frac{1}{4\pi\epsilon_0} \int \mathrm{d}^3r_0\, \varrho(\boldsymbol{r}_0) \sum_{l=0}^{\infty} \frac{r_0^l}{r^{l+1}} P_l(\cos\delta) \\
&= \frac{1}{4\pi\epsilon_0} \int \varrho(\boldsymbol{r}_0) \sum_{l=0}^{\infty} \frac{r_0^l}{r^{l+1}} [P_l(\cos\theta)\, P_l(cos\theta_0) + \ldots].
\end{aligned} \tag{8.78}$$

In der zweiten Zeile haben wir das Additionstheorem benutzt, aber nur den Term mit $m = 0$ ausgeschrieben. Falls die Ladungsverteilung in Hinsicht auf die polare Achse achsensymmetrisch ist, bleibt nur dieser Term übrig, während die übrigen nach der Integration verschwinden. Indem wir uns auf diesen Fall beschränken, führen wir die sogenannten *Multipolmomente*

$$q_l = \int \varrho(\boldsymbol{r}_0)\, r_0^l\, P_l(\cos\theta_0)\, \mathrm{d}^3r_0 \tag{8.79}$$

ein, um die Reihe (8.78) kürzer darstellen zu können,

$$U(\boldsymbol{r}) = \sum_{l=0}^{\infty} \frac{q_l}{4\pi\epsilon_0 r^{l+1}} P_l(\cos\theta). \tag{8.80}$$

Das Resultat erfüllt die anfangs gemachte Versprechung. Es ist zu beachten, daß q_l eigentlich nur eine der Komponenten eines Tensors l-ten Ranges ist. Bei achsensymmetrischen Feldern genügen diese Komponenten für die Beschreibung.

Die ersten drei Multipolmomente verdienen eine nähere Betrachtung. Das nullte Moment ist einfach gleich der Gesamtladung:

$$e \equiv q_0 = \int \varrho(\boldsymbol{r}_0)\, \mathrm{d}^3 r_0. \tag{8.81}$$

Für große Entfernungen r dürfen wir so tun, als wäre die ganze Ladung im Koordinatenursprung versammelt. Der erste Term der Reihe (8.80), der das Potential einer Punktladung darstellt, genügt in so einem Fall. Als nächste Korrektur nehmen wir danach das Dipolfeld, das dem *Dipolmoment* oder, genauer gesagt, seiner z-Komponente

$$p_z \equiv q_1 = \int \varrho(\boldsymbol{r}_0)\, r_0 \cos\theta_0\, \mathrm{d}^3 r_0 = \int \varrho(\boldsymbol{r}_0)\, z_0\, \mathrm{d}^3 r_0 \tag{8.82}$$

entspricht. Alsdann kommt das Feld des *Quadrupolmomentes* an die Reihe, bzw. hier seiner zz-Komponente,

$$q_{zz} \equiv q_2 = \int \varrho(\boldsymbol{r}_0)\, r^2\, P_2(\cos\theta_0)\, \mathrm{d}^3 r_0 = \int \varrho(\boldsymbol{r}_0)\, \frac{3z_0^2 - r_0^2}{2}\, \mathrm{d}^3 r_0. \tag{8.83}$$

(Der Leser sei darauf hingewiesen. daß in der Literatur bei der Definition der Faktor $\frac{1}{2}$ oft fortgelassen wird.)

Zum Schluß kehren wir wieder zur Amplitudengleichung zurück, für die man ähnliche Betrachtungen wie oben anstellen kann. Es gibt ja auch schwingende Dipole und höhere Multipole, die entsprechende oszillierende Felder erzeugen. Auch diesmal werden wir uns nur mit skalaren Feldern befassen. Zuerst sehen wir uns kugelsymmetrische Wellen an, die aus einem Punkt $\boldsymbol{r}_0$ entspringen und die durch die komplexe Amplitude

$$u(\boldsymbol{r}) = \frac{\mathrm{i}k}{4\pi}\, h_0^{(1)}(k|\boldsymbol{r} - \boldsymbol{r}_0|) = \frac{\exp(\mathrm{i}k|\boldsymbol{r} - \boldsymbol{r}_0|)}{4\pi|\boldsymbol{r} - \boldsymbol{r}_0|} \tag{8.84}$$

beschrieben werden. Dies ist die Fundamentallösung der inhomogenen Amplitudengleichung, d.h. eine im Unendlichen verschwindende Lösung der Gleichung $\nabla^2 u + k^2 u = -\delta(\boldsymbol{r} - \boldsymbol{r}_0)$. Innerhalb einer Kugel mit dem Radius r_0 werden wir u nach jenen Lösungen der Gleichung entwickeln, die dort regulär sind, also nach Amplituden von stehenden Kugelwellen. Sie sind durch die Funktionen $j_l(kr)\, Y_{lm}(\theta, \phi)$, bzw. durch $j_l(kr)\, P_l(\cos\delta)$ gegeben. Außerhalb der erwähnten Kugel muß man freilich mit auseinanderlaufenden Wellen rechnen, also mit komplexen Amplituden der Form $h_l^{(1)}(kr)\, P_l(\cos\delta)$. Da beim Übergang vom Inneren ins Äußere der Kugel nur die Variablen r und r_0 ausgetauscht werden, sehen wir, daß im Endresultat sowohl j_l als auch $h_l^{(1)}$ vorkommen müssen. Den noch fehlenden Koeffizienten ermitteln wir am leichtesten durch den Grenzübergang $k \to 0$, wodurch das Problem auf das vorher behandelte zurückgeführt wird. Für $r > r_0$ ergibt sich

$$h_0(k|\boldsymbol{r} - \boldsymbol{r}_0|) = \sum_{l=0}^{\infty} (2l + 1) j_l(kr_0) h_l^{(1)}(kr) P_l(\cos \delta). \tag{8.85}$$

Wenn erwünscht, können wir den Faktor $P_l(\cos \delta)$ wieder nach dem Additionstheorem entwickeln.

Für eine begrenzte Ansammlung von isotropen Quellen mit der Dichte $\varrho(\boldsymbol{r})$, die alle mit der gleichen Frequenz schwingen, finden wir für das Außengebiet ein Analogon der Poissonschen Formel,

$$u(\boldsymbol{r}) = \int \frac{\exp(\mathrm{i}k|\boldsymbol{r} - \boldsymbol{r}_0|)\varrho(\boldsymbol{r}_0)}{4\pi|\boldsymbol{r} - \boldsymbol{r}_0|}\, \mathrm{d}^3 r_0. \tag{8.86}$$

Diese Funktion gehorcht der Gleichung $\nabla^2 u + k^2 u = -\varrho$. Wie beim statischen Feld gibt es eine Entwicklung nach Multipollösungen. Im achsensymmetrischen Fall sieht sie so aus:

$$u(\boldsymbol{r}) = \frac{1}{4\pi} \sum_{l=0}^{\infty} q_l \frac{\mathrm{i}k^{l+1}}{1 \cdot 3 \cdot\cdot 5 \ldots (2l - 1)} h_l^{(1)}(kr) P_l(\cos \theta_0). \tag{8.87}$$

Die Multipolamplituden sind durch

$$q_l = 1 \cdot 3 \cdot 5 \ldots (2l + 1)\, k^{-l} \int \varrho(\boldsymbol{r}_0)\, j_l(kr_0)\, P_l(\cos \theta_0)\, \mathrm{d}^3 r \tag{8.88}$$

gegeben. Falls für alle vorhandenen Quellen $kr_0 \ll 1$ ist, kann dieser Ausdruck durch die statische Formel (8.79) approximiert werden.

Wie schon betont wurde, haben wir uns hier nur mit skalaren Wellen beschäftigt, wobei wir vornehmlich an Schallwellen dachten. Elektromagnetische Wellen sind wegen ihres vektoriellen Charakters schwieriger (siehe z.B. Morse-Feshbach, Kapitel 13 (s. Anhang C)).

Aufgaben

8.31 Die Ladung e ist gleichmäßig innerhalb eines Ellipsoids mit den Halbachsen a, a, c verteilt. Wie groß ist das Quadrupolmoment?

8.32 Ein langes, metallenes Rohr wird der Länge nach in zwei Hälften zersägt, die man dann wieder zusammenfügt. Dazwischen legt man eine dünne Isolierschicht, so daß man eine Spannung einschalten kann. Wie sieht das Feld innen aus und wie außen? Erraten Sie, durch welche analytische Funktion es beschrieben werden kann. Zeigen Sie, daß die Kraftlinien und im Querschnitt die Äquipotentialflächen durch Kreisbögen gegeben sind.

8.33 In ein unbegrenztes, ursprünglich homogenes elektrostatisches Feld stellt man eine Metallkugel. Wie deformiert sich das Feld? Welche Ladungen entstehen durch Influenz auf beiden Hälften der Kugeloberfläche? Hinweis: Die Aufgabe wird durch Entwicklung in Multipolpotentiale gelöst, oder noch schneller durch Spiegelung.

8.34 Im Abstand r_1 vom Mittelpunkt einer ursprünglich ungeladenen Metallkugel mit dem Radius $r_0 < r_1$ sitzt eine Punktladung e. Beschreiben Sie das Feld und die durch Influenz entstandenen Ladungen. Mit welcher Kraft wird die Ladung von der Kugel angezogen? Vergleichen Sie die durch eine Multipolentwicklung gewonnene Lösung mit der, die im Abschn. 7.6 durch Spiegelung erhalten wurde.

8.35 Einen langen Metallzylinder stellt man quer in ein ausgedehntes, ursprünglich homogenes elektrisches Feld. Wie ändert sich das Feld und wie groß sind (pro Längeneinheit des Zylinders) die durch Influenz entstandenen Ladungen? Wo ist die Feldstärke am größten, und um welchen Faktor ist sie dort im Vergleich zum ursprünglichen Wert verändert?

8.36 In einer hohlen Metallkugel mit Innenradius r_0 wird im Abstand $\frac{1}{3}r_0$ vom Mittelpunkt eine Punktladung e angebracht. Wie groß ist die Feldstärke im Mittelpunkt?

8.37 In der Mitte einer metallenen Hohlkugel wird ein punktförmiger elektrischer Dipol angebracht. Wie groß sind die Ladungen, die durch Influenz an den Wänden entstehen?

8.38 In ein ausgedehntes, ursprünglich homogenes elektrisches Feld stellt man eine dielektrische Kugel. Wie sieht das Feld danach außen aus? Zeigen Sie, daß es innen homogen ist. Wie stark ist es dort?

8.39 Um das elektrische Feld eines langen, geladenen Metallbandes zu berechnen, führt man elliptische Koordinaten ein. Im Querschnitt erscheinen die Äquipotentialflächen und Kraftlinien als konfokale Ellipsen und Hyperbeln. Wie beschreibt man so ein Feld?

8.40 Eine Membran wird auf einen Kreisring gespannt, den man ein wenig aus seiner Ebene verbiegt. So ist also bei $r = r_0$ der Abstand $z(r_0, \phi)$ von der ursprünglichen Ebene gegeben. Berechnen Sie den Ausschlag des Mittelpunktes.

8.41 Durch kleine Elektroden wird das Potential $U(r_0, \theta, \phi)$ an der Oberfläche einer Kugel vorgeschrieben. Wie drückt sich durch diese Werte das Potential im Mittelpunkt aus?

8.42 Durch periodisches Drücken auf zwei benachbarte Stellen einer ausgedehnten Membran, und zwar in Gegenphase, erregt man auslaufende Wellen. Wie sehen sie in größerer Entfernung aus?

9. Integralgleichungen

9.1 Beispiele

Naturgesetze sowie einzelne Probleme in der Physik und Technik werden oft mit Hilfe von Differentialgleichungen formuliert. Man erinnere sich etwa an das (zweite) Newtonsche Gesetz oder an die Maxwellschen Gleichungen oder an das Entladen eines Kondensators durch einen Widerstand. Irgendwie erscheint eine derartige Beschreibung am schönsten und am natürlichsten. Eigentlich verbirgt sich aber dahinter ein anerzogenes Vorurteil, denn es gibt noch andere Beschreibungsweisen, insbesondere *Integralgleichungen* und die Variationsprinzipien. Manchmal sind alle drei Weisen brauchbar und im Grunde gleichwertig, so daß der blinde Glaube an Differentialgleichungen als die einzig gesegnete Formulierung kaum zu rechtfertigen ist.

Rechenexperten der älteren Generation haben zu solchen Vorurteilen einiges beigetragen, denn Integralgleichungen schienen ihnen ein wenig unheimlich, während sie das Lösen von Differentialgleichungen (von partiellen wohl nur bei besonderer Symmetrie) zu einer wahren Kunst entwickelt haben. Die Angst verschwand mit den Rechenmaschinen, mit denen sich wenigstens lineare Integralgleichungen ohne Schwierigkeiten und zügig lösen lassen.

Das erste Beispiel entnehmen wir aus Betrachtungen über die Wärmeleitung in einem unendlich langen, nach außen isolierten Stab. Im Abschn. 7.5 lernten wir die entsprechende Fundamentallösung kennen,

$$G(x, x_0; t) = \frac{1}{\sqrt{4\pi D t}} \exp\left(-\frac{(x - x_0)^2}{4Dt}\right), \tag{9.1}$$

wobei wie üblich $D = \lambda/\varrho c_p$. Die Funktion G beschreibt das Temperaturprofil des Stabes nach einem bei $t = 0$ und $x = x_0$ erfolgten Wärmestoß. Sie erlaubt uns, das Temperaturprofil $T(x, t)$ des Stabes zur Zeit t für ein beliebiges Anfangsprofil $T(x, 0)$ anzugeben:

$$T(x, t) = \int_{-\infty}^{\infty} G(x, x_0; t)\, T(x_0, 0)\, \mathrm{d}x_0. \tag{9.2}$$

Stellen wir uns jetzt vor, man hat zur Zeit t die Temperatur $T(x, t)$ entlang des ganzen Stabes gemessen und man möchte gern das Anfangsprofil $T(x, 0)$ ermitteln. In (9.2) ist das Problem als Integralgleichung formuliert. Sie ist linear, und zwar *erster Art.* Letzteres soll bedeuten, daß die gesuchte Funktion nur im Integranden vorkommt und nicht außerhalb. Bei Gleichungen dieser Art ist Vorsicht geboten, denn sie sind nur unter gewissen Bedingungen lösbar.

Um den Sachverhalt zu verstehen, führen wir uns vor Augen, wie bei der Wärmediffusion alle scharfen Temperaturunterschiede gewissermaßen verwaschen werden. Nach der Zeit t ist das Temperaturprofil des Stabes mindestens so verwaschen wie es die Greensche Funktion zu diesem Wert von t ist. Scharfe Temperatursprünge kann es zu dieser Zeit keinesfalls mehr geben. Sind solche Sprünge in der links angegebenen Funktion $T(x,t)$ vorhanden, so ist das Problem sinnlos und mit Sicherheit unlösbar. Auch wenn die Gleichung lösbar ist, stellt es sich heraus, daß Änderungen der gegebenen Funktion, die im Sinne der L^2-Norm klein sind, nicht immer zu kleinen Änderungen der Lösung führen. Man sagt, daß die durch Gleichung (9.2) gegebene Aufgabe *schlecht gestellt* ist. Damit ist aber nicht gemeint, daß solche Aufgaben einfach zu verwerfen sind, denn manchmal ist man gezwungen, sie ernsthaft zu betrachten.

Wenn es eine Lösung gibt, so ist das Problem mit dem unendlichen Stab eigentlich nicht schwierig, weil das Integral die Form einer Faltung hat. Daher lohnt es sich, beiderseits eine Fouriertransformation bezüglich der Variable x anzuwenden, wobei man die Funktionen $\int_{-\infty}^{\infty} T(x,t)\, e^{-ikx}\, dx = 2\pi \tilde{T}(k,t)$ usw. einführt. Wie aus Abschn. 2.2 bekannt, geht dabei die Faltung in ein Produkt über:

$$\tilde{T}(k,t) = \exp(-k^2 Dt)\, \tilde{T}(k,0). \tag{9.3}$$

Durch Dividieren bekommt man

$$\tilde{T}(k,0) = \exp(k^2 Dt)\, \tilde{T}(k,t) \tag{9.4}$$

und daraus durch Fourier-Inversion das gewünschte Anfangsprofil $T(x,0)$. Die Schwierigkeit verbirgt sich im Exponentialfaktor, der mit wachsendem k schnell anwächst. Es scheint verständlich, daß unter solchen Umständen das inverse Fourierintegral nur ausnahmsweise konvergiert. Ganz anders steht es bei der Berechnung des späteren $T(x,t)$ aus dem früheren $T(x,0)$, denn in (9.3) haben wir einen negativen Exponenten $(-k^2 Dt)$. Diese Aufgabe ist *gut gestellt.*

Es kommt vor, daß eine wertvolle photographische Aufnahme durch eine falsche Einstellung der Linse verwischt wird. Statt eines scharfen Bildes, das durch $B(\boldsymbol{r})$ (mit $\boldsymbol{r} = (x,y)$) beschriebenen sei, bekommt man ein verwaschenes Bild

$$S(\boldsymbol{r}) = \int G(\boldsymbol{r} - \boldsymbol{r}')\, B(\boldsymbol{r}')\, d^2 r'. \tag{9.5}$$

Dabei beschreibt G den kreisförmigen Fleck, der aus einem Einheitslichtpunkt entsteht. Heutzutage kann man solche Bilder säubern oder „entfalten", wie man auch sagt. Nach dem früheren Rezept wendet man wieder eine Fouriertransformation an, die aber jetzt zweidimensional ist. Große Rechner schaffen so was im Handumdrehen. Man muß nur aufpassen, daß nicht etwas gerechnet wird, was nicht existiert. Hat das verwaschene Bild einen Kratzer, so gibt es Schwierigkeiten, wenn man den Kratzer nicht zuerst irgendwie los wird. Man kann ja den Kratzer unmöglich noch schärfer machen als er schon ist.

Beim nächsten Beispiel erinnern wir uns an erzwungene Schwingungen, etwa eines Gases in einem Hohlraum V. Dafür hatten wir die Amplitudengleichung $\nabla^2 u + k^2 u = -f$, wobei an der festen Wand ∂V eine homogene Randbedingung gültig war, nämlich $\partial u/\partial n = 0$ bei $r \in \partial V$. Formell können wir die Gleichung wie eine Poissonsche behandeln, wenn wir den Term $k^2 u$ auf die andere Seite bringen und so tun, als wäre er gegeben. Indem wir noch annehmen, daß die Greensche Funktion $G(r, r_0)$ für die Poissonsche Gleichung und für die angegebene Randbedingung schon bekannt ist, können wir u folgendermaßen ausdrücken,

$$u(r) = F(r) + k^2 \int_V G(r, r_0)\, u(r_0)\, \mathrm{d}^3 r_0. \tag{9.6}$$

Dabei wurde die Abkürzung

$$F(r) = \int_V G(r, r_0)\, f(r_0)\, \mathrm{d}^3 r \tag{9.7}$$

eingeführt. Freilich ist (9.6) keine Lösung der Amplitudengleichung, wohl aber ein Ersatz für sie, nämlich eine lineare Integralgleichung. Man sagt, sie sei *zweiter Art*, weil die unbekannte Funktion u sowohl im Integranden als auch außerhalb auftritt. Die Greensche Funktion $G(r, r_0)$ spielt die Rolle des *Kerns* dieser Gleichung. In ihm ist die Randbedingung schon berücksichtigt, so daß man sich um diese bei der neuen Formulierung nicht zu kümmern braucht. Durch den Kern ist eigentlich ein Integraloperator dargestellt, nämlich das Inverse des ursprünglichen Operators ($-\nabla^2$ mit der gegebenen Randbedingung). Da dieser selbstadjungiert war, hat auch der angegebene Integraloperator diese wertvolle Eigenschaft, die sich in der schon bekannten Symmetrie der Greenschen Funktion widerspiegelt: $G(r, r_0) = G(r_0, r)$. Nur von selbstadjungierten Integraloperatoren wird im folgenden die Rede sein.

Die Aussagen, die wir über das Schwingungsproblem in Verbindung mit der Amplitudengleichung machten (Abschn. 5.5), können wir jetzt in bezug auf die Integralgleichung wiederholen. Normalerweise ist die inhomogene Gleichung ($F \neq 0$) eindeutig lösbar, während die homogene ($F = 0$) nur die triviale Lösung $u = 0$ zuläßt. Wenn aber der Parameter k^2 ein Eigenwert ist, so hat die homogene Gleichung Eigenlösungen. Andererseits ist die inhomogene Gleichung in einem solchen Fall nur ausnahmsweise lösbar, nämlich wenn F zu allen Eigenlösungen, die zum gegebenen Eigenwert gehören, orthogonal ist. Eigenlösungen, die zu verschiedenen Eigenwerten gehören, sind zueinander orthogonal. Wenn es einen mehrfachen Eigenwert gibt, zu dem also mehrere linear unabhängige Eigenlösungen gehören, kann man solche linearen Kombinationen finden, die zueinander orthogonal sind. Wir werden meist stillschweigend voraussetzen, daß diese Aufgabe schon erledigt wurde. Es ist auch bequem, wenn man die Eigenlösungen normiert, so daß

$$\int_V u_m(\boldsymbol{r})\, u_n(\boldsymbol{r})\, \mathrm{d}^3 r = \delta_{mn}. \tag{9.8}$$

Da wir den ursprünglichen Operator invertiert haben, hätten wir dasselbe auch mit den Eigenwerten tun sollen, was wir aber unterlassen werden. Statt von Eigenwerten k^{-2} des Integraloperators zu sprechen, werden wir nach wie vor auf die Werte von k^2 zurückgreifen.

Mit Hilfe von Operatorzeichen kann man die Gleichung (9.6) und ihre Lösung kurz hinschreiben:

$$\begin{aligned}
u &= F + k^2 \hat{G} u, & (9.9)\\
u &= (1 - k^2 \hat{G})^{-1} F. & (9.10)
\end{aligned}$$

Nehmen wir an, daß der Wert von k^{-2} außerhalb des Spektrums von $\hat{G}$ liegt. Das bedeutet, daß der Operator $(1 - k^2 \hat{G})^{-1}$ beschränkt und daher stetig in L^2 ist, so daß kleine Änderungen von F nur kleine Änderungen der Lösung verursachen können. Die Gleichung (9.6) ist somit „gut gestellt".

Als nächstes sehen wir uns ein Problem an, das keiner Differentialgleichung zugänglich ist, das sich aber ganz natürlich mit Hilfe einer Integralgleichung formulieren läßt. Wir denken uns eine unendlich lange schwarze Straße zwischen zwei gleichmäßig grauen Wänden mit einem Reflexionsvermögen a. Das Verhältnis von Wandhöhe und Straßenbreite soll mit H bezeichnet werden. Der Himmel sei gleichmäßig bewölkt und habe eine Leuchtdichte πu_0. Gesucht wird die Beleuchtungsstärke u der beiden Wände in Abhängigkeit von der senkrechten Koordinate. Die Wand sei so beschaffen, daß das *Lambertsche Cosinusgesetz* gilt, was heißen soll, daß die Leuchtdichte nicht von der Beobachtungsrichtung abhängt. (Für eine rauhe Wand ist das eine ziemlich gute und jedenfalls populäre Näherung.) Wie bekannt (siehe Aufgaben zum Abschn. 1.7), folgt daraus, daß die Leuchtdichte der mit (a/π) multiplizierten Beleuchtungsstärke gleich ist. Da wir lieber mit Beleuchtungstärken als mit Leuchtdichten rechnen werden, haben wir die Leuchtdichte des Himmels so ausgedrückt, als ob dies eine mit der Stärke u_0 beleuchtete weiße Wand wäre.

Man ahnt im voraus, daß eine Integralgleichung herauskommen wird, denn zur Beleuchtungsstärke jedes Teils einer Wand tragen alle Teile der anderen bei. (Wegen Symmetrie wird eine einzige Gleichung genügen; sonst hätten wir ein System von zwei Integralgleichungen.) Das Beispiel hebt den wesentlichen Unterschied zwischen Integral- und Differentialgleichungen hervor. Erstere verbinden alle Werte der gesuchten Funktion miteinander, während bei den zweiten jeweils nur die unmittelbare Umgebung jedes Punktes, durch die die lokalen Werte der Ableitungen bestimmt sind, mitspielt.

Machen wir uns ein Bild (Abb. 9.1) und führen zunächst passende Koordinaten ein. Die Entfernung vom oberen Wandrand heiße x und die Längskoordinate y. Beide sind wieder durch die Straßenbreite dividiert, so daß dies unsere Längeneinheit ist. Wir fragen nach der Beleuchtungsstärke der rechten Wand in Entfernung x vom Rand. Ein kleines Rechteck $\mathrm{d}x'\,\mathrm{d}y$ an der

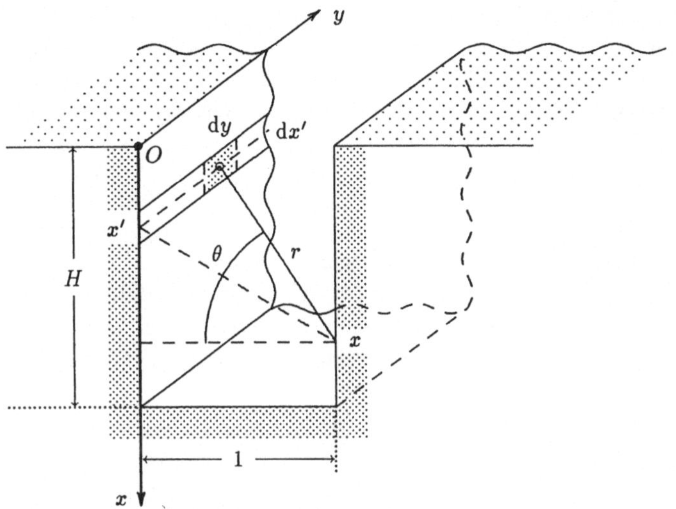

Abb. 9.1. Mehrfache Lichtstreuung zwischen parallelen Wänden

anderen Wand mit der Beleuchtungsstärke $u(x')$, also mit der Leuchtdichte $au(x')/\pi$, liefert dazu den Beitrag $[au(x')/\pi]\,\mathrm{d}x'\,\mathrm{d}y\cos^2\theta/r^2$. Der Faktor $\cos^2\theta$ berücksichtigt, daß die Strahlen schief die Oberfläche verlassen und dann wieder schief einfallen. Wir entnehmen der Abbildung, daß $\cos\theta = 1/r$ und $r^2 = 1 + (x - x')^2 + y^2$ ist. Indem wir über $\mathrm{d}y$ von $-\infty$ bis ∞ integrieren, bekommen wir den Beitrag eines Wandstreifens der Breite $\mathrm{d}x'$. Den gewonnenen Ausdruck $\frac{\pi}{2}[au(x')/\pi]\,\mathrm{d}x'\,[1+(x-x')^2]^{-3/2}$ müssen wir noch über $\mathrm{d}x'$ integrieren, um die von der ganzen gegenüberliegenden Wand geleistete Beleuchtungsstärke bei x herzuleiten. So erkennen wir schon die Form der gesuchten Integralgleichung und des in ihr auftretenden Kerns, nämlich

$$u(x) = F(x) + a \int_0^H K(x,x')\,u(x')\,\mathrm{d}x',\qquad(9.11)$$

$$K(x,x') = \frac{1}{2}[1 + (x - x')^2]^{-3/2}.\qquad(9.12)$$

Es gilt noch den inhomogenen Term $F(x)$, der den Beitrag des Himmels beschreibt, zu berechnen. Dabei dürfen wir uns den Himmel als beliebig geformte und beliebig weit entfernte weiße Oberfläche mit der Beleuchtungsstärke u_0 vorstellen. Am besten ersetzen wir ihn durch Verlängerungen beider Wände von $x = 0$ bis $x \to -\infty$. Demnach ist

$$F(x) = u_0 \int_{-\infty}^0 K(x,x')\,\mathrm{d}x' = \frac{1}{2}u_0\left[1 - \frac{x}{\sqrt{1+x^2}}\right].\qquad(9.13)$$

Einen durchschaubaren Spezialfall benutzen wir zur Kontrolle. Beide Wände sollen vollkommen weiß sein ($a = 1$) und von $x = -\infty$ bis $x = \infty$ reichen. Jedes dazwischen vorhandene Licht bleibt bis in alle Ewigkeit erhalten, da es weder entkommen noch absorbiert werden kann. Also muß $u = \mathrm{const}$ der homogenen Gleichung genügen, so daß

$$\int_{-\infty}^{\infty} K(x, x')\,\mathrm{d}x' = 1 \tag{9.14}$$

gelten muß, was man an Hand von (9.13) bestätigt.

Der Kern ist offenbar symmetrisch, $K(x, x') = K(x', x)$, und stellt im L^2-Raum wieder einen selbstadjungierten Operator dar. Somit ist sein Spektrum reell und die vorher erwähnten Aussagen über Orthogonalität der Eigenfunktionen gelten auch hier. Eine zweite schöne Eigenschaft ist, daß das Doppelintegral des Quadrates konvergiert,

$$\int_{0}^{H} \int_{0}^{H} [K(x, x')]^2\,\mathrm{d}x\,\mathrm{d}x' < \infty, \tag{9.15}$$

was genügt, um die Beschränktheit des Operators zu gewährleisten. Es läßt sich zeigen, daß ein Operator mit der Eigenschaft (9.15) ein reines Punktspektrum hat und daß sich die Eigenwerte nur bei 0 häufen können. Die entsprechenden Werte a_n des Parameters a in (9.11) haben also das Unendliche als den einzig möglichen Häufungspunkt.

Versuchen wir aus der physikalischen Anschauung etwas über die Eigenwerte zu erfahren. Durch Absorption in der schwarzen Straßenoberfläche und (bei endlich hohen Wänden) durch Ausstrahlung nach oben geht ständig Licht verloren, das durch Einstrahlung vom Himmel ersetzt wird. Von selbst stellt sich ein stationärer Zustand ein, bei dem sich die Verluste und die Einstrahlung die Waage halten. Für beliebiges $F(x)$ gibt es also bei $0 \leq a \leq 1$ eine eindeutige Lösung der Gleichung. Eigenlösungen gibt es keine, denn wenn der Himmel dunkel ist, verschwindet alles Licht, so daß $u = 0$ die einzige Lösung unserer Gleichung ist.

Wie sollen wir die physikalischen Bedingungen abändern, um Eigenlösungen zu finden? Realistisch geht es nicht, aber wir können es einmal mit Phantasie versuchen. Stellen wir uns vor, die Wände hätten eine unerschöpfliche Energiereserve eingebaut. Die soll es ermöglichen, daß jedes einfallende Licht wie in einem Laser multipliziert wird. Der von der Wand ausgestrahlte Lichtstrom sei a-mal so groß wie der einfallende, wobei jetzt $a > 1$ ist. Zu groß darf aber a sicher nicht sein, denn sonst würde jede zwischen den Wänden vorhandene Lichtmenge auch bei dunklem Himmel über alle Grenzen anwachsen. Die Straße würde eine Lichtexplosion erleben. Wir haben ein ziemlich sicheres Gefühl, daß es ein ganz bestimmtes $a > 1$ gibt, bei dem eine nichtnegative stationäre Lichtverteilung ohne jede Einstrahlung sich selbst erhalten würde. Die Lichtvermehrung bei der diffusen Reflexion würde nämlich gerade ausreichen, um die Summe der Verluste auszugleichen. Damit hätten wir also eine Eigenfunktion und den zugehörigen Eigenwert. Wir sehen auch ein, daß bei diesem a die inhomogene Gleichung mit nichtnegativem F keine Lösung haben kann. Zu der sich selbst erhaltenden Lichtverteilung käme nämlich noch ein ständiger Zuschuß vom Himmel hinzu, so daß die Lichtmenge wieder über alle Grenzen anwachsen würde. Der gefundene Eigenwert hängt offenbar von der Wandhöhe ab. Bei sehr hoher Wand sind die Lichtverluste relativ klein, so daß der Eigenwert a in diesem Fall nur wenig größer als 1 sein kann.

Um auch weitere Eigenwerte und Eigenfunktionen besprechen zu können, müssen wir noch mehr von der Realität abrücken und auch negative Beleuchtungsstärken und Leuchtdichten zulassen. Bei $a > 1$ führt ein negativer einfallender Lichtstrom zu einem noch stärkeren negativen Strom, also eigentlich zu einem Lichtverlust. Bei einer ganz bestimmten Verteilung, die auf der Hälfte der Wand negativ ist, und bei einem ganz bestimmten Wert von a kann es vorkommen, daß die soeben erwähnten Verluste zusammen mit denen, die die Ausstrahlung und Absorption betreffen, die Vermehrung des Lichtes gerade aufheben. Damit hätten wir eine neue Eigenfunktion und einen Eigenwert, der größer ist als der erste.

Mit weiterem Phantasieren kann man sich so ein ziemlich gutes, wenn auch etwas ungewisses, qualitatives Bild der Eigenwerte und Eigenfunktionen aufbauen. Freilich können durch derartige Spielereien ernste Berechnungen und mathematische Beweise niemals ersetzt werden. Sie können aber sehr wohl als Leitfaden beim Vorbereiten mathematischer Arbeit dienen. Die Anschauung kann einem sehr helfen, manchmal sogar, wenn sie physikalisch nicht gerechtfertigt ist.

Ganz analog zu den lichtverstärkenden Wunderwänden sind die wirklichen Verhältnisse bei Reaktoren, in denen sich Neutronen durch Kernspaltung vermehren. Die Rolle des Parameters a übernimmt hier die mittlere Anzahl der Neutronen, die nach dem Stoß mit einem Kern wegfliegen. (Beim Isotop ^{235}U ist für thermische Neutronen ungefähr $a = 2,5$.) Für einen gegebenen homogenen Reaktor gibt es bei einem ganz bestimmten *kritischen* a eine nichtnegative stationäre Neutronenverteilung, die sich selbst erhält, ohne daß Neutronen eingestrahlt werden. Bei merklich größerem a wächst die Neutronenverteilung explosiv an. Umgekehrt: Für ein gegebenes a gibt es eine ganz bestimmte *kritische* Reaktorgröße, bei der sich eine stationäre Neutronenverteilung erhalten kann. In einem noch größeren Reaktor würde die Verteilung anwachsen, und zwar exponentiell, solange man mit Linearität rechnen kann.

Aufgaben

9.1   Durch Fehleinstellung des Objektivs wurde bei einer photographischen Aufnahme jeder Lichtpunkt in einen gleichmäßig beleuchteten Kreis mit dem Radius r_0 verbreitert. Skizzieren Sie, wie man rechnerisch so eine Aufnahme scharf machen könnte.

9.2   Ein zylindrischer Lichtschacht in einem Gebäude hat einen schwarzen Boden und gleichmäßig graue Wände, die das Licht nach dem Lambertschen

Cosinusgesetz streuen. Die Beleuchtung stammt vom grauen Himmel mit gleichmäßiger Leuchtdichte. Welche Integralgleichung gilt für die Beleuchtungsstärke der Wand? – Das Problem stammt von P. Moon, J. Opt. Soc. **30** (1940) 195.

9.3   Zeigen Sie, daß dieselbe Integralgleichung wie in der vorhergehenden Aufgabe auch für einen stationären Strom eines verdünnten Gases im zylindrischen Rohr gilt. Die Verdünnung sei so stark, daß man Stöße zwischen Molekülen vernachlässigen kann, so daß nur Stöße mit der Wand zu berücksichtigen sind. Die *Akkommodation* sei *perfekt*, was bedeutet, daß die rückgestreute Verteilung isotrop und Maxwellsch ist, entsprechend der Wandtemperatur. Vergl. P. Clausing, Annalen der Physik (5) **12** (1932) 961.

9.4   Ein langes, außen thermisch isoliertes, innen schwarzes und an einem Ende offenes, zylindrisches Rohr wird tief im Inneren (weit von der Öffnung) ständig geheizt. Die Rohrwand leitet die Wärme so schlecht, daß die Energie nur durch Strahlung entkommen kann. Welcher Integralgleichung genügt im stationären Zustand die Beleuchtungsstärke der Wand? Wie verhält sich diese Größe tief im Inneren des Rohres? Wie verhält sich die Temperatur? Stellen Sie die Analogie mit den vorhergehenden Aufgaben her.

9.5   Welche Integralgleichung gilt für die stationäre Diffusion von einfarbigem Licht in einer planparallelen Schicht gleichmäßig dichten, weißen Nebels bei gleichmäßiger, senkrechter Beleuchtung von oben? Einfachheitshalber nehme man an, daß die Wassertröpfchen im Nebel das Licht isotrop streuen (obwohl diese Annahme unrealistisch ist). Hinweis: Beschreiben Sie die Leuchtdichte einer dünnen Schicht und untersuchen Sie, wieviel sie zur Dichte der Lichtenergie in einer anderen Tiefe beiträgt.

9.6   Weit im Inneren eines sehr dicken Nebels (Voraussetzungen wie in der vorhergehenden Aufgabe) ist die Dichte u der Lichtenergie ziemlich genau eine lineare Funktion der Koordinate. Wie hängt dabei der Lichtstrom vom Gradienten der Energiedichte ab? Wodurch ist der entsprechende Diffusionskoeffizient gegeben?

9.7   Als seltenes Beispiel, bei dem man eine Greensche Funktion tatsächlich zum Auffinden von Lösungen verwenden kann, sollen erzwungene Schwingungen einer ungleichmäßig dicken Saite betrachtet werden. Die Greensche Funktion für die eindimensionale Poissonsche Gleichung, die eine statisch belastete Saite beschreibt, ist nämlich von der Dicke unabhängig und leicht zu erraten. Wie sieht die entsprechende Integralgleichung für die erzwungene Schwingung aus? — Das Problem stammt aus dem Buch von P. Frank und R. Mises: *Die Differential- und Integralgleichungen der Mechanik und Physik* (Vieweg, Braunschweig, 1935).

9.8   Einfarbiges Röntgenlicht gibt in einem Szintillationszähler, der an einen
Multikanalanalysator angeschlossen ist, im Idealfall eine diskrete Linie wegen des Photoeffekts, dazu aber auch einen kontinuierlichen Teil des Spektrums wegen des Comptoneffekts. Beide Teile sollen für jede Energie der
Röntgenphotone bekannt sein. Was erhält man mit einem Röntgenlicht,
das nicht einfarbig ist? Kann aus der erhaltenen Verteilung das ursprüngliche Spektrum berechnet werden?

9.2 Lösungsmethoden

Von den Methoden, mit deren Hilfe man lineare Integralgleichungen lösen kann,
wollen wir als erste die *Iterationsmethode* erwähnen. Sie kommt in Frage, wenn
der Parameter, etwa das a beim Straßenproblem (9.11), klein gegen den kleinsten Eigenwert a_1 ist. Die Wände sollen also nicht zu hoch oder nicht zu weiß
sein. Als Ausgangsapproximation nimmt man $u(x) = F(x)$, das man in die
Gleichung einsetzt, um die nächste Näherung zu bekommen. Indem man auf
dieselbe Weise fortfährt, bekommt man

$$
\begin{aligned}
u(x) \; = \;\; & F(x) + a \int_0^H K(x, x')\, F(x')\, \mathrm{d}x' \\
& + a^2 \int_0^H \int_0^H K(x, x')\, K(x', x'')\, F(x'')\, \mathrm{d}x'\, \mathrm{d}x'' + \dots .
\end{aligned}
\tag{9.16}
$$

Diese Reihe erlaubt eine anschauliche physikalische Deutung. Wie oben
erklärt, beschreibt der Anfangsterm $F(x)$ den direkten Beitrag des Himmels-
lichtes. Bei ganz schwarzen Wänden hätten wir nur diesen Beitrag. Der nächste Term entspricht jenem Anteil des Lichtes, der genau einmal an einer der
Wände gestreut wurde. Dann kommt das zweimal gestreute Licht usw. Wir
sehen schon, daß die Konvergenz bei hohen Verlusten, also bei kleinen a und
H, gut sein muß, denn die mehrfach gestreuten Anteile werden schnell kleiner.
Auch mathematisch läßt sich dies begründen, wenn wir für $F(x)$ eine Entwicklung nach Eigenfunktionen einsetzen. Man sieht, daß die Norm der Summe
mindestens so gut wie die geometrische Reihe $\sum_n (a/a_1)^n$ konvergiert.

Beim Suchen nach sonstigen Methoden wird jedermann, der an Arbeit
mit dem Rechner gewohnt ist, die algebraische Lösungsmethode einfallen. Da
bei numerischem Rechnen jedes Integral durch eine Summe dargestellt wird,
wird die Integralgleichung automatisch durch ein System von linearen Gleichungen approximiert. Man hat ebensoviel Gleichungen wie unbekannte Werte
$u(0)$, $u(h)$, ..., $u(nh)$, wobei $nh = H$ ist. Einer linearen Integralgleichung entspricht ein lineares Gleichungssystem. Normalerweise dürfen wir hoffen, durch
numerisches Lösen des Systems eine gute Approximation für die Lösung der
Integralgleichung zu erhalten. Bei der Wahl des numerischen Rezeptes muß
man aber auf eventuelle Unstetigkeiten und sonstige Abnormalitäten des Kernes
Acht geben. Es kommt vor (siehe z.B. Aufgabe 9.6), daß der Kern bei $x = x'$ ir-

gendwie singulär ist. Man muß dann sorgfältig eine passende Integrationsformel suchen und getrennt von 0 bis x und von x bis H integrieren.

Auch die homogene Gleichung läßt sich auf dieselbe Weise lösen. Man bekommt ein homogenes System linearer Gleichungen mit einer symmetrischen Koeffizientenmatrix. Ihre Eigenwerte und Eigenvektoren approximieren die Eigenwerte und Eigenfunktionen der Integralgleichung. Nur die niedrigsten Eigenwerte und die zugehörigen Eigenfunktionen lassen sich auf diese Weise gut approximieren, freilich um so besser, je feiner man das Intervall aufteilt.

Aufgaben

9.9 Lösen Sie die Gleichung (9.11) numerisch für $a = 0,8$ und $H = 2$. Wiederholen Sie den Versuch mit halbiertem Intervall h, um die Genauigkeit des Resultats abzuschätzen.

9.10 Mit der Iterationsmethode kann man sogar einige der Eigenfunktionen und die zugehörigen Eigenwerte auswerten, obwohl die Reihe (9.16) nicht mehr konvergiert. Man setzt $F = 0$ und berechnet das Integral $\int K\,u\,dx'$ mit irgendeiner vernünftigen Anfangsapproximation für u. Im Falle der Gleichung (9.11) nehme man eine Konstante, wenn die erste Eigenfunktion gesucht wird. Man iteriere die Gleichung einige Male, um die Eigenfunktion besser zu nähern. Beiträge von höheren Eigenfunktionen, die in der Anfangsapproximation enthalten waren, werden nämlich relativ immer kleiner. (Wie schnell?) Falls wir jedesmal willkürlich $a = 1$ setzen, verkleinert sich die Norm der Funktion nach jeder Iteration. Wir pumpen daher die Approximation durch einen geeigneten Faktor wieder auf, etwa so, daß sich die Norm nicht ändert. Nachdem sich auch die Form der Funktion nach einer Iteration nicht mehr ändert, haben wir schon die Eigenfunktion. Der Faktor, den wir benötigen, um eine unveränderte Norm beizubehalten, ist der zugehörige Eigenwert. Berechnen Sie beides für $H = 2$.

9.11 Um durch die Methode aus Aufgabe 9.10 auch den nächsten Eigenwert und die zugehörige Eigenfunktion zu berechnen, müssen wir für Orthogonalität mit der ersten Eigenfunktion sorgen. Im gegebenen Fall ist das ganz einfach: Man nimmt eine in bezug auf die halbe Wandhöhe ungerade Ausgangsapproximation, z.B. $u = x - \frac{1}{2}H$. Versuchen Sie dies für $H = 2$.

9.12 Berechnen Sie beide Eigenfunktionen und Eigenwerte (wie in den Aufgaben 9.10 und 9.11) auch mit Hilfe der direkten numerischen Methode, also durch Aufsuchen von Eigenvektoren und reziproken Eigenwerten der Matrix, die den Kern (9.12) approximiert.

9.13 Statt der endlich hohen Wände in Abb. 9.1 nehmen wir graue Wände, die von $-\infty$ bis $+\infty$ reichen. In einem endlichen, durch $-b < x < b$ gegebenen Abschnitt wird in der Wand Licht erzeugt, und zwar mit einer gleichmäßigen Leuchtdichte πu_0. Bestimmen Sie die Beleuchtungsstärke

$u(x)$. Hinweis: Die Integralgleichung (9.11) mit dem Kern (9.12), der nur von der Differenz $x - x_0$ abhängt, hat jetzt die Form einer Faltung. So eine Gleichung löst man durch Fourier-Transformation.

9.14 In einem unendlich ausgedehnten, grauen Nebel (sonstige Voraussetzungen wie in Aufgabe 9.6) sind in der durch $-b < x < b$ gegebenen Schicht kleine isotrope Lichtquellen gleichmäßig verteilt. Welcher Integralgleichung genügt die Dichte der Lichtenergie? Berechnen Sie die Lösung wie in der vorhergehenden Aufgabe.

9.15 Einem sonst thermisch isolierten, langen, dünnen Stab wird in der Mitte (bei $x = 0$) ein unbekannter, variabler Wärmestrom $P(t)$ zugeführt. Man beobachtet die Temperatur $T(t)$ an demselben Ort und möchte daraus die Funktion $P(t)$ berechnen. – Hinweis: Mit Hilfe der Greenschen Funktion (9.1) für die Diffusion in einem unendlich langen, linearen Träger bekommt man eine *Abelsche Integralgleichung* mit dem Kern $[4\pi D(t - t')]^{-1/2}$. Auch diese gehört zum Faltungstypus und kann daher durch Fourier-Transformation gelöst werden. Noch schneller löst man sie durch einen Kniff: Man wendet beiderseits nochmals denselben Integraloperator an, wodurch sich sofort die Lösung ergibt.

9.16 Einen kugelförmigen Sternhaufen stellt man sich wie einen leuchtenden Nebel vor, und zwar mit einer Dichte $u(r')$ der Lichtleistung, die nur von der radialen Koordinate r' abhängt. Man sieht aber nur eine Projektion des Sternhaufens auf eine zur Beobachtungsrichtung senkrecht stehende Ebene. Dabei mißt man die scheinbare Leuchtdichte bzw. die flächenhafte Dichte der Lichtleistung $f(r)$ als Funktion des projizierten Abstands vom Mittelpunkt. Zeigen Sie, daß u einer Integralgleichung mit dem Kern $(r'^2 - r^2)^{-1/2}$ genügt. – Nachdem man neue Variablen $\xi = r^2$ und $\xi' = r'^2$ einführt, bemerkt man ihre Verwandschaft mit der Abelschen Integralgleichung aus der vorhergehenden Aufgabe. Derselbe Kniff wie vorher führt zur Lösung. – Bemerkung: Für einen nicht kugelförmigen Sternhaufen wird die Aufgabe schwieriger, denn eine einzige Projektion genügt offenbar nicht für die Ermittlung der Verteilung. Dies gelingt erst mit vielen Projektionen aus verschiedenen Richtungen, wobei freilich Rechenmaschinen angewendet werden müssen. Auf solchen Ideen beruht die *Computertomographie*, bei der man den menschlichen Körper mit Röntgenstrahlen durchleuchtet, um Bilder seines Inneren zu bekommen.

9.3 Die Boltzmanngleichung

Bei einer der Aufgaben in Abschn. 9.1 lernten wir, wie man die Diffusion des Lichtes im Nebel durch eine Integralgleichung beschreiben kann. Die Diffusionsgleichung konnte da nur als grobe Näherung gebraucht werden, nämlich im Fall relativ langsamer örtlicher Änderung der Energiedichte des Lichtes. Auch bei anderen Diffusionsvorgängen stoßen wir bei genauerer Analyse auf Integralgleichungen. Es gibt aber noch eine andere gleichwertige Beschreibung, nämlich durch einen gewissen Typus von *Integrodifferentialgleichungen*. Sie sind eigentlich alle Abarten oder besondere Fälle der *Boltzmanngleichung*, die für das Verhalten von Molekülverteilungen in Gasen gilt und die als Grundstein der kinetischen Gastheorie angesehen wird. Wir werden uns hier mit der linearisierten Version begnügen, wie man sie oft auf Diffusion von Licht oder von Neutronen anwendet. Photonen oder Neutronen, die in einem Medium umherwandern, bilden ja auch ein Gas, nur daß Stöße zwischen den wandernden Teilchen nicht oder praktisch nicht vorkommen. (Im zweiten Fall berücksichtige man die starke Verdünnung des Neutronengases und den relativ kleinen totalen Querschnitt.) Eben deshalb genügt die Verteilung einer linearen Gleichung.

Die Neutronenverteilung wollen wir durch eine Funktion $f(\boldsymbol{r}, \boldsymbol{v}, t)$ beschreiben, die die Dichte pro Einheit des Geschwindigkeitsraumes wiedergibt. Besser gesagt: $f(\boldsymbol{r}, \boldsymbol{v}, t)\,\mathrm{d}^3r\,\mathrm{d}^3v$ ist die im Mittel zu erwartende Zahl der Neutronen, die zur Zeit t im Element $\mathrm{d}^3r\,\mathrm{d}^3v$ des Phasenraumes verweilen. Im Unterschied zum analogen Problem für das Licht müssen wir bei Neutronen auch den Absolutwert ihrer Geschwindigkeit (bzw. ihre kinetische Energie) als Variable berücksichtigen, denn er kann sich bei Stößen mit Atomkernen in dem Medium sehr wohl verändern.

Die wichtigste Eigenschaft des Mediums bezüglich der in ihm wandernden Neutronen ist die *mittlere freie Weglänge* $l(v)$, die das Neutron im Mittel bis zum nächsten Stoß durchlaufen muß. Wie angedeutet, hängt sie im allgemeinen von der Geschwindigkeit des Neutrons ab. Wir rechnen aber lieber mit dem reziproken Wert $\Sigma(v) = l^{-1}$, der als der *makroskopische totale Querschnitt* bekannt ist. Im Produkt $\Sigma(v)\,v\,\mathrm{d}t$ erkennen wir die Wahrscheinlichkeit für ein Neutron mit der Geschwindigkeit v, daß es auf dem Weg $v\,\mathrm{d}t$ mit einem Kern zusammenstößt. (Eigentlich ist dies die Definition für $\Sigma(v)$.) Für lauter gleiche ruhende Kerne und bei Vernachlässigung jeglicher Interferenz gilt $\Sigma(v) = n_0\sigma_t(v)$, wobei $\sigma_t(v)$ der *totale Querschnitt* (Streuquerschnitt + Absorptionsquerschnitt) eines Einzelkerns für Neutronen mit der Geschwindigkeit v ist und n_0 die Zahlendichte der Kerne. (Vgl. die entsprechende Erörterung im Abschn. 8.4.) Stillschweigend haben wir ein homogenes, zeitlich unveränderliches und isotropes Medium vorausgesetzt, denn sonst müßten wir ja zulassen, daß Σ und verwandte Größen auch von $\boldsymbol{r}$, t und der Geschwindigkeitsrichtung abhängen können.

Den totalen Querschnitt kann man in den Absorptions- und Streuquerschnitt aufteilen und den letzteren noch in differentielle Anteile entsprechend der Geschwindigkeit des Neutrons nach der Streuung:

$$\Sigma(v) = \Sigma_a(v) + \int \Sigma_s(\boldsymbol{v} \to \boldsymbol{v}')\,\mathrm{d}^3 v'. \tag{9.17}$$

Im Integranden haben wir den *makroskopischen differentiellen Streuquerschnitt*. Um ihn zu interpretieren, bilden wir den Quotienten

$$a(v)\,w(\boldsymbol{v} \to \boldsymbol{v}') = \frac{\Sigma_s(\boldsymbol{v} \to \boldsymbol{v}')}{\Sigma(v)}. \tag{9.18}$$

Für ein Neutron, das mit der Geschwindigkeit $\boldsymbol{v}$ mit einem Kern stößt, soll $a(v)$ die Wahrscheinlichkeit darstellen, daß der Stoß überhaupt in einer Streuung resultiert. Andererseits ist $w\,\mathrm{d}^3 v'$ die Wahrscheinlichkeit,. daß ein gestreutes Neutron nachher eine Geschwindigkeit in $\mathrm{d}^3 v'$ bei $\boldsymbol{v}'$ hat.

Um zur Boltzmanngleichung zu gelangen, beobachten wir eine Gruppe von Neutronen im Phasenraumelement $\mathrm{d}^3 r\,\mathrm{d}^3 v$. Wir fahren mit den Neutronen mit und warten eine kurze Zeit $\mathrm{d}t$ ab. Indem wir den Faktor $\mathrm{d}^3 r\,\mathrm{d}^3 v$ fortlassen, drücken wir die Änderung von f durch dessen substantielle Zeitableitung aus:

$$\mathrm{d}f = \left[\frac{\partial f}{\partial t} + \boldsymbol{v} \cdot \nabla f\right]\,\mathrm{d}t.$$

Im leeren Raum gilt die Kontinuitätsgleichung $\partial f/\partial t + \boldsymbol{v} \cdot \nabla f = 0$, die die Erhaltung der Neutronen ausdrückt. (Von ihrem radioaktiven Zerfall darf man hier absehen.) Die Überlegung ist ganz ähnlich wie bei analogen Gleichungen im Abschn. 3.4, wenn man sich f als Dichte eines Fluidums im sechsdimensionalen Einteilchenphasenraum vorstellt. Wegen der Stöße mit Kernen gibt es aber doch Änderungen. Ein Teil der Neutronen fällt aus der betrachteten Gruppe heraus, und zwar ist der Verlust gleich der vorhandenen Zahl multipliziert mit der Stoßwahrscheinlichkeit, also gleich $f\,\mathrm{d}^3 r\,\mathrm{d}^3 v\,\Sigma(v)\,v\,\mathrm{d}t$. (Man erinnere sich an eine ähnliche Überlegung bei der Lichtabsorption.) Außerdem gibt es Neutronen, die wegen der Stöße von anderswo in die betrachtete Gruppe hineingestreut werden. Die Gruppe bei $\boldsymbol{v}'$ liefert den Beitrag

$$f(\boldsymbol{r}, \boldsymbol{v}', t)\,\mathrm{d}^3 r\,\mathrm{d}^3 v'\,\Sigma_s(\boldsymbol{v}' \to \boldsymbol{v})\,\mathrm{d}^3 v\,v'\,\mathrm{d}t.$$

Indem wir alle solche Beiträge summieren und die Faktoren $\mathrm{d}^3 r\,\mathrm{d}^3 v\,\mathrm{d}t$ weglassen, kommen wir zur gewünschten Gleichung,

$$\left[\frac{\partial}{\partial t} + \boldsymbol{v} \cdot \nabla + v\Sigma(v)\right] f(\boldsymbol{r}, \boldsymbol{v}, t)$$

$$= \int v'\Sigma_s(\boldsymbol{v}' \to \boldsymbol{v})\,f(\boldsymbol{r}, \boldsymbol{v}', t)\,\mathrm{d}^3 v' + q(\boldsymbol{r}, \boldsymbol{v}, t). \tag{9.19}$$

Für den Fall, daß Neutronen im Medium durch irgendwelche Kernreaktionen erzeugt werden, fügten wir noch die Quelldichte q hinzu, d.h. die pro Zeiteinheit und pro Einheit des Phasenvolumens neu hineingeschossene Neutronenzahl.

Zur Gleichung muß man noch die Randbedingung angeben. Meist besteht sie in der Angabe der von außen hereinkommenden Neutronenströmung, also der Werte von $f(\mathbf{r}, \mathbf{v}, t)$ für $\mathbf{r}$ an der Oberfläche des Mediums und für Geschwindigkeiten $\mathbf{v}$, die ins Innere des Mediums gerichtet sind. Bei zeitabhängigen Problemen sind meist auch die Anfangswerte $f(\mathbf{r}, \mathbf{v}, 0)$ vorgeschrieben. Anhand der anschaulichen Vorstellung läßt sich vermuten, daß es bei solchen Bedingungen eine eindeutige Lösung gibt, was auch nicht schwer zu beweisen ist.

Man versucht gern, ein besseres Verständnis für die lineare Boltzmanngleichung durch die Bearbeitung allerhand spezialisierter und vereinfachter Fälle zu gewinnen. Oft bedient man sich dabei übertrieben einfacher Modelle, die nur schlecht den wirklichen Verhältnissen gerecht werden, die aber dennoch zur mathematischen Einsicht verhelfen können. Bei einem beliebten Modell, das für zeitunabhängige Probleme von Interesse ist, nimmt man an, daß a und Σ von der Geschwindigkeit des Neutrons nicht abhängen. Ähnlich soll der über $v^2\,dv$ integrierte Streuquerschnitt,

$$\int_0^\infty \Sigma_s(\mathbf{v}' \to \mathbf{v})\, v^2\, dv = a\Sigma \int_0^\infty w(\mathbf{v}' \to \mathbf{v})\, v^2\, dv \equiv a\Sigma w(\mathbf{e} \cdot \mathbf{e}'),$$

nicht von der Anfangsgeschwindigkeit, sondern nur vom Ablenkwinkel $\cos\delta = \mathbf{e} \cdot \mathbf{e}'$ abhängen. (Hier haben wir die Einheitsvektoren $\mathbf{e} = \mathbf{v}/v$ und $\mathbf{e}' = \mathbf{v}'/v'$ eingeführt.) Nach Integration beider Seiten der zeitunabhängigen Boltzmanngleichung mit $v^2\,dv$ bekommen wir eine Gleichung für den richtungsabhängigen Neutronenfluß $\phi(\mathbf{r}, \mathbf{e}) = \int_0^\infty f(\mathbf{r}, \mathbf{v})\, v^3\, dv$. Indem wir durch Σ dividieren und danach $\mathbf{r}$ statt $\Sigma\mathbf{r}$ schreiben (womit wir die mittlere freie Weglänge als Längeneinheit einführen), vereinfacht sich die Gleichung noch ein wenig:

$$(\mathbf{e} \cdot \nabla + 1)\phi(\mathbf{r}, \mathbf{e}) = a \int w(\mathbf{e}' \cdot \mathbf{e})\, \phi(\mathbf{r}, \mathbf{e}')\, d^2 e' + Q(\mathbf{r}, \mathbf{e}), \tag{9.20}$$

wobei $Q(\mathbf{r}, \mathbf{e}) = \int_0^\infty q(\mathbf{r}, \mathbf{v})\, v^2\, dv$ ist. Eine beliebte weitere Vereinfachung gibt es, wenn man isotrope Streuung annimmt, also $w(\mathbf{e} \cdot \mathbf{e}') = 1/4\pi$. Bei Diffusion von langsamen Neutronen in Materialien mit schweren Kernen ist diese Annahme ziemlich gut gerechtfertigt, wie man bei Stößen von elastischen Kugeln sieht. Für Diffusion von Licht in einem trüben Medium stimmt die Annahme recht schlecht, wird aber trotzdem modellweise auch hier oft angewandt.

Statt mit Integrodifferentialgleichungen kann man Diffusionsprobleme auch mit Integralgleichungen formulieren. Die eine Form der Boltzmanngleichung ist leicht aus der anderen herzuleiten. In der Gleichung (9.19) müßten wir zum Operator auf der linken Seite die Greensche Funktion ermitteln und sie nach dem Rezept aus Abschn. 9.1 auf die rechte Seite anwenden. Wir brauchen aber nicht diesen Weg gehen, da man die *Integralform der Boltzmanngleichung* ebenso durch unabhängige physikalische Überlegung begründen kann wie die Differentialform. Sehen wir uns dies genauer an, und zwar für

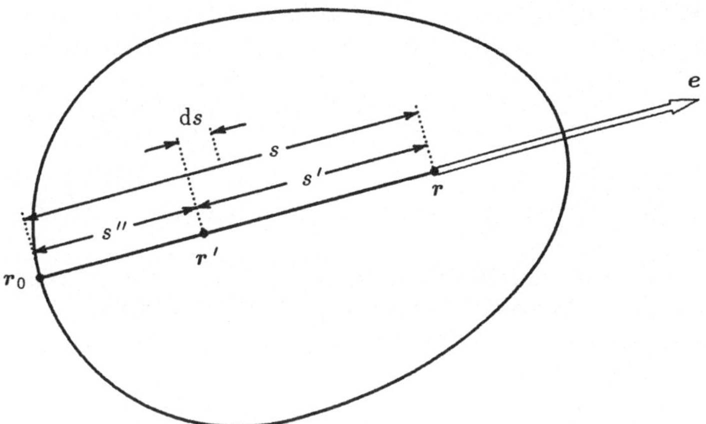

Abb. 9.2. Zur Herleitung der Integralform der Boltzmanngleichung

einen begrenzten, homogenen, konvexen Körper, wobei wir einen konstanten
Neutronenstreuquerschnitt und isotrope Streung (wie in (9.20), jedoch mit
$w = 1/4\pi$) annehmen wollen. Wir untersuchen den Neutronenfluß am Ort r
(Abb. 9.2) in einem engen Raumwinkel um die Richtung e. Um herauszufinden,
woher diese Neutronen stammen, gehen wir in die entgegengesetzte Richtung $-e$
bis zur Oberfläche des Körpers. Den ganzen Weg zerteilen wir in kurze Strecken
$\mathrm{d}s'$ und entsprechend den Körper in dünne Schichten. Jede Schicht steuert
ein wenig zum beobachteten Fluß bei. Im allgemeinen gibt es jedesmal zwei
Beiträge: Den Quellen entspricht für jede Schicht eine Leuchtdichte $Q(r', e)\,\mathrm{d}s'$.
Dazu kommt noch $(a/4\pi)[\int \phi(r', e')\,\mathrm{d}^2 e']\,\mathrm{d}s'$ wegen der Streuungen aus anderen
Richtungen.

Die Leuchtdichte der einzelnen Schichten wird wegen Absorption und Streuung exponentiell abgeschwächt, bevor die Neutronen zum Beobachtungsort r
gelangen. Da im vereinbarten Maßstab der totale Querschnitt als Einheit gilt,
schreiben wir den Abschwächungsfaktor als $\mathrm{e}^{-s'}$ mit $s' = |r - r'|$ (siehe Abb.
9.2). Durch die Summierung über alle Schichten kommen wir zur gesuchten
Gleichung,

$$\phi(r, e) = \phi(r_0, e)\,\mathrm{e}^{-s} + \int_0^s \left[\frac{a}{4\pi} \int \phi(r', e')\,\mathrm{d}^2 e' + Q(r', e) \right] \mathrm{e}^{-s'}\,\mathrm{d}s', \quad (9.21)$$

wobei man $r' = r - s'e$ einsetzen muß. Der erste Term rechts berücksichtigt die
bei r_0 eingestrahlten Neutronen.

Da die Begründung der Integralgleichung ein wenig keck war, sollte man
sich noch überzeugen, daß aus ihr die Integrodifferentialgleichung (9.20) mit
$w = 1/4\pi$ folgt. Zu diesem Zweck führen wir $s'' = s - s'$ ein und schreiben dann
$r = r_0 + se$ und $r' = r_0 + s''e$ (siehe Abb. 9.2). Nachdem wir beiderseits die
Operation $e \cdot \nabla = \partial/\partial s$ durchführen, folgt sofort (9.20).

Wegen isotroper Streuung läßt sich die Integralgleichung (9.21) noch weiter vereinfachen, wenn wir den integrierten Fluß $\Phi(r) = \int \phi(r, e)\, d^2e$ einführen. Beide Seiten werden über den Raumwinkel integriert, wobei man rechts die Identität $s'^2 ds'\, d^2e = d^3r'$ benutzt und $ds'\, d^2e = d^3r'/|r - r'|^2$ substituiert. Es folgt

$$\Phi(r) = \Phi_0(r) + a \int \frac{\exp(-|r - r'|)}{4\pi |r - r'|^2}\, \Phi(r')\, d^3r'. \tag{9.22}$$

Der erste Term rechts enthält Integrale des entsprechenden Terms in (9.21) und des Quellterms. Somit ist mit ihm die Verteilung der „jungfräulichen" Neutronen gegeben, d.h. jener, die direkt von den Quellen oder von außen kommen, ohne Stöße mit Kernen innerhalb des Mediums erlebt zu haben.

Wie schon oft bisher haben wir absichtlich Probleme gewählt, die uns zu linearen Gleichungen führten. Die ursprünglich von Boltzmann ersonnene Gleichung, die das Geschehen in Gasen beschreiben soll, ist aber nicht linear. Bei jedem Stoß sind nämlich zwei Moleküle beteiligt (von Dreierstößen wird abgesehen), so daß im Integranden Produkte von je zwei Werten der Verteilungsfunktion (für verschiedene Geschwindigkeiten) vorkommen. Freilich kann man auch hier die Gleichung linearisieren, indem man nur kleine Abweichungen von der Maxwellschen Gleichgewichtsverteilung zuläßt und diese Abweichungen als unbekannte Funktion einführt. Heutzutage scheut man aber auch vor der numerischen Behandlung der nichtlinearen Boltzmanngleichung nicht mehr zurück, obwohl solche Rechnugen keineswegs einfach sind.

Literatur

9.1   S. Chandrasekhar: *Radiative Transfer* (Dover, New York 1960).

9.2   K.M. Case and P.F. Zweifel: *Linear Transport Theory* (Addison-Wesley, Reading, MA 1967).

9.3   C. Cercignani: *The Boltzmann Equation & Its Applications*, Appl. Math. Sci. Ser., Vol. 6 (Springer, New York 1987).

Aufgaben

9.17   Gleichung (9.22) vereinfacht sich weiterhin, wenn Φ nur von der Koordinate z abhängt, was bei Verteilungen in einem planparallelen Medium vorkommen kann. Man bekommt dieselbe Gleichung wie bei einer der Aufgaben im Abschn. 9.1.

9.18   Eine ähnliche Reduktion wie in der vorherigen Aufgabe gibt es auch für kugelsymmetrische Verteilungen. Zeigen Sie, daß hier die Eigenfunktionen den ungeraden Eigenfunktionen für das planparallele Medium entsprechen.

9.19   Wenn es nur wenig Absorption gibt ($1 - a \ll 1$), kann es vorkommen, daß sich im Inneren des Mediums die Funktion Φ in (9.22) nur langsam von

Ort zu Ort ändert. Man darf dann approximativ $\Phi(r')$ im Integranden nach Taylor um den Punkt r entwickeln und die Entwicklung nach dem quadratischen Term abbrechen. Nachdem man die Integrale ausrechnet, folgt die im Abschn. 8.4 erwähnte zeitunabhängige Diffusionsgleichung.

9.20 In einem unendlich ausgedehnten Medium mit gleichmäßig verteilten, isotropen Neutronenquellen gibt es eine ortsunabhängige, stationäre, isotrope Neutronenverteilung. Zeigen Sie dies anhand von (9.22).

9.21 Bei stationärer Lichtdiffusion in einem heißen Gas, etwa in einer Sternatmosphäre ohne lokale Energiequellen, muß man auch die thermische Emission berücksichtigen. Wie sieht die Gleichung für die Dichte der Lichtenergie aus, wenn das Gas schwarz ist, so daß es keine Streuung gibt und die Emission das Stefansche Gesetz befolgt?

9.22 Zeigen Sie, daß man unter den Annahmen aus der vorhergehenden Aufgabe in größerer Tiefe x die Dichte u der Lichtenergie und somit T^4 als lineare Funktionen von der optischen Tiefe $\int \mu\, dx$ ansetzen darf. Wie hängt die Dichte des Lichtstroms von ∇u ab?

10. Analytische Approximationen

10.1 Variationsrechnung

Die *Variationsrechnung* befaßt sich mit Aufgaben, die man als Verallgemeinerungen gewöhnlicher Extremalprobleme ansehen kann. Bei diesen hat man im einfachsten Fall eine stetig differenzierbare Funktion $y(x)$ und man sucht solche Werte von x im Inneren des Definitionsbereiches, für die $y(x)$ entweder maximal oder minimal wird. Eine notwendige, aber nicht hinreichende Bedingung dafür ist das Verschwinden der Ableitung $y'(x)$. Ähnliches gilt für Funktionen mehrerer Veränderlicher, bei denen in einem Extremum (im Inneren des Definitionsbereiches) alle partiellen Ableitungen verschwinden müssen.

Bei Variationsproblemen erweitert man diese Ideen gewissermaßen auf unendlich viele Variablen. Ein beliebter Schulversuch soll uns ein Beispiel liefern. Zwischen zwei gleichen parallelen Drahtringen wird eine Seifenblase aufgespannt, wie es Abb. 10.1 zeigt. Sind die Ringe nahe beinander, so hat die Blase nahezu die Form eines Zylindermantels. Bei etwas größerem (aber nicht zu großem) Abstand verjüngt sie sich in der Mitte. Wie können wir die Form der Blase ermitteln?

Aus der Physik ist bekannt, daß die Blase im Gleichgewicht und bei Vernachlässigung ihrer Schwere solch eine Form annimmt, daß ihre Oberflächenenergie und damit ihre Oberfläche minimal werden. Aus Symmetriegründen hat die Blase die Form einer Rotationsfläche, die durch eine Kurve $y(x)$ bestimmt ist. Unsere Aufgabe besteht im Berechnen dieser Kurve. Um zu einer mathematischen Formulierung des Problems zu gelangen, drücken wir zuerst die Oberfläche mit Hilfe von $y(x)$ aus:

$$S = \int_{-a}^{a} 2\pi y \, \mathrm{d}s = 2\pi \int_{-a}^{a} y\sqrt{1 + y'^2} \, \mathrm{d}x. \tag{10.1}$$

Im zweiten Ausdruck haben wir für die Bogenlänge $\mathrm{d}s = \sqrt{\mathrm{d}x^2 + \mathrm{d}y^2}$ eingesetzt. So haben wir ein typisches Variationsproblem: Bei vorgeschriebenen Endwerten, die durch den Radius beider Drahtringe gegeben sind, $y(\pm a) = r$, soll eine glatte Funktion $y(x)$ so bestimmt werden, daß das Integral S minimal wird.

Bevor wir uns der Lösung des Problems zuwenden, sollten wir überlegen, wie ein Variationsproblem allgemein aussehen kann. Wir haben es mit einem Integral zu tun, mit einem Integranden L, der oft als *Lagrangesche Funktion*

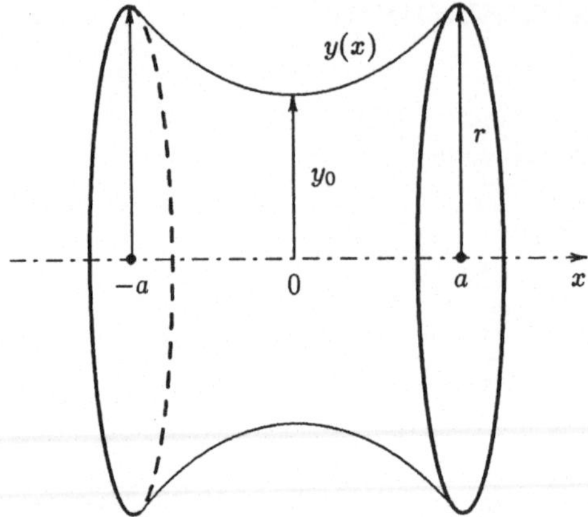

Abb. 10.1. Eine Seifenblase zwischen zwei parallelen Ringen nimmt die Form eines Katenoids an

bezeichnet wird und der von x, einer unbekannten Funktion $y(x)$ und ihrer Ableitung $y'(x)$ abhängen mag, also

$$S\{y\} = \int_{x_1}^{x_2} L(x, y, y') \, \mathrm{d}x. \tag{10.2}$$

Dabei seien die Werte der unbekannten Funktion $y(x)$ am Anfang und am Ende des Integrationsintervalls vorgeschrieben: $y(x_1) = y_1$ und $y(x_2) = y_2$. Die linke Seite von (10.2) deutet an, daß das Integral als *Funktional* betrachtet wird, d.h. als Zuordnung eines Wertes S zu jeder Funktion $y(x)$. Diese soll bei Einhaltung der angegebenen Randbedingungen so bestimmt werden, daß S ein Extrem erreicht.

Stellen wir uns vor, daß wir die richtige Funktion $y(x)$ schon kennen und daß wir sie absichtlich durch eine kleine, stetig differenzierbare, sonst aber beliebige „Variation" verändern: $y(x) \to y(x) + \delta y(x)$. Freilich verlangen wir, daß δy an den Endpunkten verschwindet, damit wir von den vorgeschriebenen Endwerten y_1 und y_2 nicht abweichen. Sehen wir mal zu, wie sich die Änderung auf das Funktional S auswirkt! Indem wir nur Größen erster Ordnung berücksichtigen, bekommen wir mit Hilfe des totalen Differentials von L die *erste Variation* von S, wie man sagt:

$$\delta S = \int_{x_1}^{x_2} \left[\frac{\partial L}{\partial y} \delta y + \frac{\partial L}{\partial y'} \delta y' \right] \mathrm{d}x. \tag{10.3}$$

Sofort bemerken wir, daß das Verschwinden von δS für beliebige δy eine notwendige Bedingung für das Erreichen eines Extremums ist. Wäre z.B. bei irgendeinem δy das zugehörige $\delta S > 0$, so könnte man durch die Substitution $\delta y \to -\delta y$ die erste Variation von S negativ machen. Das gewählte $y(x)$ würde also mit Sicherheit weder einem Maximum noch einem Minimum von S entsprechen.

Durch partielle Integration des zweiten Terms des Integranden, wobei man das Verschwinden von δy an beiden Endpunkten berücksichtigt, vereinfacht sich der Ausdruck für δS zu

$$\delta S = \int_{x_1}^{x_2} \left[\frac{\partial L}{\partial y} - \frac{\mathrm{d}}{\mathrm{d}x}\left(\frac{\partial L}{\partial y'}\right) \right] \delta y \, \mathrm{d}x. \tag{10.4}$$

Für beliebige $\delta y(x)$ kann dieses Integral nur verschwinden, wenn der eingeklammerte Faktor des Integranden im ganzen Intervall verschwindet. Somit ergibt sich aus der Bedingung $\delta S = 0$ die *Euler-Lagrangesche Gleichung*

$$\frac{\partial L}{\partial y} - \frac{\mathrm{d}}{\mathrm{d}x}\left(\frac{\partial L}{\partial y'}\right) = 0. \tag{10.5}$$

Sie ist eine gewöhnliche Differentialgleichung zweiter Ordnung, aus der man die Funktion $y(x)$ berechnen soll.

Mit dem Auffinden der *Extremalen*, wie man die Lösungen der Euler-Lagrangeschen Differentialgleichung nennt, ist das Variationsproblem noch nicht erledigt. Es sind weitere Untersuchungen nötig, um sicherzustellen, daß das Integral S bei einer gefundenen Lösung tatsächlich ein Extremum annimmt, und um zu unterscheiden, ob es ein Maximum oder ein Minimum ist. Von allgemeinen Erörterungen derartiger Fragen werden wir absehen. Nur bei einem Beispiel soll gezeigt werden, wie man manchmal unter den Extremalen diejenigen erkennen kann, die zu keinem Extrem führen. Durch das Unterlassene wird nicht viel Schaden entstehen, denn oft erlauben physikalische Probleme eine intuitive Beurteilung. Zudem ist eine Entscheidung nicht einmal immer nötig. Bei manchen Problemen genügt es nämlich, die Extremalen zu finden, ohne daß man wissen müßte, bei welchen tatsächlich Extrema vorliegen.

Am besten wird es sein, die gewonnene allgemeine Einsicht gleich auf unser Seifenblasenproblem anzuwenden. In (10.1) hatten wir $L(x, y, y') = 2\pi y \sqrt{1 + y'^2}$. Die entsprechende Euler-Lagrangesche Gleichung lautet

$$\sqrt{1 + y'^2} - \frac{\mathrm{d}}{\mathrm{d}x} \frac{yy'}{\sqrt{1 + y'^2}} = 0 \tag{10.6}$$

oder nach einigen Vereinfachungen

$$1 + y'^2 - yy'' = 0. \tag{10.7}$$

Wir suchen eine Lösung mit vorgeschriebenen $y(\pm a) = r$.

Das Lösungsverfahren folgt wohlbekannten Rezepten. Da x in der Gleichung nicht vorkommt, führen wir y als neue unabhängige Variable ein und formen die Gleichung entsprechend um:

$$1 + y'^2 = y\frac{\mathrm{d}y'}{\mathrm{d}y}y'. \tag{10.8}$$

Nach Trennung der Variablen y und y' und Integration folgt $(1+y'^2)^{1/2} = y/y_0$. In der rechts im Nenner auftretenden Integrationskonstanten y_0 erkennt man den Wert von y bei $x = 0$, wo y' verschwindet. Beim nächsten Schritt trennt man x und y und integriert abermals. Die neue Integrationskonstante lassen wir verschwinden und geben damit der Lösung die durch die Randbedingungen festgelegte Symmetrie. Das Resultat $x = y_0 \operatorname{arcosh}(y/y_0)$ machen wir durch Inversion handlicher:

$$\frac{y}{y_0} = \cosh \frac{x}{y_0}. \tag{10.9}$$

Somit hat die Seifenblase die Form des *Katenoids*, d.h. einer Fläche, die durch Rotation der Kettenlinie entsteht.

Wir sind noch nicht am Ende, denn das unbekannte y_0 oder, besser, der dimensionslose Quotient $\xi = a/y_0$ muß noch aus der Randbedingung bestimmt werden. Mit $\alpha = a/r$ lautet sie

$$\frac{\xi}{\alpha} = \cosh \xi. \tag{10.10}$$

Wenn wir die linke Seite dieser transzendenten Gleichung durch eine Gerade und die rechte durch eine Kettenlinie darstellen, sehen wir, daß es für $\alpha < 0{,}6627$ zwei Schnittpunkte gibt und damit zwei Lösungen ξ_1 und ξ_2, für $\alpha > 0{,}6627$ hingegen gar keine. Für $\alpha = 0{,}6627$ haben wir als einzige Lösung $\xi_0 = 1{,}1997$. Dies ist die Wurzel der Gleichung $\xi_0 = \coth \xi_0$, wie leicht einzusehen ist. Sowohl diese Wurzel als auch die beiden Schnittpunkte für ein gegebenes, genügend kleines α bestimmt man schnell durch Iteration auf einem Taschenrechner. Der Leser soll selbst herausfinden, wie man das macht.

Die Ergebnisse laden zu weiterem Nachdenken ein. Daß es bei zu großem α, also bei zu weit auseinandergehaltenen Drahtringen keine Lösung des Problems gibt, bestätigt die Seifenblase selbst. Wenn man nämlich die Ringe mehr und mehr voneinander entfernt, platzt sie schließlich und füllt danach getrennt die Kreisflächen beider Ringe aus. Die Existenz zweier Lösungen ist schwieriger zu verstehen. Aus einer Skizze erkennt man, daß beim Auseinanderrücken der Ringe das kleinere $\xi = \xi_1$ größer wird, entsprechend der zu erwartenden Verkleinerung von y_0. Das umgekehrte Verhalten beim größeren $\xi = \xi_2$ erscheint widernatürlich. Außerdem ist $\xi_2 > \xi_0$, so daß die entsprechende Verjüngung stärker sein sollte als für das Zerplatzen der Blase nötig. Ein solches ξ kann wohl keinem stabilen Gleichgewicht der Seifenblase entsprechen.

Ein Kunstgriff soll uns zur Rechtfertigung der letzten Vermutung verhelfen. Statt aller möglichen Profile $y(x)$ der Seifenblase werden wir versuchsweise im Funktional (10.1) nur Kettenlinien zulassen. Wir setzen also

$$y(x) = r \, \frac{\cosh(\xi x/a)}{\cosh \xi}, \tag{10.11}$$

wobei aber jetzt beliebige positive ξ erlaubt sind. Nur die zwei speziellen Linien mit $\xi = \xi_{1,2}$, für die die Bedingung (10.10) erfüllt ist, sind Extremalen, die übrigen nicht.

Nach Einsetzen von (10.11) in (10.1) reduziert sich unser Variationsproblem zu der Aufgabe, die Extrema der Funktion $S(\xi)$ zu finden. Die Rechnung ist nicht schwer, obwohl etwas langwierig. Es zeigt sich, daß bei $\xi = \xi_{1,2}$ die Ableitung $dS/d\xi$ verschwindet, wie man vermuten mußte. Wir überzeugen uns am leichtesten durch das Aufzeichnen von Diagrammen für $S = S(\xi)$, unterstützt durch die Auswertung von $S(0)$, $S(\xi_1)$, $S(\xi_2)$ und $S(\infty)$ für einige typische Werte von α, daß $S(\xi)$ bei $\xi = \xi_1$ ein Minimum und bei $\xi = \xi_2$ ein Maximum hat. Das Minimum gehört zum beobachteten stabilen Gleichgewicht der Seifenblase. Andererseits wäre es voreilig, das Maximum einem instabilen Gleichgewicht zuzuschreiben. Wenn man nämlich die Einschränkung auf Kettenlinien fallen läßt und wieder beliebige Variationen δy erlaubt, entpuppt sich das vermeintliche Maximum als trügerisch. Wir können ja die Oberfläche durch zusätzliche Buckel und Gräben immer noch vergrößern. Da also in diesem breiteren Zusammenhang kein Maximum besteht, sollte man lieber nicht von einem instabilem Gleichgewicht reden.

Wir wollen nun zur allgemeinen Betrachtung von Variationsproblemen zurückkehren, wobei wir einige Erweiterungen erlauben werden. Statt einer kann der Integrand mehrere unbekannte Funktionen enthalten, so daß man ein entsprechendes System von Euler-Lagrangeschen Differentialgleichungen bekommt. Schwieriger wird es, wenn mehrere unabhängige Variablen vorkommen. Der Integrand soll etwa eine Funktion $u(x, y, z) \equiv u(\boldsymbol{r})$ sowie deren Gradienten ∇u enthalten, also

$$S\{u\} = \int_V L(\boldsymbol{r}, u(\boldsymbol{r}), \nabla u(\boldsymbol{r}))\, \mathrm{d}^3 r. \tag{10.12}$$

Wir fragen nach einer stetig differenzierbaren Funktion u, für die S einen extremen Wert annimmt, wobei die Werte von u am Rande des Integrationsbereiches vorgeschrieben sind. Ähnlich wie vorher wird die vermutete Lösung ein wenig variiert: $u \rightarrow u + \delta u$, wobei δu stetig nach x, y, z differenzierbar und am Rande gleich Null sein soll. Durch Vernachlässigung von Termen höherer Ordnung bestimmen wir die erste Variation des angegebenen Funktionals,

$$\delta S = \int_V \left[\frac{\partial L}{\partial u}\, \delta u + \frac{\partial L}{\partial(\nabla u)} \cdot \nabla(\delta u) \right] \mathrm{d}^3 r. \tag{10.13}$$

Die Ableitungen von L nach $\partial u/\partial x$ usw. behandeln wir als Komponenten eines Vektors, der durch $\partial L/\partial(\nabla u)$ symbolisiert sein soll. Den zweiten Teil des Integranden zerlegen wir wie folgt,

$$\frac{\partial L}{\partial(\nabla u)} \cdot \nabla(\delta u) = \nabla \cdot \left(\frac{\partial L}{\partial(\nabla u)}\, \delta u \right) - \left(\nabla \cdot \frac{\partial L}{\partial(\nabla u)} \right) \delta u. \tag{10.14}$$

Den ersten Teil verwandeln wir durch Anwendung des Gaußschen Satzes in ein Oberflächenintegral, das wegen der Randbedingung für δu verschwindet. Es bleibt somit

$$\delta S = \int_V \left[\frac{\partial L}{\partial u} - \nabla \cdot \frac{\partial L}{\partial (\nabla u)} \right] \delta u \, \mathrm{d}^3 r. \tag{10.15}$$

Mit ähnlichen Argumenten wie im früheren Fall sehen wir, daß δS nur verschwinden kann, wenn der eingeklammerte Faktor des Integranden überall gleich Null ist, also wenn folgende Euler-Lagrangesche Gleichung gilt:

$$\frac{\partial L}{\partial u} - \nabla \cdot \frac{\partial L}{\partial (\nabla u)} = 0. \tag{10.16}$$

Diesmal ist es eine partielle Differentialgleichung zweiter Ordnung. Ihre Erfüllung ist eine notwendige, aber keineswegs hinreichende Bedingung für das Auftreten eines Extrems.

Auch hier liefern Seifenblasen wunderbare Beispiele. Statt zweier ebener Ringe nehmen wir eine einzige unebene Drahtschleife. Die Form der aufgespannten Membran sei durch eine unbekannte Funktion $z(x,y) \equiv z(\boldsymbol{r})$ beschrieben, wobei aber die Randwerte durch die Erhebungen der Schleife gegeben sind. Die Membran erreicht ihr Gleichgewicht, wenn ihre Oberflächenenergie γS (wobei γ die Oberflächenspannung ist) und daher ihre Oberfläche

$$S = \int \left[1 + \left(\frac{\partial z}{\partial x} \right)^2 + \left(\frac{\partial z}{\partial y} \right)^2 \right]^{\frac{1}{2}} \mathrm{d}x \, \mathrm{d}y \tag{10.17}$$

minimal sind. Die Euler-Lagrangesche Gleichung (10.16) nimmt jetzt folgende Form an:

$$\frac{\partial}{\partial x} \frac{\frac{\partial z}{\partial x}}{\sqrt{1 + \left(\frac{\partial z}{\partial x} \right)^2 + \left(\frac{\partial z}{\partial y} \right)^2}} + \frac{\partial}{\partial y} \frac{\frac{\partial z}{\partial y}}{\sqrt{1 + \left(\frac{\partial z}{\partial x} \right)^2 + \left(\frac{\partial z}{\partial y} \right)^2}} = 0. \tag{10.18}$$

Diese nach *Plateau* benannte Gleichung kann man auf die Bedingung zurückführen, daß die mittlere Krümmung (d.h. die halbe Summe der reziproken Hauptkrümmungsradien) auf der ganzen Fläche verschwindet.

Wegen der Nichtlinearität der obigen Gleichung können wir im allgemeinen nicht auf analytische Lösungen hoffen. Ein Ausnahmefall, der eine einfache Näherung zuläßt, bietet sich, wenn die Schleife sehr flach ist. Wir befestigen sie und damit die ganze Membran möglichst parallel zur xy-Ebene, so daß die beiden ersten Ableitungen von z überall klein gegen 1 sind. Man darf daher die angegebene Wurzel durch 1 nähern, wodurch sich (10.18) auf die Potentialgleichung reduziert:

$$\frac{\partial^2 z}{\partial x^2} + \frac{\partial^2 z}{\partial y^2} = 0. \tag{10.19}$$

Im Abschn. 5.4 haben wir sie direkt aus der Gleichgewichtbedingung für ein kleines Stück einer ziemlich flachen Membran hergeleitet. Ohne die Vereinfachung hätten wir schon dort die Plateausche Gleichung bekommen. Physikalisch

gesehen erscheinen also beide Gleichungen als eng verwandt. Mathematisch aber
ist der Unterschied gewaltig.

Außer durch die Randbedingungen wird die gesuchte Lösung manchmal
noch durch eine Integralbedingung eingeschränkt, so daß man das Extrem unter
einer *Nebenbedingung* aufzusuchen hat. Das bekannteste Beispiel eines solchen
isoperimetrischen Problems, wie man es nennt, liefert wohl die *Kettenlinie*. Aus
der Mechanik weiß man, daß eine ruhende Kette so hängt, daß ihre potentielle
Energie im Schwerefeld am kleinsten ist, ihr Schwerpunkt also am niedrigsten
liegt. Man muß also das Minimum des Funktionals

$$S\{y\} = \int_{-x_1}^{x_1} y\sqrt{1 + y'^2}\, dx \tag{10.20}$$

aufsuchen. Dabei sind die Koordinaten der Aufhängepunkte gegeben, die symmetrisch gelegen sein mögen: $y(\pm x_1) = y_1$. Obendrein ist die Gesamtlänge l der
Kette durch folgende Nebenbedingung vorgeschrieben:

$$B\{y\} \equiv \int_{-x_1}^{x_1} \sqrt{1 + y'^2}\, dx = l. \tag{10.21}$$

Um zu lernen, wie man so ein Problem anpacken soll, erinnern wir uns an
gewöhnliche Extrema mit Nebenbedingungen. Fragen wir nach einem Punkt r_0
in $\mathbb{R}^3$, der auf einer durch $G(r) =$ const gegebenen Oberfläche liegt und für
den unter dieser Einschränkung die Funktion $F(r)$ einen Extremwert annimmt.
Nehmen wir an, wir hätten den Punkt schon gefunden, und verrücken wir ihn
um einen kleinen Vektor dr in der genannten Oberfläche, so daß sich G nicht
ändert. Wir haben also die Bedingung $dG = \nabla G \cdot dr = 0$. Wenn aber $F(r_0)$
ein Extrem ist, muß an diesem Ort auch das Differential von F verschwinden:
$dF = \nabla F \cdot dr = 0$. Für alle erlaubten Richtungen des Vektors dr kann das nur
dann gelten, wenn beide Gradienten parallel sind. Es muß also einen Wert λ
geben, für den

$$\nabla F(r_0) = \lambda \nabla G(r_0) \tag{10.22}$$

gilt. In Komponenten ausgeschrieben sind dies drei Gleichungen für die vier
Unbekannten x_0, y_0, z_0 und λ. Die vierte ist $G(r_0) = 0$.

Rechnerisch behandelt man solche Probleme, indem man zuerst die Differenz $L = F - \lambda G$ bildet und den sogenannten *Lagrangeschen Multiplikator* λ
vorläufig unbestimmt läßt. Wie bei einem Extremalproblem ohne Nebenbedingung setzt man dann das totale Differential von L für beliebige dr gleich Null,
wodurch Gleichung (10.22) folgt. Ganz am Ende muß man nur noch die Bedin-
gung $G =$ const, also $\partial L / \partial \lambda = 0$, berücksichtigen, um die Lösung zu finden.

Beim Variationsproblem mit Nebenbedingung geht es ganz ähnlich zu. Man
versucht eine Funktion $y(x)$ finden, die der Bedingung

$$B\{y\} \equiv \int_{x_1}^{x_2} G(x, y, y')\, dx = \text{const} \tag{10.23}$$

genügt und bei der das Funktional

$$\mathcal{S}\{y\} \equiv \int_{x_1}^{x_2} F(x, y, y') \, \mathrm{d}x \tag{10.24}$$

einen extremen Wert erreicht. Da die erste Variation von $\mathcal{B}$ verschwinden muß, stellen wir nach einer partiellen Integration wie vorher fest, daß nur solche Variationen δy erlaubt sind, für die

$$\int_{x_1}^{x_2} \left[\frac{\partial G}{\partial y} - \frac{\mathrm{d}}{\mathrm{d}x} \left(\frac{\partial G}{\partial y'} \right) \right] \delta y \, \mathrm{d}x = 0 \tag{10.25}$$

gilt. Sowohl den eingeklammerten Faktor als auch δy wollen wir uns als Vektoren in einem L^2-Hilbert Raum vorstellen, das angegebene Integral also als ihr inneres Produkt. Wir verlassen uns darauf, daß der Hilbert-Raum außer der unendlichen Dimensionenzahl viele ähnliche Eigenschaften wie der gewöhnliche euklidische Raum hat. Die letzte Bedingung verlangt, daß δy im Hilbert-Raum in einer „Fläche" liegt, die senkrecht auf dem Vektor [...] steht. Für alle erlaubten δy muß aber auch $\delta \mathcal{S} = 0$ sein, wobei $\delta \mathcal{S}$ ähnlich wie in (10.15) auszudrücken ist. Das bedeutet, daß alle erlaubten δy auch senkrecht auf dem „Vektor" $[\partial F / \partial y \,\ldots]$ stehen sollen. Dieser muß also dem analogen Faktor in (10.25) proportional sein.

Um den gefundenen Ergebnissen gerecht zu werden, bilden wir die Lagrangesche Funktion

$$L(x, y, y') = F - \lambda G \tag{10.26}$$

und fahren fort wie bei einem gewöhnlichen Variationsproblem. Die Euler-Lagrangesche Gleichung (10.5) für dieses L mitsamt der Bedingung $\mathcal{B} = \mathrm{const}$ erlauben es, die gewünschte „bedingte" Extremale $y(x)$ und den Lagrangeschen Multiplikator λ zu bestimmen.

Tun wir das jetzt für die Kettenlinie! Im Einklang mit den Gleichungen (10.20) und (10.21) nehmen wir

$$L = (y - \lambda)\sqrt{1 + y'^2}. \tag{10.27}$$

Nach einiger Umformung reduziert sich die entsprechende Euler-Lagrangesche Gleichung auf

$$\frac{1}{1 + y'^2} \frac{\mathrm{d}y'}{\mathrm{d}y} y' = \frac{1}{y - \lambda}. \tag{10.28}$$

Die Integration liefert

$$1 + y'^2 = \left(\frac{y - \lambda}{a} \right)^2, \tag{10.29}$$

wobei a von der Integrationskonstanten herrührt. Nach abermaliger Trennung der Variablen integrieren wir nochmals und invertieren das Resultat:

$$y = \lambda + a \cosh \frac{x}{a}. \tag{10.30}$$

Diesmal haben wir die Integrationskonstante gleich Null gesetzt, um der durch die Randbedingungen gegebenen Symmetrie gerecht zu werden. Nachdem wir die Parameter λ und a aus den gegebenen l und y_1 ermittelt haben, ist die Aufgabe erledigt. Übrigens ist der Wert von λ höchst uninteressant, denn wir können ihn ja durch eine entsprechende Verschiebung der Kette verschwinden lassen.

Bei einer der Aufgaben im Abschn. 5.4 haben wir die Form der Kette aus einer einfacheren Differentialgleichung bestimmt, die wir aus der lokalen Gleichgewichtsbedingung herleiteten, d.h. aus der Bedingung für ein kleines Stück der Kette.

Aufgaben

10.1 Eine auf das Ende eines Zylinderrohres aufgespannte Seifenblase wird durch einen konstanten Druckunterschied p ausgebaucht. In der Mechanik lernt man, daß die Blase sich so formt, daß die Differenz zwischen der Oberflächenenergie γS und der geleisteten Volumenarbeit pV ein Extremum erreicht. Nehmen Sie an, daß die Blase eine Rotationsfläche bildet und berechnen Sie ihre Form aus der Euler-Lagrangeschen Differentialgleichung. Das Resultat folgt auch direkt aus der lokalen Gleichgewichtsbedingung. Ist das Extrem ein Minimum oder ein Maximum, also das Gleichgewicht ein stabiles oder labiles, oder ist beides möglich (unter welcher Bedingung)? – Hinweis zur letzten Frage: Nachdem man schon herausgefunden hat, daß die Blase eine Kugelkappe bildet, hat man ein gewöhnliches Extremalproblem. Man wähle die Höhe der Kappe als unabhängige Variable.

10.2 In einem großen Trog mit Wasser steht eine senkrechte Platte, die so benetzt wird, daß sich das Wasser ganz anschmiegt (Grenzwinkel $= 0$). Für die Gleichgewichtsform der gekrümmten Oberfläche gilt, daß die Summe ihrer Oberflächenenergie und der Potentialenergie des gehobenen Wassers minimal ist. Ermitteln Sie daraus das Profil der Oberfläche. Weit weg von der Platte stellt sich ein exponentielles Absinken ein. Wie groß ist die Relaxationslänge?

10.3 Betrachten Sie eine ähnliche Aufgabe wie die vorherige für ein senkrechtes zylindrisches Rohr. Lösen Sie die gewonnene Gleichung für die Fälle eines sehr kleinen bzw. sehr großen inneren Rohrradius.

10.4 Fortsetzung der vorherigen Aufgabe: Um wieviel höher ist der Mittelpunkt des Wasserspiegels im Rohr verglichen zum Spiegel in einem angeschlossenen breiten Gefäß? Bestimmen Sie (numerisch) diesen Höhenunterschied als Funktion des Rohrradius.

10.5 Ein Quecksilbertropfen sitzt auf einer waagerechten Oberfläche, wobei der Grenzwinkel gegeben ist. Was ist die Form des Tropfens?

10.6   Über einer geraden Strecke wird ein Bogen gegebener Länge gespannt, wobei die eingerahmte Fläche maximal sein soll. Was für eine Form muß der Bogen haben?

10.7   Zwei Punkte an einem Berghang sind durch eine Straße verbunden. Ein Radfahrer fährt herunter ohne zu bremsen und mißt die verbrauchte Zeit. Das Längsprofil der Straße sei durch eine Funktion $z(x)$ gegeben, wobei die z-Achse nach unten zeigt. Drücken Sie damit die Fahrzeit aus, und zwar für den Fall verschwindender Anfangsgeschwindigkeit und unter Vernachlässigung von Reibung und Widerstand. Was für eine Form sollte das Längsprofil der Straße haben, damit bei gegebenen Endpunkten die Fahrzeit am kürzesten wird? (Problem der *Brachistochrone*.)

10.8   Eine Kette mit gegebener Länge befestigt man mit beiden Enden an eine Achse, die in schnelle Drehung versetzt wird. Nach einigem Schleudern nimmt die Kette eine beständige Form an und rotiert dann synchron mit der Achse. In Analogie mit der hängenden Kette darf man vermuten, daß die Kette eine solche Form annimmt, daß das Trägheitsmoment maximal wird. Leiten Sie daraus die Euler-Lagrangesche Differentialgleichung her. Vergleichen Sie sie mit der Gleichung aus Aufgabe 5.29.

10.2 Variationsprinzip statt Funktionalgleichung

Der Leser wird bemerkt haben, daß er alle oben behandelten und in den Aufgaben vorgelegten Probleme schon früher einmal gelöst hat. Dieselben oder verwandte Differentialgleichungen wurden damals ohne Berufung auf irgendein *Variationsprinzip* hergeleitet, nämlich direkt aus lokalen Gleichgewichts- oder verwandten Bedingungen. Durch den weiteren Ausbau solcher Vergleiche kommt man zu der Vermutung, daß sich eine große Klasse physikalischer Probleme auf beide Weisen formulieren läßt: durch Differentialgleichungen oder mit Hilfe von Variationsprinzipien. Man soll beide Möglichkeiten offen halten und nicht etwa die Variationsprinzipien als nebensächlich abtun. Sie spielen wegen ihrer Anschaulichkeit in der Physik eine beachtliche Rolle und können sogar bei konkreten Rechnungen behilflich sein, wie wir im nächsten Abschnitt sehen werden.

Unsere bisherigen Betrachtungen lassen sich auch auf lineare Integralgleichungen mit symmetrischen Kernen und überhaupt auf lineare Funktionalgleichungen mit selbstadjungierten, in einem reellen Hilbert-Raum wirkenden Operatoren anwenden. Es ist leicht einzusehen, daß jede solche Gleichung, z.B.

$$\hat{A}u - f = 0, \tag{10.31}$$

die Euler-Lagrangesche Gleichung eines Variationsproblems ist. Das entsprechende Variationsfunktional ist

$$S\{u\} = \frac{1}{2}\langle \hat{A}u|u\rangle - \langle f|u\rangle. \tag{10.32}$$

Indem wir die Prozedur aus Abschn. 10.1 in der allgemeineren Bezeichnungsweise wiederholen, bekommen wir $\delta S = \frac{1}{2}\langle \hat{A}\delta u|u\rangle + \frac{1}{2}\langle \hat{A}u|\delta u\rangle - \langle f|\delta u\rangle$. Wegen der Selbstadjungiertheit des Operators $\hat{A}$ können wir ihn im ersten Term rechts zum Faktor u verschieben, was der in Abschn. 10.1 angewandten partiellen Integration entspricht. So bekommen wir

$$\delta S = \langle(\hat{A}u - f)|\delta u\rangle. \tag{10.33}$$

Für beliebige δu kann δS nur veschwinden, wenn der eingeklammerte Faktor überall Null ist, also wenn Gleichung (10.31) gilt. (Um mögliche Mengen von Ausnahmepunkten mit verschwindendem Maß kümmern wir uns nach wie vor nicht.)

Als Beispiel nehmen wir die Potentialgleichung $\nabla^2 U = 0$, die wir für ein begrenztes Gebiet V und für gegebene Randwerte lösen möchten. Da der Operator $-\nabla^2$ selbstadjungiert und reell ist (was bedeuten soll, daß er reelle Funktionen in reelle verwandelt), können wir obiges Rezept ohne weiteres anwenden, was zum Ansatz $S = -\frac{1}{2}\int_V U\,\nabla^2 U\,\mathrm{d}^3r$ führt. Durch Anwendung der Gaußschen Formel auf den Ausdruck $\nabla \cdot (U\,\nabla U)$ läßt sich dieses Integral in $S = \int_V L\,\mathrm{d}^3r$ verwandeln, wobei

$$L = \frac{1}{2}|\nabla U|^2. \tag{10.34}$$

Im Falle eines elektrostatischen Feldes, dessen Potential durch U beschrieben wird, erlaubt das Resultat eine interessante Deutung. Wie bekannt, ist die Energiedichte des Feldes im leeren Raum gleich $\frac{1}{2}\epsilon_0 E^2 = \frac{1}{2}\epsilon_0|\nabla U|^2$. Das von *Dirichlet* erfundene Variationsprinzip behauptet, daß das Feld so beschaffen ist, daß seine Energie extrem ist. Es stellt sich heraus, daß es ein Minimum ist, was aber weniger wichtig ist, als daß die Potentialgleichung die Euler-Lagrangesche Gleichung dieses Variationsprinzips ist. Freilich können wir ohne das Variationsprinzip auskommen, denn man kann ja die Potentialgleichung direkt lösen (numerisch, wenn es nicht analytisch geht). Man kann aber das Variationsproblem approximativ auch direkt lösen, indem man das Feld so gestaltet, daß seine Energie möglichst klein wird. Eine derartige Rechnung bietet also eine alternative approximative Methode für das Lösen der Potentialgleichung. Auch bei einer sehr flachen Membran können wir diese Erkenntnis anwenden, mit der einzigen Änderung, daß wir es hier statt mit elektrostatischer mit der Oberflächenenergie zu tun haben.

Es gibt noch mehrere Methoden zum approximativen Lösen von Funktionalgleichungen. Wenn man die Methoden analytisch gestalten kann, zieht man sie manchmal auch heute noch den numerischen Lösungen vor. Analytische Resultate, auch wenn sie nur approximativ sind, sind oft handlicher und flexibler als Berge von Zahlen oder Kurven.

Bevor wir uns solchen Berechnungsmethoden zuwenden, wollen wir noch einige bekannte Variationsprinzipien betrachten. Bei der Poissonschen Gleichung $\nabla^2 U = -\varrho/\epsilon_0$ verlangen wir ein Extrem von $S = \int_V L\,\mathrm{d}^3r$ mit

$$L = \frac{1}{2}\epsilon_0 |\nabla U|^2 - \varrho U. \tag{10.35}$$

Im angegebenen Integral erkennen wir die Differenz der Feldenergie und der potentiellen Energie der Ladungen im Feld. Ähnliches gilt für eine sehr flache Membran, auf die ein Druckunterschied wirkt. Ensprechend der Gleichung $\gamma \nabla^2 z = -p$ setzen wir $L = \frac{1}{2}\gamma|\nabla z|^2 - pz$, so daß $S = \iint L\,\mathrm{d}x\,\mathrm{d}y$ der Differenz der Oberflächenenergie und der vom Druckunterschied geleisteten Arbeit gleich ist. Davon war schon bei den Aufgaben im vorigen Abschnitt die Rede.

Das berühmteste aller Variationsprinzipien ist wohl das *Hamiltonsche*, das gewissermaßen das Newtonsche Bewegungsgesetz ersetzt. Stellen wir uns ein System von N punktförmigen Körpern vor und beschreiben wir seine Konfiguration mit einem $3N$-dimensionalen Vektor $q = (r_1, \ldots, r_N)$, der alle N Ortsvektoren r_i umfaßt. Bei einer Bewegung unter dem Einfluß eines Potentials W_{pot} seien die Anfangs- und Endkonfigurationen $q(t_0)$ und $q(t_1)$ bekannt. Das erwähnte Variationsprinzip behauptet, daß dazwischen die Bewegung so verläuft, daß

$$S = \int_{t_0}^{t_1} L\,\mathrm{d}t \tag{10.36}$$

extrem oder wenigstens stationär ist, wobei der Integrand der Differenz der kinetischen und potentiellen Energie gleich ist: $L = W_{\mathrm{kin}} - W_{\mathrm{pot}}$. Dabei wird W_{pot} durch q ausgedrückt und W_{kin} durch die Geschwindigkeiten, die man im Vektor $\dot{q}$ zusammenfaßt. Oft ist das Integral ein Minimum. Wichtig ist aber nur, daß $\delta S = 0$ ist, so daß folgendes System von *Euler-Lagrangeschen Differentialgleichungen* gilt:

$$\frac{\mathrm{d}}{\mathrm{d}t}\left(\frac{\partial L}{\partial \dot{q}}\right) = \frac{\partial L}{\partial q}. \tag{10.37}$$

Die angeführten Ableitungen sind als $3N$-dimensionale Gradienten zu verstehen, so daß rechts die Kräfte als negative Gradienten des Potentials aufgeschrieben stehen. Nach Einsetzen des expliziten Ausdrucks für die kinetische Energie wird der Leser links den Vektor $(m_1\ddot{r}_1, \ldots, m_N\ddot{r}_N)$ vorfinden, ganz wie Newton es verlangt.

Auf den ersten Blick erkennt man in (10.37) nur eine gekünstelte Schreibweise des Newtonschen Gesetzes. Der Wert des Hamiltonschen Variationsprinzips zeigt sich erst bei allerlei Verallgemeinerungen. Man darf z.B. krummlinige Koordinaten einführen, ohne daß sich bei der allgemeinen Formulierung etwas ändert. Nur die Ausdrücke für die kinetische und potentielle Energie werden komplizierter. Es schadet auch nicht, wenn wegen starrer Verbindungen zwischen den Körpern diejenigen Koordinaten, die die Bindungen beschreiben, überflüssig werden. Man läßt sie einfach weg. So läßt sich der Formalismus auch auf Systeme starrer Körper anwenden, ohne oder mit Bindungen. Man erfindet in jedem solchen Fall genau so viele unabhängige verallgemeinerte Koordinaten und Geschwindigkeiten, wie sie für die Beschreibung einer beliebigen Bewegung nötig sind. Nach wie vor behandeln wir diese Größen als multidimensionale Vektoren $\boldsymbol{q}$ und $\dot{\boldsymbol{q}}$ und drücken mit ihnen die potentielle und kinetische Energie aus.

Auch auf die Mechanik kontinuierlicher Systeme läßt sich das Hamiltonsche Prinzip anwenden. Man muß bloß die beiden Energien durch Integrale darstellen. Interessant ist der Fall der Amplitudengleichung $\nabla^2 u + k^2 u = 0$, der wir ein Variationsprinzip mit Nebenbedingung zuordnen, wobei k^2 die Rolle des Lagrangeschen Parameters übernimmt. Das Funktional

$$S = \int_V |\nabla u|^2 \, \mathrm{d}^3 r \tag{10.38}$$

soll unter der Bedingung

$$\int_V u^2 \, \mathrm{d}^3 r = 1 \tag{10.39}$$

extrem oder wenigstens stationär werden. Der Leser wird sich selbst überzeugen, daß die entsprechende Euler-Lagrangesche Gleichung mit der Amplitudengleichung übereinstimmt. Dazu noch eine Bemerkung: Wenn wir beide Seiten der Amplitudengleichung mit u multiplizieren und integrieren, bemerken wir nach Anwendung des Gaußschen Satzes, daß der stationäre Wert des Funktionals (10.38) gleich k^2 ist. Wir schließen weiter, daß der kleinste Eigenwert k_1^2 dem bedingten Minimum des Funktionals (10.38) gleich sein muß. Wenn erwünscht, können wir die durch die Bedingung (10.39) vorgeschriebene Normierung der Lösung aufgeben und behaupten, daß der kleinste Eigenwert als das Minimum eines *Rayleighschen Quotienten* bestimmt werden kann:

$$k_1^2 = \min \frac{\int_V |\nabla u|^2 \, \mathrm{d}^3 r}{\int_V u^2 \, \mathrm{d}^3 r}. \tag{10.40}$$

Die Anwendung der obigen Ideen auf lineare Integralgleichungen mit symmetrischen Kernen macht keinerlei Schwierigkeiten. Zur Gleichung

$$u(x) = F(x) + a \int_0^H K(x, x')\, u(x') \, \mathrm{d}x', \tag{10.41}$$

mit der wir uns im Kap. 9 ausgiebig beschäftigten, gehört nach dem Muster (10.32) das Variationsfunktional

$$\begin{aligned} S\{u\} &= \frac{1}{2} \int_0^H \left[a \int_0^H K(x, x')\, u(x') \, \mathrm{d}x' - u(x) \right] u(x) \, \mathrm{d}x \\ &\quad + \int_0^H F(x)\, u(x) \, \mathrm{d}x. \end{aligned} \tag{10.42}$$

Aus der Bedingung $\delta S = 0$ folgt nämlich (10.41) als die zugehörige Euler-Lagrangesche Gleichung.

Andererseits können wir der homogenen Gleichung (mit $F = 0$) wieder ein bedingtes Variationsproblem zuordnen, worin

$$\mathcal{S}\{u\} = \int_0^H \int_0^H K(x, x')\, u(x)\, u(x')\, \mathrm{d}x\, \mathrm{d}x' \qquad (10.43)$$

und die Bedingung $\int_0^H u^2(x)\, \mathrm{d}x = 1$ vorkommen. Bei einem positiv-definiten Kern, dessen Eigenwerte also alle positiv sind, läßt sich das Rezept in der Weise von (10.40) noch vereinfachen. Den reziproken Wert des kleinsten Eigenwerts bekommt man wieder aus einem Rayleighschen Quotienten, und zwar:

$$a_1^{-1} = \max \frac{\int_0^H \int_0^H K(x, x')\, u(x)\, u(x')\, \mathrm{d}x\, \mathrm{d}x'}{\int_0^H u^2(x)\, \mathrm{d}x}. \qquad (10.44)$$

Aufgaben

10.9 Die Energie eines elektrischen Feldes, das durch eine Spannung U_0 zwischen zwei Elektroden erzeugt wird, läßt sich auch durch das Produkt $\frac{1}{2}CU_0^2$ ausdrücken. Wie bekommt man die Kapazität aus dem Minimum des Dirichletschen Funktionals?

10.10 Auf einer schiefen Ebene rollt eine homogene Kugel ohne Reibung ab. Leiten Sie das Bewegungsgesetz auf zwei Weisen her. Traditionell betrachtet man z.B. das Drehmoment und den Drehimpuls bezüglich des Berührungspunktes der Kugel mit der Ebene. Eleganter geht es mit einer Euler-Lagrangeschen Gleichung, wobei man am einfachsten mit der Koordinate des Schwerpunktes rechnet.

10.11 Auf einer sich drehenden Welle mit einem starren Rad ist ein Faden aufgewickelt, mit einem Gewicht am Ende. Mit welcher Winkelbeschleunigung fängt sich das Rad an zu drehen, wenn man die Reibung vernachlässigen darf? Wählen Sie wie in Aufgabe 10.10 zwei Wege!

10.12 Der Wellengleichung für die schwingende Saite soll ein Variationsproblem zugeordnet werden.

10.13 Wie soll im Sinne der Gleichung (10.40) die Grundfrequenz einer ungleichmäßig dicken Saite bestimmt werden?

10.14 In einem geschichteten, inhomogenen Medium, etwa in ruhenden, ungleichmäßig gesalzenen Wasser hängt der Brechungsindex von der Tiefe ab: $n = n(z)$. Schief einfallende Strahlen krümmen sich. Das Brechungsgesetz führt dabei zu einer Differentialgleichung. Zeigen Sie, daß dies die Euler-Lagrangesche Gleichung des Fermatschen Variationsprinzips ist. Nach ihm verläuft der Lichtstrahl zwischen zwei Punkten so, daß der optische Weg $\int n\, \mathrm{d}s$ minimal ist.

10.15 Schätzen Sie für das Problem der Straßenwände aus Abschn. 9.1 mit Hilfe der Formel (10.44) den niedrigsten Eigenwert a_1 ab, und zwar für den Fall $H = 2$. Vergleichen Sie die Abschätzung mit dem Resultat der Aufgabe 9.10.

10.3 Direktes Lösen von Variationsproblemen

Um ein Variationsproblem approximativ zu lösen, braucht man eigentlich gar nicht erst auf die Euler-Lagrangesche Gleichung zurückgreifen. Man kann ja einfach eine flexible *Testfunktion* mit einem oder mehreren anpaßbaren Parametern einsetzen, wodurch sich die Aufgabe auf ein gewöhnliches Extremalproblem reduziert. Aus den Ableitungen findet man diejenigen Werte der Parameter, für die ein Extremwert erreicht wird. Bei geschickter Wahl der Testfunktion hoffen wir, auf solche Weise eine Näherung der wahren Lösung des Variationsproblems zu bekommen. Dabei ist es unangenehm, nicht im voraus zu wissen, wie gut die Näherung sein wird. Wegen ihrer Handlichkeit und Anschaulichkeit ist aber die Methode trotzdem nicht zu verwerfen.

Anhand der oben erwähnten Gleichung,

$$\hat{A}u - f = 0 \tag{10.45}$$

(mit einem reellen, selbstadjungierten Operator $\hat{A}$), der wir das Funktional $\mathcal{S}\{u\}$ wie in (10.32) zuordnen, soll die nach *Rayleigh und Ritz* benannte Methode näher erläutert werden. Meist wird die Testfunktion $\tilde{U}$ linear aus einer Familie von sogenannten *Basisfunktionen* aufgebaut:

$$\tilde{u} = a_1\varphi_1 + \ldots + a_n\varphi_n. \tag{10.46}$$

Ist irgendeine homogene Randbedingung vorgeschrieben, so soll ihr jede der Basisfunktionen genügen. Nur aus Bequemlichkeit werden wir vorschreiben, daß diese Familie in L^2 orthonormiert sein soll,

$$\langle \varphi_i | \varphi_j \rangle = \delta_{ij}. \tag{10.47}$$

Durch Einsetzen von $\tilde{u}$ statt u in $\mathcal{S}\{u\}$ bekommt man eine Funktion der Koeffizienten:

$$\mathcal{S}\{\tilde{u}\} = \mathcal{S}(a_1, \ldots, a_n). \tag{10.48}$$

Für ein quadratisches Funktional ist dies eine quadratische Funktion. Man bekommt die genäherte Extremale, indem man die Werte der Koeffizienten aus den Bedingungen $\partial \mathcal{S}/\partial a_1 = 0, \ldots, \partial \mathcal{S}/\partial a_n = 0$ bestimmt.

Tun wir das für das Funktional (10.32)! Wir finden

$$\mathcal{S} = \frac{1}{2} \sum_{i,j=1}^{n} a_i a_j A_{ij} - \sum_{j=1}^{n} a_j f_j, \tag{10.49}$$

wobei die Abkürzungen

$$A_{ij} = \langle \hat{A}\varphi_i | \varphi_j \rangle \quad \text{und} \quad f_j = \langle f | \varphi_j \rangle \tag{10.50}$$

eingeführt wurden. Wegen der Selbstadjungiertheit von $\hat{A}$ ist die Matrix der entsprechenden Koeffizienten symmetrisch: $A_{ij} = A_{ji}$. Die Bedingungen für das Extrem lauten:

$$\frac{\partial S}{\partial a_j} = \sum_{i=1}^{n} a_i A_{ij} - f_j = \langle (\hat{A}\tilde{u} - f)|\varphi_j \rangle = 0, \qquad j = 1, 2, \ldots n. \tag{10.51}$$

Es ist praktisch, hier im inneren Produkt als Faktor die linke Seite der Funktionalgleichung (10.31) vorzufinden. So können wir aus dem Resultat der Rayleigh-Ritzschen Methode eine handliche Rechenvorschrift ablesen, das nach *Galerkin* benannt ist. Das eigentliche Ziel ist jetzt die Lösung der Gleichung (10.45), wobei das Variationsproblem umgangen oder überhaupt verschwiegen wird. Wir sehen, daß die Testfunktion nur eine Approximation liefert, so daß die Gleichung nicht genau erfüllt ist. Es bleibt ein kleiner Fehler $\hat{A}\tilde{u} - f$ übrig. Gleichung (10.51) behauptet, daß dieser Fehler zu allen Basisfunktionen orthogonal sein soll. Dies ist in Kürze Galerkin's Vorschrift.

Es wird höchste Zeit, die Vorschrift auf ein Beispiel anzuwenden, und zwar wollen wir es gleich mit einem Eigenwertproblem wagen. Wir nehmen eine zwischen $x = -1$ und $x = 1$ aufgespannte Saite und fragen nach der niedrigsten Eigenfrequenz. (Eigentlich ist x die durch die halbe Saitenlänge geteilte Längskoordinate.) Wir haben also die Amplitudengleichung $u'' + k^2 u = 0$ mit der Randbedingung $u(\pm 1) = 0$. Damit die Aufgabe nicht trivial wird, stellen wir uns dumm und verheimlichen alles Wissen über trigonometrische Funktionen. Zwei Polynome als Basisfunktionen werden vollauf genügen, also $\tilde{u} = a_1\varphi_1 + a_2\varphi_2$. Die Polynome bieten sich von selbst an,

$$\varphi_1 = 1 - x^2, \qquad \varphi_2 = x^2(1 - x^2). \tag{10.52}$$

Beide genügen den Randbedingungen; von einer Orthonormierung sehen wir jedoch diesmal ab.

Falls wir uns vorläufig nur mit der ersten Basisfunktion zufriedengeben, müssen wir nach Galerkin verlangen, daß $\langle (\nabla^2\varphi_1 + k^2\varphi_1)|\varphi_1 \rangle = 0$ gilt. Wir bekommen eine einzige Gleichung für den vermutlich niedrigsten Eigenwert: $k^2 = \frac{5}{2}$. Den richtigen Wert $k^2 = (\pi/2)^{1/2} = 2,4674$ haben wir trotz der äußerst groben Näherung $(\cos(\pi x/2) \tilde{\propto} 1 - x^2)$ nur wenig verfehlt. Mit beiden Basisfunktionen verkleinert sich der Fehler auf 0,002%, wovon sich der Leser selbst überzeugen soll. Beim nächsten (einer geraden Lösung zugehörigen) Eigenwert wird er aber zu seiner Enttäuschung einen Fehler von über 10% finden.

Den niedrigsten Eigenwert haben wir beidemal zu hoch geschätzt, was mit der positiven Definitheit des Operators $-\mathrm{d}^2/\mathrm{d}x^2$ zusammenhängt. Da die gewählte Testfunktion keine genaue Lösung reproduzieren kann, enthält sie immer eine kleine Beimischung höherer Eigenfunktionen. Wenn man einen entsprechenden Ansatz in die Gleichung einsetzt, klärt sich der Sachverhalt sofort.

Die obigen Basisfunktionen waren auf dem ganzen betrachteten Bereich analytisch; eine solche Wahl ist aber weder nötig noch im allgemeinen leicht zu verwirklichen. Stellen wir uns vor, wir hätten die Poissonsche Gleichung $\nabla^2 U = f$ innerhalb eines Vielecks zu lösen, und zwar unter der Bedingung $U = 0$ am Rand. Analytische Basisfunktionen, die dieser Bedingung genügen würden, sind schwer zu finden. Für solche Fälle verwendet man besser die *Methode finiter*

Elemente, bei der man innerhalb des Bereichs eine passende Zahl von *Knotenpunkten* wählt und ihn dann durch Verbindungslinien zwischen Nachbarpunkten in lauter Dreiecke einteilt. Um eine Basisfunktion $\varphi_i(\boldsymbol{r})$ zu konstruieren, nimmt man alle Dreiecke, die in einem der Knotenpunkte $(\boldsymbol{r}_i)$ zusammenlaufen und so ein Vieleck bilden. Innerhalb dieses Vielecks soll die Basisfunktion stetig und von Null verschieden sein, am Rande und außen aber verschwinden. Am einfachsten schreibt man vor, daß die Basisfunktion innerhalb jedes der Dreiecke linear ist und daß ihr Wert im Knotenpunkt normiert ist: $\varphi_i(\boldsymbol{r}_i) = 1$. Dann sind die Koeffizienten in der Entwicklung (10.46) gleich den Werten der Testfunktion in den Knotenpunkten:

$$\tilde{U}(\boldsymbol{r}) = \sum_i \tilde{U}(\boldsymbol{r}_i)\varphi_i(\boldsymbol{r}). \tag{10.53}$$

Die φ_i sind nicht alle zueinander orthogonal, denn das innere Produkt $\langle\varphi_i|\varphi_j\rangle$ verschwindet offenbar nicht, wenn die Knotenpunkte $\boldsymbol{r}_i$ und $\boldsymbol{r}_j$ benachbart sind. Derartige innere Produkte sind jedoch leicht zu berechnen.

Von den beschriebenen Basisfunktionen kann man sich Bilder machen, die wie Zeltdächer aussehen, getragen von Einheitspfählen in dem jeweils gewählten Knotenpunkt, während sie in den benachbarten Eckpunkten am Boden befestigt sind. Man kann solche Basisfunktionen nicht in die Poissonsche Gleichung einsetzen, um dann nach Galerkin zu verfahren, denn die zweiten Ableitungen würden Schwierigkeiten bereiten. Wohl aber kann man das im Abschnitt 10.2 besprochene Variationsprinzip anwenden, denn da kommen im Integranden nur die ersten Ableitungen vor, deren Unstetigkeiten nichts ausmachen.

Als Nächstes setzen wir den Ansatz (10.53) in das Variationsfunktional ein und berechnen die nötigen Integrale. Differentiation nach den unbekannten Parameterwerten $\tilde{U}(\boldsymbol{r}_i)$ führt zu einem System linearer Gleichungen, dessen Lösung eine Approximation für das gesuchte Potential $U(\boldsymbol{r})$ darstellt.

Die einzelnen Schritte der beschriebenen Methode hat man längst zur Routine ausgearbeitet. Darüber, sowie über allerlei praktische Hinweise, Verfeinerungen und Verallgemeinerungen findet man genug in einschlägigen Büchern.

Literatur

10.1   K. Knothe und H. Wessels: *Finite Elemente; eine Einführung für Ingenieure* (Springer, Berlin, Heidelberg 1992).

Aufgaben

10.16 Bestimmen Sie einige Eigenfrequenzen einer ungleichmäßig dicken, zwischen $x = -l$ und $x = l$ aufgespannten Saite mit einem parabolischen Längsprofil der linearen Dichte. Die Abweichungen von der mittleren Dichte sollen klein sein, also $\varrho_l \propto 1 - \epsilon(x/l)^2$ mit $\epsilon \ll 1$. Als Basisfunktionen wählen Sie die Schwingungsformen der gleichmäßig dicken Saite.

10.17 Man mache eine Abschätzung für die niedrigste Eigenfrequenz einer ungleichmäßig dicken, auf einen quadratischen Rahmen ($2a \times 2a$) aufgespannten Membran. Die Dicke sei durch $h(x,y) = h_0[1 - \frac{1}{2}(x/a)^2(y/a)^2]$ beschrieben. Vergleichen Sie die Abschätzung mit dem Resultat einer direkten numerischen Rechnung.

10.18 Diejenige kugelsymmetrische Schwingungsform der Luft in einem kugelförmigen Hohlraum, der die niedrigste Frequenz zukommt, soll durch ein Polynom vierten Grades approximiert werden. Schätzen Sie auf diese Weise die Frequenz ab und machen Sie einen Vergleich mit dem exakten Resultat.

10.19 Bestimmen Sie näherungsweise nach Galerkin die Grundfrequenz einer kreisförmigen gespannten Membran, und zwar mit Hilfe eines quadratischen Polynoms. Um wieviel ist das Resultat falsch? Achtung: Das innere Produkt muß durch ein Oberflächenintegral definiert werden, und nicht etwa durch ein Integral über den Radius, denn nur im ersten Fall ist der von ∇^2 herrührende Operator selbstadjungiert. Wie sehr verschlechtert sich das Resultat, wenn die zweite Definition angewandt wird?

10.20 Berechnen Sie die Grundfrequenz und die entsprechende Schwingungsform einer gespannten Saite ($-a < x < a$) mit der Methode finiter Elemente. Teilen Sie die Saite in eine verschiedene Anzahl gleich langer Abschnitte ein und vergleichen Sie die jeweiligen Frequenzen mit den exakten.

10.21 Eine auf einen sechseckigen Rahmen (Seite a) aufgespannte Seifenmembran wird durch einen kleinen gleichmäßigen Druckunterschied ausgebaucht. Bestimmen Sie ihre Form mit der Methode endlicher Elemente. Teilen Sie das Sechseck einmal in 6 gleichseitige Dreiecke ein und das zweite Mal jedes Dreieck noch in je vier gleichseitige Dreiecke. Vergleichen Sie die so berechneten Verschiebungen im Mittelpunkt mit dem Wert für eine kreisförmige Membran.

10.4 Störungsrechnung

Es gibt noch weitere Methoden, mit denen man approximative Lösungen von Funktionalgleichungen auffinden kann. Eine der wichtigsten ist die *Störungsrechnung (Perturbationsmethode)*. Da sie besonders in der Quantenmechanik häufig angewandt wird, wollen wir sie am Beispiel der stationären Schrödingergleichung für ein Teilchen ohne Spin betrachten:

$$\hat{H}u(\boldsymbol{r}) = W\,u(\boldsymbol{r}). \tag{10.54}$$

Die Methode ist nur dann brauchbar, wenn sich der Hamiltonoperator aus einem „einfachen" Teil und einer im gewissen Sinne kleinen „Störung" zusammensetzen läßt,

$$\hat{H} = \hat{H}_0 + \epsilon \hat{H}_1. \tag{10.55}$$

Dabei sollen für den einfachen Teil $\hat{H}_0$ die Eigenfunktionen u_0, u_1, ... und Eigenwerte W_0, W_1, ... schon bekannt sein. Schönheitshalber wurde die Störung mit einem Parameter ϵ versehen, um ihre Kleinheit hervorzuheben. „Klein" soll hier bedeuten, daß man bei den für das gegebene Problem wichtigen Eigenfunktionen und Eigenwerten nur relativ kleine Veränderungen erwartet.

Versuchen wir jetzt zu ermitteln, wie sich die erste der angeführten Eigenfunktionen und der zugehörige Eigenwert aufgrund der Störung verändern. Der Eigenwert soll einfach sein („nicht degeneriert", wie man in der Quantenmechanik sagt). Da Änderungen verschiedener Ordnung im Bezug auf den Parameter ϵ zu erwarten sind, machen wir einen Versuch mit Potenzreihen,

$$u = u_0 + \epsilon v_1 + \epsilon^2 v_2 + \ldots, \quad W = W_0 + \epsilon h_1 + \epsilon^2 h_2 + \ldots, \tag{10.56}$$

wobei die Funktionen $v_i(\boldsymbol{r})$ und die Konstanten h_i noch unbekannt sind. Um sie zu bestimmen, setzen wir die Reihen in die Schrödingergleichung (10.54) mit (10.55) ein und sortieren die Terme nach den Potenzen von ϵ. Wenn die Reihen für irgendein ϵ konvergieren und tatsächlich eine Lösung des Problems ergeben, haben wir sofort auch Lösungen für jedes kleinere ϵ. Das ist aber nur möglich, wenn der Koeffizient jeder Potenz verschwindet. So ergibt sich eine Folge von Gleichungen,

$$\hat{H}_0 u_0 = W_0 u_0, \tag{10.57}$$

$$\hat{H}_0 v_1 + \hat{H}_1 u_0 = W_0 v_1 + h_1 u_0, \tag{10.58}$$

$$\ldots$$

Die erste ist definitionsgemäß erfüllt, während man aus der zweiten die Störung erster Ordnung ermittelt. Damit wollen wir uns begnügen; für Störungen höherer Ordnung sowie allerlei Besonderheiten möge der Leser Lehrbücher der Quantenmechanik oder das Buch von Morse und Feshbach (s. Anhang C) zu Rate ziehen.

Ohne an Allgemeinheit zu verlieren, dürfen wir verlangen, daß v_1 zu u_0 orthogonal sein soll, so daß wir eine Entwicklung

$$v_1 = \sum_{j=1}^{\infty} a_{1j} u_j \tag{10.59}$$

postulieren. Ein Beitrag $\propto u_0$ zur Reihe wäre ja einer irrelevanten Multiplikation der Ausgangsfunktion mit einem Faktor gleichwertig. Um den Koeffizienten h_1 zu bestimmen, bilden wir auf beiden Seiten von (10.58) das innere Produkt mit u_0. Es zeigt sich, daß in erster Ordnung die Verschiebung des Eigenwerts dem Mittelwert des Störoperators für den ungestörten Zustand des Systems ist. Mit Hilfe der inneren Produkte mit den übrigen Eigenfunktionen bekommen wir auch die Koeffizienten der Reihe (10.59). So haben wir

$$h_1 = \langle u_0 | \hat{H}_1 u_0 \rangle, \quad a_{1j} = \frac{\langle u_j | \hat{H}_1 u_0 \rangle}{W_0 - W_j}. \tag{10.60}$$

Aufgaben

10.22 In einem eindimensionalen harmonischen Potential ($W_\mathrm{p} \propto x^2$) befindet sich ein geladenes Teilchen. Im Grundzustand hat die Wellenfunktion die Gaußsche Form. Was für Veränderungen verursacht ein äußeres homogenes elektrisches Feld? Bemerkung: Das exakte Resultat kann man erraten.

10.23 Die eindimensionale Bewegung eines geladenen Teilchens zwischen zwei unendlich hohen Potentialwänden wird durch ein homogenes elektrisches Feld gestört. Wie ändert sich in erster Ordnung die Wellenfunktion des Grundzustandes?

10.24 Man löse die eindimensionale stationäre Schrödingergleichung für ein Teilchen zwischen zwei Wänden, wenn dort ein schwaches harmonisches Potential herrscht ($W_\mathrm{p} \propto x^2$).

10.25 Lösen Sie die Aufgabe 10.16 aus Abschn. 10.3 mit Hilfe der Störungsrechnung.

10.5 Quasiklassische Approximation

Wellen in einem inhomogenen Medium sind leicht überschaubar, wenn die Inhomogenitäten innerhalb einer Wellenlänge relativ klein sind. In einem solchen Fall bekommt man nämlich gute Näherungen, indem man der Welle dieselbe Form wie für ein homogenes Medium zuschreibt, jedoch mit einer sich langsam von Ort zu Ort ändernden Wellenlänge und Amplitude. In der Optik kennt man diese Berechnungsmethode als die Approximation der *geometrischen Optik* oder als die Methode des Ikonals, während sie in der Quantenmechanik als die *quasiklassische* oder die Wentzel-Kramers-Brillouinsche (kurz *WKB*) Methode bezeichnet wird. Eigentlich wurde sie aber von Liouville und anderen Mathematikern schon viel früher erfunden.

Besonders einfach ist die Methode bei Wellen in einem eindimensionalen Medium, z.B. auf einer Saite mit veränderlicher Dicke. Wir beginnen mit der Amplitudengleichung

$$u''(x) + k^2(x)\, u(x) = 0, \tag{10.61}$$

wobei die Wellenzahl die veränderliche Fortpflanzungsgeschwindigkeit enthält: $k(x) = \omega/c(x)$. Diese hängt von der Saitenspannung und von ihrer linearen Dichte ab: $c(x) = \sqrt{F/\varrho_1(x)}$. Versuchen wir nun, im Sinne obiger Erwägungen einen Ansatz für eine fortschreitende Welle zu machen. Zuerst stellen wir fest, daß sich die Phase der Welle um $k\,\mathrm{d}x$ verzögert, wenn wir um $\mathrm{d}x$ in Wellenrichtung fortschreiten. Ein größerer Schritt gibt also die Phasenänderung $\int k\,\mathrm{d}x$. Ob und wie sich dabei die Amplitude $|u(x)|$ ändert, versuchen wir aus dem Energiegesetz abzuleiten. Es läßt sich zeigen, daß die lineare Dichte w

der Wellenenergie mit der Amplitude der Dichte der kinetischen Energie über-einstimmt: $w(x) = \frac{1}{2}\varrho_1(x)\omega^2|u(x)|^2$. Multiplikation dieses Ausdrucks mit der Wellengeschwindigkeit ergibt den Energiestrom, der wegen der Energieerhaltung konstant sein muß:

$$P = \frac{1}{2}\sqrt{F\varrho_1(x)}\,\omega^2|u(x)|^2 = \text{const.} \tag{10.62}$$

Daraus folgt $|u(x)| \propto [\varrho_1(x)]^{-1/4} \propto \sqrt{c(x)} \propto [k(x)]^{-1/2}$. Indem wir auch die entgegengesetzte Ausbreitungsrichtung zulassen, haben wir schon zwei linear unabhängige, approximative Lösungen:

$$u(x) \propto \frac{1}{\sqrt{k(x)}}\exp\left[\pm\mathrm{i}\int k(x)\,\mathrm{d}x\right]. \tag{10.63}$$

Wenn erwünscht, können wir aus ihnen stehende Wellen zusammensetzen:

$$u(x) = \frac{1}{\sqrt{k(x)}}\{\cos,\sin\}\left[\int k(x)\,\mathrm{d}x\right]. \tag{10.64}$$

Auch bei mehrdimensionalen Problemen ist die Methode von Bedeutung, obwohl sie weniger rechnerischen Erfolg verspricht. Wir mögen uns Lichtwellen vorstellen, werden aber so tun, als wäre die Amplitude ein Skalar. In die Amplitudengleichung

$$\nabla^2 u + k^2(\boldsymbol{r})u = 0 \tag{10.65}$$

substituieren wir $u(\boldsymbol{r}) = |u(\boldsymbol{r})|\,\exp[\mathrm{i}\phi(\boldsymbol{r})]$. Durch Trennung des reellen und imaginären Teils bekommen wir zwei Gleichungen, von denen wir nur die erste benötigen werden,

$$\nabla^2|u| + (k^2 - |\nabla\phi|^2)|u| = 0. \tag{10.66}$$

Wenn man erwartet, daß sich $|u|$ auf Entfernungen der Größe einer Wellenlänge $2\pi/k$ nur relativ wenig ändert, darf man den ersten Term in (10.66) vernachlässigen. Unter solchen Umständen gilt demnach folgende Gleichung:

$$|\nabla\phi(\boldsymbol{r})| = k(\boldsymbol{r}). \tag{10.67}$$

In ihr erkennen wir einen approximativen Ersatz für die ursprüngliche Amplitudengleichung, oder eigentlich nur einen halben Ersatz, denn sie enthält nur die Phase $\phi(\boldsymbol{r})$, auch *Ikonal* genannt, und läßt die Amplitude $|u(\boldsymbol{r})|$ außer acht. Da die Wellenflächen durch konstante Phasen definiert sind, stehen die Vektoren $\nabla\phi(\boldsymbol{r})$ überall senkrecht auf ihnen. Indem wir diese Vektoren nach Art der Strom- oder Kraftlinien miteinander verbinden, bekommen wir Linien, die man in der Optik *Strahlen* nennt. Das sind also Linien, die die Wellenflächen senkrecht durchbohren. (Daß das Wort oft auch in ganz anderem Sinne gebraucht wird, soll uns nicht stören.) In der Quantenmechanik eines Teilchens im äußeren Feld aber sind diese Linien seine *klassische Trajektorien*.

Dazu noch eine wichtige Bemerkung: In jedem Gebiet, in dem k konstant ist, sind die Strahlen gerade Linien, wie wir sie aus der Schule kennen. Analog sind in jedem Gebiet, in dem das äußere Potential konstant ist, die klassischen Trajektorien eines Teilchens gerade Linien. Um die Behauptung zu beweisen, nehmen wir die Ableitung des Vektors $\nabla\phi$ in seiner eigenen Richtung und erinnern uns an die aus der Hydrodynamik bekannte Formel (siehe Abschn. 3.6 und Anhang)

$$(\boldsymbol{v} \cdot \nabla)\boldsymbol{v} = \frac{1}{2}\nabla(\boldsymbol{v}^2) - \boldsymbol{v} \times (\nabla \times \boldsymbol{v}).$$

Die Rolle von $\boldsymbol{v}$ übernimmt jetzt $\nabla\phi$, dessen Rotation verschwindet. Also gilt

$$(\nabla\phi \cdot \nabla)\nabla\phi = \frac{1}{2}\nabla(k^2) = 0, \tag{10.68}$$

womit bewiesen ist, daß auch die Richtung des Vektors $\nabla\phi$ entlang des Strahls konstant bleibt, wenn sich seine Größe nicht ändert.

Der Phasenunterschied zwischen zwei Punkten desselben Strahls läßt sich entsprechend der Gleichung (10.67) wie folgt ausdrücken:

$$\phi(\boldsymbol{r}_2) - \phi(\boldsymbol{r}_1) = \int_{r_1}^{r_2} k(\boldsymbol{r})\,\mathrm{d}s. \tag{10.69}$$

Abgesehen vom Faktor ω/c_0 (wobei c_0 die Lichtgeschwindigkeit im leeren Raum ist) gleicht das Integral dem sogenannten *optischen Weg* $\int n(\boldsymbol{r})\,\mathrm{d}s$, wobei $n(\boldsymbol{r}) = c_0/c(\boldsymbol{r})$ der Brechungsindex ist. Sobald man vom Strahl abrückt, muß man $\mathrm{d}s\cos\delta$ statt $\mathrm{d}s$ einsetzen, denn es gilt ja allgemein $\mathrm{d}\phi = \mathrm{d}\boldsymbol{r} \cdot \nabla\phi = \nabla\phi\,\mathrm{d}s\cos\delta$. Dadurch verkleinert sich der Wert des Integrals. So haben wir das bekannte *Fermatsche Variationsprinzip* bekommen: Der optische Weg zwischen zwei Punkten ist am kürzesten, wenn wir entlang des Strahls integrieren.

Man soll nicht vergessen, daß all dies nur bei langsamen Änderungen der Amplitude gilt. Bei schroffen Änderungen, wie z.B. am Rande eines Hindernisses, ist $|\nabla\phi|$ im allgemeinen nicht mehr konstant. Die Wellenflächen rücken zusammen oder auseinander und die Strahlen beugen sich, wo sie nach der geometrischen Optik gerade sein sollten.

Aufgaben

10.26 Eine ungleichmäßig dicke Saite mit der linearen Dichte $\varrho_l(x) = \varrho_{l0}[1 - \frac{1}{5}(x/l)^2]$ ist bei $x = \pm l$ eingespannt. Bestimmen Sie aus der quasiklassischen Approximation die Eigenfrequenzen. Die niedrigeren bekommt man so nur ungenau, so daß zum Vergleich auch die Galerkinsche oder die direkte algebraische Methode angewandt werden soll.

10.27 Bestimmen Sie einige höhere Eigenwerte und Eigenfunktionen für das Problem in Aufgabe 10.24.

10.28 Für einen scharfen Übergang zwischen zwei Medien mit verschiedenen Brechungsindices ist die oben skizzierte Herleitung des Fermatschen Prinzips nicht gerechtfertigt. Das Prinzip gilt aber trotzdem, wie ein Vergleich mit dem Brechungsgesetz zeigt; warum?

10.29 In einem Potentialfeld mit konstantem Gradienten sind die klassischen Trajektorien eines Teilchens Parabeln, wie aus der Schule bekannt. Beweisen Sie dies auch mit Hilfe der quasiklassischen Approximation.

11. Wahrscheinlichkeitsrechnung

11.1 Diskrete und kontinuierliche Verteilungen

Der einfachste Begriff einer Funktion $y = f(x)$, bei der innerhalb eines Definitionsbereiches jeder Zahl x eine Zahl y entspricht, läßt sich auf viele Arten erweitern. Statt einzelner Variablen x und y können jeweils mehrere auftreten, wie z.B. bei Vektorfunktionen im Raume. Eine ganz andere Verallgemeinerung soll uns jetzt zum Begriff der *Verteilungen (Maße)* führen.

Eigentlich ist uns der Begriff schon geläufig, denn in der Physik begegnen wir oft Verteilungen von Massen, Ladungen, Kräften und anderen Größen. Nehmen wir einen Körper und stellen wir uns vor, daß wir ihn in mehrere Teile unterteilen. Jeder Teil ist durch die Menge $\mathcal{M}_i$ der in ihm enthaltenen Punkte gekennzeichnet. Er umfaßt ein Volumen $V(\mathcal{M}_i)$ und enthält eine Masse $m(\mathcal{M}_i)$. Die Masse ist keineswegs eine Funktion des Ortes; vielmehr entspricht jedem Teil des Körpers eine bestimmte Masse. Dadurch ist die Massenverteilung gegeben. Wesentlich ist dabei, daß sich die Massen addieren, wenn man zwei Teile des Körpers, genauer gesagt zwei disjunkte Teilmengen seiner Punkte zusammensetzt:

$$m(\mathcal{M}_1 \cup \mathcal{M}_2) = m(\mathcal{M}_1) + m(\mathcal{M}_2) \quad \text{wenn} \quad \mathcal{M}_1 \cap \mathcal{M}_2 = \emptyset. \qquad (11.1)$$

Man sollte auch Zusammensetzungen von abzählbar unendlich vielen Mengen zulassen. Wenn wir es nicht zu genau nehmen, dürfen wir erklären, daß mit einer Verteilung eine additive Mengenfunktion gemeint ist.

Die Terminologie ist leider nicht einheitlich. Was bei den Physikern und auch in diesem Buch als Verteilung bezeichnet wird, nennen die Mathematiker ein Maß. Der Begriff einer Distribution, mit dem wir uns aber nicht beschäftigen werden, ist noch allgemeiner, obwohl das Wort wie eine Übersetzung von „Verteilung" klingt.

Weitere Beispiele kommen uns in den Sinn. Der Körper kann im Inneren verteilte Ladungen enthalten, wobei jedem Teil des Körpers eine bestimmte Ladung zukommt. Beim leitenden Körper verteilt sich die Ladung auf der Oberfläche, so daß auf jeden seiner Teile eine Teilladung entfällt. Kräfte können räumlich verteilt sein, wie z.B. das Gewicht eines Körpers. Andererseits hat man es beim Druck auf einen Körper mit auf der Oberfläche verteilten Kräften zu tun. Der Wärmestrom in einem Stab ist über den Querschnitt verteilt und ähnliches gilt für den elektrischen Strom in einem Leiter oder für den Lichtstrom durch eine Öffnung. Beim Lichtstrom, der aus einer Punktquelle entspringt, interessiert uns die Verteilung über den Raumwinkel. Bei spektroskopischen Untersuchungen fragen wir außerdem nach der Spektralverteilung des Lichtes, d.h. nach der Verteilung über Intervalle der Wellenlänge oder der Frequenz.

Nebenbei sei bemerkt, daß man bei Größen, die sich nicht verteilen lassen, das Wort „Verteilung" nicht mißbrauchen soll. „Temperaturverteilung" ist ein sinnloser Ausdruck, denn man kann z.B. die 310 K eines Menschen nicht in je 155 K für seine Hälften aufteilen. „Temperaturprofil" oder „Temperaturfeld" hört sich besser an.

In der Mechanik erlaubt man sich gern die Vereinfachung, daß man ein System weit voneinander entfernter, relativ kleiner Körper so behandelt, als ob dies Punkte wären. Beim Planetensystem rechnet man oft so. Auch Moleküle in einem Gas betrachtet man in erster Näherung als punktförmig. Die Masse ist in so einem Fall über isolierte Punkte verteilt. Kurz gesagt, die Verteilung ist *diskret*. Viele Beispiele solcher Verteilungen könnte man noch erwähnen. Das Spektrum des Lichtes ist diskret, wenn es nur scharfe Linien (mit scharf bestimmten Wellenlängen) enthält.

Um eine diskrete Massenverteilung zu beschreiben, braucht man nur anzugeben, wo die einzelnen Massen sitzen: m_1 bei r_1, m_2 bei r_2, ... Ähnlich geben wir bei einem diskreten Lichtspektrum die Wellenlinien λ_1, λ_2, ... der einzelnen Spektrallinien an (oder statt dessen die entsprechenden Frequenzen ν_1, ν_2, ...) und dazu die dort einfallenden Lichtströme P_1, P_2, ...

Die Massenverteilung in einem größeren Körper kann man nicht als diskret beschreiben, sondern als *kontinuierlich*. Damit ist zweierlei gemeint. Erstens sitzt in keinem Punkt eine endliche Masse. Zweitens existiert in fast jedem Punkt r der Grenzwert des Quotienten dm/dV, wenn man den betrachteten Teil des Körpers auf eine immer kleinere Umgebung des Punktes zusammenschrumpfen läßt. Dieser Grenzwert definiert die *Dichte*, die eine Funktion des Ortes ist:

$$\varrho(\boldsymbol{r}) = \frac{dm}{dV}. \tag{11.2}$$

Die Masse, die in einer kleinen Umgebung des Punktes r sitzt, können wir jetzt als Differential darstellen, $dm = \varrho(\boldsymbol{r})\,dV$, und die Masse innerhalb eines größeren Gebietes V durch das Integral

$$m = \int_V \varrho(\boldsymbol{r})\,dV. \tag{11.3}$$

Die Dichte kann sehr wohl eine unstetige Funktion sein – man denke z.B. an die verschiedenen Körner in einem Granitwürfel. An den Grenzflächen existiert der Grenzwert nicht, was aber bei Volumenintegralen nichts ausmacht. (Das dreidimensionale Lebesguesche Maß dieser Flächen verschwindet nämlich; die Dichte ist *„fast überall"* definiert.)

Zur Terminologie soll bemerkt werden, daß die kontinuierlichen Verteilungen des Physikers in der Mathematik als absolut stetige Maße bezeichnet werden. Es wäre naiv zu glauben, daß alle Verteilungen entweder diskret oder aber kontinuierlich im Raume oder auf Flächen oder auf Linien sein müssen. Sicher gibt es auch *gemischte Verteilungen*, die zum Teil diskret und zum Teil kontinuierlich sind. Als Beispiel möge ein stark idealisierter Kuchen mit Rosinen dienen. Doch sind nicht einmal damit alle mathematischen Möglichkeiten erschöpft, denn man kann noch kompliziertere Verteilungen konstruieren. Sie kommen aber bei der Beschreibung von Naturerscheinungen kaum in Frage, so daß wir uns um sie nicht zu kümmern brauchen.

Der in (11.2) angegebene Differentialquotient soll nur als Abkürzung für den oben erklärten Grenzwert verstanden werden und nicht etwa als Ableitung im üblichen Sinne des Wortes; m ist ja nicht als Funktion von V gegeben, sondern beide Größen sind Maße, die derselben, im betrachteten Teil des Körpers enthaltenen Punktmenge zugeordnet sind. Bei eindimensionalen Verteilungen gibt es aber dennoch eine Konstruktion, mit deren Hilfe sich die lineare Dichte als Ableitung darstellen läßt. Man stelle sich eine Brücke vor, auf die der Länge nach Sand aufgeschüttet wird. Die Massenverteilung bezüglich der Längskoordinate ist definiert, wenn man für jedes Intervall Δx die dort aufgeschüttete Sandmasse Δm kennt. Statt dessen können wir die *kumulative Verteilungsfunktion* angeben, nämlich die Masse M im Intervall vom Anfang der Brücke ($x = 0$) bis zum betrachteten Punkt x. Diese Funktion ist also wie folgt definiert:

$$M(x) = m([0, x]). \tag{11.4}$$

Im Falle, daß die Verteilung kontinuierlich ist, führen wir die lineare Dichte ein:

$$\varrho_l(x) = \frac{\mathrm{d}M(x)}{\mathrm{d}x} \equiv \frac{\mathrm{d}m}{\mathrm{d}x}. \tag{11.5}$$

Der erste Ausdruck rechts stellt eine Ableitung im gewöhnlichen Sinne dar, im Unterschied zur Bezeichnung $\mathrm{d}m/\mathrm{d}x$, die im vorher erklärten Sinne zu verstehen ist.

Der Leser wird sich noch an viele Beispiele von diskreten und kontinuierlichen Verteilungen und an die verschiedenen Dichten erinnern. Bei kontinuierlich im Raume verteilten Kräften führen wir durch $\mathrm{d}\boldsymbol{F} = \boldsymbol{f}\,\mathrm{d}V$ die räumliche Dichte $\boldsymbol{f}$ der Kraft ein. Das spezifische Gewicht $\boldsymbol{f} = \varrho\boldsymbol{g}$ ist wohl das bekannteste Beispiel. Falls die Kraft kontinuierlich über eine Fläche verteilt ist und normal auf sie wirkt, setzen wir $\mathrm{d}\boldsymbol{F} = -p\,\mathrm{d}\boldsymbol{S}$. Dabei ist p der Druck, mit dem die Oberflächendichte der Kraft gegeben ist. Der Vektor $\mathrm{d}\boldsymbol{S}$ soll die Richtung der nach außen gerichteten Normalen haben. Bei der Oberflächenspannung hat man es mit Kräften zu tun, die kontinuierlich über Linien verteilt sind, nämlich über den Rand oder über eine beliebige Schnittlinie der Oberfläche. Wir schreiben $\mathrm{d}\boldsymbol{F} = \gamma\,\mathrm{d}\boldsymbol{s}_\perp$, wobei $\mathrm{d}\boldsymbol{s}_\perp$ die nach außen gerichtete und tangential zur Oberfläche gelegene Normale auf den Rand oder Schnittlinie ist. Die Oberflächenspannung gibt die lineare Dichte dieser Kraft an. Schließlich stellt man sich Kräfte, deren Wirkung sich auf relativ kleine Gebiete konzentriert, als diskret verteilt vor. Jedes dieser Gebiete wird bei der Beschreibung durch einen innen gelegenen *Angriffspunkt* ersetzt. Die Verteilung ist in einem solchen Fall durch die Angriffspunkte r_i und die dort wirkenden Kräfte F_i gegeben.

Bei einer kontinuierlichen Ladungsverteilung kann man die Ladungsdichte $\varrho_e = de/dV$ einführen. Bei kontinuierlich verteilten, elektrischen und magnetischen Dipolmomenten werden auf ähnliche Weise die elektrische Polarisation und die Magnetisation definiert: $dp_e = P_e\,dV$ und $dp_m = P_m\,dV$. Weiter erinnern wir uns an die Dichten des Wärmestroms und des elektrischen Stroms, die beide als Vektoren zu verstehen sind: $dP = j_Q \cdot dS$ und $dI = j_e \cdot dS$. Wie üblich, ist dS ein Vektor, der senkrecht auf dem Oberflächenelement steht, durch den der Strom fließt. Auch beim Lichtstrom kann man auf analoge Weise dessen Dichte einführen. Beim Einfallen des Lichtes auf eine Oberfläche wird die normale Komponente dieser Dichte als Beleuchtungsstärke bezeichnet. Bei punktförmigen Lichtquellen denken wir an die Verteilung des Lichtstroms über den Raumwinkel und führen durch $dP = I\,d\Omega$ die Lichtstärke I ein. Die Spektraldichte des Lichtes wird entweder bezüglich der Wellenlänge λ oder der Frequenz ν definiert. Um Zweifel zu vermeiden, erfindet man lieber keine neuen Symbole, sondern bezeichnet die Spektraldichten durch Differentialquotienten, also

$$dP = \frac{dP}{d\lambda}\,d\lambda = \frac{dP}{d\nu}\,d\nu. \tag{11.6}$$

Der Quotient $dP/d\lambda$ beschreibt die Spektraldichte des Lichtstroms bezüglich des Wellenlängenmaßes und $dP/d\nu$ die Dichte bezüglich des Frequenzmaßes.

Bei den Grenzwerten, durch die die Dichten definiert sind, hat man es durchweg mit idealisierten Modellen zu tun, die nur näherungsweise der physikalischen Realität entsprechen. Bei der Dichte $\varrho = dm/dV$ darf man die Unterteilung des betrachteten Körpers nicht zu weit treiben. In jedem dV müssen noch viele Atome enthalten sein, wenn die Massenverteilung als kontinuierlich gelten soll, so daß die Dichte definiert ist. Geht man zu weit, so muß man mit einzelnen Atomen rechnen und eventuell deren diskrete Verteilung einführen.

Diskrete Lichtspektren trifft man bei leuchtenden Gasen an, kontinuierliche aber bei glühenden Festkörpern. Auch gemischte Spektren, die außer diskreter Linien noch einen kontinuierlichen Hintergrund enthalten, gibt es. Doch sehen wir genauer hin! Nur bei grober Betrachtung erscheinen Spektrallinien als unendlich scharf, so daß die diskrete Beschreibung gerechtfertigt ist. Ein Spektralapparat mit hoher Auflösung zeigt, daß jede Linie eine endliche Breite hat. Will man dem gerecht werden und auch die Profile der Linien beschreiben, so müssen wir die entsprechende Spektraldichte und somit wieder eine kontinuierliche Verteilung einführen.

Beide Beispiele erinnern uns wieder, daß in jeder mathematischen Beschreibung von Naturerscheinungen ein idealisiertes Modell steckt, dessen Wahl von

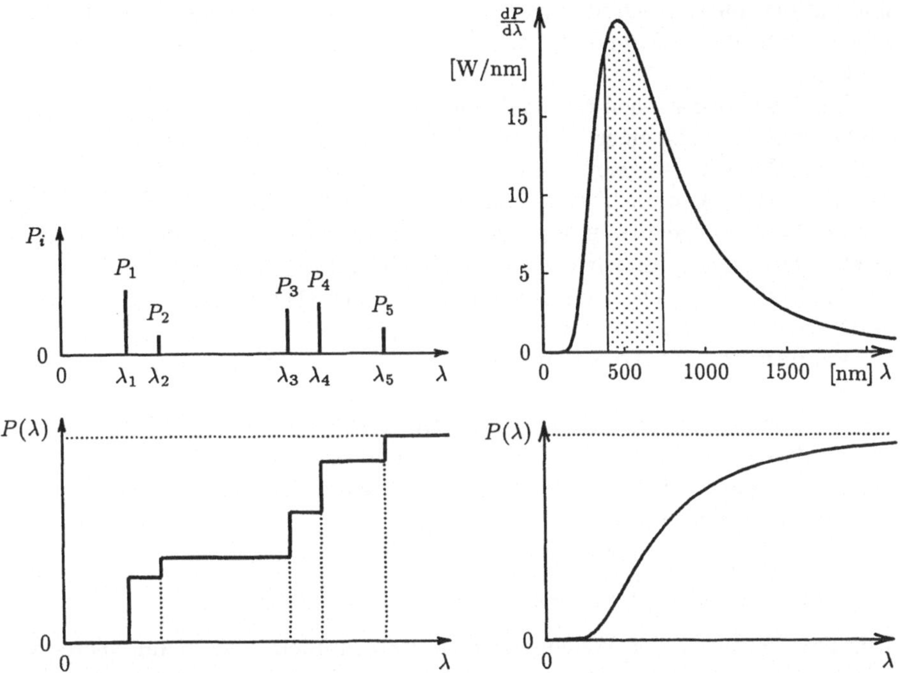

Abb. 11.1. Darstellungen von einem diskreten (links) und einem kontinuierlichen Lichtspektrum (rechts). Oben links sind die Lichtströme aufgetragen und rechts deren Spektraldichte, auf beiden unteren Figuren aber die kumulative Verteilungsfunktion $P(\lambda)$, d.h. der gesamte Lichtstrom von Wellenlänge 0 bis λ. Die Bilder ändern sich, wenn man auf die Abszisse Frequenzen statt Wellenlängen aufträgt. Die beiden rechten Bilder beziehen sich auf den Lichtstrom, den $1\,\mathrm{cm}^2$ eines schwarzen Strahlers bei $6000\,\mathrm{K}$ abgibt

der Betrachtungsweise abhängt, insbesondere davon, ob diese makroskopisch oder mikroskopisch ist.

Anhand des letzten Beispiels sehen wir, wie man eindimensionale Verteilungen graphisch darstellen kann. Ist das Spektrum diskret, so zeichnen wir für jede Spektrallinie einen vertikalen Strich, dessen Länge den in der Linie enthaltenen Lichtstrom wiedergibt (Abb. 11.1 oben links). Beim kontinuierlichen Spektrum zeichnet man aber eine Kurve, und zwar so, daß die Ordinate der Spektraldichte des Lichtstroms entspricht (Abb 11.1 oben rechts). Man beachte, daß die benutzten Einheiten verschieden sind, z.B. Watt im ersten Fall und Watt pro Nanometer im zweiten.

Die entsprechenden kumulativen Verteilungsfunktionen,

$$P(\lambda) = \sum_{\lambda_i \leq \lambda} P_i \quad \text{bzw.} \quad P(\lambda) = \int_0^\lambda \frac{\mathrm{d}P}{\mathrm{d}\lambda}\,\mathrm{d}\lambda, \tag{11.7}$$

sind auf den unteren Abbildungen dargestellt. Bei der diskreten Verteilung ergeben sich Stufen, während im Falle einer kontinuierlichen Verteilung die Kurve stetig ist.

Bei Transformationen der unabhängigen Variable transformieren sich auch die Dichten. Im Falle einer linearen Transformation gibt es damit keine Schwierigkeiten, denn die Angelegenheit wird durch konsequenten Gebrauch der Einheiten erledigt. Beim Lichtstrom kann man dessen Spektraldichte $dP/d\lambda$ bezüglich der Wellenlänge z.B. in Watt pro Nanometer oder in Watt pro Mikrometer messen. Dem Übergang von einer zur anderen Einheit entspricht eine Änderung des Maßstabes im Verhältnis von 1:1000. Bei der Dichte braucht man nur zu berücksichtigen, daß $1\,\mathrm{W/nm} = 1000\,\mathrm{W}/\mu\mathrm{m}$ ist.

Bei nichtlinearen Transformationen muß man mehr achtgeben. Um Fehler zu vermeiden, ist es ratsam, konsequent Differentialquotienten zu gebrauchen. Als Beispiel nehmen wir das Spektrum der Strahlung eines schwarzen Körpers, wie es durch die *Plancksche Formel* beschrieben wird. Im Frequenzmaßstab weist ein solcher Körper folgende spektrale Dichte der Strahlungsleistung pro Oberflächeneinheit auf:

$$\frac{\mathrm{d}j^*}{\mathrm{d}\nu} = \frac{2\pi}{c^2} \frac{h\nu^3}{\exp(h\nu/kT) - 1}. \tag{11.8}$$

Um diese Formel in den Wellenlängenmaßstab zu übersetzen, manipulieren wir mit den Dichten wie mit Ableitungen, was durch Betrachtung eines Grenzübergangs leicht zu rechtfertigen ist. Also: $\mathrm{d}j^*/\mathrm{d}\lambda = (\mathrm{d}j^*/\mathrm{d}\nu)|\mathrm{d}\nu/\mathrm{d}\lambda|$. Vorzeichen werden außer acht gelassen, denn wir fragen ja nur nach der Flächendichte der Strahlungsleistung $\mathrm{d}j^*$, die auf ein Intervall $\mathrm{d}\lambda$ oder $\mathrm{d}\nu$ entfällt, nicht aber, wie das jeweilige Intervall orientiert ist. Aus $\nu = c/\lambda$ folgt $|\mathrm{d}\nu/\mathrm{d}\lambda| = c/\lambda^2$ und somit

$$\frac{\mathrm{d}j^*}{\mathrm{d}\lambda} = \frac{2\pi hc^2}{\lambda^5} \frac{1}{\exp(hc/\lambda kT) - 1}. \tag{11.9}$$

Es ist interessant zu ermitteln, wo beide Dichten ihre Maxima haben. Zu diesem Zweck führen wir die dimensionslose Variable $u = h\nu/kT = hc/\lambda kT$ ein. Im Falle des Frequenzmaßstabes müssen wir gemäß (11.8) das Maximum der Funktion $u^3/(e^u - 1)$ bestimmen. Durch Nullsetzen der Ableitung bekommen wir die transzendente Gleichung

$$u = 3(1 - e^{-u}), \tag{11.10}$$

deren Lösung $u = 2,821$ wir schnell durch Iteration finden. Für den Wellenlängenmaßstab bekommt man die Gleichung $u = 5(1 - e^{-u})$ und daraus $u = 4,965$. Bei der Temperatur von $6000\,\mathrm{K}$, wie sie ungefähr auf der Sonnenoberfläche herrscht, entspricht dem erstgenannten Maximum die infrarote Wellenlänge $860\,\mathrm{nm}$, während wir im zweiten Fall 490 nm finden, das dem blauen Teil des sichtbaren Spektrums zugehört. Weder die eine noch die andere Wellenlänge stimmt auch nur annähernd mit dem Maximum der Lichtempfindlichkeit des Menschenauges (etwa bei $560\,\mathrm{nm}$) überein, obwohl so etwas oft behauptet wird.

Wohl aber ergibt sich eine ziemlich gute Übereinstimmung, wenn man einen logarithmischen Maßstab und damit die Dichte $\mathrm{d}j^*/\mathrm{d}(\ln\nu) = |\mathrm{d}j^*/\mathrm{d}(\ln\lambda)|$ in Betracht zieht. Womit bewiesen wäre, daß der liebe Gott beim Erschaffen des Menschen schon die Logarithmen kannte.

Die Verschiebung des Maximums bei Änderung der unabhängigen Variablen kann an Hand einer mechanischen Analogie erläutert werden. Statt des Lichtspektrums nehmen wir ein unendlich dehnbares Band, das von $\lambda = 0$ bis ∞ reichen soll. Statt des Lichtstromes verteilen wir Sand auf das Band, und zwar so, daß das Längsprofil des Haufens der Spektralverteilung des Lichtes entspricht. Um auf die Frequenzskala umzuschalten, drehen wir das Band um und dehnen den Bereich kleiner Wellenlängen bis ins unendliche. Umgekehrt wird der Bereich langer Wellen in die Nähe des Ursprungs ($\nu = 0$) zusammengestaucht, bis schließlich die Skala für die Frequenz überall linear ist. Dabei denken wir uns, daß die vertikalen Schichten des Sandes sich nicht verrücken, sondern jede auf ihrem Teil des Bandes liegen bleibt. Wegen des Zusammendrückens des „roten“ Teils des Bandes wird dort die Sandschicht dicker im Vergleich zum „blauen“ Teil, der gedehnt wurde. Das Maximum der Spektralkurve muß sich also nach rot verschieben.

Bei konkreten Rechnungen mit Verteilungen muß man sehr wohl aufpassen, ob sie diskret oder kontinuierlich sind. So wird z.B. das Trägheitsmoment für beide Fälle verschieden ausgedrückt:

$$J = \sum_i r_i'^2 m_i, \quad \text{bzw.} \quad J = \int r'^2 \,\mathrm{d}m = \int r'^2 \,\varrho(\boldsymbol{r})\,\mathrm{d}V, \tag{11.11}$$

wobei r' der Abstand von der Drehachse ist. Bei einer gemischten Verteilung müßten wir sogar eine Summe und ein Integral zusammenzählen. Im Rahmen allgemeiner Erörterungen, wie beim Herleiten von Theoremen, kann die zwei- oder dreifache Schreibweise unangenehm werden. Um solcher Belastung auszuweichen, werden wir oft nur die Formulierung mit Integralen anwenden, als ob jede Verteilung kontinuierlich wäre. Im Falle diskreter Verteilungen sollten solche Integrale als Summen verstanden werden.

Im Sinne dieser Verabredung darf man das Trägheitsmoment immer als $J = \int r'^2 \,\mathrm{d}m$ aufschreiben. Das Symbol $\mathrm{d}m$ bezieht sich auf eine Unterteilung des Körpers in immer kleinere Teile. Die in so einem Teil enthaltene Masse wird durch $\mathrm{d}m$ bezeichnet, ohne Rücksicht auf ihr Verhalten bei weiterer Zerstückelung. Bei einer diskreten Verteilung hat man es mit lauter endlich großen Beiträgen $\mathrm{d}m$ zu tun, so daß das angegebene Integral zur diskreten Summe wird.

Physiker gehen oft noch einen Schritt weiter und ersetzen in obigem Integranden $\mathrm{d}m$ durch $\varrho\,\mathrm{d}V$ auch dann, wenn die Dichte gar nicht existiert. Der Faktor $\varrho\,\mathrm{d}V$ des Integranden sollte in solch einem Fall nicht als Produkt – Dichte mal Volumenelement – aufgefaßt werden, sondern als ein einziges Symbol an Stelle des kürzeren $\mathrm{d}m$.

Am Ende betrachten wir noch eine besondere diskrete Verteilung, die durch das Symbol $\delta(x)$ gekennzeichnet wird. Die eindimensionale *Delta-Verteilung*, oft

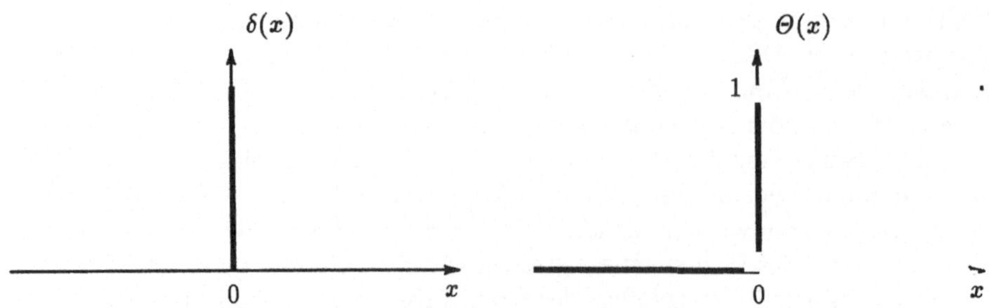

Abb. 11.2. Die Delta-Funktion (links) und die Heavisidesche Funktion (rechts)

auch *Diracsche Verteilung* (Diracsches Maß) oder schlechthin *Delta-Funktion* genannt, stellen wir uns als Massenverteilung auf einer Geraden vor, wobei bei $x = 0$ die Einheitsmasse sitzt, während die übrige Gerade leer ist. Wir setzen also $\delta(x)\,dx = 1$ wenn das Intervall dx den Punkt $x = 0$ enthält, während sonst $\delta(x)\,dx = 0$ ist.

Das alleinstehende $\delta(x)$ hat eigentlich nicht viel Sinn, da es die Bedeutung einer Dichte hat, obwohl die Dichte nicht existiert. Dennoch lassen sich die Physiker nicht davon abbringen, auch das nackte $\delta(x)$ getrost zu gebrauchen. Nicht einmal mit Schimpfen kann man in ihnen ein schlechtes Gewissen erwecken. Die Delta-Funktion wurde eben von den Physikern erfunden und sofort viel angewendet, obwohl sie den Mathematikern lange unheimlich war. Erst seit den revolutionären Entwicklungen auf den Gebieten der Maßtheorie und der Distributionen ist auch in der Mathematik manches erlaubt, was Leute ohnehin schon die ganze Zeit taten.

Im Sinne von Abb. 11.1 (oben links) wird die Delta-Funktion durch einen fetten senkrechten Strich mit Einheitshöhe (Abb. 11.2 links) dargestellt. Die entsprechende kumulative Verteilungsfunktion

$$\Theta(x) = \int_{-\infty}^{x+} \delta(x)\,dx \tag{11.12}$$

ist als die *Heavisidesche Funktion* bekannt. Sie beschreibt eine Einheitstreppe: $\Theta(x) = 0$ bei $x < 0$ und $\Theta(x) = 1$ bei $x \geq 0$ (rechte Abbildung). Die obere Grenze $x+$ in (11.12) deutet an, daß im Falle $x = 0$ die dort sitzende diskrete Verteilung voll in das Integral einbezogen werden soll. Damit ist der Wert $\Theta(0) = 1$ festgelegt, obwohl dies nicht wichtig ist.

Verallgemeinerungen der Delta-Funktion auf mehrere Dimensionen sind selbstverständlich. Im sonst leeren Raum stellen wir uns eine Einheitsmasse im Ausgangspunkt vor. Es ist also $\delta(r)\,dV = 1$ wenn das Volumenelement dV den Ausgangspunkt bedeckt, während sonst der Ausdruck verschwindet. Das neue Zeichen δ brauchen wir von dem vorhergehenden nicht zu unterscheiden, da man ja dem Argument (früher x, jetzt r) ansieht, wieviele Dimensionen gemeint sind.

Jede diskrete Verteilung kann man durch die Diracsche ausdrücken. Eine Verteilung mit den Massen m_i in den Punkten $\boldsymbol{r}_i$ wird so beschrieben, als ob sie die Dichte

$$\varrho(\boldsymbol{r}) = \sum_i m_i\, \delta(\boldsymbol{r} - \boldsymbol{r}_i) \tag{11.13}$$

hätte.

Es ist sinnvoll, bei Verteilungen den Begriff des Grenzwertes entsprechend zu verallgemeinern. Denken wir uns z.B. eine Folge von kontinuierlichen Verteilungen mit den Dichten $\varrho_i(\boldsymbol{r})$, $i = 1, 2, 3, \dots$ und fragen wir, ob sie konvergiert. Vom Standpunkt der Verteilungen brauchen wir nicht zu verlangen, daß die Folge sich punktweise einer Funktion $\varrho(\boldsymbol{r})$ nähert. Wir dürfen mit einer *schwachen Konvergenz* zufrieden sein, d.h. wir verlangen, daß

$$\lim \int \phi(\boldsymbol{r})\, \varrho_i(\boldsymbol{r})\, \mathrm{d}V = \int \phi(\boldsymbol{r})\, \varrho(\boldsymbol{r})\, \mathrm{d}V \tag{11.14}$$

für jede stetige „Testfunktion" $\phi(\boldsymbol{r})$ gelten soll. Auch die Diracsche Verteilung läßt sich auf solche Weise darstellen, z.B. durch

$$\lim_{\sigma \to 0} \frac{1}{\sqrt{2\pi}\sigma} \exp\left(-\frac{x^2}{2\sigma^2}\right) = \delta(x). \tag{11.15}$$

Dabei denken wir uns auf beiden Seiten die Integration mit der Testfunktion $\phi(x)$ ausgeführt. Der Leser soll sich durch Skizzen vorführen, wie die links angegebene Funktion für immer kleiner werdende σ aussieht, um den Sinn des hier gebrauchten Grenzwerts anschaulich zu begreifen.

Literatur

11.1   P.R. Halmos: *Measure Theory*, Grad. Texts Math. Ser., Vol. 18 (Springer, New York 1991).

11.2   G.E. Shilov: *Generalized Functions & Partial Differential Equations*, Math. & Appl. Ser. (Gordon & Breach, New York 1968).

Aufgaben

11.1   Rechtfertigen Sie die Formel $\int f(x)\,\delta(x)\,\mathrm{d}x = f(0)$ für eine beliebige stetige Funktion $f(x)$. Anmerkung: Die Formel wird oft als eine der Definitionen für $\delta(x)$ zitiert.

11.2   Rechtfertigen Sie die symbolische Formel $\delta(ax) = \delta(x)/a$.

11.3   Gibt es eine Formel wie in Aufgabe 11.2 für die dreidimensionale Diracsche Verteilung?

11.4   Skizzieren Sie Bilder im Sinne von Abb. 11.1 auch für ein gemischtes Spektrum.

11.5 Um die Diracsche Verteilung als Grenzwert wie in (11.15) darzustellen, kann man noch von vielen anderen kontinuierlichen Verteilungen ausgehen. Versuchen Sie es mit einer Dichte, die innerhalb eines immer enger werdenden Intervalls konstant ist und außerhalb verschwindet.

11.6 Zeichnen Sie eine Kurve für die Spektraldichte des von einem schwarzen Strahler ausgehenden Lichtes, und zwar in bezug auf die Frequenz. Wie sieht die entsprechende kumulative Verteilungsfunktion aus? In welcher charakteristischen Weise unterscheiden sich die beiden Kurven von denen auf Abb. 11.1?

11.7 Bestimmen Sie das Maximum der spektralen Dichte für den Fall einer logarithmischen Frequenzskala. Welche Wellenlänge entspricht diesem Maximum bei der Temperatur 6000 K?

11.8 Formulieren Sie ein analoges Problem wie in der vorhergehenden Aufgabe, jedoch für eine beliebige nichtlineare Frequenzskala. Diese sei durch eine zweimal differenzierbare Funktion $\nu(x)$ gegeben, wobei x im Spektrum linear aufgetragen wird. Welche Gleichung gilt jetzt statt (11.10)? Spezialisieren Sie die Gleichung für die beiden im Text betrachteten Fälle.

11.9 Ein Stern, der sich von uns enfernt, strahlt wie ein schwarzer Körper. Wie ist sein Spektrum wegen des Dopplereffekts verändert? Wie ist das Maximum der Spektraldichte bei linearer Frequenzskala verschoben?

11.2 Wahrscheinlichkeitsverteilungen

Der Begriff der *Wahrscheinlichkeit* stützt sich auf die Vorstellung einer langen Folge von gleichwertigen Versuchen oder Beobachtungen. Man denke z.B. an die Würfe eines Spielwürfels oder an Schüsse auf eine Zielscheibe, die unter gewissen gleichen Bedingungen viele Male wiederholt werden. Bei jedem solchen Versuch registriert man einen *zufälligen Zustand* (oder „Elementarereignis"), der durch Werte einer oder mehrerer unabhängiger Variablen, wie z.B. beim Würfel durch die gewonnene Punktezahl n oder beim Schießen durch die Koordinaten x und y des Schußloches gekennzeichnet wird. Man spricht gern von *zufälligen Variablen*, womit angedeutet wird, daß sich beim Wiederholen verschiedene Werte ergeben können. Man darf auch eine Menge von Zuständen zusammenfassen (und nennt so eine Menge ein „Ereignis"). Man fragt z.B. beim Würfel, ob die gewonnene Punkteanzahl n gerade ist, womit die Zustände $n = 2, 4, 6$ zusammengefaßt sind.

Oft werden die Versuche nicht wirklich ausgeführt, sondern man tut nur so, als ob dies möglich wäre. In Gedanken kann man sich z.B. die thermische Bewegung eines Gasmoleküls vorstellen und von Zeit zu Zeit seine Geschwindigkeit messen. Statt eines einzelnen Moleküls können wir auch viele Moleküle auf einmal beobachten und für jedes seine Geschwindigkeit aufschreiben. Man könnte fragen, ob die Geschwindigkeit v eines beliebig herausgegriffenen Moleküls innerhalb eines vorgeschriebenen Bereichs liegt oder etwa, ob der Absolutwert v eine gegebene Schwelle v_0 übersteigt.

Bei Z-maliger Wiederholung des Würfelwurfes, wobei Z eine große Zahl ist, finden wir, das jede der möglichen Punktezahlen $n = 1, 2, \ldots, 6$ ungefähr bei $\frac{1}{6}$ aller Würfe getroffen wird, also bei der Anzahl $Z_n \approx \frac{1}{6}Z$. Genau ist das freilich nicht, denn wer Glück hat, trifft vielleicht etwas öfter als erwartet einen Sechser. Trotzdem kann man sich vorstellen, daß es einen Grenzwert

$$\mathcal{W}_n = \lim_{Z \to \infty} \frac{Z_n}{Z} \tag{11.16}$$

gibt. Er definiert die Wahrscheinlichkeit $\mathcal{W}_n$ des Zustands n. Ähnlich verfahren wir bei der Zielscheibe, wo wir die Treffer eines Gebiets S gesondert zählen. Der Grenzwert

$$\mathcal{W}\{r \in S\} \equiv \mathcal{W}(S) = \lim_{Z \to \infty} \frac{Z\{r \in S\}}{Z}. \tag{11.17}$$

beschreibt die Wahrscheinlichkeit, daß die Kugel den Bereich S der Zielscheibe trifft.

Wir sehen, daß sich diese sogenannte operationale Definition an eine Meßvorschrift anlehnt, so wie es bei Definitionen physikalischer Größen üblich ist. Davor soll man nicht zurückschrecken, denn der Begriff der Wahrscheinlichkeit gehört sehr wohl auch der Physik und nicht nur der Mathematik an. Wahrscheinlichkeiten werden tatsächlich durch Abzählen auf die beschriebene Weise gemessen. Freilich ist eine solche Messung niemals genau, da man den Versuch nur endlich viele Male wiederholen kann. Davor schrecken wir auch nicht zurück, denn bei anderen physikalischen Größen geht es uns gar nicht besser. Freilich sind wir noch nicht zufrieden, denn wir möchten auch den Fehler bei einer Wahrscheinlichkeitsmessung abschätzen. Das wird aber ohne Mathematik nicht gehen.

Aus obiger Definition der Wahrscheinlichkeit folgen drei Eigenschaften dieses Begriffs:

1. Eine Wahrscheinlichkeit kann niemals negativ sein.

2. Dem gesamten Zustandsraum, der überhaupt alle möglichen Zustände umfaßt, wird die Wahrscheinlichkeit 1 zugeschrieben.

3. Beim Zusammensetzen von disjunkten Zustandsmengen addieren sich die Wahrscheinlichkeiten. Für den Fall aus (11.17) schreiben wir dies so auf:

$$\mathcal{W}(S_1 \cup S_2) = \mathcal{W}(S_1) + \mathcal{W}(S_2) \quad \text{wenn} \quad S_1 \cap S_2 = \emptyset. \tag{11.18}$$

(Auch Zusammensetzungen von mehreren oder sogar abzählbar unendlich vielen Zustandsmengen sind zugelassen.)

Zusammenfassend dürfen wir sagen, daß jede Wahrscheinlichkeit durch eine nichtnegative normierte Verteilung (ein nichtnegatives normiertes Maß) beschrieben wird. Dadurch ist die axiomatische Definition des Wahrscheinlichkeitsbegriffs erklärt. Sie scheint bescheidener zu sein als die operationale Definition, enthält aber alles, was der Mathematiker braucht und brauchen kann.

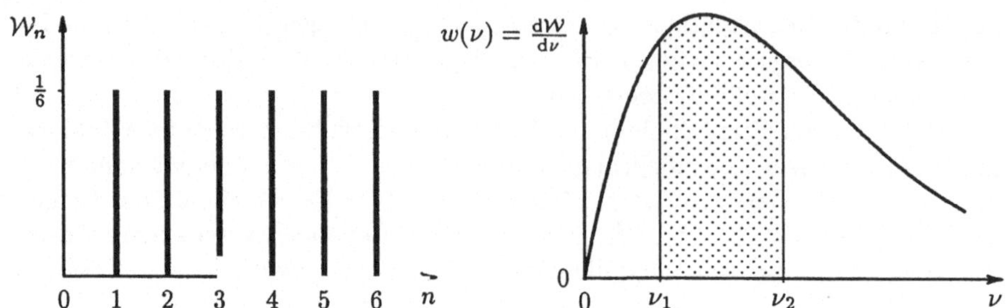

Abb. 11.3. Eine diskrete und eine kontinuierliche Wahrscheinlichkeitsverteilung

Mit dem Messen von Wahrscheinlichkeiten beschäftigt er sich nämlich nicht, sondern nur mit Aufgaben, bei denen Wahrscheinlichkeiten schon gegeben sind. Solche Aufgaben verlangen das Berechnen von anderen Wahrscheinlichkeiten oder die Ermittlung charakteristischer Parameter aus gegebenen Wahrscheinlichkeitsverteilungen. Dazu gehören auch Aufgaben aus der Statistik, wie man die Theorie der Wahrscheinlichkeitsmessungen nennt.

Physiker halten sich gern an die Vorstellung einer vielfachen Wiederholung von Versuchen oder einer großen Menge von gleichwertigen Objekten, die sie *Ensemble* nennen und mit deren Hilfe sie Wahrscheinlichkeiten beschreiben. Wie angedeutet, kann man auch ohne solche Vorstellungen auskommen.

Wahrscheinlichkeitsverteilungen (Wahrscheinlichkeitsmaße) können diskret oder kontinuierlich oder auch gemischt sein, wobei noch allgemeinere mathematische Möglichkeiten außer acht gelassen werden. Eine diskrete Verteilung haben wir schon beim Würfelspiel angetroffen. Für die möglichen Werte der Zufallsvariable $n = 1, \dots, 6$ gelten die Wahrscheinlichkeiten $\mathcal{W}_1, \dots, \mathcal{W}_6$. Bei einem fehlerlosen Würfel sind sie alle gleich: $\mathcal{W}_n = \frac{1}{6}$. Graphisch wird so eine Wahrscheinlichkeitsverteilung nach dem Muster von Abb. 11.1 (links oben) dargestellt (Abb. 11.3 links).

Eine kontinuierliche Wahrscheinlichkeitsverteilung beschreibt man mit Hilfe der *Wahrscheinlichkeitsdichte*, die ebenso definiert wird wie irgend sonstige Dichten. Stellen wir uns vor, daß bei der von einem schwarzen Körper ausgehenden Strahlung die Energien und damit die Frequenzen einzelner Photonen gemessen werden. Wir können fragen, wie groß die Wahrscheinlichkeit $\mathrm{d}\mathcal{W}$ ist, daß die Frequenz im Intervall $\mathrm{d}\nu$ liegt. Bei kleinen Intervallen darf man mit Proportionalität rechnen,

$$\mathrm{d}\mathcal{W} = w(\nu)\,\mathrm{d}\nu, \quad \text{also} \quad w(\nu) = \frac{\mathrm{d}\mathcal{W}}{\mathrm{d}\nu}. \tag{11.19}$$

Damit ist die Wahrscheinlichkeitsdichte $w(\nu)$ definiert.

Für mehrdimensionale Verteilungen, d.h. bei mehreren unabhängigen Variablen, sehen die Definitionen analog aus. Statt nur einen Würfel werfen wir zwei zugleich und fragen nach der Wahrscheinlichkeit $\mathcal{W}_{mn}$, daß wir mit dem ersten die Zahl m und mit dem zweiten n treffen. Beim Schießen in eine Zielscheibe definieren wir die Wahrscheinlichkeitsdichte durch die Wahrscheinlichkeit, mit der wir einen kleinen Teil der Scheibe treffen:

$$\mathrm{d}\mathcal{W} = w(\boldsymbol{r})\,\mathrm{d}S, \quad \text{also} \quad w(\boldsymbol{r}) = \frac{\mathrm{d}\mathcal{W}}{\mathrm{d}S}. \tag{11.20}$$

Falls wir dem $\mathrm{d}S$ die Form eines Rechtecks entlang des Koordinatennetzes geben und die Dichte w als Funktion der Koordinaten ausdrücken wollen, schreiben wir $\mathrm{d}\mathcal{W} = w(x,y)\,\mathrm{d}x\,\mathrm{d}y$.

Graphische Darstellungen mehrdimensionaler kontinuierlicher Verteilungen machen Schwierigkeiten. Bei zwei Dimensionen und wenn man Zeit hat, hilft man sich mit perspektivischen Bildern. Zur Not genügen auch ebene Bilder, in denen man die Wahrscheinlichkeitsdichte durch verschieden starke Schwärzung mit Bleistift andeutet. Im Raume stellt man sich eine Wolke vor, deren Dichte der Wahrscheinlichkeitsdichte entspricht.

Die Wahrscheinlichkeitsdichte ist kein besonders anschaulicher Begriff, was oft zu fehlerhaften Behauptungen führt. Man hört oder liest z.B. eine Angabe für die Wahrscheinlichkeit, daß die Energie eines Betateilchen gleich 0,1 MeV ist. Diese Wahrscheinlichkeit ist mit Sicherheit gleich Null, denn das Spektrum der Betastrahlen ist kontinuierlich, so daß einem einzelnen Punkt immer die Wahrscheinlichkeit Null zukommt. Sinnvolle Fragen betreffen z.B. die Wahrscheinlichkeit, daß die Energie des Teilchens in das Intervall zwischen 0,1 und 0,101 MeV fällt oder daß sie kleiner ist als 0,1 MeV. Die letzte Angabe bezieht sich auf eine kumulative Verteilungsfunktion.

Fehler der angegebenen Art sind leicht zu vermeiden, wenn man mit Differentialen der Wahrscheinlichkeit umgeht, wie das in der linken Gleichung (11.20) getan wurde. Wenn Wahrscheinlichkeitsdichten allein gebraucht werden, so sollte man deren Dimensionen nicht vergessen. Da jede Wahrscheinlichkeit durch den Grenzwert eines Quotienten zweier Zahlen definiert wird, ist sie immer dimensionslos. Der Wahrscheinlichkeitsdichte kommt aber die inverse Dimension des Zustandsraumes zu. Beim Scheibenschießen haben wir es mit Wahrscheinlichkeiten pro Quadratmeter zu tun. Das heißt, für die Wahrscheinlichkeitsdichte $w(x,y)$ haben wir die Einheit m^{-2}. Als Einheit für die Spektraldichte der Betastrahlen bezüglich ihrer Energie können wir MeV^{-1} anwenden. Für das in Abb. 11.3 rechts dargestellte Beispiel haben wir es mit Wahrscheinlichkeiten pro Hertz zu tun, also mit der Einheit $(\mathrm{s}^{-1})^{-1} = \mathrm{s}$.

Beim Zusammenfassen mehrerer Zustände oder Zustandsmengen addieren sich, wie erwähnt, die Wahrscheinlichkeiten. Beim fehlerlosen Würfel haben wir folgende Wahrscheinlichkeit, daß eine gerade Punktezahl getroffen wird:

$$\mathcal{W}\{n = \text{gerade}\} = \mathcal{W}_2 + \mathcal{W}_4 + \mathcal{W}_6 = 3 \cdot \frac{1}{6} = \frac{1}{2}.$$

Analog ist in dem durch die Abb. 11.3 rechts dargestellten Fall die Wahrscheinlichkeit, daß die Frequenz eines Photons im Intervall (ν_1, ν_2) liegt, gleich

$$\mathcal{W}\{\nu \in (\nu_1, \nu_2)\} = \int_{\nu_1}^{\nu_2} w(\nu)\,\mathrm{d}\nu. \tag{11.21}$$

In der Abbildung ist diese Wahrscheinlichkeit durch die graue Fläche dargestellt. Indem man $\nu_1 = 0$ als die untere Grenze des Integrationsintervalls wählt, bekommt man die kumulative Verteilungsfunktion $\mathcal{W}(\nu_2) = \mathcal{W}\{\nu < \nu_2\}$. Die unter der ganzen Kurve gelegene Fläche ist natürlich gleich 1, denn die Wahrscheinlichkeit ist ja normiert:

$$\int_0^\infty w(\nu)\,\mathrm{d}\nu = 1. \tag{11.22}$$

Die entsprechende Behauptung für den Würfel lautet

$$\sum_{n=0}^6 \mathcal{W}_n = 1. \tag{11.23}$$

Im Sinne der Verabredung aus Abschnitt 11.1 lassen sich formell auch diskrete Wahrscheinlichkeitsverteilungen wie kontinuierliche darstellen, wobei man die Diracsche Verteilung benutzt. So können wir bei einem regelmäßigen Würfel so tun, als ob ihm die Wahrscheinlichkeitsdichte

$$w(n) = \frac{1}{6}[\delta(n-1) + \ldots + \delta(n-6)] \tag{11.24}$$

zukäme.

Bei Transformationen der unabhängigen Variablen muß man aufpassen, wie schon im vorhergehenden Abschnitt erläutert wurde. Während lineare Transformationen durch Einheitenkontrolle erledigt werden, sind die nichtlinearen schwieriger. Als Beispiel nehmen wir einen Kreis, in dem wir aus einem Punkt blindlings in alle Richtungen Sehnen ziehen. Der Leser wird sich vielleicht wehren, weil – im Gegensatz zu dem früher gemachten Versprechen – keine Angabe einer Wahrscheinlichkeit zu sehen ist. Sie versteckt sich im Wort „blindlings". Damit ist nämlich gemeint, daß die Wahrscheinlichkeitsverteilung bezüglich des Winkels ϕ auf Abb. 11.4 links gleichmäßig ist, also daß die entsprechende Wahrscheinlichkeitsdichte konstant ist. Die Verteilung normieren wir im Intervall $-\frac{\pi}{2} < \phi < \frac{\pi}{2}$, so daß $\mathrm{d}\mathcal{W}/\mathrm{d}\phi = \frac{1}{\pi}$ ist. Wir möchten nun wissen, wie die Verteilung bezüglich der Länge s der Sehne aussieht? Gefragt wird also nach der Wahrscheinlichkeit $\mathrm{d}\mathcal{W} = (\mathrm{d}\mathcal{W}/\mathrm{d}s)\,\mathrm{d}s$, daß die Länge zwischen s und $s + \mathrm{d}s$ ist.

Wir versuchen es wie im Abschn. 11.1:

$$\frac{\mathrm{d}\mathcal{W}}{\mathrm{d}s} = \frac{\mathrm{d}\mathcal{W}}{\mathrm{d}\phi}\left|\frac{\mathrm{d}\phi}{\mathrm{d}s}\right|.$$

Aus $s = 2r\cos\phi$, also $\phi = \arccos(s/2r)$, folgt

$$\frac{\mathrm{d}\phi}{\mathrm{d}s} = -\frac{1}{\sqrt{(2r)^2 - s^2}}.$$

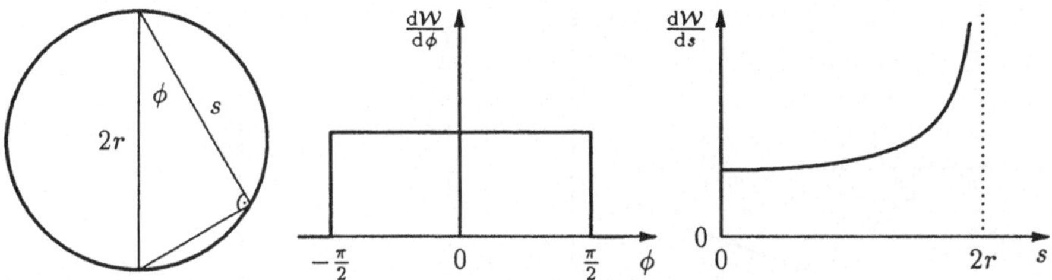

Abb. 11.4. Beispiel einer Transformation der unabhängigen Variablen

Wenn wir dies oben einsetzen, bekommen wir eine falsch normierte Wahrscheinlichkeitsverteilung. Die Ursache der Diskrepanz ist nicht schwer zu ermitteln. Während sich ϕ von $-\frac{\pi}{2}$ bis $\frac{\pi}{2}$ ändert, durchläuft s das Intervall $(0, 2r)$ genau zweimal. Um die neue Wahrscheinlichkeit in diesem Intervall richtig zu normieren, müssen wir den früher gewonnenen Wert verdoppeln. Das Resultat lautet

$$\frac{\mathrm{d}\mathcal{W}}{\mathrm{d}s} = \frac{2}{\pi\sqrt{(2r)^2 - s^2}}. \tag{11.25}$$

Versuchen wir noch eine etwas schwierigere Aufgabe zu meistern. Ein Ionisations- oder Proportionalzähler habe die Form eines Plattenkondensators, dessen Elektroden groß sind im Vergleich zum Abstand h. Auf eine der Elektroden wird in der Mitte ganz dünn eine radioaktive Substanz aufgetragen, die Alphastrahlen mit der Energie W_0 austrahlt. Sie werden im Gas zwischen den Elektroden abgebremst und erreichen entweder die andere Elektrode, oder sie verlieren bei genügend schrägem Flug alle Energie im Gas. Die *Reichweite*, wie man die Länge eines unbehinderten Fluges nennt, ist ungefähr einer Potenz der Anfangsenergie proportional, nämlich $R = kW_0^{3/2}$. Jedes Teilchen produziert im angeschlossenen Zählapparat einen elektrischen Spannungsstoß, dessen Stärke (das Zeitintegral der Spannung) der im Gase verbrauchten Energie des Alphateilchens proportional ist. Der Zählapparat sortiert die Stöße nach ihrer Stärke. Wie sieht die gewonnene Verteilung (das „Spektrum") der Stöße aus?

Unter den Daten verbirgt sich die nicht explizit angegebene Wahrscheinlichkeitsdichte bezüglich der Richtungen, in die die Teilchen fliegen. Da für ein Alphateilchen alle Richtungen im Raume gleichwertig sind, muß diese Verteilung isotrop, d.h. gleichmäßig über dem Raumwinkel sein. Da sich das Raumwinkelelement als $\mathrm{d}\Omega = \mathrm{d}(\cos\theta)\,\mathrm{d}\phi$ ausdrücken läßt, ist die Verteilung gleichmäßig sowohl bezüglich des Azimuth ϕ, als auch bezüglich des Cosinus des auf Abb. 11.5 angedeuteten Polarwinkels θ. So haben wir $\mathrm{d}\mathcal{W}/\mathrm{d}(\cos\theta) = 1$. Diese Verteilung soll jetzt auf die im Gase verbrauchte Energie W als unabhängige Variable transformiert werden.

Ein Teilchen, das nach Durchlaufen des Weges r die Wand trifft, hat noch die Energie $W_0 - W$. Wenn die Wand nicht da wäre, hätte es noch eine restliche Reichweite (siehe Abbildung), die nach dem vorher angegebenen Gesetz durch

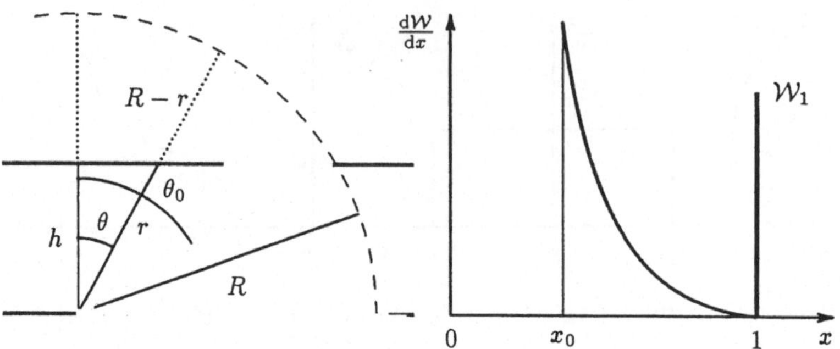

Abb. 11.5. Links das Schema eines vereinfachten Ionisationszählers. Rechts die Wahrscheinlichkeitsverteilung (das „Spektrum") der gewonnenen elektrischen Stöße

die restliche Energie bestimmt ist: $R - r = k(W_0 - W)^{3/2}$. Um die weitere Analyse nicht mit unnötigem physikalischen Ballast zu beladen, müssen wir dimensionslose Größen einführen. Als solche bieten sich die Quotienten $x = W/W_0$, $y = r/R$ und $c = h/R$ an. Der letzte Quotient ist ein Parameter, der gegeben sein muß; in Abb. 11.5 ist $c = \frac{1}{2}$. Wir werden diese Zahl erst am Ende einsetzen und bis dahin die Analyse allgemein halten.

Die Aufgabe verlangt, x als neue Variable einzuführen, statt des ursprünglichen $\cos\theta$. Aus dem Gesetz für die Reichweite folgt $1 - y = (1 - x)^{3/2}$, während wir aus der Abbildung ablesen, daß $r = h/\cos\theta$ ist, also $y = c/\cos\theta$. Dies setzen wir in obige Gleichung ein und drücken dann $\mathrm{d}(\cos\theta)$ durch $\mathrm{d}x$ aus. Nach wenigen Schritten finden wir die gewünschte Verteilung:

$$\frac{\mathrm{d}\mathcal{W}}{\mathrm{d}x} = \frac{3c}{2} \frac{\sqrt{1-x}}{[1 - (1-x)^{3/2}]^2}. \tag{11.26}$$

In Abb. 11.5 rechts ist diese Wahrscheinlichkeitsdichte durch eine Kurve im Interval von x_0 bis $x = 1$ dargestellt. Der erste Wert entspricht der kleinsten Energie, die das Teilchen im Gas verbrauchen kann. Es fliegt dabei senkrecht zur Platte, so daß $r = h$ ist und somit $x_0 = 1 - (1 - c)^{2/3}$, also $x_0 = 0,37$ für das gegebene c.

Das ist noch nicht das Ende der Geschichte, denn wir haben von den Alphateilchen nur diejenigen berücksichtigt, die auf die Elektrode treffen. Wie aber die Abbildung zeigt, endet ein endlicher Anteil der Teilchen im Gas. Diese verbrauchen darin ihre ganze Energie W_0, so daß ihnen der Wert $x = 1$ zukommt. Wie aus der Abbildung zu sehen ist, ist der relative Anteil dieser Teilchen gleich $\cos\theta_0 = h/R = c$. Somit bekommt der Ausdruck (11.26) noch einen diskreten Beitrag $c\,\delta(x - 1)$. Erst dann ist die Verteilung normiert, so daß $\int(\mathrm{d}\mathcal{W}/\mathrm{d}x)\,\mathrm{d}x = 1$ gilt, was der Leser nachprüfen soll. So haben wir ein Beispiel einer gemischten Verteilung gefunden.

Aufgaben

11.10 Die Innenwand einer leeren Hohlkugel ist mit einer dünnen Schicht eines Alphastrahlers belegt. Gefragt wird nach der Verteilung der Alphateilchen bezüglich ihrer Weglängen im Inneren der Hohlkugel.

11.11 Durch eine Kugel gehen kosmische Teilchen, die aus großer Entfernung von einem Strahler kommen, der gleichmäßig über alle Himmelsrichtungen verteilt ist. Jedes Teilchen definiert eine Sehne in der Kugel. Wie sieht die Verteilung der Sehnen bezüglich ihrer Länge aus?

11.12 Die Oberfläche eines langen homogenen Zylinders ist mit einer dünnen Schicht eines Gammastrahlers bedeckt. Berechnen Sie unter Vernachlässigung der Streuung den Anteil der gesamten ins Innere abgegebenen Strahlung, die im Zylinder absorbiert wird. Der Absorptionskoeffizient hat einen solchen Wert, daß die Strahlen beim Durchlaufen des Durchmessers auf die Hälfte abgeschwächt werden.

11.13 Ein gleichmäßiger Regen von kleinen elastischen Kugeln fällt auf einen waagerecht liegenden, harten, elastischen Zylinder. Wie sieht die Richtungsverteilung der Kugeln gleich nach dem Auftreffen aus?

11.14 Wie ändert sich das Resultat der vorhergehenden Aufgabe, wenn man den Zylinder durch eine große Kugel ersetzt?

11.15 Im Inneren einer homogenen Kugel sei ein Gammastrahler gleichmäßig verteilt. Die Strahlen sollen keine Streuung erleiden, sondern werden nur absorbiert, wobei die Halbwertsdicke gleich dem Kugelradius sei. Wie groß ist der Anteil der Strahlen, die in der Kugel absorbiert werden?

11.16 Im Inneren einer ausgedehnten Platte ist ein Gammastrahler gleichmäßig verteilt. Die Strahlen werden absorbiert, ohne merklich gestreut zu werden, und zwar gibt es beim senkrechten Durchgang eine Abschwächung auf ein Viertel. Wie groß ist der Anteil der Strahlung, der absorbiert wird? Vergleichen Sie das Resultat mit dem der vorhergehenden Aufgabe.

11.17 In der Mitte eines langen mit Gas gefüllten Zählrohrs befindet sich ein punktförmiger Gammastrahler. Drücken Sie die Wahrscheinlichkeit aus, daß ein einzelnes Photon die Wand erreicht, ohne absorbiert oder gestreut zu werden. Die Strahlen in radialer Richtung werden auf die Hälfte abgeschwächt.

11.18 In einer sehr verdünnten Atmosphäre, wie etwa auf dem Mond, stoßen die Moleküle nur auf den Boden und fliegen zwischen den Stößen in ungestörten Parabeln. Wie muß die Geschwindigkeitsverteilung am Boden aussehen, damit die Dichte mit der Höhe exponentiell genauso abnimmt wie in einer nicht so verdünnten, isothermen Atmosphäre? (Die Aufgabe stammt von I. Vidav.)

11.19 Ein dünner Alphastrahler ist mit einer Schicht überzogen, die halb so dick ist wie die Reichweite der Strahlen in demselben Material. Wie sieht das

Spektrum der durchgelassenen Strahlen aus, wenn für die Reichweite das im Text erwähnte Gesetz $R \propto W^{3/2}$ gilt?

11.20 Buffons Nadelproblem: Auf ein Papier, das mit einer großen Zahl paralleler Geraden mit gleichmäßigem Abstand bedeckt ist, wirft man blindlings eine Nadel, die höchstens so lang ist wie der Abstand der Geraden. Wie groß ist die Wahrscheinlichkeit, daß die Nadel eine der Geraden kreuzt?

11.21 Berechnen Sie (numerisch) den differentiellen Streuquerschnitt für Photonen, die beim Durchgang durch eine Glaskugel ($n = 1,5$) aufgrund von Brechung abgelenkt werden. Es gelte die geometrische Optik. Reflexion an der Oberfläche wird durch eine Antireflexionsschicht vermieden.

11.22 Berechnen Sie aus dem in Abschn. 11.1 angegebenen Planckschen Gesetz die Wahrscheinlichkeitsverteilung der Photonen bezüglich ihrer Energie. Hinweis: Die Normalisierungskonstante kann durch den Wert $\zeta(3)$ der Riemannschen Zetafunktion ausgedrückt werden (siehe z.B. Jahnke et al., Anhang C).

11.3 Bedingte Wahrscheinlichkeiten

Beim Betrachten von mehrdimensionalen Wahrscheinlichkeitsverteilungen, d.h. solchen, bei denen die zufälligen Zustände durch zwei oder mehr Variablen beschrieben werden, ergeben sich neue Fragen. Als Beispiel nehmen wir zwei Würfel und ermitteln durch wiederholtes Würfeln die Wahrscheinlichkeit W_{mn}, daß mit dem ersten Würfel die Zahl m und mit dem zweiten n getroffen wird. Damit nicht alles zu trivial ausfällt, stellen wir uns vor, daß die Würfel irgendwie aufeinander einwirken, etwa durch eingebaute Magnete. Falls am Ende nur nach den Punkten des ersten Würfels gefragt wird, wobei uns das Ergebnis des zweiten gleichgültig ist, summieren wir nach dem oben angegebenen Prinzip über die zweiten Werte. Die erhaltene Wahrscheinlichkeit

$$\mathcal{U}_m = \sum_{n=1}^{6} \mathcal{W}_{mn} \tag{11.27}$$

beschreibt eine „Projektion" der ursprünglichen Wahrscheinlichkeitsverteilung. Ähnlich definieren wir auch

$$\mathcal{V}_n = \sum_{m=1}^{6} \mathcal{W}_{mn}. \tag{11.28}$$

Analoge Projektionen erfinden wir bei kontinuierlichen Verteilungen. Nehmen wir an, daß beim Zielscheibenschießen die vorher definierte Wahrscheinlichkeitsdichte $w(x,y)$ schon bekannt ist. Wie groß ist die Wahrscheinlichkeit für einen Treffer in den vertikalen Streifen, der durch die horizontalen Koordinaten x und $x + dx$ gegeben ist. Wir summieren über alle Rechtecke in diesem Streifen und bekommen so eine Projektion der ursprünglichen Verteilung. Nach

Division durch $\mathrm{d}x$ ergibt sich (im Grenzwert) die Wahrscheinlichkeitsdichte bezüglich x:

$$u(x) = \int w(x,y)\,\mathrm{d}y. \tag{11.29}$$

Die Integrationsgrenzen haben wir fortgelassen, da es sich von selbst versteht, daß man über das ganze Intervall, in das überhaupt Schüsse fallen können, integrieren muß. Wenn man will, kann man als Grenzen $-\infty$ und ∞ angeben; aber so schlecht schießt ja niemand. Statt die Verteilung auf die horizontale Achse zu projizieren, dürfen wir es auch mit der vertikalen Achse versuchen, indem wir über die horizontale Koordinate integrieren:

$$v(y) = \int w(x,y)\,\mathrm{d}x. \tag{11.30}$$

Kehren wir zu den zwei Würfeln zurück und nehmen wir die Wahrscheinlichkeiten $\mathcal{W}_{mn}$ als bekannt an. Daraus bekamen wir durch Summieren die Wahrscheinlichkeit $\mathcal{U}_m$ für das Treffen von m Punkten mit dem ersten Würfel ohne Rücksicht auf den zweiten, und ähnlich $\mathcal{V}_n$. Stellen wir jetzt eine abgeänderte Frage: Wie groß ist die Wahrscheinlichkeit, daß wir mit dem zweiten Würfel n Punkte treffen, unter der Bedingung, daß der erste eine bestimmte Punktezahl m anzeigt? Diese *bedingte Wahrscheinlichkeit* soll mit $\mathcal{W}_{m\to n}$ bezeichnet werden. Um klarzumachen, was damit gemeint ist, greifen wir auf die operationale Definition (11.16) von Wahrscheinlichkeiten zurück. Statt durch die Gesamtzahl Z aller Würfe zu dividieren, dürfen wir jetzt nur die Zahl X_m derjenigen Versuche anwenden, bei denen der erste Würfel genau m Punkte zeigt. Wir suchen also den Grenzwert

$$\mathcal{W}_{m\to n} = \lim_{X_m \to \infty} \frac{Z_{mn}}{X_m}. \tag{11.31}$$

Da die zweidimensionale Wahrscheinlichkeit als

$$\mathcal{W}_{mn} = \lim_{Z \to \infty} \frac{Z_{mn}}{Z}$$

dargestellt werden kann und ihre Projektion als

$$\mathcal{U}_m = \lim_{Z \to \infty} \frac{X_m}{Z},$$

sehen wir, daß

$$\mathcal{W}_{mn} = \mathcal{U}_m \mathcal{W}_{m\to n} \tag{11.32}$$

gilt. Das Ergebnis ist anschaulich. Um die Wahrscheinlichkeit des Zustands mn bei zwei Würfeln zu bekommen, fragen wir zuerst nach der Wahrscheinlichkeit des Zustands m beim ersten Würfel und multiplizieren sie mit der Wahrscheinlichkeit, daß gerade bei diesem m der zweite Würfel n Punkte aufzeigt.

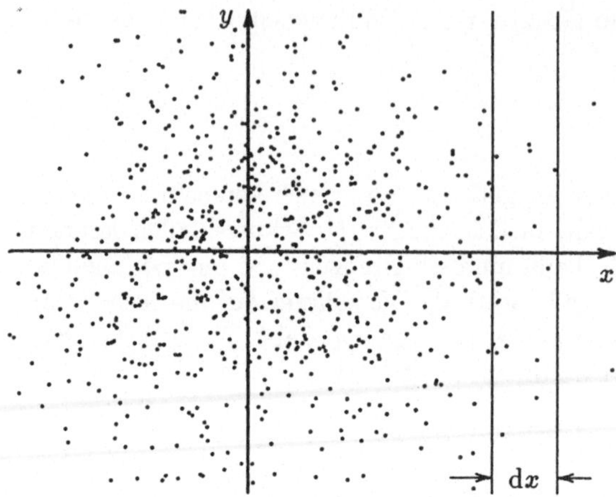

Abb. 11.6. Zum Begriff der bedingten Wahrscheinlichkeitsdichte

Analog verfahren wir bei kontinuierlichen Wahrscheinlichkeitsverteilungen. Denken wir wieder an die Wahrscheinlichkeitsdichte $w(x, y)$ beim Schießen auf eine Zielscheibe. Indem wir die Verteilung auf die Abszisse projizierten, haben wir die eindimensionale Dichte $u(x)$ definiert, bei der nach dem Wert von y nicht gefragt ist. Wenn wir aber nur die Treffer in einem schmalen, durch dx bei x definierten, vertikalen Streifen betrachten (Abb. 11.6) und die darin enthaltene Verteilung neu normieren, bekommen wir die bedingte Wahrscheinlichkeitsdichte $w(x \rightarrow y)$. Sie bezieht sich nur auf Schüsse, die den angegebenen Streifen treffen, wobei das Produkt $w(x \rightarrow y)\,dy$ die Wahrscheinlichkeit angibt, daß ein Intervall dy bei y getroffen wird. Mit genau denselben Argumenten wie vorher ergibt sich

$$w(x, y)\,\mathrm{d}x\,\mathrm{d}y = u(x)\,\mathrm{d}x\,w(x \rightarrow y)\,\mathrm{d}y$$

und somit

$$w(x, y) = u(x)\,w(x \rightarrow y). \tag{11.33}$$

(Die Beziehung hat nur für solche x einen Sinn, für die $u(x) \neq 0$ ist.)

Es kann leicht vorkommen, daß die Würfel, von denen vorher die Rede war, nicht aufeinander einwirken. Wenn man sie weit voneinander wirft und jede Wechselwirkung vermeidet, ist es sicher so. Die Wahrscheinlichkeit für das Auftreten z.B. eines Sechsers mit dem zweiten Würfel ist dann unabhängig von dem Ergebnis mit dem ersten. Allgemein ist unter solchen Umständen die bedingte Wahrscheinlichkeit $\mathcal{W}_{m \rightarrow n}$ unabhängig von der Bedingung m und somit gleich der „unbedingten" Wahrscheinlichkeit $\mathcal{V}_n$ aus (11.28). Letzteres folgt auch, wenn beide Seiten von (11.32) über m summiert werden. Für so einen Fall ergibt sich also die Produktformel

$$W_{mn} = U_m V_n. \tag{11.34}$$

Man sagt, daß die Zustände beider Würfeln voneinander *stochastisch unabhängig* sind oder, daß die Zufallsvariablen m und n unabhängig sind. Wenn das so ist, bekommt man die Wahrscheinlichkeit für den zusammengesetzten Zustand laut (11.34) durch Multiplizieren der Einzelwahrscheinlichkeiten.

Analoge Verhältnisse können auch bei kontinuierlichen Verteilungen eintreten. Bei Schüssen in eine Zielscheibe ist es möglich, daß y von x stochastisch unabhängig ist. Das soll heißen, daß die Verteilungen über die einzelnen vertikalen Streifen einander ähnlich sind, also daß die bedingte Wahrscheinlichkeitsdichte $w(x \to y)$ von der Bedingung x unabhängig ist. Sie ist dann gleich der in (11.28) eingeführten Dichte $v(y)$, wie man durch beiderseitige Integration von (11.33) erfährt. Letztere Gleichung reduziert sich wieder auf eine Multiplikationsformel,

$$w(x,y) = u(x)\, v(y). \tag{11.35}$$

Es ist oft wichtig beurteilen zu können, ob zwei Zufallsvariablen voneinander unabhängig sind oder nicht. Manchmal kann man dies mit gesundem Menschenverstand entscheiden, wie z.B. bei den Würfeln ohne gegenseitige Einwirkung. Es kommt aber vor, daß man im voraus nicht mit Sicherheit wissen kann, ob so eine Einwirkung besteht oder nicht. Dann muß man eben durch häufig wiederholte Beobachtungen die Wahrscheinlichkeiten, etwa W_{mn}, experimentell bestimmen. Aus ihnen bekommen wir durch Summieren U_m und dann aus (11.32) die bedingten Wahrscheinlichkeiten $W_{m \to n} = W_{mn}/U_m$. Sind diese nicht merklich von m abhängig, so ist man einigermaßen sicher, daß keine stochastische Abhängigkeit besteht. Man hat sich an Hand von Wetteraufzeichnungen bemüht zu zeigen, daß der Mond nicht merklich auf das Wetter wirkt. Denen, die an allerhand Aberglauben festhalten wollen, wurde jedoch damit nicht geholfen.

Aufgaben

11.23 In einer flachen kreisrunden Schachtel ist ein Sandkorn eingeschlossen. Nach einigem Schütteln ist die Lage des Korns ungewiß und man kann mit einer gleichmäßigen Wahrscheinlichkeitsverteilung rechnen, also $w(x,y) = $ const innerhalb des mit der Schachtel bestimmten Kreises und $w = 0$ außerhalb. Wie sieht die bedingte Wahrscheinlichkeitsdichte $w(x \to y)$ aus? Darf man in diesem Fall sagen, daß x und y stochastisch unabhängig sind? Wie wäre es aber mit einer rechteckigen Schachtel?

11.24 Beim Schießen auf eine Zielscheibe sei die Wahrscheinlichkeitsdichte der Funktion $[1+(r/r_0)^2]^{-2}$ proportional, wobei r der Abstand von der Scheibenmitte ist und r_0 ein Parameter. Sind in diesem Fall die Koordinaten x und y stochastisch unabhängig?

11.25 Die Treffer auf eine Zielscheibe seien so verteilt, daß die Wahrscheinlichkeitsdichte nur von dem Abstand r von der Mitte abhängt, also $w = w(r)$. Wie muß diese Funktion aussehen, damit die Koordinaten x und y stochastisch unabhängig sind?

11.26 Durch häufig wiederholten gleichzeitigen Wurf von zwei Spielwürfeln wurden die in der Tafel aufgezählten Wahrscheinlichkeiten W_{mn} festgestellt. Die Ungleichmäßigkeit der Verteilung erklärt sich durch Unregelmäßigkeiten der Würfel oder vielleicht auch durch irgendeine Wechselwirkung. Beurteilen Sie die zweite Vermutung durch Ermittlung der Wahrscheinlichkeiten U_m, V_n, $W_{m\to n}$ und $W_{n\to m}$.

m	$n=1$	2	3	4	5	6
1	1/40	1/30	1/20	1/40	1/30	1/30
2	1/80	1/60	1/40	1/80	1/60	1/60
3	1/40	1/30	1/20	1/40	1/30	1/30
4	1/32	1/24	1/16	1/32	1/24	1/24
5	1/64	1/48	1/32	1/64	1/48	1/48
6	1/64	1/48	1/32	1/64	1/48	1/48

11.4 Drei besondere Wahrscheinlichkeitsverteilungen

In diesem Abschnitt werden wir drei spezielle kontinuierliche Wahrscheinlichkeitsverteilungen betrachten, die bei physikalischen Problemen oft auftreten. Die eindimensionale *gleichmäßige Verteilung* haben wir schon kennen gelernt. Bei ihr ist die Wahrscheinlichkeitsdichte innerhalb eines Intervalls konstant und verschwindet außerhalb. Ist das Intervall durch $-a < x < a$ gegeben, so folgt aus der Normalisierung, daß $w(x) = 1/2a$ ist (Abb. 11.7 links).

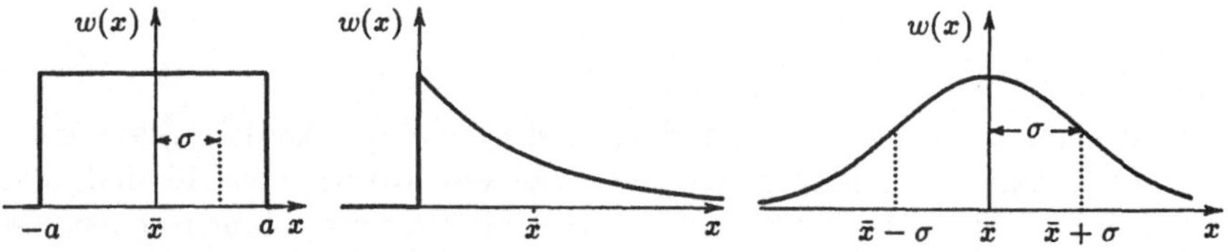

Abb. 11.7. Die gleichmäßige, exponentielle und Gaußsche Verteilung

Als zweite sehen wir uns die *exponentielle Verteilung* an, der man beim Studium der Radioaktivität begegnet. Für einen einzelnen radioaktiven Atomkern kann man niemals mit Sicherheit voraussagen, wann er zerfallen wird. Wohl aber weiß man, daß die Wahrscheinlichkeit des Zerfalls in einem gewissen Zeitintervall nur von der Länge dieses Intervalls abhängt und überhaupt nicht vom Alter des Kerns. Man braucht nur zu wissen, daß der Kern am Anfang des betrachteten Intervals noch nicht zerfallen ist, wobei es gleichgültig ist, wie lang er vorher schon existiert hat. Für den Menschen gilt so etwas keineswegs, denn Menschen werden älter. Atomkerne aber altern nicht.

Für ein genügend kurzes Zeitintervall Δt dürfen wir wohl annehmen, daß die Zerfallswahrscheinlichkeit proportional zu seiner Länge ist. Je kürzer Δt ist, um so genauer gilt die Proportionalität. Bezeichnen wir also diese Wahrscheinlichkeit durch $\lambda\Delta t$. Die *Zerfallsrate* λ ist eine wichtige Eigenschaft der betrachteten Kernart und gibt die Zerfallswahrscheinlichkeit pro Zeiteinheit an.

Die Wahrscheinlichkeit, daß der Kern während der Zeit Δt nicht zerfällt, ist $1 - \lambda\Delta t$, denn eine dritte Möglichkeit gibt es ja nicht. Zerfällt der Kern nicht, so sind die Wahrscheinlichkeiten für das nächste Zeitintervall dieselben wie vorher, da der Kern sich ja nicht geändert hat. Die Wahrscheinlichkeit, daß der Kern auch nach Ablauf der Zeit $2\Delta t$ noch nicht zerfallen ist, ist also gleich $(1-\lambda\Delta t)^2$. Schließen wir weiter: Die Wahrscheinlichkeit $p(t)$, daß auch nach einer längeren Zeit $t = Z\Delta t$ der Kern noch erhalten ist, drückt sich durch die Z-te Potenz der angegebenen Differenz aus. Um das Resultat genau zu machen, müssen wir noch den Grenzwert bilden, indem wir die Zeit t in eine immer größere Anzahl Z von immer kleineren Intervallen $\Delta t = t/Z$ aufteilen. Die Wahrscheinlichkeit für das Überleben des Kerns zur Zeit t ist also

$$p(t) = \lim_{Z\to\infty} \left(1 - \frac{\lambda t}{Z}\right)^{Z} = \mathrm{e}^{-\lambda t}. \tag{11.36}$$

Für ein kurzes Zeitintervall reduziert sich dies auf die schon bekannte Näherung $p(\Delta t) \approx 1 - \lambda\Delta t$.

Wir haben es hier mit einer sogenannten *Alternative* zu tun, nämlich mit einer besonders einfachen, diskreten Wahrscheinlichkeitsverteilung, bei der es nur zwei mögliche Endzustände gibt: der Kern zerfällt (mit der Wahrscheinlichkeit $1 - p(t)$) oder er zerfällt nicht (Wahrscheinlichkeit $p(t)$). Die Zeit spielt hier die Rolle eines Parameters. Derartige Wahrscheinlichkeiten werden in der Kernphysik so gemessen, daß man eine große Zahl N von Kernen nimmt und die Zerfälle $X(t)$ während der Zeit t feststellt. Ziemlich genau gilt $1-p(t) = X(t)/N$. Mehr dazu im nächsten Abschnitt.

Bei einem radioaktiven Kern, dessen Existenz zur Zeit $t = 0$ festgestellt wurde, dürfen wir auch nach der Zerfallswahrscheinlichkeit im Intervall $(t, t+\mathrm{d}t)$ fragen. Wir wollen sie mit $w(t)\,\mathrm{d}t$ bezeichnen, denn wir haben es mit einer kontinuierlichen Verteilung über das Zeitintervall von $t = 0$ bis ∞ zu tun. Die Wahrscheinlichkeitsdichte $w(t)$ gibt die Zerfallswahrscheinlichkeit pro Zeiteinheit an. Ihr Anfangswert ist schon bekannt: $w(0) = \lambda$. Das $w(t)$ unterscheidet sich von diesem nur deshalb, weil die Existenz des Kerns zur Zeit t nicht gesichert ist, während sie es zur Zeit $t = 0$ war. Ohne zu rechnen, können wir schon einen Ausdruck für $w(t)$ angeben. Da Atomkerne nicht altern, ist der Zerfall stochastisch unabhängig von der Vorgeschichte, so daß sich beide Wahrscheinlichkeiten einfach multiplizieren (Abb. 11.7 Mitte):

$$w(t) = p(t)\,\lambda = \lambda\mathrm{e}^{-\lambda t} \tag{11.37}$$

für $t \geq 0$. Freilich ist $w(t) = 0$ für $t < 0$.

Wer sich mit mehr Rechnen sicherer fühlt, sollte feststellen, daß die Zerfallswahrscheinlichkeit im Intervall $(t, t+dt)$ dem Unterschied der Überlebenswahrscheinlichkeiten $p(t)$ und $p(t+dt)$) gleich sein muß: $\lambda p\,dt = p(t) - p(t+dt)$. Es folgt $w(t) = -dp(t)/dt = \lambda e^{-\lambda t}$. Da der letzte Faktor gleich $p(t)$ ist, ergibt sich die bekannte Differentialgleichung

$$\frac{dp(t)}{dt} = -\lambda p(t). \tag{11.38}$$

Drehen wir das Ganze noch einmal um: Aus (11.38) bekommen wir mit der Anfangsbedingung $p(0) = 1$ die vorher auf andere Weise ermittelte Lösung $p(t) = e^{-\lambda t}$.

Noch ein dritter Weg führt zu obigem Zusammenhang. Durch Summieren der Wahrscheinlichkeiten $w(t)\,dt$ bekommen wir die Wahrscheinlichkeit für den Zerfall in einer längeren Zeit. Die Integration über das Intervall von t bis ∞ gibt uns die Wahrscheinlichkeit für den Zerfall in diesem Intervall. Das ist aber gerade die Wahrscheinlichkeit, daß zur Zeit t der Kern noch nicht zerfallen ist, also

$$p(t) = \int_t^\infty w(t)\,dt = \int_t^\infty \lambda e^{-\lambda t}\,dt = e^{-\lambda t}.$$

Bei der *Gaußschen Verteilung* (auch „normale Verteilung" genannt), die bei Anwendungen oft auftritt, hängt die Wahrscheinlichkeitsdichte exponentiell vom Quadrat der unabhängigen Variablen ab, ähnlich wie $w(x) \propto \exp(-\frac{1}{2}x^2)$. Freilich darf man die Verteilung verschieben und den Maßstab verändern, indem man $(x-\overline{x})/\sigma$ statt x einsetzt. Wenn wir die Wahrscheinlichkeit normieren, sieht ihre Dichte so aus (Abb. 11.7 rechts):

$$w(x) = \frac{1}{\sqrt{2\pi}\,\sigma} \exp\left[-\frac{(x-\overline{x})^2}{2\sigma^2}\right]. \tag{11.39}$$

Eigentlich ist damit eine zweiparametrige Familie Gaußscher Verteilungen gegeben. Die Bedeutung der beiden Parameter $\overline{x}$ und σ ist schon aus der Konstruktion ersichtlich. Bei $x = \overline{x}$ hat die Funktion ihr Maximum und sie ist symmetrisch bezüglich dieses Punktes. Außerdem stellen wir durch zweimaliges Differenzieren fest, daß die Kurve für $w(x)$ bei $x = \pm\sigma$ ihre Wendepunkte hat. Man sieht, daß durch $\overline{x}$ der Schwerpunkt der Verteilung und durch σ ein Maß für ihre Breite gegeben sind.

Um die Wahrscheinlichkeit, daß x in einem größeren Intervall liegt, auszudrücken, benötigen wir das Gaußsche *Fehlerintegral* (*error function*),

$$\text{erf}(x) = \frac{2}{\sqrt{\pi}} \int_0^x e^{-\xi^2}\,d\xi, \tag{11.40}$$

für das es Tabellen in den im Anhang zitierten Werken gibt (siehe auch Abschn. 1.7). Aus der Dichte (11.39) ergibt sich folgende Wahrscheinlichkeit dafür, daß x im Intervall (x_1, x_2) liegt:

$$\mathcal{W}\{x \in (x_1, x_2)\} = \frac{1}{2}\left[\operatorname{erf}\left(\frac{x_2 - \overline{x}}{\sqrt{2}\sigma}\right) - \operatorname{erf}\left(\frac{x_1 - \overline{x}}{\sqrt{2}\sigma}\right)\right]. \tag{11.41}$$

So finden wir die kumulative Verteilungsfunktion, d.h. die Wahrscheinlichkeit, die dem Interval von $-\infty$ bis x zukommt:

$$\mathcal{W}(x) = \frac{1}{2}\left[1 + \operatorname{erf}\left(\frac{x - \overline{x}}{\sqrt{2}\sigma}\right)\right]. \tag{11.42}$$

Als zweites Beispiel berechnen wir die die Wahrscheinlichkeit für das Intervall von $\overline{x} - \sigma$ bis $\overline{x} + \sigma$:

$$\mathcal{W}\{x \in (\overline{x} - \sigma, \overline{x} + \sigma)\} = \operatorname{erf}\left(\frac{1}{\sqrt{2}}\right) = 0,68 \approx \frac{2}{3}. \tag{11.43}$$

Wenn die Komponenten eines Vektors $\boldsymbol{v} = (v_1, v_2, v_3)$ stochastisch voneinander unabhängig sind und wenn für jede Komponente die gleiche Gaußsche Verteilung gilt, so folgt für die Wahrscheinlichkeitsdichte im Raum von $\boldsymbol{v}$ durch Multiplizieren eine dreidimensionale kugelsymmetrische Gaußsche Verteilung,

$$w(\boldsymbol{v}) = \left(\frac{1}{2\pi\sigma^2}\right)^{3/2} \exp\left(-\frac{v^2}{2\sigma^2}\right), \tag{11.44}$$

wobei $v^2 = v_1^2 + v_2^2 + v_3^2$ ist. Einfachheitshalber wurde $\overline{\boldsymbol{v}} = 0$ angenommen. Tatsächlich gilt so eine Verteilung, und zwar mit $\sigma^2 = kT/m$, für die Geschwindigkeiten von Molekülen bei klassischer thermischer Bewegung im thermodynamischen Gleichgewicht. Diese sogenannte *Maxwellsche Verteilung* ist um so breiter, je größer σ, also je höher die Temperatur T ist. Man merkt sich die Form der Verteilung, indem man feststellt, daß die Wahrscheinlichkeitsdichte im Geschwindigkeitsraum exponentiell mit der translatorischen Energie der Moleküle abnimmt, nämlich proportional zu $\exp(-W_{\mathrm{tr}}/kT)$.

Da die Maxwellsche Verteilung kugelsymmetrisch ist, können wir als Volumenelement eine dünne Kugelschale wählen und das Differential der Wahrscheinlichkeit anders aufschreiben:

$$\begin{aligned} \mathrm{d}\mathcal{W} &= \left(\frac{m}{2\pi kT}\right)^{3/2} \exp\left(-\frac{mv^2}{2kT}\right) \mathrm{d}^3v \\ &= \left(\frac{m}{2\pi kT}\right)^{3/2} \exp\left(-\frac{mv^2}{2kT}\right) 4\pi v^2 \, \mathrm{d}v. \end{aligned} \tag{11.45}$$

Der Faktor vor $\mathrm{d}v$ im letzten Ausdruck gibt die Wahrscheinlichkeitsdichte $\mathrm{d}\mathcal{W}/\mathrm{d}v$ in bezug auf den Absolutwert der Geschwindigkeit an.

Aufgaben

11.27 Berechnen Sie für die Gaußsche Verteilung (11.39), wie groß die Wahrscheinlichkeiten sind, daß x zwischen $\overline{x} - N\sigma$ und $\overline{x} + N\sigma$ liegt ($N = 2, 3$). Wie breit muß man das Intervall nehmen, um die Wahrscheinlichkeit $\frac{1}{2}$ zu bekommen?

11.28 Bei einem Gas, das wegen hoher Temperatur leuchtet, sind die Spektrallinien wegen des Dopplereffekts verbreitert. Zeigen Sie, daß das Linienprofil ein Abbild der Maxwellschen Verteilung ist. Wie groß ist σ im Maß der Wellenlängen? Zeichnen Sie eine Kurve für das Linienprofil und ihre Breite in halber Höhe ein. Wie drückt sich diese Breite durch σ aus?

11.29 Zeichnen Sie eine Kurve für die durch (11.45) definierte Wahrscheinlichkeitsdichte dW/dv. Wo ist ihr Maximum? Darf man die betreffende Geschwindigkeit als die wahrscheinlichste bezeichnen, wie das oft getan wird?

11.30 Beschreiben Sie die Maxwellsche Verteilung in bezug auf die kinetische Energie als unabhängige Variable. Wo ist jetzt das Maximum der Wahrscheinlichkeitsdichte? Vergleichen Sie es mit dem Maximum aus Aufgabe 11.29.

11.31 Durch eine Schicht natürlichen Bors ($M_\mathrm{B} = 10,8$) mit $100\,\mathrm{mg}$ pro cm^2 dringt in senkrechter Richtung ein Strahl thermischer Neutronen ($M_n = 1,009$) mit der Temperatur $T = 300\,\mathrm{K}$ durch. Den Strahl bekommt man aus der ursprünglichen Maxwellschen Verteilung, indem man durch Blenden nur Neutronen mit Geschwindigkeitsvektoren innerhalb eines kleinen Raumwinkels zuläßt. Während Neutronen in Bor relativ wenig gestreut werden, haben seine Kerne für Neutronen mit der Geschwindigkeit 2200 m/s (im Mittel) einen Absorptionsquerschnitt $\sigma_a = 730 \cdot 10^{-24}\,\mathrm{cm}^2$. Im thermischen Bereich ist $\sigma_a \propto v^{-1}$. Was für eine Verteilung stellen wir fest, wenn wir die Geschwindigkeiten aller in einem Zeitintervall durchgelassenen Neutronen prüfen? Um was für einen Faktor wird der gesamte Neutronenstrom abgeschwächt? Hinweis: Man bekommt ein Integral, das in Abramowitz (siehe Anhang C) tabelliert ist.

11.32 Aus einem Gefäß, das erhitztes ionisiertes Gas im Gleichgewicht enthält, entweicht durch ein kleines Loch und eine Blende ein dünner Strahl von positiven Ionen. Nach Beschleunigung durch eine konstante Spannung werden sie durch eine Elektrode aufgefangen. Was für eine Geschwindigkeitsverteilung gilt für die in einem Zeitintervall aufgefangenen Ionen?

11.33 Der Ionenstrahl aus der vorhergehenden Aufgabe wird durch eine durchlöcherte Elektrode in der Nähe des Austritts gepulst. Nur für kurze Zeitspannen werden Ionen durchgelassen, doch nicht beschleunigt, ansonsten aber durch eine negative Spannung abgebremst. Danach wird die Laufzeit jedes Ions bis zu einer entfernten Sammelelektrode gemessen. Wie sieht die Verteilung der aufgefangenen Ionen bezüglich der Laufzeit aus?

11.34 Drücken Sie die kumulative Verteilungsfunktion, die der Wahrscheinlichkeitsdichte (11.37) entspricht, durch die dort angegebene Funktion $p(t)$ aus.

11.5 Mittelwerte

Der *Mittelwert* (in der mathematischen Literatur auch oft „Erwartungswert"
genannt) $\overline{x}$ einer Zufallsvariable x mit der Wahrscheinlichkeitsdichte $w(x)$ wird
folgendermaßen definiert:

$$\overline{x} = \int x \, \mathrm{d}W = \int x \, w(x) \, \mathrm{d}x. \tag{11.46}$$

Im Falle einer diskreten Verteilung muß das Integral als Summe verstanden
werden:

$$\overline{x} = \sum_i x_i W_i. \tag{11.47}$$

Die Definition stimmt mit uraltem Gebrauch überein. Die mittlere Masse $\overline{m}$
einer Anzahl Z von Eiern gewinnt man, indem man die gesamte Masse durch
Z dividiert: $\overline{m} = Z^{-1} \sum_{i=1}^{Z} m_i$. Bei einer großen Anzahl lohnt es sich, zuerst
die Eierzahl $\mathrm{d}Z$ innerhalb jeder Massenklasse $\mathrm{d}m$ anzugeben und dann erst zu
Summieren: $\overline{m} = Z^{-1} \int m \, \mathrm{d}Z$. Im Grenzwert geht $\mathrm{d}Z/Z$ in $\mathrm{d}W = w(m) \, \mathrm{d}m$
über, so daß eine Definition wie (11.46) folgt.

Bei mehrdimensionalen Verteilungen kann man für jede unabhängige Variable einen Mittelwert definieren, z.B. $\overline{x}$, $\overline{y}$, $\overline{z}$. Genauso definiert man in der
Mechanik die Koordinaten des Schwerpunktes. Bei der Gaußschen Verteilung
hatten wir schon ein Beispiel. Allgemein ist der Schwerpunkt eines dreidimensionalen Körpers durch

$$\overline{r} = \frac{1}{m} \int r \, \mathrm{d}m = \frac{1}{m} \int r \, \varrho(r) \, \mathrm{d}^3 r. \tag{11.48}$$

gegeben. Da die Gesamtmasse nicht normiert ist, muß man durch sie dividieren.

Auf dieselbe Weise kann man auch Mittelwerte irgendwelcher Funktionen
der unabhängigen Variablen einführen:

$$\overline{f(x)} = \int f(x) \, \mathrm{d}W = \int f(x) \, w(x) \, \mathrm{d}x. \tag{11.49}$$

Als Beispiel berechnen wir die mittlere Länge der Sehnen aus Abb. 11.2 rechts.
Es ist gleichgültig, welche unabhängige Variable wir wählen, ob den Winkel ϕ
oder die Länge $s = 2r \cos \phi$ der Sehne selbst. Auf beide Weisen bekommen wir

$$\overline{s} = \int s \, \mathrm{d}W = \int_{-\pi/2}^{\pi/2} s(\phi) \frac{\mathrm{d}W}{\mathrm{d}\phi} \, \mathrm{d}\phi = \int_0^{2r} s \frac{\mathrm{d}W}{\mathrm{d}s} \, \mathrm{d}s = \frac{4r}{\pi}.$$

Einsetzen von $f(x) = x^n$ ergibt die sogenannten *Momente*, d.h. Mittelwerte $\overline{x^n}$ der Potenzen von x. Praktischer sind die *zentrierten Momente*
$M_n = \overline{(x - \overline{x})^n}$, die gemittelte Potenzen der Abweichungen vom Mittelwert darstellen. Besonders wichtig ist der Mittelwert M_2 der quadratischen Abweichung,
der meist durch σ^2 bezeichnet wird:

$$\sigma^2 = \overline{(x - \overline{x})^2} = \int (x - \overline{x})^2 \, w(x) \, \mathrm{d}x; \tag{11.50}$$

σ selbst nennt sich die *Streuung* der Verteilung. Sie gibt an, wie stark die Werte x beiderseits von $\overline{x}$ verstreut sind. Statt Streuung sagt man auch *effektive Abweichung* vom Mittelwert oder bei Wahrscheinlichkeitsverteilungen von Meßergebnissen *effektiver Fehler*. Der etwas komplizierten Definition kann man kaum ausweichen. Der Mittelwert $\overline{x - \overline{x}}$ der Abweichungen ist nämlich zu diesem Zweck nicht zu brauchen; er verschwindet ja, da sich positive und negative Abweichungen ausgleichen. (Die Koordinate des Schwerpunkts in bezug auf den Schwerpunkt verschwindet trivialerweise.) Als nächstes hätte man den mittleren Absolutwert $\overline{|x - \overline{x}|}$ einführen können; das Rechnen mit Absolutwerten ist jedoch unpraktisch. So bleibt uns als einfachste Wahl das oben definierte σ, d.h. die Quadratwurzel aus dem Mittelwert der quadratischen Abweichung. Der Leser wird sich leicht überzeugen, daß bei der Gaußschen Verteilung die Streuung mit dem in (11.39) als σ bezeichneten Parameter übereinstimmt. Die Bezeichnung ist damit nachträglich gerechtfertigt.

Bei eindimensionalen Massenverteilungen entspricht dem σ der Begriff des *Trägheitsradius*. Mit ihm drückt sich das Trägheitsmoment in bezug auf eine Achse, die senkrecht durch den Schwerpunkt geht, so aus: $J = m\sigma^2$. Die Gesamtmasse m steht hier an Stelle der gesamten Wahrscheinlichkeit 1. Man rechnet leicht nach, daß allgemein folgende Beziehung gilt,

$$\overline{x^2} = \sigma^2 + (\overline{x})^2, \tag{11.51}$$

die in der Mechanik als *Steiners Formel* bekannt ist. Sie hilft bei Berechnungen sowohl von Trägheitsmomenten als auch von Streuungen.

Unter den höheren zentrierten Momenten $M_n = \overline{(x - \overline{x})^n}$ sollen nur noch M_3 und M_4 erwähnt werden. Bei der Gaußschen und überhaupt bei jeder Dichte, die eine gerade Funktion von $x - \overline{x}$ ist, verschwindet M_3 natürlich. Als nächstes soll der Leser selbst zeigen, daß bei der Gaußschen Verteilung $M_4 = 3\sigma^4$ gilt. Man führt manchmal die entsprechenden dimensionslosen Parameter ein, die *Schiefe* ϱ und den *Exzeß* ϵ,

$$\varrho = \frac{M_3}{\sigma^3}, \qquad \epsilon = \frac{M_4}{\sigma^4} - 3. \tag{11.52}$$

Beide verschwinden bei der Gaußschen Verteilung und sind daher als Maße für Abweichungen von dieser besonderen Verteilung geeignet. Macht man die Glocke auf der rechten Abbildung 11.7 schmaler und verstärkt ensprechend die beiderseitigen Ausläufer, so bekommt man das Bild einer Verteilung mit $\epsilon > 0$.

Wenn wir sicher sind, daß eine Wahrscheinlichkeitsverteilung der Gaußschen Art ist, so genügen die zwei Parameter $\overline{x}$ und σ vollauf, um sie zu spezifizieren. Für eine allgemeine Verteilung geht das nicht einmal mit endlich vielen Parametern. Dennoch begnügt man sich manchmal mit den vier Werten $\overline{x}$, σ, ϱ und ϵ als approximativen Ersatz für eine Beschreibung von Wahrscheinlichkeitsverteilungen. Falls sie nur empirisch und daher ungenau bekannt sind, ist so ein Standpunkt wohl vernünftig.

Da mehrdimensionale Verteilungen vielfältiger sind, hat man es mit einer größeren Vielfalt von Parametern zu tun. Bei der Wahrscheinlichkeitsdichte $w(x, y)$ für die Schußlöcher in einer Zielscheibe bieten sich zwei Streuungen an:

$$\sigma_x^2 = \overline{(x - \overline{x})^2} = \int \int (x - \overline{x})^2 \, w(x, y) \, \mathrm{d}x \, \mathrm{d}y, \tag{11.53}$$

und ähnlich für σ_y^2. Außerdem kommt auch das gemischte Moment

$$\overline{(x - \overline{x})(y - \overline{y})} = \int \int (x - \overline{x})(y - \overline{y}) \, w(x, y) \, \mathrm{d}x \, \mathrm{d}y \tag{11.54}$$

in Frage. Der dimensionslose Quotient

$$R = \frac{\overline{(x - \overline{x})(y - \overline{y})}}{\sigma_x \sigma_y}, \tag{11.55}$$

der als *Korrelationskoeffizient* bekannt ist, verdient eine nähere Betrachtung.

Zunächst leiten wir für die drei Momente zweiter Ordnung eine *Cauchy-Schwarzsche Ungleichung* ab. Zu diesem Zweck stellen wir fest, daß der Ausdruck

$$\overline{[\lambda(x - \overline{x}) - (y - \overline{y})]^2} = \lambda^2 \sigma_x^2 - 2\lambda \overline{(x - \overline{x})(y - \overline{y})} + \sigma_y^2$$

bei beliebigem, reellem λ nicht negativ werden kann. Das quadratische Polynom in λ auf der rechten Seite kann also niemals zwei verschiedene reelle Nullstellen haben. Daher darf die Diskriminante nicht positiv sein, so daß die Ungleichung

$$\left[\overline{(x - \overline{x})(y - \overline{y})}\right]^2 - \sigma_x^2 \sigma_y^2 \leq 0$$

gelten muß. Für den Korrelationskoeffizienten ergibt sich somit folgende Begrenzung:

$$-1 \leq R \leq 1. \tag{11.56}$$

Um die Bedeutung von R zu verstehen, überzeugen wir uns zuerst, daß bei stochastischer Unabhängigkeit der Variablen x und y, also wenn Gleichung (11.35) gilt, dieser Koeffizient verschwindet. Somit ist $R = 0$ eine notwendige Bedingung für stochastische Unabhängigkeit. Es wäre aber ein Irrtum zu glauben, daß diese Bedingung auch hinreichend ist. Bei jeder Verteilung, die eine gerade Funktion von $x - \overline{x}$ und von $y - \overline{y}$ ist, gilt ja $R = 0$. So ist es z.B., wenn die Wahrscheinlichkeit gleichmäßig innerhalb eines Kreisrings verteilt ist. Die Variablen x und y sind aber dabei offenbar nicht stochastisch unabhängig.

Wenn $\overline{(x - \overline{x})(y - \overline{y})} = 0$ ist, folgt sofort die Gleichung $\overline{xy} = \overline{x}\,\overline{y}$. Insbesondere ist also bei stochastisch unabhängigen Variablen der Mittelwert des Produktes gleich dem Produkt der Mittelwerte. Dieselbe Behauptung läßt sich für irgend zwei Funktionen der einzelnen Variablen aufstellen: Wenn der Korrelationskoeffizient von $f(x)$ und $g(y)$ verschwindet, so ist $\overline{f(x)\,g(y)} = \overline{f(x)}\,\overline{g(y)}$.

Wenden wir uns jetzt den möglichen Extremwerten $R = \pm 1$ zu. Versuchsweise betrachten wir eine Verteilung, die auf eine Gerade $y - \bar{y} = k(x - \bar{x})$ mit positivem k zusammengedrückt ist. Wir finden, daß $\sigma_y = k\sigma_x$ ist und $\overline{(x - \bar{x})(y - \bar{y})} = k\sigma_x^2$. Somit ist in solchem Fall $R = 1$. Wenn die Gerade auf die andere Seite geneigt ist ($k < 0$), ergibt sich $R = -1$.

Anhand dieser Beispiele ist es nicht schwer, Verteilungen zu erfinden, bei denen $|R|$ zwischen 0 und 1 gelegen ist. Nehmen wir an, die Wahrscheinlichkeit wäre gleichmäßig innerhalb einer Ellipse in der xy-Ebene verteilt. Sind die Achsen der Ellipse parallel zu den Koordinatenchsen, so ist $R = 0$, wie schon erwähnt wurde. Ist aber die längere Achse nach rechts (bzw. nach links) geneigt, so bekommen wir ein positives (bzw. negatives) R. Drückt man die Ellipse auf eine Gerade zusammen, so ergeben sich die zuvor betrachteten Grenzfälle $R = \pm 1$.

Zum Schluß des Abschnitts soll noch ein ganz anderer charakteristischer Parameter von Wahrscheinlichkeitsverteilungen erwähnt werden, nämlich die *Entropie*. Während in der statistischen Mechanik der Begriff schon lange geläufig ist, wurde er in die Wahrscheinlichkeitsrechnung erst innerhalb eines neuen Zweiges eingeführt, nämlich in der *Informationstheorie*.

Die Entropie (S im folgenden) einer diskreten Wahrscheinlichkeitsverteilung definiert man als den negativen mittlerten Logarithmus der Wahrscheinlichkeit:

$$S = -\overline{\ln \mathcal{W}_i} = -\sum_i \mathcal{W}_i \ln \mathcal{W}_i. \tag{11.57}$$

Eine Verallgemeinerung auf mehrdimensionale Verteilungen ist selbstverständlich.

Bei kontinuierlichen Verteilungen gibt es Schwierigkeiten, denn wie soll man den Logarithmus einer dimensionsbehafteten Wahrscheinlichkeitsdichte definieren? Verwendet man den Logarithmus der Maßzahl, so hängt sein Wert von der Wahl der Einheiten ab. Bei Übergang zu einer 1000mal kleineren Einheit vergrößert sich die Maßzahl 1000mal, so daß der Logarithmus um $\ln 1000$ anwächst. Wenn man aber vereinbart (wie in der klassischen Thermodynamik), daß nur Entropiedifferenzen von Belang sein sollen, so daß eine additive Konstante irrelevant ist, können wir die Entropie mit Hilfe des mittleren Logarithmus der Wahrscheinlichkeitsdichte definieren:

$$S = -\overline{\ln w} + \text{const} = -\int w(x) \ln w(x) \, dx + \text{const}. \tag{11.58}$$

Freilich ist die Definition nur sinnvoll, wenn eine ganz bestimmte Variable x verabredet ist, denn durch nichtlineare Substitutionen könnte man dem Wert von S ziemlich willkürlich verändern. In der klassischen statistische Mechanik betrachtet man ausschließlich Wahrscheinlichkeitsdichten im Phasenraum, dessen Punkte durch die Koordinaten und Impulse des Systems gegeben sind.

In der statistischen Mechanik wird mit Rücksicht auf die Thermodynamik die rechte Seite von (11.57) oder (11.58) noch mit der Boltzmannschen Konstanten $k = 1,38 \cdot 10^{-23}$ J/K multipliziert. Statt dessen führt die Informationstheorie den Faktor $(1/\ln 2)$ ein; oder man vergißt den Faktor und nimmt statt des natürlichen den Logarithmus mit der Basis 2. Die mit einem regulären Würfel gewonnene Verteilung hat die Entropie $S = -\frac{1}{\ln 2} \ln \frac{1}{6} = \ln 6/\ln 2 = 2.585$.

Bei diskreter Verteilung über eine endliche Anzahl von Variablenwerten sieht man leicht ein, daß die Entropie ihr Maximum erreicht, wenn die Verteilung gleichmäßig ist. Die Differenz $S_{\mathrm{max}} - S$ nennt man die *Informationsmenge*, die der ungleichmäßigen Verteilung zukommt. Durch die Benutzung des soeben verabredeten Faktors wird die Einheit der Information, genannt *bit*, fixiert. Wenn uns jemand beim Würfelspiel verrät, daß man eine gerade Zahl geworfen hat, so haben wir es nur mehr mit den Wahrscheinlichkeiten $W_2 = W_4 = W_6 = \frac{1}{3}$ zu tun, so daß jetzt $S = \ln 3/\ln 2$. Der Unterschied ist $S_{\mathrm{max}} - S = \ln 6/\ln 2 - \ln 3/\ln 2 = 1$. Wir haben also durch Verrat des Geheimnisses 1 bit Information gewonnen.

Es ist auch nicht schwer zu beweisen, daß unter den kontinuierlichen Verteilungen mit gegebenem σ der Gaußschen die größte Entropie zukommt. Manche Autoren benutzen dies, um auf billige Weise die herkömmlichen Wahrscheinlichkeitsverteilungen der statistischen Mechanik zu begründen.

Eine weitere wichtige Eigenschaft der Entropie ist, daß man ihren Wert für eine Verteilung über zwei oder mehrere stochastisch unabhängige Variablen durch Addition bekommt. Aus (11.34) folgt nämlich sofort

$$S_W = S_U + S_V. \tag{11.59}$$

Literatur über Informationstheorie

11.3   L. Brillouin, *Science and Information Theory* (Academic Press, New York, 1956).

11.4   A.M. Jaglom und I.M. Jaglom: *Wahrscheinlichkeit und Information* (Deutsch, Thun, 1984).

11.5   A. Katz: *Principles of Statistical Mechanics: The Information Theory Approach* (Freeman, San Francisco, 1966).

Aufgaben

11.35   Wie groß sind beim Spiel mit einem regelmäßigen Würfel die Parameter $\overline{n}$, σ, ϵ?

11.36   Wie groß ist bei der Gaußschen Verteilung $\overline{|x - \overline{x}|}$ im Vergleich zu σ?

11.37   Berechnen Sie für die Maxwellsche Verteilung im Geschwindigkeitsraum die Mittelwerte $\overline{v}$, $\frac{1}{2}m\overline{v_x^2}$, $\overline{W_{tr}} = \frac{1}{2}m\overline{v^2}$ und $\sigma_W^2 = \overline{(W_{tr} - \overline{W_{tr}})^2}$.

11.38   Wie groß ist der Prozentsatz der Moleküle im Gas, bei denen die Geschwindigkeit das 5fache des Mittelwerts $\overline{v}$ übersteigt?

11.39 Wählen Sie für die Maxwellsche Verteilung einen Wert v_1 so, daß bei 50% aller Moleküle die Geschwindigkeit diese Schranke übersteigt.

11.40 Bei mathematischen Funktionentafeln darf der Fehler nicht größer sein als 0,5 Einheiten der letzten Dezimalstelle. Die Wahrscheinlichkeitsverteilung der Fehler sei im angegebenen Intervall gleichmäßig. Wie groß sind die Streuung und der Exzeß? Zeichnen Sie zum Vergleich eine Gaußsche Verteilung mit genauso großer Streuung.

11.41 Wie hängt bei der exponentiellen Wahrscheinlichkeitsverteilung (11.37) die Streuung mit dem Mittelwert zusammen?

11.42 Wie sieht bei einfarbigem Licht die Verteilung von Photonen bezüglich ihrer Weglängen x in einem Medium mit dem Absorptionskoeffizienten μ aus? Berechnen Sie den Mittelwert und die Streuung.

11.43 Berechnen Sie für die Verteilung aus Aufgabe 11.13 im Abschn. 11.2 den mittleren Cosinus des Streuwinkels.

11.44 Im Nebel sollen 600 Wassertröpfchen pro cm^3 vorhanden sein. Für die Größe der Tröpfchen gilt eine kontinuierliche Verteilung, und zwar sei die Wahrscheinlichkeitsdichte bezüglich des Tröpfchenradius proportional zu $r\exp(-r/r_0)$, wobei $r_0 = 5\,\mu m$ ist. In ruhender Luft fallen die Tröpfchen langsam zum Boden, wobei das lineare Widerstandsgesetz gilt: $F = 6\pi r\eta v$. Wie dick ist die Wasserschicht, die sich in einer Stunde am Boden ansammelt?

11.45 Wie drückt man bei einer zweidimensonalen Gaußschen Wahrscheinlichkeitsverteilung mit der Dichte $\propto \exp[-(ax^2 + 2bxy + cy^2)]$ den Korrelationskoeffizienten durch die Koeffizienten a, b, c aus?

11.46 Beweisen Sie, daß für eine beliebige zweidimensionale Verteilung folgende Relationen gelten: $\sigma_{x+y}^2 = \sigma_x^2 + 2R\sigma_x\sigma_y + \sigma_y^2$.

11.47 Zeigen Sie, daß beim Beispiel aus Aufgabe 11.35 die informationstheoretische Entropie größer ist als bei irgendeinem unregelmäßigen Würfel, bei dem nicht alle Wahrscheinlichkeiten gleich sind.

11.48 Berechnen Sie die Entropie der Maxwellschen Verteilung. Um wieviel ändert sie sich bei einer kleinen Temperaturänderung? Vergleichen Sie die Ergebnisse mit den bekannten Behauptungen aus der Thermodynamik.

11.6 Die binomiale Verteilung

Zur ursprünglichen Überlegung (Abschn. 11.2), wie man Wahrscheinlichkeiten durch wiederholte Beobachtungen bestimmt, gehört noch eine Abschätzung der Genauigkeit solcher Messungen. Sehen wir uns dies anhand einer Alternative an, z.B. bei einer Münze, die nach einem Wurf entweder „Kopf" oder „Zahl"

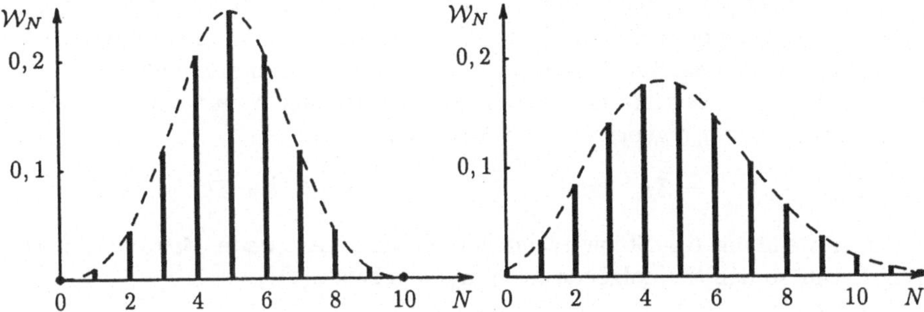

Abb. 11.8. Die binomiale und die Poissonsche Wahrscheinlichkeitsverteilung, die erste für $Z = 10$, $p = 0,5$, die zweite für $\bar{N} = 5$

aufzeigt. Die Münze darf unsymmetrisch sein, so daß die beiden Wahrscheinlichkeiten p und $q = 1 - p$ verschieden sein können. Bei Z Würfen treffen wir den Kopf z.B. N-mal und hoffen, daß der Quotient N/Z die unbekannte Wahrscheinlichkeit p annähert. Drehen wir vorläufig den Spieß um und fragen, wie groß bei bekannten p die Wahrscheinlichkeit $\mathcal{W}_N$ ist, daß wir mit Z Würfen insgesamt N-mal Kopf treffen, wobei die Reihenfolge von Köpfen und Zahlen gleichgültig ist.

Wenn wir nicht gerade abergläubisch sind oder besondere Kniffe anwenden, dürfen wir überzeugt sein, daß die aufeinanderfolgenden Ergebnisse voneinander stochastisch unabhängig sind, so daß sich die Wahrscheinlichkeiten multiplizieren. Die Wahrscheinlichkeit, daß wir N-mal nacheinander Kopf treffen und danach $(Z - N)$-mal Zahl, ist also $p^N q^{Z-N}$. Das ist aber noch nicht die richtige Antwort auf obige Frage, denn wir haben uns hier auf eine besondere Reihenfolge der Treffer kapriziert. Da alle Reihenfolgen offenbar gleichwahrscheinlich sind, brauchen wir nur noch abzählen, wieviele es davon gibt. Wie bekannt, ist die Antwort durch den Binomialkoeffizienten

$$\begin{pmatrix} Z \\ N \end{pmatrix} = \frac{Z!}{N!(Z - N)!} = \frac{Z(Z - 1)\ldots(Z - N + 1)}{1 \cdot 2 \cdot \ldots \cdot N} \tag{11.60}$$

gegeben. Das Endergebnis ist die *binomiale* (oder Bernoullische) Wahrscheinlichkeitsverteilung (Abb. 11.8 links):

$$\mathcal{W}_N = \begin{pmatrix} Z \\ N \end{pmatrix} p^N q^{Z-N}. \tag{11.61}$$

Eigentlich ist das eine zweiparametrige Familie von Verteilungen, mit den Parametern Z und p.

Daß die Verteilung normiert ist, zeigt man mit Hilfe der Binomialformel

$$\sum_{N=0}^{Z} \mathcal{W}_N = \sum_{N=0}^{Z} \begin{pmatrix} Z \\ N \end{pmatrix} p^N q^{Z-N} = (p + q)^Z = 1^Z = 1.$$

Um mehr zu erfahren, substituieren wir auf beiden Seiten der zweiten Gleichung λp für p. Danach differenzieren wir beiderseits einmal und zweimal nach λ und setzen im Resultat $\lambda = 1$ ein. Die erhaltenen Summen auf der linken Seite stimmen mit den Formeln für die Mittelwerte von N und von $N(N-1)$ überein, rechts aber ergeben sich die Ausdrücke

$$Zp(p+q)^{Z-1} = Zp \quad \text{und} \quad Z(Z-1)p^2(p+q)^{Z-2} = Z(Z-1)p^2.$$

Unter Anwendung der Steinerschen Formel wird der zweite Mittelwert noch umgeformt, so daß sich folgende Resultate ergeben:

$$\overline{N} = Zp, \quad \sigma^2 = \overline{(N-\overline{N})^2} = Zpq. \tag{11.62}$$

Während das erste selbstverständlich ist, konnten wir das zweite nicht vorher erraten. Indem wir σ als Maß der Ungewißheit der beobachteten Zahl N der Köpfe anerkennen, erlauben wir uns folgende symbolische Schreibweise:

$$N = Zp \pm \sqrt{Zpq}. \tag{11.63}$$

Ein interessanter Grenzfall der binomialen Verteilung ergibt sich, wenn man p immer kleiner macht und Z wachsen läßt, jedoch so, daß der Mittelwert $\overline{N} = Zp$ unverändert bleibt. Nachdem wir den Binomialkoeffizienten so wie rechts in (11.60) ausschreiben, folgt als Grenzwert die Verteilung

$$\mathcal{W}_N = \frac{\overline{N}^N}{N!}\, e^{-\overline{N}}, \tag{11.64}$$

die als die *Poissonsche* bekannt ist (Abb. 11.8 rechts) Sie enthält nur noch einen Parameter, nämlich den Mittelwert $\overline{N}$. Da im Grenzwert $q = 1$ ist, folgt aus (11.62), daß jetzt $\sigma^2 = \overline{N}$ ist. Die symbolische Behauptung (11.63) reduziert sich damit auf

$$N = \overline{N} \pm \sqrt{\overline{N}}. \tag{11.65}$$

Nehmen wir ein so langlebiges radioaktives Präparat, daß seine Aktivität n (d.h. die Zahl der Zerfälle pro Zeiteinheit) praktisch konstant ist! Während der Zeit t zerfallen also im Mittel $\overline{N} = nt$ Kerne. Bei jeder Zählung kann es jedoch Abweichungen von diesem Mittelwert geben, und wir dürfen nach der Wahrscheinlichkeit $\mathcal{W}_N$ fragen, daß die Zahl N gefunden wird.

Teilen wir die Zeit t in Z kleine Intervalle $\Delta t = t/Z$ ein. Die Wahrscheinlichkeit eines Zerfalls während der Zeit Δt ist $p = n\,\Delta t$, während $1 - p$ die Wahrscheinlichkeit ist, daß kein Zerfall vorkommt. Das Intervall sei nämlich so klein, daß man die Wahrscheinlichkeiten für zwei oder mehr Zerfallsereignisse vernachlässigen darf. Da der Mittelwert $\overline{N} = nt$ vorgegeben ist, folgt als Grenzwert bei $Z \to \infty$ die Poissonsche Verteilung,

$$\mathcal{W}_N = \frac{(nt)^N}{N!} e^{-nt}. \tag{11.66}$$

Nebenbei bemerken wir, daß der Wert $\mathcal{W}_0$ mit dem $p(t)$ aus Abschn. 11.4 verwandt ist. Man braucht dort nur statt der Zerfallsrate λ die Aktivität n einsetzen.

Eine Übung soll uns zum Nachdenken anregen. Wir fangen bei dem langlebigen radioaktiven Präparat zur Zeit $t = 0$ die Zerfallsereignisse zu zählen an und fragen nach der Wahrscheinlichkeit, daß im Zeitabschnitt von t bis $t + \mathrm{d}t$ gerade der N-te Zerfall registriert wird. Da die Ereignisse untereinander stochastisch unabhängig sind, multiplizieren wir die Poissonsche Wahrscheinlichkeit $\mathcal{W}_{N-1}$, daß $N - 1$ Zerfallsereignisse irgendwann im Intervall $(0, t)$ beobachtet werden, mit der Wahrscheinlichkeit $n\,\mathrm{d}t$ eines Zerfalls im Intervall $(t, t + \mathrm{d}t)$.

Die binomiale und die Poissonsche Verteilung liefern nützliche Hinweise zum Messen von Wahrscheinlichkeiten. Bei Z Würfen einer (womöglich unsymmetrischen) Münze treffen wir N-mal „Kopf" und nehmen den Quotienten $\tilde{p} = N/Z$ als Näherung für die unbekannte Wahrscheinlichkeit p. Wir wissen schon, daß die Zahl N ungewiß ist, wobei $\sigma = \sqrt{Zpq}$ ein Maß für diese Ungewißheit ist. Bei nicht zu kleinem Z dürfen wir dieses Maß ohne schlechtes Gewissen durch $\sigma \approx \sqrt{Z\tilde{p}(1 - \tilde{p})}$ approximieren. Der Quotient σ/Z aber zeigt, um wieviel $\tilde{p}$ in bezug auf den Mittelwert p schwankt. Oder umgekehrt: Derselbe Quotient zeigt auch, wie ungewiß das unbekannte p in bezug auf das gemessene $\tilde{p}$ ist. Symbolisch lautet die Aussage wie folgt:

$$p = \tilde{p} \pm \sqrt{\frac{\tilde{p}(1 - \tilde{p})}{Z}} = \tilde{p}\left[1 \pm \sqrt{\frac{1 - \tilde{p}}{N}}\right]. \tag{11.67}$$

Falls wir mit einer Münze bei 1000 Würfen 450mal Kopf treffen, schätzen wir die entsprechende Wahrscheinlichkeit wie folgt ab:

$$p = 0,450 \pm \sqrt{\frac{0,45 \cdot 0,55}{1000}} = 0,450 \pm 0,016 = 0,450(1 \pm 0,03).$$

Wir bemerken, daß der Fehler $\pm 0,016$ nur ein Drittel so groß ist wie die Abweichung des geschätzen p vom Wert $p = 0,5$, der einer symmetrischen Münze zukommen würde. So sind wir ziemlich sicher, daß die Münze unsymmetrisch ist. Dazu bemerken wir, daß sich bei großem Z die binomiale Verteilung (Abb. 11.8 links) ziemlich gut an die Gaußsche anschmiegt, was im nächsten Abschnitt noch näher erläutert wird. Für eine Gaußsche Verteilung ist aber die Wahrscheinlichkeit, daß der Fehler zufällig den Wert 3σ übersteigt, gleich 0,0013, wie eine Rechnung nach dem Rezept aus Abschn. 11.4 zeigt. So dürfen wir an die Unsymmetrie der Münze sozusagen mit 99,87-prozentiger *Konfidenz* (= Sicherheit) glauben.

Bei jeder Messung von Wahrscheinlichkeiten verfährt man auf ähnliche Weise. Um bei einem Würfel die Wahrscheinlichkeiten $\mathcal{W}_1, \ldots \mathcal{W}_6$ aus Beobachtungen zu bestimmen, setzen wir z.B. $p = \mathcal{W}_1$ und $q = \mathcal{W}_2 + \ldots + \mathcal{W}_6$ und rechnen nach obigem Muster.

Um auch für die Poissonsche Verteilung eine Anwendung auszuarbeiten, nehmen wir wieder ein langlebiges radioaktives Präparat. In der Zeit t werden

N Zerfallsereignisse registriert, was uns eine Näherung $\tilde{n} = N/t$ für die Aktivität n gibt. Wir wissen aber, daß die Zahl N um den Mittelwert $\overline{N} = nt$ effektiv um $\pm\sigma$ schwankt, wie in (11.65) angegeben. Als Approximation dürfen wir $\sigma \approx \sqrt{N}$ statt $\sqrt{\overline{N}}$ einsetzen. Nach Division durch N finden wir, um wieviel im Mittel die Aktivität n vom gemessenen $\tilde{n}$ abweicht. Symbolisch:

$$n = \tilde{n}\left(1 \pm \frac{1}{\sqrt{N}}\right). \tag{11.68}$$

Dies ergibt sich auch als Grenzwert aus (11.67). Um die Aktivität des Präparats auf 1% genau zu messen, muß man gemäß der Gleichung 10000 Zerfallsereignisse abzählen, denn $\sqrt{10^{-4}} = 0,01 = 1\%$.

Schwankungen wie die hier abgeschätzten sind in der Kernphysik als *statistische Fehler* bekannt. Sie sind niemals die einzigen Meßfehler, denn unvollkommene Elektronik und allerhand andere unberechenbare Einflüsse verursachen sogenannte *systematische Fehler*. Da sich diese nicht ausmerzen lassen, hat es auch keinen Sinn, den statistischen Fehler durch übertrieben langes Zählen der radioaktiven Zerfallsereignisse beliebig verkleinern zu wollen.

Um Formeln wie (11.67) ideologisch zu rechtfertigen, setzen manche Autoren hypothetische *apriori* Wahrscheinlichkeitsverteilungen bezüglich der unbekannten Wahrscheinlichkeiten voraus, z.B. bezüglich des „wirklichen" p bei der Münze. Dabei stellen sie sich eine Menge verschiedener Münzen vor. Solche Vorstellungen sind aber kaum notwendig und oft nicht einmal gerechtfertigt. Man könnte ja eine einzigartige Münze aus einem Museum holen, so daß es die Menge gar nicht gäbe. Noch schlimmer wäre es z.B. beim Messen der mittleren Zerfallszeit eines radioaktiven Kerns bestimmter Art, denn man kann sich ja solche Teilchen nicht einfach ausdenken. Beim Messen anderer physikalischer Größen hat man schließlich auch nicht gar zu viele Skrupel.

Aufgaben

11.49   Tragen Sie auf das Bild der binomialen Verteilung (Abb. 11.8 links) auch die Kurve für die entsprechende Gaußsche Wahrscheinlichkeitsdichte ein. „Entsprechend" soll heißen, daß beide Verteilungen denselben Mittelwert und dieselbe Streuung haben. Die Werte W_N für die binomiale Verteilung schmiegen sich der Gaußschen Kurve verblüffend gut an, außer in den Ausläufern weit vom Mittelwert. Beweisen Sie, daß die Übereinstimmung um so besser wird, je größer Z wird. Hinweis: Führen Sie bei der binomialen Verteilung $(N - \overline{N})/\sigma$ als neue Variable ein und entwickeln Sie die Logarithmen beider Ausdrücke nach Potenzen. Benutzen Sie die Stirlingsche Formel (siehe Abschn. 1.6).

11.50   Man hat 10 radioaktive Kerne mit der Halbwertszeit $t_{1/2}$. Wie groß ist die Wahrscheinlichkeit, daß nach genau dieser Zeit mindestens 3 und höchstens 7 Kerne zerfallen sind? Die Antwort bekommen Sie entweder durch direktes Summieren oder approximativ durch Integration der entsprechenden Gaußschen Verteilung aus der vorhergehenden Aufgabe. Bei Anlehnung an die Trapezformel für die numerische Integration muß man die Grenzen bei $N = 2,5$ und $N = 7,5$ ansetzen.

11.51 Vergleichen Sie die Zeichnungen für die Poissonschen Verteilungen mit $\overline{N} = 5$ und mit $\overline{N} = 10$ mit der entsprechenden Gaußschen Kurve. Die zweite Verteilung schmiegt sich besser an die Kurve an. Begründen Sie dies wie in Aufgabe 11.49.

11.52 Unter den Glühlampen, die eine Fabrik produziert, sind im Mittel 2% fehlerhaft. Wie groß ist die Wahrscheinlichkeit, daß unter 1000 willkürlich gewählten Lampen mindestens 990 ohne Fehler sind?

11.53 Eine Weizenmischung wird durch Zählung von 1000 Körnern analysiert. Man findet 850 Weizen- und 150 Roggenkörner und behauptet dann, es gäbe in der Mischung 85% und 15% beider Körnerarten. Wie verläßlich ist diese Behauptung?

11.54 Eine Gasmischung enthält 10^9 Moleküle des radioaktiven $^{14}CH_4$ pro cm^3. Man zapft $1\ mm^3$ davon ab. Wie groß ist die Wahrscheinlichkeit, daß die darin enthaltene Konzentration des radioaktiven Gases den Mittelwert um mindestens 0,2% übertrifft?

11.55 Ein Zähler kosmischer Strahlen registriert im Mittel 10 Teilchen pro Minute. Wie genau wird diese Zahl gemessen, wenn man 1 Stunde zählt? Wie groß ist die Wahrscheinlichkeit, daß während einer halben Minute kein Teilchen registriert wird, oder nur eins, nur zwei,..., oder ≥ 10?

11.56 Mit Hilfe einer Kernreaktion werden 200 radioaktive Kerne mit der Halbwertszeit $8\,s$ erzeugt. Wie groß ist die Wahrscheinlichkeit, daß der letzte im Zeitintervall von $t = 60\ s$ bis $t = 61\ s$ zerfällt? Wie groß aber ist die Wahrscheinlichkeit, daß nach einer halben Minute noch mindestens 10 Kerne übrig bleiben?

11.57 Von 100 anfänglich vorhandenen radioaktiven Kernen bleiben nach 10 Sekunden nur 15 übrig. Wie genau kann man aus dieser Beobachtung die Halbwertszeit berechnen?

11.58 In einer 1 cm dicken Schicht eines Stoffes werden Neutronen gewisser Energie mit dem Absorptionskoeffizienten $2\ cm^{-1}$ absorbiert und nicht merklich gestreut. Wie groß ist die Wahrscheinlichkeit, daß von 8 senkrecht einfallenden Neutronen genau eines durchkommt?

11.59 In der Nähe eines Reaktors fliegen Antineutrinos durch eine $2\,m$ dicke Schicht Wasser in einem Tank. Man hat dort einen Antineutrinofluß von $5\cdot10^{12}\ s^{-1}$. Innerhalb von 4 Tagen wird 25mal der umgekehrte Betazerfall $p+\overline{\nu} \rightarrow n+e^+$ registriert. Wie groß ist der ensprechende Absorptionskoeffizient? Geben Sie auch den statistischen Fehler des Resultats an.

11.60 Im Mittel erreichen 25 Meteore pro Tag die Erdoberfläche. Wie groß ist die Wahrscheinlichkeit, daß in 10 Jahren von $4 \cdot 10^9$ Erdbewohnern wenigstens einer von einem Meteoren getroffen wird? Der Erdradius beträgt 6400 km und der geometrische Querschnitt des Menschen (von oben gesehen) etwa $0{,}2\,\mathrm{m}^2$.

11.61 In einem Wald ist für einen Tannenbaum die Wahrscheinlichkeit, daß er mit dem Borkenkäfer verseucht ist, gleich $(t/t_0)^2/[1 + (t/t_0)^2]$, wobei t sein Alter ist und $t_0 = 35$ Jahre. Wie groß ist die Wahrscheinlichkeit, daß bei 20 willkürlich gewählten 40 Jahre alten Tannenbäumen mehr als die Hälfte gesund sind?

11.62 In einem leichten, gleichmäßigen Regen fallen im Mittel 10 Tropfen pro m^2 und pro Sekunde. Wie groß ist die Wahrscheinlichkeit, daß eine $10\,\mathrm{cm}^2$ umfassende Fläche 5 Minuten nach Beginn des Regens noch ganz trocken ist?

11.63 In einem gleichmäßigen Regen, der in der Stunde eine 1 cm hohe Wasserschicht liefert, haben alle Tropfen das gleiche Volumen $0{,}03\,\mathrm{cm}^3$. Sie werden mit einem zylindrischen Gefäß mit einem Innenquerschnitt $3\,\mathrm{cm}^2$ und der Höhe 2 cm aufgefangen. Wie groß ist die Wahrscheinlichkeit, daß das Gefäß spätestens in 115 Minuten überläuft?

11.64 Aus einer numerischen Tafel, in der die Rundungsfehler gleichmäßig über das Intervall $(-0{,}5,\ 0{,}5)$ der letzten Dezimaleinheit verteilt sind, werden 100 Zahlen kopiert. Wie groß ist die Wahrscheinlichkeit, daß bei gerade 15 von diesen Zahlen der Fehler die Schranke $+0{,}4$ übersteigt?

11.7 Summen stochastisch unabhängiger Variablen

Stellen wir uns vor, daß zwei Längen x und y ungenau gemessen werden, wobei die entsprechenden Wahrscheinlichkeitsdichten $u(x)$ und $v(y)$ bekannt sein sollen. Die Messungen sollen keinen Einfluß aufeinander haben, so daß die bei x und bei y gemachten Fehler voneinander stochastisch unabhängig sind. Wir interessieren uns für die Verteilung bezüglich der Gesamtlänge $z = x + y$. Man fragt also nach der Wahrscheinlichkeit $w(z)\,\mathrm{d}z$, daß die Gesamtlänge im Intervall $(z,\ z + \mathrm{d}z)$ liegt.

Die Wahrscheinlichkeit, daß x in einem Intervall $(x,\ x + \mathrm{d}x)$ liegt und y in $(y,\ y + \mathrm{d}y)$, ist wegen stochastischer Unabhängigkeit durch das Produkt $u(x)\,\mathrm{d}x\,v(y)\,\mathrm{d}y$ gegeben. Mit der Dichte $u(x)\,v(y)$ haben wir aber noch nicht die richtige Antwort auf die obige Frage gefunden. Während nämlich hier x und y beide fixiert sind, waren dort alle Werte erlaubt, für die die Summe $z = x + y$ in dasselbe Intervall $\mathrm{d}z$ fiel. Alle entsprechenden Punkte (x, y) liegen in dem in Abb. 11.9 eingezeichneten Streifen. Die darin enthaltene Wahrscheinlichkeit muß also summiert werden. Dem Intervall $\mathrm{d}x$ entspricht das Flächenelement

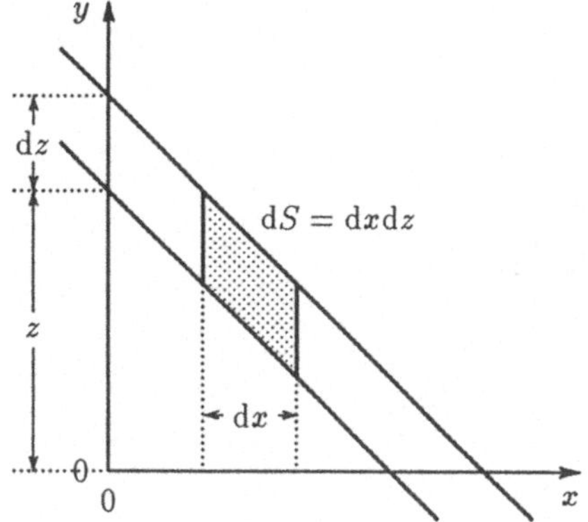

Abb. 11.9. Zur Herleitung der Faltungsformel

$dz\,dx$ des Streifens, worin die Wahrscheinlichkeit $u(x)\,v(y)\,dz\,dx$ sitzt. Integration über dx führt zur gewünschten Wahrscheinlichkeit $w(z)\,dz$. Schreiben wir nur die Dichte auf und substituieren $y = z - x$:

$$w(z) = \int u(x)\,v(z - x)\,dx. \tag{11.69}$$

Mit Hilfe einer anderen Aufteilung des Streifens, entsprechend der Substitution $x = z - y$, finden wir den gleichwertigen Ausdruck $w(z) = \int u(z - y)\,v(y)\,dy$. Die hiermit auf zwei Weisen beschriebene Funktionaloperation, mit der aus zwei Funktionen eine dritte gewonnen wird, ist als *Faltung* oder *Konvolution* bekannt (siehe auch Abschn. 2.3). Merken wir uns also: Die Wahrscheinlichkeitsdichte bezüglich der Summe von zwei stochastisch unabhängigen Variablen bekommt man durch Faltung der einzelnen Dichten.

Oft benutzt man für die Faltung eine abgekürzte symbolische Schreibweise: $w = u * v$. Die Gleichwertigkeit der beiden angegebenen Ausdrücke bedeutet, daß die Faltung kommutativ ist: $u * v = v * u$. Eine Verallgemeinerung auf mehrfache Faltungen ist selbstverständlich:

$$(u_1 * u_2 * u_3)(z) = \int u_1(x_1)\,u_2(x_2)\,u_3(z - x_1 - x_2)\,dx_1\,dx_2. \tag{11.70}$$

Zur Förderung der Anschaulichkeit erfinden wir in Gedanken eine für Faltungen geeignete, analoge Rechenmaschine. Dazu benötigen wir zwei streifenförmige, ungleichmäßig geschwärzte, photographische Platten, auf denen die Funktionen $u(x)$ und $v(x)$ durch Lichtdurchlässigkeit dargestellt sind. Die Platten werden aufeinander gelegt, jedoch wird die zweite umgedreht und um z verschoben, so daß ihre Durchlässigkeit der Funktion $v(z - x)$ entspricht. Danach bestrahlen wir das Plattenpaar in senkrechter Richtung durch einen gleichmäßig verteilten Lichtstrom, den wir auf der anderen Seite durch eine Linse auf einen Lichtmesser führen. Der durch ein Stück dx bei der Stelle x der ersten Platte

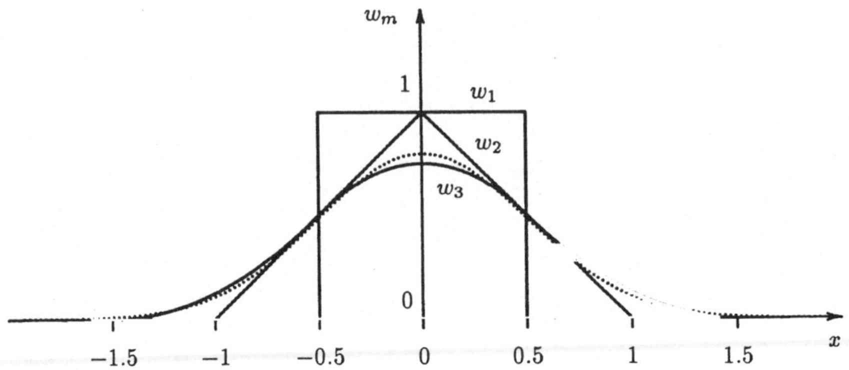

Abb. 11.10. Die gleichmäßige Verteilung (w_1) und die durch einmalige und zweimalige Faltung gewonnenen Ergebnisse (w_2, w_3). Punktiert: Gaußsche Verteilung mit demselben σ wie w_3

durchgelassene Lichtstrom ist proportional zum Produkt $u(x)\,v(y-x)\,\mathrm{d}x$. So ist der auf das Meßgerät einfallende Lichtstrom tatsächlich proportional zum Ausdruck (11.69). Indem wir durch gegenseitiges Verschieben der Platten (in Gedanken) z ändern und den Ausgang des Lichtmessers an ein Schreibgerät ankoppeln, erzeugen wir eine Kurve für $w(z)$ – alles freilich nur in Gedanken.

Aus einer Tafel von Zahlen, bei der der Rundungsfehler gleichmäßig im Intervall $-0,5 < x < 0,5$ der letzten Dezimalziffer verteilt sind, nehmen wir zwei Zahlen und bilden die Summe. Wie bei ihr die Fehler verteilt sind, finden wir durch Faltung: $w(z) = \int u(x)\,u(z-x)\,\mathrm{d}x$. Mit $u(x) = 1$ im angegebenen Intervall und $u = 0$ außerhalb ergibt sich für positives x folgendes Resultat: $w(z) = \int_{z-0,5}^{0,5} \mathrm{d}x = 1 - z$, und allgemein $w(z) = 1 - |z|$ für $|z| \leq 1$ (Abb. 11.10). Dasselbe bekommen wir auch mit der Vorstellung von der photometrischen Rechenmaschine. Die Platten sind jetzt schwarz, mit Ausnahme von den vollkommen durchlässigen Fenstern von $x = -0,5$ bis $x = 0,5$. Bei gegenseitiger Verschiebung der Fenster verengt sich die resultierende Öffnung linear mit $|z|$.

Falls wir drei Zahlen aus der numerischen Tafel summieren, bekommen wir die endgültige Verteilung durch nochmalige Faltung. Entweder durch Rechnen oder mit Hilfe des gedachten photometrischen Verfahrens bekommen wir eine Kurve, die aus drei Parabelbögen zusammengesetzt ist. (Dabei ist die erste Ableitung stetig, siehe Abb. 11.10.) Es fällt auf, daß die gewonnene Verteilung irgendwie der Gaußschen ähnlich ist. Bei weiterer Wiederholung der Faltung wird diese Ähnlichkeit noch deutlicher.

Jetzt erinnern wir uns, daß wir etwas ähnliches schon bei der binomialen (und daher auch bei der Poissonschen) Verteilung erlebt haben. Das ist kein Wunder, denn wir hatten auch dort stochastisch unabhängige Variablen summiert, obwohl nur für eine ganz spezielle Ausgangsverteilung, nämlich für eine Alternative. Die Münze zeigte mit den Wahrscheinlichkeiten p und $1-p$ „Kopf" bzw. „Zahl". Schreiben wir diesen beiden Zuständen die Werte $x = 1$ und $x = 0$ zu! Bei Z-maligem Wurf fragen wir nach der Wahrscheinlichkeit, daß $x_1 + x_2 + \ldots + x_Z = N$ ist, also daß wir genau N-mal „Kopf" treffen. Alles ist so wie oben bei den Meßfehlern, nur kommt hier die $(Z-1)$-fache Faltung durch Summen statt durch Integrale zum Ausdruck. Man sollte eigentlich allgemein Faltungen von Verteilungen (von Maßen) betrachten.

Es wird gut sein, nachzusehen, wie sich bei der Faltung die verschiedenen Mittelwerte zusammensetzen. Für den Mittelwert der unabhängigen Variable selbst folgt aus (11.69)

$$\overline{z} = \int z\,w(z)\,\mathrm{d}z = \int \left[\int (x+y)\,v(y)\,\mathrm{d}y \right] u(x)\,\mathrm{d}x = 1 \cdot \overline{x} + \overline{y} \cdot 1,$$

wo wir zuletzt die Integrationsfolge vertauscht und $z = x + y$ eingesetzt haben. Das Resultat

$$\overline{(x+y)} = \overline{x} + \overline{y} \tag{11.71}$$

ist eigentlich selbstverständlich.

Um die Streuung der Summe herzuleiten, bilden wir den Mittelwert von

$$(z - \overline{z})^2 = [(x - \overline{x}) + (y - \overline{y})]^2 = (x - \overline{x})^2 + 2(x - \overline{x})(y - \overline{y}) + (y - \overline{y})^2.$$

Der Mittelwert des mittleren Terms verschwindet wegen stochastischer Unabhängigkeit. So sehen wir ein, daß sich die Quadrate der Streuungen addieren:

$$\sigma_{x+y}^2 = \sigma_x^2 + \sigma_y^2. \tag{11.72}$$

Analog verhalten sich die dritten zentrierten Momente, was nach Einführung der Schiefen (siehe Abschn. 11.5) durch folgende Gleichung ausgedrückt wird:

$$\varrho_{x+y}\sigma_{x+y}^3 = \varrho_x\sigma_x^3 + \varrho_y\sigma_y^3. \tag{11.73}$$

Die vierten Momente sind nicht mehr additiv, wohl gilt aber Additivität für diejenige Kombination mit σ^4, durch die in Abschn. 11.5 der Exzeß definiert wurde. So folgt

$$\epsilon_{x+y}\sigma_{x+y}^4 = \epsilon_x\sigma_x^4 + \epsilon_y\sigma_y^4. \tag{11.74}$$

Bei Faltung zweier gleicher Verteilungen verdoppelt sich nach (11.72) das Quadrat der Streuung. Gleichungen (11.73) und (11.74) zeigen dann, daß die Schiefe $\sqrt{2}$mal und der Exzeß sogar um die Hälfte kleiner werden. Darin sehen wir wieder eine Annäherung an die Gaußsche Verteilung, denn bei dieser verschwinden ja beide Parameter. Analog gelten für die N-malige Faltung derselben Wahrscheinlichkeitsdichte folgende Resultate:

$$\overline{z} = N\overline{x}, \quad \sigma_z^2 = N\sigma_x^2, \quad \varrho_z = \frac{\varrho_x}{\sqrt{N}}, \quad \epsilon_z = \frac{\epsilon_x}{N}. \tag{11.75}$$

Eine immer stärkere Annäherung an die Gaußsche Verteilung ist damit angedeutet. Bei der binomialen Verteilung sind wir den ersten zwei Formeln schon begegnet, wobei dort andere Zeichen gebraucht wurden: Z statt N und N statt z, sowie p statt $\overline{x}$ und pq statt σ_x^2.

Wenn die jetzt schon mehrmals geäußerte Vermutung stimmt, dann muß aus der Faltung zweier Gaußscher Verteilungen wieder eine von derselben Form hervorgehen. Der Leser soll dies selbst beweisen, entweder durch eine direkte Rechnung oder durch einen Umweg über die Fourier-Transformationen.

Es wird Zeit, daß wir uns der angedeuteten Vermutung ernsthaft zuwenden. Für eine vielmalige Faltung von Wahrscheinlichkeitsverteilungen,

$$
\begin{aligned}
w^{(N)}(z) &= (u_1 * u_2 * \cdots * u_N)(z) \\
&= \int \cdots \int u_1(x_1) \cdots u_{N-1}(x_{N-1}) \\
&\quad \times\ u_N(z - x_1 - \cdots - x_{N-1})\,\mathrm{d}x_1 \cdots \mathrm{d}x_{N-1},
\end{aligned}
\tag{11.76}
$$

möchten wir wissen, ob und unter welchen Bedingungen sich die resultierende Verteilung der Gaußschen nähert. Bevor wir aber die Idee anpacken können, müssen wir drei mögliche Schwierigkeiten aus dem Weg räumen. Erstens muß man befürchten, daß die Summe $\overline{z}^{(N)} = \sum_{i=0}^{N} \overline{x_i}$, durch die der Mittelwert der gewonnenen Verteilung gegeben ist, bei $N \to \infty$ vielleicht gar nicht konvergiert. Dadurch würde die Verteilung bei wachsendem N ins Unendliche fortlaufen und von einem vernünftigen Grenzwert wäre keine Rede. Die zweite Schwierigkeit ergibt sich wegen der möglichen Divergenz von $(\sigma^{(N)})^2 = \sum_{i=0}^{N} \sigma_i^2$. So würde $w(z)$ mit wachsendem N immer breiter werden und schließlich ins Unendliche zerfließen, so daß wieder nichts übrig bliebe. Beide Schwierigkeiten werden behoben, indem man bei z laufend den Ausgangspunkt und das Maß anpaßt, nämlich indem man die dimensionslose Variable $s = (z - \overline{z}^{(N)})/\sigma^{(N)}$ einführt. Man hofft dann, daß sich die dimensionslose Dichte $\sigma^{(N)}w$ mit wachsendem N immer mehr der Gaußschen Funktion annähert, also

$$
\lim_{N \to \infty} \sigma^{(N)} w^{(N)}(\sigma^{(N)} s + \overline{z}^{(N)}) = \frac{1}{\sqrt{2\pi}} \exp\left(-\frac{s^2}{2}\right).
\tag{11.77}
$$

Die Behauptung ist als der *zentrale Grenzwertsatz der Wahrscheinlichkeitsrechnung* bekannt.

Die Freude war zu früh, denn es gibt noch eine dritte Schwierigkeit. Auch wenn der Satz für kontinuierliche Verteilungen plausibel erscheint, kann der Grenzwert im üblichen Sinne unmöglich gelten, wenn alle ursprünglichen Verteilungen und damit auch das Endergebnis diskret sind. In solchem Fall muß man sich $w^{(N)}(z)$ aus lauter Deltafunktionen zusammengesetzt vorstellen, so daß es im gewöhnlichen Sinn keine Annäherung an eine kontinuierliche Funktion geben kann. Wohl aber ist eine schwache Konvergenz im Sinne von Verteilungen (Maßen) zu erwarten, so daß der gewöhnliche Grenzwert für Integrale über beliebige Intervalle gilt. (Dabei sind im allgemeinen die Integrale im Sinne von

Verteilungen (Maßen) zu verstehen.) Wir vermuten also, daß für ein beliebiges Intervall (a, b) der Grenzwertsatz in folgender Form gilt:

$$\lim_{N \to \infty} \int_a^b w^{(N)}(\sigma^{(N)} s + \overline{z}^{(N)}) \, \sigma^{(N)} \, \mathrm{d}s = \frac{1}{\sqrt{2\pi}} \int_a^b \exp\left(-\frac{s^2}{2}\right) \mathrm{d}s. \qquad (11.78)$$

Dabei ist nach wie vor $\overline{z}^{(N)} = \sum_{i=1}^N \overline{x}_i$ und $(\sigma^{(N)})^2 = \sum_{i=1}^N \sigma_i^2$.

Es bleibt nur noch übrig, den Grenzwertsatz zu rechtfertigen. Um uns kurz zu fassen, werden wir alle Ausgangsverteilungen als gleich und mit verschwindenden Mittelwerten annehmen:

$$u_i(x_i) = u(x_i), \quad \overline{x}_i = 0, \quad \sigma_i = \sigma_1, \quad i = 2, \, 3, \, \dots, \, N.$$

Es wird sich herausstellen, daß der Satz gilt, wenn das absolute dritte Moment der Ausgangsverteilung begrenzt ist. Obwohl dies eine hinreichende, nicht aber notwendige Bedingung ist, wollen wir auf ihr aufbauen, also folgende Annahme machen:

$$\overline{|x|^3} = \int |x|^3 \, u(x) \, \mathrm{d}x < \infty. \qquad (11.79)$$

Als erstes wenden wir auf die Definitionsgleichung (11.76) eine Fourier-Transformation an, wobei wir die Funktionen

$$U(k) = \int_{-\infty}^{\infty} u(x) \, \mathrm{e}^{-ikx} \, \mathrm{d}x \quad \text{und} \quad W^{(N)}(k) = \int_{-\infty}^{\infty} w^{(N)}(z) \, \mathrm{e}^{-ikz} \, \mathrm{d}z \qquad (11.80)$$

einführen. Wie bekannt (Abschn. 2.3), geht dadurch die Faltung in ein Produkt über:

$$W^{(N)}(k) = [U(k)]^N. \qquad (11.81)$$

Die Bedingung (11.79) wird uns zu brauchbaren Abschätzungen von $U(k)$ und dann von $W^{(N)}(k)$ führen. Indem wir den Exponentialfaktor des Integranden in (11.80 links) bis zum quadratischen Term entwickeln und die Normierung von u sowie die Definition der Streuung berücksichtigen, bekommen wir

$$U(k) = 1 - \frac{1}{2}\sigma_1^2 k^2 + R,$$

wobei der Restterm offenbar durch

$$R = \int_{-\infty}^{\infty} u(x) \left[\mathrm{e}^{-ikx} - 1 + ikx + \frac{1}{2} k^2 x^2 \right] \mathrm{d}x$$

gegeben ist. Wie der Leser sich selbst überzeugen wird, läßt sich der eingeklammerte Faktor des Integranden auch so ausdrücken,

$$[\dots] = (-ik)^3 \int_0^x \mathrm{d}x' \int_0^{x'} \mathrm{d}x'' \int_0^{x''} \mathrm{d}x''' \, \mathrm{e}^{-ikx}.$$

Sein Absolutwert ist also folgendermaßen begrenzt, $|[\dots]| \leq \frac{1}{6}|kx|^3$, was zu einer Abschätzung für den Absolutwert des Restterms führt:

$$|R| \leq \frac{1}{6}|k|^3\overline{|x|^3}.$$

Für die Fourier-Transformierte der resultierenden Verteilung bekommen wir schießlich

$$W^{(N)}(k) = [U(k)]^N = [1 - \frac{1}{2}\sigma_1^2 k^2 + R]^N$$

$$= \left[1 - \frac{\kappa^2}{2N} + \mathcal{O}\left(\frac{\kappa^3\overline{|x|^3}}{6N^{3/2}\sigma_1^3}\right)\right]^N, \tag{11.82}$$

wo wir ganz rechts die dimensionslose Variable $\kappa = \sigma^{(N)}k = \sqrt{N}\sigma_1 k$ eingesetzt haben. Das Zeichen $\mathcal{O}(\ldots)$ ist als „ein Term der Größenordnung $(\ldots)$" zu lesen. Das soll heißen, daß der Quotient $R/(\ldots)$ bei $N \to \infty$ begrenzt bleibt.

Im Grenzwert bekommen wir aus (11.82) sofort

$$\lim_{N\to\infty} W^{(N)}\left(\frac{\kappa}{\sqrt{N}\sigma_1}\right) = \exp\left(-\frac{\kappa^2}{2}\right). \tag{11.83}$$

Auf der rechten Seite erkennen wir die Fourier-Transformierte der Gaußschen Verteilung,

$$\exp\left(-\frac{\kappa^2}{2}\right) = \int_{-\infty}^{\infty} e^{-i\kappa s} \exp\left(-\frac{s^2}{2}\right) ds, \tag{11.84}$$

wie der Leser selbst nachprüfen kann.

Falls die besprochenen Verteilungen kontinuierlich sind, bekommt man $w^{(N)}(z)$ aus $W^{(N)}(k)$ in (11.83) durch eine umgekehrte Fourier-Transformation, so daß ein Beweis des Grenzwertsatzes resultiert. Bei diskreten Verteilungen darf man diese Umkehr nicht wörtlich verstehen, sondern eben im Sinne von Verteilungen (Maßen), wie es der allgemeineren Form (11.78) des zentralen Grenzwertsatzes entspricht.

Noch eine Schwierigkeit gibt es. Auch wenn sich die Verteilung überall der Gaußschen nähert, kann es in den fernen Ausläufern (dort, wo die Wahrscheinlichkeiten klein sind) immer noch große *relative* Unterschiede geben. Die in Abb. 11.10 dargestellten Resultate sollen als warnendes Beispiel genügen. Nach N-maliger Faltung ist die Wahrscheinlichkeitsdichte bei $|x| > \frac{1}{2}N$ immer noch gleich Null, während die Gaußsche überall positiv ist. Bei relativen Vergleichen, wie man sie in der Physik oft anwendet, ist also Vorsicht geboten. Bei zu großer Abweichung vom Mittelwert (groß im Vergleich zu $\sigma^{(N)}$) gibt auch eine viele Male wiederholte Faltung im allgemeinen nur eine relativ schlechte Näherung der Gaußschen Verteilung.

Die Faltungsformel und der Grenzwertsatz lassen sich ohne weiteres auf mehrdimensionale Verteilungen verallgemeinern. Nehmen wir zwei zufällige

Vektoren im $\mathbb{R}^3$, für die wir die Wahrscheinlichkeitsdichten $u(\mathbf{r}_1)$ und $v(\mathbf{r}_2)$ kennen. Für das entsprechende $w(\mathbf{r})$ bezüglich der Summe $\mathbf{r} = \mathbf{r}_1 + \mathbf{r}_2$ gilt die Faltungsformel

$$w(\mathbf{r}) = \int u(\mathbf{r}_1)\,v(\mathbf{r} - \mathbf{r}_1)\,\mathrm{d}^3 r_1. \tag{11.85}$$

Man überzeugt sich leicht, daß genau wie vorher folgende Mittelwerte additiv sind: $\bar{\mathbf{r}} = (\bar{x}, \bar{y}, \bar{z})$, σ_x^2 usw. Falls beide Ausgangsverteilungen kugelsymmetrisch sind, so daß u und v nur von $r_i = |\mathbf{r}_i|$ abhängen, so ist auch w von dieser Art. Nach vielmaliger Faltung von lauter kugelsymmetrischen Verteilungen ergibt sich bei analogen Bedingungen wie vorher eine Verteilung, die einer kugelsymmetrischen Gaußschen immer ähnlicher wird. Für den Fall, daß alle $\bar{r}_i$ verschwinden, können wir die Behauptung durch

$$w^{(N)}(\mathbf{r}) \approx \frac{1}{[\sqrt{2\pi}\,\sigma^{(N)}]^3} \exp\left(-\frac{r^2}{2\sigma^{(N)2}}\right) \tag{11.86}$$

andeuten, wobei $\sigma^{(N)2} = \sum_i \sigma_{xi}^2 = \sum_i \sigma_{yi}^2 = \sum_i \sigma_{zi}^2$ ist.

Anhand des zentralen Grenzwertsatzes versteht man das häufige Auftreten der Gaußschen Verteilung, so z.B. bei Meßfehlern. Darüber wird seit langem als Scherz erzählt, wie jedermann dem anderen diese Erkenntnis in die Schuhe schiebt. Die Mathematiker verlassen sich auf angebliche experimentelle Bestätigungen seitens der Physiker. Andererseits scheinen die Physiker zu glauben, daß die Mathematiker bewiesen haben, daß jede Fehlerverteilung der Gaußschen Art sein muß. Im zweiten Teil des Scherzes steckt etwas Wahrheit. Wenn ein Meßfehler durch eine große Anzahl kleiner, stochastisch voneinander unabhängiger Wirkungen zustande kommt, so ist die Fehlerverteilung unter ziemlich allgemeinen Bedingungen der Gaußschen ähnlich. Eine experimentelle Bestätigung wäre aber schwer zu erreichen, da Messungen von Wahrscheinlichkeiten meist sehr ungenau sind.

Aufgaben

11.65 Überlegen Sie genauer, wie die Binomialverteilung durch mehrfache Faltung aus der Alternative entsteht, die für den einzelnen Münzwurf gilt.

11.66 Wie groß ist die Wahrscheinlichkeit, daß man bei 1000 Würfen eines regelmäßigen Spielwürfels insgesamt mindestens 3550 Punkte gewinnt?

11.67 Man summiert 100 Werte aus einer numerischen Tafel, bei der für die Rundungsfehler eine gleichmäßige Verteilung gilt. Wie groß ist die Wahrscheinlichkeit, daß bei der Summe der Rundungsfehler größer ist als 3 Einheiten der letzten Dezimalstelle?

11.68 Im Mittel gleichmäßig ankommende, ionisierende Teilchen mißt man mit einem Zählapparat, der so eingerichtet ist, daß er für jedes oder nur für jedes zweite, vierte, ... hundertste aufgefangene Teilchen ein

Signal liefert. Wie sieht jedesmal die Verteilung bezüglich der Intervalle zwischen den aufeinanderfolgenden Signalen aus? Für die ersten drei Fälle sollen die Wahrscheinlichkeitsdichten durch Kurven dargestellt werden. Zum Vergleich zeichne man auch die entsprechenden Gaußschen Kurven (d.h., mit denselben Mittelwerten und denselben Streuungen). Wie groß ist im Fall der Zählung der hundertsten Teilchen die Wahrscheinlichkeit, daß ein Intervall um mehr als 5% seinen Mittelwert übersteigt?

11.69 Wie groß sind die Mittelwerte $\overline{W}$ für die Summe der Translationsenergien von 100 bzw. 10^6 thermisch sich bewegenden Molekülen? Wie sieht die Wahrscheinlichkeitsverteilung bezüglich dieser Energie aus? Wie groß sind die effektive Abweichung σ und die relative effektive Abweichung $\sigma/\overline{W}$ vom Mittelwert?

11.70 Für Studenten, die sich des Aufzugs bedienen, gilt bezüglich ihrer Masse annähernd eine Gaußsche Wahrscheinlichkeitsverteilung mit den Parametern $\overline{m} = 70\,\mathrm{kg}$ und $\sigma = 10\,\mathrm{kg}$. Der Aufzug ist für maximal 6 Personen oder für insgesamt $500\,\mathrm{kg}$ gebaut. Wie groß ist die Wahrscheinlichkeit, daß 6 zufällig zusammengekommene Studenten die erlaubten $500\,\mathrm{kg}$ überschreiten?

11.71 Die Wahrscheinlichkeitsdichte für Regentropfen bezüglich ihrer Masse ist zur Funktion $m^2 \exp(-m/m_0)$ proportional, wobei $m_0 = 0,03\,\mathrm{g}$ ist. Man fängt 30 Tropfen auf. Wie groß ist die Wahrscheinlichkeit, daß ihre Gesamtmasse den Mittelwert um mehr als 10% übersteigt?

11.72 Bei jedem einzelnen von 10 gleichzeitig erzeugten radioaktiven Kernen, deren Halbwertszeit 1 Stunde beträgt, wird die Zeitspanne bis zum Zerfall registriert. Wie wahrscheinlich ist es, daß die Summe dieser Zeiten größer als 15 Stunden ist?

11.73 Das Molekül eines Polymers kann annähernd als eine ideal biegsame Kette mit einer großen Zahl N von gleichen, starren Gliedern angesehen werden. Wie sieht die Wahrscheinlichkeitsdichte im Raum für das Ende des Moleküls aus, wenn das andere Ende festgehalten wird? Wie groß ist die mittlere Entfernung $\overline{r}$ des einen Endes vom anderen? Wie groß ist aber $\sqrt{\overline{r^2}}$?

11.74 Ein Neutron bewegt sich in Blei mit einer Absolutgeschwindigkeit v, wobei die mittlere freie Weglänge gleich l ist. Die Längen der Strecken zwischen aufeinanderfolgenden Streuungen an den Bleikernen sind voneinander stochastisch unabhängig und die Streuung ist isotrop. Wie sieht nach längerer Zeit die Wahrscheinlichkeitsverteilung bezüglich der Lage im Raume für ein Neutron aus, das in einem bestimmten Ausgangspunkt gestartet ist? Wie groß ist die mittlere quadratische Entfernung $\overline{r^2}$ vom Ausgangspunkt? Wieso unterscheidet sich das Ergebnis von dem der vorhergehenden Aufgabe? Zeigen Sie, daß $\overline{r^2}$ proportional zur Zeit ist.

Man schreibt $\overline{r^2} = 6Dt$ und nennt D den Diffusionskoeffizienten. Drücken Sie ihn durch v und l aus.

11.75 Das *natürliche Profil* einer Spektrallinie (unverzerrt durch Dopplereffekt, Stöße usw.) wird durch die Lorentzsche Funktion

$$w(\omega) = \frac{1}{\pi} \frac{\Gamma}{\Gamma^2 + (\omega - \omega_0)^2}$$

beschrieben. Dabei ist $\omega - \omega_0$ der Abstand (im Kreisfrequenzmaßstab) von der Linienmitte, während Γ die sogenannte *natürliche Linienbreite* (halbe Breite in halber Höhe) angibt. Man kann diese Funktion auch als eine Wahrscheinlichkeitsdichte für die Photonen ansehen. Stöße der strahlenden Atome verbreitern die Linie zusätzlich, und zwar verbreitert sich jeder Teil der Linie wieder nach dem Lorentzschen Muster. Wie sieht die verbreiterte Linie aus? Bemerkung: Hier haben wir wieder ein Beispiel einer Funktion, die (wie die Gaußsche) ihre Form bei Faltungen beibehält. Die Streuung aber ist in diesem Fall unendlich.

11.8 Statistik

Wie schon erwähnt, beschäftigt sich die *Statistik* mit der empirischen Ermittlung von Wahrscheinlichkeitsverteilungen oder von Parametern, die die Verteilungen kennzeichnen. Wie man eine einzelne Wahrscheinlichkeit durch mehrfache Beobachtung bestimmt und wie man die Genauigkeit so einer Bestimmung abschätzt, haben wir schon im Abschn. 11.6 gelernt. Es gibt aber noch viel mehr zu tun.

Manchmal ist man gar nicht so sehr an der Wahrscheinlichkeitsverteilung interessiert, sondern man begnügt sich, aus einer genügend großen Anzahl von Beobachtungen den Mittelwert und die Streuung abzuschätzen. Bei Berechnungen von Meßfehlern tut man das immer. Stellen wir uns vor, wir hätten mehrere Male eine Größe x gemessen. Wegen der *Meßfehler* sind die Ergebnisse x_j, $j = 1, 2, \ldots, N$, einer kontinuierlichen Wahrscheinlichkeitsverteilung mit der unbekannten Dichte $w(x)$ unterworfen. Auch den Mittelwert $\overline{x}$ und die Streuung σ kennen wir nicht, wollen aber approximative Werte für beide Parameter aus den x_j herleiten. Es ist keineswegs sicher, daß der Mittelwert $\overline{x}$ mit dem „wahren" Wert der Größe x übereinstimmt, denn die Meßfehler können ja überwiegend positiv oder überwiegend negativ sein, z.B. wenn das Meßgerät falsch geeicht ist. Man sagt in so einem Fall, daß die Messung einem *systematischen Fehler* unterliegt. Gegen solche Fehler helfen weder Wiederholungen der Messung noch irgendwelche statistische Kunstgriffe, sondern nur sorgfältiges Prüfen der Meßgeräte und Methoden. Mit systematischen Fehlern hat die Statistik überhaupt nichts zu tun. Sie liefert nur Vorschriften für die Bestimmung von Mittelwerten, die durch die Wahrscheinlichkeitsverteilung definiert sind.

Indem wir die Integrale in den Definitionen des Mittelwerts und der Streuung durch Summen ersetzen, entsprechend der am Anfang von Abschn. 11.5

erwähnten primitiven Definition, bekommen wir die allgemein bekannten Approximationen

$$\tilde{x} = \frac{x_1 + x_2 + \ldots + x_N}{N}, \tag{11.87}$$

$$\tilde{\sigma}^2 = \frac{(x_1 - \tilde{x})^2 + \ldots + (x_N - \tilde{x})^2}{N}. \tag{11.88}$$

Eigentlich hätten wir in der zweiten Formel $\overline{x}$ einsetzen sollen; da wir aber diesen Wert nicht kennen, haben wir ihn durch die Approximation $\tilde{x}$ ersetzt. Wir müssen jetzt herausfinden, wie gut beide Approximationen sind. Zu diesem Zweck werden wir ihre mittleren quadratischen Abweichungen von den wahrscheinlichkeitstheoretischen Mittelwerten bestimmen, freilich wieder nur näherungsweise.

Für die einzelnen Meßergebnisse darf man wohl annehmen. daß sie voneinander stochastisch unabhängig sind, so daß die Sätze aus Abschn. 11.7 gelten. (Nur wenn bei jeder Messung die Meßapparatur derartig gestört würde, daß dadurch die nachfolgenden Messungen beeinträchtigt wären, müßte man dies bezweifeln.) Beim Addieren der Meßergebnisse summieren sich also sowohl die Mittelwerte als auch die Streuungen. Nachdem wir die Division durch N in Formel (11.87) berücksichtigen, finden wir

$$\overline{(\tilde{x} - \overline{x})^2} = \overline{\left(\frac{(x_1 - \overline{x}) + \ldots + (x_N - \overline{x})}{N}\right)^2} = \frac{\sigma^2}{N}. \tag{11.89}$$

Indem wir beiderseits die Quadratwurzel ziehen, bemerken wir, daß beim approximativen Mittelwert $\tilde{x}$ der effektive Fehler $\sqrt{N}$-mal kleiner ist als bei den Einzelmessungen.

Bei Anwendungen ersetzen wir freilich die unbekannte quadratische Streuung in Formel (11.89) durch die Approximation (11.88), in der Hoffnung, daß sie gut genug ist. Davon wollen wir uns jetzt überzeugen, wobei wir aber einfachheitshalber annehmen werden, daß der Exzeß der Wahrscheinlichkeitsverteilung verschwindet, so daß $\overline{(x - \overline{x})^4} = 3\sigma^4$ gilt (siehe Abschn. 11.5). Die Rechnung ist nicht sehr lang:

$$\overline{(\tilde{\sigma}^2 - \sigma^2)^2} = \overline{\left[\frac{(x_1 - \tilde{x})^2 + \ldots + (x_N - \tilde{x})^2}{N} - \sigma^2\right]^2}$$

$$= \frac{1}{N^2}[3N\sigma^4 + (N(N-1)\sigma^2)\sigma^2 - (2\sigma^2)\sigma^2] + \sigma^4 = \frac{2}{N}\sigma^4. \tag{11.90}$$

Das Resultat erlaubt es, die Ungewißheit der empirisch bestimmten Streuung symbolisch folgendermaßen darzustellen:

$$\tilde{\sigma}^2 = \sigma^2\left(1 \pm \sqrt{\frac{2}{N}}\right), \quad \text{also} \quad \tilde{\sigma} = \sigma\left(1 \pm \frac{1}{\sqrt{2N}}\right). \tag{11.91}$$

Wir bemerken, daß die Genauigkeit nicht besonders gut ist, denn um den relativen effektiven Fehler von $\tilde{\sigma}$ auf 10% herabzudrücken, würde man 50 Messungen benötigen. Trotzdem besteht kein Grund für Beschwerden, denn die Fehlerabschätzung braucht ja nicht genau zu sein. In der Literatur wird vielfach eine Approximation wie (11.89) angegeben, jedoch mit $N-1$ statt N im Nenner. Die Verbesserung ist aber von keiner praktischen Bedeutung, da sie weniger ausmacht als der in (11.91) angegebene effektive Fehler.

Wenn man Grund hat anzunehmen, daß die Wahrscheinlichkeitsverteilung der Meßfehler annähernd die Gaußsche Form hat, so ist bei einer kleinen Anzahl von Messungen (sagen wir ≤ 10) jedes Berechnen der Streuung überhaupt überflüssig. Wir berufen uns lieber auf die Formel (11.43) im Abschn. 11.4. Nachdem wir $\tilde{x}$ berechnet haben, erraten wir so einen Wert σ, daß ungefähr zwei Drittel aller Meßergebnisse in das Intervall von $\tilde{x} - \sigma$ bis $\tilde{x} + \sigma$ fallen. Jede scheinbar genauere Abschätzung der effektiven Abweichung wäre nur Zeitverschwendung, außer man erledigt die Sache durch einen Tastendruck am Rechner. Man soll nur nicht vergessen, daß hier von Abweichungen der Einzelmessungen vom Mittelwert die Rede war. Beim approximativen Mittelwert ist, wie erwähnt, die effektive Abweichung von $\overline{x}$ nur $N^{-1/2}$-mal so groß, also ungefähr gleich $\tilde{\sigma}/\sqrt{N}$.

Manchmal ist man gezwungen, Mittelwerte von verschieden genauen Meßergebnissen zu bilden. Man hilft sich, indem man jedem x_j ein entsprechendes *Gewicht* als Faktor anhängt:

$$\tilde{x} = \frac{\sum_j g_j x_j}{\sum_j g_j}. \tag{11.92}$$

Je genauer eine Einzelmessung ist, desto größer sollte ihr Gewicht sein, denn so eine Messung ersetzt mehrere weniger genaue Messungen. In diesem Sinne ist es am besten, g_j umgekehrt proportional zur irgendwie abgeschätzten Streuung σ_j^2 der Einzelmessungen zu wählen. Freilich ist so eine Prozedur nur sinnvoll, wenn die Abweichungen $x_j - \tilde{x}$ nicht zu stark über die jeweilige Schranke $\pm\sigma_j$ hinausschießen. Bei einer starken Überschreitung müßten wir entweder die ursprünglichen Abschätzungen der σ_j bezweifeln, oder wir sollten darin eine Warnung erkennen, daß die Einzelmessungen mit verschiedenen systematischen Fehlern behaftet sind.

Es gilt noch zu überlegen, wie man eine Funktion von ungenau bestimmten Größen behandelt. Wir werden annehmen, daß man im Bereich der Abweichungen von den Mittelwerten der unabhängigen Variablen die Funktion als linear approximieren kann, so daß wir mit Differentialen rechnen werden, wie $\mathrm{d}f = f' \, \mathrm{d}x$ oder $f(x) \approx f(\overline{x}) + (x - \overline{x}) \, f'(\overline{x})$. Bei genügend kleinen Fehlern ist das fast immer erlaubt. Die Annahme ermöglicht es offenbar, den Mittelwert einer Funktion durch die Funktion des Mittelwerts zu ersetzen: $\overline{f(x)} \approx f(\overline{x})$. Ähnlich folgt für die effektive Abweichung des f vom Mittelwert die Beziehung $\sigma_f \approx \sigma_x f'(\overline{x})$. Für $f(x) = \ln x$ finden wir $\sigma_f \approx \sigma_x/\overline{x}$. In diesem Quotienten erkennen wir den relativen effektiven Fehler von x.

Unter derselben Voraussetzung wie oben wird die Form der Wahrscheinlichkeitsverteilung durch die Funktion nicht wesentlich verzerrt, sondern sie bleibt approximativ erhalten:

$$\frac{\mathrm{d}\mathcal{W}}{\mathrm{d}f} \approx \frac{1}{f'(\overline{x})}\,\frac{\mathrm{d}\mathcal{W}}{\mathrm{d}x}. \tag{11.93}$$

Hat z.B. die Verteilung bezüglich x die Gaußsche Form, so gilt dies annähernd auch, wenn man zu f als unabhängiger Variablen übergeht. Es ist nur nötig, daß in einem Bereich, der den größten Teil der Wahrscheinlichkeit enthält, $f'(x)$ annähernd konstant ist.

Bei Funktionen mehrerer stochastisch unabhängiger Variablen verfahren wir auf ähnliche Weise. Falls die Funktion $f = f(x, y)$ in dem Bereich, der die überwiegende Wahrscheinlichkeit trägt, linear approximiert werden kann, so gilt

$$\overline{f(x, y)} \approx f(\overline{x}, \overline{y}), \quad \sigma_f^2 \approx \left(\frac{\partial f}{\partial x}\right)^2 \sigma_x^2 + \left(\frac{\partial f}{\partial y}\right)^2 \sigma_y^2. \tag{11.94}$$

Wegen stochastischer Unabhängigkeit konnten wir die mittleren quadratischen Abweichungen addieren.

Bei Produkten oder Quotienten von Potenzen rechnet man bequem mit logarithmischen Differentialen. Ist $f = x^m y^n$, so gilt $\mathrm{d}f/f \approx m\,\mathrm{d}x/x + n\,\mathrm{d}y/y$ und daher unter obiger Annahme

$$\left(\frac{\sigma_f}{f}\right)^2 \approx \left(\frac{m\sigma_x}{x}\right)^2 + \left(\frac{n\sigma_y}{y}\right)^2. \tag{11.95}$$

Meist überwiegt einer von beiden Termen. In einem solchen Fall ist der relative Fehler eines Produktes oder Quotienten durch den größten relativen Fehler bei den unabhängigen Variablen bestimmt.

Bisher haben wir nur nach Mittelwerten und Streuungen gefragt und uns um die unbekannte Wahrscheinlichkeitsverteilung nicht gekümmert. Die Methoden zu ihrer Bestimmung aus Beobachtungen gehören aber auch in die Statistik. Eine solche Methode haben wir schon kennengelernt: Man teilt das Gebiet der unabhängigen Variablen in zwei Teile und bestimmt die zugehörigen Wahrscheinlichkeiten p und $q = 1 - p$ annähernd durch eine Reihe von Versuchen, wie das im Abschn. 11.6 dargelegt wurde. Um eine kontinuierliche Wahrscheinlichkeitsverteilung auf solche Weise zu bestimmen, sind ziemlich viele Unterteilungen des Gebietes nötig. Als Beispiel sehen wir uns die Bestimmung eines Spektrums von Betateilchen an, das heißt, die Verteilung bezüglich ihrer Energie. Bekannterweise ist so ein Spektrum kontinuierlich, so daß wir eine Wahrscheinlichkeitsdichte $w(W)$ zu ermitteln haben.

Wir unterteilen den in Betracht zu ziehenden Energiebereich in geeignet große Intervalle ΔW_j und bestimmen die Anzahl N_j der Teilchen in diesem Intervall. Der Quotient gibt uns eine Näherung für die Wahrscheinlichkeit, die diesem Intervall entspricht:

$$w(W_j)\,\Delta W_j \approx \frac{N_j}{N}, \tag{11.96}$$

wobei $N = \sum_j N_j$ die Gesamtzahl der Teilchen ist. Es scheint vernünftig, die Dichte $w(W_j)$ der Mitte des Intervalls zuzuschreiben. Wie man den Fehler abschätzt, haben wir auch schon erfahren (Abschn. 11.6).

Die Fehler der so bestimmten Wahrscheinlichkeiten sind wegen der zu kleinen Zahl der beobachteten Teilchen oft so groß, daß die Experimentatoren es gar nicht wagen, glatte Kurven für die Wahrscheinlichkeitsdichten zu zeichnen. Statt dessen gibt man sich mit sogenannten *Histogrammen* zufrieden, d.h. mit Treppenbildern, bei denen die Fläche unter jeder Treppe der relativen Teilchenzahl (11.96) proportional ist. Weniger Schwierigkeiten mit dem Zeichnen hat man aber, wenn man den Mathematikern folgt, die bei ähnlichen Aufgaben kumulative Verteilungsfunktionen benutzen. Man zeichnet also eine Kurve für die Funktion

$$\mathcal{W}(W) = \int_0^W w(W)\,\mathrm{d}W, \tag{11.97}$$

ähnlich wie in Abb. 11.1 unten. (Auch solche Bilder werden von manchen Autoren Histogramme genannt.) Diese Wahrscheinlichkeit $\mathcal{W}(W)$, daß das Teilchen eine Energie im Intervall $(0, W)$ hat, wird approximativ durch Summieren der vorher annähernd bestimmten Teilwahrscheinlichkeiten bestimmt. Daß die Kurve jetzt glatter ist, ist nicht verwunderlich, denn ganz allgemein werden Funktionen beim Integrieren glatter und beim Differenzieren rauher. Für die Verschönerung wird aber ein Preis bezahlt: falls die Kurve für $w(W)$ irgendwelche kleinen Maxima enthält (etwa Resonanzen bei Kernreaktionen), so gehen diese beim Glätten leicht verloren.

Im Falle, daß man schon weiß, zu welcher ein- oder mehrparametrigen Familie die gesuchte Wahrscheinlichkeitsverteilung gehört, gibt es eine Abkürzung, nämlich die *Methode der maximalen Stichprobenwahrscheinlichkeit* (*maximum likelihood method*). Es wird genügen, die Methode für den Fall einer einparametrigen Familie zu betrachten, da die Verallgemeinerung auf mehrere Parameter trivial ist.

Stellen wir uns vor, man bekommt aus Beobachtungen die voneinander stochastisch unabhängigen Werte $x_1, \ldots, x_N$, die einer und derselben kontinuierlichen Wahrscheinlichkeitsverteilung mit der Dichte $w(x, a)$ unterliegen. Die Familie der Funktionen $w(x, a)$ wird als bekannt vorausgesetzt, so daß nur der „richtige" Parameterwert a_0 zu bestimmen ist. Durch Multiplizieren der zu x_j zugehörigen Werte $w(x_j, a)$ konstruiert man im N-dimensionalem Raum $(x_1, \ldots, x_N)$ die sogenannte *Stichprobenwahrscheinlichkeitsdichte*

$$L(x_1, \ldots, x_N; a) = w(x_1, a)\, w(x_2, a) \cdots w(x_N, a). \tag{11.98}$$

Am plausibelsten erscheint derjenige Wert von a, bei dem die Dichte L maximal ist. An diesem Prinzip wollen wir einstweilen festhalten und es nachträglich beurteilen. Eine Approximation $\tilde{a}$ an den unbekannten richtigen Wert a_0 des Parameters bekommen wir also aus $\partial L/\partial a = 0$ oder bequemer aus

$$\frac{1}{N}\frac{\partial \ln L}{\partial a} = \frac{1}{N}\sum_{j=1}^{N}\frac{\partial}{\partial a}\ln w(x_j, a) = 0. \tag{11.99}$$

Um die Methode zu rechtfertigen, müssen wir uns überzeugen, daß sich bei immer größerer Anzahl von beobachteten Werten x_j die Approximation $\tilde{a}$ dem Wert a_0 nähert. Zu diesem Zweck entwickeln wir jeden Term der letzten Summe nach Potenzen von $(a - a_0)$. Da wir darauf vertrauen, daß diese Differenz meist klein sein wird, geben wir uns mit einer linearen Approximation zufrieden. Gleichung (11.99) lautet dann

$$A(x_1, \ldots x_N) - (a - a_0)\, B(x_1, \ldots x_N) = 0, \tag{11.100}$$

$$A = \frac{1}{N}\sum_{j=1}^{N}\left(\frac{\partial \ln w(x_j, a)}{\partial a}\right)_0, \qquad B = -\frac{1}{N}\sum_{j=1}^{N}\left(\frac{\partial^2 \ln w(x_j, a)}{\partial a^2}\right)_0. \tag{11.101}$$

Die Zeichen $(\ldots)_0$ deuten an, daß die Ableitungen bei $a = a_0$ auszuwerten sind. Im Grenzwert bei $N \to \infty$, sonst aber näherungsweise, kann man beide Ausdrücke durch Integrale über die Wahrscheinlichkeitsverteilung $w(x, a_0)$ ersetzen, nämlich durch

$$\overline{A} = \overline{\left(\frac{\partial \ln w}{\partial a}\right)_0} = \int\left(\frac{1}{w}\frac{\partial w}{\partial a}\right)_0 w(x, a_0)\,\mathrm{d}x = \left(\frac{\mathrm{d}}{\mathrm{d}a}\int w\,\mathrm{d}x\right)_0, \tag{11.102}$$

$$\overline{B} = -\overline{\left(\frac{\partial^2 \ln w}{\partial a^2}\right)_0} = -\int\left[\frac{1}{w}\frac{\partial^2 w}{\partial a^2} - \frac{1}{w^2}\left(\frac{\partial w}{\partial a}\right)^2\right]_0 w(x, a_0)\,\mathrm{d}x$$

$$= \overline{\left(\frac{\partial \ln w}{\partial a}\right)_0^2}. \tag{11.103}$$

Der erste Grenzwert verschwindet, da definitionsgemäß $\int w\,\mathrm{d}x = 1$ ist, unabhängig von a. Für $\overline{B}$ müssen wir aber voraussetzen, daß er nicht verschwindet.

Aus (11.100) lesen wir die Abweichung der Approximation $\tilde{a}$ vom richtigen Wert a_0 ab, und dann auch den Grenzwert dieser Abweichung:

$$\lim_{N\to\infty}(\tilde{a} - a_0) = \lim_{N\to\infty}\frac{A}{B} = \frac{\overline{A}}{\overline{B}} = 0. \tag{11.104}$$

Im Grenzwert gilt also $\tilde{a} \to a_0$, womit die Methode gerechtfertigt ist. Die Abschätzung des effektiven Fehlers von $\tilde{a}$ bei endlichem N überlassen wir den Übungen.

Da A in (11.101) mit wachsendem N im Mittel gegen Null geht, während B laut Annahme endlich bleibt, erscheint es berechtigt, die Abweichung des berechneten a vom Mittelwert so abzuschätzen: $a - a_0 = A/\overline{B}$. Für das bei einer vielmals wiederholten Meßserie beobachtete Quadrat der Streuung folgt dann $\sigma_a^2 \equiv \overline{(a - a_0)^2} = \overline{A^2}/\overline{B}^2$, wobei

$$\overline{A^2} = \frac{1}{N^2} \sum_{i=1}^{N} \sum_{j=1}^{N} \overline{\left(\frac{\partial \ln w(x_i, a)}{\partial a}\right)_0 \left(\frac{\partial \ln w(x_j, a)}{\partial a}\right)_0}. \tag{11.105}$$

Da die einzelnen x_i stochastisch unabhängig sind, bleiben in dieser Summe nur die Mittelweerte der reinen Quadrate übrig. Ein Vergleich mit (11.103) zeigt dann, daß $\overline{A^2} = \overline{B}/N$. So gelangen wir zu einer brauchbaren Formel für die Streuung des berechneten Parameters:

$$\sigma_a^2 = \frac{1}{N\overline{B}} = -\left[\overline{\left(\frac{\partial^2 \ln L}{\partial a^2}\right)_0}\right]^{-1}. \tag{11.106}$$

Literatur

11.6   H. Cramer: *Mathematical Methods of Statistics* (Princeton Univ. Press, 1954).

11.7   B.L. van der Waerden: *Mathematische Statistik* (Springer, Berlin, Heidelberg 1957); *Mathematical Statistics* (Springer, Berlin, Heidelberg 1969).

11.8   L.D. Taylor: *Probability and Mathematical Statistics* (Harper & Row, New York, 1974).

Aufgaben

11.76   Ein homogener Zylinder mit der Masse $m = (2,000 \pm 0,005)\,\text{kg}$ hat einen Radius $r = (12,00 \pm 0,03)\,\text{cm}$ und eine Höhe $h = (2,50 \pm 0,01)\,\text{cm}$. (Hier und ebenso bei den nachfolgenden Aufgaben sind effektive Fehler angeführt.) Wie groß ist die Dichte und ihr effektiver Fehler?

11.77   Wie groß ist beim Zylinder aus Aufgabe 11.76 das Trägheitsmoment um die geometrische Achse und sein effektiver Fehler?

11.78   Beim Übergang des Lichtes aus einem Medium in ein anderes werden der Einfallswinkel $\alpha = 65,0° \pm 0,5°$ und der Brechungswinkel $\beta = 35° \pm 0,3°$ gemessen. Berechnen Sie daraus den Brechungsindex und seinen effektiven Fehler.

11.79   In eine planparallele absorbierende Platte mit der Dicke $5,00 \pm 0,05)\,\text{cm}$ tritt senkrecht ein einfarbiger Lichtstrom mit $(1,2 \pm 0,1)$ Kilowatt ein und wird knapp vor dem Austritt auf $(0,40 \pm 0,02)\,\text{kW}$ abgeschwächt. Wie groß sind der Absorptionskoeffizient und sein effektiver Fehler?

11.80   Für die Elementarladung fand man $e_0 = (1,597 \pm 0,005) \cdot 10^{-19}\,\text{A\,s}$ aus einer Meßserie und $e_0 = (1,600 \pm 0,007) \cdot 10^{-19}\,\text{A\,s}$ aus einer anderen. Wie groß ist der gemeinsame Mittelwert und sein effektiver Fehler?

11.81   Beweisen Sie auf ähnliche Weise wie Gleichung (11.104) auch die Abschätzung $\overline{(\tilde{a} - a_0)^2} \approx 1/N\overline{B}$.

11.82 Für eine Größe x weiß man, daß für sie eine Gaußsche Verteilung gilt, wobei aber die Parameterwerte $\bar{x}$ und σ unbekannt sind. Wie kann man sie nach der Methode der maximalen Stichprobenwahrscheinlichkeit aus einer Serie von beobachteten Werten $x_1, \ldots, x_N$ abschätzen und wie genau sind beide Abschätzungen?

11.83 Die mittlere Zerfallszeit τ einer kleinen Menge eines radioaktiven Isotops wird am besten so bestimmt, daß man die Zeitpunkte $t_1, \ldots, t_N$ aller Zerfallsereignisse einzeln registriert. Wie lautet die Rechnung nach der Methode der maximalen Stichprobenwahrscheinlichkeit? (R. Peierls, *Statistical Error in Counting Experiments*, Proc. Roy. Soc. **149** (1935) 467.)

11.84 An eine gemessene Folge von Werten y_j bei genau bekannten x_j, $j = 1, 2, \ldots, N$, soll man eine lineare Funktion $y = kx + y_0$ anpassen, wobei die Parameter k und y_0 nach der *Methode der kleinsten Quadrate* zu bestimmen sind. Das heißt, man wählt beide Parameter so, daß die Summe der quadratischen Abweichungen, $\sum_{j=1}^{N}[y_j - (kx_j + y_0)]^2$, ihr Minimum annimmt. Zeigen Sie, daß dasselbe Resultat herauskommt, wenn man die Methode der maximalen Stichprobenwahrscheinlichkeit heranzieht und wenn man voraussetzt, daß die Verteilungen für alle y_j die Gaußsche Form mit demselben σ haben.

11.9 Markovsche Prozesse

Eine unter unkontrollierten, „zufälligen" äußeren Einflüssen stattfindende Bewegung kann man nicht vorhersagen, sondern man kann im besten Fall die Wahrscheinlichkeiten für irgendwelche Zustände ermitteln. Jede solche Bewegung und überhaupt jede zeitabhängige Erscheinung, bei der ein System fortdauernd zufällige Änderungen erleidet, nennt man einen *stochastichen Prozeß*. Seit Einstein (1905) ist wohl das berühmteste Beispiel die *Brownsche Bewegung* (= thermische Bewegung) eines in einer Flüssigkeit schwebenden, mikroskopischen Teilchens. Man kann hier sowohl die zeitlichen Änderungen des Ortes als auch der Geschwindigkeit betrachten, oder sogar beides. Mehrmalige Beobachtung der Bewegung gibt jedesmal eine andere *Realisierung* des stochastischen Prozesses, d.h. jedesmal andere *zufällige Funktionen* $r(t)$ und $v(t)$. Könnte man die Wahrscheinlichkeit, die jeder Menge solcher Funktionen zukommt, angeben, so wäre der stochastische Prozeß beschrieben. Ein solcher Wunsch ist aber nicht leicht zu erfüllen, denn es handelt sich dabei um Wahrscheinlichkeitsverteilungen in Funktionenräumen.

Zum Glück gibt es noch eine andere, viel praktischere Darstellung, die wir an Hand einer eindimensionalen Brownschen Bewegung betrachten wollen. (Man denke an eine Projektion der räumlichen Bewegung auf eine Gerade oder an eine Bewegung in einem dünnen geraden Rohr.) Da die Koordinate unbestimmt ist, stellen wir uns lieber eine Wahrscheinlichkeitsdichte $w(x, t)$ vor. Sie ändert sich mit der Zeit, so daß t als Parameter auftritt. Kennt man die Anfangsverteilung und das Gesetz, nach dem sich die Verteilung ändert, so wissen wir über den stochastischen Prozeß schon ziemlich viel.

Bei manchen stochastischen Prozessen, hat man es mit diskreten Wahrscheinlichkeitsverteilungen zu tun. Man stelle sich ein mit Gas gefülltes Gefäß vor, das auch mit Gas umgeben ist. Das Gefäß hat ein Loch, durch das die Moleküle zufällig heraus- und hereinwandern können. Die Anzahl $N(t)$ der Moleküle innerhalb des Gefäßes ist eine zufällige Funktion der Zeit. Statt mit solchen Funktionen zu rechnen, stellt man sich lieber die entsprechende Wahrscheinlichkeit $W_N(t)$ vor. Sie kann sehr wohl von der Zeit abhängen, z.B. wenn das Gefäß am Anfang leer war und sich erst mit der Zeit auffüllt. Die Zeit ist hier wieder eine kontinuierliche Variable. Auch diese können wir aber diskret machen, indem wir das Loch mit einem Deckel schließen und ihn nur z.B. jede Sekunde ganz kurz öffnen. So ändert sich die Wahrscheinlichkeit W_N nur sprunghaft in gleichmäßigen Zeitabständen. Es wird nicht nötig sein, irgendwelche von diesen diskreten Möglichkeiten explizit zu betrachten, denn der Formalismus für kontinuierliche Prozesse wird für das allgemeine Verständnis genügen.

Allein durch die Angabe der Wahrscheinlichkeitsdichte $w(x, t)$ für jede Zeit t ist ein eindimensionaler stochastischer Prozeß nur unvollkommen beschrieben. Man kann auch fragen, wie groß bei einer Brownschen Bewegung die Wahrscheinlichkeit $w(x', t'; x, t)\, \mathrm{d}x'\, \mathrm{d}x$ dafür ist, daß das Teilchen sich zur Zeit t' in $\mathrm{d}x'$ bei x' befindet *und* zur Zeit t in $\mathrm{d}x$ bei x. Da im allgemeinen die Aufenthalte an beiden Orte keineswegs voneinander stochastisch unabhängig sind, ist die Frage gar nicht trivial. Eigentlich ist $w(x', t'; x, t)$ eine zweidimensionale Wahrscheinlichkeitsdichte und daher entsprechend normiert: $\int\int w(x', t'; x, t)\, \mathrm{d}x'\, \mathrm{d}x = 1$. Wir werden die Variablen immer so ordnen, daß die spätere Zeit rechts stehen wird: $t > t'$. Auch Wahrscheinlichkeiten für drei oder mehr Lagen zu verschiedenen Zeitpunkten soll man betrachten.

Alle aus der Wahrscheinlichkeitsdichte $w(x, t)$ berechneten Mittelwerte hängen im allgemeinen von der Zeit ab, so daß $\bar{x} = \bar{x}(t)$, $\sigma^2 = \sigma^2(t)$ usw. Mit einem Vergleich aus der Mechanik möchte man für die erste Funktion sagen, daß sie die Bewegung des Schwerpunkts der „Wahrscheinlichkeitswolke" beschreibt. Zugleich gibt $\sigma^2(t)$ an, wie das Trägheitsmoment um den Schwerpunkt, also gewissermaßen die Ausbreitung der Wolke, sich mit der Zeit ändert.

Wahrscheinlichkeitsdichten bezüglich mehrerer aufeinanderfolgender Orte erlauben die Einführung allerlei komplizierterer Mittelwerte, die Funktionen mehrerer Zeiten sind. Besonders wichtig ist die *Autokorrelationsfunktion*

$$\chi(t', t) = \overline{x(t')\, x(t)} = \int\int x'\, x\, w(x', t'; x, t)\, \mathrm{d}x'\, \mathrm{d}x. \tag{11.107}$$

Bei der ersten Definition, die schwierig zu handhaben ist, stellen wir uns einen Mittelwert über die Menge der zufälligen Funktionen $x(t)$ vor. Besser ist die zweite Definition, die einen Mittelwert über die zweidimensionale Wahrscheinlichkeitsdichte $w(x', t'; x, t)$ verlangt.

Es kann vorkommen, daß zur vollkommenen Beschreibung eines stochastischen Prozesses die ersten n Wahrscheinlichkeitsdichten

$$w(x,t), \ w(x',t';x,t), \ \ldots, \ w(x_1,t_1;\ldots;x_n,t_n)$$

ausreichen, während alle weiteren als Produkte dieser Dichten ausgedrückt werden können. Man spricht dann von einem stochastischen Prozeß *n-ter Ordnung*. Ein Prozeß erster Ordnung beschreibt ein ganz wildes unstetiges Herumspringen des Teilchens. Alle einzelnen Lagen sind dabei voneinander stochastisch unabhängig, so daß z.B. $w(x',t';x,t) = w(x',t')\,w(x,t)$ gilt. So ein Prozeß ist äußerst uninteressant.

Sehr interessant sind hingegen stochastische Prozesse zweiter Ordnung, auch *Markovsche Prozesse* genannt. Bei so einem Prozeß genügt es vollauf, zwei Wahrscheinlichkeitsdichten zu kennen, $w(x,t)$ und $w(x',t';x,t)$. Statt der letzteren können wir nach dem Muster aus Abschn. 11.3 die bedingte Wahrscheinlichkeitsdichte durch die Definitionsgleichung

$$w(x',t';x,t) = w(x',t')\,w(x',t' \to x,t) \tag{11.108}$$

einführen. Sie gibt die Wahrscheinlichkeitsdichte zur Zeit t bezüglich x an, wenn man weiß, daß das Teilchen zur Zeit t' bei x' war. Es handelt sich also um einen Übergang von x' in die Nähe von x und man spricht daher von einer *Übergangswahrscheinlichkeitsdichte*. Die Normierung bezieht sich jetzt freilich nur auf x, während x' als Parameter funktioniert, wie auch die beiden Zeiten t' und t.

Definitionsgemäß können bei einem Markovschen Prozeß die Wahrscheinlichkeitsdichten für die Aufenthalte an drei oder mehr Orten nacheinander durch Produkte dargestellt werden, z.B.

$$w(x_0,t_0;x',t';x,t) = w(x_0,t_0)\,w(x',t';x,t).$$

Nach Division durch $w(x_0,t_0)\,w(x',t')$ bekommen wir aus der linken Seite dieser Gleichung eine bedingte Wahrscheinlichkeitsdichte $w(x_0,t_0;x',t' \to x,t)$ mit zwei Bedingungen. Die rechte Seite zeigt aber, daß diese Funktion bei einem Markovschen Prozeß der Übergangswahrscheinlichkeitsdichte $w(x',t' \to x,t)$ gleich ist. Die Übergangswahrscheinlichkeit hängt also bei einem solchen Prozeß von der Vorgeschichte nicht ab. Für den Übergang von x' nach x im Zeitintervall von t' bis t ist es gleichgültig, an welchem Ort x_0 das Teilchen zu irgendeiner früheren Zeit t_0 war. Man sagt auch, daß es bei einem Markovschen Prozeß keine *Nachwirkung* gibt.

Will man eine physikalische Erscheinung als Markovschen Prozeß beschreiben, so muß man sich sehr wohl überlegen, ob dies berechtigt ist. Bei einer sehr genauen Beobachtung der Brownschen Bewegung bemerkt man, daß es doch eine Nachwirkung gibt. Wegen der Trägheit des Teilchens (d.h. wegen seiner Masse) ist es nämlich nicht gleichgültig, ob es zum Ort x' von links oder von rechts ankommt. Im ersten Fall ist es wahrscheinlicher, daß man kurz danach das Teilchen weiter rechts als weiter links antrifft. Erst nach längerer Zeit dürfen wir hoffen, daß das Teilchen nach mehrmaligem Hin- und Herwandern seine Vorgeschichte sozusagen vergißt, so daß man bei grober Zeitmessung seine Bewegung annähernd als Markovsch beschreiben kann. Es geht uns da nicht besser als überall sonst in der Physik. Das Leben ist zu kurz, um jedesmal genau abzuschätzen, wie gut eine Näherung ist. Bei Markovschen Prozessen ist das gar nicht so leicht und man begnügt sich meist mit einer intuitiven Rechtfertigung.

Durch Integration über x' ergibt sich aus der Definition (11.108) die Identität

$$w(x,t) = \int w(x',t')\, w(x',t' \to x,t)\, \mathrm{d}x'.$$ (11.109)

Wir können nun den Ausgangspunkt des Teilchens angeben und statt $w(x,t)$ die Bezeichnung $w(x_0, t_0 \to x, t)$ wählen, so daß die Identität in

$$w(x_0, t_0 \to x, t) = \int w(x_0, t_0 \to x', t')\, w(x', t' \to x, t)\, \mathrm{d}x'$$ (11.110)

übergeht, wobei $t_0 < t' < t$ sein soll. Versehentlich haben wir da einen unzulässigen logischen Sprung gemacht. Die Bezeichnung impliziert nämlich, daß auch die linke Seite eine Übergangswahrscheinlichkeitsdichte ist. Sobald aber x_0 und t_0 als Variablen zugelassen sind, ist im allgemeinen (bei nicht-Markovschen Prozessen) der zweite Faktor des Integranden auch von ihnen abhängig, so daß die früher erwähnte bedingte Wahrscheinlichkeitsdichte mit zwei Bedingungen in Betracht käme. Nur bei einem Markovschen Prozeß ist die Komplikation unnötig, weil es keine Nachwirkung gibt. Für einen solchen stochastischen Prozeß gilt für die Übergangswahrscheinlichkeitsdichte die Gleichung (11.110), wie wir sie hingeschrieben haben. Sie ist als die *Markovsche Gleichung* bekannt, oder verschiedentlich auch als die Gleichung von Chapman, Kolmogorov, Smoluchowski und Einstein. Es ist dies eine ziemlich merkwürdige nichtlineare Integralgleichung, denn sie enthält nichts als die unbekannte Funktion.

Überlegen wir nun noch einmal, wie man zur Markovschen Gleichung (11.110) gelangt. Das Teilchen startet zur Zeit t_0 am Ort x_0 und verteilt sich zur Zeit t' mit der Dichte $w(x_0, t_0 \to x', t')$. Wir fragen nach der Wahrscheinlichkeit $w(x_0, t_0 \to x, t)\, \mathrm{d}x$, daß das Teilchen sich zu einer noch späteren Zeit t im Intervall $\mathrm{d}x$ bei x befindet. Es ist möglich, daß dazwischen, nämlich zur Zeit t', das Teilchen in $\mathrm{d}x'$ bei x' war. Die Wahrscheinlichkeit für so einen Weg ist $w(x_0, t_0 \to x', t')\, \mathrm{d}x'\, w(x', t' \to x, t)\, \mathrm{d}x$. Beide Ausdrücke durften wir einfach multiplizieren, denn die Wahrscheinlichkeit des Übergangs von $\mathrm{d}x'$ nach $\mathrm{d}x$ ist bei einem Markovschen Prozeß völlig durch die Lage zur Zeit t' bestimmt und hängt nicht von der vorausgegangenen Bewegung ab. Überlegen wir weiter: In die Endlage in $\mathrm{d}x$ bei x kann das Teilchen über verschiedene Zwischenorte gelangen, so daß wir die vorher aufgeschriebenen Wahrscheinlichkeiten über $\mathrm{d}x'$ summieren müssen. Nach Kürzen mit $\mathrm{d}x$ haben wir schon die Markovsche Gleichung.

Eine analoge Markovsche Gleichung gilt auch im Falle diskreter Verteilungen und diskreter Sprünge; nur hat man es da mit Wahrscheinlichkeiten statt mit Wahrscheinlichkeitsdichten zu tun hat und mit Summen statt mit Integralen. Es ist wohl nicht nötig, dies gesondert aufzuschreiben.

Bei einem Teilchen, das in einem Rohr mit zeitlich konstanten Eigenschaften diffundiert, hängt die Übergangswahrscheinlichkeitsdichte nur von der Differenz beider Zeiten ab. Damit vereinfacht sich die Gleichung folgendermaßen:

$$w(x_0 \to x; t - t_0) = \int w(x_0 \to x'; t' - t_0)\, w(x' \to x; t - t')\, \mathrm{d}x'. \qquad (11.111)$$

Man sagt in solchem Fall, daß der Markovsche Prozeß *zeitlich homogen* sei.

Bei einem erneutem Blick auf Gleichung (11.109) erkennen wir auf der rechten Seite die Integraldarstellung eines Übergangsoperators $\hat{w}(t' \to t)$, der auf die Funktion $w(x, t')$ wirkt. In Kurzschrift lautet die Gleichung so:

$$w(x, t) = \hat{w}(t' \to t)\, w(x, t').$$

Im zeitlich homogenen Fall hängt der Operator nur von der Zeitdifferenz ab. Die vereinfachte Markovsche Gleichung (11.111) läßt sich dann im Sinne einer Komposition von Operatoren dargestellen:

$$\hat{w}(t - t_0) = \hat{w}(t - t')\, \hat{w}(t' - t_0),$$

oder mit anderen Zeitvariablen:

$$\hat{w}(t + \tau) = \hat{w}(\tau)\, \hat{w}(t). \qquad (11.112)$$

Es sieht fast so aus, als ob die zeitabhängigen „Werte" des Operators $\hat{w}$ eine Gruppe bilden. Das stimmt aber nicht, denn zu $\hat{w}(t)$ kann man im allgemeinen keinen inversen Operator erfinden. Man sagt, daß eine solche Familie von Operatoren eine *Halbgruppe* bildet. (Nur wenn die Bewegung nicht zufällig sondern deterministisch ist, so daß sie sich umkehren läßt, hat man es mit einer Gruppe zu tun.)

Ist das Rohr auf der ganzen Länge gleich dick und gleich beschaffen, so gibt es eine weitere Vereinfachung. Der Prozeß ist dann nämlich auch *räumlich homogen*, was bedeuten soll, daß die Übergangswahrscheinlichkeitsdichte nicht mehr gesondert von der Anfangs- und Endkoordinate abhängt, sondern nur noch von deren Differenz: $w = w(x - x_0, t - t_0)$. Die Markovsche Gleichung nimmt in so einem Fall die Form einer Faltung an,

$$w(x, t) = \int_{-\infty}^{\infty} w(x', t')\, w(x - x', t - t')\, \mathrm{d}x', \qquad (11.113)$$

wobei wir $x_0 = 0$ und $t_0 = 0$ wählten.

Die weitere Diskussion wird sich auf zwei extreme Typen von Markovschen Prozessen beschränken, nämlich auf die *stetigen* und die *rein unstetigen*. Um es einfach zu machen, sollen die Prozesse zeitlich homogen sein, so daß die Markovsche Gleichung (11.109) wie folgt lautet:

$$w(x,t) = \int w(x',t')\, w(x' \to x; t - t')\, \mathrm{d}x'.$$
(11.114)

Die beiden Arten von Prozessen unterscheiden sich in den Eigenschaften der Übergangswahrscheinlichkeitsdichte $w(x' \to x; t - t')$. Bei den stetigen Prozessen existiert diese Dichte überall im wahren Sinne des Wortes, während sie bei den rein unstetigen einen zu $\delta(x - x')$ proportionellen Beitrag enthält. Durch einen Grenzübergang $\Delta t \to 0$ geht die Markovsche Gleichung bei den stetigen Prozessen in eine diffusionsartige Differentialgleichung über, bei den rein unstetigen hingegen in eine Boltzmannartige lineare Integrodifferentialgleichung.

Mit der Stetigkeit eines stochastischen Prozesses ist gemeint, daß größere Ortsänderungen $x - x'$ bei kleinem Δt sehr unwahrscheinlich sind, und zwar in dem Sinne, daß für jedes $\epsilon > 0$ folgende Bedingung erfüllt ist:

$$\lim_{\Delta t \to 0} \frac{1}{\Delta t} \int_{|x - x'| > \epsilon} w(x' \to x; \Delta t)\, \mathrm{d}x = 0.$$
(11.115)

Um die Betrachtung solcher Prozesse noch zu vereinfachen, werden wir annehmen, daß sie auch örtlich homogen sind, so daß (11.113) gilt. Unter Weglassung der örtlichen Variablen kann diese Faltungsgleichung symbolisch so dargestellt werden: $w(t) = w(t') * w(t - t')$. Statt nur einer Zwischenstation können auch wir mehrere einschalten, was zu einer mehrfachen Faltung führt. Wenn wir die ganze Zeit t in Z gleich lange Intervalle einteilen, erhalten wir folgende Faltungsformel mit Z Faktoren:

$$w(t) = w(t/Z) * w(t/Z) * \ldots * w(t/Z).$$
(11.116)

Die Sätze aus dem vorhergehenden Abschnitt können wir hier gut ausnützen. Da sich bei der Faltung die Mittelwerte $\overline{x}$ und ebenso die Streuungen σ^2 addieren, folgt aus der Gleichung, daß beide Größen der Zeit t proportional sind. Nachdem wir den Koeffizienten die Namen $\overline{v}$ und $2D$ geben, haben wir

$$\overline{x} = \overline{v}t, \quad \sigma^2 = 2Dt.$$
(11.117)

Offenbar ist $\overline{v}$ die Geschwindigkeit, mit der sich der Schwerpunkt der Wahrscheinlichkeitswolke fortbewegt. Wegen der räumlichen und zeitlichen Homogenität des Prozesses ist diese Bewegung gleichmäßig. Man stellt sich z.B. vor, das Teilchen diffundiere in einer Flüssigkeit, die gleichmäßig in einem Rohr strömt. Die Konstante D ist der *Diffusionskoeffizient*, wobei der Faktor 2 dem traditionellen Gebrauch entspricht (siehe Abschn. 5.3).

Der zentrale Grenzwertsatz wird uns jetzt zu einem verblüffenden Resultat führen. Wir brauchen nur noch die anscheinend unschuldige Annahme machen, daß für die Übergangswahrscheinlichkeitsdichte der Quotient $\overline{|x - x'|^3}/\Delta t$ bei $\Delta t \to 0$ beschränkt bleibt. Da die Zahl der Faltungen in (11.116) beliebig groß ist, folgt, daß die Verteilung zu jeder Zeit t der Gaußschen Art (11.39) ist, also

$$w(x,t) = \frac{1}{\sqrt{4\pi D t}} \exp\left[-\frac{(x - \overline{v}t)^2}{4Dt} \right].$$
(11.118)

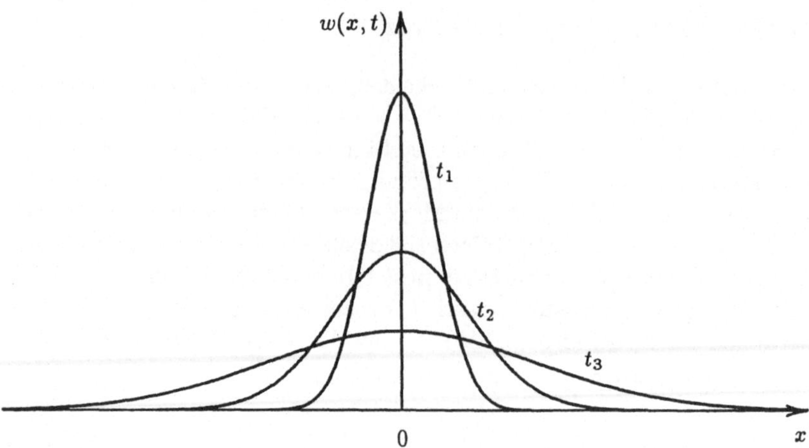

Abb. 11.11. Die Fundamentallösung der eindimensionalen Diffusionsgleichung für drei Zeitschritte

Abb. 11.11 zeigt, wie diese Lösung zu verschiedenen Zeiten aussieht, und zwar für den Fall $\bar{v} = 0$, so daß $\bar{x} = 0$ ist. Bei einer Filmdarstellung müßte man darauf achten, daß die Verteilung anfangs schnell und dann immer langsamer zerfließt, denn ihre Breite wächst wie die Quadratwurzel der Zeit: $\sigma(t) = \sqrt{2Dt}$.

Es mag vielleicht merkwürdig erscheinen, daß die mittlere Entfernung vom Ausgangspunkt proportional zu $\sqrt{t}$ und nicht zu t ist wie bei einer ordentlichen Wanderung. Die Brownsche Bewegung ist eben äußerst unordentlich. Das Teilchen wandert wie ein Betrunkener, der fortwährend wo anstößt und jedesmal vollkommen vergißt, woher er gekommen ist. Je länger das dauert, desto langsamer kommt er im Mittel vorwärts.

Es scheint fast, als hätten wir aus dem Nichts eine Lösung (11.118) der vereinfachten Markovschen Gleichung (11.113) hervorgezaubert. Man soll aber nicht glauben, daß dies die einzige Lösung ist oder auch nur die einzige, deren Form (abgesehen von der Breite) zeitunabhängig ist. Es gibt noch eine ganze Menge interessanter Funktionen, die bei Faltungen in diesem Sinn ihre Form beibehalten und dennoch anders sind als die Gaußsche. Bei ihnen ist aber das absolute dritte Moment der Übergangswahrscheinlichkeit unendlich.

Die Lösung (11.118) kann man auch auf Umwegen herleiten, indem man die Markovsche Gleichung (11.113) zuerst auf eine Differentialgleichung reduziert. Wir beschränken uns wieder auf den Fall mit $\bar{x} = 0$. In der Gleichung setzen wir einen kleinen Zeitunterschied $t-t'$ im zweiten Faktor des Integranden voraus, so daß auch nur kleine $x - x'$ in Frage kommen. Den ersten Faktor entwickeln wir nach Potenzen von $(x' - x)$ bis zum quadratischen Term und vernachlässigen den Rest:

$$w(x',t') = w(x,t') - (x - x')\frac{\partial w(x,t')}{\partial x} + \frac{(x - x')^2}{2}\frac{\partial^2 w(x,t')}{\partial x^2}. \qquad (11.119)$$

Nachdem wir dies in (11.113) einsetzen, führen wir als neue Integrationsvariable $\xi = x - x'$ ein und integrieren die einzelnen Terme. Das Resultat ist

$$w(x,t) - w(x,t') = \frac{\sigma^2}{2} \frac{\partial^2 w(x,t')}{\partial x^2}.$$

Mit $\sigma^2 = 2D(t - t')$ und mit $\mathrm{d}t$ statt $t - t'$ ergibt dies im Grenzwert die wohlbekannte *Diffusionsgleichung*

$$\frac{\partial w(x,t)}{\partial t} = D \frac{\partial^2 w(x,t)}{\partial x^2}. \tag{11.120}$$

Wir wissen schon, daß (11.118) ihre Fundamentallösung ist.

Bisher haben wir die Brownsche Bewegung entweder durch Projektion auf eine Dimension reduziert oder wir haben das Teilchen gezwungen, sich in einem engen Rohr quasi eindimensional zu bewegen. Die Verallgemeinerung auf Bewegungen im Raume und insbesondere die Erweiterung der Markovschen Beschreibung auf mehrere Dimensionen bereitet aber keinerlei Schwierigkeiten. So bekommen wir im räumlich und zeitlich homogenen Fall statt (11.113) die Gleichung

$$w(\boldsymbol{r},t) = \int w(\boldsymbol{r}',t')\, w(\boldsymbol{r} - \boldsymbol{r}', t - t')\, \mathrm{d}^3 r \tag{11.121}$$

und daraus unter ähnlichen Annahmen wie vorher die dreidimensionale Diffusionsgleichung (Abschn. 5.2). Ihre Fundamentallösung kennen wir auch schon. Sie beschreibt eine kugelsymmetrische, sich proportional zu $\sqrt{t}$ ausbreitende Gaußsche Verteilung. Wenn $\overline{\boldsymbol{r}} = 0$ ist, lautet sie

$$w(\boldsymbol{r},t) = \frac{1}{(4\pi Dt)^{3/2}} \exp\left(-\frac{r^2}{4Dt}\right). \tag{11.122}$$

Wenden wir uns jetzt den rein unstetigen Markovschen Prozessen zu, wobei wir als Beispiel wieder die Bewegung eines diffundierenden Teilchens betrachten werden. Im Raume ist sie zwar stetig, denn das Teilchen kann ja in Nullzeit nicht endliche Entfernungen überspringen. Die Geschwindigkeit $\boldsymbol{v}(t)$ kann sich aber sehr wohl unstetig ändern, etwa wenn das wandernde Teilchen durch zufällig (doch gleichmäßig) verteilte harte Kugeln gestreut wird. Wenn nur sprunghafte Änderungen möglich sind, hat man es im Geschwindigkeitsraum mit einem rein unstetigen, stochastischen Prozeß zu tun. Ist solch ein Prozeß zeitlich homogen, so kann man für kleine Zeiten die Übergangswahrscheinlichkeitsdichte folgendermaßen approximieren:

$$w(\boldsymbol{v}' \to \boldsymbol{v}; \Delta t) = (1 - nv'\Delta t)\,\sigma(v')\,\delta(\boldsymbol{v} - \boldsymbol{v}') + nv'\Delta t\,\sigma(\boldsymbol{v}' \to \boldsymbol{v}). \tag{11.123}$$

Dabei ist n die Teilchenzahldichte der streuenden Kugeln, $\sigma(\boldsymbol{v}' \to \boldsymbol{v})$ der differentielle und $\sigma(v')$ der integrierte Streuquerschnitt. Das Produkt $nv'\Delta t\,\sigma(v')$ gibt somit die Wahrscheinlichkeit an, daß während der Zeit Δt eine Streuung stattgefunden hat, während $nv'\Delta t\,\sigma(\boldsymbol{v}' \to \boldsymbol{v})\,\mathrm{d}^3 v$ die Wahrscheinlichkeit für eine Streuung nach d^3v beschreibt. Die Übergangswahrscheinlichkeitsdichte (11.123) ist so in den ungestreuten und den gestreuten Teil aufgespalten. Aus der Normierung der Übergangswahrscheinlichkeit folgt eine selbstverständliche Beziehung für die Querschnitte:

$$\sigma(v') = \int \sigma(\boldsymbol{v}' \to \boldsymbol{v})\, d^3v. \tag{11.124}$$

Nun wenden wir im Sinne der Gleichung (11.109) den Ausdruck (11.123) auf eine beliebige Ausgangswahrscheinlichkeitsdichte $w(\boldsymbol{v}', t)$ an. Nach Division durch Δt bekommen wir im Grenzwert eine Integrodifferentialgleichung,

$$\left(\frac{\partial}{\partial t} + nv\sigma(v)\right) w(\boldsymbol{v}, t) = n \int w(\boldsymbol{v}', t)\, v'\, \sigma(\boldsymbol{v}' \to \boldsymbol{v})\, \mathrm{d}^3v'. \tag{11.125}$$

Diese Integrodifferentialform der Markovschen Gleichung wird von einigen Autoren die *Kolmogorov-Feller Gleichung* genannt, in der angelsächsischen Literatur aber meist als die *master equation* bezeichnet. Sie stimmt mit einer vereinfachten Variante der linearen Boltzmanngleichung überein. Im Gegensatz zum allgemeineren Fall im Abschn. 9.3 wurde hier keine Ortsabhängigkeit zugelassen.

Die diskrete Version der Gleichung wird oft gebraucht, um zeitabhängige Besetzungen von quasistationären Quantenzuständen zu beschreiben. Zur Zeit t sei der m-te Zustand mit einer Wahrscheinlichkeit $\mathcal{W}_m(t)$ besetzt. Irgendeine ständige Störung verursacht Übergänge $n \to m$, deren Wahrscheinlichkeit für kleine Zeiten als $p_{n \to m}\,\Delta t$ dargestellt werden kann, wobei $p_{n \to m}$ die sogenannten *Übergangsraten* sind. Die Wahrscheinlichkeit des Verbleibens im Zustand m ist offenbar gleich $1 - P_m\,\Delta t$, wobei $P_m = \sum_n p_{m \to n}$ ist. So haben wir ein System gewöhnlicher Differentialgleichungen,

$$\frac{\mathrm{d}\mathcal{W}_m}{\mathrm{d}t} = -P_m\,\mathcal{W}_m + \sum_m \mathcal{W}_n\, p_{n \to m}, \tag{11.126}$$

das ganz der Integrodifferentialgleichung (11.125) entspricht.

Aufgaben

11.85 Die Wahrscheinlichkeit $W_N(t)$, daß bei einer Messung eines langlebigen radioaktiven Präparates während der Zeit t genau N Teilchen eingefangen werden, ist durch die Poissonsche Verteilung gegeben. Sie ist jedoch auch eine Funktion der Länge des Zeitintervalls, so daß wir es mit einem stochastischen Prozeß zu tun haben. Ist er Markovsch? Wie sieht für diesen Fall die Markovsche Gleichung aus? Zeigen Sie, daß mit der Poissonschen Verteilung tatsächlich eine Lösung dieser Gleichung gegeben ist.

11.86 Die Brownsche Bewegung eines Teilchens in einer Flüssigkeit verläuft auch im Geschwindigkeitsraum stetig und kann in guter Annäherung als Markovscher Prozeß beschrieben werden. Was für eine Gleichung gilt hier für die Übergangswahrscheinlichkeitsdichte $w(\boldsymbol{v}_0 \to \boldsymbol{v}; t)$? Beachten Sie, daß dieser Prozeß zwar zeitlich homogen, räumlich jedoch inhomogen ist, da ja das Verhalten bei großen Geschwindigkeiten anders ist als bei kleinen. Während man bei hohen Anfangsgeschwindigkeiten vorwiegend mit Abbremsung rechnen muß, haben wir es bei kleinen mit dem Annähern an die Maxwellsche Gleichgewichtsverteilung zu tun.

11.87 Mit ähnlichen Argumenten wie bei der Diffusion im Raume (siehe (11.116)) kommt man zur Vermutung, daß auch die Gleichung aus der vorhergehenden Aufgabe eine sich ausbreitende Gaußsche Verteilung als Lösung hat. Während die Streuung noch unbekannt ist, entnimmt man den Mittelwert der Geschwindigkeit aus der Hydrodynamik. Im Mittel verläuft nämlich die Abbremsung nach dem linearen Widerstandsgesetz: also $\mathrm{d}\overline{\boldsymbol{v}} = -\beta\,\overline{\boldsymbol{v}}\,\mathrm{d}t$ und daraus $\overline{\boldsymbol{v}} = \boldsymbol{v}_0\mathrm{e}^{-\beta t}$. Aus der Markovschen Gleichung kann man jetzt die Streuung $\sigma^2(t)$ bestimmen, wenn man auch den Maxwellschen Grenzwert bei $t \to \infty$ berücksichtigt. Überzeugen Sie sich, daß die Gleichung stimmt.

11.88 Aus der Markovgleichung aus Aufgabe 11.86 folgt auf ähnliche Weise wie oben (siehe (11.120)) eine Art Diffusionsgleichung, nämlich die *Fokker-Planck-Gleichung*. Sie enthält auch einen Term mit dem Gradienten im Geschwindigkeitsraum, der aus einem dem mittleren Term in (11.119) entsprechenden Ausdruck hervorgeht.

11.89 Bestätigen Sie, daß die in Aufgabe 11.87 hergeleitete Übergangswahrscheinlichkeitsdichte eine Lösung der Fokker-Planck-Gleichung ist. (Sie ist ihre Fundamentallösung.)

11.90 Bestätigen Sie, daß die Übergangswahrscheinlichkeitsdichte aus Aufgabe 11.87 das Gesetz des *detaillierten Gleichgewichts* befolgt:

$$\exp\left(-\frac{mv_0^2}{2kT}\right) w(\boldsymbol{v}_0 \to \boldsymbol{v}; t) = \exp\left(-\frac{mv^2}{2kT}\right) w(\boldsymbol{v} \to \boldsymbol{v}_0; t).$$

Um dies leichter zu verstehen, denken wir uns beiderseits noch die Faktoren $\mathrm{d}^3v_0\,\mathrm{d}^3v$ hinzugefügt. Das Gesetz behauptet, daß im Gleichgewicht die Übergangsrate von einem Element des Phasenraums (hier d^3v_0) in einen anderen (d^3v) der Rate für die umgekehrten Übergänge gleich ist.

11.10 Stationäre stochastische Prozesse

Bisher hatten wir es bei stochastischen Prozessen meist mit zeitabhängigen Verteilungen zu tun. Es kann aber vorkommen, daß sich unter gleichbleibenden äußeren Bedingungen die Wahrscheinlichkeitsdichte mit der Zeit nicht ändert. Das geschieht z.B. bei der Diffusion eines Teilchens in einem endlich langen Rohr oder allgemein in einem abgeschlossenen Gefäß, wenn wir so lange warten, daß die Anfangsbedingung keinen Einfluß mehr hat. Danach haben wir eine zeitunabhängige Wahrscheinlichkeitsdichte $w(x)$ oder $w(\boldsymbol{r})$. Man muß aber damit rechnen, daß Zeitdifferenzen in den Übergangswahrscheinlichkeiten immer noch auftreten. Im eindimensionalen Fall hat man für zwei nacheinanderfolgende Lagen eine Wahrscheinlichkeitsdichte $w(x', x; t - t')$ und eine entsprechende Übergangswahrscheinlichkeitsdichte $w(x' \to x; t - t')$. Wenn beide Zeiten um das gleiche Intervall verschoben werden ($t \to t + \Delta t$, $t' \to t' + \Delta t$), ändert sich diese Übergangswahrscheinlichkeitsdichte nicht. Falls sich auch die Wahrscheinlichkeitsdichten für mehrere aufeinanderfolgende Lagen so verhalten, so sagt man, der stochastische Prozeß sei *stationär*. Der Name berücksichtigt nicht, ob der Prozeß Markovsch ist oder nicht.

Dazu gibt es noch viele Beispiele, wie die thermische Bewegung eines elastisch gebundenen Teilchens, z.B. eines Atoms im Festkörper, und der thermisch schwankende Strom in einem elektrischen Kreis. Akustisches Rauschen mit konstanter mittlerer Leistung und ein zeitlich gleichmäßiger Strom weißen Lichtes sind zwei weitere Beispiele. Statt der Koordinaten x oder $\boldsymbol{r}$ betrachten wir beim Rauschen die Druckschwankungen und beim Licht die elektrische Feldstärke. Jedesmal haben wir es mit einer zufälligen Funktion der Zeit zu tun, wie $x(t)$, $\boldsymbol{r}(t)$, $p(t)$, $\boldsymbol{E}(t)$. Ganz allgemein werden Schwankungen um das thermische Gleichgewicht als stationäre stochastische Prozesse beschrieben.

Da $w(x)$ bei einem stationären stochastischen Prozeß zeitunabhängig ist, sind freilich auch alle entsprechenden Mittelwerte wie $\overline{x} = \int x\, w(x)\, \mathrm{d}x$ und ebenso σ^2 oder allgemein $\overline{f(x)}$ zeitlich konstant. Die Autokorrelationsfunktion hängt aber von der Zeitdifferenz $\tau = t - t'$ ab:

$$\iint x'\, x\, w(x', x; \tau)\, \mathrm{d}x'\, \mathrm{d}x = \chi(x', x; \tau). \tag{11.127}$$

Hier betrachteten wir Mittelwerte über Wahrscheinlichkeitsverteilungen. Bei stationären stochastischen Prozessen fragt man aber auch nach zeitlichen Mittelwerten, die so definiert sind:

$$\langle f(x) \rangle = \lim_{T \to \infty} \frac{1}{2T} \int_{-T}^{T} f(x(t_0 + t))\, \mathrm{d}t. \tag{11.128}$$

Es läßt sich zeigen, daß die Wahl des Mittelpunkts t_0 des Integrationsintervalls bei einem stationären Prozeß irrelevant ist. Nehmen wir aber statt des $f(x)$ eine symmetrische Funktion von zwei Lagen zu verschiedenen Zeiten t und $t + \tau$, die sich um einen konstanten Wert unterscheiden, so ist der Mittelwert eine Funktion der Zeitdifferenz τ. Insbesondere gilt das für die zeitliche *Autokorrelationsfunktion*:

$$\tilde{\chi}(\tau) = \langle x(t + \tau)\, x(t) \rangle = \lim_{T \to \infty} \frac{1}{2T} \int_{-T}^{T} x(t + \tau)\, x(t)\, \mathrm{d}t. \tag{11.129}$$

Diese Funktion beschreibt die Korrelation oder, wie man auch sagt, die *Kohärenz* des Rauschens mit sich selbst, wenn man es um τ zeitlich verschiebt. Beim echten Rauschen, also in Abwesenheit irgendwelcher periodischer oder fastperiodischer Anteile erwartet man, daß die Funktion $\tilde{\chi}(\tau)$ mit wachsendem τ gegen 0 geht. Sie verschwindet umso langsamer, je länger sich beim Rauschen die Schwingungen ungefähr wiederholen.

Es drängt sich die Frage auf, ob man bei verschiedenen Realisierungen $x(t)$ des stochastischen Prozesses verschiedene zeitliche Mittelwerte bekommt oder ob sie (fast) jedesmal dieselben sind. Wenn ja, so erwartet man, daß so ein Mittelwert (mit Wahrscheinlichkeit 1) auch derselbe ist wie der Mittelwert über die Wahrscheinlichkeitsverteilung. Wenn das stimmt, sagt man, der stationäre Prozeß sei *ergodisch*. Eine sehr allgemeine Bedingung für die Ergodizität eines stationären stochastischen Prozesses ist nach Birkhoff, daß man den Zustandsraum nicht so in zwei Teile aufspalten kann, daß es zwischen ihnen keine Übergänge gibt. Besser gesagt: die Einzelbewegungen müssen so beschaffen sein, daß bei „fast jeder" alle Bereiche von x, denen eine endliche Wahrscheinlichkeit zukommt, früher oder später besucht werden.

Um die Herleitung der Birkhoffschen Behauptung werden wir uns nicht bemühen. Die Richtigkeit der Kontraposition der Behauptung ist aber leicht einzusehen. Nehmen wir ein Rohr, das durch einen Korken in zwei endlich lange Abschnitte zerteilt ist, und darin eine Flüssigkeit mit einem diffundierenden Teilchen. Je nachdem, in welchem Teil des Rohres sich das Teilchen befindet, sind die zeitlichen Mittelwerte seiner Koordinate $x(t)$ verschieden. Sobald wir aber durch ein Loch im Korken dem Teilchen Übergänge ermöglichen, bekommen wir im Grenzwert unendlich langer Wartezeiten immer den gleichen zeitlichen Mittelwert $\langle x \rangle$. Er stimmt mit dem Mittelwert $\bar{x}$ überein, der mit Hilfe der Gleichgewichtsverteilung gewonnen ist. (Diese ist gleichmäßig über die ganze Länge des Rohres.)

Das Beispiel zeigt schon, daß man oft genug erwarten darf, daß stationäre stochastische Bewegungen ergodisch sind und daß man dies eigentlich nur durch Kunstgriffe verhindern kann. Also darf man ziemlich allgemein Mittelwerte über alle möglichen Bewegungen $x(t)$ durch die zeitlichen Mittelwerte über eine einzige Realisierung $x(t)$ ersetzen. In diesem Sinn enthält eine einzige unendlich lang andauernde Bewegung ebensoviel Information wie die hypothetische Menge unendlich vieler solcher Bewegungen. Eigentlich ist das nicht so sehr verwunderlich, denn eine unendlich lang dauernde Bewegung kann man in Gedanken in beliebig viele und dennoch beliebig lange Abschnitte zerlegen. Jeder genügend langer Abschnitt beschreibt aber ungefähr eine Realisierung $x(t)$ des stochastischen Prozesses.

Bei stationären stochastischen Prozessen kann man zeitliche Mittelwerte, wie z.B. die zeitliche Autokorrelationsfunktion $\tilde{\chi}(\tau)$, manchmal durch elektronische Messungen bestimmen. Wenn der Prozeß ergodisch ist, was oft stillschweigend angenommen wird, genügt eine einmalige, genügend lange andauernde Messung. Dabei kann man sich darauf verlassen, daß das gewonnene $\tilde{\chi}(\tau)$

dem wahrscheinlichkeitstheoretischen Mittelwert $\chi(\tau)$ gleich ist. Diesen müßte man sonst durch vielmals wiederholte Messungen bestimmen.

Stationäre stochastische Bewegungen sehen oft wie Schwingungen aus, nur daß sie sehr unordentlich sind. Man fragt sich, ob es auch hier ein Spektrum gibt, wie bei periodischen und fastperiodischen Schwingungen. In der Schule hört man, daß weißes Licht und ebenso jedes akustische Rauschen kontinuierliche Spektren haben. Was das bedeuten soll, müssen wir uns aber erst klar machen.

Wir haben im Kap. 2 durch Fourier-Entwicklung von periodischen oder allgemeiner von fastperiodischen Funktionen diskrete Spektren erhalten, während bei endlich langen Schwingungsvorgängen Fourier-Integrale zu kontinuierlichen Spektren führten. Jetzt scheint es, daß die Klassifikation unvollkommen war, denn angeblich haben auch akustisches Rauschen und weißes Licht kontinuierliche Spektren, obwohl solche Prozesse zeitlich keineswegs begrenzt sein brauchen. Die Aufzeichnung eines Rauschens am Bildschirm des Oszillographen zeigt uns ein äußerst unregelmäßiges Schwingen, das weder periodisch noch fastperiodisch ist und dennoch beliebig lange dauern kann. Das merkwürdigste ist, daß trotz seiner Unregelmäßigkeit das Rauschen irgendwie gleichmäßig erscheinen kann, nämlich wenn es einen stationären stochastischen Prozeß darstellt. Für den zeitlichen Mittelwert der Leistung existiert dann ein Grenzwert

$$\langle P \rangle \propto \frac{1}{2T} \int_{-T}^{T} x^2(t_0 + t)\, \mathrm{d}t, \tag{11.130}$$

der von der Wahl des Ausgangspunktes t_0 unabhängig ist. (Wir wollen annehmen, daß $\langle x \rangle$, d.h. der entsprechende Mittelwert von x selbst, verschwindet.) Offenbar haben periodische und fastperiodische Funktionen dieselbe Eigenschaft. Im Gegensatz dazu konnten wir aber bei einem endlich langen Schwingungsvorgang nur mit der Gesamtarbeit rechnen, nicht mit einer mittleren Leistung.

In der Unregelmäßigkeit des Schwingungsvorgangs unterscheidet sich jedes Rauschen wesentlich von den periodischen und fastperiodischen Schwingungen. Es hat nicht einmal viel Sinn, den zeitlichen Verlauf des Rauschens aufzuzeichnen, denn bei Wiederholungen des Versuchs bekommen wir jedesmal ein anderes Bild. Trotzdem kann das Spektrum sehr wohl definiert sein, wie wir jetzt sehen werden.

Stellen wir uns zuerst einen endlich langen Abschnitt, etwa von $t = 0$ bis $t = t_1$ einer beliebigen Realisierung $x(t)$ des stochastischen Prozesses vor. Die Analyse nach Fourier ergibt eine Amplitudenfunktion $A_0(\omega)$, die ein kontinuierliches Spektrum definiert. Da die Phasen der einzelnen Fourierkomponenten höchst uninteressant sind, beschreiben wir das Spektrum lieber im Sinne der Energie durch $|A_0(\omega)|^2$. Verschieben wir jetzt den Prozeß um die Zeit T, so daß er von $t = T$ bis $t = t_1 + T$ dauert! Wie leicht einzusehen ist, ändert sich dadurch die Amplitudenfunktion nur um einen Phasenfaktor: $A(\omega) = A_0(\omega)\, \mathrm{e}^{-\mathrm{i}\omega T}$. Die angegebene Beschreibung des Spektrums bleibt aber unverändert, denn $|A(\omega)|^2 = |A_0(\omega)|^2$. Als nächstes stellen wir uns vor, daß sich derselbe Prozeß mehrmals wiederholt, etwa zu den Zeiten $T_1, T_2, \ldots, T_N$, so daß insgesamt folgende Amplitudenfunktion resultiert:

$$A(\omega) = A_0(\omega) \sum_j \exp(-\mathrm{i}\omega T_j).$$

Das Spektrum wird wiederum durch Aufteilung der Gesamtarbeit auf Frequenzintervalle dargestellt. Die dem Intervall $\mathrm{d}\omega$ entsprechende Arbeit ist proportional zu

$$|A(\omega)|^2\,\mathrm{d}\omega = |A_0(\omega)|^2\,\mathrm{d}\omega[N + 2\sum_{j<k}\cos\omega(T_j - T_k)].$$

Nun kommt das Wesentliche. Die Zeitpunkte T_j sollen vollkommen zufällig gewählt werden, etwa so, als ob sie durch die emittierten Teilchen eines langlebigen Radioisotops gesteuert wären. (Überlagerungen zweier oder mehrerer Schwingungen können dabei nicht ausgeschlossen werden.) Wichtig ist, daß bei $N \to \infty$ die *modulo* 2π reduzierten Winkel $\omega(T_j - T_k)$ immer gleichmäßiger über das Intervall von 0 bis 2π verteilt sind. In obiger Summe gibt es dann ungefähr ebensoviele positive wie negative Cosinuswerte; bei einer Mittelwertbildung heben sie sich annähernd weg und im Grenzwert einer unendlich langen Folge verschwindet ihre Summe exakt. Die so beschriebene Annahme *zufälliger Phasen*, durch die wir die Zufälligkeit des Rauschens zu simulieren versuchten, führt also zum Schluß, daß

$$\lim_{N\to\infty}\frac{1}{N}|A(\omega)|^2 = |A_0(\omega)|^2$$

gilt. Mit n als mittlerer Zahl der Wiederholungen pro Zeiteinheit definieren wir

$$\Phi(\omega) = \lim_{T\to\infty}\frac{2\pi}{T}|A(\omega)|^2 = \lim_{N\to\infty}\frac{2\pi n}{N}|A(\omega)|^2 = 2\pi n|A_0(\omega)|^2. \qquad (11.131)$$

Aus der Parsevalschen Gleichung für Fourierintegrale (Abschn. 2.3) folgt die entsprechende Gleichung für den sich zufällig wiederholenden Schwingungsvorgang,

$$\langle|x(t)|^2\rangle = \int_{-\infty}^{\infty}\Phi(\omega)\,\mathrm{d}\omega. \qquad (11.132)$$

Es erscheint plausibel, daß man allgemein für irgendeinen stationären stochastischen Prozeß zu einem ähnlichen Schluß kommt. Wenn man von physikalischen Faktoren absieht, darf man die Funktion $\Phi(\omega)$ als die Spektraldichte der Leistung betrachten. Das Produkt $\Phi(\omega)\,\mathrm{d}\omega$ entspricht somit dem Anteil der mittleren Leistung im Intervall $\mathrm{d}\omega$.

Dazu soll noch bemerkt werden, daß mit der Amplitudenfunktion wegen der Zufälligkeit der Phase nicht viel anzufangen ist. Bei einer einzelnen Realisierung des Rauschvorgangs muß man bei $A(\omega)$ ein äußerst wildes Verhalten der Phase erwarten und bei jeder Realisierung ist das Verhalten anders. Im Gegensatz dazu kann die Spektraldichte $\Phi(\omega)$ der Leistung ganz wohlbeschaffen sein, so daß dies jetzt die einzig vernünftige Beschreibung des Spektrums ist.

Sehen wir uns die Analyse noch von einem anderem Gesichtspunkt an, indem wir von vornherein ein gleichmäßiges Rauschen, also einen stationären stochastischen Prozeß $x(t)$ voraussetzen. Jeder endliche Abschnitt davon, z.B. von $t = -T/2$ bis $t = T/2$, läßt sich durch ein Fourierintegral darstellen. Falls also vorläufig außerhalb dieses Intervals $x(t) = 0$ vorgeschrieben wird, so gilt

$$x(t) \;=\; \int_{-\infty}^{\infty} A_T(\omega)\, \mathrm{e}^{-\mathrm{i}\omega t}\, \mathrm{d}\omega, \tag{11.133}$$

$$A_T(\omega) \;=\; \frac{1}{2\pi} \int_{-T/2}^{T/2} x(t)\, \mathrm{e}^{\mathrm{i}\omega t}\, \mathrm{d}t. \tag{11.134}$$

Laut der Parsevalschen Gleichung (Abschn. 2.3) gilt noch

$$\int_{-T/2}^{T/2} |x(t)|^2\, \mathrm{d}t = 2\pi \int_{-\infty}^{\infty} |A_T(\omega)|^2\, \mathrm{d}\omega.$$

Läßt man nun T gegen ∞ wachsen, so erwartet man wegen der Gleichmäßigkeit des Rauschens, daß die linke Seite der letzten Gleichung wie T wächst. Soll es im Grenzwert ein wohldefiniertes Spektrum geben, so muß auch $|A_T(\omega)|^2\, \mathrm{d}\omega$ asymptotisch proportional zu T sein. Daher definieren wir die Spektraldichte durch

$$\Phi(\omega) = \lim_{T\to\infty} \frac{2\pi}{T} |A_T(\omega)|^2, \tag{11.135}$$

um wieder eine Parsevalgleichung hinschreiben zu können.

Nach Einsetzen von (11.134) in (11.135) kann man die Spektraldichte auch als Doppelintegral darstellen:

$$\begin{aligned}
\Phi(\omega) \;&=\; \lim_{T\to\infty} \frac{1}{2\pi T} \left| \int_{-T/2}^{T/2} x(t)\, \mathrm{e}^{\mathrm{i}\omega t}\, \mathrm{d}t \right|^2 \\
&=\; \lim_{T\to\infty} \frac{1}{2\pi T} \int_{-T/2}^{T/2} \int_{-T/2}^{T/2} x(t')\, x(t)\, \exp[\mathrm{i}\omega(t' - t)]\, \mathrm{d}t\, \mathrm{d}t',
\end{aligned} \tag{11.136}$$

wobei x als reell angenommen wurde. Es lohnt sich, statt t' eine neue Variable $\tau = t' - t$ einzuführen und die Grenzen parallel zu verschieben, so daß man wieder über dasselbe Quadrat $(-T/2 < \tau < T/2,\ -T/2 < t < T/2)$ integriert. Nach Vertauschen der Variablen ergibt die Integration über t die zeitliche Autokorrelationsfunktion $\tilde\chi(\tau) = \langle x(t)\, x(t + \tau) \rangle$. Wir werden sie fortan mit dem wahrscheinlichkeitstheoretischen $\chi(\tau)$ identifizieren, indem wir annehmen, daß der Prozeß ergodisch ist. Die übriggebliebene Integration über τ führt zum berühmten *Satz von Wiener und Chintschin*:

$$\Phi(\omega) = \frac{1}{2\pi} \int_{-\infty}^{\infty} \chi(\tau)\, \mathrm{e}^{\mathrm{i}\omega\tau}\, \mathrm{d}\tau. \tag{11.137}$$

Der Satz behauptet, daß die Spektraldichte der mittleren Leistung bei einem stationären stochastischen Prozeß durch die Fouriertransformierte Autokorrelationsfunktion gegeben ist. Seine Umkehrung lautet

$$\chi(\tau) = \int_{-\infty}^{\infty} \Phi(\omega)\, e^{-i\omega\tau}\, d\omega. \tag{11.138}$$

Der Spezialwert $\chi(0)$ ist offenbar gleich der gesamten mittleren Leistung und (11.138) reduziert sich für diesen Wert auf die Parsevalsche Gleichung (11.132).

Bei einem reellen $x(t)$ bekommt man gerade Funktionen $\Phi(\omega)$ und $\chi(\omega)$, wobei auch $\chi(\omega)$ reel ist. In einem solchen Fall ist es manchmal günstig, auf reelle Schreibweise umzuschalten:

$$\Phi(\omega) \;=\; \frac{1}{\pi} \int_0^{\infty} \chi(\tau) \cos\omega\tau\, d\tau, \tag{11.139}$$

$$\chi(\tau) \;=\; 2 \int_0^{\infty} \Phi(\omega) \cos\omega\tau\, d\omega. \tag{11.140}$$

Als Beispiel betrachten wir das *thermische Rauschen* eines Widerstands, das als eines der Urbeispiele für stationäre stochastische Prozesse gelten darf. In einem zylindrischen Widerstand mit Volumen V, Länge s und Querschnitt $S = V/s$ fließe ein Strom $I = Sne_0\overline{v}_x = Ne_0\overline{v}_x/s$. Dabei ist $N = nV$ die Zahl der vorhandenen Leitungselektronen, $\overline{v}_x$ ihre mittlere Geschwindigkeit in axialer Richtung, also $N\overline{v}_x = \sum_j v_{xj}$, wenn v_{xj} den Wert der Geschwindigkeitskomponente des einzelnen Elektrons darstellt. Ihr entspricht ein Beitrag $I_j = e_0 v_{xj}/s$ zum Gesamtstrom $I = \sum I_j$.

Auch wenn es keinen Strom im makroskopischen Sinne gibt, fließt dennoch wegen der thermischen Bewegung der Elektronen ständig ein schwacher Wechselstrom. Er ist vollkommen irregulär, so daß sich sein Hin- und Herschwanken keineswegs voraussagen läßt. Nach Verstärkung kann man es mit einem Lautsprecher hörbar machen. Der Mittelwert eines solchen Stroms verschwindet, nicht aber der quadratische Mittelwert, d.h. (in elektrotechnischer Sprache) das Quadrat des effektiven Stroms $\hat{I}$,

$$\hat{I}^2 \equiv \langle I^2 \rangle \geq \lim_{T \to \infty} \frac{1}{T} \int_{-T/2}^{T/2} [I(t)]^2\, dt. \tag{11.141}$$

Wir stellen dies spektral dar,

$$\langle I^2 \rangle = 2 \int_0^{\infty} \Phi(\omega)\, d\omega, \tag{11.142}$$

so daß $2\Phi(\omega)\, d\omega$ dem Anteil der Leistung des Rauschens im positiven Intervall $d\omega$ entspricht. (Es fehlt nur noch der Widerstand R als Faktor.)

Bei nicht zu hoher Elektronendichte, wie sie in einem Halbleiter vorhanden ist und wie wir sie im folgenden annehmen wollen, darf man mit einer Maxwellschen Geschwindigkeitsverteilung rechnen. Außerdem gibt es keinen merklichen Einfluß der Elektronen aufeinander, so daß deren Geschwindigkeiten voneinander stochastisch unabhängig sind. Die zweite Eigenschaft hat zur Folge, daß sich die quadratischen Mittelwerte der Geschwindigkeiten addieren:

$$N\overline{v_x^2} = \sum_j \overline{v_{xj}^2}.$$

Der Mittelwert für das Einzelelektron ist aber aus der kinetischen Theorie bekannt, denn es gilt $\frac{1}{2}m\overline{v_{xj}^2} = \frac{1}{2}kT$. Durch Multiplikation mit $(2N/m)(e_0/s)^2$ gelangen wir zum statistischen Mittelwert des quadrierten Stromes:

$$\langle I^2 \rangle = N \left(\frac{e_0}{s}\right)^2 \overline{v_x^2} = \frac{Ne_0^2}{ms^2}\, kT. \tag{11.143}$$

Um weiter zu kommen, wollen wir noch den Widerstand $R = \zeta s^2/V$ berücksichtigen. Wenn in einem Augenblick der Strom I fließt, besteht zwischen den Enden des Widerstands eine Spannung U, und entsprechend in ihm eine Feldstärke $E = U/s = RI/s$, die dem Strom entgegenwirkt. Die Elektronen werden dadurch mit der mittleren Beschleunigung $\mathrm{d}\overline{v_{xi}}/\mathrm{d}t = -e_0 E/m$ verlangsamt. Daher vermindert sich im Mittel der Strom wie folgt: $\mathrm{d}I/\mathrm{d}t = -(Ne_0^2 R/ms^2)I$, so daß er im Mittel exponentiell abklingt:

$$I = I_0 \exp\left(-\frac{t}{\tau_0}\right).$$

Die Relaxationszeit ist $\tau_0 = ms^2/NRe_0^2 = m/n\zeta e_0^2$. Dem entspricht die Autokorrelationsfunktion

$$\chi(\tau) = \chi(0)\exp\left(-\frac{|\tau|}{\tau_0}\right). \tag{11.144}$$

Ihre Fourier-Transformierte gibt die Spektraldichte

$$\Phi(\omega) = \frac{1}{\pi}\,\frac{\chi(0)\,\tau_0}{1 + (\omega\tau_0)^2}. \tag{11.145}$$

Die Zeitkonstante τ_0 ist typisch von der Größenordnung 10^{-12} s, so daß der Term $(\omega\tau_0)^2$ im Nenner außer bei ganz hohen Frequenzen vernachlässigt werden kann. Das Resultat vereinfacht sich dadurch zu

$$\Phi(\omega) = \frac{1}{\pi}\chi(0)\tau_0 = \frac{1}{\pi}\langle I^2\rangle\tau_0.$$

In dieser Approximation ist die Spektraldichte konstant – man spricht von einem *weißen Rauschen*. Bis zu beliebig hohen Frequenzen kann das freilich nicht gelten, denn dann wäre ja die Gesamtleistung unendlich groß. Die Zeitkonstante τ_0 bestimmt, wo das Spektrum abklingt, wo es also aufhört, weiß zu sein.

Nach Einsetzen der vorher gewonnenen Ausdrücke für $\langle I^2 \rangle$ und τ_0 folgt für den weißen Teil des Spektrums $\Phi(\omega) = kT/\pi R$. Es ist üblich, das Endresultat als mittlere Leistung $R\langle I^2 \rangle$ pro Einheit des Intervalls positiver Frequenzen anzugeben:

$$\frac{\mathrm{d}P}{\mathrm{d}\nu} = 4\pi\, R\,\Phi(\omega) = 4kT. \tag{11.146}$$

Dies ist die berühmte *Formel von Nyquist*, die die spektrale Dichte der Leistung beschreibt, die ein Widerstand wegen thermischer Bewegung seiner Elektronen abzugeben vermag. Abgeben kann er sie an einen in Reihe geschalteten, kälteren Widerstand, der sich dadurch erwärmt.

Literatur über stochastische Prozesse

11.9   A.T. Bharucha-Reid: *Elements of the Theory of Stochastic Processes and their Applications* (McGraw-Hill, New York 1960).

11.10   N.G. van Kampen: *Stochastic Processes in Physics and Chemistry* (North-Holland, Amsterdam 1992).

Aufgaben

11.91   Der Strom in einer Elektronenröhre ist wegen des Übergangs einzelner Elektronen nicht glatt, sondern „körnig". Idealisiert stellt man ihn durch eine Folge Diracscher Delta-Funktionen dar. Zeigen Sie, daß das Rauschen, das dieser Körnigkeit entspricht, weiß ist, und berechnen Sie die entsprechende Spektraldichte!

11.92   Ein zeitlich diskreter, stationärer stochastischer Prozeß erster Ordnung besteht aus einer zufälligen Folge von Größen x_1, x_2, ..., die voneinander stochastisch unabhängig sind. Alle sollen derselben Wahrscheinlichkeitsverteilung unterworfen sein, und zwar mit endlicher Streuung. Was folgt für diesen Fall aus dem Satz von Birkhoff?

11.93   Ein Gerät, das die Häufigkeit einfallender radioaktiver Teilchen mißt, zeigt keinen konstanten Wert an, auch wenn die Teilchen von einem langlebigen Präparat herrühren. Bei jedem Teilchen springt der Stromanzeiger um einen Wert I_0, der dann entsprechend der Zeitkonstanten des eingebauten RC Kreises exponentiell abklingt: $I = I_0 \exp(-t/RC)$. Durch Überlagerung ergeben sich Schwankungen des Stroms. Eine triviale Rechnung gibt den zeitlichen Mittelwert des Stroms, $\langle I \rangle = nRCI_0$, wenn n die Zahl der aufgefangenen Teilchen pro Zeiteinheit angibt. Bestimmen Sie den quadratischen Mittelwert der Abweichung $I - \langle I \rangle$ sowie das entsprechende Spektrum. Hinweis: Analysieren Sie zuerst einen einmaligen Stromstoß und folgen Sie dabei der ersten im Text angegebenen Methode. Die zufällige Folge von gleichen Stromstößen ergibt das gewünschte Spektrum oder eigentlich nur das Spektrum des Wechselstromanteils $I - \langle I \rangle$. Die Gleichstromkomponente als diskreten Anteil bei $\omega = 0$ kann man hinzufügen. Bestätigen Sie die Parsevalsche Gleichung für dieses Beispiel.

Anhang

A. Formeln und Tabellen

A.1 Vektor- und Tensoralgebra

Die Formeln gelten für reelle Vektoren und Tensoren (hauptsächlich 2. Ranges) im dreidimensionalen euklidischen Raum. Als Zeichen für Skalar-, Vektor- und Tensorprodukte werden $\cdot$, $\times$, und $\otimes$ gebraucht.

Kartesische Darstellung

Basisvektoren:

$$e_1 = (1, 0, 0), \quad e_2 = (0, 1, 0), \quad e_3 = (0, 0, 1), \tag{A.1}$$

$$e_j \cdot e_k = \delta_{jk}. \tag{A.2}$$

Komponenten:

$$a = (a_1, a_2, a_3) = \sum_j a_j e_j, \quad a_j = a \cdot e_j, \tag{A.3}$$

$$A = \begin{pmatrix} A_{11} & A_{12} & A_{13} \\ A_{21} & A_{22} & A_{23} \\ A_{31} & A_{32} & A_{33} \end{pmatrix} = \sum_{j,k} A_{jk}\, e_j \otimes e_k, \tag{A.4}$$

$$A_{jk} = e_j \cdot (A \cdot e_k) = (e_j \cdot A) \cdot e_k \equiv e_j \cdot A \cdot e_k. \tag{A.5}$$

Adjungierter Tensor (= transponierter Tensor, weil reell):

$$A^\dagger_{jk} = A_{kj}, \quad (A^\dagger)^\dagger = A. \tag{A.6}$$

Produkte

Skalarprodukt:

$$a \cdot b = ab\cos(a, b) = a_1 b_1 + a_2 b_2 + a_3 b_3 = b \cdot a, \tag{A.7}$$

382   Anhang

Vektorprodukt:

$$
\boldsymbol{a} \times \boldsymbol{b} \;=\; \begin{vmatrix} \boldsymbol{e}_1 & \boldsymbol{e}_2 & \boldsymbol{e}_3 \\ a_1 & a_2 & a_3 \\ b_1 & b_2 & b_3 \end{vmatrix} = \left(\begin{vmatrix} a_2 & a_3 \\ b_2 & b_3 \end{vmatrix}, \; \begin{vmatrix} a_3 & a_1 \\ b_3 & b_1 \end{vmatrix}, \; \begin{vmatrix} a_1 & a_2 \\ b_1 & b_2 \end{vmatrix} \right)
$$

$$
= -\boldsymbol{b} \times \boldsymbol{a}, \qquad |\boldsymbol{a} \times \boldsymbol{b}| = ab\sin(\boldsymbol{a},\boldsymbol{b}), \tag{A.8}
$$

Tensorprodukt:

$$
\boldsymbol{a} \otimes \boldsymbol{b} = \begin{pmatrix} a_1 b_1 & a_1 b_2 & a_1 b_3 \\ a_2 b_1 & a_2 b_2 & a_2 b_3 \\ a_3 b_1 & a_3 b_2 & a_3 b_3 \end{pmatrix} = (\boldsymbol{b} \otimes \boldsymbol{a})^{\dagger}. \tag{A.9}
$$

Skalarprodukte von Tensoren mit Vektoren und Tensoren:

$$
(\boldsymbol{A} \cdot \boldsymbol{b})_j = \sum_k A_{jk} b_k, \qquad (\boldsymbol{b} \cdot \boldsymbol{A})_k = \sum_j b_j A_{jk}, \qquad \boldsymbol{b} \cdot \boldsymbol{A} = \boldsymbol{A}^{\dagger} \cdot \boldsymbol{b}. \tag{A.10}
$$

$$
(\boldsymbol{A} \cdot \boldsymbol{B})_{jk} = \sum_l A_{jl} B_{lk}, \qquad (\boldsymbol{A} \cdot \boldsymbol{B})^{\dagger} = \boldsymbol{B}^{\dagger} \cdot \boldsymbol{A}^{\dagger}. \tag{A.11}
$$

Analoge Produkte definiert man auch für Tensoren höheren Ranges. Manchmal
werden auch doppelte und mehrfache Skalarprodukte (durch : und $\odot$ bezeichnet)
gebraucht. Es soll immer über die innersten kartesischen Indizes zuerst summiert
werden. Alle Produkte sind distributiv, jedoch nicht alle kommutativ.

Mehrfache Produkte

$$
\boldsymbol{a} \cdot (\boldsymbol{b} \times \boldsymbol{c}) \;=\; (\boldsymbol{a} \times \boldsymbol{b}) \cdot \boldsymbol{c} = \begin{vmatrix} a_1 & a_2 & a_3 \\ b_1 & b_2 & b_3 \\ c_1 & c_2 & c_3 \end{vmatrix}, \tag{A.12}
$$

$$
\boldsymbol{a} \times (\boldsymbol{b} \times \boldsymbol{c}) \;=\; (\boldsymbol{a} \cdot \boldsymbol{c})\boldsymbol{b} - (\boldsymbol{a} \cdot \boldsymbol{b})\boldsymbol{c}, \tag{A.13}
$$

$$
(\boldsymbol{a} \times \boldsymbol{b}) \times \boldsymbol{c} \;=\; (\boldsymbol{a} \cdot \boldsymbol{c})\boldsymbol{b} - (\boldsymbol{b} \cdot \boldsymbol{c})\boldsymbol{a}, \tag{A.14}
$$

$$
\boldsymbol{a} \times (\boldsymbol{b} \times \boldsymbol{c}) \;+\; \boldsymbol{b} \times (\boldsymbol{c} \times \boldsymbol{a}) + \boldsymbol{c} \times (\boldsymbol{a} \times \boldsymbol{b}) = 0, \tag{A.15}
$$

$$
\boldsymbol{u} \times (\boldsymbol{a} \times \boldsymbol{u}) \;+\; \boldsymbol{u}(\boldsymbol{a} \cdot \boldsymbol{u}) = \boldsymbol{a}, \quad \text{wenn} \quad |\boldsymbol{u}| = 1, \tag{A.16}
$$

$$
(\boldsymbol{a} \otimes \boldsymbol{b}) \cdot \boldsymbol{c} \;=\; \boldsymbol{a}(\boldsymbol{b} \cdot \boldsymbol{c}) = \boldsymbol{c} \cdot (\boldsymbol{b} \otimes \boldsymbol{a}), \tag{A.17}
$$

Produkte von mehreren Tensoren sind assoziativ, Produkte von Tensoren und
Vektoren aber nicht immer (dann sind Klammern nötig):

$$
\boldsymbol{A} \cdot (\boldsymbol{B} \cdot \boldsymbol{C}) \;=\; (\boldsymbol{A} \cdot \boldsymbol{B}) \cdot \boldsymbol{C} \equiv \boldsymbol{A} \cdot \boldsymbol{B} \cdot \boldsymbol{C}, \tag{A.18}
$$

$$
\boldsymbol{a} \cdot (\boldsymbol{B} \cdot \boldsymbol{c}) \;=\; (\boldsymbol{a} \cdot \boldsymbol{B}) \cdot \boldsymbol{c} \equiv \boldsymbol{a} \cdot \boldsymbol{B} \cdot \boldsymbol{c}, \tag{A.19}
$$

$$
\boldsymbol{A} \cdot (\boldsymbol{B} \cdot \boldsymbol{c}) \;=\; (\boldsymbol{A} \cdot \boldsymbol{B}) \cdot \boldsymbol{c} \equiv \boldsymbol{A} \cdot \boldsymbol{B} \cdot \boldsymbol{c}, \tag{A.20}
$$

$$
\boldsymbol{a} \cdot (\boldsymbol{B} \cdot \boldsymbol{C}) \;=\; (\boldsymbol{a} \cdot \boldsymbol{B}) \cdot \boldsymbol{C} \equiv \boldsymbol{a} \cdot \boldsymbol{B} \cdot \boldsymbol{C}, \quad \text{jedoch allgemein} \tag{A.21}
$$

$$
\boldsymbol{A} \cdot (\boldsymbol{b} \cdot \boldsymbol{C}) \;\neq\; (\boldsymbol{A} \cdot \boldsymbol{b}) \cdot \boldsymbol{C} \quad \text{und freilich} \tag{A.22}
$$

$$
(\boldsymbol{a} \cdot \boldsymbol{b})\boldsymbol{C} \;\neq\; \boldsymbol{a} \cdot (\boldsymbol{b} \cdot \boldsymbol{C}). \tag{A.23}
$$

Besondere Tensoren

Einheitstensor:

$$\boldsymbol{\delta} = \begin{pmatrix} 1 & 0 & 0 \\ 0 & 1 & 0 \\ 0 & 0 & 1 \end{pmatrix}, \tag{A.24}$$

isotroper Tensor $= \lambda\boldsymbol{\delta}$,

symmetrischer Tensor (= selbstadjungierter Tensor, weil reell):

$$\boldsymbol{A} = \boldsymbol{A}^\dagger, \tag{A.25}$$

antisymmetrischer Tensor:

$$\boldsymbol{A} = -\boldsymbol{A}^\dagger, \tag{A.26}$$

Ein Tensor ist orthogonal (= unitär, weil reell) wenn:

$$\boldsymbol{A} \cdot \boldsymbol{A}^\dagger = \boldsymbol{A}^\dagger \cdot \boldsymbol{A} = \boldsymbol{\delta}. \tag{A.27}$$

Levi-Cività Tensor (antisymmetrischer Einheitstensor dritten Ranges): $\boldsymbol{\epsilon}$;
seine Komponenten:

$$\epsilon_{123} = \epsilon_{231} = \epsilon_{312} = 1, \quad \epsilon_{213} = \epsilon_{321} = \epsilon_{132} = -1, \quad \text{sonst} \quad \epsilon_{ijk} = 0. \tag{A.28}$$

Darstellung des Vektorprodukts:

$$\boldsymbol{a} \times \boldsymbol{b} = \boldsymbol{b} \cdot \boldsymbol{\epsilon} \cdot \boldsymbol{a}. \tag{A.29}$$

Beziehung zwischen antisymmetrischem Tensor und Vektor:

$$\boldsymbol{a} = \frac{1}{2}\boldsymbol{\epsilon} : \boldsymbol{A} = \frac{1}{2}\boldsymbol{A} : \boldsymbol{\epsilon} = -(A_{23}, A_{31}, A_{12}), \tag{A.30}$$

$$\boldsymbol{A} = -\boldsymbol{\epsilon} \cdot \boldsymbol{a} = -\boldsymbol{a} \cdot \boldsymbol{\epsilon} = \begin{pmatrix} 0 & -a_3 & a_2 \\ a_3 & 0 & -a_1 \\ -a_2 & a_1 & 0 \end{pmatrix}, \tag{A.31}$$

$$\boldsymbol{A} \cdot \boldsymbol{b} = \boldsymbol{a} \times \boldsymbol{b}. \tag{A.32}$$

Zerlegung eines Tensors in irreduzible Anteile ($\overset{\circ}{\boldsymbol{A}}$ = isotrop, $\hat{\boldsymbol{A}}$ = antisymmetrisch, $\overline{\boldsymbol{A}}$ = spurlos symmetrisch):

$$\boldsymbol{A} = \overset{\circ}{\boldsymbol{A}} + \hat{\boldsymbol{A}} + \overline{\boldsymbol{A}} \tag{A.33}$$

$$= \frac{1}{3}(\operatorname{tr}\boldsymbol{A})\boldsymbol{\delta} - \frac{1}{2}\boldsymbol{\epsilon} \cdot \boldsymbol{\epsilon} : \boldsymbol{A} + \boldsymbol{\Delta} : \boldsymbol{A}, \tag{A.34}$$

$$\boldsymbol{\Delta} : \boldsymbol{A} = \frac{1}{2}(\boldsymbol{A} + \boldsymbol{A}^\dagger) - \frac{1}{3}(\operatorname{tr}\boldsymbol{A})\boldsymbol{\delta}. \tag{A.35}$$

Kartesische Komponenten des isotropen Projektionstensors 4. Ranges $\boldsymbol{\Delta}$:

$$\Delta_{ijkl} = \frac{1}{2}(\delta_{ik}\delta_{jl} + \delta_{il}\delta_{jk}) - \frac{1}{3}\delta_{ij}\delta_{kl}, \tag{A.36}$$

Basiswechsel (Rotation des Koordinatensystems)

$$a_j' = e_j' \cdot a = \sum_k (e_j' \cdot e_k)\, a_k, \tag{A.37}$$

$$A_{jk}' = e_j' \cdot A \cdot e_k' = \sum_j \sum_k (e_j' \cdot e_m)\, A_{mn}\, (e_n \cdot e_k'). \tag{A.38}$$

Orthogonale Transformationsmatrix:

$$U = \begin{pmatrix} e_1' \cdot e_1 & e_1' \cdot e_2 & e_1' \cdot e_3 \\ e_2' \cdot e_1 & e_2' \cdot e_2 & e_2' \cdot e_3 \\ e_3' \cdot e_1 & e_3' \cdot e_2 & e_3' \cdot e_3 \end{pmatrix}. \tag{A.39}$$

Rotationsinvarianten:

$$a = |a| = \sqrt{a \cdot a} = \sqrt{a_1^2 + a_2^2 + a_3^2}, \tag{A.40}$$

$$\mathrm{tr}\,(A) = A_{11} + A_{22} + A_{33} = A_{\mathrm{I}} + A_{\mathrm{II}} + A_{\mathrm{III}} \quad \text{(s. u.)}, \tag{A.41}$$

$$\det A = \begin{vmatrix} A_{11} & A_{12} & A_{13} \\ A_{21} & A_{22} & A_{23} \\ A_{31} & A_{32} & A_{33} \end{vmatrix} = A_{\mathrm{I}}\, A_{\mathrm{II}}\, A_{\mathrm{III}}, \tag{A.42}$$

$$\det(A \cdot B) = \det A \det B, \tag{A.43}$$

$$\mathrm{tr}\,(a \otimes b) = a \cdot b, \tag{A.44}$$

$$\det(a \otimes b) = 0. \tag{A.45}$$

Eigenwerte selbstadjungierter Tensoren

Gesucht werden solche $u \neq 0$ und A, daß

$$A \cdot u = Au. \tag{A.46}$$

Die Gleichung $\det(A - A\delta) = 0$ liefert reelle Eigenwerte A_{I}, A_{II}, A_{III}. Die zugehörigen Eigenvektoren u_{I}, u_{II}, u_{III} werden orthogonalisiert (wenn nötig) und normiert:

$$u_j \cdot u_k = \delta_{jk}, \quad j,\, k = \mathrm{I},\, \mathrm{II},\, \mathrm{III}. \tag{A.47}$$

A.2 Vektor- und Tensorfelder

Definitionen und kartesische Darstellung vektorieller Ableitungen

Gradient eines Skalars:

$$\mathrm{d}f(r) = \mathrm{d}r \cdot \nabla f, \tag{A.48}$$

$$\nabla f = \left(\frac{\partial f}{\partial x}, \frac{\partial f}{\partial y}, \frac{\partial f}{\partial z} \right). \tag{A.49}$$

Gradient eines Vektors:

$$\mathrm{d}\boldsymbol{v} \;=\; (\mathrm{d}\boldsymbol{r} \cdot \nabla)\boldsymbol{v} = \mathrm{d}\boldsymbol{r} \cdot (\nabla \otimes \boldsymbol{v}),\tag{A.50}$$

$$\nabla \otimes \boldsymbol{v} \;=\; \begin{pmatrix} \dfrac{\partial v_x}{\partial x} & \dfrac{\partial v_y}{\partial x} & \dfrac{\partial v_z}{\partial x} \\[2ex] \dfrac{\partial v_x}{\partial y} & \dfrac{\partial v_y}{\partial y} & \dfrac{\partial v_z}{\partial y} \\[2ex] \dfrac{\partial v_x}{\partial z} & \dfrac{\partial v_y}{\partial z} & \dfrac{\partial v_z}{\partial z} \end{pmatrix}.\tag{A.51}$$

Spurloser symmetrisierter Anteil des Gradienten eines Vektors:

$$\overline{\nabla \otimes \boldsymbol{u}} = \boldsymbol{\Delta} : \nabla \otimes \boldsymbol{u} = \frac{1}{2}[\nabla \otimes \boldsymbol{u} + (\nabla \otimes \boldsymbol{u})^{\dagger}] - \frac{1}{3}(\nabla \cdot \boldsymbol{u})\boldsymbol{\delta}\tag{A.52}$$

$$= \begin{pmatrix} \dfrac{\partial v_x}{\partial x} - \dfrac{1}{3}\nabla \cdot \boldsymbol{v} & \dfrac{1}{2}\left(\dfrac{\partial v_x}{\partial y} + \dfrac{\partial v_y}{\partial x}\right) & \dfrac{1}{2}\left(\dfrac{\partial v_x}{\partial z} + \dfrac{\partial v_z}{\partial x}\right) \\[3ex] \dfrac{1}{2}\left(\dfrac{\partial v_x}{\partial y} + \dfrac{\partial v_y}{\partial x}\right) & \dfrac{\partial v_y}{\partial y} - \dfrac{1}{3}\nabla \cdot \boldsymbol{v} & \dfrac{1}{2}\left(\dfrac{\partial v_y}{\partial z} + \dfrac{\partial v_z}{\partial y}\right) \\[3ex] \dfrac{1}{2}\left(\dfrac{\partial v_x}{\partial z} + \dfrac{\partial v_z}{\partial x}\right) & \dfrac{1}{2}\left(\dfrac{\partial v_y}{\partial z} + \dfrac{\partial v_z}{\partial y}\right) & \dfrac{\partial v_z}{\partial z} - \dfrac{1}{3}\nabla \cdot \boldsymbol{v} \end{pmatrix}.\tag{A.53}$$

Divergenz eines Vektors:

$$\nabla \cdot \boldsymbol{v} = \frac{\partial v_x}{\partial x} + \frac{\partial v_y}{\partial y} + \frac{\partial v_z}{\partial z}.\tag{A.54}$$

Divergenz eines Tensors:

$$\nabla \cdot \boldsymbol{A} \;=\; \left(\frac{\partial A_{xx}}{\partial x} + \frac{\partial A_{yx}}{\partial y} + \frac{\partial A_{zx}}{\partial z}, \; \frac{\partial A_{xy}}{\partial x} + \frac{\partial A_{yy}}{\partial y} + \frac{\partial A_{zy}}{\partial z}, \right.$$
$$\left. \frac{\partial A_{xz}}{\partial x} + \frac{\partial A_{yz}}{\partial y} + \frac{\partial A_{zz}}{\partial z}\right).\tag{A.55}$$

Ableitungen von besonderen Funktionen und Produkten

Bemerkung: Die Vektoren $\boldsymbol{a}$, $\boldsymbol{b}$, $\boldsymbol{c}$ sind konstant, $\boldsymbol{u}$ und $\boldsymbol{v}$ und der Tensor $\boldsymbol{A}$ aber Funktionen von $\boldsymbol{r}$. Skalare Funktionen des Ortes werden als $f(\boldsymbol{r})$ und $g(\boldsymbol{r})$ bezeichnet.

$$\nabla f(g(\boldsymbol{r})) \;=\; \frac{\mathrm{d}f}{\mathrm{d}g}\,\nabla g(\boldsymbol{r}),\tag{A.56}$$

$$\nabla f(r) \;=\; \frac{\mathrm{d}f}{\mathrm{d}r}\,\frac{\boldsymbol{r}}{r},\tag{A.57}$$

$$\nabla(\boldsymbol{a} \cdot \boldsymbol{r}) \;=\; \boldsymbol{a},\tag{A.58}$$

$$\nabla \cdot \boldsymbol{r} \;=\; 3,\tag{A.59}$$

$$\nabla \times \boldsymbol{r} \;=\; 0,\tag{A.60}$$

$$(\boldsymbol{a} \cdot \nabla)\boldsymbol{r} = \boldsymbol{a}, \tag{A.61}$$

$$\nabla \cdot (\boldsymbol{a} \times \boldsymbol{r}) = 0, \tag{A.62}$$

$$\nabla \times (\boldsymbol{a} \times \boldsymbol{r}) = 2\boldsymbol{a}, \tag{A.63}$$

$$(\boldsymbol{b} \cdot \nabla)(\boldsymbol{a} \times \boldsymbol{r}) = \boldsymbol{a} \times \boldsymbol{c}, \tag{A.64}$$

$$\nabla \cdot (f\boldsymbol{\delta}) = \nabla f, \tag{A.65}$$

$$\nabla(fg) = f\nabla g + g\nabla f, \tag{A.66}$$

$$\nabla(\boldsymbol{u} \cdot \boldsymbol{v}) = (\boldsymbol{u} \cdot \nabla)\boldsymbol{v} + (\boldsymbol{v} \cdot \nabla)\boldsymbol{u}$$
$$+ \ \boldsymbol{u} \times (\nabla \times \boldsymbol{v}) + \boldsymbol{v} \times (\nabla \times \boldsymbol{u}), \tag{A.67}$$

$$\nabla\left(\frac{v^2}{2}\right) = (\boldsymbol{v} \cdot \nabla) \cdot \boldsymbol{v} + \boldsymbol{v} \times (\nabla \times \boldsymbol{v}), \tag{A.68}$$

$$\nabla \cdot (f\boldsymbol{v}) = f\nabla \cdot \boldsymbol{v} + (\nabla f) \cdot \boldsymbol{v}, \tag{A.69}$$

$$\nabla \cdot (\boldsymbol{u} \times \boldsymbol{v}) = (\nabla \times \boldsymbol{u}) \cdot \boldsymbol{v} - \boldsymbol{u} \cdot (\nabla \times \boldsymbol{v}), \tag{A.70}$$

$$\nabla \times (f\boldsymbol{v}) = f\nabla \times \boldsymbol{v} + (\nabla f) \times \boldsymbol{v}, \tag{A.71}$$

$$\nabla \times (\boldsymbol{u} \times \boldsymbol{v}) = \boldsymbol{u}(\nabla \cdot \boldsymbol{v}) - \boldsymbol{v}(\nabla \cdot \boldsymbol{u}) + (\boldsymbol{v} \cdot \nabla)\boldsymbol{u} - (\boldsymbol{u} \cdot \nabla)\boldsymbol{v}, \tag{A.72}$$

$$(\boldsymbol{u} \cdot \nabla)f\boldsymbol{v} = \boldsymbol{v}(\boldsymbol{u} \cdot \nabla f) + f(\boldsymbol{u} \cdot \nabla)\boldsymbol{v}, \tag{A.73}$$

$$\nabla \cdot (\boldsymbol{u} \otimes \boldsymbol{v}) = (\nabla \cdot \boldsymbol{u})\boldsymbol{v} + (\boldsymbol{u} \cdot \nabla)\boldsymbol{v}, \tag{A.74}$$

$$\nabla \cdot (f\boldsymbol{A}) = (\nabla f) \cdot \boldsymbol{A} + f\nabla \cdot \boldsymbol{A}. \tag{A.75}$$

Zweite Ableitungen

$$\nabla^2 \ \equiv \ \nabla \cdot \nabla = \frac{\partial^2}{\partial x^2} + \frac{\partial^2}{\partial y^2} + \frac{\partial^2}{\partial z^2}, \tag{A.76}$$

$$\nabla^2 \boldsymbol{v} = \nabla \cdot (\nabla \otimes \boldsymbol{v}) = \nabla(\nabla \cdot \boldsymbol{v}) - \nabla \times (\nabla \times \boldsymbol{v}), \tag{A.77}$$

$$\nabla \times (\nabla f) = 0, \tag{A.78}$$

$$\nabla \cdot (\nabla \times \boldsymbol{v}) = 0, \tag{A.79}$$

$$\nabla \cdot (\overrightarrow{\nabla \otimes \boldsymbol{v}}) = \frac{1}{2}\nabla^2 \boldsymbol{v} + \frac{1}{6}\nabla(\nabla \cdot \boldsymbol{v}). \tag{A.80}$$

Integralformeln

Die Funktionen $f(\boldsymbol{r})$, $\boldsymbol{v}(\boldsymbol{r})$, und $\boldsymbol{A}(\boldsymbol{r})$ werden als stetig differenzierbar vorausgesetzt, während $\boldsymbol{a}$ konstant ist.

Gaußsche Formeln (Integral über geschlossene Fläche ∂V = Integral über eingeschlossenes Volumen V):

$$\int_{\partial V} f \, d\boldsymbol{S} = \int_V \nabla f \, \mathrm{d}^3 r, \tag{A.81}$$

$$\int_{\partial V} \boldsymbol{v} \cdot d\boldsymbol{S} = \int_V \nabla \cdot \boldsymbol{v} \, \mathrm{d}^3 r, \tag{A.82}$$

$$\int_{\partial V} \boldsymbol{v} \times d\boldsymbol{S} \;=\; -\int_V \nabla \times \boldsymbol{v}\, \mathrm{d}^3 r, \tag{A.83}$$

$$\int_{\partial V} \boldsymbol{v}\,(\boldsymbol{a} \cdot d\boldsymbol{S}) \;=\; \int_V (\boldsymbol{a} \cdot \nabla)\boldsymbol{v}\, \mathrm{d}^3 r, \tag{A.84}$$

$$\int_{\partial V} \boldsymbol{A} \cdot d\boldsymbol{S} \;=\; \int_V \nabla \cdot \boldsymbol{A}^\dagger\, \mathrm{d}^3 r. \tag{A.85}$$

Mit $\boldsymbol{v} = f\nabla g - g\nabla f$ folgt aus (A.82) die Greensche Formel:

$$\int_{\partial V} (f\nabla g - g\nabla f) \cdot d\boldsymbol{S} = \int_V (f\nabla^2 g - g\nabla^2 f)\, \mathrm{d}^3 r. \tag{A.86}$$

Stokessche Formeln (Integral über geschlossene Kurve $=$ Integral über eingeschlossene Fläche S):

$$\oint \boldsymbol{v} \cdot \mathrm{d}\boldsymbol{r} \;=\; \int_S (\nabla \times \boldsymbol{v}) \cdot d\boldsymbol{S}, \tag{A.87}$$

$$\oint \boldsymbol{v} \times \mathrm{d}\boldsymbol{r} \;=\; \int_S (d\boldsymbol{S} \times \nabla) \times \boldsymbol{v}, \tag{A.88}$$

$$\oint f\, \mathrm{d}\boldsymbol{r} \;=\; \int_S d\boldsymbol{S} \times \nabla f. \tag{A.89}$$

Vektorielle Ableitungen in krummlinigen Koordinatensystemen

Koordinaten:

$$q_1(\boldsymbol{r}),\ q_2(\boldsymbol{r}),\ q_3(\boldsymbol{r}), \tag{A.90}$$

Lokale Basisvektoren:

$$\boldsymbol{e}_j(\boldsymbol{r}) = h_j(\boldsymbol{r})\nabla q_j(\boldsymbol{r}), \quad h_j = |\nabla q_j|^{-1}, \quad \boldsymbol{e}_j \cdot \boldsymbol{e}_k = \delta_{jk}. \tag{A.91}$$

Komponenten eines Vektors:

$$v_j = \boldsymbol{v} \cdot \boldsymbol{e}_j, \quad \boldsymbol{v}(\boldsymbol{r}) = \sum_j v_j(\boldsymbol{r})\, \boldsymbol{e}_j(\boldsymbol{r}). \tag{A.92}$$

Allgemeine Formeln:

$$\mathrm{d}\boldsymbol{r} \;=\; \sum_j h_j\, \boldsymbol{e}_j\, \mathrm{d}q_j, \quad \mathrm{d}^3 r = h_1 h_2 h_3\, \mathrm{d}q_1\, \mathrm{d}q_2\, \mathrm{d}q_3, \tag{A.93}$$

$$\nabla f \;=\; \frac{1}{h_1}\frac{\partial f}{\partial q_1}\boldsymbol{e}_1 + \frac{1}{h_2}\frac{\partial f}{\partial q_2}\boldsymbol{e}_2 + \frac{1}{h_3}\frac{\partial f}{\partial q_3}\boldsymbol{e}_3, \tag{A.94}$$

$$\nabla \cdot \boldsymbol{v} \;=\; \frac{1}{h_1 h_2 h_3}\left[\frac{\partial(h_2 h_3 v_1)}{\partial q_1} + \frac{\partial(h_3 h_1 v_2)}{\partial q_2} + \frac{\partial(h_1 h_2 v_3)}{\partial q_3}\right], \tag{A.95}$$

$$\nabla \times \boldsymbol{v} \;=\; \frac{1}{h_2 h_3}\left[\frac{\partial(h_3 v_3)}{\partial q_2} - \frac{\partial(h_2 v_2)}{\partial q_3}\right]\boldsymbol{e}_1 + \frac{1}{h_3 h_1}\left[\frac{\partial(h_1 v_1)}{\partial q_3}\right.$$
$$\left. - \frac{\partial(h_3 v_3)}{\partial q_1}\right]\boldsymbol{e}_2 + \frac{1}{h_1 h_2}\left[\frac{\partial(h_2 v_2)}{\partial q_1} - \frac{\partial(h_1 v_1)}{\partial q_2}\right]\boldsymbol{e}_3, \tag{A.96}$$

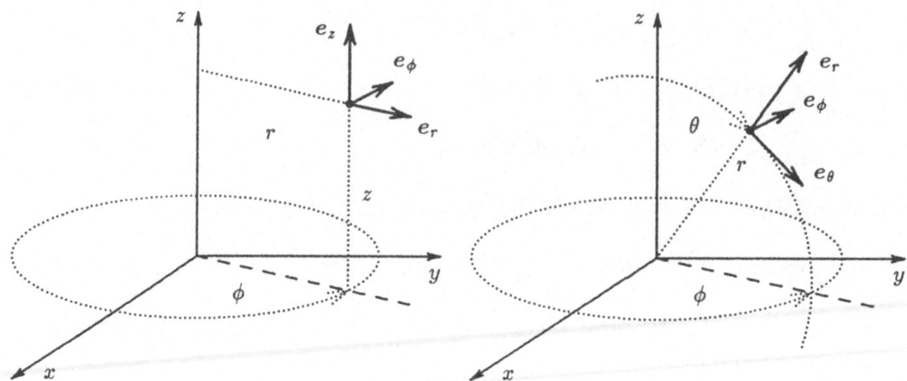

Abb. A.1. Zylindrische (links) und sphärische Koordinaten (rechts)

$$\nabla^2 f = \frac{1}{h_1 h_2 h_3}\left[\frac{\partial}{\partial q_1}\left(\frac{h_2 h_3}{h_1}\frac{\partial f}{\partial q_1}\right) + \frac{\partial}{\partial q_2}\left(\frac{h_3 h_1}{h_2}\frac{\partial f}{\partial q_2}\right)\right.$$
$$\left. + \frac{\partial}{\partial q_3}\left(\frac{h_1 h_2}{h_3}\frac{\partial f}{\partial q_3}\right)\right]. \tag{A.97}$$

Erstes Beispiel – kartesische Koordinaten:
$q_1 = x$, $q_2 = y$, $q_3 = z$; $h_1 = h_2 = h_3 = 1$); siehe oben!

Zweites Beispiel – zylindrische Koordinaten (Abb. A.1 links):

$$q_1 = r, \quad q_2 = \phi, \quad q_3 = z, \qquad h_1 = 1, \quad h_2 = r, \quad h_3 = 1, \tag{A.98}$$

$$\mathrm{d}^3 r = r\,\mathrm{d}r\,\mathrm{d}\phi\,\mathrm{d}z, \tag{A.99}$$

$$\nabla f = \frac{\partial f}{\partial r}\,\boldsymbol{e}_r + \frac{1}{r}\frac{\partial f}{\partial \phi}\,\boldsymbol{e}_\phi + \frac{\partial f}{\partial z}\,\boldsymbol{e}_z, \tag{A.100}$$

$$\nabla \cdot \boldsymbol{v} = \frac{1}{r}\frac{\partial(r v_r)}{\partial r} + \frac{1}{r}\frac{\partial v_\phi}{\partial \phi} + \frac{\partial v_z}{\partial z}, \tag{A.101}$$

$$\nabla \times \boldsymbol{v} = \left(\frac{1}{r}\frac{\partial v_z}{\partial \phi} - \frac{\partial v_\phi}{\partial z}\right)\boldsymbol{e}_r + \left(\frac{\partial v_r}{\partial z} - \frac{\partial v_z}{\partial r}\right)\boldsymbol{e}_\phi$$
$$+ \frac{1}{r}\left(\frac{\partial(r v_\phi)}{\partial r} - \frac{\partial v_r}{\partial \phi}\right)\boldsymbol{e}_z, \tag{A.102}$$

$$\nabla^2 f = \frac{1}{r}\frac{\partial}{\partial r}\left(r\frac{\partial f}{\partial r}\right) + \frac{1}{r^2}\frac{\partial^2 f}{\partial \phi^2} + \frac{\partial^2 f}{\partial z^2}, \tag{A.103}$$

$$\nabla^2 \boldsymbol{v} = \left(\nabla^2 v_r - \frac{v_r}{r^2} - \frac{2}{r^2}\frac{\partial v_\phi}{\partial \phi}\right)\boldsymbol{e}_r$$
$$+ \left(\nabla^2 v_\phi - \frac{v_\phi}{r^2} + \frac{2}{r^2}\frac{\partial v_r}{\partial \phi}\right)\boldsymbol{e}_\phi + \nabla^2 v_z\,\boldsymbol{e}_z, \tag{A.104}$$

mit ∇^2 wie in (A.103).

Drittes Beispiel – sphärische Koordinaten (Abb. A.1 rechts):

$$q_1 = r, \quad q_2 = \theta, \quad q_3 = \phi, \qquad h_1 = 1, \quad h_2 = r, \quad h_3 = r\sin\theta, \tag{A.105}$$

$$\mathrm{d}^3 r = r^2\,\mathrm{d}r\,\mathrm{d}(\cos\theta)\,\mathrm{d}\phi, \tag{A.106}$$

$$\nabla f = \frac{\partial f}{\partial r}\,\boldsymbol{e}_r + \frac{1}{r}\frac{\partial f}{\partial\theta}\,\boldsymbol{e}_\theta + \frac{1}{r\sin\theta}\frac{\partial f}{\partial\phi}\,\boldsymbol{e}_\phi, \tag{A.107}$$

$$\nabla\cdot\boldsymbol{v} = \frac{1}{r^2}\frac{\partial(r^2 v_r)}{\partial r} + \frac{1}{r\sin\theta}\left(\frac{\partial(\sin\theta\,v_\theta)}{\partial\theta} + \frac{\partial v_\phi}{\partial\phi}\right), \tag{A.108}$$

$$\nabla\times\boldsymbol{v} = \frac{1}{r\sin\theta}\left(\frac{\partial(\sin\theta\,v_\phi)}{\partial\theta} - \frac{\partial v_\theta}{\partial\phi}\right)\boldsymbol{e}_r$$

$$+ \frac{1}{r}\left[\left(\frac{1}{\sin\theta}\frac{\partial v_r}{\partial\phi} - \frac{\partial(r v_\phi)}{\partial r}\right)\boldsymbol{e}_\theta + \left(\frac{\partial(r v_\theta)}{\partial r} - \frac{\partial v_r}{\partial\theta}\right)\boldsymbol{e}_\phi\right], \tag{A.109}$$

$$\nabla^2 f = \frac{1}{r^2}\frac{\partial}{\partial r}\left(r^2\frac{\partial f}{\partial r}\right) \tag{A.110}$$

$$+ \frac{1}{r^2}\left[\frac{1}{\sin\theta}\frac{\partial}{\partial\theta}\left(\sin\theta\,\frac{\partial f}{\partial\theta}\right) + \frac{1}{\sin^2\theta}\frac{\partial^2 f}{\partial\phi^2}\right]. \tag{A.111}$$

A.3 Zylinderfunktionen

Besselsche Differentialgleichung

$$\frac{\mathrm{d}^2 Z_m(\xi)}{\mathrm{d}\xi^2} + \frac{1}{\xi}\frac{\mathrm{d}Z_m(\xi)}{\mathrm{d}\xi} + \left[1 - \left(\frac{m}{\xi}\right)^2\right] Z_m(\xi) = 0. \tag{A.112}$$

Bei Anwendungen auf Wellenphänomene substituiert man kr an Stelle von ξ. Diese Variable wird weiterhin meist nicht angeführt.

Lösungen:

$$Z_m = A J_m + B N_m \equiv \{J_m, N_m\} \tag{A.113}$$

= Linearkombination der Besselschen und Neumannschen Funktion. Beispiel – Hankelsche Funktionen:

$$H_m^{(1)} = J_m + \mathrm{i}N_m, \qquad H_m^{(2)} = J_m - \mathrm{i}N_m. \tag{A.114}$$

390   Anhang

Formeln

Rekursionen:

$$Z_{m-1} + Z_{m+1} = \frac{2m}{\xi} Z_m, \quad (\xi^m Z_m)' = \xi^m Z_{m-1}, \tag{A.115}$$

$$Z_{m-1} - Z_{m+1} = 2 Z_m', \quad (\xi^{-m} Z_m)' = -\xi^{-m} Z_{m+1}, \tag{A.116}$$

$$Z_{-m} = (-1)^m Z_m, \quad m = 1, 2, 3, \ldots, \tag{A.117}$$

wobei $(\ldots)' = \mathrm{d}(\ldots)/\mathrm{d}\xi$.

Reihen und asymptotische Approximationen:

$$J_m = \frac{\left(\frac{1}{2}\xi\right)^m}{0!\,m!} - \frac{\left(\frac{1}{2}\xi\right)^{m+2}}{1!\,(m+1)!} + \frac{\left(\frac{1}{2}\xi\right)^{m+2}}{2!\,(m+2)!} - \ldots, \tag{A.118}$$

$$N_m = -\frac{(m-1)!}{\pi} \left(\frac{\xi}{2}\right)^{-m} + \ldots, \quad m = 1, 2, \ldots, \tag{A.119}$$

$$N_0 = \frac{2}{\pi} \ln\frac{\xi}{2} + \ldots, \tag{A.120}$$

$$J_m \asymp \sqrt{\frac{2}{\pi\xi}} \left\{ \cos\left[\xi - \left(m + \frac{1}{2}\right)\frac{\pi}{2} \right] \right\}, \tag{A.121}$$

$$N_m \asymp \sqrt{\frac{2}{\pi\xi}} \left\{ \sin\left[\xi - \left(m + \frac{1}{2}\right)\frac{\pi}{2} \right] \right\}, \tag{A.122}$$

$$H_m^{(1,2)} \asymp \sqrt{\frac{2}{\pi\xi}} \left\{ \exp\left[\pm\mathrm{i}\left(\xi - \left(m + \frac{1}{2}\right)\frac{\pi}{2} \right) \right] \right\}. \tag{A.123}$$

Integrale:

$$\int Z_m^{(1)}(k_1 r)\, Z_m^{(2)}(k_2 r)\, r\, \mathrm{d}r = \frac{r}{k_1^2 - k_2^2} \left[k_1\, Z_{m+1}^{(1)}(k_1 r)\, Z_m^{(2)}(k_2 r) \right.$$

$$\left. - k_2\, Z_m^{(1)}(k_1 r)\, Z_{m+1}^{(2)}(k_2 r) \right] + \mathrm{const}, \tag{A.124}$$

wo zwei verschiedene Linearkombinationen (A.113) vorkommen und $k_1 \neq k_2$. Außerdem gilt:

$$\int [Z_m(\xi)]^2\, \xi\, \mathrm{d}\xi = \frac{\xi^2}{2} [Z_m^2(\xi) - Z_{m+1}(\xi)\, Z_{m-1}(\xi)] + \mathrm{const}. \tag{A.125}$$

Funktionen des imaginären Arguments

(für $m = 0, 1, 2, \ldots$)

$$I_m(\xi) \;=\; \mathrm{i}^{-m}\, J_m(\mathrm{i}\xi) \quad \text{(reell bei reellem } \xi\text{)}, \tag{A.126}$$

$$\asymp\; \frac{\mathrm{e}^{\xi}}{\sqrt{2\pi\xi}} \quad \text{bei } \xi \gg 1, \tag{A.127}$$

$$K_m(\xi) \;=\; \frac{\pi}{2}\, \mathrm{i}^{m+1}\, H_m^{(1)}(\mathrm{i}\xi) \quad \text{(reell bei } \xi > 0\text{)}, \tag{A.128}$$

$$\asymp\; \sqrt{\frac{\pi}{2\xi}}\, \mathrm{e}^{-\xi} \quad \text{bei } \xi \gg 1. \tag{A.129}$$

A.4 Sphärische Bessel-Funktionen

Differentialgleichung

$$\frac{\mathrm{d}^2 z_l(\eta)}{\mathrm{d}\eta^2} + \frac{2}{\eta}\frac{\mathrm{d}z_l(\eta)}{\mathrm{d}\eta} + \left[1 - \frac{l(l+1)}{\eta^2}\right] z_l(\eta) = 0. \tag{A.130}$$

Bei Anwendung auf Wellenphänomene substituiert man $\eta = kr$. Weiter unten wird diese Variable meist unterdrückt.

Lösungen:

$$z_l = A j_l + B n_l \equiv \{j_l, n_l\} \tag{A.131}$$

= Linearkombination der sphärischen Bessel- und Neumann-Funktionen. Beispiel – sphärische Hankel-Funktionen:

$$h_l^{(1)} = j_l + \mathrm{i}n_l, \qquad h_l^{(2)} = j_l - \mathrm{i}n_l. \tag{A.132}$$

Beziehungen zu den Zylinderfunktionen:

$$j_l = \sqrt{\frac{\pi}{2\eta}}\, J_{l+\frac{1}{2}}, \qquad n_l = \sqrt{\frac{\pi}{2\eta}}\, N_{l+\frac{1}{2}}, \qquad h_l^{(1,2)} = \sqrt{\frac{\pi}{2\eta}}\, H_{l+\frac{1}{2}}^{(1,2)}. \tag{A.133}$$

Formeln

Rekursionen:

$$z_{l-1} + z_{l+1} \;=\; \frac{2l+1}{\eta}\, z_l, \qquad (\eta^{l+1} z_l)' = \eta^{l+1} z_{l-1}, \tag{A.134}$$

$$l z_{l-1} - (l+1) z_{l+1} \;=\; (2l+1) z_l', \qquad (\eta^{-l} z_l)' = -\eta^{-l} z_{l+1}, \tag{A.135}$$

wobei $(\ldots)' = \mathrm{d}(\ldots)/\mathrm{d}\eta$.

Reihen und asymptotische Approximationen (für $l = 0, 1, 2\ldots$):

$$j_l(\eta) \;=\; \frac{\eta^l}{1 \cdot 3 \cdot 5 \ldots (2l+1)} - \ldots, \tag{A.136}$$

$$n_l(\eta) \;=\; -\frac{1 \cdot 3 \cdot 5 \ldots (2l-1)}{\eta^{l+1}} + \ldots, \tag{A.137}$$

$$j_l(\eta) \;\asymp\; \frac{1}{\eta}\cos\left[\eta - (l+1)\frac{\pi}{2}\right], \tag{A.138}$$

$$n_l(\eta) \;\asymp\; \frac{1}{\eta}\sin\left[\eta - (l+1)\frac{\pi}{2}\right], \tag{A.139}$$

$$h_l^{(1)}(\eta) \;\asymp\; \mathrm{i}^{-(l+1)}\,\frac{\mathrm{e}^{\mathrm{i}\eta}}{\eta}. \tag{A.140}$$

Elementare Ausdrücke:

$$j_0(\eta) = \frac{\sin\eta}{\eta}, \quad n_0(\eta) = -\frac{\cos\eta}{\eta}, \quad h_0^{(1,2)}(\eta) = \mp\frac{\mathrm{i}\mathrm{e}^{\pm\mathrm{i}\eta}}{\eta}. \tag{A.141}$$

Weitere Ausdrücke folgen aus Gl. (A.135).

Integrale:

$$\int z_l^{(1)}(k_1 r)\, z_l^{(2)}(k_2 r)\, r^2\, \mathrm{d}r = \frac{r^2}{k_1^2 - k_2^2}\,\big[k_1\, z_{l+1}^{(1)}(k_1 r)\, z_l^{(2)}(k_2 r)$$

$$-k_2\, z_l^{(1)}(k_1 r)\, z_{l+1}^{(2)}(k_2 r)\big] + \mathrm{const}, \tag{A.142}$$

wo zwei verschiedene Linearkombinationen (A.131) vorkommen und $k_1 \neq k_2$. Außerdem gilt:

$$\int z_l^2(\eta)\,\eta^2\,\mathrm{d}\eta = \frac{\eta^3}{2}\,\big[z_l^2(\eta) - z_{l-1}(\eta)\, z_{l+1}(\eta)\big] + \mathrm{const}. \tag{A.143}$$

A.5 Kugelfunktionen

Differentialgleichung

$$\frac{1}{\sin\theta}\frac{\partial}{\partial\theta}\left(\sin\theta\,\frac{\partial Y_l(\theta,\phi)}{\partial\theta}\right)$$

$$+\frac{1}{\sin^2\theta}\frac{\partial^2 Y_l(\theta,\phi)}{\partial\phi^2} + l(l+1)\,Y_l(\theta,\phi) = 0. \tag{A.144}$$

Lösung für $l = 0,\,1,\,2,\,\ldots$, die über den ganzen Raumwinkel regulär ist:

$$Y_l(\theta,\phi) = \sum_{m=-l}^{l} C_m Y_{lm}(\theta,\phi), \tag{A.145}$$

$$Y_{lm}(\theta,\phi) = (-1)^m \left[\frac{(2l+1)(l-m)!}{4\pi(l+m)!}\right]^{1/2}$$

$$\times \frac{\mathrm{d}^m[P_l(\cos\theta)]}{\mathrm{d}(\cos\theta)^m}\sin^m\theta\,\mathrm{e}^{\mathrm{i}m\phi}, \quad m = 0,\,1,\,2,\,\ldots,\,l, \tag{A.146}$$

$$Y_{l,-m} = (-1)^m Y_{lm}^*; \tag{A.147}$$

$$Y_{00} = \sqrt{\frac{1}{4\pi}}, \tag{A.148}$$

$$Y_{10} = \sqrt{\frac{3}{4\pi}}\cos\theta, \tag{A.149}$$

$$Y_{1\pm1} = \mp\sqrt{\frac{3}{8\pi}}\sin\theta\,\mathrm{e}^{\pm\mathrm{i}\phi}, \tag{A.150}$$

$$Y_{20} = \sqrt{\frac{5}{16\pi}}(3\cos^2\theta - 1), \tag{A.151}$$

$$Y_{2\pm1} = \mp\sqrt{\frac{15}{8\pi}}\cos\theta\sin\theta\,\mathrm{e}^{\pm\mathrm{i}\phi}, \tag{A.152}$$

$$Y_{2\pm2} = \sqrt{\frac{15}{32\pi}}\sin^2\theta\,\mathrm{e}^{\pm2\mathrm{i}\phi}. \tag{A.153}$$

Orthonormalität

$$\int_{-1}^{1}\mathrm{d}(\cos\theta)\int_{0}^{2\pi}\mathrm{d}\phi\,Y_{lm}(\theta,\phi)\,Y_{l'm'}^*(\theta,\phi) = \delta_{ll'}\delta_{mm'}. \tag{A.154}$$

Legendre Polynome

$$P_l(\mu) = \text{Polynom } l - \text{ten Grades von } \mu = \cos\theta, \text{ wobei } P(1) = 1.$$

$$P_l(\mu) = \sqrt{\frac{4\pi}{2l+1}}Y_{l0}(\theta,\phi) = \frac{1}{2^l l!}\frac{\mathrm{d}^l}{\mathrm{d}\mu^l}(\mu^2 - 1)^l; \tag{A.155}$$

$$P_0 = 1, \quad P_1 = \mu, \quad P_2 = \frac{3\mu^2 - 1}{2}, \quad P_3 = \frac{5\mu^3 - 3\mu}{2},\ldots \tag{A.156}$$

Orthogonalität:

$$\int_{-1}^{1}P_l(\mu)\,P_{l'}(\mu)\,d\mu = \frac{2}{2l+1}\,\delta_{ll'}. \tag{A.157}$$

Differentialgleichung:

$$(1-\mu^2)\,P_l'' - 2\mu\,P_l' + l(l+1)\,P_l = 0. \tag{A.158}$$

394   Anhang

Rekursionsformeln:

$$(2l+1)\,\mu\,P_l \;=\; (l+1)\,P_{l+1} + l\,P_{l-1}, \tag{A.159}$$

$$(1-\mu^2)\,P_l' \;=\; (l+1)[\mu\,P_l - P_{l+1}]. \tag{A.160}$$

Additionstheorem:

$$P_l(\cos\delta) = \frac{4\pi}{2l+1} \sum_{m=-l}^{l} Y_{lm}(\theta,\phi)Y_{lm}^*(\theta_0,\phi_0), \tag{A.161}$$

wobei δ der Winkel zwischen den Richtungen (θ,ϕ) und (θ_0,ϕ_0) ist,

$$\cos\delta = \cos\theta\,\cos\theta_0 + \sin\theta\,\sin\theta_0\,\cos(\phi-\phi_0). \tag{A.162}$$

Entwicklungen nach Kugelfunktionen

$$f(\theta,\phi) \;=\; \sum_{l=0}^{\infty}\sum_{m=-l}^{l} C_{lm}Y_{lm}(\theta,\phi), \tag{A.163}$$

$$C_{lm} \;=\; \int_{-1}^{1} \mathrm{d}(\cos\theta) \int_{0}^{2\pi} \mathrm{d}\phi\, Y_{lm}^*(\theta,\phi)\, f(\theta,\phi). \tag{A.164}$$

Für achsensymmetrische Funktionen vereinfacht sich dies zu

$$f(\theta) = \sum_{l=0}^{\infty} A_l P_l(\cos\theta), \qquad A_l = \frac{2l+1}{2} \int_{-1}^{1} f(\theta)\, P_l(\cos\theta)\, \mathrm{d}(\cos\theta). \tag{A.165}$$

A.6 Fundamentalkonstanten

Lichtgeschwindigkeit	c =	$2{,}9979 \cdot 10^8$ m s^{-1}
Gravitationskonstante	G =	$6{,}673 \cdot 10^{-11}$ N m^2 kg^{-2}
Avogadros Zahl (pro Kilomol)	N_A =	$6{,}0221 \cdot 10^{26}$
$(2\pi)^{-1} \times$ Plancksche Konstante	$h/2\pi = \hbar$ =	$1{,}0546 \cdot 10^{-34}$ J s
Elementarladung	e_0 =	$1{,}6022 \cdot 10^{-19}$ A s
	=	$96{,}485 \cdot 10^6$ A s$/N_\mathrm{A}$
Elektronenmasse	m_e =	$9{,}1094 \cdot 10^{-31}$ kg
	=	$0{,}00054858$ kg$/N_\mathrm{A}$
	=	$0{,}51100$ MeV$/c^2$
Masse des Protons	m_p =	$1{,}6726 \cdot 10^{-27}$ kg
	=	$1{,}0073$ kg$/N_\mathrm{A}$
	=	$938{,}27$ MeV$/c^2$
Boltzmannsche Konstante	k =	$1{,}3807 \cdot 10^{-23}$ J K^{-1}
	$= R/N_A$ =	$8314{,}5$ J K$^{-1}/N_\mathrm{A}$
	=	$(1/11604)$ eV K^{-1}
Stefansche Strahlungskonstante	σ =	$\pi^2 k^4 / 60\hbar^3 c^2$
	=	$5{,}6705 \cdot 10^{-8}$ W m^{-2} K^{-4}
Influenzkonstante	ϵ_0 =	$8{,}8542 \cdot 10^{-12}$ A s V^{-1}m^{-1}
Induktionskonstante	μ_0 =	$4\pi \cdot 10^{-7}$ V s A^{-1}m^{-1}

Die gerundeten Daten sind aus E.R. Cohen and B.N. Taylor: *The 1986 Adjustment of the Fundamental Physical Constants*, Rev. Mod. Phys. **59** (1987) 1121.

A.7 Oft gebrauchte Stoffeigenschaften

	ϱ	α, β	c_p	q_s, q_v	λ	ζ	η	n
Aluminium	2700	24	920	396	233	0,027		
Eisen	7900	12	450	278	74	0,097		
Kupfer	8960	17	386	205	390	0,017		
Kalkstein	2700		770					
gew. Glas	2500	9	800		1,0			1.51
Eis (0°C)	910	70	2000	330	0,2			1.31
Wasser (4°C)	1000	0	4207		0,6		1,8	1,33
Wasserdampf (100°C)	0.75	1/373	1850	2260	0,022		0,012	
Luft	1,20	1/293	1000		0,026		0,018	

Angegeben sind:

Dichte (ϱ in kg/m^3), linearer (für feste Stoffe, oben) bzw. räumlicher (für Flüssigkeiten und Gase, unten) Ausdehnungskoeffizient (α bzw. β, in $10^{-6}\,\mathrm{K}^{-1}$), spezifische Wärme bei konstantem Druck (c_p in J/kg K), spezifische Schmelz- bzw. Verdampfungswärmen (q_s, q_v in kJ/kg), Wärmeleitfähigkeit (λ in W/m K), spezifischer Widerstand (ζ in $10^{-6}\,\Omega\,\mathrm{m} = \Omega\,\mathrm{mm}^2/\mathrm{m}$), Viskosität ($\eta$ in $10^{-3}\,\mathrm{Pa\,s}$), Brechungsindex (n) für sichtbares Licht.

Wenn nicht anders erklärt, sind die Daten für ca. 20° C und 1 bar. Sie stammen aus D'Ans - Lax: *Taschenbuch für Chemiker und Physiker*, Bd. I (Springer, Berlin, Heidelberg 1992).

B. Glossar oft gebrauchter Zeichen

Lateinische Symbole

Symbol	Bedeutung	Einheit
a, g	Beschleunigung, Schwerebeschleunigung	$\mathrm{m\,s^{-2}}$
A	Arbeit	$\mathrm{J = N\,m}$
A	Vektorpotential	$\mathrm{V\,s\,m^{-1}}$
a, b, h, l, L, s	Längenmaße, Weg	m
B	magnetische Kraftflußdichte	$\mathrm{V\,m\,s^{-2}}$
c	Wellengeschwindigkeit	$\mathrm{m\,s^{-1}}$
C	Kapazität	$\mathrm{Farad = A\,s\,V^{-1}}$
D	Diffusionskoeffizient; auch $D = \lambda/\varrho c_p$	$\mathrm{m^2\,s^{-1}}$
D	elektrische Verschiebungsdichte	$\mathrm{A\,s\,m^{-2}}$
e	elektrische Ladung	$\mathrm{A\,s}$
E, $K = \frac{1}{\chi}$, G	Elastizitäts-, Kompressions-, Schermodul	Pa
E	elektrische Feldstärke	$\mathrm{V\,m^{-1}}$
F	Kraft	$\mathrm{N = kg\,m^2\,s^{-2}}$
f	Kraftdichte	$\mathrm{N\,m^{-3}}$
H	Magnetische Feldstärke	$\mathrm{A\,m^{-1}}$
I	elektrische Stromstärke	A
j_e, j_Q	Dichte des elektr. bzw. Wärmestromes	$\mathrm{A\,m^{-2}}$, $\mathrm{W\,m^{-2}}$
J	Trägheitsmoment	$\mathrm{kg\,m^2}$
$k = \omega/c$	Wellenzahl	$\mathrm{m^{-1}}$
k	Federkonstante	$\mathrm{N\,m^{-1}}$
L	Induktivität	$\mathrm{Henry = V\,A^{-1}}$
m	Masse	kg
M	Drehmoment	$\mathrm{N\,m}$
M	Kilomolmasse	kg
n	Brechungsindex	1
n, N	Teilchendichte, Teilchenzahl	$\mathrm{m^{-3}}$, 1
p	Druck	$\mathrm{Pa = N\,m^{-2}}$
p_e, p_m	elektrisches bzw. magn. Dipolmoment	$\mathrm{A\,s\,m}$, $\mathrm{A\,m^2}$
P	Leistung, Energiestrom	$\mathrm{W = J\,s^{-1}}$
r, R	Radius, radiale Entfernung	m
$r = (x, y, z)$	Ortsvektor	m
r, θ, ϕ	sphärische Koordinaten	
R	elektrischer Widerstand	$\Omega = \mathrm{V\,A^{-1}}$
S	Fläche	$\mathrm{m^2}$
S	Entropie	$\mathrm{J\,K^{-1}}$ oder 1
t	Zeit	s
T	absolute Temperatur	K
U	elektrische Spannung, Potential	V
v	Geschwindigkeit	$\mathrm{m\,s^{-1}}$
V	Volumen	$\mathrm{m^3}$
W ($W_{k,p,i}$)	Energie (kinetische, potentielle, innere)	$\mathrm{J = N\,m}$
$\mathcal{W}$	Wahrscheinlichkeit	1

Griechische Symbole

Symbol	Bedeutung	Einheit
$\alpha,\ \beta$	lin. bzw. räum. Ausdehnungskoeffizient	K^{-1}
$\epsilon.\ \mu$	Dielektrizitätskonstante, Permeabilität	1
ζ	spezifischer Widerstand	$\Omega\,m$
η	Viskosität	$Pa\,s$
λ	Wärmeleitfähigkeit	$W\,m^{-1}\,K^{-1}$
λ	Wellenlänge	m
μ	Absorptionskoeffizient	m^{-1}
$\varrho,\ \varrho_l$	Dichte bzw. lineare Dichte	$kg\,m^{-3}$, $kg\,m^{-1}$
ϱ_e	Ladungsdichte	$A\,s\,m^{-3}$
σ	Streuquerschnitt	m^2
σ	Streuung von Verteilungen	
τ	Relaxationszeit	s
$\Phi_V,\ \Phi_m$	Volumen- bzw. Massenstromstärke	$m^3\,s^{-1}$, $kg\,s^{-1}$
$\omega = 2\pi\nu$	Winkelgeschwindigkeit, $2\pi\times$Frequenz	s^{-1}
$d\Omega,\ d^2e^3$	Raumwinkelelement	1

Besondere mathematische Zeichen

Symbol	Bedeutung
$\equiv$	definitionsgemäß gleich
$\approx$	ungefähr gleich
$\sim$	von derselben Größenordnung wie
$\asymp$	asymptotisch gleich
$\ll,\ \gg$	Größenordnung kleiner bzw. größer wie
$\propto$	proportional zu
$\to;\ \Rightarrow$	strebt gegen; es folgt
$\oint$	Integral über geschlossene Kurve
$\nabla,\ \nabla^2$	Gradientoperator, Laplacescher Operator
Δ	Differenz
∂V	Rand des Gebietes V
$f'(x),\ f''(x)$	Ableitungen df/dx bzw. d^2f/dx^2
$\dot f(t),\ \ddot f(t)$	zeitliche Ableitungen
Re, Im	Reeller bzw. imaginärer Teil von
z^*	konjugiert komplex zu z
$\boldsymbol{a}\cdot\boldsymbol{b}$	Skalarprodukt
$\boldsymbol{a}\times\boldsymbol{b},\ \boldsymbol{a}\otimes\boldsymbol{b}$	Vektorprodukt, Tensorprodukt
$\overset{\circ}{\boldsymbol{A}}$	symm. spurloser Teil des Tensors $\boldsymbol{A}$
$\langle f\vert g\rangle$	inneres Produkt im Hilbert-Raum

Indizes

Symbol	Bedeutung
$0;\ 1$	Anfangswert, Amplitude; Endwert
$x,\ y,\ z$	kartesische Komponenten (auch 1, 2, 3)
$*;\ \Vert,\ \perp$	Schwerpunkt; parallel, senkrecht
$V,\ m$	Volumen- bzw. Massen-
Q, e, m; r	Wärme-, elektrisch, magnetisch; räumlich

Die letzteren Indizes werden fortgelassen, wenn keine Verwechslung möglich ist.

C. Allgemeine Literatur

Einführende mathematische und physikalische Lehrbücher

Blickensdörfer-Ehlers, A., Eschman, W.G., Neunzert, H. und Schelkes, K.: *Analysis*, 2 Bde. (Springer, Berlin, Heidelberg 1980 und 1982).

Feynman, R.P., Leighton, R.B., Sands, M.: *Feynmans Vorlesungen über Physik*, 3 Bde. (Oldenbourg, München 1991 und 1992).

Kittel, C. et al.: *Berkeley Physik-Kurs*, 6 Bde. (Vieweg, Braunschweig 1980 – 1991).

Orear, J.: *Physik* (Hanser, München 1991).

Remmert, R.: *Funktionentheorie* I (Springer, Berlin, Heidelberg 1992).

Lehrbücher und Monographien
über mathematische Methoden der Physik

Courant, R. und Hilbert, D.: *Methoden der mathematischen Physik*, 2 Bde. (Springer, Berlin, Heidelberg 1968).

Dautray, R. and Lions, J.-L.: *Mathematical Analysis and Numerical Methods for Science and Technology*, 6 Bde. (Springer, Berlin Heidelberg 1990–1992).

Jeffreys, H. and Jeffreys, B.S.: *Methods of Mathematical Physics* (Cambridge Univ. Press 1950).

Mathews, J. and Walker, R.L.: *Mathematical Methods of Physics* (Benjamin, New York 1964).

Morse, P.M. and Feshbach, H.: *Methods of Theoretical Physics* (McGraw-Hill, New York 1953).

Richtmyer, R.D.: *Principles of Advanced Mathematical Physics*, 2 Bde. (Springer, Berlin, Heidelberg 1985 und 1981).

Roubine, É. ed.: *Mathematics Applied to Physics* (Springer, Berlin, Heidelberg 1970).

Triebel, H.: *Analysis und mathematische Physik* (Teubner, Leipzig 1981).

Lehrbücher zu einzelnen Kapiteln

Arnol'd, V.I.: *Gewöhnliche Differentialgleichungen* (Deutscher Verlag der Wissenschaften, Berlin 1991).

Conway, J.B.: *A Course in Functional Analysis* (Springer, New York 1990).

Garabedian, P.R.: *Partial Differential Equations* (Wiley, New York 1964).

Gelfand, I.M. and Fomin, S.V.: *Calculus of Variations* (Prentice-Hall, Englewood Cliffs, N.J. 1963).

Gnedenko, B.V.: *Lehrbuch der Wahrscheinlichkeitsrechnung* (Deutsch, Frankfurt am Main 1987).

Kantorovich, L.V. and Krylov, V.I.: *Approximate Methods of Higher Analysis* (Interscience, New York 1958).

Pollard, G.B.: *Lectures on Partial Differential Equations* (Springer, Berlin, Heidelberg 1983).

Walter, W.: *Gewöhnliche Differentialgleichungen* (Springer, Berlin, Heidelberg 1993).

Numerische Mathematik

Press, W.H., Flannery, B.P., Teukolsky, S.A. and Vetterling, W.T.: *Numerical Recipes* (Cambridge University Press, 1986).

Wolfram, S.: *Mathematica, a System for Doing Mathematics by Computer* (Addison-Wesley, Reading, MA 1991).

Tabellen und Formelsammlungen

Abramowitz, M. and Stegun, I.A. (editors): *Handbook of Mathematical Tables* (National Bureau of Standards, Washington 1968).

Bronstein, I.N. und Semendjajew, K.A.: *Taschenbuch der Mathematik* (Deutsch, Frankfurt am Main 1991).

Gradstein, I.S. und Ryshik, L.M.: *Summen-, Produkt- und Integraltafeln*, 2 Bde. (Deutsch, Thun 1981).

Jahnke, E., Emde, F. und Lösch, F.: *Tafeln höherer Funktionen* (Teubner, Stuttgart, 1966).

Kamke, E.: *Differentialgleichungen, Lösungsmethoden und Lösungen*, 2 Bde. (Teubner, Stuttgart 1979 und 1983).

Korn, G.A. and Korn, T.M.: *Mathematical Handbook for Scientists and Engineers* (McGraw-Hill, New York 1960).

Spanier, J. and Oldham, K.B.: *An Atlas of Functions* (Springer, Berlin, Heidelberg 1987).

Wang, Z.X. and Guo, D.R.: *Special Functions* (World Scientific, Singapore 1989).

D. Lösungen der Aufgaben

Die nicht erklärten Zeichen stammen entweder aus dem Glossar im Anhang B oder sie sind aus dem Kontext verständlich. Hinweise sind nur insofern gegeben, als sie kurz gefaßt werden können und als sie nötig erscheinen. Skizzen, die der Leser nicht vergessen soll, sind aufgrund der Platzersparnis nicht reproduziert, auch wurde auf Lösungen zu den rein graphischen Aufgaben 1.8–36, 2.1 und 3.19 deshalb verzichtet. Vieles hierzu kann z.B. in Jahnke et al., Abramowitz/Stegun oder Spanier/Oldham gefunden werden (s. Anhang C).

Kapitel 1

1.1

	Giorgi	Gauß
Coulombsches Gesetz	$\boldsymbol{F} = e_1 e_2 \boldsymbol{r}/4\pi\epsilon_0 r^3$	$\boldsymbol{F} = e_1' e_2' \boldsymbol{r}/r^3$
Feldstärke einer Punktladung	$\boldsymbol{E} = e\,\boldsymbol{r}/4\pi\epsilon_0 r^3$	$\boldsymbol{E}' = e'\boldsymbol{r}/r^3$
Potential einer Punktladung	$U = e/4\pi\epsilon_0 r$	$U' = e'/r$
Feld im flachen Kondensator	$E = U/h$	$E' = U'/h$
Seine Kapazität	$C = \epsilon\epsilon_0 S/h$	$C' = \epsilon S/4\pi h$
Magnetfeld eines Leiters	$B = \mu_0 I/2\pi r$	$B' = 2I'/r$
Lorentzsche Kraft	$\boldsymbol{F} = e\,\boldsymbol{v} \times \boldsymbol{B}$	$\boldsymbol{F} = e'\boldsymbol{v} \times \boldsymbol{B}'/c$
Indukt. eines Solenoids	$L = \mu\mu_0 N^2 S/l$	$L' = 4\pi\mu N^2 S/l$
Eigenfr. eines Schw.–kreises	$\omega = 1/\sqrt{LC}$	$\omega = c/\sqrt{L'C'}$

1.2

	Giorgi	Gauß
Bohrscher Atomradius	$4\pi\epsilon_0\hbar^2/m_e e_0^2$	$\hbar^2/m_e e_0^2$
Rydbergsche Konstante	$m_e e_0^4/32\pi^2\epsilon_0^2\hbar^2$	$m_e e_0^4/2\hbar^2$
Feinstrukturkonstante	$e_0^2/4\pi\epsilon_0\hbar c$	$e_0^2/\hbar c$
Bohrsches Magneton	$e_0\hbar/2m_e$	$e_0\hbar/2m_e c$

1.3 Entsprechend der Tabelle 1.1 gelten für die Gaußschen Definitionen folgende CGS Einheiten:
$[e'] = \frac{1}{3}\cdot 10^{-9}\,\text{As}$ $[I'] = \frac{1}{3}\cdot 10^{-9}\,\text{A}$ $[U'] = 300\,\text{V}$
$[E'] = 3\cdot 10^4\,\text{V/m}$ $[B'] = 1\,\text{Gauß} = 10^{-4}\text{T}$ $[R'] = 9\cdot 10^{11}\Omega$
$[C'] = \frac{1}{9}\cdot 10^{-11}\text{F}$ $[L'] = 10^{-9}\text{Henry}$

1.4 Amplitude der induzierten Spannung: $U_\mathrm{i} = NS\omega B_\mathrm{max} = U_\mathrm{eff}\sqrt{2}$.
Mit $B_\mathrm{max} \approx 1\,\text{T}$ und $\omega = 2\pi\cdot 50\,\text{s}^{-1}$ ist $U_\mathrm{eff}\sqrt{2}/\omega B_\mathrm{max} = 0,99\,\text{m}^2$.

1.5 $x \propto T^{-1}$, $y \propto \log p$; keine Gerade, wenn Δh temperaturabhängig.

1.6 $p = \text{konst} \Rightarrow V \propto T$; $V = \text{konst} \Rightarrow p \propto T$; $T = \text{konst} \Rightarrow p \propto 1/V$
(Hyperbeln).

1.7 Siehe z.B. M.W. Zemansky: Heat and Thermodynamics (McGraw-Hill, New York 1981), Chapter XI.

1.37 $\mathrm{d}l/l = \alpha\,\mathrm{d}T$, $\mathrm{d}V/V = \beta\,\mathrm{d}T$, $\mathrm{d}V/V = -\chi\,\mathrm{d}p$,
$\mathrm{d}l/l = \mathrm{d}F/ES$, $\mathrm{d}W_\mathrm{i} = mc_V\,\mathrm{d}T$.

1.38 $\mathrm{d}V/V = -\mathrm{d}\varrho/\varrho = -\chi\,\mathrm{d}p$.

1.39 $\mathrm{d}V/V = -\gamma\,\mathrm{d}p/p = -\chi_S\,\mathrm{d}p$, $\chi_S = (\gamma p)^{-1} = \gamma^{-1}\chi_T$.

1.40 $\mathrm{d}g/g = -2\,\mathrm{d}r/r = -3,1\cdot 10^{-5}$, $\mathrm{d}g = -3,1\cdot 10^{-4}\mathrm{m/s}^2$.

1.41 Das dritte Keplersche Gesetz gibt $3\,\mathrm{d}r/r = 2\,\mathrm{d}t_0/t_0$, $\mathrm{d}r = 47,7$ km.

1.42 $\mathrm{d}l/l = 2\,\mathrm{d}t_0/t_0$, $\mathrm{d}l = -1,4$ mm.

1.43 $t_0 = 2\pi\sqrt{J/mgl^*} = 2\pi\sqrt{\frac{m_0 l^2 + \Delta m(l/2)^2}{m_0 gl + \Delta m gl/2}}$,
$\Delta m/m_0 \approx -8\Delta t_0/t_0$, $\Delta m = 5,5$ g.

1.44 $\mathrm{d}V/V = \mathrm{d}T/T - \mathrm{d}p/p$, $\mathrm{d}V = 6\,\mathrm{dm}^3$.

1.45 $\mathrm{d}l/l = \mathrm{d}F/ES + \alpha\,\mathrm{d}T$.

1.46 $\mathrm{d}V/V = \beta\,\mathrm{d}T - \chi\,\mathrm{d}p$.

1.47 $R \propto x/(l-x)$, $\mathrm{d}R/R = \mathrm{d}x/x + \mathrm{d}x/(l-x)$;
bei $x = l/2$ ist $\mathrm{d}R/R = 4\,\mathrm{d}x/l \approx 0,12\%$.

1.48 $\mathrm{d}R/R = \alpha\,\mathrm{d}T = 4\,\mathrm{d}x/l$, $\mathrm{d}x/\mathrm{d}T = 16$ mm/K.

1.49 $j'/2 = \Delta(\sigma T^4)$, $\Delta T \approx j'/8\sigma T^3 = 8,8$ mK.

1.50 $x = h\sin(\alpha - \beta)/\cos\beta$, $\sin\alpha/\sin\beta = n$, $\mathrm{d}x = 0,035$ cm.

1.51 $\mathrm{d}\Phi/\Phi = 4\,\mathrm{d}r/r - \mathrm{d}l/l - \mathrm{d}\eta/\eta = (3\alpha - \eta^{-1}\mathrm{d}\eta/\mathrm{d}T)\,\mathrm{d}T = 0,6\%$.

1.52 $V_\mathrm{k} = 3b$, $RT_\mathrm{k} = 8a/27b$, $p_\mathrm{k} = a/27b^3$.

1.53 Sei durch $z = 0$ die Spiegelebene gegeben und durch $y = 0$ die senkrechte Ebene durch den Anfangs– und Endpunkt des Strahls, $T_1(x_1, 0, z_1)$ und $T_2(x_2, 0, z_2)$. Man sucht den Einfallspunkt $T(x, y, 0)$, der den schnellsten Weg ergibt:
$$t = (r_1 + r_2)/c = c^{-1}[\sqrt{(x_1 - x)^2 + y^2 + z_1^2} + \sqrt{(x - x_2)^2 + y^2 + z_2^2}] = \min.$$

$\partial t/\partial y = 0 \Rightarrow y = 0.$
$\partial t/\partial x = 0 \Rightarrow (x_1 - x)/r_1 + (x_2 - x)/r_2 = 0 \Rightarrow \sin\alpha = \sin\beta.$

1.54 Ähnlich wie in Aufgabe 1.53 folgt:
$t = r_1/c_1 + r_2/c_2 = c_1^{-1}\sqrt{(x_1-x)^2 + y^2 + z_1^2} + c_2^{-1}\sqrt{(x_2-x)^2 + y^2 + z_2^2} = \min.$
$\partial t/\partial y = 0 \Rightarrow y = 0.$
$\partial t/\partial x = 0 \Rightarrow (x_1 - x)/c_1 r_1 + (x_2 - x)/c_2 r_2 = 0 \Rightarrow \sin\alpha/\sin\gamma = n_2/n_1.$

1.55 In den Gleichgewichtslagen ist der Schwerpunkt um $\phi = \arcsin(r_0 \sin\alpha/r^*)$ oder $\pi - \phi$ aus der Vertikale gedreht. Die untere Lage ist stabil, die obere labil.

1.56 $\Delta h/h_1 = \varrho_1/\varrho_2 - 1.$

1.57 $kx - mg = 0.$

1.58 $\tan\alpha = v_0/\sqrt{v_0^2 + 2gh}.$

1.59 Stabil, wenn $r_0 \geq h/2.$

1.60 $\mu = (1/l_2)\ln(1 + l_2/l_1) = 0,25\,\mathrm{cm}^{-1}.$

1.61 $h = a/\sqrt{2}.$

1.62 $R_{\mathrm{Spule}} = R.$

1.63 Preis der Energieverluste: $\zeta I^2 r l/S$, Zinsen für den Kupferpreis: $p\eta\varrho Sl$. Minimum der Summe beim Querschnitt $S = \sqrt{\zeta r I^2/\varrho p\eta}$.
(r – Energiepreis, p – Preis des Kupfers, η – Zinsen pro Zeiteinheit.)

1.64 $\tan x = x + x^3/3 + 2x^5/15 + \cdots.$

1.65 $x \ll 1:\ D(x) \approx 4\pi^4 x^3/5,\quad x \gg 1:\ D(x) \approx 1 - \frac{1}{20x^2}.$

1.66 Sei $\tau = T - T_0$ die Celsiussche Temperatur. Dann
$\varrho = \varrho_0 - a\varrho_0^2\tau - \varrho_0^2(b - a^2\varrho)\tau^2 - \varrho_0^2(c - 2ab\varrho_0 + a^3\varrho_0^2)\tau^3 + \cdots$
$\approx \varrho_0^2(1/\varrho_0 - a\tau - b\tau^2 - c\tau^3 - \cdots).$

1.67 $1/\varrho = (1/\varrho_0 + a\tau_1 + b\tau_1^2 + c\tau_1^3 + \cdots) + (b + 3c\tau_1 + \cdots)(T - T_1)^2 +$
$(c + \cdots)(T - T_1)^3 + \cdots,$
$\tau_1 = T_1 - T_0 = 3,92\,\mathrm{K}.$

1.68 $\mathrm{Si}(x) = x - \frac{x^3}{3\cdot 3!} + \frac{x^5}{5\cdot 5!} - \cdots,$
$\mathrm{erf}(x) = \frac{2}{\sqrt{\pi}}(x - \frac{x^3}{3\cdot 1!} + \frac{x^5}{5\cdot 2!} - \cdots),$

$$S(x) = x\left[\frac{(\pi x^2/2)}{3\cdot 1!} - \frac{(\pi x^2/2)^3}{7\cdot 3!} + \frac{(\pi x^2/2)^5}{11\cdot 5!} - \cdots\right],$$
$$C(x) = x\left[1 - \frac{(\pi x^2/2)^2}{5\cdot 2!} + \frac{(\pi x^2/2)^4}{9\cdot 4!} - \cdots\right],$$
$$\mathrm{Ci}(x) = \gamma + \ln x - \frac{x^2}{2\cdot 2!} + \frac{x^4}{4\cdot 4!} - \cdots,$$
$$E_1(x) = -\gamma - \ln x + \frac{x}{1\cdot 1!} - \frac{x^2}{2\cdot 2!} + \cdots.$$

1.69 $1 - \mathrm{erf}(x) \asymp \frac{\exp(-x^2)}{\sqrt{\pi}x}\left(1 - \frac{1}{2x^2} + \frac{1\cdot 3}{(2x^2)^2} - \cdots\right).$

1.70 $\int_n^\infty x^{-k}\,\mathrm{d}x \asymp 1/2n^k + 1/(n+1)^k + \cdots - k/12n^{k+1} + k(k+1)(k+2)/720n^{k+3} - \cdots$

$\zeta(4) \asymp 1 + 1/2^4 + \cdots + 1/(n-1)^4 + 1/2\cdot 1/n^4 + 1/3n^3(1+1/n^2-1/n^4+\cdots)$

$n=2$	$n=3$	$n=4$	exakt
$1,0807$	$1,08224$	$1,082312$	$1,0823232$

1.71 $m v\dot{v} = P, \quad v = \sqrt{2Pt/m}, \quad x = x_0 + \frac{2}{3}\sqrt{2Pt^3/m}.$

1.72 $J = mr^2/2.$

1.73 $J = m(r^2/4 + h^2/12).$

1.74 $aj' = B\int_0^1 \cos\theta\,2\pi\,\mathrm{d}(\cos\theta) = \pi B.$

1.75 Vollmond: $\frac{a}{\pi}r^2 j \int_0^{2\pi}\mathrm{d}\phi \int_0^{\pi/2}\cos^2\theta\,\mathrm{d}(\cos\theta) = \frac{2}{3}ar^2 j,$
Halbmond: $\frac{a}{\pi}r^2 j \int_0^{\pi}\mathrm{d}\phi \int_0^{\pi/2}\cos\theta\sin\theta\sin\phi\,\mathrm{d}(\cos\theta) = \frac{2}{3\pi}ar^2 j.$

1.76 $j' = BS/Y^2$ (S – Fläche der Linse, Y – Entfernung des Bildes von der Linse).

1.77 $w = 2\pi(B/c)\int_0^\infty r\,\mathrm{d}r\,\cos\theta\,\exp(-\mu\sqrt{r^2+h^2}) = 2\pi(B/c)E_2(\mu h).$

1.78 Temperaturprofil: $\Delta T(z) = (\mu j_0 \Delta t/\varrho c_p)\,\mathrm{e}^{-\mu z},$
$\overline{\Delta T} = (1/h)\int_0^h \Delta T(z)\,\mathrm{d}z = (j_0\Delta t/\varrho c_p h)(1 - \mathrm{e}^{-\mu h}) = 0,26\,\mathrm{K},$
Wärmeleitungsstrom: $j_Q \leq \lambda(\mathrm{d}T/\mathrm{d}z)_{\max} = \lambda\mu\Delta T\,|_0 = 18\,\mathrm{W/m^2} \ll j_0.$

1.79 $\mathrm{d}s/\mathrm{d}x = (l-x)\varrho g/E, \quad s = \varrho g l^2/2E = 15\,\mathrm{cm}.$

1.80 $\mathrm{d}s/\mathrm{d}h = -\chi\varrho g h, \quad s = 22,5\,\mathrm{m}.$

1.81 $\mathrm{d}p = \varrho\omega^2 r\,\mathrm{d}r, \quad \varrho = C\exp(M\omega^2 r^2/2RT),$
Normalisierung: $C\int_0^{r_0}\varrho(r)\,\mathrm{d}r = \varrho_0 r_0,$
in der Mitte: $\varrho(0) = 0,992\varrho_0, \quad$ am Ende: $\varrho(r_0) = 1,016\varrho_0.$

1.82 $U = B\omega r^2/2.$

1.83 $R = (\zeta/\pi)\int_0^l[r_0 + x(r_1-r_0)/l]^{-2}\,\mathrm{d}x = \zeta l/\pi r_0 r_1 = 0,36\,\Omega.$

1.84 $(\pi r^4/8\eta)\int_{p_1}^{p_2}\varrho\,\mathrm{d}p = -\Phi_m l,$
$\Phi_m = (\pi r^4/8\eta)(\Delta p/l)\overline{\varrho} = 2\cdot 10^{-10}\mathrm{kg/s}, \quad \Delta p = p_1 - p_2, \quad \overline{\varrho} = \tfrac{1}{2}(\varrho_1 + \varrho_2).$

1.85 $Q = m_1 c_p T_1 \ln\,(T_2/T_1) = 514\,\mathrm{kJ}, \quad$ Energie im Zimmer unverändert.
Wenn abgedichtet, dann: $m_1 c_V (T_2 - T_1) = 375\,\mathrm{kJ}.$

Kapitel 2

2.2 $j \propto |\mathrm{e}^{-\mathrm{i}\omega t} + \mathrm{e}^{-\mathrm{i}(\omega t + \delta)}|^2 = 2 + 2\cos\delta.$

2.3 Sei A_0 die Amplitude des direkt durchgelassenen Lichts $(\beta = 0)$.
$|A| = |(A_0/a)\int_0^a \mathrm{e}^{\mathrm{i}kx\sin\beta}\mathrm{d}x| = 2|A_0||\sin(\phi/2)/\phi|, \quad \phi = ka\sin\beta.$

2.4 Mit $\phi = kb\sin\beta$ ist
$$\begin{aligned}
|A|^2 &= |(A_0/a)\textstyle\sum_{j=0}^{N-1}\int_0^a \mathrm{e}^{\mathrm{i}\,k(x+jb)\sin\beta}\mathrm{d}x|^2 \\
&= |A_0/a|^2|\textstyle\sum_0^{N-1}\mathrm{e}^{\mathrm{i}\,j\phi}|^2\,|\int_0^a \mathrm{e}^{\mathrm{i}\,x\phi/b}\,\mathrm{d}x|^2 \\
&= |A_0|^2[\sin(N\phi/2)/\sin(\phi/2)]^2[2b\sin^2(a\phi/2b)/a\phi]^2.
\end{aligned}$$

2.5 Die Hauptmaxima der $|A|^2$ aus Aufgabe 2.4 liegen bei $\phi/2 = n\pi$, wobei
$|A|^2 = |A_0|^2(Nb/n\pi a)^2\sin^2(n\pi a/b), \quad n = 1, 2, \ldots$

2.6 Das zweite Hauptmaximum $(n = 2)$ in Aufgabe 2.5 verschwindet, wenn
$\sin(2\pi a/b) = 0$, d.h. wenn $a = b/2$.

2.7 $U(t) = 4(U_0/\pi)(\sin\omega t + \tfrac{1}{3}\sin 3\omega t + \tfrac{1}{5}\sin 5\omega t + \cdots), \quad \omega = 2\pi/t_0.$

2.8 $U(t) = 2(U_0/\pi)(\sin\omega t - \tfrac{1}{2}\sin 2\omega t + \tfrac{1}{3}\sin 3\omega t - \cdots), \quad \omega = 2\pi/t_0.$

2.9 $I(t) = 2(I_0/\pi)(\tfrac{1}{2} + \tfrac{\pi}{4}\sin\omega t - \tfrac{1}{1\cdot 3}\cos 2\omega t - \tfrac{1}{3\cdot 5}\cos 4\omega t - \cdots)].$
$P = R\overline{I^2(t)} = 4I_0^2 R/\pi^2[1/4 + \pi^2/32 + 1/18 + 1/450 + \cdots] = \tfrac{1}{4}I_0^2 R.$

2.10 Bei kleiner Belastung hängt das Feld nur vom Primärstrom $I_0\sin\omega t$ ab:
$B(t) = aI_0\sin\omega t - bI_0^3\sin^3\omega t = (aI_0 - \tfrac{3}{4}bI_0^3)\sin\omega t + \tfrac{1}{4}bI_0^3\sin 3\omega t.$
Die Leistung an einem großen Widerstand R im Sekundärkreis ist
$P = U_\mathrm{i}^2/R = N_2^2 S^2 \dot{B}^2/R, \quad P_{3\omega}/P_\omega = \tfrac{9}{16}b^2 I_0^4/(a - \tfrac{3}{4}bI_0^2)^2.$

2.11 $\omega/k = \alpha k^{-1/2}, \quad c_\mathrm{g} = \mathrm{d}\omega/\mathrm{d}k = \tfrac{1}{2}\alpha k^{-1/2}.$

2.12 Profil der Spektrallinie: $|A(\omega)|^2 \propto \sin^2[\tfrac{1}{2}(\omega - \omega_0)\Delta t]/(\omega - \omega_0)^2.$
Die Intensität ist um die Hälfte vermindert bei $\Delta\omega\Delta t \equiv (\omega - \omega_0)\Delta t = 2,8$. Unbestimmtheitsrelation der Quantenmechanik: $\Delta W\Delta t = \hbar\Delta\omega\Delta t \geq \hbar/2.$

2.13 Form der Spektrallinie: $|A(k)|^2 \approx \sin^2(\tfrac{1}{2}(k - k_0)L)/(k - k_0)^2,$
$\Delta k_{1/2} \approx 2,8/L = 0,93/\lambda$. Zum Vergleich die quantenmechanische Unbestimmtheitsrelation: $\Delta p\Delta x = \hbar\Delta k\Delta x \geq \hbar/2.$

2.14 $T = 5t_0$, $\beta = 0,1/t_0$, $\Omega = 2\pi/t_0$.
$A(\omega) = \frac{1}{2\pi} \int_0^T \cos(\Omega t) e^{-\beta t} e^{i\omega t} dt = \frac{1}{2\pi} \frac{\beta - i\omega}{(\beta - i\omega)^2 + \Omega^2} [1 - e^{(i\omega - \beta)T}]$.
Das Spektrum der endlosen gedämpften Schwingung:
$c^2(\omega) = 4 \lim_{T \to \infty} |A(\omega)|^2 = \frac{1}{\pi^2} \frac{\beta^2 + \omega^2}{(\Omega^2 + \beta^2 - \omega^2)^2 + 4\beta^2 \omega^2}$.
Beim abgebrochenen Vorgang ist das Spektrum noch mit
$1 - 2e^{-\beta T} \cos(\omega T) + e^{-2\beta T} = 1 + 1/e - 2\cos(\omega T)/\sqrt{e}$ multipliziert.
Für das wiederholte Schwingen gibt es diskrete Spektrallinien mit
$c_n^2 = \frac{4}{T^2} \frac{\beta^2 + \omega_n^2}{(\Omega^2 + \beta^2 - \omega_n^2)^2 + 4\beta^2 \omega_n^2} (e^{-\beta T} - 1)^2$, $\omega_n = 2\pi n/T$, $n = 1, 2, \ldots$

2.15 Impulsantwortfunktion: $e^{-\beta t}$, $\beta = 6\pi r\eta/m$,
$v(t) = (1/m) \int_0^t F(\tau) e^{-\beta(t-\tau)} d\tau = (F_0/m\beta)(1 - e^{-\beta t})$.
Übertragungsfunktion: $(\beta - i\omega)^{-1}$,
$v(t) = \frac{1}{2\pi}(F_0/m) \int_{-\infty}^{\infty} -(i\omega)^{-1}(\beta - i\omega)^{-1} e^{-i\omega t} d\omega = (F_0/m\beta)(1 - e^{-\beta t})$.

2.16 Aus $V = HU$ folgt $U = V/H$, also $u(t) = \frac{1}{2\pi} \int_{-\infty}^{\infty} [V(\omega)/H(\omega)] e^{-i\omega t} d\omega$.

2.17 Laplace-transformierte Gleichung: $sF(s) - f(0) + \beta F(s) = \frac{1}{s+\alpha}$.
$F(s) = f(0)\frac{1}{s+\beta} + \frac{1}{\beta - \alpha}\left(\frac{1}{s+\alpha} - \frac{1}{s+\beta}\right)$.
$f(t) = f(0)e^{-\beta t} + \frac{1}{\beta - \alpha}(e^{-\alpha t} - e^{-\beta t})$.

Kapitel 3

3.1 $|v| = \sqrt{600^2 + 80^2 + 2 \cdot 600 \cdot 80 \cdot \cos 45°}$ km/h $= 659$ km/h, in Richtung
$\arcsin(80 \sin 45°/659) = 4,9°$ nördlich von Ost.

3.2 $H = \frac{I}{4\pi} \int_0^{2\pi} \frac{r\,d\phi}{r^2 + z^2} \frac{r}{\sqrt{r^2 + z^2}} = \frac{1}{2} r^2/(r^2 + z^2)^{3/2}$.
$\int_{-\infty}^{\infty} H\,dz = \frac{I}{2} \frac{z}{\sqrt{r^2 + z^2}} \Big|_{-\infty}^{\infty} = I$.

3.3 $H = \frac{NI}{4a} \int_{-a}^{a} r^2\,dz'/[r^2 + (z - z')^2]^{3/2} = \frac{NI}{4a}\left[\frac{z+a}{\sqrt{r^2+(z+a)^2}} - \frac{z-a}{\sqrt{r^2+(z-a)^2}}\right]$.
$\int_{-\infty}^{\infty} H\,dz = \frac{NI}{4a} \lim_{A\to\infty}\left[\int_{-A}^{A} \frac{z+a}{\sqrt{r^2+(z+a)^2}} dz - \int_{-A}^{A} \frac{z-a}{\sqrt{r^2+(z-a)^2}} dz\right] =$
$\frac{NI}{2a} \lim_{A\to\infty}\left[\sqrt{r^2 + (A + a)^2} - \sqrt{r^2 + (A - a)^2}\right] = NI$.

3.4 $H = (Ir^2/2)\{[r^2 + (z - a)^2]^{-3/2} + [r^2 + (z + a)^2]^{-3/2}\}$.
$d^2H/dz^2|_{z=0} = 3Ir^2[-(r^2 + a^2)^{-5/2} + 5a^2(r^2 + a^2)^{-7/2}] = 0$, $\Rightarrow a = r/2$.

3.5 $\boldsymbol{H} = H_0 e^{-i\omega t}[\boldsymbol{e}_1 + (\boldsymbol{e}_1 \cos\phi + \boldsymbol{e}_2 \sin\phi)e^{i\delta} + (\boldsymbol{e}_1 \cos\phi - \boldsymbol{e}_2 \sin\phi)e^{-i\delta}] =$
$\frac{3}{2} H_0(\boldsymbol{e}_1 + i\boldsymbol{e}_2)e^{-i\omega t}$ (ein rotierendes Feld).
$H_0 = \frac{\sqrt{3}}{2} I_0/2\pi b$, $\delta = \phi = 2\pi/3$.

3.6 $\boldsymbol{r} = r_0(\cos\phi, \sin\phi, \phi/k)$, $k = 2\pi N' r_0$.
$\boldsymbol{H} = \frac{I}{4\pi} \int \boldsymbol{r} \times d\boldsymbol{r}/r^3 = \frac{I}{4\pi k r_0} \int_{-\infty}^{\infty} \frac{[\sin\phi - \phi\cos\phi, -\phi\sin\phi - \cos\phi, k]}{(1 + \phi^2/k^2)^{3/2}} d\phi =$
$\frac{kI}{2\pi r_0}[0, -K_1(k) - kK_0(k), 1]$.
($K_i(z) = $ modifizierte Hankel-Funktionen, in Abschn. 8.4 definiert.)

3.7 Im Mittelpunkt: $r = (a\cos\varphi, b\sin\varphi)$,
$H = (I/4\pi) \int_0^{2\pi} ab\,d\varphi/(a^2\cos^2\varphi + b^2\sin^2\varphi)^{3/2} = (I/\pi b)E(\sqrt{a^2 - b^2}/a)$
($E(k)$ = vollkommenes elliptisches Integral zweiter Art, siehe Abschn. 4.8).
Im Brennpunkt: $r = p/(1 + \varepsilon\cos\phi)$, $p = b^2/a$, $\varepsilon = \sqrt{1 - (b/a)^2}$,
$H = (I/4\pi) \int_0^{2\pi} (1 + \varepsilon\cos\phi)\,d\phi/p = Ia/2b^2$.

3.8 $m\dot{v} = eE + ev \times B$, $\quad \ddot{v} + \omega_c^2 v = (\omega_c^2 E_0 \times B/B^2 - i\omega\omega_c E_0/B)e^{-i\omega t}$,
$(E = E_0 e^{-i\omega t}$, $\omega_c = eB/m = $ Zyklotronfrequenz).
$v(t) = v(0)e^{-i\omega_c t} + \frac{\omega_c}{\omega_c^2 - \omega^2}(\omega_c E_0 \times B/B^2 - i\omega E_0/B)(e^{-i\omega t} - e^{-i\omega_c t})$.
Der Resonanzfall $\omega = \omega_c$:
$v(t) = [v(0) + (\omega_c t/2)(E_0/B + i E_0 \times B/B^2)]e^{-i\omega_c t}$.

3.9 $F/l = (\mu_0 I/4\pi) \int_{-a}^{a}(dx/a) z/(z^2 + a^2) = (\mu_0 I^2/2\pi a) \arctan(a/z)$.

3.10 $r' = r + a$, $\quad M' = \int r' \times dF = \int (r + a) \times dF = \int r \times dF = M$.

3.11 $\Gamma' = \int (r + r^*) \times dmv = \Gamma + r^* \times mv^* = \Gamma$, wenn $v^* = 0$.

3.12 $\Gamma = \int (r' + r^*) \times dm(v^* + \omega \times r') = mr^* \times v^* + J \cdot \omega$ (Siehe Abschn. 3.10).

3.13 $p'_e = \int (r + a)\,de = \int r\,de = p_e$.

3.14 $\oint(r + a) \times dr = \oint r \times dr$.

3.15 Man kann aus r keinen axialen Vektor herleiten.

3.16 Richtungsvektor des Leiters und r sind polare Vektoren.

3.17 $E \propto r'/r'^2$ (polarer Vektor).

3.18 $\nabla r = r/r$, $\quad \nabla f(r) = f'\nabla r$.

3.20 $U = (e'/2\pi\epsilon_0)(\ln|r - r_0| - \ln|r + r_0|)$. Nach Übergang zur komplexen Ebene, $r = (x, y) \Rightarrow z = x + iy$:
$U = (e'/2\pi\epsilon_0) \operatorname{Re}\ln[(z - z_0)/(z + z_0)] = -(e'/\pi\epsilon_0) \operatorname{Re} \operatorname{Artanh}(z/z_0)$.

3.21 $U = -(e/4\pi\epsilon_0)\nabla(1/r) \cdot l = p_e \cdot r/4\pi\epsilon_0 r^3$.
$E = -\nabla U = -(1/4\pi\epsilon_0)[p_e/r^3 - 3(p_e \cdot r)r/r^5]$.

3.22 $U = -(e/4\pi\epsilon_0)l \cdot \nabla(l \cdot r/r^3) = -(\frac{1}{2}q/4\pi\epsilon_0 r^3)(1 - 3(l \cdot r/rl)^2) = (q/4\pi\epsilon_0 r^3)\frac{3\cos^2\theta - 1}{2}$.

3.23 In der Achse: $U = e/4\pi\epsilon_0\sqrt{r_0^2 + z^2}$, $E = (e/4\pi\epsilon_0)z/(r_0^2 + z^2)^{3/2}$.

3.24 $U(z) = (\sigma/4\pi\epsilon_0) \int_0^\infty (r^2 + z^2)^{-1/2}\, 2\pi r\, \mathrm{d}r \to$ divergiert.
$E_z(z) = (\sigma/4\pi\epsilon_0) \int_0^\infty z(r^2 + z^2)^{-3/2}\, 2\pi r\, \mathrm{d}r = \pm\sigma/2\epsilon_0.$

3.25 $F_z = (e_1' e_2'/4\pi\epsilon_0) \int_{-\infty}^\infty \int_{-\infty}^\infty h\, \mathrm{d}x\, \mathrm{d}y\, (h^2 + x^2 + y^2)^{-3/2} = e_1' e_2'/2\epsilon_0.$

3.26 $\mathrm{d}F_x = -p(x + \mathrm{d}x)\, \mathrm{d}y\, \mathrm{d}z + p(x)\, \mathrm{d}y\, \mathrm{d}z = -\frac{\partial p}{\partial x}\, \mathrm{d}V.$

3.27 $\boldsymbol{F} = -\int \nabla p\, \mathrm{d}V = -\int \nabla(\tfrac{1}{2}\varrho\omega^2 r^2)\, \mathrm{d}V = -\varrho\omega^2 V \boldsymbol{r}^*.$

3.28 In einem zylindrischen Rohr bekommt man z.B.:
$\oint \boldsymbol{v} \cdot \mathrm{d}\boldsymbol{r} = [v_z(r + \mathrm{d}r) - v_z(r)]h < 0.$

3.29 $U = (\Phi_V/2\pi h)(\ln|\boldsymbol{r} - \boldsymbol{r}_0| - \ln|\boldsymbol{r} + \boldsymbol{r}_0|) \approx -2\,\Phi_V \boldsymbol{r}_0 \cdot \boldsymbol{r}/2\pi h r^2.$
Das Feld eines planaren Dipols $\boldsymbol{p} = 2(\Phi_V/h)\boldsymbol{r}_0$ ist wie in Aufgabe 3.20,
$\boldsymbol{v} = (\Phi_V/2\pi h r^2)(\boldsymbol{r}_0 - 2(\boldsymbol{r}_0 \cdot \boldsymbol{r})\boldsymbol{r}/r^2).$

3.30 $v_r = -\partial U(r, \phi)/\partial r = -v_0 \cos\phi[1 - (r_0/r)^3] = 0$ bei $r = r_0.$
$\Delta p(\phi) = \tfrac{1}{2}\varrho[v_0^2 - v^2(r_0, \phi)] = \tfrac{1}{2}\varrho[v_0^2 - (\tfrac{1}{r_0}\tfrac{\partial U}{\partial\phi}|_{r_0})^2] = \tfrac{1}{2}\varrho v_0^2(1 - \tfrac{9}{4}\sin^2\phi).$

3.31 $\boldsymbol{v} = -k\nabla(p + \varrho g z),\ \ v = -k\varrho g,$ weil $p =$const.

3.32 Dünne Kugelschalen um $\boldsymbol{r}_0$ ergeben $\int \boldsymbol{D} \cdot \mathrm{d}\boldsymbol{S} = 0.$ Kugelflächen um $\boldsymbol{r}_0$
ergeben $\int \boldsymbol{D} \cdot \mathrm{d}\boldsymbol{S} = e.$

3.33 Man nimmt konzentrisch mit dem Draht verlaufende Zylinderflächen,
bzw. zur Platte parallele Ebenen.

3.34 Man umgebe eine Kraftlinie mit einem Torusausschnitt. Der auf einer
Seite eintretende Kraftfluß tritt unverändert auf der anderen Seite aus.

3.35 $\boldsymbol{r}/r$ is ein radialer Einheitsvektor. Sein Integral über eine dünne Kugelschale ist $\mathrm{d}(4\pi r^2) = (2/r) \cdot 4\pi r^2\, \mathrm{d}r.$

3.36 $U \propto x^{4/3},\ \ E \propto -x^{1/3},\ \ \ \varrho = \nabla \cdot \boldsymbol{D} \propto -x^{-2/3}.$

3.37 $\nabla \cdot \boldsymbol{j} = (q/3)\nabla \cdot \boldsymbol{r} = q.$

3.38 Die in einem Stromfaden enthaltene Volumenstromstärke kann sich der
Länge nach nicht ändern.

3.39 Für ein dünnes Stromlinienbündel mit den senkrecht stehenden End-
flächen S_1 und S_2 reduziert sich das Integral $\int \boldsymbol{v} \cdot \mathrm{d}\boldsymbol{S}$ auf die Differenz
$v_2 S_2 - v_1 S_1 = (\Phi_V/S_2)S_2 - (\Phi_V/S_1)S_1 = \Phi_V - \Phi_V = 0.$

3.40 $\mathrm{d}V = \beta V\, \mathrm{d}T,\ \ T = T_0 + kt,\ \ \mathrm{d}r_0/\mathrm{d}t = \tfrac{1}{3}k\beta r_0,\ \ \boldsymbol{v}(\boldsymbol{r}) = \tfrac{1}{3}k\beta\boldsymbol{r},\ \ \nabla \cdot \boldsymbol{v} = k\beta.$
$\nabla \cdot (\varrho\boldsymbol{v}) = k\beta\varrho = -\partial\varrho/\partial t.$

3.41 Innen: $2\pi r H = Ir^2/r_0^2$, $\;H = Ir/2\pi r_0^2$. Außen: $2\pi r H = I$, $\;H = I/2\pi r$.

3.42 $v = C/2\pi r$.

3.43 $v = Ar^2/(r^2 + z^2)^{3/2}$, $\;\int_{-\infty}^{\infty} v\,\mathrm{d}z = C \Rightarrow A = C/2$.

3.44 $|\nabla \times \boldsymbol{v}| = r^{-1}\mathrm{d}[rv(r)]/\mathrm{d}r$.

3.45 $|(\boldsymbol{p}_\mathrm{m} \cdot \nabla)\boldsymbol{B}| = p_\mathrm{m}\,\partial B_z/\partial z = -\frac{3}{2}\mu_0 p_\mathrm{m} Ir_0^2 z/(r_0^2 + z^2)^{5/2}$.

3.46 $\boldsymbol{F}_{e\to p} = (\boldsymbol{p}_e \cdot \nabla)\boldsymbol{E}_e = e\boldsymbol{p}_e/4\pi\epsilon_0 r^3$, $\;\boldsymbol{F}_{p\to e} = e\boldsymbol{E}_p = -e\boldsymbol{p}_e/4\pi\epsilon_0 r^3$,
$\boldsymbol{M}_{e\to p} = \boldsymbol{p}_e \times \boldsymbol{E}_e = e\boldsymbol{p}_e \times \boldsymbol{r}/4\pi\epsilon_0 r^3 = -\boldsymbol{r} \times \boldsymbol{F}_{e\to p}$.

3.47 $\boldsymbol{p}_\mathrm{m}$ parallel zum Draht: $\;\boldsymbol{F} = 0$, $\;M = \mu_0 p_\mathrm{m} I/2\pi r$, Orientierung radial.
$\boldsymbol{p}_\mathrm{m} \parallel \boldsymbol{B}: \;\; \boldsymbol{F} = (p_\mathrm{m}/B)(\boldsymbol{B} \cdot \nabla)\boldsymbol{B}$, $\;F = -\mu_0 p_\mathrm{m} I/2\pi r^2$, $\;\boldsymbol{M} = 0$.
$\boldsymbol{p}_\mathrm{m}$ radial: $\boldsymbol{F} = -(\mu_0 p_\mathrm{m} I/2\pi r^2)\boldsymbol{B}/B$, $\;M = \mu_0 p_\mathrm{m} I/2\pi r, \parallel$ zum Draht.

3.48 Die substantielle Ableitung verschwindet, wenn es keine Diffusion gibt.
Also $\partial\varrho_1/\partial t = -v\partial\varrho_1/\partial x$.

3.49 $\mathrm{d}v/\mathrm{d}t = \partial v/\partial t$ weil $(\boldsymbol{v} \cdot \nabla)\boldsymbol{v} = 0$ (in eigener Richtung kann sich die
Geschwindigkeit einer inkompressiblen Strömung nicht ändern).

3.50 $v_\phi = r\omega$, $\;\partial\boldsymbol{v}/\partial t = 0$, $\;\mathrm{d}\boldsymbol{v}/\mathrm{d}t = \omega \times \boldsymbol{v}$, $\;p = p_0 + \frac{1}{2}\varrho\omega^2 r^2$.

3.51 $P/l = 2\pi\lambda\Delta T/\ln(r_2/r_1) = 45,5\,\mathrm{W/m}$.

3.52 $\nabla \times \boldsymbol{A} = \frac{1}{2}[(\boldsymbol{r}\cdot\nabla)\boldsymbol{B} - (\boldsymbol{B}\cdot\nabla)\boldsymbol{r} + \boldsymbol{B}(\nabla\cdot\boldsymbol{r}) - \boldsymbol{r}(\nabla\cdot\boldsymbol{B})] = \frac{1}{2}[-\boldsymbol{B}+3\boldsymbol{B}] = \boldsymbol{B}$.

3.53 $\nabla \times (\boldsymbol{\omega} \times \boldsymbol{r}) = -(\boldsymbol{\omega} \cdot \nabla)\boldsymbol{r} + \boldsymbol{\omega}(\nabla \cdot \boldsymbol{r}) = -\boldsymbol{\omega} + 3\boldsymbol{\omega} = 2\boldsymbol{\omega}$.

3.54 $\nabla(p + \varrho gz) + \varrho(\boldsymbol{v} \cdot \nabla)\boldsymbol{v} = 0$, $\;(\boldsymbol{v} \cdot \nabla)\boldsymbol{v} = \frac{1}{2}\nabla(v^2) - \boldsymbol{v} \times (\nabla \times \boldsymbol{v})$.
Wenn der letzte Term verschwindet, so ist $\nabla(p + \varrho gz + \frac{1}{2}v^2) = 0$.

3.55 $\boldsymbol{f} = (\boldsymbol{P}_\mathrm{m} \cdot \nabla)\boldsymbol{B} = (\mu - 1)\mu_0(\boldsymbol{H} \cdot \nabla)\boldsymbol{H} = (\mu - 1)\mu_0\nabla(H^2/2)$, weil
$\nabla \times \boldsymbol{H} = 0$.

3.56 $(\nabla^2\boldsymbol{v})_\phi = -\nabla \times (\nabla \times \boldsymbol{v})|_\phi = v''(r) + v'(r)/r - v(r)/r^2$.
$\nabla^2 v = v''(r) + v'(r)/r$.

3.57 $\nabla \times (\nabla \times \boldsymbol{v}) = -\nabla^2\boldsymbol{v} = $ const bei $v_z \propto r^2$.

3.58 $\nabla \times (\nabla \times \boldsymbol{E}) = -\mu_0\epsilon_0\partial^2\boldsymbol{E}/\partial t^2 \Rightarrow \nabla^2\boldsymbol{E} = c^{-2}\partial^2\boldsymbol{E}/\partial t^2$.

3.59 $\nabla \cdot (\boldsymbol{E} \times \boldsymbol{H}) = -\frac{\partial u}{\partial t} - \boldsymbol{E} \cdot \boldsymbol{j}$, $\;u = \frac{1}{2}\epsilon\epsilon_0 E^2 + \frac{1}{2}\mu\mu_0 H^2$.

3.60 $(\boldsymbol{D}_2 - \boldsymbol{D}_1) \cdot \mathrm{d}\boldsymbol{S} = 0$, falls keine Oberflächenladung vorhanden;
$(\boldsymbol{B}_2 - \boldsymbol{B}_1) \cdot \mathrm{d}\boldsymbol{S} = 0$; $(\boldsymbol{E}_2 - \boldsymbol{E}_1) \cdot \mathrm{d}\boldsymbol{r} = 0$;
$(\boldsymbol{H}_2 - \boldsymbol{H}_1) \cdot \mathrm{d}\boldsymbol{r} = 0$, falls kein Oberflächenstrom vorhanden.

3.61 $\boldsymbol{B} = (\boldsymbol{k}/\omega) \times \boldsymbol{E}.$ $\boldsymbol{E} \times \boldsymbol{H} = (E^2/\mu\mu_0\omega)\boldsymbol{k} = cu\boldsymbol{k}/k.$

3.62 $\boldsymbol{B}$ und $\boldsymbol{E}$ gegeneinander um $\lambda/4$ verschoben.

3.63 $\boldsymbol{E} \times \boldsymbol{H} = (\dot{p}_\mathrm{e}^2/4\pi\epsilon_0 c^3)(\boldsymbol{r}/4\pi r^3)\sin^2\theta.$ $\overline{P} = p_0^2\omega^4/12\pi\epsilon_0 c^3.$

3.64 $\nabla \cdot \boldsymbol{v} = (\boldsymbol{a} \cdot \boldsymbol{r}/r^n)(\alpha n - n + 2 - 4\alpha) = 0 \Rightarrow n = (4\alpha - 2)/(\alpha - 1).$
$\nabla \times \boldsymbol{v} = (\boldsymbol{a} \times \boldsymbol{r}/r^n)(n - 2 - \alpha) = 0 \Rightarrow n = \alpha + 2.$
I. $n = 2,$ $\alpha = 0$ (homogenes Feld).
II. $n = 5,$ $\alpha = 3$ (dipolares Feld).

3.65 $\boldsymbol{v} = \nabla \times \boldsymbol{A},$ $\boldsymbol{A} = (\boldsymbol{C}/2\pi)\ln r.$ $\boldsymbol{v} = -\nabla U,$ $U = -C\phi/2\pi.$

3.66 $A'_{ij} = \sum_{kl}(\boldsymbol{e}'_i \cdot \boldsymbol{e}_k)A\delta_{kl}(\boldsymbol{e}_l \cdot \boldsymbol{e}'_j) = A\sum_k(\boldsymbol{e}'_i \cdot \boldsymbol{e}_k)(\boldsymbol{e}_k \cdot \boldsymbol{e}'_j) = A\delta_{ij}.$

3.67 $A'_{ij} = \sum_{kl}(\boldsymbol{e}'_i \cdot \boldsymbol{e}_k)\sum_m(-\epsilon_{klm}a_m)(\boldsymbol{e}_l \cdot \boldsymbol{e}'_j) =$
$-\sum_{klmnp}(\boldsymbol{e}'_i \cdot \boldsymbol{e}_k)[\epsilon_{klm}(\boldsymbol{e}_m \cdot \boldsymbol{e}'_p)(\boldsymbol{e}'_p \cdot \boldsymbol{e}_n)\,a_n](\boldsymbol{e}_l \cdot \boldsymbol{e}'_j) = -\sum_p \epsilon_{ijp}a'_p.$

3.68 $\sum_i A'_{ii} = \sum_{ijk}(\boldsymbol{e}'_i \cdot \boldsymbol{e}_j)A_{jk}(\boldsymbol{e}_k \cdot \boldsymbol{e}'_i) = \sum_{jk}\delta_{jk}A_{jk} = \sum_j A_{jj}.$

3.69 Die Trägheitsmomente eines Würfels sind unabhängig von der Achse, solange sie durch den Schwerpunkt gehen, da der Trägheitstensor isotrop ist.

3.70 $(\mathrm{tr}\,\boldsymbol{A})\,\boldsymbol{\delta} : (\boldsymbol{A} - \boldsymbol{A}^\dagger) = 0$ weil $\mathrm{tr}\,\boldsymbol{A} = \mathrm{tr}\,\boldsymbol{A}^\dagger.$
$(\mathrm{tr}\,\boldsymbol{A})\,\boldsymbol{\delta} : [\tfrac{1}{2}(\boldsymbol{A} + \boldsymbol{A}^\dagger) - \tfrac{1}{3}(\mathrm{tr}\,\boldsymbol{A})\,\boldsymbol{\delta}] = (\mathrm{tr}\,\boldsymbol{A})^2 - (\mathrm{tr}\,\boldsymbol{A})^2 = 0.$
$(\boldsymbol{A} - \boldsymbol{A}^\dagger) : [\tfrac{1}{2}(\boldsymbol{A} + \boldsymbol{A}^\dagger) - \tfrac{1}{3}(\mathrm{tr}\,\boldsymbol{A})\,\boldsymbol{\delta}] = \boldsymbol{A} : \boldsymbol{A} - \boldsymbol{A}^\dagger : \boldsymbol{A}^\dagger = 0.$

3.71 $J_{xx} = J_{yy} = \tfrac{m}{12}(h^2 + 3r^2) = 0,023\,\mathrm{kg\,m}^2,$ $J_{zz} = mr^2/2 = 0,0125\,\mathrm{kg\,m}^2.$
Für diagonale Achse: $J = \boldsymbol{\Gamma} \cdot \boldsymbol{\omega}/\omega^2 = (J_{xx}r^2 + J_{zz}h^2/4)/(r^2 + h^2/4) =$
$(mr^2/4)(1 + 10\alpha^2/3)/(1 + \alpha^2) = 0,015\,\mathrm{kg\,m}^2,$ wobei $\alpha = h/2r.$
$\cos\angle(\boldsymbol{\Gamma}, \boldsymbol{\omega}) = \boldsymbol{\Gamma} \cdot \boldsymbol{\omega}/\Gamma\omega = J\omega/|\boldsymbol{J} \cdot \boldsymbol{\omega}| =$
$(3 + 10\alpha^2)/\sqrt{(1 + \alpha^2)(9 + 60\alpha^2 + 16\alpha^4)} = 0,943 = \cos 19°.$
$\boldsymbol{M} = \partial\boldsymbol{\Gamma}/\partial t = \boldsymbol{\omega} \times \boldsymbol{\Gamma},$ $M = \tfrac{3}{13}mr^2\omega^2.$

3.72 $p_{zz} = -mg/S = -1,27 \cdot 10^8\,\mathrm{Pa},$ sonst $p_{ij} = 0.$ $p'_{13} = p_{zz}\cos\phi\sin\phi = -0,64 \cdot 10^8\,\mathrm{Pa}.$

3.73 $p_{xx} = p_{yy} = -\gamma/h = -10^3\,\mathrm{Pa},$ sonst $p_{ij} = 0.$ $p'_{13} = p_{zz}\cos\phi\sin\phi = -500\,\mathrm{Pa}.$

3.74 $\cos \angle(\boldsymbol{D}, \boldsymbol{E}) = (\epsilon_\alpha \cos^2 \phi + \epsilon_\beta \sin^2 \phi)/\sqrt{(\epsilon_\alpha \cos \phi)^2 + (\epsilon_\beta \sin \phi)^2} = 0,9983.$
$\angle(\boldsymbol{D}, \boldsymbol{E}) = 3,3°.$

3.75 $j_\perp = [(1/\zeta_\alpha) \cos^2 \phi + (1/\zeta_\beta) \sin^2 \phi] U/d = 0,083 \, \mathrm{A/cm^2}.$

3.76 $C = \boldsymbol{D} \cdot \boldsymbol{S}/U = (\epsilon_0 S/h)(\epsilon_\alpha \cos^2 \phi_1 + \epsilon_\beta \cos^2 \phi_2 + \epsilon_\gamma \cos^2 \phi_3).$

3.77 Sobald man den Tensor $\boldsymbol{J}^{-1}$ durch die Unterdeterminanten von $\boldsymbol{J}$ ausdrückt, erhält man die Antwort sofort.

3.78 $p_{xx} = p_0 \sin kx \sin \omega t, \quad \boldsymbol{a} = -\varrho^{-1}\nabla \cdot \boldsymbol{p} = -(kp_0/\varrho)\boldsymbol{e}_1 \cos kx \sin \omega t.$

3.79 $\boldsymbol{p} = (p_0/r) \begin{pmatrix} 0 & 0 & -y \\ 0 & 0 & x \\ -y & x & 0 \end{pmatrix} \sin kz \sin \omega t.$
$\varrho \boldsymbol{a} = -\nabla \cdot \boldsymbol{p} = (p_0/r)(-ky, kx, 0) \cos kz \sin \omega t.$

3.80 $\nabla \cdot \boldsymbol{\sigma} = \varrho_e \boldsymbol{E} + \boldsymbol{j} \times \boldsymbol{B} + \frac{1}{2}(\epsilon - 1)\epsilon_0 \nabla E^2 + \frac{1}{2}(\mu - 1)\mu_0 \nabla H^2.$

3.81 $\boldsymbol{u} = (-k\nu x, -k\nu y, kz), \quad k = 0,01,$
$\nabla \cdot \boldsymbol{u} = (1 - 2\nu)k = 0 \text{ bei } \nu = 0,5, \quad \overline{\nabla \otimes \boldsymbol{u}} = \frac{1+\nu}{3} \operatorname{diag}(-k, -k, 2k).$

3.82 $\boldsymbol{u} = (kx, ky, -\frac{2\nu}{1-\nu}kz), \quad k = 0,01,$
$\nabla \cdot \boldsymbol{u} = 2k\frac{1-2\nu}{1-\nu}, \quad \overline{\nabla \otimes \boldsymbol{u}} = \frac{1}{3}\frac{1+\nu}{1-\nu} \operatorname{diag}(k, k, -2k).$

3.83 $\boldsymbol{u} = (-kyz, kxz, 0), \quad k = \phi_0/l = 1°/\mathrm{m}. \quad \overline{\nabla \otimes \boldsymbol{u}} = \frac{k}{2} \begin{pmatrix} 0 & 0 & -y \\ 0 & 0 & x \\ -y & x & 0 \end{pmatrix}.$

3.84 $\boldsymbol{u} = (kz, 0, 0), \quad k = u_0/h = 0,2, \quad \overline{\nabla \otimes \boldsymbol{u}} = \frac{k}{2} \begin{pmatrix} 0 & 0 & 1 \\ 0 & 0 & 0 \\ 1 & 0 & 0 \end{pmatrix},$
$\lambda_\alpha = k/2, \quad \lambda_\beta = 0, \quad \lambda_\gamma = -k/2,$
$\boldsymbol{e}_\alpha = \frac{1}{\sqrt{2}}(1, 0, 1), \quad \boldsymbol{e}_\beta = (0, 1, 0), \quad \boldsymbol{e}_\gamma = \frac{1}{\sqrt{2}}(1, 0, -1).$

3.85 $\boldsymbol{v} = (kz, 0, 0), \quad k = v_0/h.$ Weiter wie in Aufgabe 3.84.

3.86 $\boldsymbol{v} = \omega r_0^2(-y/r^2, x/r^2, 0), \quad r = \sqrt{x^2 + y^2},$
$\overline{\nabla \otimes \boldsymbol{v}} = (\omega r_0^2/r^4) \begin{pmatrix} 2xy & y^2 - x^2 & 0 \\ y^2 - x^2 & -2xy & 0 \\ 0 & 0 & 0 \end{pmatrix}.$

3.87 $\boldsymbol{u} = (kz, 0, 0),$
$\overline{\nabla \otimes \boldsymbol{u}} = \frac{k}{2} \begin{pmatrix} 0 & 0 & 1 \\ 0 & 0 & 0 \\ 1 & 0 & 0 \end{pmatrix}, \quad \boldsymbol{p} = \frac{F}{S} \begin{pmatrix} 0 & 0 & 1 \\ 0 & 0 & 0 \\ 1 & 0 & 0 \end{pmatrix}, \quad F/S = 2Gk/2.$

3.88 $\boldsymbol{v} = (\Delta v z/h, 0, 0),$
$\overline{\nabla \otimes \boldsymbol{v}} = \frac{\Delta v}{2h} \begin{pmatrix} 0 & 0 & 1 \\ 0 & 0 & 0 \\ 1 & 0 & 0 \end{pmatrix}, \quad \boldsymbol{p} = \frac{F}{S} \begin{pmatrix} 0 & 0 & 1 \\ 0 & 0 & 0 \\ 1 & 0 & 0 \end{pmatrix}, \quad F/S = 2\eta \Delta v/2h.$

3.89 $k = \partial\phi/\partial z$, $\overline{\nabla \otimes \boldsymbol{u}} = \frac{k}{2}\begin{pmatrix} 0 & 0 & -y \\ 0 & 0 & x \\ -y & x & 0 \end{pmatrix}$, $\boldsymbol{p} = Gk\begin{pmatrix} 0 & 0 & -y \\ 0 & 0 & x \\ -y & x & 0 \end{pmatrix}$.

$M = 2\pi Gk \int_0^R r^3 \mathrm{d}r = \frac{\pi}{2}GkR^4$.

3.90 $\boldsymbol{v} = v_0(0,0,1 - \frac{x^2+y^2}{r_0^2})$, $p = p_0 - kz$,

$\overline{\nabla \otimes \boldsymbol{v}} = -(v_0/r_0^2)\begin{pmatrix} 0 & 0 & x \\ 0 & 0 & y \\ x & y & 0 \end{pmatrix}$, $\boldsymbol{p} = (p_0 - kz)\boldsymbol{\delta} + (2\eta v_0/r_0^2)\begin{pmatrix} 0 & 0 & x \\ 0 & 0 & y \\ x & y & 0 \end{pmatrix}$.

$\nabla p = \eta\nabla^2\boldsymbol{v} \Rightarrow (0,0,-k) = \eta(0,0,-4v_0/r_0^2) \Rightarrow v_0 = kr_0^2/4\eta$.

3.91 $v_\phi = v(r)$, $\quad M = -2\pi r h p_{r\phi} r = 2\pi r^2 h\eta(-v/r + \mathrm{d}v/\mathrm{d}r) = \text{const.}$
$v(r) = M/4\pi h\eta r + Cr$, wobei $v(r_1) = 0$, $v(r_0) = \omega r_0$.
$v(r) = \omega r_0(1/r - r/r_1^2)/(1/r_0 - r_0/r_1^2)$, $\quad M = 4\pi\eta h\omega/(r_0^{-2} - r_1^{-2})$,
$P = M\omega = 4\pi\eta h\omega^2/(r_0^{-2} - r_1^{-2})$.

Kapitel 4

4.1 Die Bahn eines Flüssigkeitströpfchens, der zur Zeit t_0 bei $\boldsymbol{r}_0$ war, sei durch $\boldsymbol{r} = \boldsymbol{r}(\boldsymbol{r}_0,t_0;t)$ beschrieben. Anfänglich folgt sie der entsprechenden Stromlinie, also $\mathrm{d}\boldsymbol{r} = \boldsymbol{v}\mathrm{d}t$, wobei $\boldsymbol{v} = \partial\boldsymbol{r}/\partial t|_{t=t_0}$. Nach längerer Zeit gehen jedoch beide Kurven auseinander, da sich die Stromlinien mit der Zeit verändern. Die Bahn muß sich fortlaufend an neue Stromlinien anschmiegen.
Ein Stromfaden verbindet Flüssigkeitsteile, die einen gemeinsamen Ursprung $\boldsymbol{r}_0$ haben. Jeder Teil des Stromfadens folgt seiner eigenen Bahn. Ein Stromfaden verbindet zur Zeit t diejenigen Punkte $\boldsymbol{r}(\boldsymbol{r}_0,t_0;t)$, die zu verschiedenen Zeiten t_0 bei $\boldsymbol{r}_0$ starteten.

4.2 Periodische Lösung bei $y(0) = 1,10904$.

4.3 Bei $x \to \infty$ divergieren die Lösungen.

4.4 Die Stromlinien sind Ellipsen.

4.5 Bei der Amplitude π wird die Schwingungsdauer unendlich lang. Der Sattelpunkt in Abb. 4.4 wird asymptotisch erreicht.

4.6 Alle Phasenkurven enden dann in Spiralen, die sich den stabilen Fixpunkten nähern.

4.7 $\mathrm{d}N/\mathrm{d}t = kN^\alpha$, $\quad N(t) = N_0/[1 - (\alpha - 1)N_0^{\alpha-1}kt]^{1/(\alpha-1)}$.
Die Lösung divergiert nach endlicher Zeit für alle $\alpha > 1$.

4.8 Mit $y = u/x$ folgt $u'' + u = 0$, also $y = (A\cos x + B\sin x)/x$.

4.9 $\mathrm{d}U = \mathrm{d}e/C = -I\,\mathrm{d}t/C = -U\,\mathrm{d}t/RC$, $\quad U(t) = U_0(1 - \mathrm{e}^{-t/RC})$.

4.10 $\mathrm{d}j = -\mu j\,\mathrm{d}x, \quad j(x) = j_0 \mathrm{e}^{-\mu x}.$

4.11 $\mathrm{d}p = -\varrho g\,\mathrm{d}z, \quad \varrho = pM/RT, \quad p(z) = p_0 \mathrm{e}^{-Mgz/RT}.$
$z_{1/e} = RT/Mg = 7960\,\mathrm{m}, \quad z_{1/2} = z_{1/e}\ln 2 = 5520\,\mathrm{m}.$

4.12 $\mathrm{d}p = -\varrho g\,\mathrm{d}z, \quad p/\varrho^\gamma = \mathrm{const}, \quad p(z) = p_0(1 - z/z_1)^{\gamma/(\gamma-1)}.$
$z_1 = \frac{\gamma}{\gamma-1}RT_0/Mg = 28\,\mathrm{km}.$

4.13 $\mathrm{d}m = V\,\mathrm{d}\varrho = -\varrho\,\Phi_V\,\mathrm{d}t + \Phi_m\,\mathrm{d}t,$
$p(t) = p_\infty + (p_0 - p_\infty)\exp(-\Phi_V t/V)$ mit $p_\infty = RT\Phi_m/M\Phi_V.$

4.14 $\mathrm{d}V/\mathrm{d}t = \pi R^2 \mathrm{d}h/\mathrm{d}t = -\pi r^2\sqrt{2gh},$
$h(t) = h_0[1 - (r/R)^2 t\sqrt{g/2h_0}]^2, \quad t_{1/2} \approx 41,5\,\mathrm{s}.$

4.15 $S_0 \mathrm{d}h/\mathrm{d}t = -\pi r^2\sqrt{2gh} + \Phi_V.$ Mit $z = h/h_\infty$, $h_\infty = \Phi_V^2/2\pi^2 r^4 g = 0,5\,\mathrm{m}$
und $x = t/\tau$, $\tau = h_\infty S_0/\Phi_V = 500\,\mathrm{s}$ folgt:
$z' = -\sqrt{z} + 1, \quad x = 2[\sqrt{z_0} - \sqrt{z} - \ln(1 - \sqrt{z}) + \ln(1 - \sqrt{z_0})].$

4.16 $V\,\mathrm{d}c = -c\,\Phi_V\mathrm{d}t, \quad c(t) = c_0\exp(-\Phi_V t/V).$

4.17 $\mathrm{d}c_n/\mathrm{d}t = \beta(-c_n + c_{n-1}), \quad n = 2,3,\dots$ mit $\beta = \Phi_V/V$ und $c_1(t) = c_0 \mathrm{e}^{-\beta t}.$
Mit dem Ansatz $c_n(t) = a_n(\beta t)^{n-1}\mathrm{e}^{-\beta t}$ folgt $(n-1)a_n = a_{n-1}$ und danach
$c_n(t) = c_0(\beta t)^{n-1}\mathrm{e}^{-\beta t}/(n-1)! \approx (c_0/\sqrt{2\pi\beta t})\exp[(n - 1 - \beta t)^2/2\beta t].$
Der Schwerpunkt der Farbstoffverteilung ist bei $\overline{n} = 1 + \beta t$, und das
Quadrat der Streuung beträgt $\overline{(n - \overline{n})^2} = \beta t.$

4.18 $mc_p\,\mathrm{d}(\Delta T)/\mathrm{d}t = P - \lambda S\Delta T/h, \quad \Delta T(t) = \Delta T_0 \mathrm{e}^{-\beta t} + \Delta T_\infty(1 - \mathrm{e}^{-\beta t}).$
$\beta = \lambda S/dmc_p, \quad \Delta T_\infty = Ph/\lambda S = 1,67\,\mathrm{K}, \quad t_{90\%} = \ln(10)/\beta = 8,0 \cdot 10^4\,\mathrm{s}.$

4.19 $\mathrm{d}y/\mathrm{d}x = 1 - y^4, \quad y = T/T_\infty = T(2\sigma/\zeta j^2 r)^{1/4}, \quad x = t(\zeta j^2/\varrho c_p T_\infty).$
$x = \frac{1}{4}\ln\frac{(1+y)(1-y_0)}{(1-y)(1+y_0)} + \frac{1}{2}(\arctan y - \arctan y_0), \quad y_0 = T_0/T_\infty.$
$x \ll 1: \quad y(x) = y_0 + (1 - y_0^4)x; \quad x \gg 1: \quad 1 - y(x) \propto \mathrm{e}^{-4x}.$

4.20 $mc_p\,\mathrm{d}T/\mathrm{d}t = S\sigma(T_\infty^4 - T^4).$ Mit $y = T/T_\infty$ und $x = t/t_0 = t/(r\varrho c_p/3\sigma T_\infty^3)$
folgt die Gleichung und die Lösung wie in Aufgabe 4.19, doch mit $y_0 > 1$.
Abkühlungszeit: $t = 0,147\,t_0 = 1080\,\mathrm{s}.$

4.21 Ein oszillierender Dipol $p_\mathrm{e} = p_0 \mathrm{e}^{-i\omega t}$ strahlt im Mittel die Leistung
$\overline{P} = p_0^2\omega^4/12\pi\epsilon_0 c^3$ ab. Ein kreisendes Elektron im Magnetfeld
$(\omega = e_0 B/m_\mathrm{e} = \mathrm{const}, p_0 = e_0 r = m_\mathrm{e} v/B = \sqrt{2m_\mathrm{e}W_\mathrm{kin}}/B)$ strahlt dann:
$\mathrm{d}W_\mathrm{kin}/\mathrm{d}t = -2\overline{P} = -(e_0^4 B^2/3\pi\epsilon_0 c^3 m_\mathrm{e}^3)W_\mathrm{kin}, \quad W_\mathrm{kin}(t) = W_0 \mathrm{e}^{-t/\tau}.$
Weil $r \propto \sqrt{W_\mathrm{kin}}$, verkleinert sich der Radius wie $r(t) = r_0 \mathrm{e}^{-t/2\tau}$, wobei
$r_0 = \sqrt{2m_\mathrm{e}W_0}/e_0 B = 0,11\,\mathrm{mm}$ und $\tau = 3\pi\epsilon_0 c^3 m_\mathrm{e}^3/e_0^4 B^2 = 2,6\,\mathrm{s}.$
Die quasistationäre Behandlung ist gut begründet, weil $\omega\tau = 1,76 \cdot 10^{11}.$

4.22 $(m_0 - \Phi_m t)c_p\, \mathrm{d}(\Delta T) = -(\lambda S/h)\Delta T\, \mathrm{d}t$, $\Delta T = \Delta T_0(1 - \Phi_m t/m_0)^{\lambda S/\Phi h c_p}$.
Nach zwei Stunden ist $\Delta T = \Delta T_0(1 - 4/5)^{0,405} = 5,2\,\mathrm{K}$, also $T = 14,8°\mathrm{C}$.

4.23 Aus der Poiseuilleschen Formel folgt $\pi r^2 \mathrm{d}h/\mathrm{d}t = (\pi r^4/8\eta)(\Delta p/h - \varrho g)$
oder, mit $y = \varrho g h/\Delta p$ und $x = t/\tau = t(\varrho g r)^2/8\eta\Delta p$:
$y' = (1/y - 1)$, $y(0) = 0$ $\Rightarrow$ $x = -y - \ln(1-y)$.
Auffüllzeit: $t = 0,316\tau = 1,4 \cdot 10^4\,\mathrm{s}$.

4.24 $\pi R^2 \mathrm{d}h/\mathrm{d}t = (\pi r^4/8\eta)(\varrho g/l)(h - h_0 \mathrm{e}^{-\mathrm{i}\omega t})$. Mit dem Ansatz $h(t) = H\mathrm{e}^{-\mathrm{i}\omega t}$
folgt $H/h_0 = (1 + 8\mathrm{i}\omega l R^2/\varrho g r^4)^{-1}$. Die Wellen sind mit dem Faktor 80π
gedämpft, die 12stündige Komponente der Flutbewegung jedoch nur mit
$1 - 4 \cdot 10^{-4}$. Dabei ist die Flut um $(\pi/108)/\omega = 200\,\mathrm{s}$ verspätet.

4.25 Für die Zahl der ^{24}Na Atome gilt $\mathrm{d}N/\mathrm{d}t = \Phi\sigma N_0 - \lambda N$, $\lambda = \ln(2)/t_{1/2}$.
Die Aktivität ist $A(t) = \lambda N(t) = N_0\Phi\sigma(1 - \mathrm{e}^{-\lambda t})$. $A(30\,\mathrm{h}) \approx 10^{11}\mathrm{s}^{-1}$.

4.26 Die Joulesche Leistung innerhalb des Radius r wird nach außen geleitet:
$\zeta j_\mathrm{e}^2 \pi r^2 = -2\pi r\lambda\, \mathrm{d}T/\mathrm{d}r$; $T(0) - T(r_0) = \zeta j_\mathrm{e}^2 r_0^2/4\lambda = 4,5 \cdot 10^{-4}\mathrm{K}$.

4.27 $T(0) - T(r_0)$ wie in Aufgabe 4.26. Die Joulesche Leistung wird ausgestrahlt: $RI^2/2\pi r_0 = \sigma(T^4(r_0) - T_0^4)$, $T(r_0) = 377\,\mathrm{K}$.

4.28 $2\pi r\lambda\, \mathrm{d}T/\mathrm{d}r = \pi(r_0^2 - r^2)\zeta j_\mathrm{e}^2$. Mit $\alpha = (r_1/r_0)^2 = 0,25$ ist
$T(r_0) - T(r_1) = (\zeta I^2/4\pi^2\lambda r_0^2)(-\ln\alpha - 1 + \alpha)/(1-\alpha)^2 = 0,02\,\mathrm{K}$.

4.29 $2\pi r\lambda\, \mathrm{d}T/\mathrm{d}r = -P/l = \mathrm{const}.$
$P/l = 2\pi\lambda[T(r_0) - T(r_1)]/\ln(r_0/r_1) = 141\,\mathrm{W/m}$.

4.30 Ein Stück $\mathrm{d}x$ des Rohres gibt durch die dünne Wand den Wärmestrom
$\mathrm{d}P = 2\pi r\, \mathrm{d}x\lambda(T(x) - T_1)/h$ ab (r – mittlerer Radius, h – Wanddicke).
Bilanz: $2\pi r\, \mathrm{d}x\lambda(T(x) - T_1)/h = -\pi r^2 \varrho v c_p\, \mathrm{d}T$.
$T(x) = T_1 + (T(0) - T_1)\mathrm{e}^{-\beta x}$, mit $\beta = 2\lambda/hr\varrho v c_p = 2,54 \cdot 10^{-2}\mathrm{m}^{-1}$.
($\mathrm{Re} = 2\pi r\varrho\bar{v}/\eta = 9,3 \cdot 10^4$.) Anmerkung: Bei größerer Wanddicke oder bei
höherer gewünschter Genauigkeit müßte man das logarithmische radiale
Temperaturprofil berücksichtigen.

4.31 $\eta\, \mathrm{d}^2 v/\mathrm{d}z^2 = -(\mathrm{d}p/\mathrm{d}x) \equiv -p'$, $v(z) = z(h-z)p'/2\eta$, $\bar{v} = h^2 p'/12\pi\eta$.
Für zylindrisches Rohr: $\bar{v} = \Phi_V/\pi r_0^2 = r_0^2 p'/8\eta = (2r_0)^2 p'/32\eta$.

4.32 Aus der Reibungsleistung $P = M\omega = 2\pi r_0^3 l\eta\omega^2/h$ folgt
$\lambda\, \mathrm{d}^2 T/\mathrm{d}z^2 = -P/2\pi r_0 hl$. Mit $T(0) = T(h)$ ist
$T(z) = T(0) + \frac{P}{4\pi r_0 hl\lambda}z(h-z)$, $T(h/2) - T(0) = r_0^2\eta\omega^2/8\lambda = 1,35 \cdot 10^{-5}\mathrm{K}$.

4.33 $|I|/l = 2\pi r n(r)e_0 v(r)$, $v(r) = [2e_0 U(r)/m_\mathrm{e}]^{1/2}$, $\nabla^2 U(r) = ne_0/\epsilon_0$.
Mit $x = r/r_\mathrm{K}$, $y = U(|I|r_\mathrm{K}/2\pi\epsilon_0 l\sqrt{2e_0/m_\mathrm{e}})^{-2/3} \equiv \alpha(I/l)^{-2/3}U$ gilt

$(xy')' = y^{-\frac{1}{2}}$, $y(1) = 0$. Numerische Integration von $x = 1$ bis $x_1 = r_A/r_K = 10$ unter der zusätzlichen Bedingung $y'(1) = 0$ gibt der Endwert $y_1 = 7,854$ für die Charakteristik $|I|/l = (\alpha U/y_1)^{3/2}$.

4.34 $\Phi_V = 2\pi r h(r) v(r) = \text{const}$, $v(r) = k\varrho g\, dh/dr$,
$h\, dh/dr = \Phi_V/2\pi k\varrho g r$, $h^2(r_0) = h^2(r_1) - (\Phi_V/\pi k\varrho g)\ln(r_1/r_0)$.

4.35 $\lambda(T) = \beta\sqrt{T}$, $\beta\sqrt{T}\, dT/dz = j_0 = \text{const}$.
$\frac{2}{3}\beta[T^{\frac{3}{2}}(h/2) - T^{\frac{3}{2}}(0)] = j_0 h/2 = \frac{1}{2}\frac{2}{3}\beta[T^{\frac{3}{2}}(h) - T^{\frac{3}{2}}(0)]$,
$T^{\frac{3}{2}}(h/2) = \frac{1}{2}[T^{\frac{3}{2}}(h) + T^{\frac{3}{2}}(0)]$.

4.36 $j_Q = \lambda\Delta T/h = -\varrho q_{\text{s}}\, dh/dt$, $h^2(t)/t = 2\lambda\Delta T/\varrho q_{\text{s}} = 0,133\,\text{cm}^2/\text{s}$.

4.37 $m\dot{v} = -kv^2$, $v(t) = mv_0/(m + kv_0 t)$, $x(t) = \frac{m}{k}\ln(1 + \frac{k}{m}v_0 t)$.

4.38 $\boldsymbol{B} = (0,0,B)$, $\boldsymbol{E} = (0,E,0)$, $m_{\text{e}}\dot{v}_x = -e_0 v_y B$, $m_{\text{e}}\dot{v}_y = e_0(v_x B - E)$.
$\ddot{v}_y + \omega^2 v_y = 0$, $\omega = e_0 B/m_{\text{e}}$. Wenn $\boldsymbol{v}(0) = (v_1, v_2, 0)$, dann $v_x(t) = (v_1 - E/B)\cos\omega t - v_2\sin\omega t + E/B$, $v_y = v_2\cos\omega t + (v_1 - E/B)\sin\omega t$.
Bewegung auf einer Zykloide mit Driftgeschwindigkeit $\overline{v}_x = E/B$.

4.39 $\dot{v} = -(c\varrho S/2m)v^2 + g = g[1 - (v/v_\infty)^2]$, $v_\infty = \sqrt{2mg/c\varrho S} = 5,05\,\text{m/s}$.
$v(t) = v_\infty\tanh(gt/v_\infty)$, $t(0,9\,v_\infty) = 0,75\,\text{s}$.

4.40 $U(r) = U_A\ln(r/r_K)/\ln(r_A/r_K)$, $v(r) = \sqrt{2e_0 U(r)/m_{\text{e}}} \equiv \alpha\sqrt{\ln(r/r_K)}$.
$t = \int_{r_K}^{r_A} dr/v(r) = (2r_K/\alpha)\int_0^{\sqrt{\ln(r_A/r_K)}} e^{u^2}\, du = 6,25\cdot 10^{-10}\,\text{s}$
(Dawsons Integral, siehe Abramowitz, S. 319 (s. Anhang C)).

4.41 $B(r) = \mu_0 I/2\pi r = B_0 r_0/r$; $\dot{v}_r = \omega v_z r_0/r$, $\dot{v}_z = -\omega v_r r_0/r = -\omega\dot{r}r_0/r$,
mit $\omega = e_0 B_0/m_{\text{e}}$. Es folgt $v_r^2 + v_z^2 = v_0^2$ (Energiegesetz) und
$v_z(r) = v_0[1 - \alpha^{-1}\ln(r/r_0)]$, $\alpha = v_0/\omega r_0 = 0,38$. Weil $-v_0 \leq v_z \leq v_0$,
verläuft die Bewegung zwischen $r_0 = 1\,\text{cm}$ und $r_1 = r_0 e^{2\alpha} = 2,15\,\text{cm}$.
Aus $dt = dr/v_r = -e^{(v_0-v_z)/\omega r_0}\, dv_z/\omega\sqrt{v_0^2 - v_z^2}$ bekommt man die Rück-
kehrzeit und die entsprechende Verrückung ausgedrückt mit Hilfe von
modifizierten Besselfunktionen:
$t_0 = 2\omega^{-1}e^\alpha \int_{-1}^{1} e^{-\alpha x}\frac{dx}{\sqrt{1-x^2}} = (2\pi/\omega)e^\alpha I_0(\alpha) = 2,7\cdot 10^{-8}\,\text{s}$,
$z_0 = \int_0^{t_0} v_z dt = (2v_0/\omega)e^\alpha \int_{-1}^{1} e^{-\alpha x}\frac{x\,dx}{\sqrt{1-x^2}} = -2\pi\alpha r_0 e^\alpha I_1(\alpha) = -0,67\,\text{cm}$.

4.42 $\ddot{\phi} + \omega_0^2\phi = (M/J)\sin\omega_1 t$, $\omega_0 = \sqrt{D/J}$,
$\phi(t) = \frac{M/J}{\omega_0^2 - \omega_1^2}[\sin\omega_1 t - (\omega_1/\omega_0)\sin\omega_0 t]$.

4.43 $L\, dI/dt + RI + C^{-1}\int I\, dt = \hat{U}_0\sqrt{2}e^{-i\omega t}$, $\hat{I} = \hat{U}_0/(-i\omega L + R + i/\omega C)$,
$\hat{U}_L = \hat{U}_0\sqrt{(R^2 + \omega^2 L^2)/[R^2 + (\omega L - 1/\omega C)^2]} = 716\,\text{V}$,

$$\hat{U}_C = \hat{U}_0/\omega C\sqrt{R^2 + (\omega L - 1/\omega C)^2} = 896\,\text{V},$$
$$\delta_L = \arctan(-\omega L/R) - \arctan[(1 - \omega^2 LC)/\omega RC] = -2,44,$$
$$\delta_C = \pi/2 - \arctan[(1 - \omega^2 LC)/\omega RC] = 0,54.$$

4.44 $LC\ddot{U}_C + RC\dot{U}_C + U_C = U_0, \quad U_C(0) = 0, \quad \dot{U}_C(0) = 0,$
$U_C(t)/U_0 = 1 - \mathrm{e}^{-\beta t}(\cos\omega t + \frac{\beta}{\omega}\sin\omega t), \quad \beta = R/2L = 50\,\text{s}^{-1},$
$\omega = \sqrt{1/LC - \beta^2} \approx \sqrt{1/LC} = 4,47 \cdot 10^3\,\text{s}^{-1}.$

4.45 $m\dot{v} + 6\pi r\eta(v - v_\text{S}) = 0.$ Luftgeschwindigkeit bei $x = 0$: $v_\text{S} = v_0\mathrm{e}^{-\mathrm{i}\omega t}.$
Es folgt $v(t)/v_0 = (1 - \mathrm{i}\beta)^{-1}\mathrm{e}^{-\mathrm{i}\omega t}, \quad \beta = \omega m/6\pi r\eta = 0,19.$
$|v_\text{max}|/v_0 = 1/\sqrt{1 + \beta^2} = 0,98, \quad \delta = \arctan\beta = 10°.$

4.46 $\ddot{x} + \beta\dot{x}|\dot{x}| + \omega^2 x = 0, \quad x(t) \approx A(t)\cos\omega t.$
In einer Viertelperiode vermindert sich die Energie des Pendels um
$\Delta W = \int_0^A F\,\mathrm{d}x = -\beta\int_0^{t_0/4}\dot{x}^3\,\mathrm{d}t = -\frac{2}{3}\beta A^3\omega^2.$
$\mathrm{d}W/\mathrm{d}t = m\omega^2 A\dot{A} \approx \Delta W/(\frac{1}{4}t_0) = -\frac{4}{3\pi}\beta A^3\omega^3.$
$A(t) = A_0/(1 + 4A_0\beta\omega t/3\pi m).$

4.47 $\Phi_V = k(p - p_0), \quad \mathrm{d}p/p = -\mathrm{d}V/V = -k(p - p_0)\,\mathrm{d}t/V.$
Für kleine Amplituden gilt $\delta p/\delta p_0 = (1 - \mathrm{i}\omega V/kp_0)^{-1}.$

4.48 $\ddot{x}_1 + gx_1/l + (k/m)(x_1 - x_2) = 0, \quad \ddot{x}_2 + gx_2/l + (k/m)(x_2 - x_1) = 0,$
$(g/l + k/m - \omega^2)^2 - (k/m)^2 = 0; \quad \omega_\text{I} = \sqrt{g/l} = 3,13\,\text{s}^{-1},$
$\omega_\text{II} = \sqrt{g/l + 2k/m} = 3,14\,\text{s}^{-1}.$
$\boldsymbol{x}_\text{I} \equiv (x_1, x_2)_\text{I} = (1, 1), \quad \boldsymbol{x}_\text{II} = (1, -1).$

4.49 $\boldsymbol{x}(t) = \boldsymbol{x}_\text{I}(A\cos\omega_\text{I}t + B\sin\omega_\text{I}t) + \boldsymbol{x}_\text{II}(C\cos\omega_\text{II}t + D\sin\omega_\text{II}t),$
$x_1(0) = A + C = 0, \quad x_2(0) = A - C = 0,$
$\dot{x}_1(0) = \omega_\text{I}B + \omega_\text{II}D = v_0, \quad \dot{x}_2(0) = \omega_\text{I}B - \omega_\text{II}D = 0,$
$x_{1,2} = v_0/2(\omega_\text{I}^{-1}\sin\omega_\text{I}t \pm \omega_\text{II}^{-1}\sin\omega_\text{II}t) \approx (v_0/\omega_\text{I})\sin\frac{\omega_\text{I}\pm\omega_\text{II}}{2}t\cos\frac{\omega_\text{I}\mp\omega_\text{II}}{2}t.$

4.50 Säkulare Gleichung:
$$\begin{vmatrix} g/l + k/m - \omega^2 & -k/m & 0 \\ -k/m & g/l + 2k/m - \omega^2 & -k/m \\ 0 & -k/m & g/l + k/m - \omega^2 \end{vmatrix} = 0;$$
$\omega_\text{I} = \sqrt{g/l}, \quad \boldsymbol{x}_\text{I} = (1, 1, 1),$
$\omega_\text{II} = \sqrt{g/l + k/m}, \quad \boldsymbol{x}_\text{II} = (1, 0, -1),$
$\omega_\text{III} = \sqrt{g/l + 3k/m}, \quad \boldsymbol{x}_\text{III} = (1, -2, 1).$

4.51 $(g/l + k/m_1 - \omega^2)(g/l + k/m_2 - \omega^2) - k^2/m_1 m_2 = 0,$
$\omega_\text{I} = \sqrt{g/l}, \quad \boldsymbol{x}_\text{I} = (1, 1),$
$\omega_\text{II} = \sqrt{g/l + k/m_1 + k/m_2}, \quad \boldsymbol{x}_\text{II} = (1/m_1, -1/m_2) = (1, -4).$

4.52 Mit $p = m_2/m_1 \ll 1$ und $q = l_2/l_1 \ll 1$ folgt:
$\ddot{x}_1 + (1+p)gx_1/l_1 + pg(x_1 - x_2)/l_2 = 0, \quad \ddot{x}_2 + g(x_2 - x_1)/l_2 = 0,$
$[(1+p)g/l_1 + pg/l_2 - \omega^2](g/l_2 - \omega^2) - p(g/l_2)^2 = 0.$
$\omega_{\mathrm{I,II}}^2 = \frac{1}{2}(1+p)(1+q)(g/l_2)[1 \pm \sqrt{1 - 4q/(1+p)(1+q)^2}].$
Nach Entwicklung der Wurzel: $\omega_{\mathrm{I}}^2 \approx (1+p)(1+q)g/l_2 \approx g/l_2,$
$\omega_{\mathrm{II}} \approx g/(l_1 + l_2) \approx g/l_1.$

4.53 Seien $U_{1,2}$ die Spannungen an den Kondensatoren und L_{12} die gegenseitige Induktivität. Dann $LC\ddot{U}_1 + U_1 + L_{12}C\ddot{U}_2 = 0$, und vice versa.
Die säkulare Gleichung gibt $\omega_{\mathrm{I,II}} = 1/\sqrt{(L \pm L_{12})C}$
wobei beide Kreise in Phase bzw. Antiphase schwingen.

4.54 Mit dem Hookeschen Koeffizienten k für ein Drittel des Fadens gilt folgende säkulare Gleichung:
$$\begin{vmatrix} 2k - m\omega^2 & -k & 0 \\ -k & 2k - m\omega^2 & -k \\ 0 & -k & k - m\omega^2 \end{vmatrix} = 0,$$
oder mit $\lambda = m\omega^2/k$:
$\lambda^3 - 5\lambda^2 + 6\lambda - 1 = 0$. Relative Amplituden: $\boldsymbol{x} = (1, \ 2 - \lambda, \ \lambda^2 - 4\lambda + 3)$.
$\lambda_{\mathrm{I}} = 0,198, \quad \boldsymbol{x}_{\mathrm{I}} = (1, \ 1,802, \ 2,250).$
$\lambda_{\mathrm{II}} = 1,555, \quad \boldsymbol{x}_{\mathrm{II}} = (1, \ 0,445, \ -0,802).$
$\lambda_{\mathrm{III}} = 3,247, \quad \boldsymbol{x}_{\mathrm{III}} = (1, \ -1,247, \ 0,555).$

4.55 $m\ddot{z} + 2kz(1 - l/\sqrt{z^2 + l^2}) = 0.$ Mit $z/l = y \ll 1$ und $t\sqrt{k/m} = x$ vereinfacht sich die Gleichung zu $y'' + y^3 = 0, \quad y' = \sqrt{(y_0^4 - y^4)/2};$
$x = \sqrt{2}y_0^{-1} \int_{y/y_0}^1 dv/\sqrt{1 - v^4} = y_0^{-1} \int_0^{\arccos(y/y_0)} d\phi/\sqrt{1 - \frac{1}{2}\sin^2\phi}.$
$y = y_0 \operatorname{cn}(xy_0, \frac{\sqrt{2}}{2}); \quad t_0/4 = (l/z_0)\sqrt{m/k}K(\frac{\sqrt{2}}{2}) = 1,854(l/z_0)\sqrt{m/k}.$

4.56 $m\ddot{z} = -mg - 2kz(1 - l/\sqrt{l^2 + z^2}), \quad z(0) = \dot{z}(0) = 0.$
Mit $y = -z/l$ und $x = t\sqrt{2k/m}$ folgt $y'' = \alpha - y(1 - 1/\sqrt{1 + y^2}).$
Die Konstante $\alpha = mg/2kl = y_0(1 - 1/\sqrt{1 + y_0^2}) = 0,15$ ist mit der relativen Dehnung $\sqrt{1 + y_0^2} = 1,25$ definiert. Numerische Integration gibt die Periode $t_0 = 10,46\sqrt{m/2k}$, wobei das Gewicht bis $z = -1,27\,l$ sinkt.

4.57 $m\dot{x}^2/2 = \frac{e^2}{4\pi\epsilon_0}(1/\sqrt{h^2 + x^2} - 1/\sqrt{h^2 + x_0^2})$, oder mit $y = x/h, \ y_0 = x_0/h$ und $s = t\sqrt{e^2/4\pi\epsilon_0 h^3 m} : y'^2/2 = 1/\sqrt{1 + y^2} - 1/\sqrt{1 + y_0^2}.$
Bei $y_0 \ll 1$ folgt $y' = \sqrt{y_0^2 - y^2}, \quad x = x_0 \cos(t\sqrt{e^2/4\pi\epsilon_0 mh^3}).$
Sonst folgt $(y = \tan\phi, \ y_0 = \tan\phi_0)$ ein elliptisches Integral dritter Art:
$s_0 = 2\sqrt{2} \int_0^{\phi_0} \dfrac{d\phi}{\cos^2\phi\sqrt{\cos\phi - \cos\phi_0}}.$
Für $y_0 = 1$ gibt numerische Integration die Periode $s_0 = 9,444.$

4.58 Vom Beobachtungsort in Entfernung r vom Mittelpunkt des Kreises (Radius R) gilt für die empfohlenen Polarkoordinaten ϱ, ϕ des Stromelementes

$$\varrho = \sqrt{R^2 - r^2 \sin^2 \phi} - r \cos \phi, \quad |\mathrm{d}\boldsymbol{r}' \times (\boldsymbol{r} - \boldsymbol{r}')| = \varrho^2 \, \mathrm{d}\phi.$$

$$H = \tfrac{I}{4\pi} \int_0^{2\pi} \mathrm{d}\phi/\varrho = \tfrac{I}{2\pi}(R^2 - r^2)^{-1} \int_0^\pi (\sqrt{R^2 - r^2 \sin^2 \phi} + r \cos \phi) \, \mathrm{d}\phi,$$

$$H = (IR/\pi)(R^2 - r^2)^{-1} E(r/R).$$

Kapitel 5

5.1 $u(\varrho, x)\partial\varrho/\partial x + \partial\varrho/\partial t = 0.$

5.2 $\partial\varrho/\partial\eta = 0.$

5.3 $\Delta\varrho w \, \mathrm{d}t = \Delta j \, \mathrm{d}t.$

5.4 $\frac{\partial h}{\partial t} = -\frac{\partial(hv)}{\partial x} = -\frac{\partial(hv)}{\partial h}\frac{\partial h}{\partial x}$, $h(x, 0) = \overline{h} + a \sin kx$, $v = \alpha h^2.$
Charakteristiken: $\frac{\mathrm{d}x}{\mathrm{d}t} = 3\alpha h^2$, $x(h, t) = x_0 + 3\alpha h^2 t.$
Zwei benachbarte Charakteristiken schneiden sich nach der Zeit
$t = -(6\alpha h \frac{\mathrm{d}h}{\mathrm{d}x_0})^{-1} = -(6\alpha a h k \cos kx_0)^{-1}$. Sie ist am kürzesten bei
$\cos kx_0 = -1$, also beim niedergängigen Knoten des Sinusprofils:
$t_{\min} = 1/6\alpha a k\overline{h} = \overline{h}/6v(\overline{h})ak.$

5.5 $v_z = k(r_0^2 - r^2)$, $\frac{\mathrm{d}z}{v_z} = \mathrm{d}t$, $c(x, y, z, t) = c_0(x, y, z - v_z t).$

5.6 Für ein parabolisches Geschwindigkeitsprofil gilt $\overline{v} = \varrho g h^2/3\eta.$
Wegen Kontinuität ist $\frac{\partial h}{\partial t} = -\frac{\partial(h\overline{v})}{\partial z} = -(\varrho g/\eta)h^2\frac{\partial h}{\partial z}.$
Charakteristiken: $\frac{\mathrm{d}z}{\mathrm{d}t} = \varrho g h^2/\eta.$
$z = z_0 + (\varrho g/\eta)h^2 t$, $h(z, t) = \sqrt{(\eta/\varrho g)(z - z_0)/t}.$

5.7 $\frac{\partial h}{\partial t} + \frac{\partial(hv)}{\partial x} = 0$, $\frac{\mathrm{d}v}{\mathrm{d}t} = \frac{\partial v}{\partial t} + v\frac{\partial v}{\partial x} = -g\frac{\partial h}{\partial x}$, $D \equiv 4gh \geq 0.$
Linearisierung: $h(x, t) = h_0 + z(x, t) \Rightarrow \frac{\partial^2 z}{\partial t^2} = gh_0\frac{\partial^2 z}{\partial x^2}.$

5.8 $\frac{\partial\varrho}{\partial t} + \frac{\partial(\varrho v)}{\partial x} = 0$, $\varrho(\frac{\partial v}{\partial t} + v\frac{\partial v}{\partial x}) = -\frac{\partial p}{\partial x} = -\varrho\chi_S\frac{\partial\varrho}{\partial x}.$
$D \equiv 4\varrho\chi_S = 4c^2 \geq 0.$

5.9 $\varrho(x, t) = X(x)T(t)$, $\dot{T}/T = -vX'/X = k$, $\varrho = \mathrm{e}^{kt}\mathrm{e}^{-kx/v}.$

5.10 $\varrho c_p(\frac{\partial T}{\partial t} + v\frac{\partial T}{\partial x}) = \lambda\frac{\partial^2 T}{\partial x^2}$. Stationäre Lösung: $T(x) = T_0 + A\mathrm{e}^{\varrho c_p vx/\lambda}.$

5.11 $\boldsymbol{v} = -k\nabla p$, $p/p_0 = \varrho/\varrho_0$, $\frac{\partial\varrho}{\partial t} = -\nabla\cdot(\varrho\boldsymbol{v}) \Rightarrow \frac{\partial p}{\partial t} = k\nabla\cdot(p\nabla p).$

5.12 $\Phi_m = -(\pi r^4 \varrho/8\eta)\frac{\partial p}{\partial x}$, $\frac{\partial\Phi_m}{\partial x} = -\pi r^2\frac{\partial\varrho}{\partial t}$, $\frac{\partial p}{\partial t} = (r^2/8\eta)\frac{\partial}{\partial x}(p\frac{\partial p}{\partial x}).$

5.13 $\boldsymbol{j}_i = -D\nabla c_i$, $\nabla\cdot\boldsymbol{j}_i = -\partial c_i/\partial t \Rightarrow \partial c_i/\partial t = \nabla^2 c_i.$

5.14 $P = -\lambda S(x)\frac{\partial T}{\partial x}$, $\frac{\partial P}{\partial x} = -S(x)\varrho c_p\frac{\partial T}{\partial t}$, $\varrho c_p\frac{\partial T}{\partial t} = (\lambda/S(x))\frac{\partial}{\partial x}(S(x)\frac{\partial T}{\partial x})$.
Gültig, wenn $\frac{d}{dx}\sqrt{S} \ll 1$.

5.15 $\varrho c_p\frac{\partial T}{\partial t} = (\lambda/h(x,y))\nabla \cdot (h(x,y)\nabla T)$.

5.16 $\varrho c_p\frac{\partial T}{\partial t} = \lambda\frac{\partial^2 T}{\partial x^2} - (2a\sigma/r)(T^4 - T_0^4)$. Begründet, solange $|\frac{\partial T}{\partial r}| \ll |\frac{\partial T}{\partial x}|$, also $\sigma T^4 \ll \lambda|\frac{\partial T}{\partial x}|$.

5.17 $\varrho c_p\frac{\partial T}{\partial t} = \lambda\frac{\partial^2 T}{\partial x^2} + \zeta(I/S)^2 - (2a\sigma/r)(T^4 - T_0^4)$.

5.18   In der Kugelschale mit einer Dicke $h \ll r$ ist die Relaxationszeit für radiale Wärmeleitung $\tau_r \sim \varrho c_p h^2/\lambda$ relativ kurz. Divergenz der Wärmeströme im „Rechteck" mit den Seiten $rd\theta$ und $r\sin\theta d\phi$ führt zur Gleichung
$\varrho c_p\frac{\partial T}{\partial t} = (\lambda/r^2\sin^2\theta)[\sin\theta\frac{\partial}{\partial\theta}(\sin\theta\frac{\partial T}{\partial\theta}) + \frac{\partial^2 T}{\partial\phi^2}]$,
die für Zeiten $t \gg \tau_r$ gilt.

5.19 $\frac{\partial z}{\partial t} = -\nabla \cdot (z\boldsymbol{v}) = k\varrho g\nabla \cdot (z\nabla z) \approx k\varrho g z\nabla^2 z$.

5.20   Aus der Gleichung der vorhergehenden Aufgabe folgt die Amplitudengleichung
$k\varrho g z_0\frac{\partial^2 u}{\partial x^2} = -i\omega u$, $u = Ae^{-x/b}e^{ix/b}$, $b = \sqrt{2k\varrho g z_0/\omega} = 850\,\text{m}$.
In der Entfernung einer Wellenlänge $2\pi b$ sind die Schwankungen mit dem Faktor $e^{2\pi} = 535,5$ gedämpft.

5.21   Für die harmonische Grundkomponente $T(z,t) = u(z)e^{-i\omega t}$ der täglichen bzw. jährlichen Veränderungen gilt $u'' + (2i/b^2)u = 0$, $u = u_0 e^{-(1+i)z/b}$.
In der Tiefe $b = \sqrt{2\lambda/\varrho c_p\omega} = 7,8\,\text{cm}$ für $\omega = 2\pi/(1\text{Tag})$, bzw.
$b = 1,5\,\text{m}$ für $\omega = 2\pi/(1\text{Jahr})$ ist die Amplitude e-mal vermindert. Die entsprechende Phasenverzögerung ist $\Delta\phi = 1$, d.h. $1/2\pi$ der Periode.

5.22 $\varrho c_p\boldsymbol{v} \cdot \nabla T = \lambda\nabla^2 T$. Mit dem Ansatz $T(r,z) \approx T_0(1 + u(r)e^{-\beta z})$ folgt:
$u'' + u'/x + [(\beta r_0)^2 + a^2(1-x^2)]u = 0$, $a^2 = \varrho c_p v_0^2\beta r_0^2/\lambda$, $x = r/r_0$.
Der Term $(\beta r_0)^2$ berücksichtigt die Wärmeleitung entlang der Strömung und wird bei schnellem Strom vernachlässigbar.

5.23 $(\frac{\partial}{\partial t} + \boldsymbol{v} \cdot \nabla)c = D\nabla^2 c$. Ähnlich wie in Aufgabe 5.22 ist die Gleichung mit dem Ansatz $c(r,z,t) = w(r)e^{-\alpha t-\beta z}$ separabel, und zwar gilt
$w'' + w'/r + (\beta^2 + \alpha/D + \beta v_z(r)/D)w = 0$.

5.24 $\psi(\boldsymbol{r},t) = Ce^{i(\boldsymbol{k}\cdot\boldsymbol{r}-Wt/\hbar)}$.
Impuls: $i\hbar\nabla = -i\hbar \cdot i\boldsymbol{k} = \hbar\boldsymbol{k}$.
Kin. Energie: $(-\hbar^2/2m)\nabla^2 = (\hbar k)^2/2m$.

5.25 $u(x) = \sqrt{2/a}\sin(n\pi x/a)$, $n = 1, 2, \ldots$, $W_n = n^2\pi^2\hbar^2/2ma^2$.

5.26 $-(\hbar^2/2m_\mathrm{e})(u'' + 2u'/r) - (e_0^2/4\pi\epsilon_0)u/r = Wu$. Aus $u(r) \propto \mathrm{e}^{-r/r_0}$ folgt $(-\hbar^2/2m_\mathrm{e})(1/r_0^2 - 2/rr_0) - e_0^2/4\pi\epsilon_0 r = W = \mathrm{const}$, und daraus $r_0 = 4\pi\epsilon_0\hbar^2/m_\mathrm{e}e_0^2 = 0,053\,\mathrm{nm}$ und $W = -\hbar^2/2m_\mathrm{e}r_0^2 = -13,6\,\mathrm{eV}$.

5.27 $u'' + k^2u = f/c^2$, $k^2 = \omega^2/c^2 = \omega^2\varrho_l/F$, $u(0) = u(a) = 0$.
$u(x) = (f/\omega^2\sin ka)[\sin ka - \sin kx - \sin k(a - x)]$.

5.28 $\mathrm{d}(F_x\mathrm{d}y/\mathrm{d}x) - \varrho_l g\,\mathrm{d}s = 0$, $y'' - \beta\sqrt{1 + y'^2} = 0$, $\beta = \varrho_l g/F_x$,
$y' = \sinh\beta(x - x_0)$, $y = y_0 + (1/\beta)\cosh\beta(x - x_0)$. Die Parameter β, x_0 und y_0 sind durch die Endpunkte und die Kettenlänge
$l = \int_a^b \sqrt{1 + y'^2}\,\mathrm{d}x = \beta^{-1}[\sinh\beta(b - x_0) - \sinh\beta(a - x_0)]$ bestimmt.

5.29 An Stelle von g in Aufgabe 5.28 wird $\omega^2 y$ eingesetzt:
$F_x y'' + \varrho_l\omega^2 y\sqrt{1 + y'^2} = 0$. Es folgt $\sqrt{1 + y'^2} - 1 = (\varrho_l\omega^2/2F_x)(y_0^2 - y^2)$.
Mit $y = y_0\sin\phi$ und $\sinh\beta = \sqrt{\varrho_l\omega^2 y_0^2/4F_x}$ bekommen wir
$\mathrm{d}\phi/\mathrm{d}x = y_0^{-1}\sinh(2\beta)\sqrt{1 - \tanh^2\beta\sin^2\phi}$,
$y = y_0\,\mathrm{sn}(\frac{x-x_0}{y_0}\sinh 2\beta, \tanh\beta)$.

5.30 Aus $\varrho_l\frac{\partial^2 y}{\partial t^2} = \frac{\partial}{\partial x}[\varrho_l g(l - x)\frac{\partial y}{\partial x}]$ folgt die Amplitudengleichung
$[(l - x)u']' + (\omega^2/g)u = 0$, und daraus mit $l - x = lz^2$:
$u'' + u'/z + (4l\omega^2/g)u = 0$, $u = J_0[2\omega\sqrt{(l - x)/g}]$.

5.31 $M = \frac{\pi}{2}r^4 G\frac{\partial\phi}{\partial z}$ (siehe Aufgabe 3.89).
$\frac{\pi}{2}r^4\varrho\frac{\partial^2\phi}{\partial t^2} = \partial M/\partial z = \frac{\pi}{2}r^4 G\frac{\partial^2\phi}{\partial z^2} \Rightarrow c^2 = G/\varrho$.

5.32 $\Delta p = \gamma/R \Rightarrow \varrho gy = \gamma y''/(1 + y'^2)^{3/2}$. Implizite Lösung:
$x/a = \frac{1}{2}\ln\frac{1+\sqrt{1-(y/2a)^2}}{1-\sqrt{1-(y/2a)^2}} - 2\sqrt{1 - (y/2a)}$, $a = \sqrt{\gamma/\varrho g}$.
Approximation für $y' \ll 1$: $y'' - y/a^2 = 0$, $y(x) \propto e^{-x/a}$.

5.33 $U \propto \exp(\mathrm{i}kx - \mathrm{i}\omega t - \kappa x)$, $(\mathrm{i}k - \kappa)^2 = -fl\omega^2 - \mathrm{i}\omega(rf + ls) + rs$.

5.34 Die stationäre Gleichung $\mathrm{d}^2U/\mathrm{d}x^2 - rsU = 0$ gibt die allgemeine Lösung
$U(x) = A\exp(x\sqrt{rs}) + B\exp(-x\sqrt{rs})$. Spezialfälle:
Langes Kabel: $U = U_0\exp(-x\sqrt{rs})$.
Beide Enden angeschlossen: $U = U_0\cosh[(x - l/2)\sqrt{rs}]/\cosh(l\sqrt{rs}/2)$.
Das andere Ende kurzgeschlossen: $U = U_0\sinh[(l - x)\sqrt{rs}]/\sinh(l\sqrt{rs})$.

5.35 $\mathrm{d}U = -rI\,\mathrm{d}x$, $\mathrm{d}I = -f\,\mathrm{d}x\frac{\partial U}{\partial t}$, $\frac{\partial U}{\partial t} = (rf)^{-1}\frac{\partial^2 U}{\partial x^2}$.

5.36 $\nabla^2 U = (\zeta_0/\zeta_1 h_0 h_1)U$.

5.37 $U_{n+1} - U_n = -L\dot{I}_n$, $I_{n+1} - I_n = -C\dot{U}_n$, $LC\ddot{U}_n = U_{n+1} - 2U_n + U_{n-1}$.
Sei h die Länge des Kettengliedes. Nach Division beider Seiten durch h^2
und nach Einführung von $L/h = l$, $C/h = f$, $nh = x$, $U_n \to U(nh)$
folgt im Grenzwert $h \to 0$ die Telegrafengleichung.

5.38 $\frac{\partial^2 y}{\partial t^2} = c^2 \frac{\partial^2 y}{\partial x^2} - \beta^2 y$, $c^2 = F_x/\varrho_l$, $\beta^2 = g/l$.
Der Wellenansatz $y(x,t) \propto \exp(\mathrm{i}kx - \mathrm{i}\omega t)$ gibt $k^2 c^2 = \omega^2 - \beta^2$.
$c_\mathrm{ph} = \omega/k = c/\sqrt{1 - (\beta/\omega)^2}$, $c_\mathrm{g} = \partial\omega/\partial k = c\sqrt{1 - (\beta/\omega)^2}$.
Bei $\omega < \beta$ klingt die Schwingung entlang des Seils exponentiell ab:
$y(x,t) \propto \exp(-\sqrt{\beta^2 - \omega^2}\, x/c - \mathrm{i}\omega t)$.

5.39 Bedingung: $rf = sl$. Dämpfungskoeffizient: $\beta = r/l = s/f$.

5.40 Aus (5.37) folgt eine gewöhnliche Differentialgleichung für F. Alle drei
Koeffizienten müssen verschwinden, wenn beliebige F gestattet sein
sollen. Nach einigem Umformen folgt daraus die Bedingung $rf = ls$.

5.41 $F_0 = -mg$, $M_0 = mgl$, $f = \mu = 0$. Eine Gleichung wie (5.44) führt zu:
$y = (mg/6EJ)x^2(3l - x)$.

5.42 $EJy'''' = \varrho Sg$, $y(0) = y(l) = 0$, $y''(0) = y''(l) = 0$,
$y(x) = (mg/24EJl)x(x^3 - 2lx^2 + l^3)$.

5.43 $\frac{\partial^2}{\partial x^2}(EJ\frac{\partial^2 y}{\partial x^2}) = -\varrho S\frac{\partial^2 y}{\partial t^2} + \frac{\partial}{\partial x}(\varrho J\frac{\partial^3 y}{\partial x \partial t^2}) + f$.

5.44 Mit den Bedingungen $u(0) = 0$, $u'(0) = 0$, $u''(l) = 0$, $u'''(l) = 0$
führt die Lösung (5.50) zur säkularen Gleichung $\cos kl \cosh kl + 1 = 0$,
deren Wurzeln $kl = \xi_n$ die Eigenfrequenzen definieren:
$\nu_n = (2\pi)^{-1}(\xi_n/l)^2\sqrt{EJ/\varrho S} = (23,2\,\mathrm{Hz})\,\xi_n^2$.
$\xi_1 = 1,875$, $\xi_2 = 4,694$, $\xi_3 = 7,855$.
$\nu_1 = 81,8\,\mathrm{Hz}$, $\nu_2 = 511,8\,\mathrm{Hz}$, $\nu_3 = 1434\,\mathrm{Hz}$.

5.45 Anstatt der Bedingung $u'''(l) = 0$ in Aufgabe 5.44 setzen wir Newtons
Gesetz für das Gewicht ein: $EJu'''(l) = -m_0\omega^2 u(l)$. Die säkulare
Gleichung lautet dann (mit $\beta = m_0\omega^2/EJk^4 l = m_0/m = 0,64$):
$\cos\xi \cosh\xi + 1 + \beta\xi(\cos\xi \sinh\xi - \cosh\xi \sin\xi) = 0$.
Kleinste Lösung: $\xi_1 = 1,359$, $\nu_1 = 43,0\,\mathrm{Hz}$.

5.46 In der quasistatischen Approximation ist die Krümmung durch das Dreh-
moment des Gewichtes bestimmt: $m_0 g[u(l) - u(x)] = EJu''(x)$.
Da $u(0) = 0$ und $u'(0) = 0$, ist $u(x) = u(l)(1 - \cos kx)$, mit $k^2 = m_0 g/EJ$.
Aus $EJu'''(l) = -m_0\omega^2 u(l)$ (wie in der vorhergehenden Aufgabe) folgt:
$\omega^2 = kg\sin kl/(1 - \cos kl) = kg\cot kl/2$. Bei $kl = \pi$ wird $\omega = 0$.
Die Feder knickt danach um.

5.47 $\omega = \sqrt{EJ/\varrho S}\,k^2$, $\quad c_{\mathrm{ph}} = k\sqrt{EJ/\varrho S} = \sqrt[4]{EJ\omega^2/\varrho S}$, $\quad c_{\mathrm{g}} = 2c_{\mathrm{ph}}$.
$c_{\mathrm{ph}}/c_l = k\sqrt{J/S} = 2\pi r_J/\lambda \ll 1$. Siehe Diskussion zu (5.51).

5.48 $\boldsymbol{F} = \int \boldsymbol{p} \cdot \mathrm{d}\boldsymbol{S} = \varrho\overline{v}^2 S \int [\nabla' w - (\eta/\varrho\overline{v}l)\nabla'^2 \boldsymbol{\nu}]\,\mathrm{d}V'$.
$F = \tfrac{1}{2}\varrho S\overline{v}^2 c(Re)$.

5.49 $\tfrac{1}{2}c\varrho v^2 S = 6\pi r\eta v$, $\quad c = 12\eta/\varrho v r = 24/Re$.

5.50 $\eta\partial^2 v/\partial z^2 = -p'$, $\quad v(z) = (p'/2\eta)z(h-z)$, $\quad \overline{v} = p'h^2/12\eta$.

5.51 $\varrho\frac{\partial v}{\partial t} = \eta\frac{\partial^2 v}{\partial z^2} + p_0'\mathrm{e}^{-\mathrm{i}\omega t}$. Aus $v(z,t) = u(z)\mathrm{e}^{-\mathrm{i}\omega t}$ folgt $\eta u'' + \mathrm{i}\omega\varrho u = -p_0'$.
Die Lösung $u(z) = -(p_0'/\mathrm{i}\varrho\omega)[1 - \cos\beta z - \frac{1-\cos\beta h}{\sin\beta h}\sin\beta z]$,
$\beta = \sqrt{\mathrm{i}\omega\varrho/\eta}$, erfüllt die Bedingungen $u(0) = u(h) = 0$.

5.52 $\varrho\frac{\partial v}{\partial t} = \eta\frac{\partial^2 v}{\partial z^2}$, $\quad v \propto \sin(\pi z/h)\exp(-\frac{\pi^2\eta}{\varrho h^2}t)$.

5.53 Ansatz: $v_x = v_0\mathrm{e}^{-\alpha z}\sin(kx-\omega t)$, $\quad v_z = v_0\mathrm{e}^{-\alpha z}\cos(kx-\omega t)$, $\quad z = $ Tiefe.
Kontinuitätsgleichung: $\nabla\cdot\boldsymbol{v} = 0 \Rightarrow \alpha = k$.
Bewegungsgleichung an der Oberfläche: $\varrho\frac{\partial v_x}{\partial t} = -\frac{\partial p}{\partial x} = -\varrho g\frac{\partial h}{\partial x} \Rightarrow \omega^2 = kg$.
$c_{\mathrm{ph}} = \omega/k = \sqrt{g/k} = \sqrt{g\lambda/2\pi}$, $\quad c_{\mathrm{g}} = \mathrm{d}\omega/\mathrm{d}k = \tfrac{1}{2}\sqrt{g/k}$.

5.54 Die Lösung der Amplitudengleichung ist $\delta p = A\cos(\omega x/c + \phi)$. Die Bedingungen $\boldsymbol{u}(0) = \boldsymbol{u}(l) = 0$, wobei $\varrho\ddot{\boldsymbol{u}} = -\nabla\delta p$, führen zu $\nabla(\delta p) = 0$ an beiden Enden, und daraus zu $\phi = 0$, $\quad \omega l/c = n\pi$, $\quad n = 1,2,\ldots$

5.55 Ähnlich wie in Aufgabe 5.54, doch mit der Bedingung $u(l) = u_{\mathrm{K}}$, oder $(A\omega/c)\sin(\omega l/c) = \varrho\omega^2 u_{\mathrm{K}}$. Es folgt $\delta p(x) = \varrho\omega c u_{\mathrm{K}}\cos(\omega x/c)/\sin(\omega l/c)$. Die Resonanzen treten bei $\omega l/c = n\pi$ auf, $n = 1,2,\ldots$

5.56 An freien Enden gilt $p_{zz} = E\frac{\partial u_z}{\partial z} = 0$ und daraus $u(0) = u(l) = 0$.
Daher ist $u(z) \propto \sin(\omega z/c)$, $\quad c = \sqrt{E/\varrho}$, $\quad \omega = n\pi c/l$, $\quad n = 1,2,\ldots$

5.57 $c_1/c_2 = \sqrt{\frac{1-\nu}{(1+\nu)(1-2\nu)}}$. Das Verhältnis wächst mit $\nu \to \tfrac{1}{2}$, ist also größer bei Kautschuk ($\nu = 0,46$) als bei Stahl ($\nu = 0,25$). Kautschuk ist wenig kompressibel, jedoch weich gegenüber Formänderungen.

5.58 Die Substitution $\nabla\delta p \to \nabla\delta p - \eta\nabla^2\boldsymbol{v}$ in (5.57) führt zu
$c^{-2}\frac{\partial^2}{\partial t^2}(\delta p) = \nabla^2(\delta p) + \eta\chi_S\frac{\partial}{\partial t}\nabla^2(\delta p)$,
$k^2 = \omega^2/c^2 + \mathrm{i}\eta\chi_S k^2\omega$, $\quad k \approx \omega/c + \mathrm{i}\eta\omega^2/2\varrho c^3 = k_0 + \mathrm{i}\beta$.
$\beta\lambda = (\eta k_0^2/2\varrho c)(2\pi/k_0) = \pi^2(l/\lambda)(\overline{v}/c) = 2\pi\sqrt{\frac{2\pi}{\gamma}}(l/\lambda) = 13,3\,l/\lambda$.
Bei Normalbedingungen ($l \approx 6\cdot 10^{-8}$m) gibt es ein 1% Dekrement per Wellenlänge bei $\lambda = 1330l$, also bei der Frequenz $\nu = c/\lambda = 4\,\mathrm{MHz}$.

5.59 $\nabla \times (\nabla \times \boldsymbol{B}) = \mu\mu_0(\nabla \times \boldsymbol{j} + \frac{\partial}{\partial t}\nabla \times \boldsymbol{D}) = \mu\mu_0(\frac{1}{\zeta}\nabla \times \boldsymbol{E} + \epsilon\epsilon_0\frac{\partial}{\partial t}\nabla \times \boldsymbol{E})$,
$\nabla^2 \boldsymbol{B} = \frac{1}{\zeta}\mu\mu_0\partial\boldsymbol{B}/\partial t + (\epsilon\epsilon_0\mu\mu_0)\partial^2\boldsymbol{B}/\partial t^2$.
$\boldsymbol{B} = \boldsymbol{B}_0 e^{i(\boldsymbol{k}\cdot\boldsymbol{r}-\omega t)} \Rightarrow k^2 = i\omega\mu\mu_0/\zeta + \omega^2\epsilon\epsilon_0\mu\mu_0$.
Verschiebungsstrom vernachlässigbar bei $\epsilon\epsilon_0\omega\zeta \ll 1$.
Dann ist $\boldsymbol{B} \propto e^{-\boldsymbol{\kappa}\cdot\boldsymbol{r}} e^{i(\boldsymbol{\kappa}\cdot\boldsymbol{r}-\omega t)}$, $\kappa = \sqrt{\omega\mu\mu_0/2\zeta}$.

5.60 $\nabla^2\boldsymbol{j} = \frac{1}{\zeta}\mu\mu_0\frac{\partial\boldsymbol{j}}{\partial t}$, $j = u(z)e^{-i\omega t}$,
$u'' + 2i\kappa^2 u = 0$, $u = u_0 e^{-\kappa z}e^{i\kappa z}$, $\kappa = \sqrt{\omega\mu\mu_0/2\zeta}$,
$z_{2\pi} = 2\pi/\kappa$, $\exp(-\kappa z_{2\pi}) = e^{-2\pi} = 1/535,5 = 1,868.10^{-3}$.

5.61 Nach Aufgabe 5.60:
$u(z) = u_0 \cos(1 + i)\kappa z = u_0 \cosh\kappa z \cos\kappa z - i\sinh\kappa z \sin\kappa z$.

5.62 $\nabla^2\boldsymbol{B} = \frac{1}{\zeta}\mu\mu_0\partial\boldsymbol{B}/\partial t$, $B_x = B_0 e^{-\kappa z}e^{i(\kappa z-\omega t)}$, κ wie vorher.

5.63 $B_x = B_0 \cos(1 + i)\kappa z$.

5.64 $\nabla \times \boldsymbol{B} = \mu_0\boldsymbol{j} + c^{-2}\frac{\partial\boldsymbol{E}}{\partial t}$, $\nabla \times \boldsymbol{E} = -\frac{\partial\boldsymbol{B}}{\partial t} \Rightarrow \nabla^2\boldsymbol{E} = \frac{\partial}{\partial t}(\mu_0\boldsymbol{j} + c^{-2}\frac{\partial\boldsymbol{E}}{\partial t})$.
Newtons Gesetz (mit vernachlässigter magnetischer Kraft), $m_e\dot{\boldsymbol{v}} = -e_0\boldsymbol{E}$,
gibt $\frac{\partial\boldsymbol{j}}{\partial t} = -e_0 n_e\dot{\boldsymbol{v}} = n_e e_0^2\boldsymbol{E}/m_e$. Es folgt die Klein-Gordon-Gleichung:
$\nabla^2\boldsymbol{E} = c^{-2}\frac{\partial^2\boldsymbol{E}}{\partial t^2} + (\mu_0 n_e e_0^2/m_e)\boldsymbol{E}$.
Der übliche Wellenansatz gibt $k^2 = \omega^2/c^2 - \mu_0 n_e e_0^2/m_e$, und somit die
Grenzfrequenz $\omega = \sqrt{\mu_0 n_e e_0^2 c^2/m_e}$.

Kapitel 6

6.1 $mc_p\partial T_n/\partial t = (\lambda S/h)(T_{n+1} - 2T_n + T_{n-1})$, $n = 2, 3, \ldots, N - 1$.
Rechts steht eine Differenzapproximation für $\lambda Sh\frac{\partial^2 T}{\partial x^2}$, mit $x = nh$.

6.2 $j_1 = (\lambda_1/h_1)\Delta T$, $j_2 = (\lambda_1/h_1)\Delta T_x = (\lambda_2/h_2)(\Delta T - \Delta T_x)$
$= (\lambda_1/h_1)(\lambda_2/h_2)\Delta T/(\lambda_1/h_1 + \lambda_2/h_2)$.
$(j_1 - j_2)/j_1 = (\lambda_1/h_1)/(\lambda_1/h_1 + \lambda_2/h_2) = 45\%$.

6.3 Der Ansatz $T = \frac{u(r)}{r}e^{-\beta t}$ ergibt die Gleichung $u'' + (\beta\varrho c_p/\lambda)u = 0$.
Aus $u(0) = u(r_0) = 0$ folgt $u(r) = A\sin(r\sqrt{\beta\varrho c_p/\lambda})$, $\beta = \pi^2\lambda/\varrho c_p r_0^2$.

6.4 $\lambda\partial^2 T/\partial x^2 = -q$, $\sigma T^4(0) = qa$, $\lambda\partial T/\partial x|_{x=a} = 0$,
$T(x) = (q/2\lambda)x(2a - x) + (qa/\sigma)^{1/4}$.

6.5 $\nabla^2 T_i(r) = -q_i/\lambda_i$, $q_i = \zeta_i j_i^2$, $i = 1, 2$, $\nabla^2 = \frac{1}{r}\frac{\partial}{\partial r}(r\frac{\partial}{\partial r})$,
$\zeta_1 j_1 = \zeta_2 j_2$, $\pi r_1^2 j_1 + \pi(r_2^2 - r_1^2)j_2 = I$.
$0 \leq r \leq r_1:$ $T_1(r) = -(q_1/4\lambda_1)r^2 + A$,
$r_1 \leq r \leq r_2:$ $T_2(r) = -(q_2/4\lambda_2)r^2 + B\ln r + C$,
$T_1(r_1) = T_2(r_1)$, $\lambda_1 T_1'(r_1) = \lambda_2 T_2'(r_1)$,

$$\Delta T = T_1(0) - T_2(r_2) = A - C + q_2 r_2^2/4\lambda_2 - B \ln r_2 =$$
$$(q_2/4\lambda_2)(r_2^2 - r_1^2) + q_1 r_1^2/4\lambda_1 - (q_2 - q_1)(r_1^2/2\lambda_2)\ln(r_2/r_1) = 4,57.10^{-3}\,\mathrm{K}.$$

6.6 $\partial T/\partial t = D\nabla^2 T, \quad D = \lambda/\varrho c_p, \quad T(r,t) = T_0 + u(r)\mathrm{e}^{-i\omega t},$
$u''(x) + (i\omega/D)u(x) = 0, \quad u(-a) = \Delta T_0/2, \quad u$ und $\lambda u'$ stetig bei $x = 0$.
$-a < x < 0: \quad u_1(x) = A\mathrm{e}^{(i-1)\kappa_1 x} + B\mathrm{e}^{-(i-1)\kappa_1 x},$
$0 < x < \infty: \quad u_2(x) = C\mathrm{e}^{(i-1)\kappa_2 x}, \quad (\kappa_i = \sqrt{\omega/2D_i}).$
$C = \Delta T_0/[(1 + \alpha)\mathrm{e}^{(1-i)\kappa_1 a} + (1 - \alpha)\mathrm{e}^{(i-1)\kappa_1 a}] \approx \Delta T_0(1 + \alpha)^{-1}\mathrm{e}^{i\kappa_1 a}\mathrm{e}^{-\kappa_1 a},$
$\alpha = \lambda_2\kappa_2/\lambda_1\kappa_1 = 1,475, \quad \kappa_1 a = 12.5.$ An der Schweißstelle ist die
Amplitude gleich 9.10^{-5}K und um fast 2 Perioden verspätet.

6.7 $\Delta T = (\zeta I^2/0,60\pi^2 r^2\lambda)(\frac{\eta}{2rv\varrho})^{0,50}(\frac{\lambda}{\eta c_p})^{0,31} = 11\,\mathrm{K}.$

6.8 $(-\hbar^2/2m)\nabla^2 u + W_p(r)\,u = Wu.$ Mit $r = \hbar x/\sqrt{2mW_0}, \quad W = -\lambda W_0$:
$0 \le x \le x_0: \quad \phi''(x) + (1 - \lambda)\phi(x) = 0, \quad \phi(x) = A\sin(x\sqrt{1 - \lambda}),$
$x_0 \le x < \infty: \quad \phi''(x) - \lambda\phi(x) = 0, \quad \phi(x) = B\mathrm{e}^{-x\sqrt{\lambda}}.$
Stetigkeit von ϕ und ϕ' bei $x_0 = r_0\sqrt{2mW_0}/\hbar$ gibt
$\tan(x_0\sqrt{1 - \lambda}) = -\sqrt{\frac{1-\lambda}{\lambda}}$ oder besser, mit $z = x_0\sqrt{1 - \lambda}, \quad \sin z = -z/x_0.$
$W_n = -W_0(1 - z_n^2/x_0^2) = -W_0 + \hbar^2 z_n^2/2mr_0^2.$
Die Wurzeln z_n sind durch x_0 begrenzt.

6.9 Vor der Stufe: $u(x) = A\mathrm{e}^{ikx} + B\mathrm{e}^{-ikx}, \quad k = \sqrt{2mW}/\hbar.$
Dahinter: $u(x) = C\mathrm{e}^{ik'x}, \quad k' = \sqrt{2m(W - W_p)}/\hbar.$
Die Stetigkeit von u und u' gibt die Reflexionswahrscheinlichkeit
$|B/A|^2 = |\frac{k-k'}{k+k'}|^2 = (W/W_p)^2(1 - \sqrt{1 - W_p/W})^4.$
Annäherungen für Potentialgrube $W_p = -W_0$:
$W_0 \ll W \Rightarrow |B/A|^2 \approx \frac{1}{16}(W_0/W)^2.$
$W_0 \gg W \Rightarrow |B/A|^2 \approx 1 - 4\sqrt{W/W_0}.$
Die Resultate gelten aber nur wenn der Übergang schroff innerhalb einer
de Broglieschen Wellenlänge ist.

6.10 Für kleine Amplituden: $m\ddot{y}_n = F(y_{n-1} - 2y_n + y_{n+1})/h \approx Fhy''(nh).$
(Siehe Aufgabe 6.1).

6.11 $\Phi(x) = \frac{1}{2}[y(x,0) - c^{-1}\int \dot{y}(x,0)\,\mathrm{d}x], \quad \Psi(x) = \frac{1}{2}[y(x,0) + c^{-1}\int \dot{y}(x,0)\,\mathrm{d}x].$

6.12 Es gelten die Ausdrücke der Aufgabe 6.11, nach ungerader Spiegelung
$y(-x,0) = -y(x,0), \quad \dot{y}(-x,0) = -\dot{y}(x,0)$ und periodischer Wiederholung des Intervals $[-a,a]$.

6.13 $y(x,t) = y_0(\mathrm{e}^{ikx} + R\mathrm{e}^{-ikx})\mathrm{e}^{-i\omega t}.$
Am festen Ende: $y(0,t) = 0 \Rightarrow R = -1.$

Am freien Ende: $\frac{\partial}{\partial x}y(0,t) = 0, \Rightarrow R = 1$.
Nach (6.12): $-m\omega^2(1+R) = -\mathrm{i}kF_x(1-R)$,
$R = (\mathrm{i}F_x - m\omega c)/(\mathrm{i}F_x + m\omega c)$.

6.14 In einem idealen Stoßdämpfer wirkt eine der Geschwindigkeit proportionale Kraft: $\beta\frac{\partial}{\partial t}y(0,t) = -F_x\frac{\partial}{\partial x}y(0,t)$, $\quad -\mathrm{i}\beta\omega(1+R) = -\mathrm{i}kF_x(1-R)$.
$R = 0$ bei $\beta = F_x/c$.

6.15 Links: $u(x) = \mathrm{e}^{\mathrm{i}k_1 x} + R\mathrm{e}^{-\mathrm{i}k_1 x}$. Rechts: $u(x) = T\mathrm{e}^{\mathrm{i}k_2 x}$, $k_2/k_1 = c_1/c_2 = \sqrt{\alpha}$.
Aus Stetigkeit von $u(x)$ und $u'(x)$ bei $x = 0$ folgt:
$R = (1-\sqrt{\alpha})/(1+\sqrt{\alpha})$, $\quad T = 2/(1+\sqrt{\alpha})$, $\quad P_\mathrm{T} = \mu_2\omega^2 T^2 c_2 = P_0\frac{4\sqrt{\alpha}}{1+2\sqrt{\alpha}+\alpha}$.
Derselbe Wert gilt auch im umgekehrten Fall ($\alpha \rightarrow 1/\alpha$).

6.16 Links: $u(x) = \mathrm{e}^{\mathrm{i}kx} + R\mathrm{e}^{-\mathrm{i}kx}$. Rechts: $u(x) = T\mathrm{e}^{\mathrm{i}kx}$.
Bei $x = 0$ ist $u(x)$ stetig und $F(u'_\mathrm{L} - u'_\mathrm{R}) = -m\omega^2 u$.
$T = 2\mathrm{i}/(2\mathrm{i} - \lambda)$, $\quad P_\mathrm{T} = P_0\frac{4}{4+\lambda^2}$, $\quad \lambda = m\omega c/F$.

6.17 $u''(x) + k^2 u(x) = 0$, $\quad k^2 = m\omega^2/Fl$, $\quad u_\mathrm{L} = A\sin kx$, $\quad u_\mathrm{R} = B\sin k(l-x)$.
Bei $x = l/2$ ist $u(x)$ stetig, $-\alpha m\omega^2 u_\mathrm{L} = F_x(u'_\mathrm{L} - u'_\mathrm{R})$.
I. $\sin kl = 0$, $\quad A = -B$, $\quad kl = n\pi$, $\quad n = 1, 2, \ldots$.
II. $A = B$, $\quad \tan(kl/2) = 2/\alpha kl$.

6.18 $u_i = A_i\sin kx_i$, $\quad i = 1, 2, 3$, $\quad u_i(a) = u_{i'}(a)$, $\quad \sum_{i=1}^{3} u'_i(a) = 0$.
Grundschwingung: $A_1 = A_2 = A_3$, $\quad ka = \pi/2$.

6.19 $c^2 = 1/fl$, $\quad k = \omega\sqrt{fl}$, $\quad U(x,t) = (A\mathrm{e}^{\mathrm{i}kx} + B\mathrm{e}^{-\mathrm{i}kx})e^{-\mathrm{i}\omega t}$,
$I(x,t) = (\mathrm{i}\omega l)^{-1}\partial U/\partial x = \sqrt{f/l}(A\mathrm{e}^{\mathrm{i}kx} - B\mathrm{e}^{-\mathrm{i}kx})e^{-\mathrm{i}\omega t}$.
$U(0,t) = RI(0,t)$, $\quad B/A = (R\sqrt{f/l}-1)/(R\sqrt{f/l}+1)$, $\quad P_\mathrm{R}/P_0 = (B/A)^2$.

6.20 Mit den Bezeichnungen aus Aufgabe 6.19 gilt am Kondensator:
$I(0,t) + C\frac{\partial}{\partial t}U(0,t) = 0 \Rightarrow B/A = (1 - \mathrm{i}\omega C\sqrt{l/f})/(1 + \mathrm{i}\omega C\sqrt{l/f})$.
An der Induktionsspule aber:
$U(0,t) + L\frac{\partial}{\partial t}I(0,t) = 0 \Rightarrow B/A = (1 - \mathrm{i}\omega L\sqrt{f/l})/(1 + \mathrm{i}\omega L\sqrt{f/l})$.

6.21 $\delta p = \delta p_0 u e^{-\mathrm{i}\omega t}$. In der Luft ($x < 0$) : $u(x) = \mathrm{e}^{\mathrm{i}k_1 x} + R\mathrm{e}^{-\mathrm{i}k_1 x}$.
Im Wasser ($x > 0$) : $u(x) = T\mathrm{e}^{\mathrm{i}k_2 x}$. $k_i = \omega/c_i = \omega\sqrt{\varrho_i\chi_i}$.
Bei $x = 0$ sind u und u'/ϱ stetig: $T = 2/(1+\lambda)$, $\quad \lambda = \varrho_1 c_1/\varrho_2 c_2 = 3.10^{-4}$,
$R = 1 - \lambda T$, $\quad j_\mathrm{T}/j_0 = 1 - R^2 = \frac{4\lambda}{(1+\lambda)^2} = 1,2.10^{-3}$.

6.22 In der Luft ($x < 0$) : $u(\boldsymbol{r}) = \exp(\mathrm{i}\boldsymbol{k}_1\cdot\boldsymbol{r}) + R\exp(\mathrm{i}\boldsymbol{k}'_1\cdot\boldsymbol{r})$, $\quad k_1 = k'_1 = \omega/c_1$.
Im Wasser ($x > 0$) : $u(\boldsymbol{r}) = T\exp(\mathrm{i}\boldsymbol{k}_2\cdot\boldsymbol{r})$, $\quad k_2 = \omega/c_2$.
Bei $x = 0$: $\exp(\mathrm{i}k_{1y}y) + R\exp(\mathrm{i}k'_{1y}y) = T\exp(\mathrm{i}k_{2y}y)$,
$(\mathrm{i}k_{1x}/\varrho_1)\exp(\mathrm{i}k_{1y}y) + R(\mathrm{i}k'_{1x}/\varrho_1)\exp(\mathrm{i}k'_{1y}y) = (\mathrm{i}k_{2x}/\varrho_2)T\exp(\mathrm{i}k_{2y}y)$.

$k_{1y} = k'_{1y} \Rightarrow \sin\alpha = \sin\beta, \ \ k_{2y} = k_{1y} \Rightarrow \sin\gamma/\sin\alpha = c_2/c_1$ (Snellius!).
R, T und j_{T}/j_0 wie in Aufgabe 6.21 mit $\lambda = (\varrho_1 c_1/\varrho_2 c_2)\cos\gamma/\cos\alpha$.

6.23 Druckamplituden: $u = e^{ikx} + Re^{-ikx}$ bei $x < 0$, und $u = Te^{ikx}$ bei $x > 0$.
Bei $x = 0$ ist die Beschleunigung der Membran (Flächendichte μ) und
der Luftteilchen gleich: $(ik/\varrho)(1 - R) = (ik/\varrho)T = (1 + R - T)/\mu$.
$T = 2/(2 + ik\mu/\varrho), \ \ j_{\mathrm{T}}/j_0 = |T|^2 = 4/(4 + k^2\mu^2/\varrho^2)$.
Schräger Einfall:
$x < 0: \ \ u(\boldsymbol{r}) = \exp(i\boldsymbol{k} \cdot \boldsymbol{r}) + R\exp(i\boldsymbol{k}' \cdot \boldsymbol{r})$,
$x > 0: \ \ u(\boldsymbol{r}) = T\exp(i\boldsymbol{k}'' \cdot \boldsymbol{r}), \ \ k = k' = k'' = \omega/c$.
Wellengleichung der Membran: $\mu\partial^2 w/\partial t^2 = \gamma\partial^2 w/\partial y^2 - \Delta p(0, y, t)$.
Bei $x = 0: \ \ (ik_x/\varrho)\exp(ik_y y) + (ik'_x/\varrho)R\exp(ik'_y y) = (ik''_x/\varrho)T\exp(ik''_y y)$,
$k_y = k'_y = k''_y, \ \ k_x = -k'_x = k''_x, \ \ w(y, t) = w_0\exp(ik_y y - i\omega t)$.
$1 - R = T = -(\varrho\omega^2/ik_x\delta p_0)w_0 = -(\varrho\omega^2/ik_x)(T - 1 - R)/(\mu\omega^2 - \gamma k_y^2)$.
$T = 2/[2 + (ik\mu\cos\alpha/\varrho c^2)(c^2 - c_{\mathrm{M}}^2\sin^2\alpha)], \ \ c_{\mathrm{M}} = \gamma/\mu$.

6.24 Erhaltung der Masse: $-\varrho_0 w = \varrho_1(v - w)$;
des Impulses: $p_0 + \varrho_0 w^2 = p_1 + \varrho_1(v - w)^2$;
der Energie: $-\varrho_0 w(c_p T_0 + \frac{1}{2}w^2) = \varrho_1(v - w)[c_p T_1 + \frac{1}{2}(v - w)^2]$.
Nach längerer Rechnung folgt $w = \frac{\gamma+1}{4}v + \sqrt{\frac{(\gamma+1)^2}{16}v^2 + c_0^2}$,
$c_0^2 = \gamma p_0/\varrho_0, \ \ \gamma = c_p/c_V, \ \ p_1 = p_0 + \varrho_0 wv$.

6.25 Die spezifische Entropie $s = c_V \ln(p/\varrho^\gamma) + \mathrm{const}$ vergrößert sich um
$\Delta s = c_V \ln(p_1/p_0) - c_p \ln(\varrho_1/\varrho_0) = c_V \ln(1 + \varrho_0 wv/p_0) + c_p \ln(1 - v/w)$. Für
eine kleine Machsche Zahl, $Ma = v/c_0 \ll 1$, bekommen wir in niedrigster
Ordnung: $\Delta s = \frac{\gamma^2-1}{12}c_p Ma^3$.

6.26 $\boldsymbol{D}_2 = \boldsymbol{D}_1, \ \ \boldsymbol{E}_2 = \epsilon^{-1}\boldsymbol{E}_1$.

6.27 $\boldsymbol{E}_2 = \boldsymbol{E}_1, \ \ \boldsymbol{D}_2 = \epsilon\boldsymbol{D}_1$.

6.28 $\Delta D_\perp = 0, \ \ \Delta E_\parallel = 0, \ \ \tan\theta_2 = (\epsilon_2/\epsilon_1)\tan\theta_1$.

6.29 $z < 0: \ \ \boldsymbol{E} = (0, E_0, 0)(e^{ikz} + Re^{-ikz})$,
$z > 0: \ \ \boldsymbol{E} = (0, E_0, 0)Te^{ik'z}, \ \ k' = k\sqrt{\epsilon}$.
$1 + R = T, \ \ 1 - R = T\sqrt{\epsilon}, \ \ j_R/j_0 = R^2 = (\sqrt{\epsilon} - 1)^2/(\sqrt{\epsilon} + 1)^2$.

6.30 Nach Aufgabe 5.59 ist $k' = k\sqrt{\epsilon + i/\epsilon_0\zeta\omega}$. Daraus wird die Relaxationslänge $l = (\mathrm{Im}\,k')^{-1} = k^{-1}\sqrt{2/\epsilon}[\sqrt{1 + 1/(\epsilon\epsilon_0\zeta\omega)^2} - 1]^{-1/2}$.

6.31 $k' = n\pi/h, \ \ n = 1, 2, \ldots$ Tiefste Frequenz: $\omega = \pi c/h = 9,4 \cdot 10^{10}\,\mathrm{s}^{-1}$.
Grenzwellenlänge: $\lambda = 2h$.
Bei TM Wellen ist $E_{0z} = E_0 \sin k'y$, bei TE Wellen aber $B_{0z} = B_0 \cos k'y$.

Entlang des Spaltes verhalten sich alle Feldkomponenten wie
$\exp[ik(x\cos\phi + z\sin\phi) - i\omega t]$ mit $k = \sqrt{\omega^2/c^2 - k'^2}$ und beliebigem ϕ.

6.32 Alle anderen Feldkomponenten, die durch Ableitungen von B_{0z} ausgedrückt werden, verschwinden.

6.33 Es gibt keine Welle, denn alle anderen Komponenten von $\boldsymbol{E}$ und $\boldsymbol{B}$ drücken sich durch die Ableitungen von B_z aus, so daß sie verschwinden.

Kapitel 7

7.1 Aus $u + \alpha\partial u/\partial n = 0$, $u = \phi, \psi$, folgt $[\ldots] = -\psi^*\phi/\alpha + \phi\psi^*/\alpha = 0$.

7.2 Nein; als Gegenbeispiel kann das Funktionenpaar x^2 und x^3 dienen.

7.3 $f(x,y) = \sum_{m,n} A_{mn} \sin\frac{m\pi x}{a} \sin\frac{n\pi y}{a}$, $m,n = 1,2,\ldots$,
$A_{mn} = \frac{4}{a^2} \int_0^a \int_0^a f(x,y) \sin\frac{m\pi x}{a} \sin\frac{n\pi y}{a} \, \mathrm{d}x \, \mathrm{d}y$.

7.4 $A_{mn} = \frac{4}{\pi^2 mn}(1 - \cos m\pi)(1 - \cos n\pi) = \frac{16}{\pi^2 mn}$, wenn m,n beide ungerade, sonst $A_{mn} = 0$.

7.5 Die Knotenlinie genügt der Gleichung $\alpha\cos(\pi x/a) + \beta\cos(\pi y/a) = 0$. Bei $\alpha = \pm\beta$ enstehen daraus die Diagonalen $x + y = a$ bzw. $x = y$.

7.6 $u^\pm = 2^{-1/2}(u_{12} \pm u_{21})$, $\langle u^+|u^-\rangle = \langle u_{12}|u_{12}\rangle - \langle u_{21}|u_{21}\rangle = 0$.

7.7 Verlangte Kombination $\propto u_{13} + u_{31}$. Knotenlinie durch $\cos^2(\pi x/a) + \cos^2(\pi y/a) = 1/2$ gegeben.

7.8 $\omega_{mn} = (c\pi/a)\sqrt{m^2 + (a/b)^2 n^2} \equiv (c\pi/a)\sqrt{q_{m,n}}$, $m,n = 1,2,\ldots$
Einfache Eigenfrequenzen: $q_{1,1} = 5$, $q_{2,1} = 8$, $q_{1,2} = 17,\ldots$
Doppelte Eigenfrequenzen: $q_{2,2} = q_{4,1} = 20$, $q_{2,3} = q_{6,1} = 40$, $q_{4,3} = q_{6,2} = 52$, $q_{7,2} = q_{1,4} = 65,\ldots$
Mehrfache Eigenfrequenzen: $q_{14,1} = q_{10,5} = q_{2,7} = 200$, $q_{16,1} = q_{14,4} = q_{2,8} = q_{8,7} = 260,\ldots$

7.9 $\omega_{mnp} = \frac{c\pi}{a}\sqrt{m^2 + n^2 + p^2}$, $m,n,p = 0,1,2,\ldots$, $m + n + p > 0$.
Wegen Symmetrie sind die Frequenzen meistens sechsfach (wenn alle „Quantenzahlen" verschieden) oder dreifach (wenn $m = n \neq p$). Die einfachen sind vom Typus ω_{mmm}. Es gibt auch zufällige Multiplizitäten, z.B. die neunfache $\omega_{014} = \omega_{223} = \sqrt{17}\omega_{001}$.

7.10 Mit Hilfe des Resultats von Aufgabe 7.4 ist
$u = -\frac{16}{\pi^2}\frac{\Delta p}{\gamma} \sum'_{mn} \sin\frac{m\pi x}{a} \sin\frac{n\pi y}{a}/mn(k^2 - k_{mn}^2)$, $k = \alpha k_{11} = 0,9\pi\sqrt{2}/a$.
$u(\frac{a}{2},\frac{a}{2}) = \frac{16}{\pi^4}a^2\frac{\Delta p}{\gamma} \sum' \sin\frac{m\pi}{2} \sin\frac{n\pi}{2}/mn(m^2 + n^2 - 2\alpha^2) = 0,4219\,a^2\Delta p/\gamma =$

$0,844\,\mathrm{cm}$.
Hier und im folgenden soll $\sum'$ eine Summe über ungerade Werte der Indizes bedeuten.

7.11 Mit $\alpha = 0$ folgt aus dem Resultat der Aufgabe 7.10:
$u(\frac{a}{2}, \frac{a}{2}) = 0,07367\,a^2\Delta p/\gamma = 1,473\,\mathrm{cm}$.
$\int_0^a \int_0^a u(x,y)\,\mathrm{d}x\,\mathrm{d}y = \frac{64}{\pi^6}a^4\frac{\Delta p}{\gamma}\sum'[m^2n^2(m^2+n^2)]^{-1} = 0,03514\,a^4\frac{\Delta p}{\gamma} = 70,28\,\mathrm{cm}^3$.

7.12 $\nabla^2 u = -\frac{F_0}{a\gamma}\delta(x-\frac{a}{2})$, $\quad \langle u_{mn}|\delta(x-\frac{a}{2})\rangle = \frac{4}{\pi n}\sin\frac{m\pi}{2}$.
$u(\frac{a}{2}, \frac{a}{2}) = \frac{8}{\pi^3}\frac{F_0}{\gamma}\sum'_{mn}\sin\frac{n\pi}{2}/n(m^2+n^2) = 0,1688\,F_0/\gamma = 1,688\,\mathrm{cm}$.

7.13 $\nabla^2 v = -p'/\eta$, $\quad v = \frac{16}{\pi^4}a^2\frac{p'}{\eta}\sum'_{m,n}\sin\frac{m\pi x}{a}\sin\frac{n\pi y}{a}/mn(m^2+n^2)$.
$\Phi_V = \frac{64}{\pi^6}a^4\frac{p'}{\eta}\sum'[m^2n^2(m^2+n^2)]^{-1} = 0,03514a^4\frac{p'}{\eta} = \overline{v}a^2$.
$v(\frac{a}{2}, \frac{a}{2}) = 0,07367a^2\frac{p'}{\eta} = 2,097\,\overline{v}$. (Vergleiche zwei Aufgaben zuvor)

7.14 $\nabla^2 T = -\zeta I^2/\lambda a^2 b^2 = -q/\lambda$. Wie früher gilt
$T(\frac{a}{2}, \frac{b}{2}) = \frac{16}{\pi^4}(qb^2/\lambda)\sum'_{mn}\sin\frac{m\pi}{2}\sin\frac{n\pi}{2}/mn(b^2m^2/a^2+n^2) = 0,12490\,qb^2/\lambda = 5,65\cdot 10^{-4}\,°\mathrm{C}$.
Eindimensionale Approximation: $\frac{\mathrm{d}^2 T}{\mathrm{d}y^2} = -q/\lambda$, $\quad T(\frac{b}{2}) = \frac{1}{8}qb^2/\lambda$.

7.15 $\nabla^2 T = -P/\lambda a^3$,
$T - T_0 = \frac{64}{\pi^5}\frac{P}{a\lambda}\sum'_{mnp}\sin\frac{m\pi x}{a}\sin\frac{n\pi y}{a}\sin\frac{p\pi z}{a}/mnp(m^2+n^2+p^2)$.
$T(\frac{a}{2}, \frac{a}{2}) - T_0 = 0,05621\frac{P}{a\lambda} = 7,03\,\mathrm{K}$.

7.16 $(c_{\mathrm{ph}})_{mn} \equiv c_{mn} = \omega/\sqrt{\omega^2/c^2 - k'^2_{mn}} = c/\sqrt{1-(\lambda/2a)^2(m^2+a^2n^2/b^2)}$.
TE-Wellen: $c_{10} = 1,020\,c$, $\quad c_{20} = c_{01} = 1,088\,c$, $\quad c_{30} = 1,239\,c$, $\quad c_{40} = c_{02} = 1,622\,c$, $\quad c_{50} = 5,657\,c$.
TM und TE-Wellen: $c_{11} = 1,114\,c$, $\quad c_{21} = 1,204\,c$, $\quad c_{31} = 1,420\,c$, $\quad c_{12} = 1,712\,c$, $\quad c_{22} = c_{41} = 2,108\,c$, $\quad c_{32} = 5,657\,c$.

7.17 $u(x,t) = (4a^2 IB/\pi^3 F_x)\sum'\sin\frac{n\pi x}{a}\cos\frac{n\pi ct}{a}/n^3$.
Die ganze Saite geht durch Ruhelage bei $t = a/2c$.

7.18 Nach dem Resultat der Aufgabe 7.11 ist
$u(x,y,t) = \frac{16}{\pi^4}a^2\frac{\Delta p}{\gamma}\sum'\sin\frac{m\pi x}{a}\sin\frac{n\pi y}{a}\cos(\frac{\pi ct}{a}\sqrt{m^2+n^2})/mn(m^2+n^2)$.

7.19 $T(x,y,z,t) = \frac{64}{\pi^3}T_0\sum'\sin\frac{m\pi x}{a}\sin\frac{n\pi y}{a}\sin\frac{p\pi z}{a}\exp[-(m^2+n^2+p^2)t/\tau]/mnp$.
Nach langer Zeit ist $T \approx \frac{64}{\pi^3}T_0\sin\frac{\pi x}{a}\sin\frac{\pi y}{a}\sin\frac{\pi z}{a}\exp(-3t/\tau)$.
Längste Relaxationszeit: $\tau/3 = a^2\varrho c_p/3\pi^2\lambda = 150\,\mathrm{s}$.
$t(1°C) = (\tau/3)\ln(64T_0/\pi^3 T_1) = 800\,\mathrm{s}$.

7.20 $\langle u_n | c(x,0) \rangle = c_0 \sqrt{2/a} \int_0^{a/2} \cos\frac{n\pi x}{a}\,\mathrm{d}x = c_0(\sqrt{2a}/n\pi)\sin\frac{n\pi}{2}$.
$c(x,t) = c_0/2 + (2c_0/\pi)\sum' \frac{1}{n}\sin\frac{n\pi}{2}\cos\frac{n\pi x}{a}\exp(-n^2\pi^2 Dt/a^2)$.
$m(x > a/2)/m_0 = (2/ac_0)\int_{a/2}^a c(x,t)\,\mathrm{d}x = \frac{1}{2} - \frac{4}{\pi^2}\sum'\frac{1}{n^2}\exp(-n^2\pi^2 Dt/a^2)$,
$\pi^2 Dt/a^2 = 0,370$, $m(x > a/2)/m_0 = 0,2184$.

7.21 $\frac{\partial c}{\partial t} + \overline{v}\frac{\partial c}{\partial x} = D\frac{\partial^2 c}{\partial x^2}$, $c(x,0) = (m/S)\delta(x)$.
$c(x,t) = (m/S)(4\pi Dt)^{-1/2}\exp[-(x - \overline{v}t)^2/4Dt]$.

7.22 $v(x,t \to \infty) = v_0 x/a = -\frac{2}{\pi}v_0\sum_{n=1}^\infty \frac{(-1)^n}{n}\sin\frac{n\pi x}{a}$.
$v(x,t) = -\frac{2}{\pi}v_0\sum\frac{(-1)^n}{n}\sin\frac{n\pi x}{a}[1 - \exp(-n^2\pi^2\eta t/a^2\varrho)]$.

7.23 $G(x,x_0) = \begin{cases} x(a - x_0)/a & \text{wenn } x < x_0, \\ x_0(a - x)/a & \text{wenn } x > x_0. \end{cases}$

7.24 $G(x,x_0) = \frac{2a}{\pi^2}\sum_{n=1}^\infty \frac{1}{n^2}\sin\frac{n\pi x}{a}\sin\frac{n\pi x_0}{a}$.

7.25 $U(\frac{a}{2},\frac{a}{2}) = \frac{1}{4}U_0 = 25\,\mathrm{V}$.

7.26 $U(r,z) = \frac{\sigma}{4\pi\epsilon_0}\int_0^R\int_0^{2\pi} r'\mathrm{d}r'\mathrm{d}\phi/\sqrt{r'^2 + r^2 - 2rr'\cos\phi + z^2}$.
$U(0,z) = \frac{\sigma}{2\epsilon_0}\int_0^R r'\mathrm{d}r'/\sqrt{r'^2 + z^2} = \frac{\sigma}{2\epsilon_0}(\sqrt{R^2 + z^2} - z)$.

7.27 $T(x,t) = T_1 + (T_2 - T_1)\int_0^\infty \frac{1}{\sqrt{4\pi Dt}}\exp[-\frac{(x-x')^2}{4Dt}]\,\mathrm{d}x' =$
$\frac{T_1+T_2}{2} + \frac{T_2-T_1}{2}\,\mathrm{erf}\frac{x}{\sqrt{4Dt}}$.

7.28 Die Drähte (Dicke $2r_1 \ll r_0$) laufen bei $x = \pm a$.
$U(x,y) = (U_0/\ln\frac{r_1}{r_0})\mathrm{Re}\,(\ln\frac{z-a}{r_0} + \ln\frac{z+a}{r_0} - \ln\frac{z-r_0^2/a}{r_0} - \ln\frac{z+r_0^2/a}{r_0}) =$
$(U_0/2\ln\frac{r_1}{r_0})\ln\frac{(x^2+y^2+a^2)^2 - 4a^2x^2}{(x^2+y^2+r_0^4/a^2)^2 - 4x^2r_0^4/a^2}$.
Für $r \equiv |z| \ll a$ gilt $U(r,\phi) \approx (U_0/\ln\frac{r_1}{r_0})(4\ln\frac{a}{r_0} - \frac{r_0^4 - a^4}{r_0^4 a^2}r^2\cos 2\phi)$.
Hier und im folgenden ist $z = x + \mathrm{i}y$.

7.29 $U = (\Phi_V/2\pi h)(\ln|\boldsymbol{r} - \boldsymbol{r_1}| - \ln|\boldsymbol{r} - \boldsymbol{r_2}|)$, $\boldsymbol{v} = (\Phi_V/2\pi h)(\frac{\boldsymbol{r} - \boldsymbol{r_1}}{|\boldsymbol{r} - \boldsymbol{r_1}|^2} - \frac{\boldsymbol{r} - \boldsymbol{r_2}}{|\boldsymbol{r} - \boldsymbol{r_2}|^2})$;
$h = $ Spaltbreite.

7.30 Seien die Wände bei $x = \pm a$, $y = \pm a$. Die Singularitäten des doppeltperiodischen Potentials $U(x,y)$ zeigen, das man es als Superposition zweier elliptischer Funktionen der Form $\ln\mathrm{sn}$ darstellen kann. Das Grundrechteck dieser elliptischen Funktion mit den Seiten $4K$ und $2\mathrm{i}K'$ entspricht der Zelle mit den Seiten $8a$ und $4\mathrm{i}\,a$. Daraus folgt $K'/K = 1$ und (Abramowitz & Stegun, Table 17.3 (s. Anhang C)) $k^2 = 0,5$, $K = K' = 1,854$. Demnach ist
$U(x,y) = \mathrm{Re}\,A[\ln\mathrm{sn}(K\frac{z}{2a},k) - \ln\mathrm{sn}(K\frac{z-2a}{2a},k)]$.
Aus der Randbedingung $U_{r=r_0} = U_0$ folgt $A = U_0/\ln\mathrm{sn}(Kr_0/2a,k)$, für dünnen Stab ($2r_0 \ll a$).

7.31 Das Temperaturfeld ist mit derselben Funktion $T = U(x, y)$ wie in Aufgabe 7.30 beschrieben. Die Konstante A folgt aus dem Gaußschen Gesetz:
$$2\pi r_0 \lambda \frac{\partial T}{\partial r}\big|_{r_0} = - P/l, \quad A = - P/2\pi l\lambda.$$

7.32 Geschwindigkeitspotential:
$$U(x, y) = A\,\mathrm{Re}\left[\ln \mathrm{dn}(K\tfrac{z-a/2+ia/2}{2a}, k) - \ln \mathrm{dn}(K\tfrac{z+a/2+ia/2}{2a})\right],$$
$$A = - \Phi_V/2\pi h, \quad K'/K = 0,25 \Rightarrow k^2 \approx 1 - 5,58 \cdot 10^{-5}, \quad K \approx 2\pi.$$

7.33 Seien die Wände bei $x = \pm a$, $y = \pm a$. Die beiden mit den geerdeten Elektroden seien parallel zur x-Achse. Man findet
$$U(x, y) = U_0 \mathrm{Re}\left[\ln \mathrm{sn}(Kz/a, k)/\ln \mathrm{sn}(Kr_0/a, k)\right],$$
$K'/K = 2$, $k^2 = 0,02944$, $K = 1,5785$. Entlang der Stromlinien ist der Imaginärteil der angegebenen Funktion konstant.

7.34 $F = - e^2/4\pi\epsilon_0(2a)^2$.

7.35 $U = \frac{e}{4\pi\epsilon_0}\left[\frac{1}{\sqrt{r^2+a^2-2ar\cos\theta}} - \frac{R/a}{\sqrt{r^2+R^4/a^2-2r(R^2/a)\cos\theta}} + \frac{R}{ar}\right]$,

$\sigma(\theta) = - \epsilon_0 \frac{\partial U}{\partial r}\big|_{r=R} = (e/4\pi R)\left[\frac{1}{a} + \frac{a^2-R^2}{(a^2+R^2-2aR\cos\theta)^{3/2}}\right]$,

$\cos\theta = \frac{1+R^2/a^2-(1-R^2/a^2)^{2/3}}{2R/a}$.

7.36 Geerdete Kugel: $F = - \frac{e^2}{4\pi\epsilon_0}\frac{aR}{(a^2-R^2)^2}$.
Ungeladene Kugel: $F = - \frac{e^2}{4\pi\epsilon_0}\left[\frac{aR}{(a^2-R^2)^2} - \frac{R}{a^3}\right]$.

7.37 $U = \frac{e}{4\pi\epsilon_0}\left[\frac{1}{|\mathbf{r}-\mathbf{a}|} - \frac{R/a}{|\mathbf{r}-(R/a)^2\mathbf{a}|}\right]$, $F = \frac{e^2 aR}{4\pi\epsilon_0(R^2-a^2)^2}$.

7.38 $\theta_2(v, \kappa) = (\kappa)^{-1/2} \sum_{-\infty}^{\infty}(-1)^n \exp[-\pi(v-n)^2/\kappa]$.

Kapitel 8

8.1 $u_{ms} = J_m(k_{ms}r)\{\sin, \cos\}(m\phi)$, $J_m(k_{ms}r_0) = 0$, $k_{ms} = \xi_{ms}/r_0$.
$\omega_{ms} = ck_{ms} = (\xi_{ms}/r_0)\sqrt{\gamma/\mu}$, $\nu_{ms} = (15,9\,\mathrm{Hz})\,\xi_{ms}$ (μ =Flächendichte).
Grundfrequenz: $\xi_{01} = 2,405$, $\nu = 38,2\,\mathrm{Hz}$.
$\xi_{11} = 3,382$, $\xi_{21} = 5,136$, $\xi_{02} = 5,520$, $\xi_{31} = 6,380$, $\xi_{12} = 7,016$.

8.2 $t = 0:$ $\nabla^2 u(r, 0) = \frac{\Delta p}{\gamma} = \sum_{s=1}^{\infty} A_s J_0(k_{0s}r)$, $A_s = 2\frac{\Delta p}{\gamma}[\xi_{0s} J_1(\xi_{0s})]^{-1}$.
$u(r, 0) = \sum_s (A_s/k_{0s}^2)J_0(k_{0s}r) = 2\frac{\Delta p r_0^2}{\gamma}\sum_s J_0(k_{0s}r)/\xi_{0s}^3 J_1(\xi_{0s})$.
In der Mitte: $u(0, 0) = 0,25\,r_0^2 \Delta p/\gamma$.
$u(r, t) = 2\frac{\Delta p r_0^2}{\gamma}\sum_s J_0(k_{0s}r)e^{-i\omega_{0s}t}/\xi_{0s}^3 J_1(\xi_{0s})$.
Energien der Eigenschwingungen:
$W_s = \frac{1}{2}\mu A_s^2 \omega_{0s}^2 \int_0^{r_0} u_{0s}^2(r)2\pi r\,dr = 2\pi(\Delta p)^2/\gamma k_{0s}^4$.
Ihre Summe, $\sum_s W_s = [2\pi r_0^4(\Delta p)^2/\gamma]\sum_{s=1}^{\infty}\xi_{0s}^{-4} = 0,196 r_0^4(\Delta p)^2/\gamma$,

stimmt überein mit der Anfangsenergie
$$W = \gamma \int_0^{r_0} 2\pi r\, dr(\sqrt{1 + u'^2} - 1) \approx \pi\gamma \int_0^{r_0} u'^2 r\, dr = \tfrac{\pi}{16} r_0^4 (\Delta p)^2/\gamma.$$

8.3 $u(r,t) = (2r_0^2 \Delta p/\gamma) \sum (\xi_{0s}^2 - \tfrac{9}{16}\xi_{01}^2)^{-1} \dfrac{J_0(\xi_{0s}r/r_0)}{\xi_{0s} J_1(\xi_{0s})} e^{-i\omega t}, \quad \omega = \tfrac{3}{4} c \xi_{01}/r_0.$

8.4 $u_{ms}(r,\phi) = J_m(\xi'_{ms}r/r_0)\{\sin, \cos\}(m\phi), \quad J'_m(\xi'_{ms}) = 0.$
$\nu_{ms} = \dfrac{c}{2\pi r_0}\xi'_{ms} = (1050\,\text{Hz})\,\xi'_{ms}.$
Grundfrequenz: $\xi'_{11} = 1,841, \quad \nu_{11} = 1933\,\text{Hz}.$
$\xi'_{21} = 3,054, \quad \xi'_{01} = 3,832, \quad \xi'_{31} = 4,201, \quad \xi'_{41} = 5,318, \quad \xi'_{12} = 5,331.$

8.5 $(\omega/c_0)^2 = k_z^2 + (\xi/r_0)^2, \quad c_{\text{ph}} = \omega/k_z = c_0/\sqrt{1 - (\xi\lambda_0/2\pi r_0)^2}.$
TM-Wellen: $J_m(\xi_{ms}) = 0,$

ms	01	11	21	02
ξ_{ms}	2,405	3,832	5,136	5,520
c_{ph}/c_0	1,082	1,262	1,736	2,093
c_{g}/c_0	0,924	0,7925	0,576	0,478.

TE-Wellen: Die Bedingung $J'_m(\xi'_{ms}) = 0$ gibt fortschreitende Wellen für
die sechs ξ'-Werte aus Aufgabe 8.4.
Grenzwellenlänge $\lambda_{\max} = 2\pi r_0/\xi_{01} = 2,61\,\text{cm}.$ Die Welle mit $\lambda_0 = 1,1\,\lambda_{\max}$ klingt mit Relaxationslänge $\frac{1}{2\pi}(\lambda_{\max}^{-2} - \lambda^{-2})^{-1/2} = 1\,\text{cm}$ ab.

8.6 $u(r) = AJ_0(kr) + BN_0(kr).$ Aus $u(r_1) = u(r_2) = 0$ folgt
$J_0(kr_1)N_0(kr_2) - J_0(kr_2)N_0(kr_1) = 0, \quad kr_2 = 4,096.$
$\nu = (k/2\pi)\sqrt{\gamma/\mu} = 364\,\text{Hz}$ (Abramowitz & Stegun, Table 9.7, s. Anhang C).

8.7 $\omega/\omega_0 = \xi_{\frac{1}{2},1}/\xi_{01} = \pi/2,405 = 1,306.$

8.8 $T(r,t) = \sum A_s J_0(k_{0s}r)\exp(-Dk_{0s}^2 t), \quad k_{0s}r_0 = \xi_{0s}, \quad A_s = 2T_0/\xi_{0s}J_1(\xi_{0s}).$
Nach langer Zeit: $T(r,t) \asymp A_1 J_0(\xi_{01}r/r_0)\exp(-Dk_{01}^2 t).$
Daraus: $t \approx (Dk_{01}^2)^{-1}\ln[2T_0/T\xi_{01}J_1(\xi_{01})] = 19,4\,\text{h}.$

8.9 $\nu_{msl} = \dfrac{c}{2\pi r_0}[\xi'^2_{ms} + (\tfrac{l\pi}{2})^2]^{1/2}, \quad \nu_{001} = \dfrac{c}{2\pi r_0}\tfrac{\pi}{2} = 1,70\,\text{kHz}.$
$\nu_{110} = 2,00\,\text{kHz}, \quad \nu_{111} = 2,62\,\text{kHz}, \quad \nu_{210} = 3,30\,\text{kHz},$
$\nu_{002} = 3,40\,\text{kHz}, \quad \nu_{211} = 3,72\,\text{kHz}, \quad \nu_{112} = 3,95\,\text{kHz}.$

8.10 $T(r,\phi,0) = T_0 + \dfrac{\Delta T}{2}\sum_{ms} A_{ms} J_m(k_{ms}r)\sin m\phi, \quad k_{ms} = \xi'_{ms}/r_0,$
$m = 1,3,5,\ldots, \quad s = 1,2,3,\ldots$
$A_{ms} = \int_0^1 J_m(\xi_{ms}x)\,x\,dx \int_0^\pi \sin m\phi\,d\phi / \int_0^1 J_m^2(\xi_{ms}x)\,x\,dx \int_0^\pi \sin^2 m\phi\,d\phi.$
$T(r,\phi,t) = T_0 + \dfrac{\Delta T}{2}\sum_{ms} A_{ms} J_m(k_{ms}r)\sin m\phi \exp(-k_{ms}^2 Dt).$
Längste Relaxationszeit: $\tau = r_0^2/D\xi'^2_{11}, \quad \xi'_{11} = 1,841.$

8.11 $T(r,t) = \sum [A_s J_0(k_s r) + B_s N_0(k_s r)]e^{-Dk_s^2 t}, \quad \frac{\partial}{\partial r}T(r_1,t) = 0, \quad T(r_2,t) = 0.$
$J_1(k_s r_1)N_0(k_s r_2) - N_1(k_s r_1)J_0(k_s r_2) = 0.$
Längste Relaxationszeit $\tau = 1/k_1^2 D, \quad k_1 r_2 = 3,583.$

(Abramowitz & Stegun, Table 9.7, siehe auch Sect. 9.12, Example 6, Anhang C).

8.12　$\frac{\partial \boldsymbol{v}}{\partial t} = -\frac{\eta}{\varrho} \nabla \times \nabla \times \boldsymbol{v}, \quad v_\phi \asymp u(r)\mathrm{e}^{-\beta t}.$
$u'' + u'/r + (k^2 - 1/r^2)u = 0, \quad u \propto J_1(kr), \quad \beta = \frac{\eta}{\varrho}k^2 = \frac{\eta}{\varrho}\xi_{11}^2/r_0^2.$

8.13　Membran mit Masse: $\gamma\nabla^2 u(r) + \mu\omega^2 u(r) = 0, \quad \mu = m_0/\pi(r_2^2 - r_1^2).$
$u(r) = AJ_0(kr) + BN_0(kr), \quad 2\pi r_1\gamma u'(r_1) = -m_0\omega^2 u(r_1), \quad u(r_2) = 0.$
$N_0(kr_2)[J_0(kr_1) - \alpha J_1(kr_1)] - J_0(kr_2)[N_0(kr_1) - \alpha N_1(kr_1)] = 0.$
$\alpha = 2\pi k r_1\gamma/m_0\omega^2 = 2r_1/k(r_2^2 - r_1^2).$
Die niedrigste Lösung $kr_1 = 0,2887$ gibt $\omega^2 = 3,93\,\gamma/m_0.$
Sehr leichte Membran: $\nabla^2 u = 0, \quad u(r) = A + B\ln r,$
$\omega^2 = 2\pi\gamma/m_0\ln(r_2/r_1) = 4,53\,\gamma/m_0.$

8.14　$\nabla^2 v(r, \phi) = -p'/\eta = -\frac{p'}{\eta}\sum_{ms}A_{ms}J_m(\xi_{ms}r/r_0)\sin m\phi, \quad m$ ungerade.
Ähnlich wie in Aufgabe 8.10 ist
$A_{ms} = \frac{4}{m\pi}\int_0^1 J_m(\xi_{ms}x)\,x\,\mathrm{d}x / \int_0^1 J_m^2(\xi_{ms}x)\,x\,\mathrm{d}x.$
$v(r, \phi) = \frac{p'r_0^2}{\eta}\sum_{ms}(A_{ms}/\xi_{ms}^2)J_m(\xi_{ms}r/r_0)\sin m\phi.$
$\Phi_V = \frac{8r_0^4 p'}{\pi\eta}\sum_{ms}\frac{1}{m^2}[\int_0^1 J_m(\xi_{ms}x)x\,\mathrm{d}x]^2 / \int_0^1 J_m^2(\xi_{ms}x)x\,\mathrm{d}x = 0,0743\frac{p'r_0^4}{\eta}.$

8.15　$t = 0: \quad \nabla^2 v(r, 0) = -p'/\eta, \quad v(r, 0) = \frac{2p'r_0^2}{\eta}\sum_s J_0(\xi_{0s}r/r_0)/\xi_{0s}^3 J_1(\xi_{0s}).$
$v(r, t) = \frac{2p'r_0^2}{\eta}\sum_s J_0(\xi_{0s}r/r_0)\exp(-D\xi_{0s}^2 t/r_0^2)/\xi_{0s}^3 J_1(\xi_{0s}).$
$\Phi_V(10\,\tau_1)/\Phi_V(0) = (32/\xi_{01}^4)\mathrm{e}^{-10} = 4,34\cdot 10^{-5}.$

8.16　$T(r, t) = T_0\sum_s A_s j_0(k_s r)\exp(-k_s^2 Dt), \quad k_s r_0 = \eta_{0s} = s\pi, \quad \tau_s = 1/k_s^2 D.$
$A_s = \int_0^{r_0} j_0(k_s r)\,r^2\,\mathrm{d}r / \int_0^{r_0} j_0^2(k_s r)\,r^2\,\mathrm{d}r = \int_0^{s\pi} x\sin x\,\mathrm{d}x / \int_0^{s\pi}\sin^2 x\,\mathrm{d}x = $
$2\cdot(-1)^{s+1}.$　Nach $10\tau_1: \quad T = 2T_0\mathrm{e}^{-10} = 9,1\cdot 10^{-5}T_0.$

8.17　$\Delta T(r, \theta, t) = \Delta T_0\sum_{ls}A_{ls}j_l(k_{ls}r)P_l(\cos\theta)\exp(-k_{ls}^2 Dt), \quad j_l'(k_{ls}r_0) = 0.$
$A_{ls} = \int_0^{r_0} j_l(k_{ls}r)r^2\,\mathrm{d}r \int_0^1 P_l(\mu)\,\mathrm{d}\mu / \int_0^{r_0} j_l^2(k_{ls}r)r^2\,\mathrm{d}r \int_0^1 P_l^2(\mu)\,\mathrm{d}\mu.$
$k_{11}r_0 = 2,08, \quad \tau_1 = 1/Dk_{11}^2.$ Nach $5\,\tau_1: \Delta T/\Delta T_0 = 2A_{11}\mathrm{e}^{-5} = 0,051.$

8.18　$j_l'(k_{ls}r_0) = 0, \quad k_{ls} = \eta_{ls}'/r_0, \quad \nu_{ls} = \eta_{ls}'c/2\pi r_0.$
$\eta_{11}' = 2,082, \quad \eta_{21}' = 3,342, \quad \eta_{01}' = 4,493, \quad \eta_{31}' = 4,514,$
$\eta_{41}' = 5,467, \quad \eta_{12}' = 5,940, \quad \eta_{51}' = 6,756, \quad \eta_{22}' = 7,290.$

8.19　$u(r, t) = u_0\mathrm{e}^{-\mathrm{i}\omega t}h_0^{(1)}(kr)/h_0^{(1)}(kr_0), \quad k = \omega/c.$
$P = \frac{1}{2}c\varrho|\dot{u}|^2\cdot 4\pi r^2 = 2\pi c\varrho\omega^2 u_0^2 r_0^2 = 2,6\,\mu\mathrm{W}.$

8.20　$u(r, \theta) = \mathrm{e}^{\mathrm{i}kz} + u_s = \sum(2l + 1)\mathrm{i}^l j_l(kr)P_l(\cos\theta) + \sum A_l\mathrm{i}^l h_l^{(1)}P_l(\cos\theta),$
$u(r_0, \theta) = 0 \Rightarrow A_l = -(2l + 1)j_l(kr_0)/h_l^{(1)}(kr_0).$
Wenn $kr_0 \ll 1$, gibt der leitende Term $A_0 \approx -\mathrm{i}kr_0: \quad \frac{\mathrm{d}\sigma}{\mathrm{d}\Omega} = r_0^2, \quad \sigma = 4\pi r_0^2.$

8.21 Mit dem Ansatz aus Aufgabe 8.20 und $\frac{\partial}{\partial r}u(r_0,\theta) = 0$ folgt
$A_l = -(2l+1)j_l'(kr_0)/h_l'(kr_0)$, $\ A_0 \approx (kr_0)^3/3\mathrm{i}$, $\ A_1 \approx -(kr_0)^3/2\mathrm{i}$.
$\frac{\mathrm{d}\sigma}{\mathrm{d}\Omega} \approx (k^4 r_0^6/9)(1 - \frac{3}{2}\cos\theta)^2$, $\ \sigma \approx \frac{7\pi}{9}k^4 r_0^6 = \frac{7}{9}(2\pi r_0/\lambda)^4 \pi r_0^2 = 0,0194\pi r_0^2$.

8.22 $\nabla^2 \boldsymbol{A} - \frac{1}{c^2}\frac{\partial^2 \boldsymbol{A}}{\partial t^2} = -\mu_0 \boldsymbol{j}$, $\ A_z = C H_0^{(1)}(kr)\mathrm{e}^{-\mathrm{i}\omega t}$,
$\boldsymbol{E} = \mathrm{i}\omega \boldsymbol{A}$, $\ B_\phi = \partial A_z/\partial r = -CkH_1^{(1)}(kr)\mathrm{e}^{-\mathrm{i}\omega t}$.
Aus dem Ampèreschen Gesetz folgt: $C = \mu_0 I_0/4\mathrm{i}$.
Mittlere von der Drahtlänge l ausgestrahlte Leistung: $\overline{P} = \frac{1}{8}l\mu_0\omega I_0^2$.

8.23 Nach Aufgabe 5.36 gilt $\nabla^2 U = k^2 U$, $\quad U = U_0 I_0(kr)/I_0(kr_0)$, $\quad k = \sqrt{\frac{\zeta_0}{\zeta_1 h_0 h_1}}$.
$U(0) = U_0/I_0(kr_0)$.

8.24 Ähnlich wie in Aufgabe 8.23 bekommen wir $U = U_0 K_0(kr)/K_0(kr_1)$.

8.25 $T(r,t) = u(r)\mathrm{e}^{-\mathrm{i}\omega t}$, $\ \nabla^2 u + \frac{\mathrm{i}\omega}{D}u = 0$, $\ u = T_0 J_0(r\sqrt{\mathrm{i}\omega/D})/J_0(r_0\sqrt{\mathrm{i}\omega/D})$.
$T(0,t) \approx T_0\mathrm{e}^{-\mathrm{i}\omega t}\mathrm{e}^{\mathrm{i}\delta}/\sqrt{1 + (\omega r_0^2/4D)^2}$, $\ \delta = \arctan(\omega r_0^2/4D)$.

8.26 $T(r,t) = T_0 j_0(r\sqrt{\mathrm{i}\omega/D})\mathrm{e}^{-\mathrm{i}\omega t}/j_0(r_0\sqrt{\mathrm{i}\omega/D})$,
$T(0,t) = T_0\mathrm{e}^{-\mathrm{i}\omega t}r_0\sqrt{\mathrm{i}\omega/D}/\sin(r_0\sqrt{\mathrm{i}\omega/D}) \approx T_0\mathrm{e}^{-\mathrm{i}\omega t}\mathrm{e}^{\mathrm{i}\delta}/\sqrt{1 + (\omega r_0^2/6D)^2}$,
$\delta = \arctan(\omega r_0^2/6D)$.

8.27 Mit $j = u(r)\mathrm{e}^{-\mathrm{i}\omega t}$ folgt wie in Aufgabe 5.60:
$u(r) = A J_0(\sqrt{\mathrm{i}}\kappa r)$, $\ \kappa = \sqrt{\omega\mu\mu_0/\zeta} = 6,82\,\mathrm{mm}^{-1}$, $\ \xi_0 = \kappa r_0 = 1,704$.
$I_0 = \int u\,\mathrm{d}S \Rightarrow A = \sqrt{\mathrm{i}}\kappa I_0/2\pi r_0 J_1(\sqrt{\mathrm{i}}\xi_0)$.
$P/l = \int |\zeta j^2|\,\mathrm{d}S = \frac{1}{2}(\zeta I_0^2/\pi r_0^2)|J_1(\sqrt{\mathrm{i}}\xi_0)|^{-2}\int_0^{\xi_0}|J_0(\sqrt{\mathrm{i}}\xi)|^2\xi\,\mathrm{d}\xi =$
$(P_0/l)(\xi_0/2\sqrt{2})[\sin(\beta_1 - \beta_0) + \cos(\beta_1 - \beta_0)]b_0/b_1 = 1,045\,P_0/l$,
$P_0/l = \zeta I_0^2/\pi r_0^2$, $\ J_m(\sqrt{\mathrm{i}}x) = b_m\mathrm{e}^{\mathrm{i}\beta_m}$.
(Abramowitz, Sec. 9.10 und Jahnke & Emde, Tafel 63 (s. Anhang C)).

8.28 Wie bei Aufgabe 5.62 bekommen wir:
$B_z(r) = B_0 J_0(\sqrt{\mathrm{i}}\kappa r)/J_0(\sqrt{\mathrm{i}}\kappa r_0)$, $\ \kappa r_0 = 21,43$.
$|B_z(0)/B_0| = |J_0(\sqrt{\mathrm{i}}\kappa r_0)|^{-1} \approx \sqrt{2\pi\kappa r_0}\mathrm{e}^{-\kappa r_0/\sqrt{2}} = 3,06\cdot 10^{-6}$.

8.29 $\varrho\frac{\partial v_z}{\partial t} = \eta\nabla^2 v_z - p_0'\mathrm{e}^{-\mathrm{i}\omega t}$, $\ v_z = \frac{p_0'}{\mathrm{i}\varrho\omega}\mathrm{e}^{-\mathrm{i}\omega t}[1 - J_0(r\sqrt{\mathrm{i}\omega\varrho/\eta})/J_0(r_0\sqrt{\mathrm{i}\omega\varrho/\eta})]$.

8.30 $\varrho\frac{\partial v_z}{\partial t} = \eta\nabla^2 v_z$, $\ v_z(r_0,t) = v_0\mathrm{e}^{-\mathrm{i}\omega t}$.
$v_z(r,t) = v_0\mathrm{e}^{-\mathrm{i}\omega t}K_0(r\sqrt{\mathrm{i}\varrho\omega/\eta})/K_0(r_0\sqrt{\mathrm{i}\varrho\omega/\eta})$.

8.31 $q_{zz} = \varrho_e\int\frac{3z^2-r^2}{2}\mathrm{d}V = \frac{4\pi}{15}\varrho_e a^2 c(c^2 - a^2) = \frac{1}{5}e(c^2 - a^2)$.

8.32 Aus der Randbedingung $U(r_0, \phi) = \pm U_0 = \frac{4U_0}{\pi} \sum \frac{1}{m} \sin m\phi$, m ungerade,
folgt die innere Lösung $U(r, \phi) = \frac{4U_0}{\pi} \sum \frac{1}{m} (r/r_0)^m \sin m\phi \equiv \frac{4U_0}{\pi} S$.
Mit $z = (r/r_0)e^{i\phi}$ ist $S = \mathrm{Im} \sum_k \frac{z^{2k+1}}{2k+1} = \mathrm{Im} \frac{1}{2} \ln \frac{1+z}{1-z} = \frac{1}{2} \arctan \frac{2rr_0 \sin \phi}{r_0^2 - r^2}$.
Äquipotentiallinien: $x^2 + (y + r_0 \cot \frac{U}{U_0} \frac{\pi}{2})^2 = (r_0/\sin \frac{U}{U_0} \frac{\pi}{2})^2$.
Ähnlich sind die Kraftlinien durch das konjugierte Potential bestimmt:
$V = \frac{4U_0}{\pi} \mathrm{Re} \frac{1}{2} \ln \frac{1+z}{1-z} \Rightarrow (x - r_0 \coth \frac{V}{U_0} \frac{\pi}{2})^2 + y^2 = (r_0/\sinh \frac{V}{U_0} \frac{\pi}{2})^2$.
Außen: Substituieren Sie $z \to 1/z$!

8.33 Aus $U(r_0, \theta) = 0$ folgt $U(r, \theta) = -E_0 r \cos\theta + A_1 \frac{r_0}{r^2} P_1(\cos\theta)$, $A_1 = E_0 r_0^2$.
$e = -2\pi\epsilon_0 \int_0^1 \frac{\partial U}{\partial r}|_{r_0} \, \mathrm{d}(\cos\theta) = 3\pi\epsilon_0 E_0 r_0^2$.

8.34 $r_0 \leq r \leq r_1: \quad U = \frac{e}{4\pi\epsilon_0} \sum_0^\infty (\frac{r^l}{r_1^{l+1}} + A_l \frac{r_0^l}{r^{l+1}}) P_l(\cos\theta)$,
$U(r_0, \theta) = \mathrm{const} \Rightarrow A_l = -(r_0/r_1)^{l+1}$, $l = 1, 2, \dots$, $A_0 = 0$.
$\sigma(\theta) = -\epsilon_0 \frac{\partial U}{\partial r}|_{r_0} = -\frac{e}{4\pi r_1^2} \sum_1^\infty (2l + 1)(\frac{r_0}{r_1})^{l-1} P_l(\cos\theta)$.
$F = -\frac{e^2}{4\pi\epsilon_0 r_1^2} \sum_1^\infty (l+1)(\frac{r_0}{r_1})^{2l+1}$. Übereinstimmung mit den Lösungen der
Aufgaben 7.35 und 7.36 kann unschwer nachgewiesen werden.

8.35 $U = -E_0 r \cos\phi + A_1 \frac{1}{r} \cos\phi = -E_0(r - \frac{r_0^2}{r}) \cos\phi$, aus $U|_{r_0, \phi} = \mathrm{const}$.
$e'/l = -\epsilon_0 \int_{-\pi/2}^{\pi/2} \frac{\partial U}{\partial r}|_{r_0} r_0 \mathrm{d}\phi = 4\epsilon_0 E_0 r_0$.
$\boldsymbol{E} = E_0[1 + (\frac{r_0}{r})^2 \cos 2\phi, (\frac{r_0}{r})^2 \sin 2\phi]$, $E = E_0 \sqrt{1 + 2(\frac{r_0}{r})^2 \cos 2\phi + (\frac{r_0}{r})^4}$.
Maximum $2E_0$ bei $\phi = 0, r = r_0$.

8.36 $r_1 = r_0/3 \leq r \leq r_0: \quad U = \frac{e}{4\pi\epsilon_0} \sum (\frac{r_1^l}{r^{l+1}} + A_l \frac{r^l}{r_0^{l+1}}) P_l(\cos\theta)$.
$U(r_0, \theta) = 0 \Rightarrow A_l = -(r_1/r_0)^l$.
$0 \leq r \leq r_1: \quad U = \frac{e}{4\pi\epsilon_0} \sum (\frac{r^l}{r_1^{l+1}} - \frac{r_1^l r^l}{r_0^{2l+1}}) P_l(\cos\theta)$.
Stimmt mit Lösung von Aufgabe 7.37 überein.
$E|_{r=0} = -\frac{e}{4\pi\epsilon_0} \frac{\partial}{\partial z}(\frac{1}{r_1^2} - \frac{r_1}{r_0^3})z = -\frac{26}{27} \frac{e}{4\pi\epsilon_0 r_1^2}$.

8.37 $U = \frac{p}{4\pi\epsilon_0 r^2} \cos\theta + A_1 \frac{r}{r_0^2} \cos\theta$, $A_1 = -\frac{p}{4\pi\epsilon_0 r_0}$, $E_r(r_0, \theta) = \frac{3p}{4\pi\epsilon_0 r_0^3} \cos\theta$.
Ladung auf Halbkugel: $e' = \epsilon_0 \int E_r \, \mathrm{d}S = 3p/4r_0$.

8.38 Außen: $U = -E_0 z + \sum_l A_l \frac{r_0^l}{r^{l+1}} P_l(\cos\theta)$; innen: $U = \sum_l B_l \frac{r^l}{r_0^{l+1}} P_l(\cos\theta)$.
Aus Kontinuität von U und D_r folgt $A_l = B_l = 0$ außer
$A_1 = B_1 + E_0 r_0^2 = \frac{\epsilon-1}{\epsilon+2} E_0 r_0^2$, $U_{\mathrm{inn}} = -\frac{3}{\epsilon+2} E_0 z$.

8.39 Elliptische Kordinaten: $x = \cosh u \cos v$, $y = \sinh u \sin v$, oder
$z = x + iy = \cosh(u + iv) = \cosh w$, $0 \leq u < \infty$, $0 \leq v \leq \pi$.
Beide Teile der analytischen Funktion $w = \mathrm{Arcosh} z$ lösen die Laplacesche
Gleichung. $U(x, y) = U_0 \mathrm{Re} \, \mathrm{Arcosh} z + \mathrm{const}$, entspricht einem konstanten
Potential am Band mit einem linearen Ladungsdichte $e/l = 2\pi\epsilon_0 U_0$.
Äquipotentialflächen: $\frac{x^2}{\cosh^2(U/U_0)} + \frac{y^2}{\sinh^2(U/U_0)} = 1$.

8.40 $\nabla^2 z = 0$, $z(r,\phi) = \sum_m r^m (A_m \cos m\phi + B_m \sin m\phi)$,
In der Mitte: $z_0 = A_0 = \frac{1}{2\pi} \int_0^{2\pi} z(r_0,\phi)\,\mathrm{d}\phi$.

8.41 Ähnlich wie oben bekommen wir: $U(0) = \frac{1}{4\pi} \int U(r_0,\theta,\phi)\,\mathrm{d}\Omega$.

8.42 $u(r,\phi) = (\boldsymbol{a}\cdot\nabla)H_0^{(1)}(kr) \propto (\boldsymbol{a}\cdot\boldsymbol{r})\,H_1^{(1)}(kr)$.

Kapitel 9

9.1 $B(\boldsymbol{r}) =$ scharfes Bild, $R(\boldsymbol{r}) =$ verwaschenes Bild.
$$R(\boldsymbol{r}) = \int K(\boldsymbol{r},\boldsymbol{r}')B(\boldsymbol{r}')\,\mathrm{d}S', \quad K(\boldsymbol{r},\boldsymbol{r}') = \begin{cases} 1/\pi r_0^2 & \text{für } |\boldsymbol{r}-\boldsymbol{r}'| \le r_0, \\ 0 & \text{sonst.} \end{cases}$$
Der Faltungskern erlaubt eine Lösung mit Hilfe von Fourier-Transformationen. Die Methode neigt jedoch zur Instabilität. Numerische Methoden suchen das Minimum von $\int |R - \int KB\,\mathrm{d}S'|^2\mathrm{d}S$.

9.2 Der Beitrag zur Beleuchtungsstärke des Flächenelements bei (z,ϕ) vom Element bei (z',ϕ') (siehe Herleitung von (9.11)) enthält einen Faktor $\cos^2\theta/r^2 = r_0^2[1-\cos(\phi-\phi')]^2/\{2r_0^2[1-\cos(\phi-\phi')] + (z-z')^2\}^2$. Also:
$$u(z) = F(z) + \frac{a}{2r_0}\int_0^h K(z,z')u(z')\,\mathrm{d}z', \quad F(z) = au_0\left(\frac{s^2+\frac{1}{2}}{\sqrt{s^2+1}} - s\right), \quad s = \frac{z}{2r_0},$$
$$K(z,z') = 1 - t\frac{t^2+\frac{3}{2}}{\sqrt{(t^2+1)^3}}, \quad t = \frac{|z-z'|}{2r_0}.$$

9.3 Anstatt der Beleuchtungsstärke wird beim Molekularfluß die Zahl der Stöße pro Wandflächeneinheit und Zeiteinheit eingeführt. Es ergibt sich dieselbe Form des Kerns, $K \propto \cos^2\theta/r^2$, und eine Gleichung wie in Aufgabe 9.2, mit $a = 1$.

9.4 Weit vom geheizten Segment entfernt gilt die Gleichung aus Aufgabe 9.2.

9.5 $u(\boldsymbol{r}) = (j_0/c)\mathrm{e}^{-\mu z} + \int \mu u(\boldsymbol{r}')\frac{\mathrm{e}^{-\mu s}}{4\pi s^2}\,\mathrm{d}^3r', \quad s = |\boldsymbol{r}-\boldsymbol{r}'|,$
$u(z) = (j_0/c)\mathrm{e}^{-\mu z} + \frac{\mu}{2}\int_0^h \mathrm{d}z' u(z')E_1(\mu|z-z'|);$
$u =$ Dichte der Lichtenergie.

9.6 Der Ansatz $u(z) = A + Bz$ löst die homogene Gleichung
$u(z) = \frac{\mu}{2}\int_{-\infty}^\infty \mathrm{d}z' u(z')E_1(\mu|z-z'|)$, gültig tief im Nebel. Die Lichtstromdichte:
$$j_z = -\mu c\int u(\boldsymbol{r}')\frac{\mathrm{e}^{-\mu s}}{4\pi s^2}\cos\theta\,\mathrm{d}^3r' = \frac{\mu c}{2}\int_{-\infty}^\infty u(z')\,\mathrm{d}z' \int_0^\infty 2\pi r\,\mathrm{d}r\frac{\mathrm{e}^{-\mu s}}{4\pi s^2}\frac{z-z'}{s} =$$
$$\frac{\mu c}{2}\int_{-\infty}^\infty u(z')\mathrm{sign}(z-z')E_2(\mu|z-z'|)\,\mathrm{d}z' = -\frac{c}{3\mu}B.$$
Diffusionskoeffizient: $D = |j_z|/|\nabla u| = \frac{c}{3\mu}$.

9.7 $\varrho S(x)\frac{\partial^2 y}{\partial t^2} = F_x\frac{\partial^2 y}{\partial x^2} + f(x)\mathrm{e}^{-\mathrm{i}\omega t}, \quad y(x,t) = u(x)\mathrm{e}^{-\mathrm{i}\omega t}$.
Die Gleichung $u''(x) = -(\varrho\omega^2/F_x)S(x)u(x) - f(x)/F_x$ wird mit Hilfe der Greenschen Funktion $G(x,x')$ aus Aufgabe 7.23 durch die Integralgleichung $u(x) = F_x^{-1}\int_0^a f(x')G(x,x')\,\mathrm{d}x' + \frac{\varrho\omega^2}{F_x}\int_0^a u(x')S(x')G(x,x')\,\mathrm{d}x'$ ersetzt.

9.8 In einem endlichen Szintillator wird die Energie W' der monoenergetischen Photonen nur im Photoeffekt vollkommen registriert, in anderen Prozessen geht sie teilweise durch sekundäre Photonen verloren, so daß ein Spektrum $K(W' \to W) = p(W')\delta(W - W') + C(W' \to W)$ resultiert. Ein kontinuierliches Spektrum des einfallendes Lichtes $J(W')$ wird im Szintillator in
$J_\mathrm{S}(W) = p(W)J(W) + \int_W^\infty J(W')C(W' \to W)\,\mathrm{d}W'$
transformiert. Im ideal scharfen Spektrometer ist diese Integralgleichung zweiter Art exakt lösbar; in der Praxis ist jedoch der Kern wegen endlicher Auflösung verwaschen, so daß eine Gleichung erster Art resultiert und Methoden wie bei Aufgabe 9.1 nötig sind.

9.9 End- und Medianwerte nach mehrfachem Halbieren des Schrittes:

h/H	$u(0)$	$u(H/2)$	$u(H)$
1/2	0,6886	0,3419	0,1418
1/4	0,6719	0,3502	0,1495
1/8	0,6707	0,3546	0,1521
1/16	0,6705	0,3557	0,1528
1/32	0,6704	0,3560	0,1529

9.10 und **9.11.** Approximative erste und zweite Eigenwerte in Abhängigkeit von der Schrittgröße:

h/H	a_1	a_2
1/2	1,4776	3,0938
1/4	1,5709	3,9606
1/8	1,5840	4,0362
...		
1/128	1,58824	4,05664

Extrapolation nach Romberg (siehe Press et al., s. Anhang C) gibt $a_1 = 1,588260$ und $a_2 = 4,05672$.

9.12 Siehe vorhergehende Lösung.

9.13 Mit dem Kern $K(x,x')$ aus (9.12) bekommen wir
$u(x) = u_0\int_{-b}^b K(x,x')\,\mathrm{d}x' + a\int_{-\infty}^\infty u(x')K(x,x')\,\mathrm{d}x'$.
Fourier-Transformationen wie $\mathcal{U}(k) = \int_{-\infty}^\infty u(x)\mathrm{e}^{-\mathrm{i}kx}\,\mathrm{d}x$ (siehe (2.44)) geben:
$\mathcal{U}(k) = 2u_0\mathcal{K}(k)\sin(kb)/k + a\mathcal{U}(k)\mathcal{K}(k)$,

$u(x) = \frac{1}{2\pi} \int_{-\infty}^{\infty} 2u_0 \frac{\sin kb}{k} \frac{\mathcal{K}}{1-a\mathcal{K}} e^{ikx} \, dk$, wobei
$\mathcal{K}(k) = \frac{1}{2} \int_{-\infty}^{\infty} (1+x^2)^{-3/2} e^{-ikx} \, dx = 2kK_1(k)$ (modif. Hankel-Funktion).

9.14 Ähnlich wie oben bekommen wir ($q = $ Leistungsdichte der Lichtquellen):
$u(x) = (q/2) \int_{-b}^{b} E_1(\mu|z - z'|) \, dz' + (\mu/2) \int_{-\infty}^{\infty} u(z') E_1(\mu|z - z'|) \, dz'$,
$\mathcal{K}(k) = \frac{1}{2} \int_{-\infty}^{\infty} E_1(\mu|x|) e^{-ikx} \, dx = \mu \arctan(k/\mu)$.
$u(x) = \frac{1}{2\pi} \int_{-\infty}^{\infty} q \frac{\sin kb}{k} \frac{\mu \arctan(k/\mu)}{1 - \mu^2 \arctan(k/\mu)} e^{ikx} \, dk$.

9.15 $T(x,t) = (\varrho S c_p)^{-1} \int_{-\infty}^{t} P(t') \exp[-x^2/4D(t-t')] \frac{dt'}{\sqrt{4\pi D(t-t')}}$,

$T(0,t) = (\varrho S c_p)^{-1} \int_{-\infty}^{t} P(t') \frac{dt'}{\sqrt{4\pi D(t-t')}}$.

$\varrho S c_p \int_{-\infty}^{\tau} T(0,t) \frac{dt}{\sqrt{\tau-t}} = \frac{1}{\sqrt{4\pi D}} \int_{-\infty}^{\tau} \frac{dt}{\sqrt{\tau-t}} \int_{-\infty}^{t} P(t') \frac{dt'}{\sqrt{t-t'}} = $

$\sqrt{\frac{\pi}{4D}} \int_{-\infty}^{\tau} P(t') dt'$ (nach Vertauschen der Integrationen).
Die Ableitung nach τ gibt
$P(\tau) = \frac{2\lambda S}{\sqrt{\pi D}} \int_{-\infty}^{\tau} \frac{dt}{\sqrt{\tau-t}} \frac{\partial}{\partial t} T(0,t)$.

9.16 $f(r) = \int_{-\infty}^{\infty} u(\sqrt{r^2 + z^2}) \, dz = \int_{r}^{\infty} u(r') \frac{2r' \, dr'}{\sqrt{r'^2 - r^2}}$.
$\int_{r_0}^{\infty} f(r) \frac{2r \, dr}{\sqrt{r^2 - r_0^2}} = \int_{r_0}^{\infty} \frac{2r \, dr}{\sqrt{r^2 - r_0^2}} \int_{r}^{\infty} u(r') \frac{2r' \, dr'}{\sqrt{r'^2 - r^2}} = 2\pi \int_{r_0}^{\infty} u(r') r' \, dr'$.
$u(r_0) = -\frac{1}{2\pi r_0} \frac{d}{dr_0} \int_{r_0}^{\infty} f(r) \frac{2r \, dr}{\sqrt{r^2 - r_0^2}}$.

9.17 $\Phi(z) = \Phi_0(z) + \frac{a}{2} \int_0^H dz' \int_{|z-z'|}^{\infty} ds \frac{e^{-s}}{s} \Phi(z')$
$= \Phi_0 + \frac{a}{2} \int_0^H E_1(|z - z'|) \Phi(z') \, dz'$.

9.18 $\Phi(r) = \Phi_0(r) + a \int_0^{r_0} \int_{-1}^{1} \Phi(r') \frac{e^{-s}}{4\pi s^2} 2\pi r'^2 \, dr' \, d(\cos\theta) = $
$\Phi_0(r) + \frac{a}{2} \int_0^{r_0} \Phi(r') \, r'^2 \, dr' \int_{|r-r'|}^{r+r'} \frac{e^{-s}}{s^2} \frac{s \, ds}{rr'}$, $\quad s^2 = r^2 + r'^2 - 2rr' \cos\theta$.
$\Phi(r) = \Phi_0(r) + \frac{a}{2r} \int_0^{r_0} r' \Phi(r') [E_1(r + r') - E_1(|r - r'|)] \, dr'$.
Nach formeller Erweiterung des Integrationsintervalls zu $(-r_0, r_0)$ genügt
die ungerade Funktion $r\Phi(r)$ der homogenen Gleichung mit einem Kern
wie in Aufgabe 9.17.

9.19 $\Phi(\mathbf{r}') = \Phi(\mathbf{r}) + (\mathbf{r}' - \mathbf{r}) \cdot \nabla\Phi(\mathbf{r}) + \frac{1}{2}[(\mathbf{r}' - \mathbf{r}) \otimes (\mathbf{r}' - \mathbf{r})] : [\nabla \otimes \nabla\Phi(\mathbf{r})] + \cdots$
Da die ungeraden Terme nach Integration in (9.22) verschwinden, bleibt
nur $(1 - a)\Phi(\mathbf{r}) = \Phi_0(\mathbf{r}) + \frac{1}{3}\nabla^2\Phi(\mathbf{r}) \frac{1}{4\pi} \int e^{-|\mathbf{r}-\mathbf{r}'|} \, d^3r'$, also
$\frac{1}{3}\nabla^2\Phi(\mathbf{r}) - (1 - a)\Phi(\mathbf{r}) = -\Phi_0(\mathbf{r})$.

9.20 Dank der Normierung des Kernes folgt $\Phi = \Phi_0/(1 - a)$.

9.21 Die Absorption und Reemission des Lichtes im schwarzen Gas entspricht
einer isotropen Streuung, so daß eine Gleichung wie in Aufgabe 9.6 (ohne
den inhomogenen Term) gilt.

9.22 Ähnlich wie in Aufgabe 9.6 bekommen wir $\mathbf{j}(\mathbf{r}) = -\frac{c}{3\mu} \nabla u(\mathbf{r})$.

Kapitel 10

10.1 $S(z) = \int_0^{r_0} (2\gamma\sqrt{1 + (\frac{dz}{dr})^2} - pz)\, 2\pi r\, dr.$

Euler-Lagrange: $-pr - 2\gamma\frac{d}{dr}\frac{rz'}{\sqrt{1+z'^2}} = 0.$

$z'/\sqrt{1 + z'^2} = -r/a, \quad a = 4\gamma/p, \quad z = \sqrt{a^2 - r^2} - \sqrt{a^2 - r_0^2}.$

$S = 2\pi\gamma(r_0^2 + z_0^2) - \frac{\pi}{6}ph(3r_0^2 + z_0^2)$ (z_0 = Höhe der Kugelkappe).

$dS/dz_0 = 0 \Rightarrow z_0 = a \pm \sqrt{a^2 - r_0^2}.$

$d^2S/dz_0^2 = 4\pi\gamma - \pi p z_0 = \pi p(a - z_0).$ Kleine Kappe stabil, große labil.

10.2 $S = \int_0^{\infty}(\gamma\sqrt{1 + y'^2} + \frac{\varrho g}{2}y^2)\, dx.$

Die Euler-Lagrangesche Gleichung ist wie in Aufgabe 5.32. Relaxationslänge: $a = \sqrt{\gamma/\varrho g}.$

10.3 $S = \int_0^{r_0}(\gamma\sqrt{1 + (\frac{dz}{dr})^2} + \frac{\varrho g}{2}z^2)\, 2\pi r\, dr.$

$rz'' + (1 + z'^2)z' - (rz/a^2)(1 + z'^2)^{3/2} = 0, \quad a^2 = \gamma/\varrho g.$

$r_0 \ll a:\ z = z_0 + \zeta$ führt zu einer Gleichung für ζ wie in Aufgabe 10.1, mit $p = -\varrho g z_0$, und zu einer Halbkugeloberfläche.

$r_0 \gg a:\ r = r_0 - x$ führt zu einer Gleichung wie in Aufgabe 10.2.

10.4 Numerisch ist es einfacher den Radius des Rohres als Funktion der Meniskushöhe zu bestimmen:

z_0/a	$0,01$	$0,1$	$1,0$	$5,0$
r_0/a	$6,686$	$3,939$	$1,469$	$0,3907$

10.5 Neben dem Funktional aus Aufgabe 10.3 haben wir die isoperimetrische Bedingung $\int dV = V_0$. Es ist besser die Rolle der Variablen zu vertauschen: $S = \int_0^{z_0}(2\pi r\sqrt{1 + r'^2} + \pi r^2 z/a^2 - \lambda\pi r^2)\, dz,$

$r'' - (1 + r'^2)/r - (z/a^2 - \lambda)(1 + r'^2)^{3/2} = 0.$

10.6 Mit der y-Achse entlang der Strecke $(-a < y < a)$ gilt:

$S = 2\int_0^{x_0} y\, dx = \max, \quad 2\int_0^{x_0}\sqrt{1 + y'^2}\, dx = L,$

$1 - \lambda\frac{d}{dx}\frac{y'}{\sqrt{1+y'^2}} = 0, \quad x - \frac{\lambda y'}{\sqrt{1+y'^2}} = C,$

$y^2 + (x - C)^2 = \lambda$ – ein Kreisbogen.

10.7 Betrachten Sie $x(z);\quad t = \int ds/v = \int_0^{z_0}\sqrt{1 + x'^2}\frac{dz}{\sqrt{2gz}}, \quad z(0) = 0,\ z(x_0) = z_0.$

$\frac{d}{dz}\frac{1}{\sqrt{z}}\frac{x'}{\sqrt{1+x'^2}} = 0 \Rightarrow \frac{x'^2}{1+x'^2} \propto z.$

Man versucht $z = 2r\sin^2\frac{\phi}{2} = r(1 - \cos\phi) \Rightarrow x' = \tan\frac{\phi}{2},$

$\frac{dx}{d\phi} = r(1 - \cos\phi) \Rightarrow x = r(\phi - \sin\phi)$ (Zykloide).

Bedingung: $x_0/z_0 \leq \pi/2.$

10.8 Das isoperimetrische Problem

$J \propto \int_0^a y^2\sqrt{1 + y'^2}\, dx = \max, \quad \int_0^a \sqrt{1 + y'^2}\, dx = L,$

$y''(y^2 - \lambda) = 2y(1 + y'^2)$, führt zu $\sqrt{1 + y'^2} = C(y^2 - \lambda)$, äquivalent dem ersten Integral der Aufgabe 5.29.

10.9 $\frac{1}{2}CU_0^2 = \frac{1}{2}\epsilon_0 \min \int |\nabla U|^2 \, \mathrm{d}^3 r$.

10.10 $(J + mr^2)a/r = mgr \sin\alpha \Rightarrow a = \frac{5}{7}g\sin\alpha$.
$L = \frac{1}{2}(m\dot{q}^2 + J\dot{q}^2/r^2) - mgq\sin\alpha$.

10.11 $J\alpha = mr(g - r\alpha)$.
$L = \frac{1}{2}(J\dot{\phi}^2 + mr^2\dot{\phi}^2) + mgr\phi$.

10.12 $L = \int_0^a [\frac{1}{2}\varrho_l(\frac{\partial y}{\partial t})^2 - \frac{1}{2}F(\frac{\partial y}{\partial x})^2]\,\mathrm{d}x$.

10.13 $\omega_1^2 = \min \dfrac{F\int_0^a (\partial u/\partial x)^2\,\mathrm{d}x}{\int_0^a u^2 \varrho_l(x)\,\mathrm{d}x}$.

10.14 $\int n(z)\sqrt{1 + (\frac{\mathrm{d}x}{\mathrm{d}z})^2}\,\mathrm{d}z = \min, \quad n(z)\frac{x'}{\sqrt{1+x'^2}} = n(z)\sin\theta = \mathrm{const}$.

10.15 Siehe Lösung zu Aufgabe 9.10.

10.16 Die Eigenfrequenzen ω_i sind bis zu erster Ordnung in ϵ mit den einzelnen Basisfunktionen bestimmt:
$$\phi_n = \begin{cases} \cos(n\pi x/2l) & \text{für } n = 1,3,5,\ldots \\ \sin(n\pi x/2l) & \text{für } n = 2,4,6,\ldots \end{cases}$$
$$\omega_n^2 = c_0^2 \frac{\langle\nabla\phi_n|\nabla\phi_n\rangle}{\langle\phi_n|[1-\epsilon(x/l)^2]\phi_n\rangle} = \omega_{n0}^2[1 - \frac{\epsilon}{3}(1 - \frac{6}{\pi^2 n^2})]^{-1}, \quad \omega_{n0} = \frac{n\pi c_0}{2l}, \quad c_0^2 = F/\varrho_{l0}.$$

10.17 Mit Hilfe der Integrale aus Aufgabe 10.16 und $\phi_{11} = \cos(\pi x/2a)\cos(\pi y/2a)$ bekommt man:
$\omega_{11}^2 \approx 2(\pi c_0/2a)^2[1 - \frac{1}{18}(1 - \frac{6}{\pi^2})^2]^{-1} = 1,0086 \cdot 2(\pi c_0/2a)^2$.
Bei einer Einteilung in 16×16 Quadrate bekommt man numerisch den Faktor 1,00854, auf fünf Dezimalstellen genau.

10.18 Die Funktion $\phi = 1 + ar^2(r^2 - 2r_0^2)$ genügt der Randbedingung $\phi'(r_0) = 0$.
$\tilde{k}^2 = \min \dfrac{\int_0^{r_0}(\nabla\phi)^2 r^2\,\mathrm{d}r}{\int_0^{r_0}\phi^2 r^2\,\mathrm{d}r} = \min \dfrac{128a^2 r_0^9/9\cdot 7\cdot 5}{r_0^3/3 - 18ar_0^7/7\cdot 5 + 151a^2 r_0^{11}/11\cdot 9\cdot 7}$. Bei $a = \frac{35}{27}$ ist der Minimum $kr_0 = 4,562$ erreicht, vergleichbar mit der exakten Lösung $\eta_{01}' = 4,493$ [Nullstelle von $j_0'(\eta)$].

10.19 Mit $\phi = r_0^2 - r^2$ bekommen wir: $k^2 \approx [\int_0^{r_0}(\nabla\phi)^2 r\,\mathrm{d}r]/(\int_0^{r_0}\phi^2 r\,\mathrm{d}r) = 6/r_0^2$.
Exakte Lösung $(kr_0)^2 = \xi_{01}^2 = 5,784$.
Das Resultat aus $[\int_0^{r_0}(\nabla\phi)^2\,\mathrm{d}r]/\int_0^{r_0}\phi^2\,\mathrm{d}r = 5/r_0^2$ ist nicht mehr durch den exakten Wert von unten beschränkt.

10.20 Die Basis bei n-facher Aufteilung ($h = 2a/n$, $i = 1, 2, \ldots, n-1$):

$$\phi_i = \begin{cases} (x - x_{i-1})/h & \text{für } x_{i-1} \leq x \leq x_i, \\ (x_{i+1} - x)/h & \text{für } x_i \leq x \leq x_{i+1}, \\ 0 & \text{sonst,} \end{cases}$$

$$\langle \nabla\phi_i | \nabla\phi_j \rangle = \begin{cases} -\frac{1}{h} & \text{für } i = j \pm 1, \\ \frac{2}{h} & \text{für } i = j, \\ 0 & \text{sonst,} \end{cases} \qquad \langle \phi_i | \phi_j \rangle = \begin{cases} h/6 & \text{für } i = j \pm 1, \\ 2h/3 & \text{für } i = j, \\ 0 & \text{sonst.} \end{cases}$$

Die Eigenfrequenzen folgen aus den Eigenwerten $(kh)^2$ einer tridiagonalen Matrix mit den diagonalen Elementen $-2 + 2(kh)^2/3$ und den nebendiagonalen Elementen $1 + (kh)^2/6$. Es folgt:

n	$k_1 \cdot 2a$	$k_2 \cdot 2a$	$k_3 \cdot 2a$	$k_4 \cdot 2a$
2	$2\sqrt{3} = 3,464$			
3	$3\sqrt{6/5} = 3,286$	$3\sqrt{6} = 7,348$		
4	$3,223$	$6,928$	$11,295$	
5	$3,1936$	$6,700$	$10,776$	$15,094$
ex.	π	2π	3π	4π.

10.21 $\nabla^2 u = -1$.

Aufteilung in 6 Dreiecke: $u = u_0\phi_0$.

$|\nabla\phi_0| = 1/h = 2/a\sqrt{3}$, $A_{00} = \langle \nabla\phi_1 | \nabla\phi_1 \rangle = 6|\nabla\phi_0|^2 S_\triangle = 2\sqrt{3}$,

$B_0 = \langle \phi_0 | 1 \rangle = \int \phi_0 \, dS = a^2\sqrt{3}/2$. Verschiebung: $u_0 = B_0/A_{00} = a^2/4$, wie beim Kreis mit Radius a.

Aufteilung in 24 Dreiecke mit 7 Basisfunktionen: $u = u_0\phi_0 + u_1 \sum_1^6 \phi_i$.

$B_i = \langle \nabla\phi_i | 1 \rangle = (a/2)^2\sqrt{3}/2$, $A_{ii} = \langle \nabla\phi_i | \nabla\phi_i \rangle$ wie oben,

$A_{ij} = \langle \nabla\phi_i | \nabla\phi_j \rangle = (2/3)\sqrt{3}\cos 120° = -1/\sqrt{3}$ für benachbarte Punkte und $A_{ij} = 0$ sonst. Es folgt ein System:

$2\sqrt{3}u_0 - 6u_1/\sqrt{3} = B_0,$

$-u_0/\sqrt{3} + 4u_1/\sqrt{3} = B_1.$

Die Verschiebung im Mittelpunkt $u_0 = 0,208a^2$ liegt zwischen den Werten für den umschriebenen Kreis $(0,25a^2)$ und den eingeschriebenen Kreis $(0,1875a^2)$.

10.22 $\hat{H}_0 = -\frac{\hbar^2}{2m}\nabla^2 + \frac{1}{2}kx^2 = -\frac{\hbar^2}{2m}(\nabla^2 - \alpha^2 x^2)$, $\hat{H}_1 = -eEx$.

Ungestörte Eigenfunktionen: $u_0 = (\alpha/\pi)^{1/4}\exp(-\alpha x^2/2)$, $W_0 = k/2\alpha$,

$u_1 = (4\alpha^3/\pi)^{1/4}x\exp(-\alpha x^2/2)$, $W_1 = 3k/2\alpha$.

$\langle u_1 | \hat{H}_1 u_0 \rangle = -eE/\sqrt{2\alpha}$, die weiteren Matrixelemente verschwinden.

Die gestörte Eigenfunktion $u = u_0 + a_{01}u_1 = (\frac{\alpha}{\pi})^{1/4}\exp(-\frac{\alpha x^2}{2})(1 + \frac{\alpha eE}{k}x)$ stimmt mit der exakten Lösung $(\alpha/\pi)^{1/4}\exp[-\alpha(x - eE/k)^2/2]$ bis zur ersten Ordnung in eE überein.

10.23 Ungestörte Eigenfunktionen: $u_n = \phi_n/\sqrt{l}$ mit den ϕ_n aus Aufgabe 10.16, Energien $W_n = n^2\pi^2\hbar^2/8ml^2$.

Die Störung mischt nur die Funktionen mit geradem n hinein und ändert die Energie in erster Ordnung nicht:

$$\langle u_n | \hat{H}_1 u_1 \rangle = (-1)^{n/2} \frac{16neEl}{(n^2-1)^2\pi^2},$$

$$u = \frac{1}{\sqrt{l}}[\cos \frac{\pi x}{2l} - \frac{128}{\pi^4} \frac{eEml^3}{\hbar^2} \sum \frac{(-1)^{n/2}}{(n^2-1)^3} \sin \frac{n\pi x}{2l}], \quad n = 2, 4, \ldots$$

10.24 Die Störung ϵx^2 mischt nur die Funktionen mit ungeradem n hinein:

$$\langle u_n | x^2 u_1 \rangle = (-1)^{(n-1)/2} \frac{32l^2}{\pi^2} \frac{n}{(n^2-1)^2},$$

$$u = \frac{1}{\sqrt{l}}[\cos \frac{\pi x}{2l} - \frac{256\epsilon}{\pi^4} \frac{ml^4}{\hbar^2} \sum (-1)^{(n-1)/2} \frac{n}{(n^2-1)^3} \cos \frac{n\pi x}{2l}], \quad n = 3, 5, \ldots,$$

$$\Delta W_1 = \epsilon \langle u_1 | x^2 u_1 \rangle = \tfrac{1}{3}\epsilon l^2 (1 - \tfrac{6}{\pi^2}).$$

10.25 Mit $k = k_0 + \epsilon\kappa$ und $u = u_0 + \epsilon v$, wobei die Funktionen u, u_0 und v in der Basis ϕ_n aus Aufgabe 10.16 entwickelt werden, folgt anstatt (10.55)–(10.56):

$$u_0'' + k_0^2 u_0 = 0, \quad k_0^2 = \varrho_{l0}\omega^2/F = (n\pi/l)^2.$$

$$v'' + 2k_0\kappa u_0 - k_0^2 (x/l)^2 u_0 + k_0^2 v = 0.$$

Das innere Produkt mit $u_0 = \phi_i$ gibt:

$$\kappa = \frac{k_0}{2l^2} \frac{\langle u_0 | x^2 u_0 \rangle}{\langle u_0 | u_0 \rangle} = k_0(\tfrac{1}{6} - \tfrac{1}{\pi^2 n^2}),$$

was in erster Ordnung mit dem Resultat von Aufgabe 10.16 übereinstimmt.

10.26 $k(x) = k_0\sqrt{1 - \tfrac{1}{5}(\tfrac{x}{l})^2}, \quad k_0 = \omega\sqrt{\varrho S_0/F},$

$$\int_0^x k(x)\,\mathrm{d}x = \tfrac{1}{2}[k_0 x\sqrt{1 - \tfrac{1}{5}(\tfrac{x}{l})^2} + \sqrt{5}k_0 l \arcsin \tfrac{x}{l\sqrt{5}}].$$

Stehende Wellen: $\int_{-l}^l k\,\mathrm{d}x = n\pi \Rightarrow k_{0n} = \frac{n\pi}{2l}(\frac{1}{\sqrt{5}} + \frac{\sqrt{5}}{2}\arcsin\frac{1}{\sqrt{5}})^{-1} = 1,0356\frac{n\pi}{2l}$. (In Aufgabe 10.16 bekommt man für $\epsilon = \tfrac{1}{5}$ bei $n \to \infty$ den Faktor $\sqrt{15/14} = 1,0351$.

10.27 Randbedingung: $\int_{-l}^l k\,\mathrm{d}x = \sqrt{\frac{2mW}{\hbar^2}} \int_{-l}^l \sqrt{1 - \frac{\epsilon}{W}x^2}\,\mathrm{d}x \approx$

$2\sqrt{\frac{2mW}{\hbar^2}}(l - \frac{\epsilon}{6W}l^3) = n\pi$.

$W_n \approx \frac{\hbar^2}{2m}(\frac{n\pi}{2l})^2 + \frac{\epsilon l^2}{3}, \quad u_n \propto \{\cos \text{ bzw. } \sin\}\frac{n\pi x}{2l}(1 + \epsilon\frac{l^2-x^2}{6W_n})$,

cos für $n = 1, 3, \ldots$, sin für $n = 2, 4, \ldots$

10.28 Für einen diskreten Sprung des Brechungsindex bei $y = 0$ setzen wir:

$\int n\,\mathrm{d}s = n_1\sqrt{(x - x_1)^2 + y_1^2} + n_2\sqrt{(x_2 - x)^2 + y_2^2} = \min$. Es folgt

$n_1 \frac{x - x_1}{\sqrt{(x-x_1)^2 + y_1^2}} = n_2 \frac{x_2 - x}{\sqrt{(x_2-x)^2 + y_2^2}}$, oder $n_1\sin\theta_1 = n_2\sin\theta_2$.

10.29 Horizontaler Wurf, ausgehend von $x = 0$, $z = 0$, $W = \tfrac{1}{2}mv_0^2$:

Aus $\int k\,\mathrm{d}s \propto \int v\,\mathrm{d}s \propto \int \sqrt{W + mgz}\sqrt{1 + (\frac{\mathrm{d}x}{\mathrm{d}z})^2}\,\mathrm{d}z = \min$ folgt

$(W + mgz)\frac{x'^2}{1 + x'^2} = \text{const} = W$, $\mathrm{d}x/\mathrm{d}z = \sqrt{W/mgz}$, $x = 2\sqrt{Wz/mg}$.

Kapitel 11

11.1 $\int f(x)\delta(x)\,\mathrm{d}x = \lim_{\epsilon \to 0} f(\xi)\int_{-\epsilon}^\epsilon \delta(x)\,\mathrm{d}x = f(0), \quad -\epsilon < \xi < \epsilon.$

11.2 $\int f(x)\delta(ax)\,\mathrm{d}x = \int f(y/a)\delta(y)\,\mathrm{d}y/a = f(0)/a$ wenn f stetig.

11.3 $\delta(a\boldsymbol{r}) = \delta(\boldsymbol{r})/a^3$.

11.4 Vgl. z.B. Abb. 11.5 (rechts).

11.5 $\delta(x) = \lim_{\epsilon\to 0}\delta_\epsilon(x)$, wobei $\delta_\epsilon(x) = \frac{1}{2\epsilon}$ für $-\epsilon < x < \epsilon$; sonst $\delta_\epsilon(x) = 0$.

11.6 $\frac{\mathrm{d}P}{\mathrm{d}\nu} \propto \nu^3/(\exp(h\nu/kT)-1)$, $P(\nu) \propto \int_0^\nu \nu^3\,\mathrm{d}\nu/(\exp(h\nu/kT)-1)$;
$P(\nu) \propto \nu^3$ bei $h\nu/kT \ll 1$, $P(\nu) \asymp \frac{\pi^4}{15} - (h\nu/kT)^3\exp(-h\nu/kT)$ bei $h\nu/kT \gg 1$.

11.7 $x = \ln\nu$, $\frac{\mathrm{d}j^*}{\mathrm{d}x} \propto \frac{u^3}{e^u-1}\left(\frac{\mathrm{d}\ln\nu}{\mathrm{d}\nu}\right)^{-1} \propto \frac{u^4}{e^u-1}$.
$\frac{\mathrm{d}j^*}{\mathrm{d}x} = 0 \Rightarrow u = 4(1-e^{-u})$, $u = 3,9207$, $\lambda_{\max} = 620\,\mathrm{nm}$.

11.8 $\nu = \nu(x)$, $\frac{\mathrm{d}j^*}{\mathrm{d}x} \propto \frac{\nu^3\nu'}{\exp(h\nu/kT)-1}$.
Extrem bei $\nu = [1 - \exp(-h\nu/kT)](3 + \nu\nu''/\nu'^2)$.
Wellenlängenskala für $\nu = 1/x$, logarithmische Skala für $\nu = e^x$.

11.9 $\tilde{\nu} = \nu\sqrt{\frac{1-v/c}{1+v/c}}$. Form des Spektrums unverändert, doch entspricht sie einer

niedrigeren Temperatur $\tilde{T} = \sqrt{\frac{1-v/c}{1+v/c}}T$.

11.10 $\mathrm{d}W/\mathrm{d}\Omega = 1/2\pi$, $w(\cos\theta) = 1$.
Aus $s = 2r_0\cos\theta$ folgt $w(s) = 1/2r_0$.

11.11 Für Teilchen, die durch ein kleines Oberflächenelement einfallen, gilt:
$\mathrm{d}W/\mathrm{d}(\cos\theta) \propto \cos\theta$, $\mathrm{d}W/\mathrm{d}s = s/2r_0^2$.
Oder wir beginnen mit der Verteilung der Schneidepunkte in der Äquatorebene für Teilchen aus einer Richtung: $\mathrm{d}W/\mathrm{d}S = 1/\pi r_0^2$,
$\mathrm{d}W/\mathrm{d}r = 2r/r_0^2$. Aus $s = 2\sqrt{r_0^2 - r^2}$ folgt obiges Resultat.

11.12 Die Richtungsverteilung der Strahlen ist gleichmäßig: $\mathrm{d}W/\mathrm{d}\Omega = 1/2\pi$.
Absorptionswahrscheinlichkeit: $W_{\mathrm{abs}} = \int(\mathrm{d}W/\mathrm{d}\Omega)(1 - e^{-\mu s})\,\mathrm{d}\Omega$,
wobei $s = 2r_0\cos\phi/\sin\theta = $ Länge der Sehne.
Numerische Integration gibt $W_{\mathrm{abs}} = 0,427$ für $2\mu r_0 = \ln 2$.

11.13 $\mathrm{d}W/\mathrm{d}x = 1/2r_0$. Also $\mathrm{d}W/\mathrm{d}\phi = \frac{1}{4}|\sin\frac{\phi}{2}|$, weil $x = r_0\cos\frac{\phi}{2}$
($\phi = $ Ablenkwinkel).

11.14 $\mathrm{d}W/\mathrm{d}S = 1/\pi r_0^2$, $\mathrm{d}W/\mathrm{d}r = 2r/r_0^2$. Aus $r = r_0\sin\frac{\theta}{2}$ folgt
$\mathrm{d}W/\mathrm{d}(\cos\theta) = \frac{1}{2}$ (isotrope Streuung).

11.15 $\mathcal{W}_{\mathrm{abs}} = \int_0^{r_0} \frac{3}{4\pi r_0^3} 4\pi r^2 \, \mathrm{d}r \int_{-1}^1 \frac{1}{2}(1 - e^{-\mu s}) \, \mathrm{d}(\cos\theta).$

Mit $s = \sqrt{r_0^2 - r^2 \sin^2\theta} - r\cos\theta$ bekommt man

$\mathcal{W}_{\mathrm{abs}} = 1 - \frac{3}{2u^3}[u^2 - 2 + 2(u+1)e^{-u}] = 0,372$ für $u = 2\mu r_0 = 2\ln 2$.

11.16 Wegen Symmetrie darf man sich auf die nach unten ausgestrahlten Photonen beschränken: $s = z/\cos\theta$, $0 \leq z \leq h$, $0 \leq \theta \leq \pi/2$, $\mu h = 2\ln 2$.

$\mathcal{W}_{\mathrm{abs}} = \int_0^h \frac{\mathrm{d}z}{h} \int_0^1 (1 - e^{-\mu s}) \, \mathrm{d}(\cos\theta) = 1 - \frac{1}{\mu h}[\frac{1}{2} - E_3(\mu h)] = 0,686.$

11.17 $s = r_0/|\sin\theta|$, $\mathcal{W} = \frac{1}{2}\int_{-1}^1 \exp(-\mu r_0/\sqrt{1-u^2}) \, \mathrm{d}u = \mathrm{Ki}_2(\mu r_0)$
(Abramowitz & Stegun, 11.2.8, s. Anhang C). Für $\mu r_0 = \ln 2$ ist $\mathcal{W} = 0,393$.

11.18 Sei $w(v_z)$ die Verteilung der Moleküle am Boden. Für jede Geschwindigkeitsklasse ist die Dichte in der Höhe z proportional zur doppelten Flugzeit der Moleküle über das Interval $\mathrm{d}z$ bei z. (Durch den Faktor 2 sind auch die zurückfallenden Moleküle berücksichtigt.)
Also: $\varrho(z) = 2\varrho_0 \int_{\sqrt{2gz}}^\infty w(v_z) \frac{v_z}{\sqrt{v_z^2 - 2gz}} \, \mathrm{d}v_z = \varrho_0 \exp(-mgz/kT)$.

Diese Abelsche Integralgleichung wird wie in Aufgabe 9.16 durch Integration über $\int_{u^2/2g}^\infty (\dots) \frac{\mathrm{d}z}{\sqrt{z - u^2/2g}}$ gelöst. Resultat: $w(u) = \sqrt{\frac{m}{2\pi kT}} \exp(-\frac{mu^2}{2kT})$.

Eine andere Herleitung berücksichtigt, daß die substantielle Ableitung der Wahrscheinlichkeitsdichte im Phasenraum $(0 < z < \infty, -\infty < v_z < \infty)$ verschwindet (Teilchenerhaltung): $v_z \frac{\partial w(z,v_z)}{\partial z} - g \frac{\partial w(z,v_z)}{\partial v_z} = 0$.
Charakteristiken: $w = \mathrm{const}$ für $\frac{1}{2}v_z^2 + gz = W = \mathrm{const}$ (Energieerhaltung). Folglich hängt w nur von Variable W ab: $w(z, v_z) = p(W)$.
Gegeben: $\int_{-\infty}^\infty p(\frac{1}{2}v_z^2 + gz) \, \mathrm{d}v_z = \frac{m}{kT} \exp(-\frac{mgz}{kT}) \Rightarrow$ Abelsche Integralgleichung für $p(W)$.

11.19 Aus $R = kW_0^{3/2} = 2h$ folgt für die Energie der durchgelassenen Teilchen $W = [(2h - s)/k]^{2/3}$ oder $s/2h = 1/2\cos\theta = 1 - (W/W_0)^{3/2}$.
Weil $\mathrm{d}\mathcal{W}/\mathrm{d}(\cos\theta) = \mathrm{const}$, gilt $\mathrm{d}\mathcal{W}/\mathrm{d}W = \frac{3}{2W_0} \frac{(W/W_0)^{1/2}}{[1-(W/W_0)^{3/2}]^2}$,
$0 \leq W \leq W_0/2^{2/3}$.

11.20 Sei x der Abstand des Mittelpunktes der Nadel (Länge a) von der nächsten Geraden. Die Wahrscheinlichkeitsdichte ist gleichmäßig in $-d/2 \leq x \leq d/2$, $-\pi/2 \leq \phi \leq \pi/2$.
Die Nadel kreuzt die Gerade wenn $|x| \leq (a/2)\cos\phi$, also
$\mathcal{W} = \int \int_{|x| \leq (a/2)\cos\phi} (1/\pi d) \, \mathrm{d}\phi \, \mathrm{d}x = 2a/\pi d$.

11.21 $w(r) = 2r/r_0^2$. Streuwinkel: $\theta = 2[\arcsin(z) - \arcsin(z/n)]$, $z = r/r_0$.
$\sin(\theta/2) = (z/n)(\sqrt{n^2 - z^2} - \sqrt{1 - z^2})$, $\mu = \cos\theta = 1 - 2\sin^2(\theta/2)$.
$\frac{\mathrm{d}\sigma}{\mathrm{d}\mu} = \pi r_0^2 w(r) \frac{\mathrm{d}r}{\mathrm{d}\mu}$.

11.22 $dW/d\nu \propto \frac{1}{h\nu}\frac{dj^*}{d\nu}$. Normalisierung: $1 = A\int_0^\infty \frac{\nu^2\,d\nu}{\exp(h\nu/kT)-1} = A\int_0^\infty \nu^2 e^{-h\nu/kT}(1 + e^{-h\nu/kT} + e^{-2h\nu/kT} + \ldots)\,d\nu = 2A(kT/h)^3\sum_1^\infty n^{-3}$, $A = (h/kT)^3/2\zeta(3)$, $\zeta(3) = 1,20206\ldots$

11.23 $w(x,y) = 1/\pi r_0^2$, $u(x) = \int_{-\sqrt{r_0^2-x^2}}^{\sqrt{r_0^2-x^2}} w(x,y)\,dy = \frac{2}{\pi r_0^2}\sqrt{r_0^2 - x^2}$.
$$w(x \to y) = \begin{cases} 1/2\sqrt{r_0^2 - x^2} & \text{für } |x| \le \sqrt{r_0^2 - y^2}, \\ 0 & \text{sonst.} \end{cases}$$
Rechteck: $w(x \to y) = 1/a$.

11.24 $u(x) = \int_{-\infty}^\infty w(x,y)\,dy = \frac{r_0^2}{2}(r_0^2 + x^2)^{-3/2}$.
Variablen x und y nicht stochastisch unabhängig, weil $w(x,y) \ne u(x)v(y)$.

11.25 $w = w(\sqrt{x^2 + y^2}) = u(x)u(y) \Rightarrow u(x) = A\exp(\alpha x^2)$.

11.26 $W_{mn} = \{\frac{1}{5}, \frac{1}{10}, \frac{1}{5}, \frac{1}{4}, \frac{1}{8}, \frac{1}{8}\} \otimes \{\frac{1}{8}, \frac{1}{6}, \frac{1}{4}, \frac{1}{8}, \frac{1}{6}, \frac{1}{6}\}$.
$W_{m \to n} = V_n$, $W_{n \to m} = U_m$.

11.27 $W_N = \text{erf}(N/\sqrt{2})$, $W_2 = 0,95450$, $W_3 = 0,99730$.
$W = 0,5$ bei $N = 0,6745$.

11.28 $\nu = \nu_0(1 - v_x/c)$, $\frac{dW}{d\nu} = \frac{dW}{dv_x}\frac{dv_x}{d\nu} = \frac{c}{\nu_0}\sqrt{\frac{m}{2\pi kT}}\exp[-\frac{mc^2(\nu-\nu_0)^2}{2kT\nu_0^2}]$.
$\sigma_\nu = \nu_0\sqrt{kT/mc^2}$, $(\Delta\nu)_{1/2} = 2\sigma_\nu\sqrt{2\ln 2}$.

11.29 $v_{\max} = \sqrt{2kT/m}$.

11.30 $w(W) = \frac{2}{\sqrt{\pi}}(kT)^{-3/2}W^{1/2}e^{-W/kT}$, $W_{\max} = kT/2 \Rightarrow v = \sqrt{kT/m}$.

11.31 Geschwindigkeitsverteilung der einfallenden Neutronen:
$w_0(v) \propto v^3\exp(-v^2/v_1^2)$, $v_1 = \sqrt{2kT/m_N} = 2220\,\text{m/s}$.
Absorptionsexponent der Borschicht:
$\sigma(v)n_S = \sigma_0(v_0/v)\varrho_S N_A/M_B \equiv v_2/v$, $v_2 = 8920\,\text{m/s}$.
Verteilung nach Absorption: $w(v) \propto v^3\exp(-v^2/v_1^2 - v_2/v)$.
Abschwächungsfaktor $= [\int_0^\infty v^3\exp(-\frac{v^2}{v_1^2} - \frac{v_2}{v})\,dv]/[\int_0^\infty v^3\exp(-\frac{v^2}{v_1^2})\,dv] = f_3(v_2/v_1) = 0,0288$ (Abramowitz, 27.5, s. Anhang C).

11.32 Geschwindigkeit nach Beschleunigung: $u = \sqrt{v^2 + 2eU/m}$.
Aus der anfänglichen Verteilung $w_0(v)$ wie in Aufgabe 11.31 folgt:
$w(u) = A(u^2 - 2eU/m)u\exp(-\frac{mu^2 - 2eU}{2kT})$, $A = 2(\frac{m}{2kT})^2$, $u \ge \sqrt{2eU/m}$.

11.33 Mit der Laufzeit $t = a/v$ folgt aus der Verteilung $w_0(v)$ wie in Aufgabe 11.31: $dW/dt = 2(\frac{ma^2}{2kT})^2 t^{-5}\exp(-ma^2/2kTt^2)$.

11.34 $W\{t < t_0\} = 1 - p(t_0)$.

11.35 $\overline{n} = 3,5,\;\; \sigma = \sqrt{35/12} = 1,708,\;\; \epsilon = -222/175 = -1,269.$

11.36 $\overline{|x - \overline{x}|} = \sigma\sqrt{2/\pi} = 0,798\,\sigma.$

11.37 $\overline{v} = \sqrt{8kT/\pi m},\;\; \frac{1}{2}m\overline{v_x^2} = \frac{1}{2}kT,\;\; \overline{W}_{\mathrm{tr}} = \frac{3}{2}kT,$
$\sigma_W^2 = \frac{2}{\sqrt{\pi}}(kT)^2 \int_0^\infty \sqrt{u}(u - \frac{3}{2})^2 e^{-u}\,\mathrm{d}u = \frac{3}{2}(kT)^2.$

11.38 $\mathcal{W}\{v > 5\overline{v}\} = \frac{4}{\sqrt{\pi}} \int_u^\infty z^2 \exp(-z^2)\,\mathrm{d}z = \frac{2}{\sqrt{\pi}}u \exp(-u^2) + 1 - \mathrm{erf}(u) = 9,7 \cdot 10^{-14},\;\; u = 10/\sqrt{\pi}.$

11.39 Nach Aufgabe 11.38 gilt
$\frac{2}{\sqrt{\pi}}u \exp(-u^2) + 1 - \mathrm{erf}(u) = \frac{1}{2},\;\; u = v_{50\%}/\sqrt{2kT/m} = 1,08765.$

11.40 $\sigma = 1/\sqrt{12},\;\; \epsilon = -6/5.$

11.41 $\overline{t} = \int_0^\infty \lambda t e^{-\lambda t}\,\mathrm{d}t = 1/\lambda,\;\; \overline{t^2} = 2/\lambda,\;\; \sigma = 1/\lambda.$

11.42 $w(x) = \mu e^{-\mu x},\;\; \overline{x} = 1/\mu,\;\; \sigma = 1/\mu.$

11.43 $\overline{\cos\phi} = \frac{1}{2} \int_0^\pi \cos\phi \sin(\phi/2)\,\mathrm{d}\phi = -\frac{1}{3}.$

11.44 $w(r) = (r/r_0^2)e^{-r/r_0},\;\; v(r) = 2r^2 \varrho g/9\eta,$
$\mathrm{d}h/\mathrm{d}t = n \int_0^\infty \frac{4\pi r^3}{3} v(r)w(r)\,\mathrm{d}r = \frac{8\pi}{27}\frac{n\varrho g}{\eta}\overline{r^5} = \frac{640\pi}{3}n\varrho g r_0^5/\eta = 2,7\,\mathrm{mm/h}.$

11.45 $\sigma_x^2 = \frac{c}{2(ac-b^2)},\;\; \sigma_y^2 = \frac{a}{2(ac-b^2)},\;\; \overline{xy} = \frac{b}{2(ac-b^2)},\;\; R = b/\sqrt{ac}.$
Wahrscheinlichkeitsverteilung existiert nur wenn $ac > b^2$.

11.46 $\sigma_{x+y}^2 = \overline{(x + y - \overline{x} - \overline{y})^2} = \overline{(x - \overline{x})^2} + 2\overline{(x - \overline{x})(y - \overline{y})} + \overline{(y - \overline{y})^2}.$

11.47 Regelmäßiger Würfel: $\mathcal{W}_n = p = \frac{1}{6},\;\; S = -6p\ln p = \ln 6.$
Unregelmäßiger Würfel: man sucht ein Extrem von $S = -\sum_n \mathcal{W}_n \ln \mathcal{W}_n$
bei Bedingung $\sum_n \mathcal{W}_n = 1$, also ein Extrem von $L = -\sum_n \mathcal{W}_n(\ln \mathcal{W}_n - \lambda)$.
$\partial L/\partial \mathcal{W}_n = -\ln \mathcal{W}_n - 1 - \lambda = 0 \Rightarrow$ alle $\mathcal{W}_n$ gleich.
Das Extrem ist ein Maximum, weil alle $\partial^2 L/\partial \mathcal{W}_n^2 = -1/\mathcal{W}_n < 0$.

11.48 $S = -k \int w(\boldsymbol{v})[\frac{3}{2}\ln \frac{m}{2\pi kT} - \frac{mv^2}{2kT}]\,\mathrm{d}^3v + \mathrm{const} = -\frac{3k}{2}\ln \frac{m}{2\pi kT} + \mathrm{const} = \frac{3}{2}k\ln T + \mathrm{const},\;\; \mathrm{d}S = \frac{3}{2}k\,\mathrm{d}T/T = \mathrm{d}Q/T$ (für ein Teilchen).
Bedingung: Konstante bleibt unverändert.

11.49 $N = pZ + x\sigma,\;\; Z - N = qZ - x\sigma,\;\; \sigma = \sqrt{pqZ}.$
$\ln \mathcal{W}_N \approx Z \ln Z - N \ln N - (Z - N)\ln(Z - N) - Z + N + (Z - N)$
$+ \frac{1}{2}[\ln(2\pi Z) - \ln(2\pi N) - \ln 2\pi(Z - N)] + N \ln p + (Z - N)\ln q$
$= -(pZ + x\sigma)\ln(1 + x\sigma/pZ) - (qZ - x\sigma)\ln(1 - x\sigma/qZ)$
$- \frac{1}{2}[\ln(2\pi) - \ln Z + \ln(pZ + x\sigma) + \ln(qZ - x\sigma)] =$

$-\frac{1}{2}[x^2 + \ln(2\pi pqZ)] + \mathcal{O}(\frac{x}{\sqrt{Z}}) = \ln[\frac{1}{\sqrt{2\pi pqZ}}\exp-\frac{(N-pZ)^2}{2\sigma^2}] + \mathcal{O}(\frac{N-pZ}{Z})$ für $N - pZ \ll Z$.

11.50 Zerfallwahrscheinlichkeit: $p = 1/2$, $\;W = \sum_{N=3}^{7} W_N = \frac{57}{64} = 0,891$.
Gaußsche Näherung: $W \approx \frac{1}{\sqrt{2\pi pqZ}}\int_{2,5}^{7,5}\exp[-(N-pZ)^2/2pqZ]\,dN = \frac{1}{2}\{\mathrm{erf}[(N_2-pZ)/\sqrt{2pqZ}] - \mathrm{erf}[(N_1-pZ)/\sqrt{2pqZ}]\} = \mathrm{erf}(\frac{2,5}{\sqrt{5}}) = 0,886$.

11.51 $N = \overline{N} + x\sigma$, $\;\sigma = \sqrt{\overline{N}}$.
$\ln W_N \approx N\ln\overline{N} - N\ln N + N - \frac{1}{2}\ln(2\pi N) - \overline{N} =$
$-(\overline{N}+x\sigma)\ln(1+x\sigma/\overline{N}) + x\sigma - \frac{1}{2}[\ln(2\pi\overline{N}) + \ln(1+x\sigma/\overline{N})] =$
$-\frac{1}{2}[x^2 + \ln(2\pi\overline{N}] + \mathcal{O}(\frac{x}{\sqrt{\overline{N}}}) = \ln[\frac{1}{\sqrt{2\pi\overline{N}}}\exp-\frac{(N-\overline{N})^2}{2\overline{N}}] + \mathcal{O}(\frac{N-\overline{N}}{\overline{N}})$
für $N - \overline{N} \ll \overline{N}$.

11.52 $p = 0,98$, $\;\overline{N} = 980$, $\;W = \sum_{990}^{1000} W_N \approx \frac{1}{2}[1 - \mathrm{erf}(1,517)] = 0,016$.
Der genaue Wert kann mit Hilfe der unvollständigen Beta-Funktion
$I_p(k, Z-k+1) = \sum_{N=k}^{Z}\binom{Z}{N}p^N q^{Z-N}$ gefunden werden (Press et al., Sect. 6.3 (s. Anhang C)):
$W = I_p(990, 11) = 0,0102$.

11.53 $p = \tilde{p} \pm \sqrt{\frac{\tilde{p}(1-\tilde{p})}{Z}} = 0,850 \pm 0,011$.

11.54 $\overline{N} = 10^6$ in $1\,\mathrm{mm}^3$, $\;W = \sum_{1,002\overline{N}}^{\infty} W_N$.
Gaußsche Näherung: $W \approx \frac{1}{2}[1 - \mathrm{erf}(\sqrt{2})] = 2,27\%$.

11.55 In einer Stunde: $N = 600 \pm \sqrt{600}$, $\;\lambda = (10,0 \pm 0,4)\,\mathrm{min}^{-1}$.
In einer halben Minute ($\overline{N} = 5$) sind die Wahrscheinlichkeiten (in %):

N	0	1	2	3	4	5	6	7	8	9	≥ 10
W_N	0,7	3,4	8,4	14,0	17,5	17,5	14,6	10,4	6,5	3,6	3,2.

11.56 $p(t) = 2^{-t/t_{1/2}}$, $\;p(60\,\mathrm{s}) = 2^{-60/8} = 5,52\cdot10^{-3}$. Wahrscheinlichkeit für das Übrigbleiben eines Kernes nach 60 Sekunden: $W_1 = \binom{200}{1}p(1-p)^{199} = 0,367$. (Poissonsche Näherung: $\overline{N} = pZ = 1,104$, $\;W_1 \approx \frac{\overline{N}}{1!}e^{-\overline{N}} = 0,366$.)
Der Kern zerfällt in der nächsten Sekunde mit der Wahrscheinlichkeit
$1 - p(1\,\mathrm{s}) = 1 - 2^{-1/8} = 0,083$, also $W = 0,083 W_1 = 0,030$.
Nach einer halben Minute ($p = 2^{-30/8} = 0,0743$):
$W = \sum_{10}^{200}\binom{200}{N}p^N(1-p)^{200-N} = I_p(10, 191) = 0,933$.
Gaußsche Annäherung: $\frac{1}{2}[1 + \mathrm{erf}(1,023)] = 0,926$.

11.57 $p = N/Z \pm \sqrt{\frac{N(Z-N)}{Z^3}} = 0,15 \pm 0,036 = 2^{-t/t_{1/2}}$.
$t_{1/2} = -t\ln 2/\ln(p \pm \sigma_p) \approx -(t\ln 2/\ln p)(1 \pm \frac{\sigma_p}{p\ln p}) = 3,65(1 \pm 0,127)\,\mathrm{s}$.

11.58 $p = \mathrm{e}^{-\mu x} = \mathrm{e}^{-2}$, $\mathcal{W}_1 = 0,391$.

11.59 $\overline{N} = N \pm \sqrt{N} = 25 \pm 5$, $\mu = \overline{N}/a\Phi t = 7,2 \cdot 10^{-18}(1 \pm 0,2)\,\mathrm{m}^{-1}$.

11.60 Mittlere Zahl der getroffenen Menschen: $\overline{N} = 0,142$.
$\mathcal{W} = 1 - \mathcal{W}_0 = 1 - \mathrm{e}^{-\overline{N}} = 13,2\%$.

11.61 $p = 0,566$, $\mathcal{W} = \sum_{11}^{20} \mathcal{W}_N = 0,647$.

11.62 $\overline{N} = jSt = 3$, $\mathcal{W}_0 = e^{-3} = 5,0\%$.

11.63 Das Gefäß wird mit 200 Tropfen gefüllt. In 115 Minuten fängt es im
Mittel 192 Tropfen auf, also $\mathcal{W} = \sum_{201}^{\infty} \mathcal{W}_N = 0,267$.
Die Summe wurde mit Hilfe der unvollständigen Gamma-Funktion aus-
gewertet: $\sum_{N}^{\infty} \frac{\overline{N}^k}{k!}\mathrm{e}^{-\overline{N}} = P(N,\overline{N})$ (Press et al., 6.2, s. Anhang C).

11.64 $p = 0,1$, $\mathcal{W}_{15} = 0,3268$.

Im folgenden soll $g(x,\overline{x},\sigma)$ die Gaußsche Verteilungsdichte bezeichnen.

11.65 $\mathcal{W}_1(N) = (1-p)\delta(N) + p\delta(N-1)$.

11.66 Mit $\overline{n}$ und σ aus Aufgabe 11.35 folgt:
$w(n) \approx g(n, 1000\overline{n}, \sqrt{1000}\sigma)$, $\mathcal{W}\{n \geq 3550\} \approx \frac{1}{2}[1 - \mathrm{erf}(\frac{49,5}{\sqrt{2000}\sigma})] = 0,18$.

11.67 Nach Aufgabe 11.40 gilt $\mathcal{W}\{x \geq 3\} \approx \int_3^{\infty} g(x,0,10\sigma)\,\mathrm{d}x = \frac{1}{2}[1 - \mathrm{erf}(3\sqrt{6}/10)] = 0,149$.

11.68 $w(t) = \lambda\mathrm{e}^{-\lambda t}$, $w_2 = w * w = \lambda^2 t\mathrm{e}^{-\lambda t}$, $w_n(t) = \lambda(\lambda t)^{n-1}\mathrm{e}^{-\lambda t}/(n-1)! \approx g(t, n/\lambda, \sqrt{n}/\lambda)$ für $n \gg 1$.
$\mathcal{W}_{100}\{t > 1,05\overline{t}_{100}\} \approx \frac{1}{2}[1 - \mathrm{erf}(\frac{5/\lambda}{\sqrt{200}/\lambda})] = 0,308$.

11.69 Nach Aufgabe 11.37 folgt für n Moleküle: $w_n(W) = g(W, \frac{3}{2}nkT, kT\sqrt{3n/2})$.
$\sigma/\overline{W} = \sqrt{2/3n} = 8,2\%$ für $n = 100$ bzw. $0,082\%$ für $n = 10^6$.

11.70 $w_6(m) = g(m, 6\overline{m}, \sqrt{6}\sigma)$, $\mathcal{W}_6\{m > m_1\} = \frac{1}{2}[1 - \mathrm{erf}(\frac{m_1 - 6\overline{m}}{\sqrt{12}\sigma})] = 5,7\cdot 10^{-4}$.

11.71 $\overline{m} = 3m_0$, $\sigma = \sqrt{3}m_0$.
Die Gesamtmassenverteilung: $w(m) \approx g(m, 90m_0, \sqrt{90}m_0)$.
$\mathcal{W}\{m > 99m_0\} = \frac{1}{2}[1 - \mathrm{erf}(\frac{9m_0}{\sqrt{180}m_0})] = 17,1\%$.

11.72 Wie in Aufgabe 11.68 gilt $w_1 = \lambda\mathrm{e}^{-\lambda t}$, $\lambda = \ln 2/t_{1/2} = 0,693\,\mathrm{h}^{-1}$,
$\mathcal{W}_n\{t > t_1\} = \frac{\lambda}{(n-1)!}\int_{t_1}^{\infty}(\lambda t)^{n-1}\mathrm{e}^{-\lambda t}\,\mathrm{d}t \approx \int_{t_1}^{\infty} g(t, n/\lambda, \sqrt{n}/\lambda)\,\mathrm{d}t = \frac{1}{2}[1 - \mathrm{erf}(\frac{t_1 - n/\lambda}{\sqrt{2n}/\lambda})] = 0,45$ für $n = 10$, $t_1 = 15\ln 2/\lambda$.

11.73 Für eine isotrope Richtungsverteilung $w(\cos\theta) = \frac{1}{2}$ gilt für die Projektion des Gliedes (Länge a) auf eine beliebige Gerade (z.B. die Achse x):
$\overline{x} = a\overline{\cos\theta} = 0, \quad \sigma_x^2 = a^2\overline{\cos^2\theta} = a^2/3.$
Für das Ende der Kette aus N Gliedern gilt: $w_N(x) = g(x, 0, \sqrt{N/3}a)$,
$w(\boldsymbol{r}) = w_N(x)w_N(y)w_N(z) = (\frac{3}{2\pi Na^2})^{3/2}\exp(-3r^2/2Na^2).$
$\overline{r^2} = \overline{x^2 + y^2 + z^2} = Na^2, \quad \overline{r} = \sigma_x\sqrt{8/\pi} = a\sqrt{8N/3\pi}.$

11.74 Ähnlich wie oben gilt $\overline{x} = \overline{a\cos\theta}$, doch mit $w(a, \cos\theta) = (1/2l)\mathrm{e}^{-a/l}$:
$\overline{x} = 0, \quad \sigma_x^2 = \frac{2}{3}l^2, \quad \overline{r^2} = 2Nl^2, \quad w(\boldsymbol{r}) = (\frac{3}{4\pi Nl^2})^{3/2}\exp(-3r^2/4Nl^2).$
Aus $t = Nl/v$ folgt $D = \frac{1}{3}vl.$

11.75 $u(\omega) = w * w_1 = \frac{\Gamma\Gamma_1}{\pi^2}\int_{-\infty}^{\infty}\frac{\mathrm{d}\omega'}{[\Gamma^2 + (\omega' - \omega_0)^2][\Gamma_1^2 + (\omega - \omega')^2]} = \frac{1}{\pi}\frac{\Gamma + \Gamma_1}{(\Gamma + \Gamma_1)^2 + (\omega - \omega_0)^2}.$

11.76 $\varrho = m/\pi r^2 h = 1768\,\mathrm{kg/m^3}, \quad \frac{\sigma_\varrho}{\varrho} = \sqrt{(\frac{\sigma_m}{m})^2 + (\frac{2\sigma_r}{r})^2 + (\frac{\sigma_h}{h})^2} = 6,9 \cdot 10^{-3}.$

11.77 $J = mr^2 = 0,0288(1 \pm 0,0056)\,\mathrm{kg\,m^2}.$

11.78 $n = \sin\alpha/\sin\beta = 1,580, \quad \sigma_n = n\sqrt{\sigma_\alpha^2\cot^2\alpha + \sigma_\beta^2\cot^2\beta} = 0,013.$

11.79 $\mu = (1/h)\ln(P_0/P) \pm \sqrt{(\mu\sigma_h/h)^2 + (\sigma_{P_0}/hP_0)^2 + (\sigma_P/hP)^2} = (0,22 \pm 0,02)\,\mathrm{cm}^{-1}.$

11.80 $\overline{e}_0 = (\frac{e_1}{\sigma_1^2} + \frac{e_2}{\sigma_2^2})/(\frac{1}{\sigma_1^2} + \frac{1}{\sigma_2^2}) \pm 1/\sqrt{\frac{1}{\sigma_1^2} + \frac{1}{\sigma_2^2}} = (1,598 \pm 0,004) \cdot 10^{-19}\,\mathrm{As}.$

11.81 Siehe Gleichung (11.106).

11.82 $\ln L = -N\ln\sigma - \frac{1}{2\sigma^2}\sum(x_i - \overline{x})^2 + \mathrm{const.}$
$\frac{\partial\ln L}{\partial\overline{x}} = \frac{1}{\sigma^2}\sum(\overline{x} - x_i) = 0 \Rightarrow \overline{x} = \frac{1}{N}\sum x_i.$
$\frac{\partial\ln L}{\partial\sigma} = -\frac{N}{\sigma} + \sigma^{-3}\sum(x_i - \overline{x})^2 = 0 \Rightarrow \sigma^2 = \frac{1}{N}\sum(x_i - \overline{x})^2.$
$\sigma_{\overline{x}}^2 \approx -(\frac{\partial^2\ln L}{\partial\overline{x}^2})_0^{-1} = \sigma^2/N.$
$\sigma_\sigma^2 = -(\overline{\frac{\partial^2\ln L}{\partial\sigma^2}})_0^{-1} = [-\frac{N}{\sigma^2} + \frac{3}{\sigma^4}\sum\overline{(x_i - \overline{x})^2}]^{-1} = \sigma^2/2N.$

11.83 $w(t) = \tau^{-1}\mathrm{e}^{-t/\tau}, \quad \ln L = -N\ln\tau - (\sum t_i)/\tau,$
$\frac{\partial\ln L}{\partial\tau} = -N/\tau + (\sum t_i)/\tau^2 = 0 \Rightarrow \tau = (\sum t_i)/N.$
$\sigma_\tau = (-\overline{\frac{\partial^2\ln L}{\partial\tau^2}})_0^{-1/2} = [-N/\tau^2 + 2(\overline{\sum t_i})/\tau^3]_0^{-1/2} = \tau/\sqrt{N}.$

11.84 $w(y) = \frac{1}{\sqrt{2\pi}\sigma}\exp[-\frac{(y - kx - y_0)^2}{2\sigma^2}], \quad \ln L = -N\ln\sigma - \sum\frac{(y_i - kx_i - y_0)^2}{2\sigma^2} = \max.$

11.85 $W_N(t) = W_{N'}(t') * W_{N-N'}(t - t')$
$= \sum_{N'=0}^{N}\frac{(\lambda t')^{N'}}{N'!}\mathrm{e}^{-\lambda t'}\frac{[\lambda(t - t')]^{N-N'}}{(N - N')!}\mathrm{e}^{-\lambda(t - t')} = \frac{\mathrm{e}^{-\lambda t}}{N!}[\lambda t' + \lambda(t - t')]^N$, mit Hilfe der Binomialformel für $[\lambda t' + \lambda(t - t')]^N.$

11.86 $w(\boldsymbol{v}_0 \to \boldsymbol{v}; t) = \int w(\boldsymbol{v}_0 \to \boldsymbol{v}'; t')w(\boldsymbol{v}' \to \boldsymbol{v}; t - t')\,\mathrm{d}^3v'.$

11.87 Ansatz: $w(\boldsymbol{v}_0 \to \boldsymbol{v}; t) = [\sqrt{2\pi}\sigma(t)]^{-3} \exp[-|\boldsymbol{v} - \boldsymbol{v}_0 e^{-\beta t}|^2/2\sigma^2(t)]$.
Nach Einsetzen der Variablen $\boldsymbol{u} = \boldsymbol{v} e^{\beta t} - \boldsymbol{v}_0$ und $\boldsymbol{u}' = \boldsymbol{v}' e^{\beta t'} - \boldsymbol{v}_0$ nimmt die in Aufgabe 11.86 vorgeschlagene Komposition die Form einer dreidimensionalen Faltung zweier Gaußscher Verteilungen an:
$$\frac{1}{[\sqrt{2\pi}\sigma(t)e^{\beta t}]^3} \exp[-\frac{u^2}{2\sigma^2(t)e^{2\beta t}}]$$
$$= \frac{1}{[2\pi\sigma(t')\sigma(t-t')e^{\beta t}]^3} \int \exp[-\frac{u'^2}{2\sigma^2(t')e^{2\beta t'}}] \exp[-\frac{|u-u'|^2}{2\sigma^2(t-t')e^{2\beta(t-t')}}]\, \mathrm{d}^3 u'.$$
Die Additivität der quadratischen Streuungen für die neuen Variablen gibt für $\sigma^2(t)$ die Funktionalgleichung:
$$\sigma^2(t)e^{2\beta t} = \sigma^2(t')e^{2\beta t'} + \sigma^2(t-t')e^{2\beta t}.$$
Der Anfangswert $\sigma^2(0) = 0$ und das asymptotisch erreichte $\sigma^2(\infty) = kT/m$ sind bekannt. Ein Versuch mit einem exponentiellen Übergang liefert $\sigma^2(t) = \sigma^2(\infty)(1 - e^{-2\beta t})$.

11.88 $w(\boldsymbol{v}, t) = \int w(\boldsymbol{v}', t') w(\boldsymbol{v}' \to \boldsymbol{v}; t-t')\, \mathrm{d}^3 v'$, mit dem Kern aus Aufgabe 11.87. In einer Entwicklung des $w(\boldsymbol{v}', t')$ wie in (11.117) folgt:
$$w(\boldsymbol{v}, t) = e^{3\beta\tau}\{w(\boldsymbol{v}, t') + (e^{\beta\tau} - 1)\boldsymbol{v} \cdot \nabla w(\boldsymbol{v}, t')$$
$$+ \tfrac{1}{2}[\sigma^2(\tau)e^{2\beta\tau} + v^2(e^{\beta\tau} - 1)^2]\nabla^2 w(\boldsymbol{v}, t')\}.$$
Nach Division durch $\tau = t - t'$ und Grenzübergang $\tau \to 0$ ergibt sich
$$\tfrac{\partial w}{\partial t} = \beta(3w + \boldsymbol{v} \cdot \nabla w + \tfrac{kT}{m}\nabla^2 w) = \beta[\nabla(\boldsymbol{v}w) + \tfrac{kT}{m}\nabla^2 w)].$$

11.89 Um die Aufgabe schneller lösen zu können, dividieren wir beide Seiten der Gleichung mit w: $\tfrac{\partial}{\partial t}(\ln w) = \beta[3 + \boldsymbol{v} \cdot \nabla(\ln w) + \tfrac{kT}{m}w^{-1}\nabla^2 w]$.
Linke Seite:
$$\tfrac{\partial}{\partial t}(\ln w) = \frac{-3\mathrm{d}\sigma/\mathrm{d}t}{\sigma} + \boldsymbol{v}_0 \cdot (\boldsymbol{v} - \boldsymbol{v}_0 e^{-\beta t})\frac{-\beta}{\sigma^2}e^{-\beta t} + |\boldsymbol{v} - \boldsymbol{v}_0 e^{-\beta t}|^2\frac{\mathrm{d}\sigma/\mathrm{d}t}{\sigma^3},$$
$$\sigma^2 = \tfrac{kT}{m}(1 - e^{-2\beta t}).$$
Rechts folgt derselbe Ausdruck.

11.90 $\exp(-\tfrac{mv_0^2}{2kT})w(\boldsymbol{v}_0 \to \boldsymbol{v}; t) = [\sqrt{2\pi}\sigma(t)]^{-3} \exp[-(v^2 + \boldsymbol{v} \cdot \boldsymbol{v}_0 \breve{e}^{-\beta t} + v_0^2)/2\sigma^2]$, wobei $\sigma^2 = (kT/m)(1 - e^{-2\beta t})$.
Der Ausdruck ist symmetrisch in Bezug auf $\boldsymbol{v}$ und $\boldsymbol{v}_0$.

11.91 $I(t) = -e_0 \sum \delta(t - t_i)$, $A(\omega) = \tfrac{-e_0}{2\pi} \sum e^{i\omega t_i}$, $\Phi(\omega) = ne_0^2/2\pi$,
Dank der Zufälligkeit der t_i.

11.92 $\lim_{N\to\infty} \tfrac{1}{N} \sum_1^N x_i = \int x w(x)\, \mathrm{d}x$.

11.93 $A_0 = \tfrac{I_0}{2\pi} \int e^{-t/RC + i\omega t}\, \mathrm{d}t = \tfrac{I_0}{2\pi}\frac{\tau}{1-i\omega\tau}$, $\Phi(\omega) = \tfrac{nI_0^2}{2\pi}\frac{\tau^2}{1+\omega^2\tau^2}$, $\tau = RC$.
$\langle I \rangle = n\tau I_0$, $\langle(I - \langle I \rangle)^2\rangle = \int_{-\infty}^{\infty} \Phi(\omega)\, \mathrm{d}\omega = \tfrac{1}{2}n\tau I_0^2$.

Sachverzeichnis

Springer-Verlag und Umwelt